普通高等教育教材

理论力学

刘迎　张刚　编

化学工业出版社
·北京·

内容简介

本书以力学问题求解为主线，深入浅出地介绍了矢量力学与分析力学基础。本书共11章和4个专题。第1～4章是静力学内容（力学建模基础、力系等效与简化、力系的平衡、摩擦），第5～7章是运动学内容（点的运动、刚体的运动、相对运动），第8～10章是动力学内容（力与运动、功与能量、动静普遍原理），第11章是分析力学基础（拉格朗日力学）。4个专题分别为非惯性系动力学、碰撞与打击问题、刚体动力学、变质量动力学。其中带“*”章节和专题内容，可根据各专业实际情况灵活选择。

本书使初学者能在较短时间内掌握一般力学的基础，建立知识内在的联系，可以由浅入深地掌握力学问题的分析思路、求解技巧，并提高应用能力。

本书可作为高等院校机械、土木、水利、航空航天等专业的理论力学课程教材，也可供相关工程技术人员参考。

图书在版编目（CIP）数据

理论力学/刘迎，张刚编. —北京：化学工业出版社，2024.6

ISBN 978-7-122-45398-3

Ⅰ.①理… Ⅱ.①刘… ②张… Ⅲ.①理论力学-高等学校-教材 Ⅳ.①O31

中国国家版本馆CIP数据核字（2024）第072334号

责任编辑：高　钰　郝英华　　文字编辑：徐　秀　师明远
责任校对：李雨函　　装帧设计：刘丽华

出版发行：化学工业出版社
（北京市东城区青年湖南街13号　邮政编码100011）
印　　刷：北京云浩印刷有限责任公司
装　　订：三河市振勇印装有限公司
787mm×1092mm　1/16　印张17¾　字数415千字
2024年9月北京第1版第1次印刷

购书咨询：010-64518888　　售后服务：010-64518899
网　　址：http://www.cip.com.cn
凡购买本书，如有缺损质量问题，本社销售中心负责调换。

定　　价：59.00元

前言

本书是作者对理论力学内容体系梳理思考之后，汲取国内外优秀教材的优点，并结合课程组的教学经验编写而成。编写本书的目的主要是适应当前国内教学改革趋势，用较少学时讲授工科专业的理论力学基本内容，并适当兼顾知识的拓展性，希望能让初学者快速掌握力学知识的内在联系，提高应用能力。因此，本书的编写原则是：内容紧凑，突出知识整体观；结构模块化，逻辑清晰自然；精选例题和习题，启发解题方法与技巧；深入浅出，阐明方法的联系与根源；重视思维，平衡计算能力与分析思考能力。

本书共 11 章和 4 个专题。第 1～4 章为传统静力学内容（力学建模基础、力系等效与简化、力系的平衡、摩擦），第 5～7 章为传统运动学内容（点的运动、刚体的运动、相对运动），第 8～10 章是传统动力学内容（力与运动、功与能量、动静普遍原理），第 11 章是分析力学基础（拉格朗日力学）。4 个专题分别是非惯性系动力学、碰撞与打击问题、刚体动力学、变质量动力学。书中带“*”的章节以及专题内容可以作为多学时选授内容，也可根据不同专业的需求灵活选择。

本书编写具有以下特点：

1. 结构优化。强调知识结构的紧凑性，并且注意与先修和后续课程自然过渡。例如，将力系简化内容作为一章，因为力系简化理论并非静力学专用，其思想也能在运动学和动力学中借鉴；以主矢和主矩运动效果统一动量定理和动量矩定理，呼应力系简化理论；删去简单桁架内力计算内容，避免与结构力学教材重复。删去质点动力学内容，避免与大学物理教材重复。为避免与机械振动教材重复，删去了机械振动基础（其内容偏向于方程解法，适合在专门的课程中介绍）。

2. 梯度平缓。尽可能避免理解上的困难和障碍。例如，从二力简化引入力偶的概念；运动学按照点的运动、刚体的运动、相对运动的顺序安排，符合从简单到复杂、从具体到抽象的认知过程；在刚体的运动一章中，先引入刚体角速度矢量的概念，明确刚体运动特征是旋转且具有唯一性，然后分类研究平移、定轴转动、平面运动和定点运动。动力学从主矢和主矩的作用效果，建立力与运动的联系。

3. 目标理性。本书旨在让基础薄弱的学生熟悉理论力学主要内容，会对力学问题进行简单的计算分析，让基础中等的学生掌握扎实的基本概念和方法，让基础较好的学生还能扩展知识的深度和广度。为此，尽量以概念和推理分析，因为逻辑推理比数学推导更容易理解记忆。每道例题都为知识点的正确理解或解题方法技巧而设。一些知识点有延伸知识介绍，可以加深读者对知识点的理解。书后习题答案对部分较灵活的习题提供了思路提示。

4. 理解应用。工程中的计算依靠计算机编程或专门软件来完成，计算的依据就是本书中的理论。可见，建立合理力学模型和解释结果的关键在于对概念和方程的理解。因此，本书习题增加了判断题、简答题用于辨析概念和强化知识点的理解，最后有两道拓展题，鼓励学生深入思考、灵活应用知识。其中一些题目融入生活实际背景，强化学生理论联系实际的能力。本书附录介绍了计算机在力学问题中的应用，并提供了一些典型示例，以培养学生实践应用的兴趣。

5. 重视引导。各章导言介绍本章内容与之前章节内容的逻辑联系，使学生带着目的学习，再概述本章内容的组织思路，帮助读者建立知识树。例题逐步深入，然后总结方法。正文不时插入一些启发性的设问，引导读者正确理解知识点，避免常见错误和误区。跨章节知识点力求前后呼应，帮助读者构建知识整体观。

本书配有 PPT 课件，如有需要，请发电子邮件至 cipedu@163.com 获取，或登录 www.cipedu.com.cn 免费下载。

本书由刘迎、张刚编写。罗燕、马季红老师负责初稿校订。黄忠文、马志敏、田宏、邓雄、涂晗、叶姣、温鑫等老师提出了宝贵的意见。全书由刘迎负责统稿。

书稿承蒙黄志强、郑贤中、夏新念副教授详细审阅。魏化中教授、杨侠教授、吴艳阳副教授对本书编写原则提出了精辟的指导意见。本书编写出版受到了武汉工程大学教学管理部门的支持，这里特别表示感谢。

由于编者水平有限，书中难免存在一些疏漏和不足，恳请广大读者指正。

编　者

2024 年 1 月

主要符号表

$\boldsymbol{a}$	加速度
$\boldsymbol{a}_{\mathrm{n}}$	法向加速度
$\boldsymbol{a}_{\mathrm{t}}$	切向加速度
$\boldsymbol{a}_{\mathrm{a}}$	绝对加速度
$\boldsymbol{a}_{\mathrm{r}}$	相对加速度
$\boldsymbol{a}_{\mathrm{e}}$	牵连加速度
$\boldsymbol{a}_{\mathrm{C}}$	科氏加速度
A	面积
e	恢复因数
f	动摩擦因数
f_{s}	静摩擦因数
$\boldsymbol{F}$	力
$\boldsymbol{F}'_{\mathrm{R}}$	主矢
$\boldsymbol{F}_{\mathrm{s}}$	静摩擦力
$\boldsymbol{F}_{\mathrm{T}}$	拉力，张力
$\boldsymbol{F}_{\mathrm{N}}$	法向约束力
$\boldsymbol{F}_{\mathrm{I}}$	惯性力
$\boldsymbol{F}_{\mathrm{Ie}}$	随体惯性力
$\boldsymbol{F}_{\mathrm{IC}}$	科氏惯性力
$\boldsymbol{g}$	重力加速度
h	高度
$\boldsymbol{i}$	x 轴的基矢量
$\boldsymbol{I}$	冲量
$\boldsymbol{j}$	y 轴的基矢量
J_z	刚体对 z 轴的转动惯量
J_{xy}	刚体对 x，y 轴的惯性积
J_C	刚体对质心的转动惯量
k	弹簧刚度系数
$\boldsymbol{k}$	z 轴的基矢量
l	长度
L	拉格朗日函数
$\boldsymbol{L}_O$	刚体对 O 点的动量矩
$\boldsymbol{L}_C$	刚体对质心的动量矩
m	质量
M_z	对 z 轴的矩
$\boldsymbol{M}$	力偶矩，主矩
$\boldsymbol{M}_O(\boldsymbol{F})$	力对 O 点的矩
$\boldsymbol{M}_{\mathrm{I}}$	惯性力的主矩
n	质点数目
O	参考点，坐标系原点
$\boldsymbol{p}$	动量
P	功率
q	载荷集度，广义坐标
Q	广义力
r	半径，矢径的模
$\boldsymbol{r}$	矢径
$\boldsymbol{r}_O$	点 O 的矢径
$\boldsymbol{r}_C$	质心的矢径
R	半径
s	弧坐标
t	时间
T	动能
$\boldsymbol{v}$	速度
v	速度的大小，速度的模
$\boldsymbol{v}_{\mathrm{a}}$	绝对速度
$\boldsymbol{v}_{\mathrm{r}}$	相对速度
$\boldsymbol{v}_{\mathrm{e}}$	牵连速度
$\boldsymbol{v}_C$	质心速度
V	势能，体积
W	力的功
x，y，z	笛卡尔坐标
α	角加速度
β	角度坐标
δ	滚阻系数，阻尼系数
δ	变分符号
λ	本征值，特征值
ρ	密度，极径，曲率半径
φ	角度
φ_{f}	摩擦角
ψ	角度
θ	角度
ω_0	固有角频率
ω	角速度
ω_{a}	绝对角速度
ω_{r}	相对角速度
ω_{e}	牵连角速度

目录

绪论

(1) 理论力学的地位

美国科学史学家韦斯特福尔（R. S. Westfall）在其著作《近代科学的建构：机械论与力学》引言开头写道：

两个主题统治着17世纪的科学革命——柏拉图-毕达哥拉斯传统和机械论哲学。前者以几何关系来看待自然界，确信宇宙是按照数学秩序原理建构的；后者则认为自然是一架巨大的机器，并寻求解释现象背后隐藏的机制。

受古希腊先贤们思想的影响，直到文艺复兴时期，西方一直用几何来表达数量关系。例如，用正多面体模型解释天体运行、用几何量的比例关系来研究机械装置中力的关系。牛顿在著名的《自然哲学的数学原理》一书中还是用几何方法表达代数运算。等到解析几何促进微积分出现，力学研究开始突飞猛进。其中一个伟大成就是，牛顿用引力理论成功地解释了天体运动规律。受此鼓舞，人们仿佛找到了认识自然万物规律的钥匙。牛顿、亥姆霍兹、开尔文等物理学家都曾以不同方式表达过，自然界的一切变化都可归结为力学。牛顿主张用粒子的碰撞来研究光学现象，也受到了这一思想的影响。

20世纪上半叶，狭义相对论、广义相对论、量子力学的相继建立，冲击了经典物理学。用力学解释一切物理现象的观点（旧译作“机械论”）不得不退出历史舞台。经典力学的适用范围被明确为宏观物体远低于光速的运动。经典力学从物理学中完全脱离，成为独立的学科。物理学的重心则转移到微观粒子领域。理论力学就是在这样的背景下形成的。

在人类科技进程中，理论力学的发展与工程应用紧密相连，无论是早期对杠杆、滑轮与斜面的研究，还是后来对钟表、汽车、人造卫星的研究，理论力学的每个进步，大多都来自这些工程应用研究的推动。应用对象也从固体发展到流体，继而产生了材料力学、弹性力学和流体力学等学科分支。同时，理论力学与其他基础学科结合，诞生了一些交叉学科。最早与天文学相结合，产生了天体力学。20世纪尤其是60年代以来，产生了爆炸力学、磁流体动力学、断裂力学、地质力学、生物力学等新兴学科。这些学科分支与交叉学科，不断推动着工程技术的发展。因此，无论是历史较久的水利工程、土木工程、采矿工程、机械工程、船舶工程，还是新兴的航空航天工程、核工程，都是理论力学滋养的果实。

可见，理论力学也是许多工程技术和交叉学科的理论基础。

（2）理论力学的内容

自然界中的现象丰富多彩，蕴含着各种各样的变化/运动。其中最为基础、最常见的是物体在空间位置上的变化，称为**机械运动**。影响物体机械运动状态的作用称为**力**。而人类在生活和工程中经常遇到力与机械运动、平衡、稳定性相关的三类问题：

① 力会如何影响物体的机械运动；

② 维持物体运动状态不变（即平衡）的受力条件；

③ 平衡系统受到外部微扰后能否恢复平衡。

在上述问题的解决过程中，逐渐形成了研究物体的受力与运动规律的学科，称为理论力学。因此，其内容大致可以分为三个部分：

运动学——研究运动物体上空间点的相关运动量（轨迹、速度和加速度等）及不同空间点之间的运动量关系，不考虑产生这种运动的物理原因和方法。

静力学——主要研究受力物体平衡时所受作用力要满足的条件。

动力学——研究物体的运动规律与作用力之间的关系。

理论力学在发展过程中先后形成了两个等价的表述体系：一是由牛顿为代表发展起来的，使用矢量工具的体系，称为**矢量力学**（或**牛顿力学**）；二是由拉格朗日、哈密顿、雅可比等人使用广义坐标和变分法建立的一套纯解析形式的表述，称为**分析力学**。

矢量力学是从物体的运动视角直接建立的，直观清晰；分析力学则是从物体的能量视角建立的，高屋建瓴。分析力学采用自动满足约束条件的广义坐标，避免了矢量力学中引入额外约束力导致方程数量过多的问题。由于使用能量而不是力来描述系统，使分析力学的分析流程规范、不依赖解题技巧，因此易于计算机编程自动处理，这为复杂的多体问题建立了有利条件。不过，分析力学中广义坐标所表达的机械运动规律是弯曲空间中的描述，失去了直观性，但其表达的结论却更加深刻。

为了保证与中学物理知识平缓过渡，本书主要内容采用矢量力学表述体系，最后再介绍分析力学中的拉格朗日力学的基础部分。

（3）理论力学的发展简史

古代关于力学的研究最早见于战国时期的墨家学派和西方古希腊时期亚里士多德学派的著作。墨家学派对力、惯性、平衡、重心、变形、浮力等许多现象和概念有深入的见解，并且擅长制作各种机械。亚里士多德学派研究自然物的运动本质（称为自然哲学或物理学）以及简单机械的原理（称为力学）。

公元6世纪以前，力学研究主要限于简单机构（如杠杆、斜面、滑轮、轮轴等）的使用与设计，对机械运动的描述只限于匀速直线运动和匀速圆周运动。此后一千多年间，中国在农业、建筑、交通、手工业等领域制作出了许多复杂精巧的机械，到宋代发展到顶峰，出现了花楼织机、指南车、记里鼓车、水运仪象台等先进机械。

1586年，荷兰工程师斯蒂文利用斜面上链球的平衡研究了力的分解、合成与平衡规律，提出力的平行四边形法则，为力学理论体系的建立奠定了基础。1632年，伽利略提出“惯性”和“加速度”的概念。1644年，笛卡尔在其《哲学原理》一书中讨论碰撞问题时引入“动量”的概念，并发现了动量守恒定律，但他没有认识到动量是矢量。1669年，荷兰物理学家惠更斯研究碰撞问题时发现质量与速度的平方之积是个守恒量。1673年，他在《摆钟论》中提出了“向心力”“转动惯量”等概念。1677年，法国物理学家马略特利用前人的碰撞实验证明了动量守恒。1687 年，法国力学家伐里农在其《新力学大纲》书中提出了“力矩”的概念，还得出空间任意力系可以简化为主矢和主矩的结论。同年，牛顿出版了《自然哲学的数学原理》一书，正式引入“质量”和“质点”的概念，总结了三大运动定律，并提出万有引力定律，建立了自由质点动力学。天体运动因此得到了深入研究。1696 年，莱布尼茨把笛卡尔的动量称为“死力”，将质量与速度平方的乘积称为“活力”，并认为“活力”才是度量力的最佳选择。

18 世纪，随着工业机器生产的迅速发展，人们对于受约束的动力学分析需求与日俱增。1725 年，瑞士数学家约翰·伯努利在前人基础上提出虚功原理的一般表述，但未给出证明。1743 年，法国数学家达朗贝尔在《论动力学》中考虑了受约束质点的运动，提出“惯性力”概念，并给出了达朗贝尔原理，为受约束的质点系动力学问题提供了一般解决方法。他还指出，“活力”是力按作用距离的量度，而动量是力按作用时间的量度。1765 年，瑞士数学家欧拉在《刚体运动理论》中提出刚体的定点运动可用三个角（欧拉角）来描述，刚体绕定点有限转动与绕过定点的某一轴的转动等价，由此引出“瞬时转动轴”和“瞬时角速度矢量”的概念。他还将牛顿第二定律推广应用到刚体上，给出了刚体绕定点运动的动力学方程，奠定了刚体动力学的基础。1788 年，法国数学家拉格朗日出版了《分析力学》一书，其中引入可以完备描述系统运动状态的广义坐标，利用达朗贝尔原理，建立了受约束的质点运动的拉格朗日方程，该方程与牛顿第二定律等价。

19 世纪，功-能关系的建立以及变分法等数学工具的成熟，促使力学认识进入更抽象的能量视角。1803 年，法国力学家、数学家潘索在《静力学原理》一书中提出“力偶”概念，给出了力系简化和平衡的系统理论，明确了静力学平衡条件是主矢和主矩为零，自此矢量静力学理论基本完成。1806 年，安培给出了虚功原理的证明。1807 年，英国物理学家托马斯·杨区分了力矩与力的空间作用效果，首先提出“能量”一词。1830 年，法国几何学家夏莱证明刚体的一般运动是以刚体上某点为基点的平行移动和绕通过该基点的轴的转动的合成。1831 年，法国物理学家科里奥利引进“功”的概念，把活力的一半称为“动能”，并用给出了功与动能的联系，据此总结了虚位移原理的现代表述。1833 年，爱尔兰物理学家哈密顿通过光学-力学类比，使用变分原理推导出广义坐标和广义动量形式的哈密顿方程组，为多自由度质点系的运动在高维相空间中的几何描述奠定了基础，推动了分析力学的发展。1835 年，科里奥利指出旋转参考系中存在附加的加速度（1843 年才给出证明）。1894 年，德国物理学家赫兹提出了非完整约束的概念，认为约束是影响物体运动的因素。1899 年，法国数学家阿佩尔在《理性力学》书中提出能处理非完整约束的阿佩尔方程。

进入 20 世纪，物理学转向微观领域的研究，力学完全独立了出来。分析力学的重点集中在非完整系统，广泛应用在多刚体和刚柔体系统，例如大型工程结构和机器人等领域。工程中的非线性现象越来越多，导致动力系统的定性与运动稳定性理论的快速发展。此后分析力学理论结合微分几何、群论等数学理论，使人们对机械运动的认识逐渐深刻，得以眺望不远处的量子力学前沿。

从历史来看，力学的发展与生产及工程技术的需求密切相关，数学理论工具与理论力学体系的发展相互促进。例如，17 世纪微积分理论的出现为各类力学问题的研究提供了先进的数学工具。18 世纪，工业革命带来航海、交通、建筑、军事等领域中大量急需解决的力学问题，又直接促进了数学理论的发展。19 世纪以后，借助变分法、微分几何、微分拓扑理论，力学的本质逐渐几何化，甚至在其他领域中可以借鉴应用。可以预见，理论力学仍将随着工业和数学工具的发展而不断发展。

(4) 如何学好理论力学

先要明白理论力学与普通物理（大学物理）中力学内容的区别。

① 普通物理是从物理现象中归纳出质点运动的经验规律，强调从感性到理性的认识过程；理论力学则是从运动的基本规律出发，用数学和逻辑建立规律的体系，强调逻辑思维的分析应用能力。

② 普通物理关注质点或质点系的运动规律和运动过程中所蕴含的守恒关系，以及现象和规律背后的本质和不变量，而理论力学关注刚体及刚体系统的一般运动规律及其在工程等领域的应用，因此需要力学建模思维。

第一条是方法的区别，导致许多具有物理基础的初学者习惯性地用经验直觉去“想象”运动过程，或者只关注系统的形状，不重视概念和方法的逻辑联系，对数学本质认识也不足。第二条是目的的区别，导致初学者缺乏工程建模应用思维，对细节把握较模糊，习惯过于理想化地分析问题。不重视这两点，面临问题时就会过于依赖直觉，缺乏逻辑推理思维，也不明白方法、定理、公式的内在联系，因此对不确定的细节想当然，继而盲目套公式。

几点学习理论力学的参考建议：

① 结合具体事例来理解概念和结论。

从理论力学发展史可知，人们是从具体感性经验逐渐上升到理性抽象的认知，在该过程中必然会走弯路。因此，了解概念产生的曲折历史，将会理解得更深刻。

② 沿着知识之间的逻辑链去记忆。

理论力学各部分之间逻辑关系紧密，因此可以构建知识点的思维导图。在学习过程中及时解决不清楚的问题，心中建立起“知识树”就能对知识点纲举目张，轻松记住。

③ 运用理性逻辑思维分析问题。

例如，对于没有把握的判断，可以直接或间接控制某些变量（因素），令其连续变化，或趋于某些极限，根据物理经验看看结果的变化是否与已知定理或常识相矛盾。此外，特殊条件的示例不能代表一般情况，切忌形成刻板印象。最后，要养成习惯检查已知信息是否被使用，因为实际的运动一般受各种条件约束，其唯一性才能得到保证，很多情况下求解不出来，就意味着某些信息未用到或者冗余。因此逻辑和直觉要合理结合利用。

④ 利用叙述法夯实掌握程度。

如何快速找出并修补好自己知识体系存在的漏洞或薄弱环节呢？在几千年前，中国有句古话：“学然后知不足，教然后知困。”该思想的直接应用就是现代的“费曼技巧”：

第一步，向不熟悉某个主题/问题的人用他们能理解的方式和最简单的语言（避免用专业术语和行话）向他们解释该主题/问题；

第二步，找到自己无法理解或不能简单解释某个知识点的地方，记录下来；

第三步，回头查看知识点来源并研究自己薄弱处，直到能用简单的语言来解释；

第四步，重复前三步，直到能够精通该主题。

这四步就是知识内化的过程，体现了“把书读厚，然后读薄”这一学习方法的精髓，理工科知识都可以使用这种方法来学习。

第1章 力学建模基础

工程中的力学问题很复杂，不能简化为物理中的滑块或小球问题。

本章首先介绍力的几何表示、力的作用基本规律，然后介绍将实际问题简化成力学模型的思路，从而将工程常见连接和支撑抽象为基本模型，得到约束力方向的表示。最后演示其在受力分析及受力图绘制中的运用。

1.1 物体上的作用力

大量实践经验表明，力可以使物体产生运动和变形。力的运动效果与力的大小、方向、作用点有关，称为**力的三要素**。例如踢足球时（图 1-1），如果踢中足球中心，足球会朝着力的作用方向移动但不自转；如果没有踢中足球中心，则足球在移动的同时还会自转。因此，与数学中的向量不同，力一般不能随意平移，它是**定位矢量**。

图 1-1

力的变形效果涉及力与变形的关系，称为本构关系，它与材料的种类有关，将在材料力学、弹性力学、土力学、流体力学（或流变学）等课程中专门研究。

根据作用力的分布情况，力可以分为集中力与分布力。**集中力**是作用于一点的单个力，**分布力**则是分布作用在线（面或体积）上的力。例如，物体受到的重力分布在整个体积上，气球受到的浮力和飞机受到的升力本质上一样，都是分布在其表面的空气压力的净效果，因此是面积分布力。

不过，集中力是抽象出来的理想情况，因为现实中的力都是分布力。当分布力的变形效果可以忽略不计，且其作用范围相对于整个问题较小时，分布力可以等效为集中力。例如，通常将分布作用在表面的压力等效为一个作用在浮心或升力中心处的集中力。有关分布力的简化与等效计算方法，参见第 2 章“分布力的等效”与“形心和重心”两节内容。

1.1.1 力的几何表示

力矢量一般用直线箭头表示。其中，箭头或箭尾的位置表示力的作用点，箭头的方向是力的作用方向，如图 1-2（a）所示的两种集中力画法是等价的。对于分布力，用在其作用区域连续分布的箭头表示，箭头长度表示作用在单位长度（或面积/体积）上的分布力大小，称为力的分布密度，它是空间位置的函数，单位是 N/m（N/m^2 或 N/m^3）。如图 1-2（b）所示为大坝受到线性分布的水压力，其中两种画法等价。

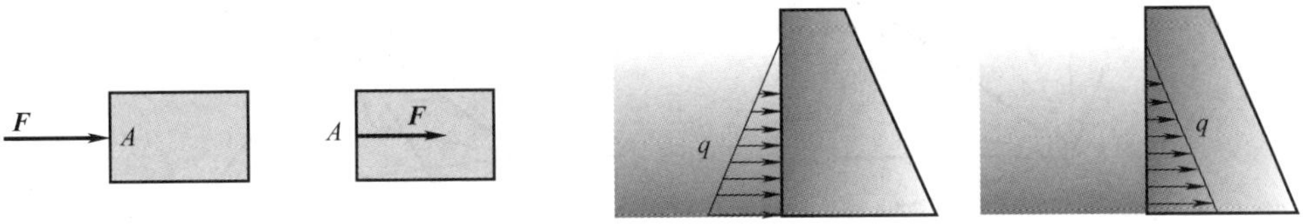

(a) (b)

图 1-2

面积分布力也称为面力或面积力，它可以作用在平面上或曲面上。图 1-3 所示为圆筒表面受到垂直的均匀压力的几何表示。面力不一定与作用面垂直，它也可以有切向分量。例如，相对于流体运动的固体表面，受到流体的作用力与表面不垂直。此外，面力也可以是拉力，作用面也可以是某个截平面或截曲面。例如，受拉的固体在某个截面上受到的分布力背离截面，并且可以不垂直于截面。

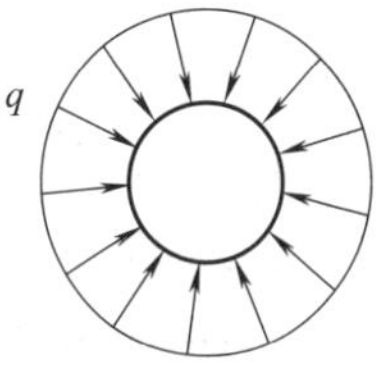

图 1-3

体积分布力也称为体力，一般不直接画出，通常用等效代替的一个集中力来表示。

1.1.2 作用力的基本规律

作用在物体上的多个力称为**力系**。如果一个力系对物体的作用效果与另一个力系的作用效果相同，则称这两个力系互为**等效力系**。如果某个力系与一个力等效，则称这个力是此力系的合力，而此力系中的各个力则称为合力的分力。无作用力称为**零力系**，物体在零力系作用下的状态称为**平衡**。对这种状态的讨论，见第 8 章中对平衡定义的讨论。相应地，与零力系等效的力系称为**平衡力系**。

基于上述概念，人们根据实践经验归纳总结出了 5 个相互独立的力学规律。

力的平行四边形法则：作用在物体上同一点的两个力，可以合成为一个合力，合力的作用点仍在该点，合力的大小和方向由这两个分力作为边所构成的平行四边形的对角线确定。

如图 1-4 所示，平行四边形法则也可以看成是首尾相连的三角形法则。

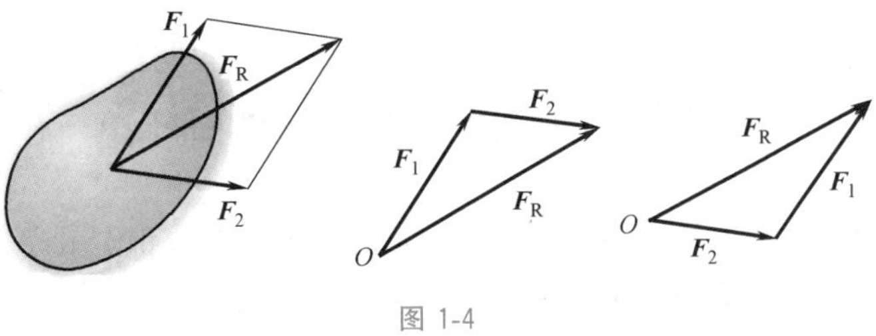

图 1-4

力的平行四边形法则定义了力的加法运算，即合力可以写成两个力的矢量和

$$\boldsymbol{F}_R=\boldsymbol{F}_1+\boldsymbol{F}_2 \tag{1.1}$$

它是复杂力系简化的基础。反过来，一个力也可以通过平行四边形法则分解为两个分力，不过分解方式不唯一（图 1-5 及图 1-6）。

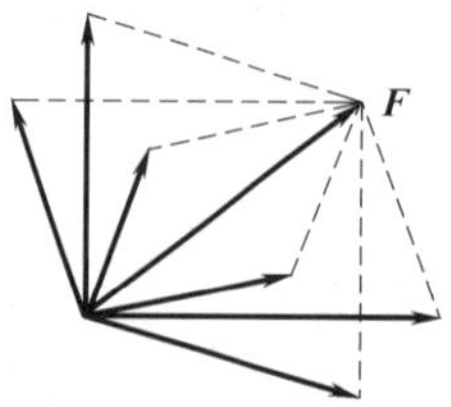

图 1-5

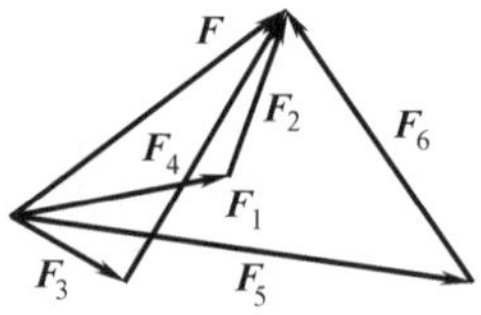

图 1-6

作用与反作用定律：作用力和反作用力总是同时存在，二者大小相等、方向相反，且沿着同一直线，分别作用在两个相互作用的物体上。

在力的作用下，变形可以忽略不计的物体称为**刚体**。它是一种抽象出来的理想模型，因为现实中的物体受力都会有不同程度的变形。研究刚体的受力，可以不用考虑变形效果，而理论力学仅研究力对物体产生的运动效果，因此刚体是主要的研究对象。下面介绍刚体受力的基本力学规律。

二力平衡条件：作用在同一刚体上的两个力，使刚体保持平衡的充要条件是：这两个力大小相等，方向相反，且作用在同一条直线上。

这是刚体上最简单的平衡力系。需注意“同一刚体”这个条件不可少，因为两个力分别作用在不同的刚体上，刚体之间有可能产生相对运动。

作用与反作用定律与二力平衡条件的区别在于，作用和反作用力是作用在两个相互作用的物体（刚体或变形体）上，且作用和反作用力同时出现、同时消失，而二力平衡条件中，力作用在同一个刚体上。

对于刚体而言，平衡力系与零力系等价，因而不改变运动状态，因此有

加减平衡力系原理：力系对刚体的作用效果，不会因在刚体加上或减去任意平衡力系而改变。

此原理是研究力系等效替换的根本工具，利用它可以导出下面的两个推论，以及第 2 章“力系等效与简化”中力的平移定理。

如图 1-7 所示，在刚体上的点 A 处作用一个力 $\boldsymbol{F}$，若在此力的作用线上任意点 B 处添加一对相互平衡的力 $\boldsymbol{F}_1$ 和 $\boldsymbol{F}_2$，使 $F=F_2=F_1$。由于力 $\boldsymbol{F}$ 和 $\boldsymbol{F}_1$ 也是平衡力系，根据加减力系平衡原理，可以将其去掉。这样，只剩下力 $\boldsymbol{F}_2$，相当于原来的力 $\boldsymbol{F}$ 沿其作用线移到了 B 点。因此有

推论 1　力的可传性

刚体上作用在某点的力，沿着力的作用线移到此刚体内部任意一点，并不会改变此力对刚体的作用效果。

这说明，作用在刚体上的力的三要素是：力的大小、方向和作用线。这种沿作用线移动后还能等效的矢量称为**滑动矢量**。

力的可传性与平行四边形法则联合使用，还能得到另一推论。如图 1-8 所示，在刚体上 A、B 两点作用有力 $\boldsymbol{F}_1$ 和 $\boldsymbol{F}_2$，它们共面且作用线相交于点 O。由刚体上的力的可传

性，这两个力的作用点可沿着各自作用线移到 O 点，再由平行四边形法则合成为一个力 $\boldsymbol{F}_{12}$。此时在 C 点作用的第三个力 $\boldsymbol{F}_3$ 若恰好使刚体平衡，由二力平衡条件，力 $\boldsymbol{F}_3$ 和 $\boldsymbol{F}_{12}$ 必然平衡。因此力 $\boldsymbol{F}_3$ 的作用线必通过 O 点，且力 $\boldsymbol{F}_3$ 必位于 $\boldsymbol{F}_1$，$\boldsymbol{F}_2$ 所在的平面内，即三力共面。因此有

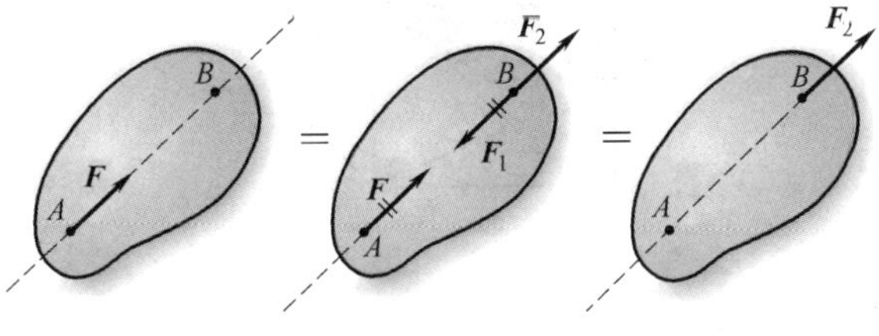

图 1-7

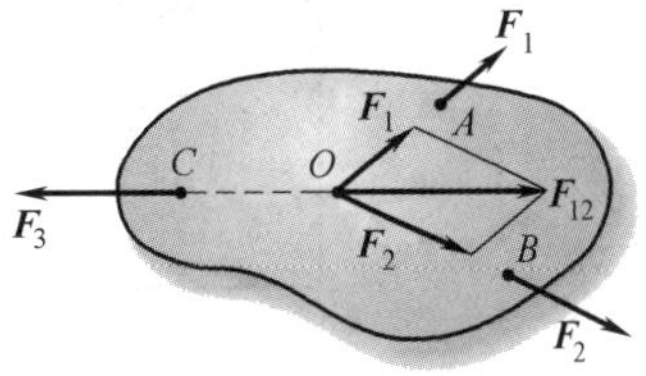

图 1-8

推论 2　三力平衡汇交定理

刚体在三个力作用下平衡，若其中两个力的作用线汇交于一点，则第三个力的作用线必通过汇交点，且三个力在同一平面内。

两点说明：①两个力平行的情形也成立（可视为交点在无穷远点）。②“若其中两个力的作用线交于一点”可以放松，变为“刚体在三个力作用下平衡，则这三个力必落在同一平面内，要么相互平行，要么交于一点。”该结论的严格证明要用到空间任意力系简化方法和力螺旋的概念，证明过程见第 2 章“力偶与力偶系的简化”一节末尾。

最后，考虑刚体平衡与变形体平衡的关系，有

刚化原理：变形体在某一力系作用下处于平衡，若将此变形体刚化为刚体，其平衡状态将保持不变。

例如，由变形体或多个刚体组成的系统若处于平衡状态，可以将其刚化为一个刚体，这样就能使用三力平衡汇交定理了。刚化原理表明，刚体的平衡条件是变形体平衡的必要条件。因此，研究变形体的平衡问题，要先满足作为刚体时的平衡条件，然后再考虑变形。

1.1.3　力的投影

力矢量的计算是由分解到各个坐标轴上的分量来完成。如图 1-9 所示，在直角坐标系 $Oxyz$ 中，通过作垂线得到力 $\boldsymbol{F}$ 的三个分量 $\boldsymbol{F}_x$，$\boldsymbol{F}_y$，$\boldsymbol{F}_z$ 的大小 F_x，F_y，F_z 称为 $\boldsymbol{F}$ 在 x，y，z 方向上的投影。请注意，在非正交坐标系中，投影与分量有区别。

(1) 直接投影法

在图 1-9 (a) 中，设坐标轴 x，y，z 上的单位基矢量分别为 $\boldsymbol{i}$，$\boldsymbol{j}$，$\boldsymbol{k}$，则力 $\boldsymbol{F}$ 可沿着坐标方向分解为 $\boldsymbol{F}=F_x\boldsymbol{i}+F_y\boldsymbol{j}+F_z\boldsymbol{k}$ 的形式。由于基矢量是单位矢量，坐标轴两两垂直，则

$$F_x=\boldsymbol{F}\cdot\boldsymbol{i}=F\cos\varphi,\qquad F_y=\boldsymbol{F}\cdot\boldsymbol{j}=F\cos\theta,\qquad F_z=\boldsymbol{F}\cdot\boldsymbol{k}=F\cos\gamma \tag{1.2}$$

(2) 二次投影法

有时夹角不容易求，可以先将力投影到与投影方向平行的平面上，然后投影到投影方向上。如图 1-9 (b) 所示，欲求力 $\boldsymbol{F}$ 在 x 轴或 y 轴上的投影，可先求出力 $\boldsymbol{F}$ 在 xOy 平面上的投影 F_{xy}，之后再向 x 轴或 y 轴投影，得到 F_x 和 F_y。则有

$$F_{xy}=F\sin\tau,\qquad F_x=F_{xy}\cos\varphi,\qquad F_y=F_{xy}\sin\varphi,\qquad F_z=F\cos\tau \tag{1.3}$$

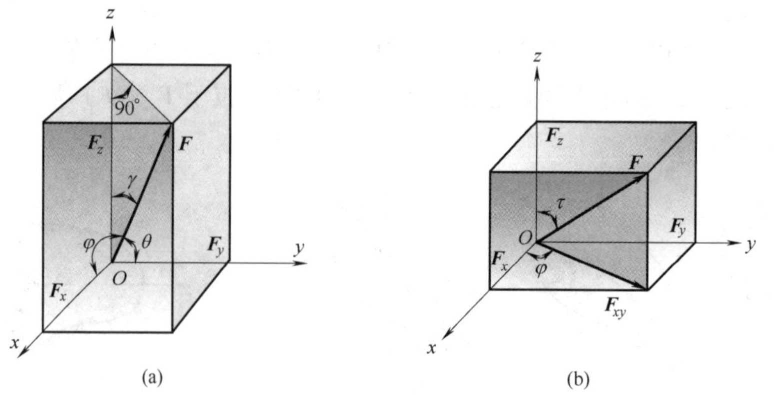

图 1-9

二次投影之所以成立，是因为力的另一个垂直于投影平面的分量对投影平面内任意方向的投影为零，所以不必考虑这个分量。注意，切勿先投影到线，再投影到线。

1.2 力学模型与力学简图

工程中的力学问题通常会受到许多因素的影响。如果考虑所有影响因素，问题可能变得难以求解。因此，要抓住问题的本质，做出合理假设，使问题简化，从而将复杂问题简化为满足一定精度要求的简单问题。

简化的大致原则是，通过观察和分析，从复杂的现象中找出反映力学本质的主要因素，并忽略次要因素，然后将问题从实际背景中抽离出来，建立一个体现其力学本质的抽象模型。这种对实际问题的合理简化与抽象过程称为力学建模，所得结果称为**力学模型**。

值得注意的是，主要和次要因素并不是一成不变的，在做简化的时候，需要根据具体情况分析，而不能随意简化。例如，如果某物理量随时间（空间）变化非常缓慢（小），我们可以假设它是关于时间（空间）的常数。又如，如果物体的变形非常小但又不能忽略，我们可以假设材料的本构关系（变形与受力之间的数学关系）近似为线性变化规律。另外，要善于用几何对称性、数学等价、物理等效等方法对问题进行简化和抽象，这些技巧有时可以降低遇到的困难，甚至直接触及问题的本质。

数学模型是抽象出来的理想模型，它与实际物体的几何外观可能完全不同。力学基本模型包括刚体、质点、质点系、轻弹簧/扭簧、阻尼器/黏壶、绳、杆杆等离散型模型，分别体现刚性转动、惯性、变形、弹性（仅传递力，与变形量有关）、黏性（仅传递力，与变形速率有关）、单向受力、功的原理。此外还有杆、轴、梁、板、壳等连续型模型，分别体现轴向拉压、轴线扭转、横向弯曲、多方向受力等特点。它们也可以组合成更复杂的力学模型。

为了方便分析，通常会把力学模型用简单图形来表示，这种图形称为**力学简图**。本书的例题和大部分习题中，都是已经简化好的力学模型和简图。力学建模需要根据具体的问题特点，按照简化原则灵活处理。

(1) 力学建模的简单示例

1) 家用轿车乘坐舒适性问题

从力学角度而言，轿车的乘坐舒适性主要与底盘滤振、整车隔音效果等有关。因此本问题应建立振动力学模型。

如果侧重研究对路面颠簸的乘坐舒适性，则可以使用离散型力学模型来建模。因为人体在生理上对低频振动更敏感，而离散型模型具有更高的刚度，模型估算出的固有频率将低于真实值，从而留有一定裕度。

家用轿车通常采用承载式车身，因此振动因素包括悬架系统、车身结构、发动机缸数、轮胎类型等，但从乘车主观感受来看，悬架和车身的影响较大。因此以悬架和车身为研究对象。

① 对于承载式车身和发动机等部件，可整体简化为一块总质量为 m 的刚性矩形平板，其质量分布情况则由质心位置和惯量矩阵 $\boldsymbol{J}$（见专题 3）来描述。

② 假设轿车沿直线在起伏不平的路面行驶，忽略轮胎侧倾以及整车的水平方向振动，只考虑在竖直方向上的滤振效果。

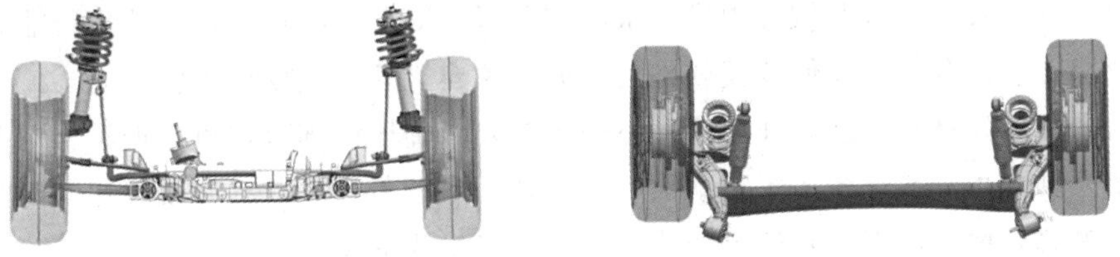

(a)　　(b)

图 1-10

③ 目前家用轿车多采用前置麦弗逊式独立悬架和后置扭力梁式半独立悬架。图 1-10 (a) 是一种典型的麦弗逊式独立悬架结构图，其中轮胎轮毂连接弹簧减振器，两个轮毂通过摆臂（连杆）连到车桥上，因此左右两边可独立上下运动。图 1-10 (b) 是扭力梁式半独立悬架的典型结构图，其中左右两个减振器安装在摆臂上，摆臂与扭力梁固定，因此左右轮胎的上下运动变成了梁的相对扭转，从而允许两侧轮胎的小幅度独立运动。这两种悬架中的减振器通常是液力减振器，其内部弹簧缓冲车架与车桥之间的相对位移，而筒内油液的黏性产生的阻尼力可以衰减振幅，该阻尼力随车架与车桥之间的相对速度变化。因此，减振器抽象为弹簧与阻尼器并联。图 1-10 (b) 中连接轮毂轴和横梁的摆臂绕横梁转动，因此轮毂轴上安装的弹簧变形量（或速率）与减振器两端相对运动位移（速率）成正比，这在物理上等效为刚度和阻尼系数的缩放。因此图 1-10 (b) 中的减振器与减振弹簧在建模时可以移至轮毂中心，只是弹簧和阻尼器参数发生了改变。

④ 轮胎在减振方面主要利用了其胎内气体的弹性和阻尼。胎内气体可以简化为弹簧和阻尼器并联的模型。如果轮胎橡胶材料的弹性效应较明显，则还要将该并联模型中串联一个弹簧（因为轮胎在重力方向上与胎内气体受力相同，压缩量不同）。以上弹性和阻尼相关参数可以通过对实验测试数据物理等效来获得。

⑤ 系统输入包括路面的位移激励和发动机的惯性激振力，由于家用轿车发动机多采用前置，因此发动机的惯性力加在模型的前面。

最终得到直线行驶的家用轿车 6 自由度振动模型，如图 1-11 所示。

如果侧重研究噪声方面的乘坐舒适性，则可以选择连续模型对车身框架建模。因为人

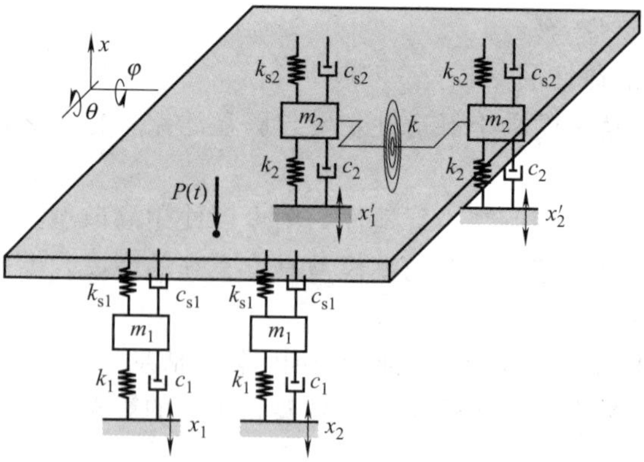

图 1-11

耳对高频噪声更敏感，如果使用离散型模型，模型刚度比实际要大，导致固有频率的估算值低于真实值。连续型模型的固有频率值可接近真实固有频率值，对实际参考价值更大。

由于连续型力学模型集成在不同的行业软件中，只要有几何模型，就可以根据研究的问题类型将其导入相应行业软件中进行求解和分析。因此，我们只需要使用行业软件自带的前处理功能，或专门的几何建模软件为研究对象建立几何建模即可。

为了平衡计算量和精度，几何模型不一定都要精确还原细节，可根据具体情况进行取舍和改动。例如，一些对结果影响不大的几何特征或细节，可以忽略或简化。某些情况还可以进行等效处理，体现在几何模型比实际对象多出或缺少特定部分。

2）人体手臂在铅垂面内的力学模型

手臂的力学效果主要由骨骼和肌肉、筋来实现，故可以忽略其他因素。显然，骨骼较脆且不易变形，可抽象为刚体。筋膜则较软，只能受拉，因此可以抽象为绳或胶带。肌肉容易变形，还可以储存能量和对外做功，因此可抽象为弹簧。骨骼可以简化为两段用铰链连接的刚性直杆。根据解剖学知识可知，手臂伸展及肘部屈曲功能主要由肱肌、肱二头肌、肱三头肌负责［图 1-12（a）］。肌肉由筋连接到骨头上，手臂在肌肉的收缩和舒张的相互配合下完成各种动作。因此手臂力学模型简图如图 1-12（b）所示，其中 k_1、k_2、k_3 分别对应肱肌、肱二头肌、肱三头肌的弹簧模型。

当然，根据生物力学知识，还可以对肌肉进行更精细的建模，例如，用多个肌肉纤维力学模型来代替原始模型中的弹簧。

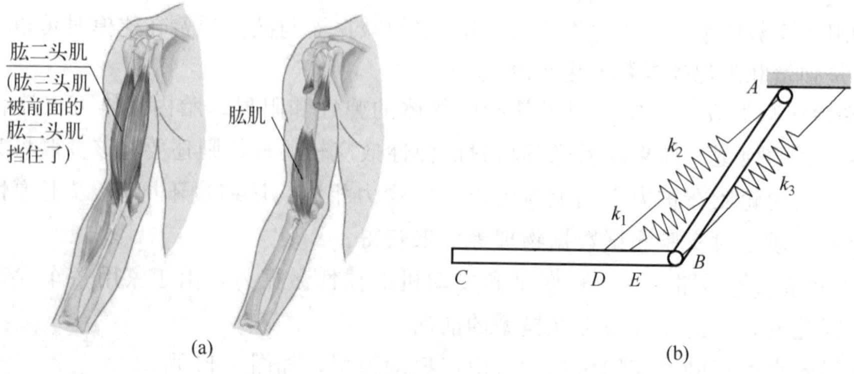

图 1-12

(2) 力学模型的求解

建立了力学模型以后，还需根据力学公式对其进行数学描述，以建立力与运动的数学方程，称为**数学模型**。对于离散模型，这些数学方程是代数方程或常微分方程（包括微分代数方程）。对于连续型模型，这些数学方程一般是偏微分方程（或等价的积分方程）。这些方程除了非常简单或特殊情况有理论解，其他情况一般需要用计算机求数值近似解。附录B对此有简要介绍，并提供了简单问题的计算机求解示例。偏微分方程可以通过编程解决，但力学问题的方程类型基本上是固定的，相应行业软件可以求解，只需提供几何模型、物性参数、边界条件和初始条件。

求得结果后，还应结合实际背景对其进行解释，这需要专业知识与工程经验。当结果有违反物理或常识的地方，或无法反映问题的某些重要特征时，首先应该排除计算误差和（参数、求解器算法）设置错误的可能性。如果确认不是这些问题，则应该对模型进行敏感性分析，然后稍稍收紧敏感因素的简化条件，重新建立力学模型并计算。反复上述过程，直至计算结果能够正确解释问题并反映相关重要特征为止。

大量经验表明，力学模型的优劣（而非模型的复杂度）对计算结果的质量起到了重要作用。

1.3 非自由体与约束力

空间中的位置、速度的大小和方向都不受任何限制的物体称为**自由体**，这类物体的运动规律在物理中已得到了详细研究。然而，在工程问题中，研究对象通常会与支承面接触或通过一些辅助构件与其他物体连接或固定，因此其空间位置和运动会受到这些支承或连接件的限制。空间位置或运动受到预先给定限制的物体称为**非自由体**。这些限制可以是对物体位置的限制，速度大小或方向的限制（例如导弹、遥控飞机的飞行过程）。复杂的力学问题往往包含复杂的约束类型或本构关系。因此，研究约束类型对于解决复杂力学问题非常重要。有关约束类型的讨论，参见第10章的“约束与虚位移”一节。

由于支承或连接对非自由体的限制作用与力的效果等效，我们可以用**约束力**来代替支承或连接的作用。约束力方向总与所阻碍的相对运动（趋势）方向相反，因此也称**约束反力**。这个性质可以用于分析非自由体受约束力的方向或作用线位置。

现实中的支承和连接方式多种多样，无论多么复杂，都可以通过力学建模抽象出本质，分析约束力方向，并建立约束模型。表1-1列出了工程中常见的连接和支承处的约束力。

表1-1 常见支承和连接结构中的约束力

类型		约束力方向及其表示	
1	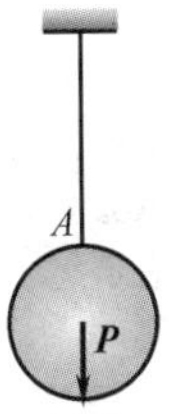 柔索	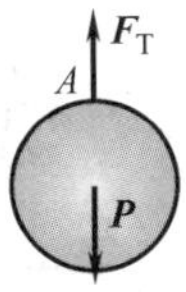	柔索只限制沿其长度方向的拉伸作用，因此约束力通常称为张力，沿着柔索拉伸相反的方向，一般用 $\boldsymbol{F}_T$ 表示

续表

类型		约束力方向及其表示	
1	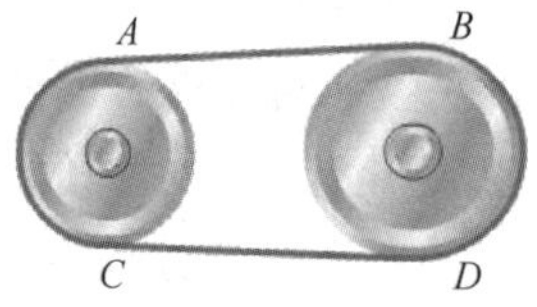 胶带或链条	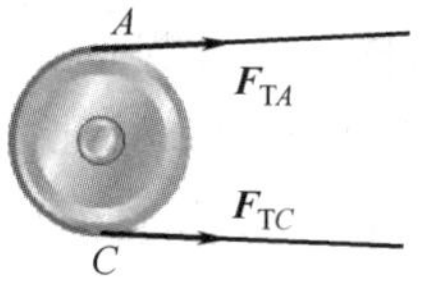	胶带处于紧绷状态，因此轮带受到约束力 $\boldsymbol{F}_{TA}$ 和 $\boldsymbol{F}_{TC}$ 的方向是沿着胶带的方向
2	 光滑接触线	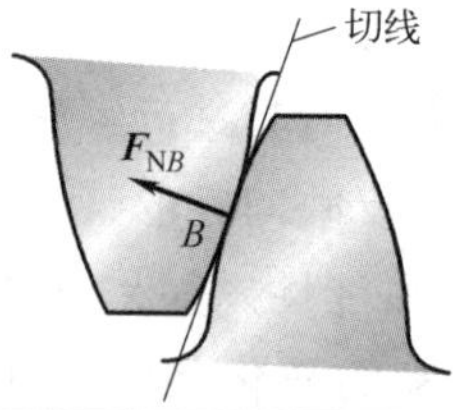	光滑齿面相切于一条直线，只阻碍公法线方向的相对移动，因此约束力在接触线处，沿公法线方向，指向其中被限制的物体，常用 $\boldsymbol{F}_N$ 表示
	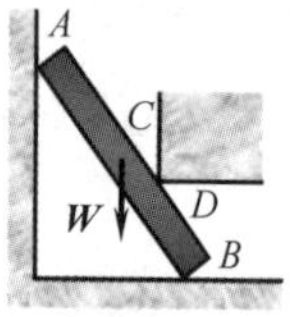 光滑接触点	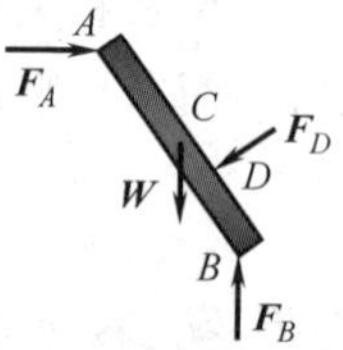	接触面光滑，只阻碍法向的移动，因此约束力在接触点处，沿接触面法线方向，指向被限制物体
	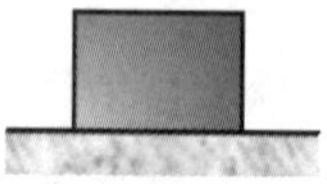 光滑接触面	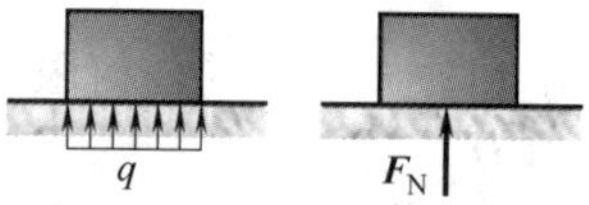	接触面光滑，只阻碍物体沿公法线向下的移动，因此约束力在接触面处，沿接触面法线方向，指向被约束物体。一般用等效集中力 $\boldsymbol{F}_N$ 表示，其作用线待定
3	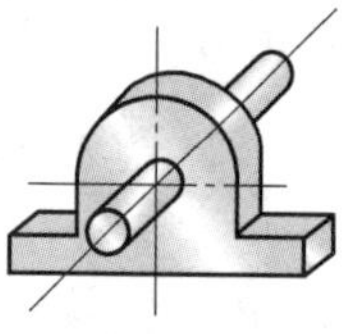 向心轴承	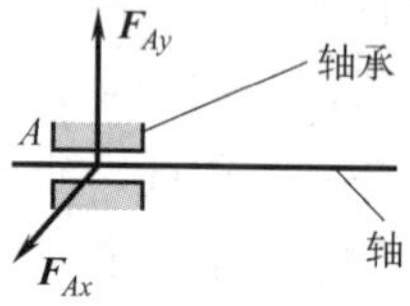	轴与孔接触光滑，只能沿轴向移动，或绕轴自由转动。由于轴承主要承受径向作用力。因此约束力垂直于轴，可分解为两个正交分量
4	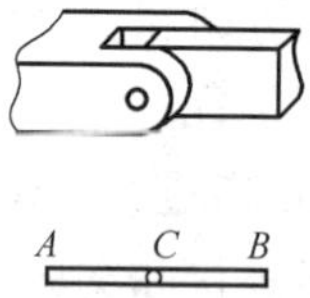 圆柱铰链	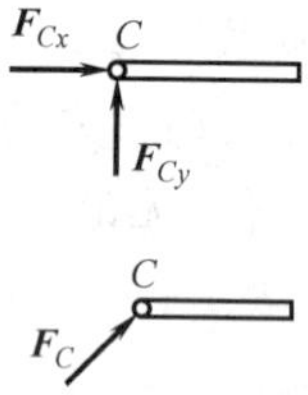	光滑的铰链允许物体绕销钉相对转动，阻碍平面相对移动，因此杆可受平面内任意方向约束力，可用两个正交分量表示 若铰链仅连接两个构件，可将销钉视为属于其中一方，不必单独分析销钉的受力
	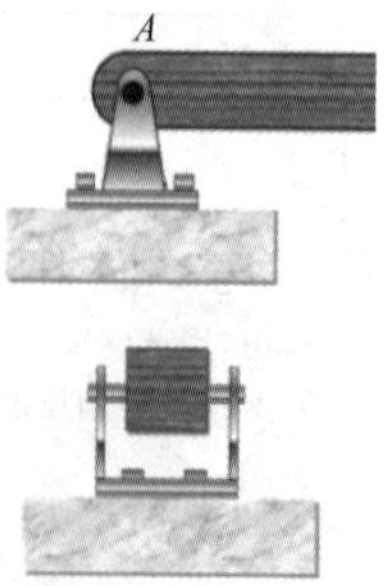 固定铰链支座	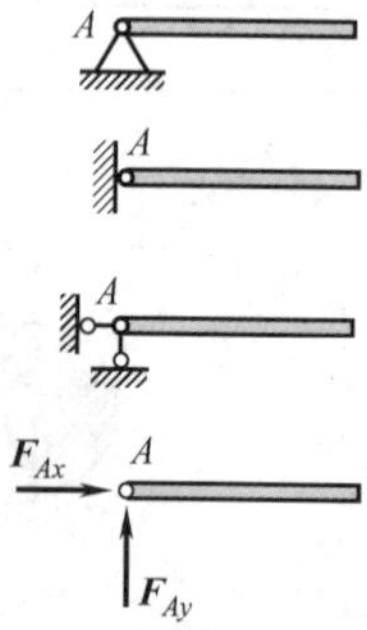	光滑固定铰支座只阻止销钉任意的平面移动，因此销钉可以受平面任意方向约束力，可用两个正交分量表示

续表

类型		约束力方向及其表示	
5	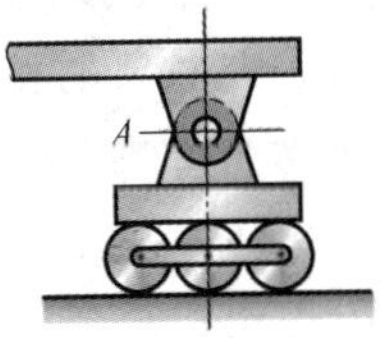 滚动支座	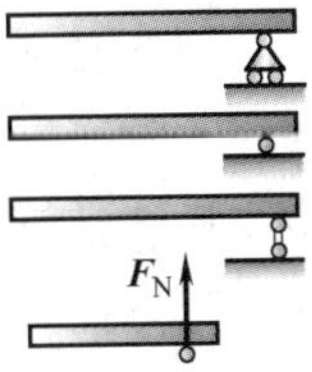	若支承面光滑，滚动支座只阻碍构件在支承面法向方向的运动。因此构件受到的约束力沿着支承面法线方向。工程中还有将滚动支座盖住的，实际约束力也可能向下
6	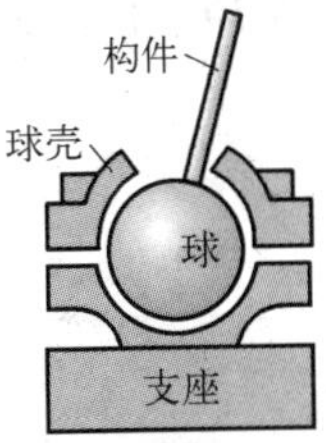 球铰链	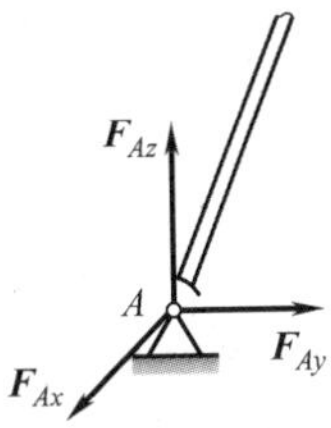	光滑的球铰链允许任意相对转动，但会阻碍空间任意方向的相对移动。因此杆受空间任意方向约束力，可用三个正交分量表示
7	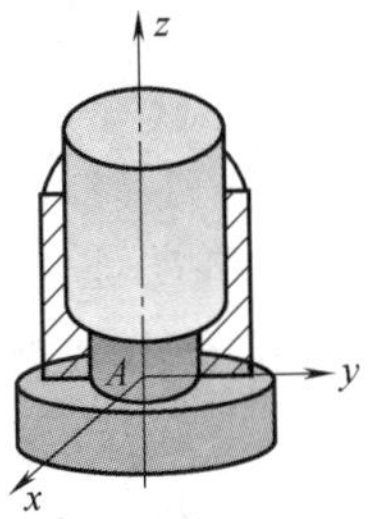 止推轴承	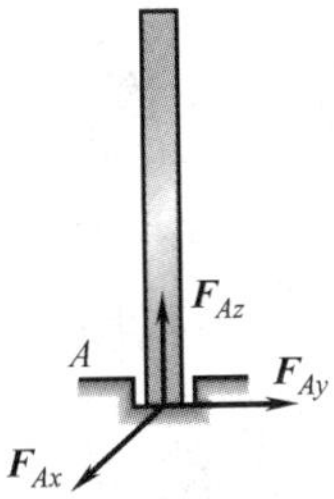	止推轴承的作用主要是限制轴的位移，特别是限制轴向的一个方向的位移。因此轴约束力可用三个正交分量表示，但其中 z 方向分量只能向上

1.4 自由体的受力图

对工程实际问题建立了正确的力学模型后，无论是动力学还是静力学问题，首先需要确定研究对象受到的力的个数、作用位置和方向。这个分析过程称为物体的**受力分析**。

力的类型可简单地分为两类。可以预先确定大小和方向的力，称为**主动力**，例如重力、静水压力、风压力、弹力、电磁力等，工程上通常称为载荷。载荷的分布密度称为载荷集度。大小或方向无法预先确定的力，称为**被动力**。例如支持力、摩擦力。约束力的大小和方向取决于主动力的大小、方向、作用位置以及非自由体的运动状态，并随着这些因素变化而变化，因此约束力是被动力。

工程中的研究对象通常是非自由体，为了分析受力情况，必须将待分析的非自由体从其周围相连的物体中隔离出来，形成一个自由体，这一步称为“取研究对象”。然后画模型简图，并在其上画出研究对象受到的全部作用力，包括主动力和被动力，得到自由体受力的图形，称为自由体的**受力图**。由于牛顿力学所描述的是自由体的受力与运动规律的关系，因而必须画自由体的受力图以便应用牛顿力学理论。而分析力学（见第 11 章）主要研究非自由体的运动规律，因此不需要约束力的概念。

在画受力图时需要注意：

① 取研究对象后，只需画出研究对象，不能再画出其周围的物体。

② 在画整体受力图时，不必去掉周围物体，因为周围的支承或连接结构通常不会作为研究对象，并且保留这些结构也不会引起歧义，还可以提示研究对象的相对位置。

画受力图是解决力学问题的基础和关键，一旦受力图出现错误，将会影响后续分析和计算，甚至导致结论不正确。为了防止后续计算中可能出现符号或结果错误，在画受力图的过程中，应尽可能确定出被动力的实际方向，并在受力图中标出。

[例 1-1] 如图 1-13（a）所示，A，B 处均为固定铰链支座，C 处为自由铰链，结构可视为刚体。D 点处作用有载荷 $\boldsymbol{P}$，各铰接处光滑，且不计拱 BC 的自重。试分别画出 AD、BC 及整体的受力图。

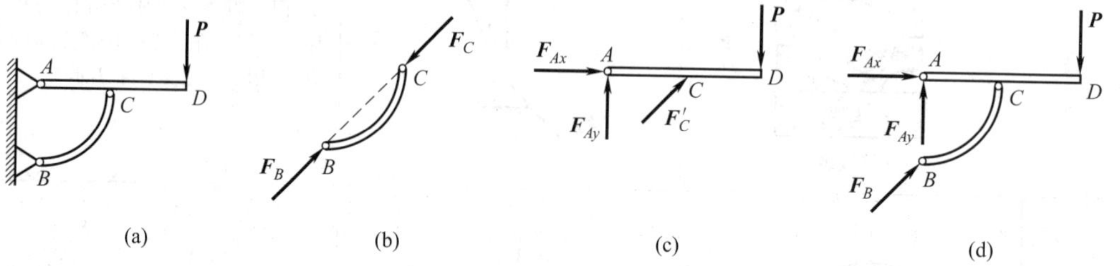

图 1-13

分析： 题目要画整体受力图，可以先取整体为研究对象。A 和 B 处为固定光滑铰链，一般直接去掉支座后都画出两个分量。但继续分析局部，可以确定出 A、B 处约束力的方向。

解： 注意到拱 BC 自重不计，仅受 B、C 处的两个集中力而平衡，称为**二力构件**。根据二力平衡条件，这二力等大、反向、共线，通过观察容易得知拱 BC 是受压的，如图 1-13（b）所示。

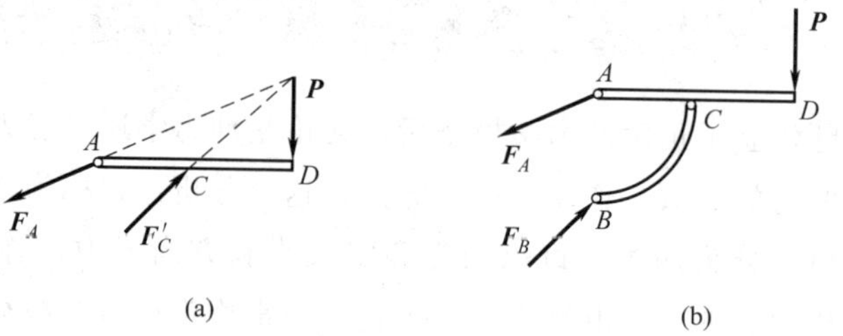

图 1-14

再来分析 AD 受力情况。由作用与反作用定律，可确定杆 AD 在 C 处受到的约束力方向。A 处受到光滑固定铰链的约束力用正交分量表示即可，如图 1-13（c）。但其实能进一步确定约束力方向。

注意到构件 AD 只受三个力的作用，其中 C 处约束力方向已确定，而且 C、D 两处作用的两个力的作用线有交点。根据三力平衡汇交定理，A 处的第三个力必通过该交点，如图 1-14（a）所示。

最后拼接杆 AD 和 BC 的受力图，去掉内部相互作用力，即为整体受力图，如图 1-13（d）或图 1-14（b）。

受力分析时，优先选择能满足受力个数少，或者受力情况简单（例如各力都平行，或大部分力都交于一点）的局部（指单个构件或多个相关联的构件组合体）作为研究对象。当然，选择研究对象时，局部与整体需要灵活切换。下面用一道例题加深理解。

［例 1-2］ 如图 1-15（a）所示，地面及连接处光滑，轮、杆、软绳自重不计，画出杆 AB、AC 以及销钉 C 的受力图。

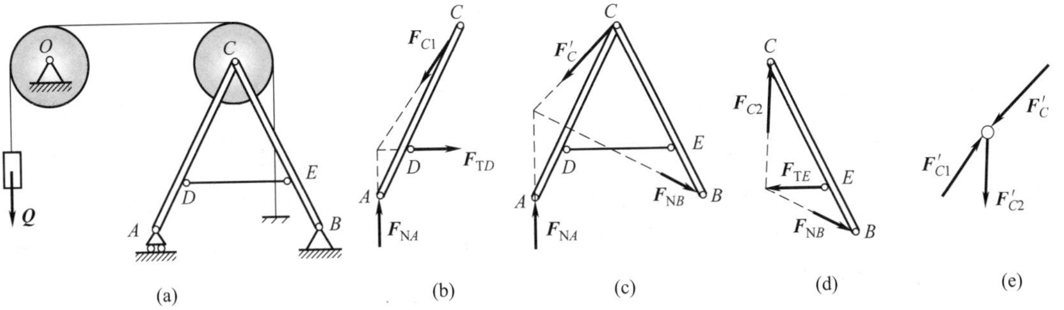

图 1-15

分析： C 处销钉连接有三个构件：杆 AC、杆 BC、滑轮 C。可先抽出销钉 C，最后画受力图。

解： 先找出二力构件绳子，受水平方向拉力（图略）。由作用力与反作用力定律，杆 AC 在 D 点受拉。根据三力汇交平衡定理，画出杆 AC 受力图，如图 1-15（b）所示。

然后考虑杆 BC 的受力，似乎难以确定方向，其实不然，注意到 A 处约束力垂直地面向上，可选择 ACB 整体（含销钉）来分析（这样选择可以创造应用三力平衡汇交定理的条件，即 A、B、C 三点受力），其中销钉 C 受力方向为左下方 45°。由于绳和滑轮质量不计，绳上张力必然相等，根据平行四边形法则，销钉 C 对滑轮作用力 $\boldsymbol{F}_C$ 方向为右上方 45°（轮的受力图未画），由作用与反作用定律，销钉 C 受到反作用力 $\boldsymbol{F}'_C$ 方向与之相反，应用三力汇交平衡定理可确定 B 处受力方向，如图 1-15（c）所示。前面分析出了 B 处受力方向，根据三力平衡汇交定理可画出杆 BC 受力图，如图 1-15（d）所示。

与销钉相连的各构件受力图都已画出，根据反作用力的方向画销钉受力图，如图 1-15（e）所示。

销钉作用是防止各构件散架，因此销钉受到各构件的作用力，而销钉约束的各构件之间在垂直于销钉的平面内无相互作用。上面抽出销钉的处理方式是标准做法。不过，当各处的销钉都连接了三个及以上的构件时，对每个销钉都进行单独分析会导致约束力增多，其中许多约束力会作用在销钉上并相互平衡。这种情况会使得后续的计算量大大增加。因此，通常不建议单独抽出销钉进行受力分析，相反，应该将销钉分配给其他构件。当销钉分配到某个构件上，这个构件就继承销钉上的集中力以及其他构件施加给销钉的力。分配销钉的原则：尽可能创造二力构件和三力平衡汇交定理的条件以减少未知量的数目。

［例 1-3］ 如图 1-16（a）所示，各杆自重不计，地面及连接处光滑，试画出杆 DE、BC，杆 AC（含销钉 C）和整体的受力图。

分析： 题目要求画整体的受力图，可以先试着分析整体受力情况，尽量获取信息。如果遇到阻碍，顺藤摸瓜进入局部分析，获得信息后再结合整体看是否能分析出其他约束力的方向。

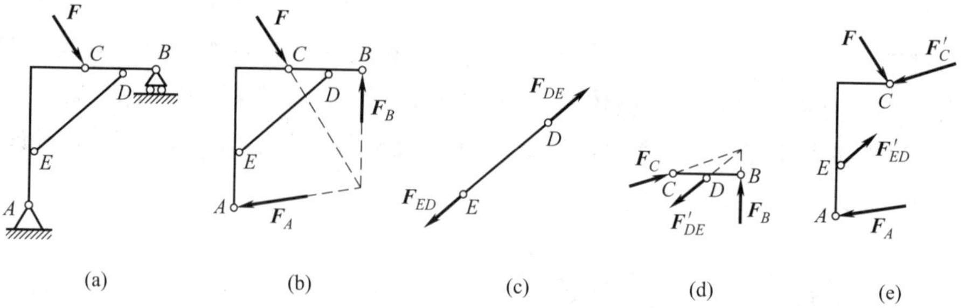

图 1-16

解：首先分析整体。B 端受光滑滚动支座约束，约束力垂直地面向上，A 处的约束力可使用三力平衡汇交定理来确定方向，如图 1-16（b）所示。接下来找二力构件，只有杆 DE，受拉还是受压似乎较难确定。可以用假设法来排除。假设杆 DE 受压，再分析构件 AC 或杆 BC 是否平衡。

C 处销钉受到三个力的作用，通常的做法是抽取销钉，最后单独受力分析。但这样会引入较多未知力，对后续计算不利。可将销钉分配给构件 AC，则 C 处的作用力随之移动到构件 AC 上，因而杆 BC 只受三个力作用并且 B、D 处的两个约束力的方向已知。由三力平衡汇交原理，杆 BC 受力情况可知。显然，若 DE 受压，根据平行四边形法则，杆 CB 将无法平衡。因此 DE 只能受拉［图 1-16（c）］，杆 BC 受力图如图 1-16（d）所示。最后，根据所有已知信息，可以画出构件 AC（含销钉）的受力图，如图 1-16（e）所示。

最后，如果结构上有分布载荷，则应将其保留在所作用的构件上，并按照约束类型确定其他约束力的方向。

在画受力图时，不必执着于确定约束力的实际方向，因为在第 3 章中我们会看到，平衡方程的坐标投影式中约束力以分量形式出现。因此只需合理分配销钉降低未知量个数即可。不过，受力分析中确定受力方向的思维方式可以启发平衡问题的求解思路。

根据以上例题，我们可以总结出画受力图的要点：

① 主动力和约束力依次添加完整，约束力方向根据上一节中的方法判断，不要臆测。

② 作用力与反作用力在受力图中方向应相反（但大小直接相等，而不是相反数），反作用力要用单撇（′）标明。

③ **内力**（即内部相互作用力）不会影响整体的运动状态，因此在画整体的受力图时不要画出来。

④ 系统若处于平衡，可灵活运用二力构件和三力平衡汇交定理以确定力的实际方向。

需要注意的是，以上例题并未说结构是否平衡。可以通过假设法或根据结构组成进行综合判断。例如判断是否是静定问题（见第 3 章的静定与超静定问题内容，其一般分析方法参见结构力学教材）。如果不确定结构是否平衡，则不能使用三力平衡汇交定理和二力平衡条件，只能按照约束类型和性质来画约束力。因此，**在画完受力图后，要复核一遍**。

例如，图 1-17（a）所示结构受 $\boldsymbol{F}_1$ 和 $\boldsymbol{F}_2$ 两个力作用，有人考虑到主动力都在竖直方向，于是认为整体受力是图 1-17（b）这样。但这是错的！不妨假设是对的，则 AC 和 BD 两杆的受力图应该是图 1-17（c），很明显，其中最后分析的那个（杆 DB）无法平衡。

思考：如果将 B 处的固定支座更换为滚动支座，结果又将如何？（答案：此时整体结

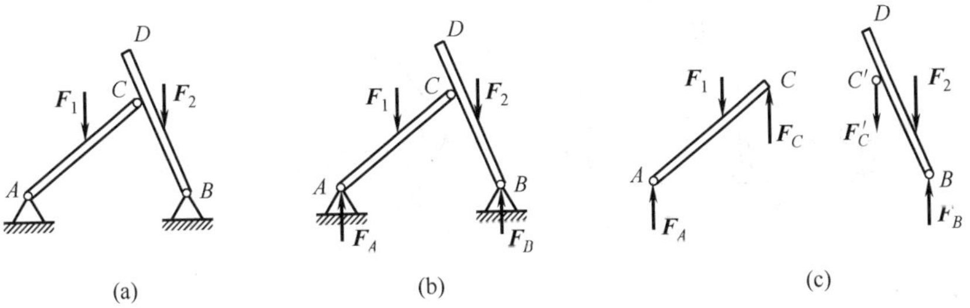

图 1-17

构不平衡，其中 C 处受力不一定在竖直方向上，因此要用两个正交分量表示。）

习 题

判断题

1-1 力的平行四边形法则对变形体不适用。（ ）

1-2 加减平衡力系公理对刚体和变形体都适用。（ ）

1-3 若两个力的大小和方向都相同，则这两个力等效。（ ）

1-4 作用与反作用定律对运动的物体也成立。（ ）

1-5 若两个力在同一轴上的投影相等，则两个力等效。（ ）

1-6 大小相等、方向相反，作用线在同一直线上的两个力所作用的系统不一定平衡。（ ）

1-7 研究飞机在飞行中的振动问题时，飞机不能视为刚体。（ ）

1-8 约束力有可能是主动力。（ ）

1-9 自由体的受力图中不能画出内力。（ ）

1-10 平衡和非平衡的物体都可以画受力图。（ ）

简答题

1-11 为何扛着重物比提着重物要轻松？

1-12 当二力构件上作用有一段垂直于构件表面的分布力或沿构件表面切向分布力，此构件仍然是二力构件吗？请说明你的理由。

1-13 如题 1-13 图所示的受力图是否正确？如果不正确，请说明理由并改正。

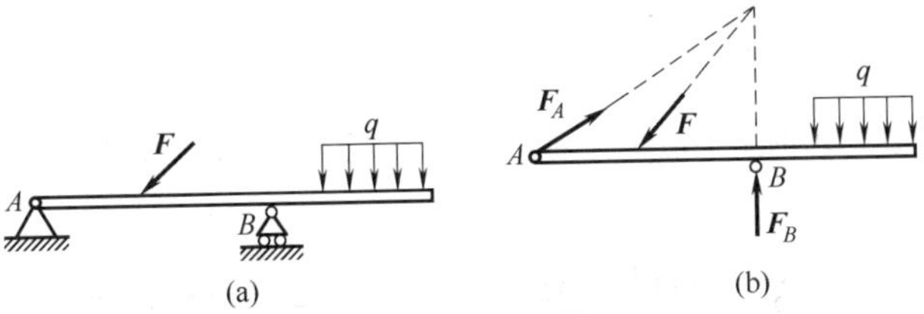

题 1-13 图

作图题

1-14 不计结构自重，各接触处光滑，画出题 1-14 图所示的单个构件（支座和绳除外）和整体的受力图。

1-15 若将题 1-15 图中的载荷 $\boldsymbol{F}$ 作用于铰链 C 处。

① 试分别画出左、右两拱及销钉 C 的受力图；

② 若销钉 C 属于 AC，分别画出左、右两拱的受力图；

③ 若销钉 C 属于 BC，分别画出左、右两拱的受力图。

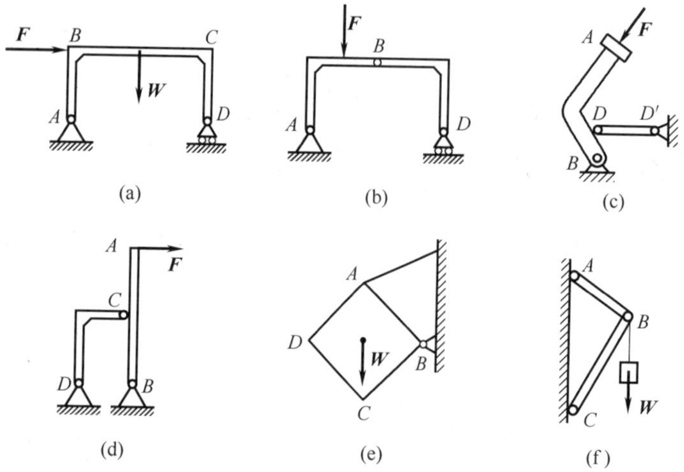

题 1-14 图

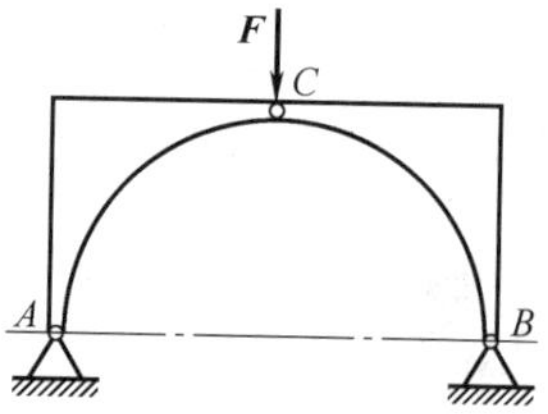

题 1-15 图

1-16 不计结构自重，各接触处光滑，画出题 1-16 图所示的单个构件的受力图及整体的受力图。

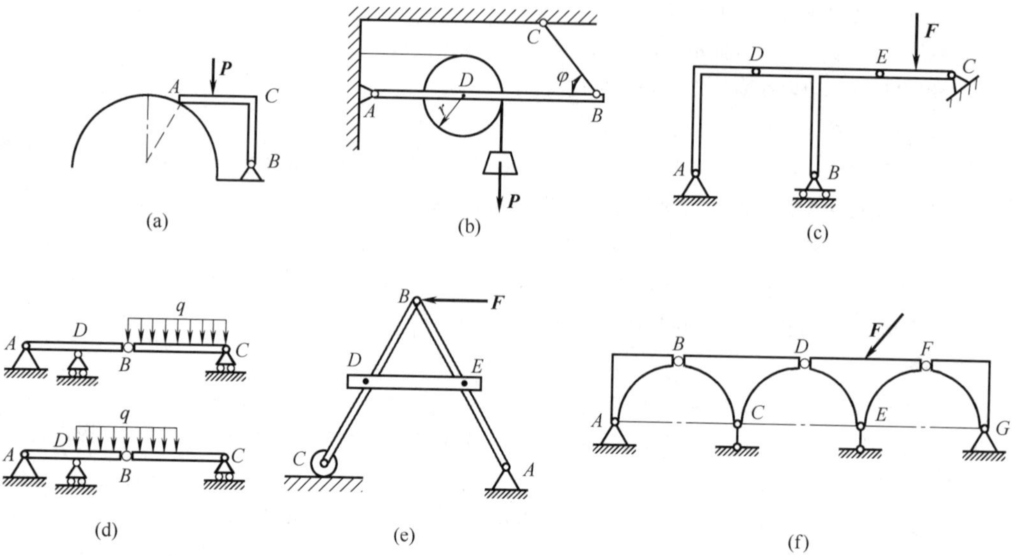

题 1-16 图

1-17 画出题 1-17 图所示的单个构件（不含支座）的受力图及整体的受力图。

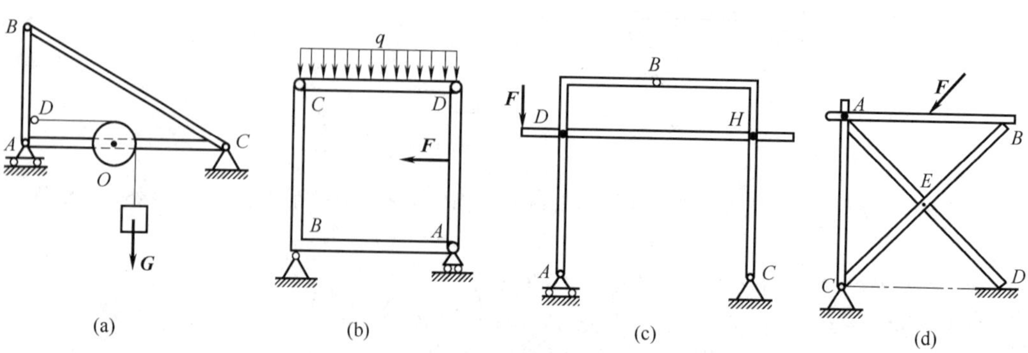

题 1-17 图

拓展题

1-18 如题1-18图所示结构，力 **F** 作用在 B 点，系统能否平衡？若力 **F** 的作用点不变，但可以任意改变其方向，则 **F** 作用在什么方向上能使结构平衡？

1-19 如题1-19图所示的刚性三铰拱系统中，力 **F** 可否沿其作用线由 D 点滑移到 E 点？试解释原因。

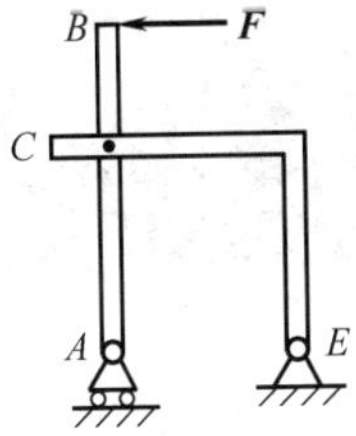

题 1-18 图

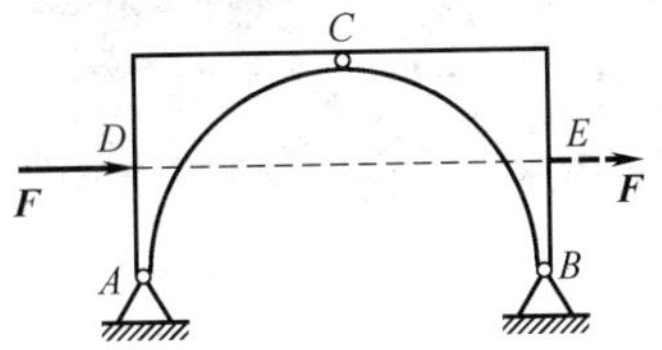

题 1-19 图

第 2 章

力系等效与简化

工程问题中经常会遇到力的作用点不同、作用线异面、分布不均匀等复杂情况，因此要研究力系的等效和简化。相应的等效简化规律在运动学和动力学中也有应用。

本章首先介绍力矩的概念，然后利用加减平衡力系原理，引入力偶的概念并推导力的平移定理。借助力的平移定理，将任意力系简化为主矢和主矩。因此，任何复杂受力就变为对力系主矢和主矩的简化。

2.1 力对点的矩、力对轴的矩

如图 2-1 所示，力 $\boldsymbol{F}$ 作用在点 A 处，点 O 称为**矩心**，矩心到力的作用线 AB 的距离称为力 $\boldsymbol{F}$ 的**力臂**，力的大小与力臂之积称为**力对点的矩**，简称力矩。力 $\boldsymbol{F}$ 对 O 点力矩大小为

$$|M_O(\boldsymbol{F})|=Fh$$

它衡量力 $\boldsymbol{F}$ 使刚体绕 O 点转动效果的大小，数值等于三角形 OAB 面积的 2 倍。力矩的国际单位是 N·m，工程中常用 kN·m。

特别地，当力的作用线通过 O 点时，力臂为零，此时力矩等于零。

力对不同的点的转动效果不仅与力矩的大小有关，还与 OAB 所在的平面的方位有关。可以用平面的法线确定方位，因此可以定义为 $\boldsymbol{r}$ 与 $\boldsymbol{F}$ 的矢量积，即

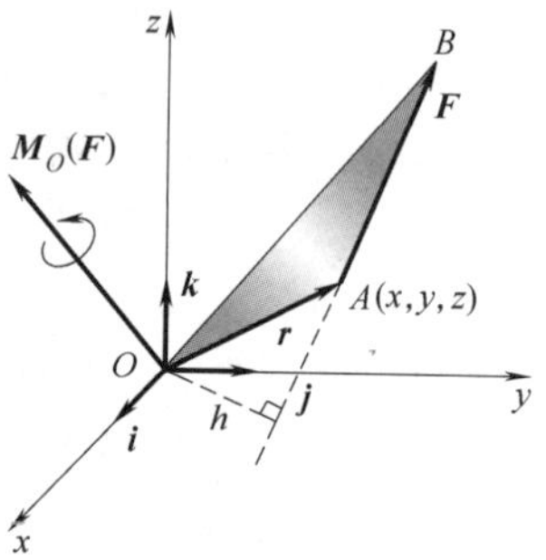

图 2-1

$$\boldsymbol{M}_O(\boldsymbol{F})=\boldsymbol{r}\times\boldsymbol{F}=\begin{vmatrix} \boldsymbol{i} & \boldsymbol{j} & \boldsymbol{k} \\ x & y & z \\ F_x & F_y & F_z \end{vmatrix} \tag{2.1}$$

表示力 $\boldsymbol{F}$ 对 O 点的矩，称为力 $\boldsymbol{F}$ 对 O 点的**力矩矢**，方向由右手螺旋法则确定。注意力矩矢的起点要画在矩心 O 点处，因此它是**定位矢量**。

思考：力矩矢是否满足平行四边形法则？

如图 2-2 (a)～(c) 所示，开门或关门过程中，当施加在门沿上的力 $\boldsymbol{F}$ 与门轴（z 轴）平行或相交时，门无法转动。对于力 F 与门轴既不平行也不相交的异面情形，将 $\boldsymbol{F}$ 沿着平行于门轴和垂直于门轴方向分解，如图 2-2 (d) 所示。很明显，平行分量 $\boldsymbol{F}_z$ 对门轴无

转动效果，而只有垂直分量 $\boldsymbol{F}_{xy}$ 对门轴转动有效果。因此用符号 $M_z(\boldsymbol{F})$ 表示 $\boldsymbol{F}$ 对 z 轴的矩，平面 xOy 与 z 轴的交点记为 O 点，O 点到力 $\boldsymbol{F}_{xy}$ 作用线的距离记为 d，则

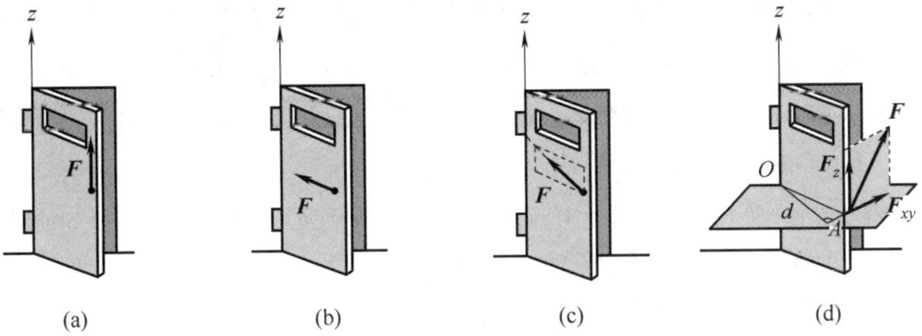

图 2-2

$$M_z(\boldsymbol{F})=M_z(\boldsymbol{F}_{xy})=\pm F_{xy}d$$

由此得到**力对轴的矩**的定义：力对轴的矩是力使刚体绕该轴转动效果的度量，它是一个代数量，其绝对值等于力在垂直于轴的平面上的投影与力矢量作用线到轴的最短距离之积。力对轴的矩的单位与力矩的单位一样，为 N・m。从图 2-2（a）～（c）可知，力与轴平行或相交，即力与轴在同一平面上时，力对轴的矩为零。

将这个例子抽象出来，去掉门，如图 2-3 所示，力 $\boldsymbol{F}$ 对 z 轴的矩的大小等于三角形 $OA'B'$面积的 2 倍。力对 z 轴的矩的正负号规定为：从 z 轴正端往下看，若力绕该轴逆时针转动则取正号，否则取负号。可以用右手螺旋法则来确定其正负号：四指指向 $\boldsymbol{F}_{xy}$ 的方向，拇指的指向与 z 轴正向一致则取正，反之取负。

注意，力对点（轴）的矩是用来度量力使物体绕点（轴）转动效应的大小，并不意味着物体真的会产生转动。

比较图 2-1 和图 2-3 可知，代表力矩大小 2 倍的三角形所在的平面，它们的夹角恰等于其转动轴的夹角，因而有

力对点的矩矢与力对轴的矩的关系：空间力对点的矩矢在通过该点的某轴上的投影，等于该力对此轴的矩。

思考：空间力对点的矩矢量，如果分解为两个分量，其中一个分量的大小是否就等于力对此分量所在作用线为轴的矩？

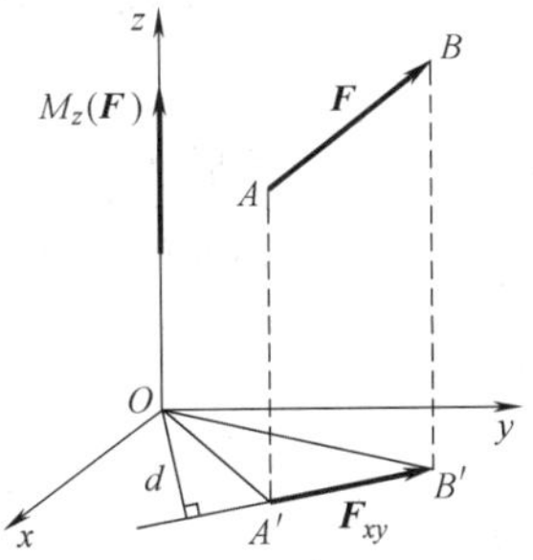

图 2-3

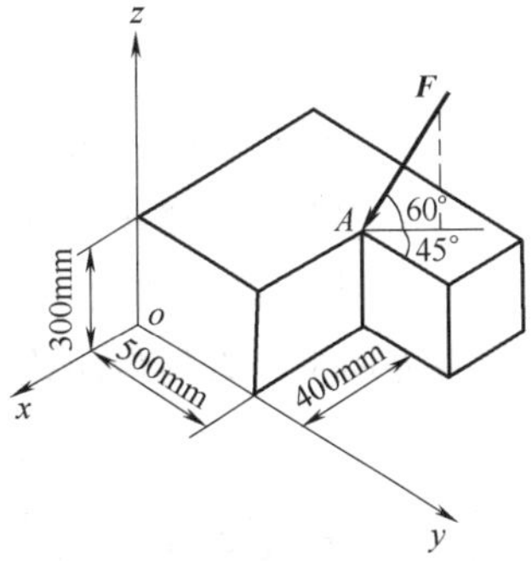

图 2-4

［例 2-1］ 如图 2-4 所示，已知空间力 $F=20\text{kN}$，求 $\boldsymbol{F}$ 对 O 点的矩以及对 x 轴的矩。

解：由力的二次投影法，$\boldsymbol{F}=20\cos60^\circ\sin45^\circ\boldsymbol{i}-20\cos60^\circ\cos45^\circ\boldsymbol{j}-20\sin60^\circ\boldsymbol{k}$ (kN)，

作用点 A 的相对 O 点的位置矢量为 $\boldsymbol{r}=-400\boldsymbol{i}+500\boldsymbol{j}+300\boldsymbol{k}$（mm）。

故力 $\boldsymbol{F}$ 对 O 点的矩为

$$\boldsymbol{M}_O(\boldsymbol{F})=\boldsymbol{r}\times\boldsymbol{F}=(1.5\sqrt{2}-5\sqrt{3})\boldsymbol{i}+(1.5\sqrt{2}-4\sqrt{3})\boldsymbol{j}-0.5\sqrt{2}\boldsymbol{k}\ (\text{kN}\cdot\text{m})$$

力 $\boldsymbol{F}$ 对 x 轴的矩为 $M_x(\boldsymbol{F})=\boldsymbol{M}_O(\boldsymbol{F})\cdot\boldsymbol{i}=1.5\sqrt{2}-5\sqrt{3}$（kN·m）

上面的关系还能推广到一般情况。根据力的平行四边形法则，$\boldsymbol{F}$ 可以分解为几个分力 $\boldsymbol{F}_1$，$\boldsymbol{F}_2$，…，$\boldsymbol{F}_n$，由矢量积的分配律

$$\begin{aligned}M_O(\boldsymbol{F})&=\boldsymbol{r}\times\boldsymbol{F}=\boldsymbol{r}\times(\boldsymbol{F}_1+\boldsymbol{F}_2+\cdots+\boldsymbol{F}_n)=\boldsymbol{r}\times\boldsymbol{F}_1+\boldsymbol{r}\times\boldsymbol{F}_2+\cdots+\boldsymbol{r}\times\boldsymbol{F}_n\\&=M_O(\boldsymbol{F}_1)+M_O(\boldsymbol{F}_2)+\cdots+M_O(\boldsymbol{F}_n)\end{aligned}$$

即力对一点的矩等于各分力对同一点的矩之和。

上述结论揭示了一个重要的物理原理：当多个力作用在同一点时，它们对物体的转动效果等效于这些力的合力对物体的转动效果。然而，读者可能会好奇，在任意点作用的多个力是否也存在一个等效的合力。为了回答这个问题，让我们先考虑只有两个力作用在物体上的简单情形。

2.2 力偶与力偶系的简化

2.2.1 力偶的概念

作用在同一物体上的两个等大、反向、共线的力，是最简单的平衡力系。当这两个力的作用线平行但不重合时，必然不平衡，那它存在合力吗？或者说，能否找到一个等效替换的力？考虑到此二力的反对称性，下面用反证法证明此力系不存在合力。

如图 2-5 所示，假设它们存在一个合力（图中用虚箭头表示）。当二力在它们所确定的平面内旋转 180°后，与原力系重合，因此合力的作用效果也应该不变。这意味着合力方向和作用点不变，或者合力沿其作用线滑移。但实际上合力随系统旋转了 180°，方向相反，表明合力的大小只能是零。然而这对力不是平衡力系，因此假设不对，即不存在合力，无法再继续简化。

因此，我们把一对大小相等、方向相反且不共线的平行力组成的力系，称为**力偶**，记作（$\boldsymbol{F}$，$\boldsymbol{F}'$）。力偶中两个力的作用线相互平行，确定了一个平面，称为**力偶的作用面**。力偶在现实中很常见，例如，拧水龙头，转动方向盘，电动机定子磁场对转子作用的电磁力产生的力偶使之转动，给机械式摆钟上发条等（图 2-6）。

力偶的作用效果是改变物体的转动状态，对于变形体还能改变其形状（例如，将面团拧成麻花）。当力偶中的力的大小固定时，两个力所在作用线的距离越大，转动效果越明显。因此，将力偶中二力的作用线的距离称为**力偶臂**。

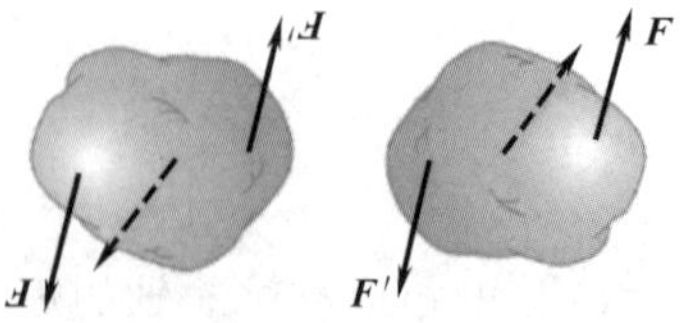

图 2-5

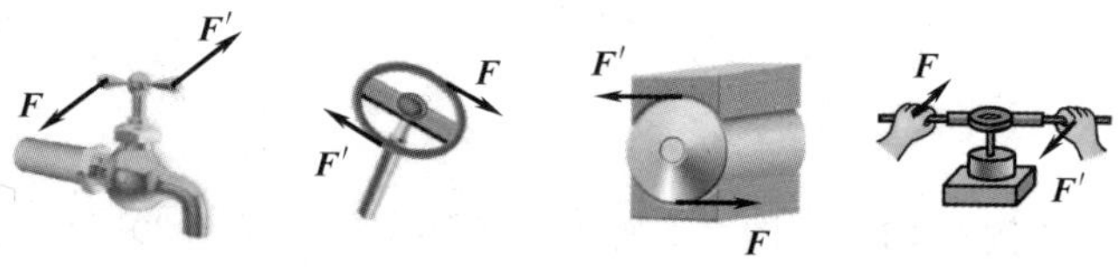

图 2-6

现在分析力偶的转动效果的大小。根据力矩的概念，计算力偶对空间任意一点 O 的力矩，如图 2-7（a）所示，有

$$\boldsymbol{M}_O(\boldsymbol{F})+\boldsymbol{M}_O(\boldsymbol{F}')=\boldsymbol{r}_{OA}\times\boldsymbol{F}+\boldsymbol{r}_{OB}\times\boldsymbol{F}'=\boldsymbol{r}_{OA}\times\boldsymbol{F}+\boldsymbol{r}_{OB}\times(-\boldsymbol{F})=(\boldsymbol{r}_{OA}-\boldsymbol{r}_{OB})\times\boldsymbol{F}=\boldsymbol{r}_{BA}\times\boldsymbol{F}$$

只要 A、B 给定，$\boldsymbol{r}_{BA}$ 与矩心 O 的位置无关，即力偶对空间任意点的矩

$$\boldsymbol{M}=\boldsymbol{r}_{BA}\times\boldsymbol{F} \tag{2.2}$$

是常矢量，称为**力偶矩矢**，显然其大小等于 Fd，方向可用右手螺旋法则确定，如图 2-7（b）所示。因为该矢量与矩心位置无关，故起点可以是任意点，不会影响它的大小和方向。这种只要保持大小和方向不变，可以任意平移的矢量，称为**自由矢量**。

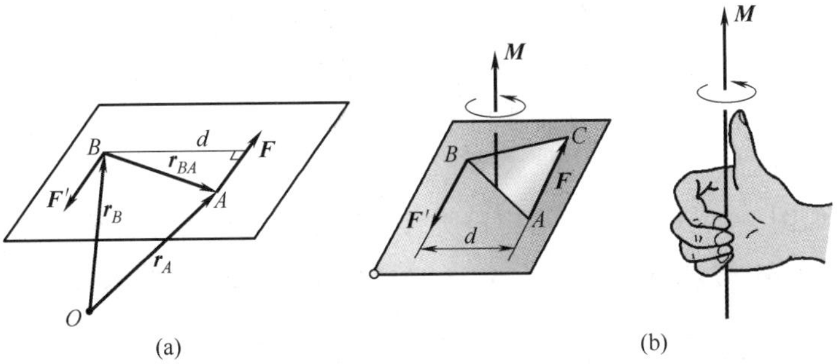

图 2-7

像力矩矢或力偶矩矢这样由右手螺旋法则定义的向量，称为轴矢量。角速度矢量以及动量矩都是轴矢量。因为轴矢量在镜子中的方向不符合右手螺旋法则，所以轴矢量又称为赝矢量。

2.2.2 力偶的性质

力偶对物体的转动效果取决于：力偶的作用面、力偶使物体转动的方向、力与力偶臂的乘积。这就是力偶的三要素。

力偶对刚体的作用效果完全由力偶矩矢确定，因而有**空间力偶等效定理**：作用在同一刚体上的两个力偶，只要力偶矩矢相等，两力偶就等效。

注意，这里的“等效”只对同一刚体成立，对变形体或刚体系不成立。如图 2-8 所示，同样的力偶矩矢，作用在木板不同高度，木板的变形不同。

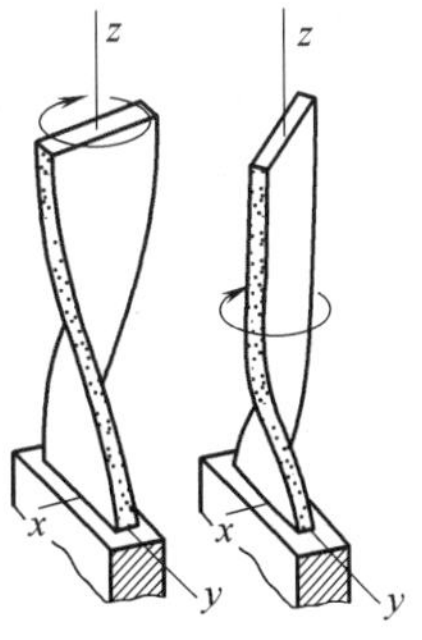

图 2-8

可见，力偶矩矢及其作用面才是力偶效果的决定因素，因此力偶中的力不必画出，直接画出力偶矩矢即可。对于平面情形，力偶矩矢总垂直于平面，此时力偶方向只能是顺时针或逆时针旋转，可以用正负号区分，并规定逆时针方向取正，顺时针方向取负。因此力偶直接画出旋转方向并标注力偶矩大小即可，如图 2-9 所示的三种画法相互等价。

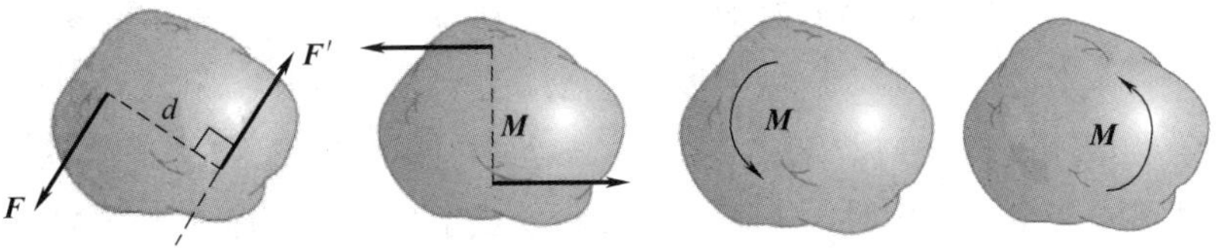

图 2-9

由此可以总结力偶的性质：

① 力偶只能用力偶来平衡。因为力偶无法继续化简，所以只能用力偶来平衡。这一点可以用来确定被动力的方向。

② 力偶对空间上任意点的力矩矢与矩心位置无关，都等于力矩矢。

③ 作用在刚体上的力偶，只要保持力偶矩矢不变，力偶可在其作用面内任意移动和转动，或者同时改变力与力偶臂的大小，或者平移到与其作用面平行的任意平面上，该力偶的作用效果不变。

力偶经常出现在轴传动、齿轮传动等过程中，此时力偶矩一般称为“扭矩”，用符号 T 表示，单位为 N·m。类似分布力，在轴传动中，有时候还可能存在分布在长度方向上的扭矩，这是扭矩的密度，其单位是 N，但不要误以为它是力。

思考：在骑自行车时，两只脚并非同时踩踏板，用力的大小也不一定相同，使自行车能前进的主动力偶来自哪里？

[例 2-2] 如图 2-10（a）所示结构，所有接触处均光滑，杆自重不计。若在弯杆 AB 上作用一力偶矩为 M 的力偶，请画出 A、C 端受到固定支座的约束力。

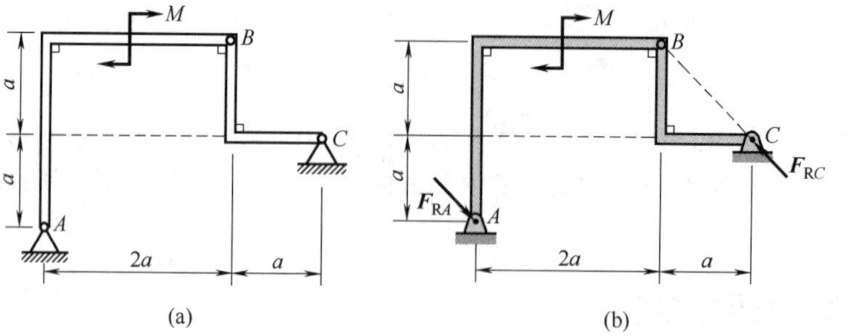

图 2-10

分析： 整体可等效为用直杆 AB、BC 构成的三角框架 ABC，因为支座固定，所以系统平衡。显然杆 BC 为二力杆。

解： 取 BC 为研究对象，由于力偶为顺时针方向，该二力杆受压，所以 C 端的约束力 $\boldsymbol{F}_{RC}$ 沿 CB 方向，如图 2-10（b）所示。再取整体 ABC 为研究对象，因为力偶只能与力偶平衡，故 A 处的约束力 $\boldsymbol{F}_{RA}$ 与 C 处 $\boldsymbol{F}_{RC}$ 组成一对力偶，方向与已知力偶方向相反。

思考：若将力偶移到 BC 上，整体是否平衡？此时 A、C 端的约束力方向如何？

利用力偶的上述性质，可以严格证明任意两个力偶的合成是一个力偶或平衡。多个力偶称为力偶系，其合成结果也是类似的。

2.2.3 力偶系的合成

由于力偶是自由矢量，所以力偶系可以矢量合成（可以利用分力矩定理证明）。

$$\boldsymbol{M}=\sum \boldsymbol{M}_i \tag{2.3}$$

将上式往直角坐标轴投影得 $M_x=\sum M_{ix}$，$M_y=\sum M_{iy}$，$M_z=\sum M_{iz}$。

当力偶都在同一个平面内时，上面的矢量和变成了代数和，即 $M=\sum M_i$。

[例 2-3] 在例 2-2 中，若在 BC 上添加一个与 M 相同的力偶，则 A、C 端受到的约

束力情况如何？若杆 BC 上力偶方向反向呢？

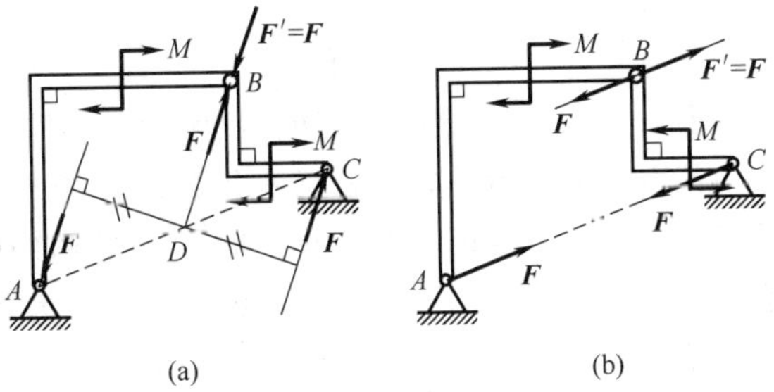

图 2-11

解：① 系统仍平衡。如图 2-11（a）所示，由于主动力只有力偶，其合力偶矩为 $2M$。因为力偶只能与力偶平衡，故 A、C 端受到的约束力必然等大反向，构成一矩为 $-2M$ 的力偶。取 BC 为研究对象，B、C 两处的约束力也是等大反向，形成矩为 $-M$ 的力偶。由于 A、C 端约束力大小相等，所以杆 AB 和杆 AC 上的力偶矩之比等于其力偶臂之比。设线段 AC 的中点为 D，由几何知识可以证明，约束力就在 BD 方向上，其中 A 处约束力平行于 BD 向下，C 处约束力平行于 BD 向上。

② 如图 2-11（b）所示，当杆 BC 上的力偶反向，则合力偶为零，故整体在 A、C 两点只能形成一对平衡力，即 A、C 两处的约束力在 AC 连线上，分别指向对方。

思考：例 2-3 中任意改变 AB 和 BC 上的力偶矩大小，则 A、C 处约束力是否有可能与直线 AB 平行？（答案是不可能，请思考原因）

目前还有一种情况没考虑：两个力的作用线异面时，还能简化为一个力吗？

2.3 任意力系的简化

用简单力系等效替换复杂力系称为力系的简化。为方便起见，对力系进行分类。如果无论如何都找不到一个平面使力系中各力的作用线都落在上面，则这种力系称为**空间力系**，如果总能找到一个平面，使各力作用线落在上面，则该力系是**平面力系**，如图 2-12 所示。显然，平面力系是空间力系的特殊情况。

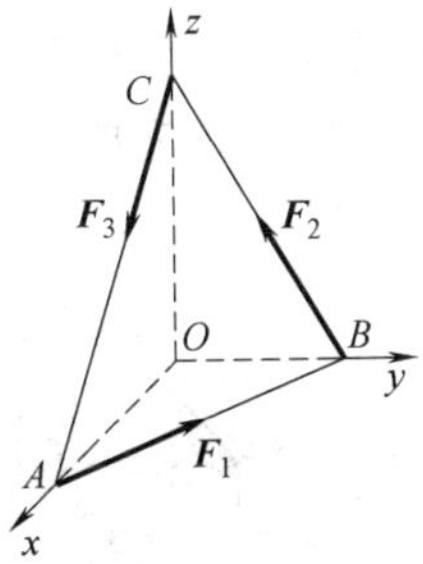

图 2-12

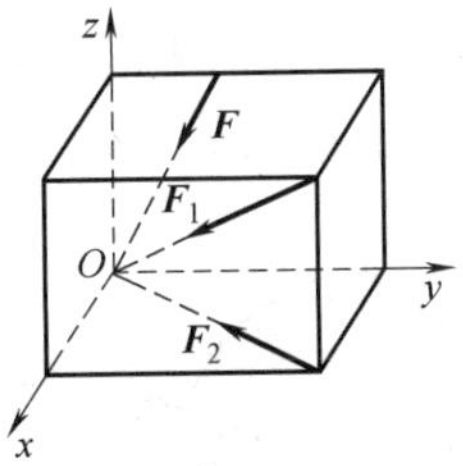

图 2-13

当一群力的作用点都在同一点，称为**共点力系**。这种力系可以通过力的平行四边形法则将共点力依次两两合成，总可以化简为共同作用点处的一个合力。力的作用线全都汇交于一点，称为**汇交力系**，如图 2-13 所示。对于作用在刚体上的汇交力系，由于刚体上力

的可传性，这些力可以沿各自作用线滑动到汇交点处，力系效果不变。此时汇交力系等效为共点力系，可简化为一合力，即

$$\boldsymbol{F}_{\mathrm{R}}=\sum \boldsymbol{F}_i \tag{2.4}$$

上式向直角坐标系投影得 $F_{\mathrm{R}x}=\sum F_{ix}$，$F_{\mathrm{R}y}=\sum F_{iy}$，$F_{\mathrm{R}z}=\sum F_{iz}$。

与上面的情况相反，各力互相平行的力系称为**平行力系**，如图 2-14（a）所示为空间平行力系。如果各力不都相互平行，如图 2-14（b）所示，这样的力系称为**任意力系**。由于平行力系是任意力系的特殊情况，我们接下来只考虑空间任意力系的化简。一个直接思路是，如果能像汇交力系化简那样，将任意力系中力的作用点全都移到同一点就好了。接下来寻找平移一个力的等效条件。

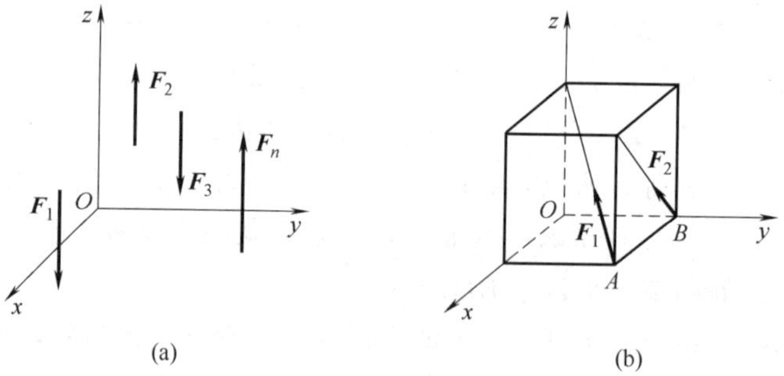

图 2-14

力平移之后，作用点发生改变，对于变形体就无法保证变形效果等效。因此后文中提到的力系简化或等效，均指的是运动效果上的等效。

刚体上 A 点处作用有一个力 $\boldsymbol{F}$，如图 2-15 所示。由加减平衡力系原理，如果在 O 点处添加一对平衡力系 $\boldsymbol{F}_1=-\boldsymbol{F}_2=\boldsymbol{F}$，则整个力系与原力系等效。此时可视为在 O 点处作用一个力 $\boldsymbol{F}_1$ 的同时，附加上一个力偶（$\boldsymbol{F}_2$，$\boldsymbol{F}$），其力偶矩恰好等于原来力 $\boldsymbol{F}$ 对 O 点的矩（这里隐含了一个假设，即力的效果与叠加顺序无关，它的正确性已被加减平衡力系原理所涵盖）。因而有：

力的平移定理：可以把作用在刚体上的力，平行移动到同一刚体内任意一点，但为了保证作用效果不变，必须同时附加一个力偶，这个附加力偶的矩等于原来的力对新作用点的矩。

例如踢足球的力的作用线不通过足球中心，相当于踢中足球中心，同时给足球附加一个力偶，因此足球在前进的同时还会旋转。力的平移定理也可以反过来应用，通过移动力来抵消已有的力偶，即图 2-15 从右到左运用。

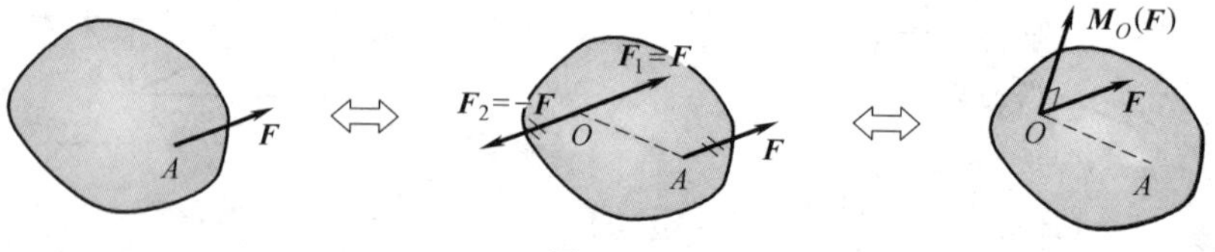

图 2-15

有了力的平移定理，就可以化简任意力系了。如图 2-16 所示，任意力系由 $\boldsymbol{F}_1$，$\boldsymbol{F}_2$，…，$\boldsymbol{F}_n$ 共 n 个力组成，对其中各力使用力的平移定理，将它们全都平移到 O 点处，

于是要附加 n 个力偶 $\boldsymbol{M}_1$，$\boldsymbol{M}_2$，…，$\boldsymbol{M}_n$，得到共点力系和力偶系。利用力的平行四边形法则和力偶系合成进行化简，最终得到的力 $\boldsymbol{F}'_R$ 和力偶矩矢量 $\boldsymbol{M}_O$ 分别称为**主矢**和**主矩**，移动后的作用点 O 称为**简化中心**或矩心。其计算公式与式（2.4）和式（2.3）一样。

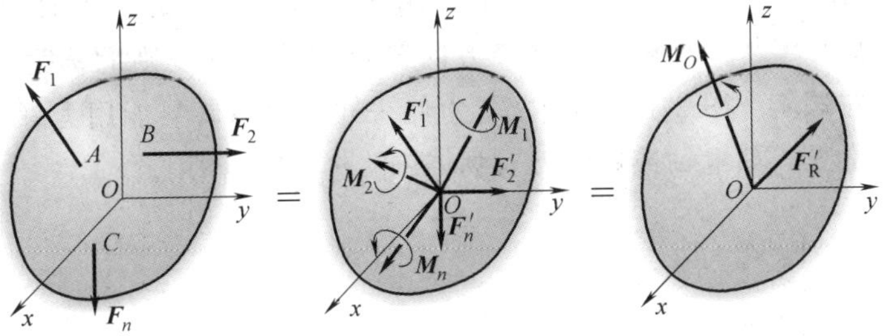

图 2-16

因为主矢是任意力系中各力的矢量和，故主矢与矩心（简化中心）的选择无关。主矩一般与矩心的选择有关。由力的平移定理可知，力系的主矩有如下平移公式

$$\boldsymbol{M}_O=\boldsymbol{M}_A+\boldsymbol{r}_{OA}\times\boldsymbol{F}'_R \tag{2.5}$$

如果向这两个矩心连线投影，则 $\boldsymbol{M}_O\cdot\boldsymbol{r}_{OA}=\boldsymbol{M}_A\cdot\boldsymbol{r}_{OA}$，这说明力系对任意两点的转动作用在矩心连线方向的投影相等，其意义是力系对轴 OA 的矩的结果唯一。

思考：如果一个力系向 A，B 两点简化得到的主矩相同，讨论此力系可能的最简结果。

空间任意力系简化结果可能出现以下四种情况之一。

（1）合力偶：$\boldsymbol{F}'_R=\boldsymbol{0}$，$\boldsymbol{M}_O\neq\boldsymbol{0}$

主矢是力的矢量和，因此它与简化中心 O 无关。可知，如果力系主矢为零，则此力系向任意点简化得到的主矢都为零。同时，主矩不为零，说明它是一个力偶。力偶是自由矢量，故与简化结果与简化中心 O 的位置无关。因此结果就是一个合力偶。

（2）平衡：$\boldsymbol{F}'_R=\boldsymbol{0}$，$\boldsymbol{M}_O=\boldsymbol{0}$

主矢与简化中心无关，故对任意简化中心都是零。主矩为零，说明主矢此力系与零力系等效，为平衡力系。

（3）合力：$\boldsymbol{F}'_R\neq\boldsymbol{0}$，$\boldsymbol{M}_O=\boldsymbol{0}$，或者 $\boldsymbol{F}'_R\neq\boldsymbol{0}$，$\boldsymbol{M}_O\neq\boldsymbol{0}$ 且 $\boldsymbol{F}'_R\perp\boldsymbol{M}_O$

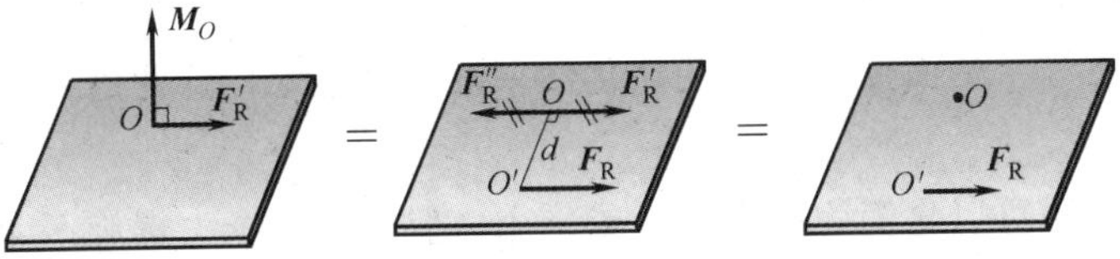

图 2-17

主矢不为零而主矩为零，因此可等效为通过简化中心的一个合力。但如果改变简化中心位置，则主矢和主矩有可能都非零。若主矢 $\boldsymbol{F}'_R$ 和主矩 $\boldsymbol{M}_O$ 垂直，则力 $\boldsymbol{F}'_R$ 与主矩 $\boldsymbol{M}_O$ 的力偶（$\boldsymbol{F}''_R$，$\boldsymbol{F}_R$）在同一平面内，如图 2-17 所示。这时候简化为某个适当的位置 O' 处的力 $\boldsymbol{F}_R$，其中平移距离 $d=M_O/F'_R$。此时力 $\boldsymbol{F}_R$ 就是力系的合力。因而有：

任意力系的合力矩定理：力系如果与一个力等效，则此力对任意一点的力矩矢等于此

力系中各力对同一点的力矩矢之和。

(4) 力螺旋：$\boldsymbol{F}'_{\mathrm{R}}\neq\mathbf{0}$，$\boldsymbol{M}_O\neq\mathbf{0}$ 且 $\boldsymbol{F}'_{\mathrm{R}}$ 与 $\boldsymbol{M}_O$ 不垂直

此时若 $\boldsymbol{F}'_{\mathrm{R}}//\boldsymbol{M}_O$，则无论如何平移 $\boldsymbol{F}'_{\mathrm{R}}$，此结果都无法进一步化简。因此，由一力 $\boldsymbol{F}$ 和一矩为 $\boldsymbol{M}$ 的力偶组成的力系，其中力的作用线垂直于力偶的作用面的，称为**力螺旋**，可用 $<\boldsymbol{F},\boldsymbol{M}>$ 表示。力偶的转向和主矢方向符合右手螺旋规则的称为**右螺旋** [图 2-18 (a)]，否则称为**左螺旋** [图 2-18 (b)]。与力偶一样，力螺旋只能用力螺旋来平衡。力螺旋在生活中也很常见，如电钻或螺丝刀对物体的旋进/旋退作用。

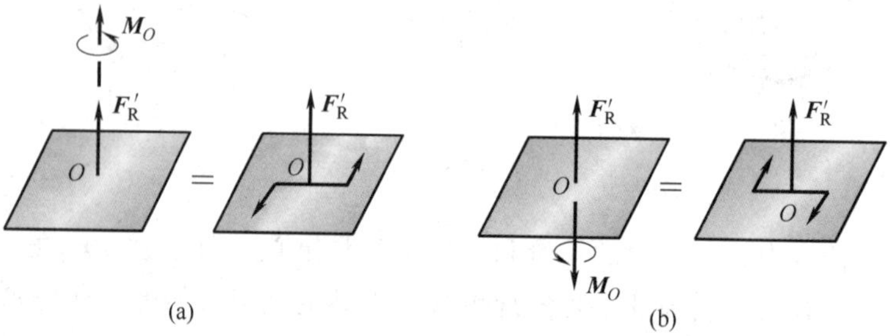

图 2-18

如果 $\boldsymbol{F}'_{\mathrm{R}}$ 和 $\boldsymbol{M}_O$ 斜交，此时总可以将 $\boldsymbol{M}_O$ 分解为两个力偶，它分别平行和垂直于主矢 $\boldsymbol{F}'_{\mathrm{R}}$，如图 2-19 所示。可以将主矢平移到某个新位置 O'，使附加的力偶与 $\boldsymbol{M}''_O$ 相抵消，由于力偶矩矢是自由矢量，$\boldsymbol{M}'_O$ 可随主矢平移到新的位置，得到新位置 O' 处的力螺旋。其中 $\boldsymbol{r}_{OO'}=\boldsymbol{F}'_{\mathrm{R}}\times\boldsymbol{M}_O/F'^2_{\mathrm{R}}$。另一方面，将式 (2.2) 向主矢投影，有 $\boldsymbol{M}_O\cdot\boldsymbol{F}'_{\mathrm{R}}=\boldsymbol{M}_A\cdot\boldsymbol{F}'_{\mathrm{R}}$，即任何力系的主矢与主矩的内积是常数，这可视为力系除主矢之外的第二个不变量。

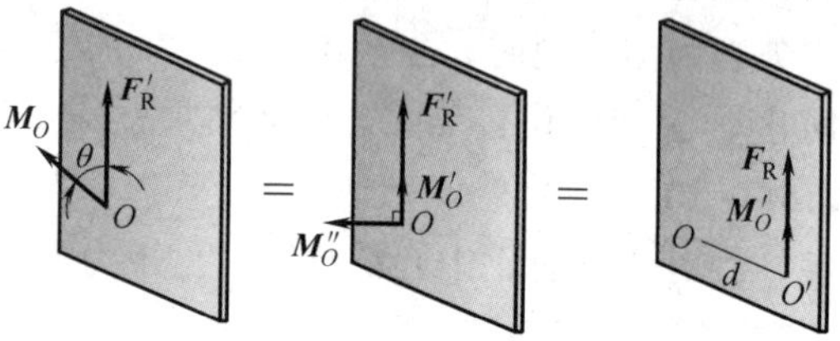

图 2-19

可见，空间任意力系简化的结论是：任何力系的最简化结果只能是力、力偶、力螺旋、平衡这四者之一。平面任意力系的简化结果没有力螺旋，除此之外均继承空间力系的结果。

任意非平衡力系可以化简为一个力，或一个力偶，或一个力螺旋，而力螺旋和力偶最少都可由两个力构成。这说明，任意力系最少可用两个力来表示或平衡（对于化简为一个合力的情况，可以用它的两个分力来与它平衡）。

两个异面的力简化结果是什么？答案是力螺旋。因为异面的两个力的矢量和（即主矢）不可能为零。因此简化结果不可能是平衡或力偶，异面的两个力不可能简化为一个合力，因为如果能，则主矩为零，或者主矢与主矩垂直，因而这两个力作用线将共面，与异面条件相矛盾。因此，异面的两个力简化结果只能是力螺旋。

如果空间中有三个力平衡，至少有两个异面的力可以化简为力螺旋，而力螺旋只能被

力螺旋平衡，不能被第三个力平衡，故此种情形不可能平衡。因此，若三个空间力要平衡，至少要有两个力共面，从而转化为经典的三力平衡汇交定理情形。由此推知，空间三个力若平衡，则只能交于一点，或者在同一平面内相互平行。

［例 2-4］ 如图 2-20 所示，刚体上 A，B，C 三点分别作用有三个力 $\boldsymbol{F}_1$，$\boldsymbol{F}_2$，$\boldsymbol{F}_3$，大小恰好与三角形 ABC 的边长成比例。此力系是否平衡？为什么？

解： 不平衡。如果力系平衡，则它对任意点的矩为零。但是此力系对三个力的作用点之一的矩不为零，故简化结果不可能平衡。进一步，三个力首尾相连构成封闭的力三角形，则主矢为零。而三个力的主矩又不为零，故此力系简化结果是一个力偶。

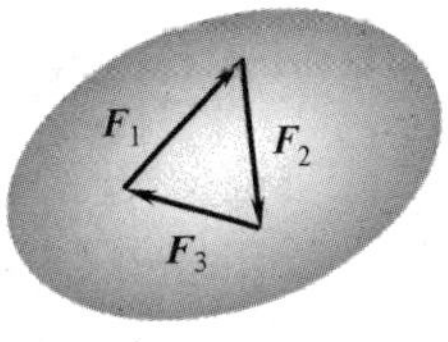

图 2-20

2.4 应用实例：约束力的简化

有一类将物体完全固定的连接或支撑，阻止物体任何可能的移动和转动，称为**固定端**。如图 2-21 所示，电线杆插入地面，工件固定在车床三爪卡盘上，阳台插入墙内都是固定端的例子。对于只受平面力系的固定端，称为**平面固定端**。固定端约束力其实是分布力，其分布情况与物体的运动趋势有关。

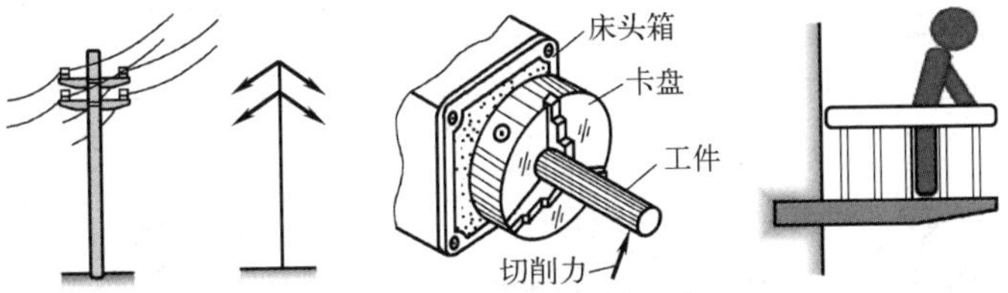

图 2-21

假设物体是刚体，任意力系总能用一个力 $\boldsymbol{F}_{\mathrm{R}}$ 和力偶 $\boldsymbol{M}$ 来表示。对于平面固定端，受到的分布力系是平面力系，其约束力可用两个正交分量和一个力偶矩表示，如图 2-22 所示。

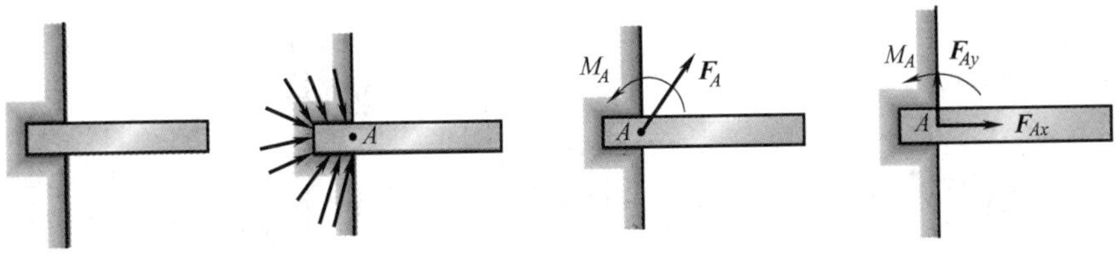

图 2-22

对于**空间固定端**，受到空间分布力系，将其向一点简化，得到一个主矢和一个主矩，但方向未知，因此用分解到 x，y，z 三个方向上，一共六个分量来表示。

固定端处的约束力必须包含约束力偶，因为这个力偶是由原来的分布力等效的，它是原来约束力的一部分。另一方面，如果去掉了约束力偶，固定端在某个方向的转动就不受任何限制，这不符合固定端的定义。

一般情况下，当刚体受到空间任意力系作用时，在每个约束处，其约束力的未知量可能有 1 到 6 个。只需牢记：阻碍位移的是主矢，阻碍转动的是主矩。空间中常见约束力的简化结果如表 2-1 所示。

表 2-1 空间中各种连接和支撑类型中的约束力

	空间中的连接/支撑类型	约束力未知量	
1	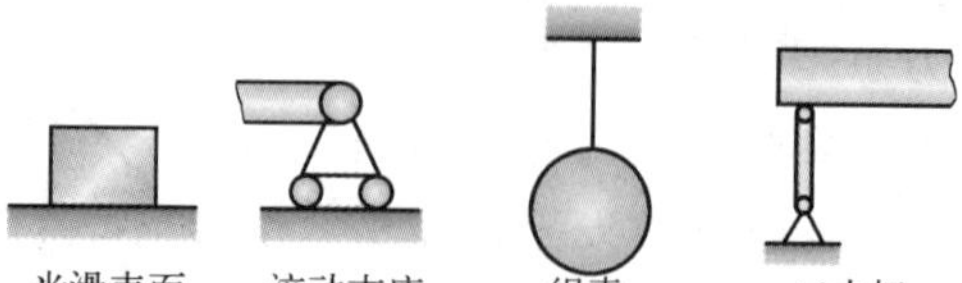	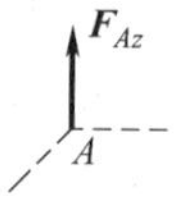	特点：阻止某个方向的移动 约束力：与阻止移动的方向相反
2	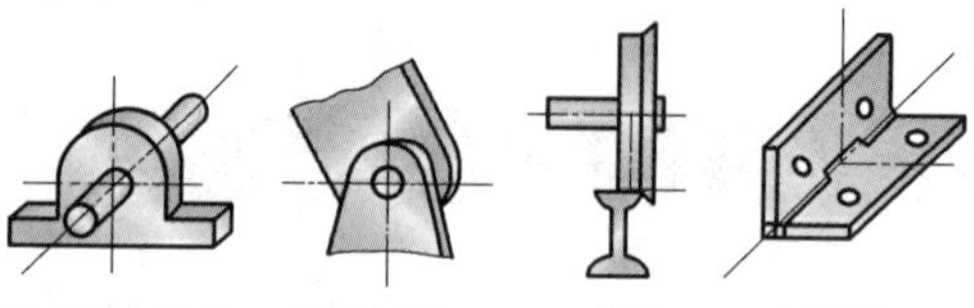	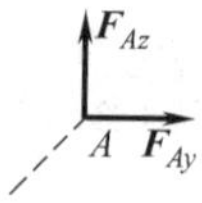	特点：限制轴在法平面内移动，只能绕轴自转 约束力：分解为法平面内的 2 个分量
3	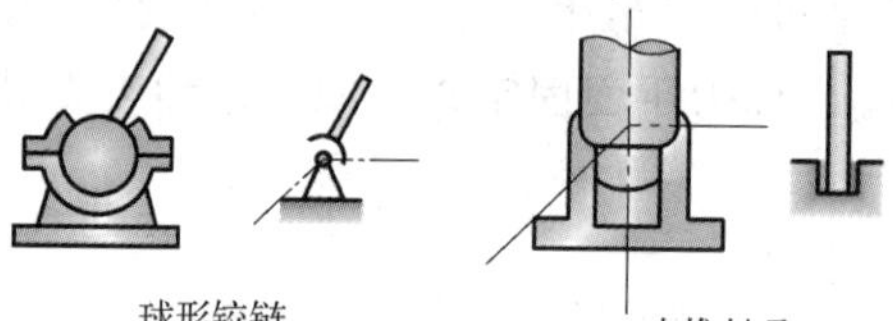	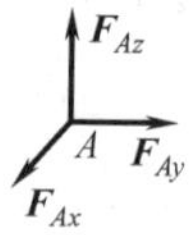	特点：只阻止空间任意方向的移动 约束力：分解为 3 个正交分量
4	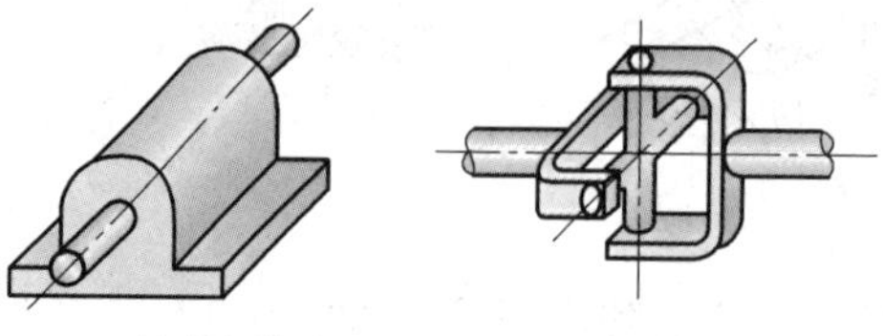	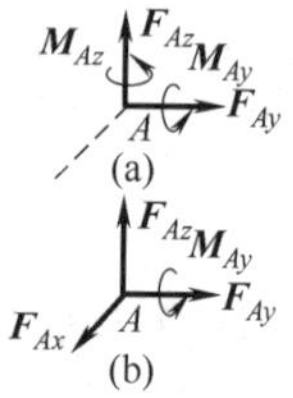	特点：(a)只允许在一个方向移动；(b)只允许绕两个方向转动 约束力：(a)主矢和主矩共 6 个分量中去掉允许移动方向的主矢分量。(b)主矢和主矩共 6 个分量中去掉允许转动方向的主矩分量
5	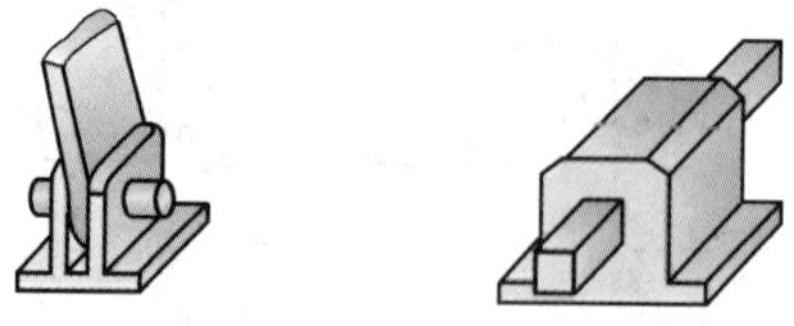	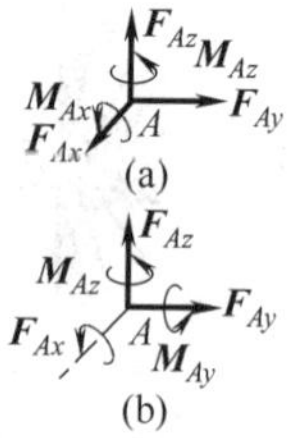	特点：(a)只允许绕轴转动；(b)只允许沿导轨移动 约束力：(a)主矢和主矩共 6 个分量中去掉允许转动方向的主矩分量；(b)主矢和主矩共 6 个分量中去掉允许移动方向的主矢分量
6	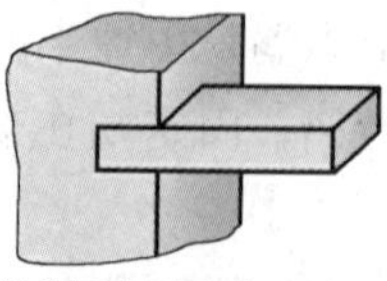	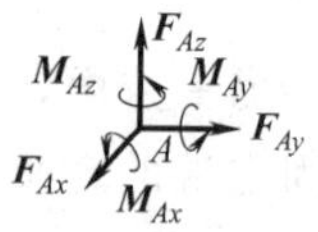	特点：阻止任意方向移动，阻止绕任意方向的轴的转动 约束力：可等效为任意方向的主矢和主矩，用 6 个正交分量表示

分析约束力时，有时要忽略一些次要因素，进行合理简化。例如，表 2-1 中的导向轴承能阻碍轴沿着 y 轴和 z 轴的移动，并能阻碍绕 y 轴和 z 轴的转动，因而有 4 个约束分力 $\boldsymbol{F}_{Ay}$ 和 $\boldsymbol{F}_{Az}$，$\boldsymbol{M}_{Ay}$ 和 $\boldsymbol{M}_{Az}$；而径向轴承对绕 y 轴和 z 轴的转动的限制作用很小，故 $\boldsymbol{M}_{Ay}$ 和 $\boldsymbol{M}_{Az}$ 可以忽略不计，可以只存在两个约束分力 $\boldsymbol{F}_{Ay}$ 和 $\boldsymbol{F}_{Az}$。

又如，一般柜子门都安装两个合页，见表 2-1 中的蝶铰链。它主要限制物体沿着 y 轴和 z 轴方向的移动，因而有两个约束分力 $\boldsymbol{F}_{Ay}$ 和 $\boldsymbol{F}_{Az}$。合页对物体绕 y 轴和 z 轴转动的限制作用很小，因此没有约束力偶。当物体受到沿合页轴向外力时，其中一个合页将限制物体沿轴向移动，故应视作止推轴承。

再如，工程结构中常常会用到细长杆与某些支座或其他构件连接，大多以铆接、焊接或螺栓连接方式固定（图 2-23）。这类固定连接看似是固定端，但实际起到的是铰链的作用。因为细长杆通常只能承受拉伸。当受压时，由于扰动，细长杆比短杆更容易失稳弯曲，相当于绕着连接处可以有微转动，所以这种连接实际上无法限制杆件的转动，应视为铰链连接。

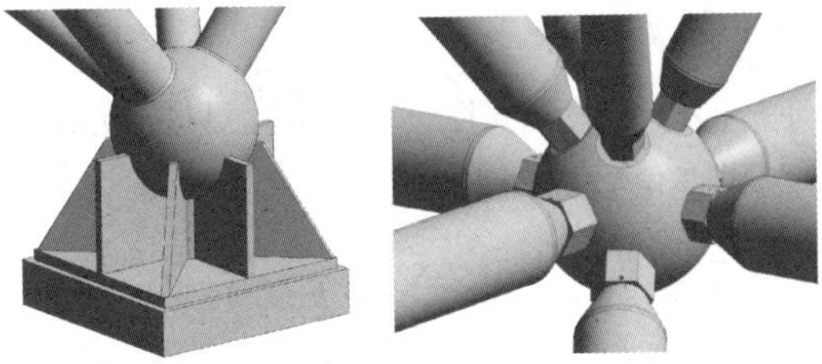

图 2-23

当然，如果刚体只受平面力系作用，则垂直于此平面的约束力以及绕平面内两轴的约束力偶都应该为零，相应减少了约束力的数目。例如，在空间任意力系作用下，固定端的约束力共有 6 个分量，即 $\boldsymbol{F}_{Ax}$，$\boldsymbol{F}_{Ay}$，$\boldsymbol{F}_{Az}$，$\boldsymbol{M}_{Ax}$，$\boldsymbol{M}_{Ay}$，$\boldsymbol{M}_{Az}$；而在 yOz 平面内受任意力系作用时，固定端的约束力就只有 3 个，即 $\boldsymbol{F}_{Ax}$，$\boldsymbol{F}_{Ay}$，$\boldsymbol{M}_{Az}$。

2.5 应用实例：分布力的等效

(1) 平行力系的简化

平行力系的作用线相互平行，但各力的方向可以不同。根据力系简化结果，有

推论 1 若平行力系的主矢不为零，则可以简化为一个合力。

证明：任取一点 O，将平行力系向该点简化，如图 2-24 所示。已知主矢 $\boldsymbol{F}'_R$ 不为零，则主矢 $\boldsymbol{F}'_R$ 和主矩 $\boldsymbol{M}_O$ 都通过 O 点。若过 O 点作与各力平行的轴 z，则主矢 $\boldsymbol{F}'_R$ 就在轴上，而各力对 z 轴的矩为零。根据力对点的矩和力对轴的矩的关系可知，力系的主矩在 z 轴的投影为零，则主矩为零或主矩与 z 轴（主矢在轴上）垂直。而由任意力系简化理论，力系主矩为零或主矩与主矢垂直时，可简化为一合力。

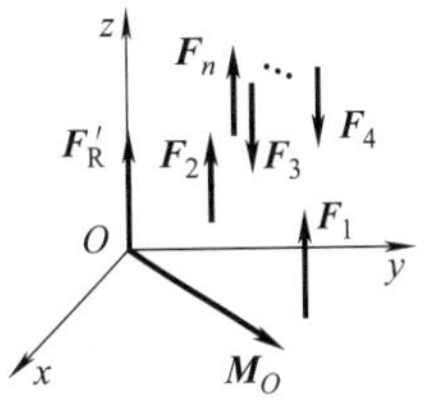

图 2-24

推论 2 若平行力系的主矢为零，则其简化结果为一个力偶或平衡。

证明：平行力系主矢为零，若主矩也为零，则平衡；平行力系主矢为零，若主矩不为零，则化简为一力偶。

考虑平行力系能简化为一个合力的情况，求其作用点的位置。

设作用点矢径为 $\boldsymbol{r}_i$ 的 n 个力 $\boldsymbol{F}_i$ 与单位矢量 $\boldsymbol{e}_0$ 平行，则其合力位置 C 点的矢径 $\boldsymbol{r}_C$ 应满足合力矩定理：

$$\boldsymbol{r}_C \times \sum_{i=1}^{n} F_i \boldsymbol{e}_0 = \sum_{i=1}^{n} \boldsymbol{r}_i \times F_i \boldsymbol{e}_0$$

移项整理，得

$$\left(\sum_{i=1}^{n} F_i \boldsymbol{r}_C - \sum_{i=1}^{n} F_i \boldsymbol{r}_i\right) \times \boldsymbol{e}_0 = 0$$

由于 $\boldsymbol{e}_0$ 是任意的，所以只能是括号内为零矢量，从而得到平行力系合力作用点矢径

$$\boldsymbol{r}_C = \frac{\sum_{i=1}^{n} F_i \boldsymbol{r}_i}{\sum_{i=1}^{n} F_i} \tag{2.6}$$

如果诸平行力中一些力与 $\boldsymbol{e}_0$ 方向相反，上式仍可用，只需在式中将对应的 F_i 取负号即可。将矢量式（2.6）投影到直角坐标轴上，得

$$x_C = \frac{\sum_{i=1}^{n} x_i F_i}{\sum_{i=1}^{n} F_i},\ y_C = \frac{\sum_{i=1}^{n} y_i F_i}{\sum_{i=1}^{n} F_i},\ z_C = \frac{\sum_{i=1}^{n} z_i F_i}{\sum_{i=1}^{n} F_i} \tag{2.7}$$

上面针对的是离散的多个平行力情形，对于分布力系，依然可以使用合力矩定理，结果只不过是将上式中的求和符号变为积分符号，而集中力则变为力的微分。

（2）分布力的等效

① 平行分布力系。

由推论 1 知，可以简化为一个合力。如图 2-25（a）所示，一维分布力系合力的大小 F 与其作用点 x 的计算公式为

$$F = \int_{x_1}^{x_2} q(x)\mathrm{d}x,\ x_C = \frac{\int_{x_1}^{x_2} xq(x)\mathrm{d}x}{\int_{x_1}^{x_2} q(x)\mathrm{d}x} \tag{2.8}$$

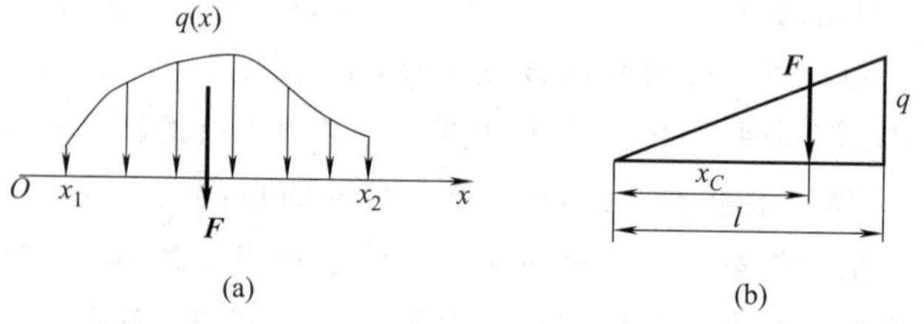

图 2-25

对于三角形分布，$q(x) = qx/l$，如图 2-25（b）所示。由上式得 $F = ql/2$，作用线位置 $x_C = 2l/3$。

二维分布力系 $q(x, y)$ 和三维分布力系 $q(x, y, z)$ 情形将上面的线微元 dx 变为面微元 dA 和体微元 dV，而积分限则变为相应的表面和体积区域。

由上面定义式可知：平行分布力系可以等效为一个作用在分布轮廓形状图形的形心处的一个合力，合力大小就是其围成的面积。

② 一般分布力系。

这种情况一般是分布在曲面（线）上，分布力并非处处垂直于表面。与任意力系的一样，简化得到主矢和主矩，只不过主矢和主矩中的求和符号变为了曲面积分。

需要特别注意的是，当力系作用于多个物体组成的系统时，不能随意进行力系等效替换，而要对单个刚体上的分布力分别等效简化。力系简化是基于力的平移定理，而该定理仅对同一刚体成立。虽然力系的等效替换不会影响整体的运动，但会改变约束力的布置情况。如例 2-2 中的力偶不能随便平移到别的刚体上，否则 B 处的约束力方向会发生改变。

2.6 应用实例：形心和重心

在地表附近，任何物体各部分都受到指向地心的地球引力作用，该引力提供了垂直于地球自转轴的向心力以维持物体随之转动，剩余分量习惯上称为重力。由于地球自转速度很小，所以向心力很小，使重力方向非常接近指向地心的方向。

严格来说，物体各部分受到的重力组成一个空间汇交力系（请读者思考原因），力系的汇交点在地心附近。但是，在地表上的尺寸相对较小的物体，其所受重力是分布力系，若把地球近似为正球体，可以计算出地球表面一个长约 31m 的物体，其两端重力的夹角不超过 1″。因此重力可以近似视为平行力系，其合力就是物体的重量，合力的作用点即为物体的**重心**。若物体是刚体，则其重心在物体上是个固定点，不因物体的放置方位而改变。

在许多工程问题中，物体重心的位置对物体的平衡或运动状态起着重要作用。例如设计飞机、船及车辆时，必须考虑其重心位置对其运动稳定性及操控性的影响。例如，轮船重心应该设计成比浮心低，以便利用重力矩防止翻船（图 2-26）。

对于形状复杂或非均质的小物体，其重心的位置可由悬挂法确定。例如，对于薄板或具有对称面的薄零件，可将其悬挂于其上任意点 A 处，如图 2-27 所示。待其平衡后标出线段 AB，由二力平衡可知，重心必在此线上。另选任一悬挂点 D 重复此步骤，设法标出线段 DE，则两线段的交点 C 即为此物体的重心。

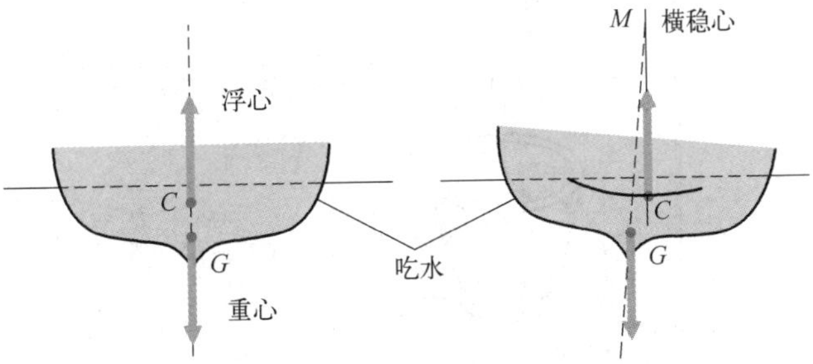

图 2-26

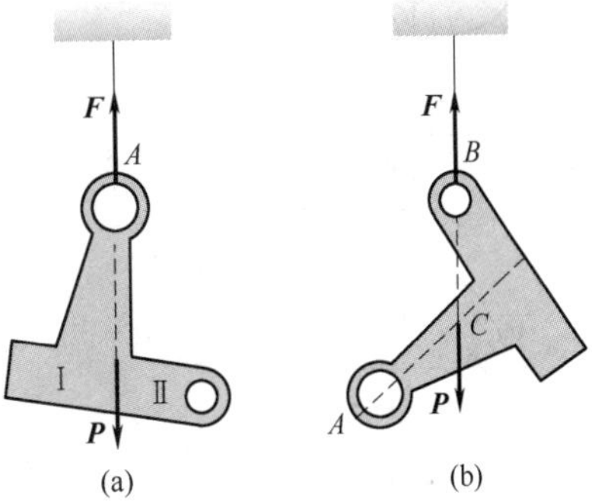

图 2-27

当已知密度分布情况时，重心位置可以通过积分计算。单位体积重力为 $q=\rho g$，类似式（2.8）有

$$P=\int_V \rho g\,\mathrm{d}V,\ x=\frac{\int_V x\rho g\,\mathrm{d}V}{P},\ y=\frac{\int_V y\rho g\,\mathrm{d}V}{P},\ z=\frac{\int_V z\rho g\,\mathrm{d}V}{P} \tag{2.9}$$

若重力加速度 g 是常数，则求出的位置是质心；若密度 ρ 也是常数，则求出的位置是形心。表 2-2 列出了常见简单图形的形心位置。

表 2-2　一些简单图形的形心位置

图　形	形心位置	图　形	形心位置
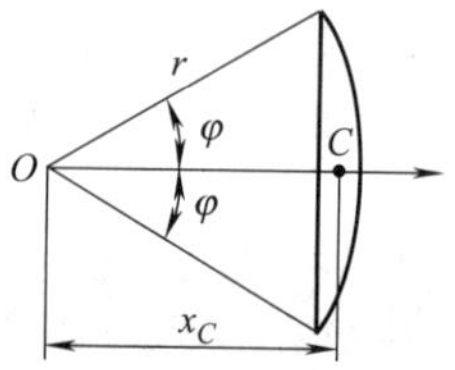 弓形板	$x_C=\dfrac{2(r\sin\varphi)^3}{3A}$ 面积 $A=\dfrac{r^2(2\varphi-\sin2\varphi)}{2}$	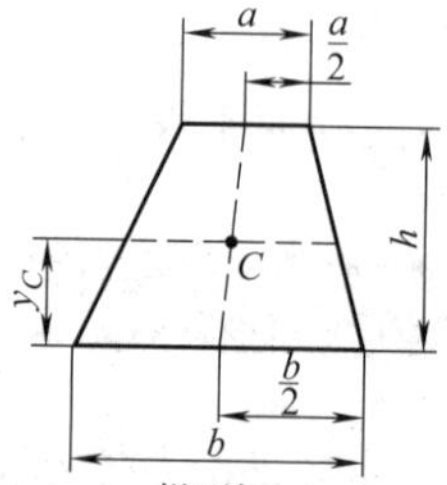 梯形板	$y_C=\dfrac{h(2a+b)}{3(a+b)}$
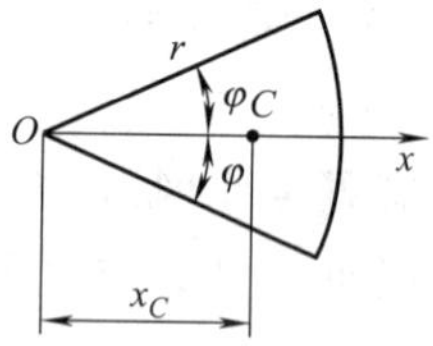 扇形板	$x_C=\dfrac{2}{3}\dfrac{r\sin\varphi}{\varphi}$	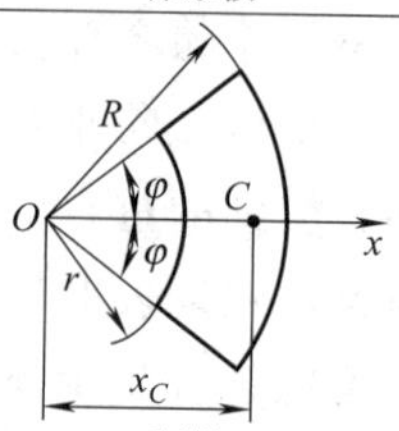 环带	$x_C=\dfrac{2}{3}\dfrac{R^3-r^3}{R^3+r^3}\dfrac{\sin\varphi}{\varphi}$
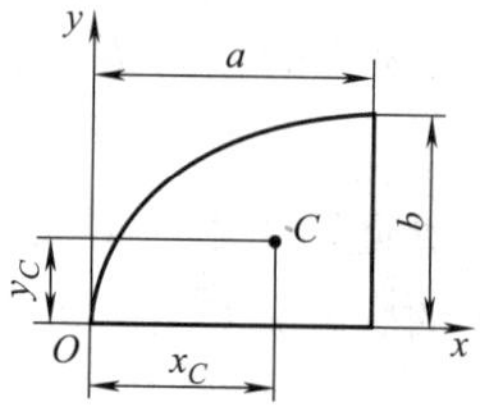 二次抛物面	$x_C=\dfrac{5}{8}a$ $y_C=\dfrac{2}{5}b$	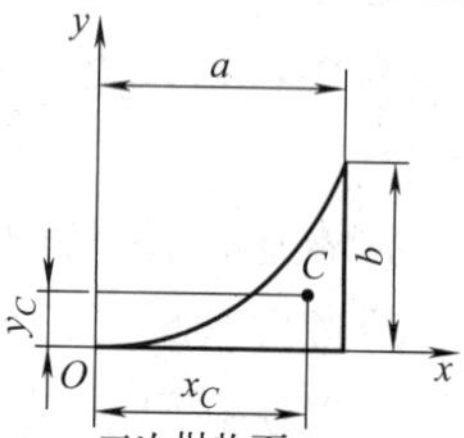 二次抛物面	$x_C=\dfrac{3}{4}a$ $y_C=\dfrac{3}{10}b$
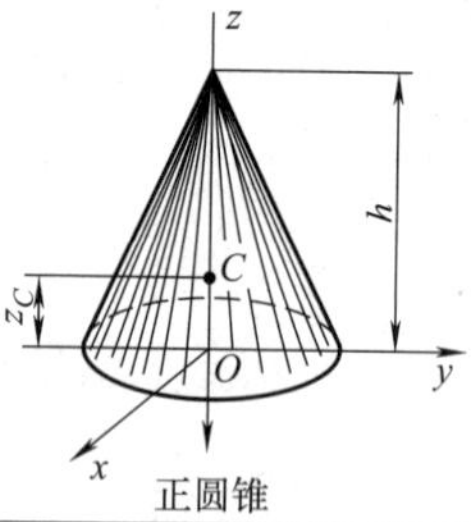 正圆锥	$z_C=\dfrac{1}{4}h$	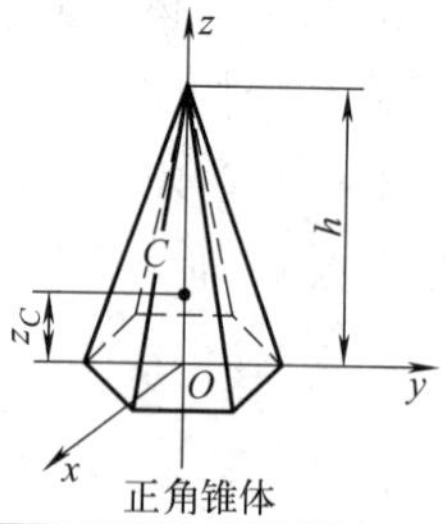 正角锥体	$z_C=\dfrac{1}{4}h$
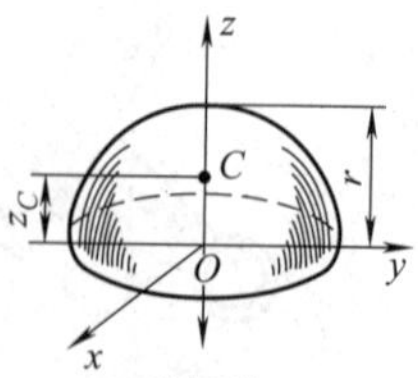 半圆球	$z_C=\dfrac{3}{8}r$	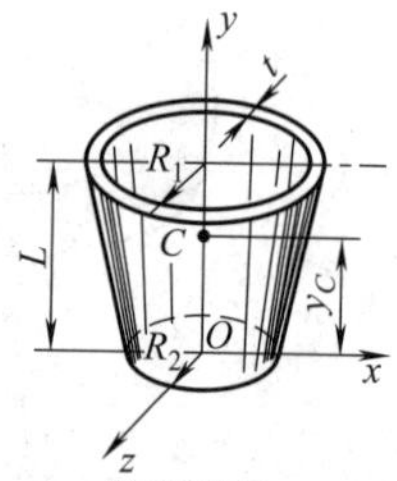 锥形圆筒	$y_C=\dfrac{4R_1+2R_2-3t}{6(R_1+R_2-t)}L$

考虑到坚实固体的重心一般都是确定的，因此，可以将重为 P 的物体分割为若干互不重叠的规则部分，设其中第 i 部分的重量为 P_i，由式（2.5）可知，此物体的重心坐标为

$$x_C=\frac{\sum P_i x_i}{P},\ y_C=\frac{\sum P_i y_i}{P},\ z_C=\frac{\sum P_i z_i}{P} \tag{2.10}$$

如果重力加速度相同，则上述公式中的重量 P_i 可由质量 m_i 替换；进一步，若物体是均质的，则密度为常数，故而重量 P_i 可由体积 V_i 替换；更进一步，若物体为等厚均质板或薄壳，则厚度为常数，此时体积 V_i 可由面积 A_i 替换。

注意，工程中常常会遇到物体存在开槽、挖孔，存在空腔等情况。如果将其直接分割，会产生很多不规则形状，计算较复杂。考虑到重心定义式（2.6）是线性的，满足线性叠加原理，则被挖空的物体便可视为原本完整物体加上一个挖去部分的负重力体。因此将挖去的部分的重量（体积或面积）视为负的，参与计算即可。

[例 2-5] 如图 2-28 所示，绕轴 O 转动的圆形凸轮半径 $R=60\text{mm}$，偏心距 $e=3.75\text{mm}$。为使凸轮转动时动力均衡，凸轮重心必须落在轴与平面交点 O 处，为此在凸轮上开一半径为 $r=20\text{mm}$ 的圆孔。求该圆孔的圆心与凸轮中心的距离 d。

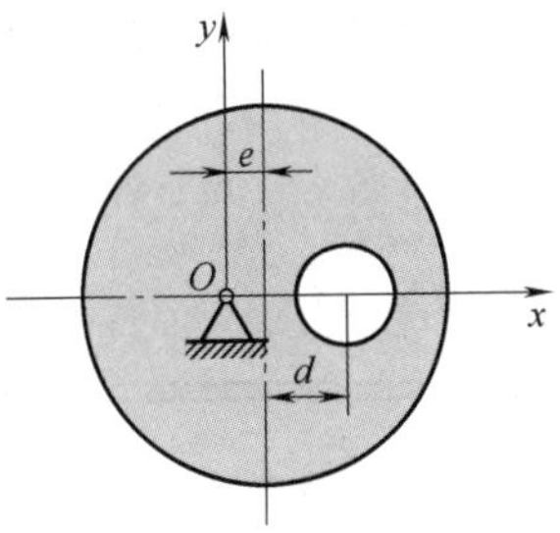

图 2-28

解：设未挖孔的圆轮记为 1，圆孔记为 2，则其面积与形心位置分别为

$$A_1=\pi R^2,\ x_{C1}=\mathrm{e};\ A_2=-\pi r^2,\ x_{C2}=e+d$$

则挖去圆孔后的形心位置为

$$x_C=\frac{A_1 x_{C1}+A_2 x_{C2}}{A_1+A_2}=\frac{\pi R^2 e-\pi r^2(e+d)}{\pi R^2-\pi r^2}=\frac{(R^2-r^2)e-r^2 d}{R^2-r^2}$$

要使挖去圆孔后的形心落在 O 处，则 $x_C=0$，即 $(R^2-r^2)e-r^2 d=0$，故 $d=(R^2-r^2)e/r^2=30\text{mm}$。

习题

判断题

2-1 力沿其作用线滑动一段距离后，并不会改变其对某个固定点的力矩大小。（ ）

2-2 空间力对某一点之矩在空间任意轴上的投影等于力对此轴的矩。（ ）

2-3 作用于同一刚体的两个力，若其大小相等，方向相反，则它们构成一对力偶。（ ）

2-4 平面力偶的作用效果只跟其力偶矩大小有关，与力的大小和力偶臂长短无关。（ ）

2-5 两端都用光滑铰链连接的构件受力偶作用，若不计自重，则构件仍是二力构件。（ ）

2-6 力偶对任意点取力矩都等于力偶矩，不因矩心的改变而改变。（ ）

2-7 一个力和一个力偶可以合成一个合力，反之一个力也可以分解为一个力与力偶。（ ）

2-8 平面任意力系向作用面内任一点简化，得到的主矩大小与简化中心位置的选择无关。（ ）

2-9 如果力系对某点的主矩等于零，说明此力系不可能简化为一个力偶。（ ）

2-10 若两个力在同一轴上的投影相等，则这两个力等效。（ ）

简答题

2-11　题 2-11 图所示三种结构中，$\theta=60°$，B 处都作用有相同的水平力 $\boldsymbol{F}$。若各构件自重不计，各处均光滑，铰链 A 处的约束力是否相同？请作图表示其大小与方向。

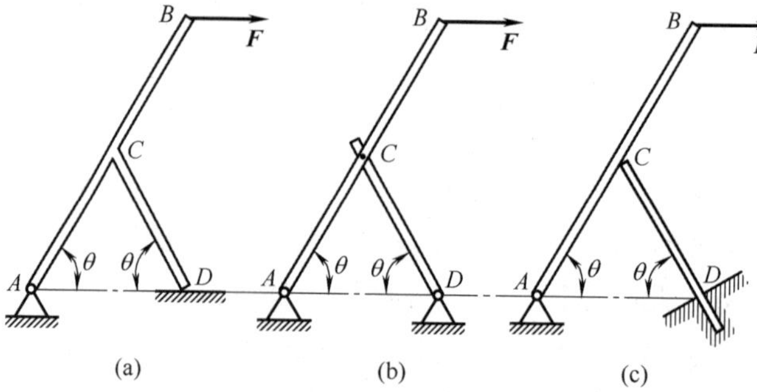

题 2-11 图

2-12　任意力系是否总可以由一个或多个力螺旋来等效？请说明你的理由。

2-13　游泳是一项很受欢迎的运动，许多人在初学游泳或者在水中嬉戏时，为了防止溺水，偏好在腰间系游泳圈，实际上在溺水时这反而起到负面作用。请用所学知识解释其中的道理。

计算题

2-14　题 2-14 所示各杆件上作用只有主动力 $\boldsymbol{F}$，计算下列各图中力 $\boldsymbol{F}$ 对点 O 的矩。

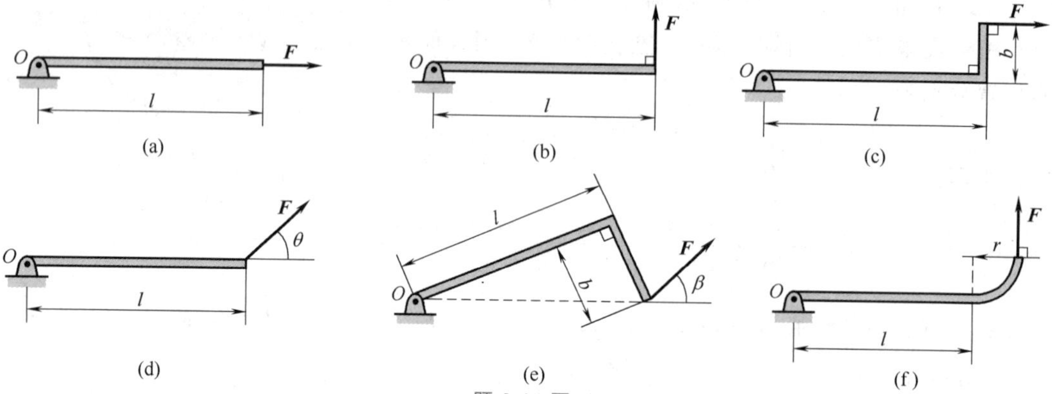

题 2-14 图

2-15　圆盘半径为 r，可绕与其垂直的轴 z 转动。在圆盘边缘 C 处作用一力 $\boldsymbol{F}$，此力与圆盘在 C 处相切且与 z 轴平行的平面内，尺寸如题 2-15 图所示。求力 $\boldsymbol{F}$ 对 x 轴，y 轴，z 轴的矩。

2-16　力 $\boldsymbol{F}$ 沿长方体的对角线 AB 作用，如题 2-16 图所示。试计算力 $\boldsymbol{F}$ 对 y 轴及 ξ 轴的矩。

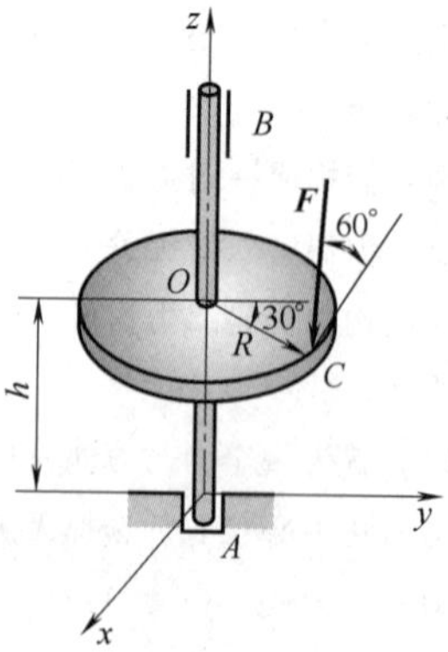

题 2-15 图

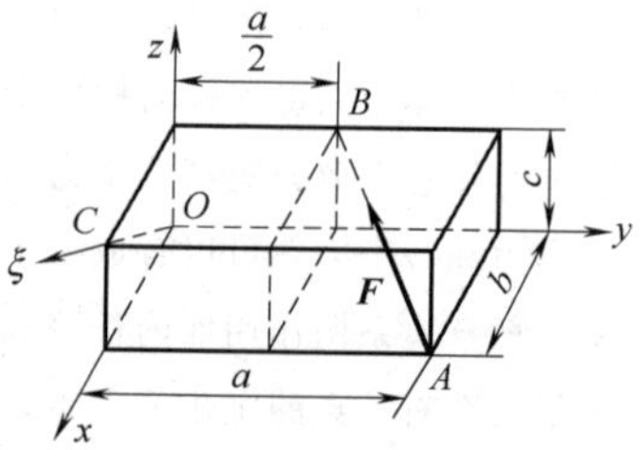

题 2-16 图

2-17 如题 2-17 图所示，长为 a，宽为 b 的物块受力偶矩大小皆为 M 的力偶作用，若各物块自重及摩擦不计，试确定 A，B 两点处的约束力方向。

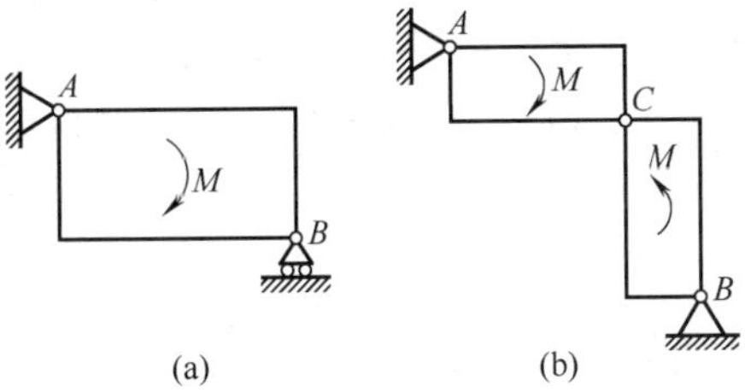

题 2-17 图

2-18 题 2-18 图所示各结构中，各物体自重及各处摩擦不计。判断系统是否能平衡，若能平衡，请画出 A 处和 D 处的约束力作用方向。

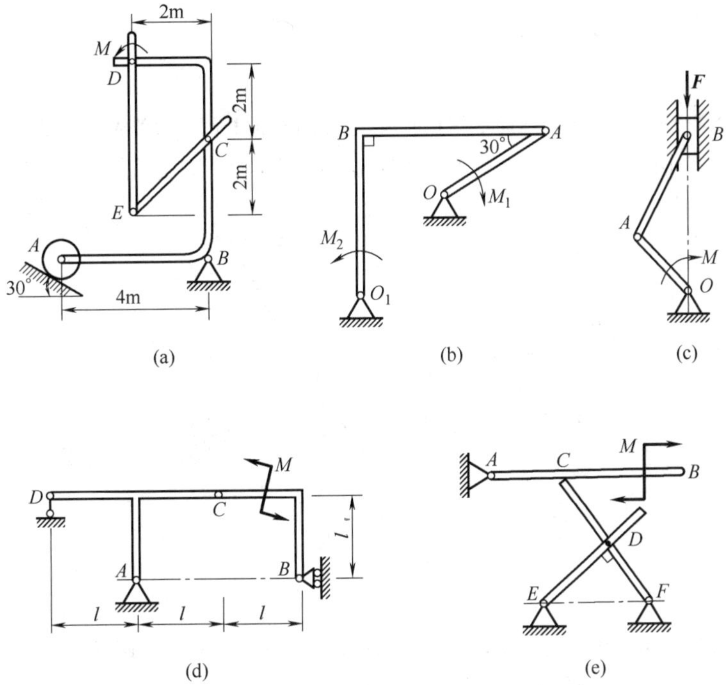

题 2-18 图

2-19 力系如题 2-19 图所示，$F_1=F_2=F_3=F_4$。此力系向点 A，B 简化的结果是什么？二者是否等效？

2-20 如题 2-20 图所示，正方体边长为 b，其上作用五个力，其中 $F_1=F_2=F_3=F$，$F_4=F_5=F$。试将这五个力向 A 点简化，并给出简化后的主矢和主矩以及最简结果。

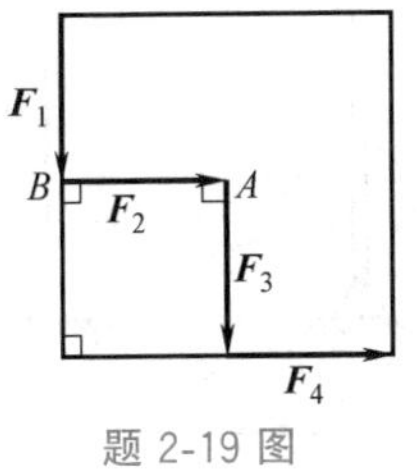

题 2-19 图

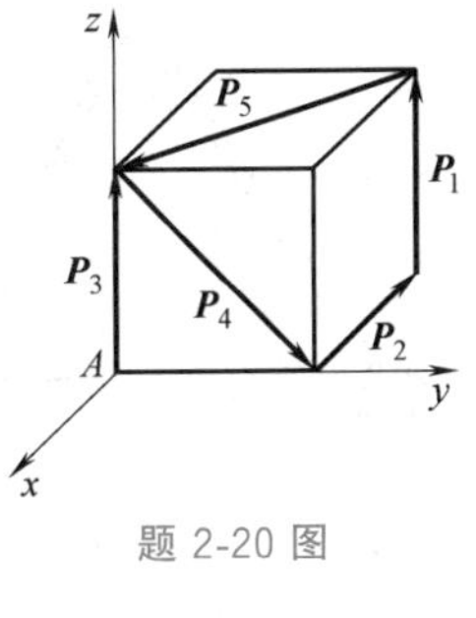

题 2-20 图

2-21 如题2-21图所示，在立方体的顶点 A、H、B、D 上分别作用四个力，大小均为 F，其中 $\boldsymbol{F}_1$ 沿 AC，$\boldsymbol{F}_2$ 沿 IG，$\boldsymbol{F}_3$ 沿 BE，$\boldsymbol{F}_4$ 沿 DH。求此力系的最简结果。

2-22 如题2-22图所示，三力 $\boldsymbol{F}_1$，$\boldsymbol{F}_2$，$\boldsymbol{F}_3$ 分别在三个坐标平面内，并分别与三坐标轴平行，但指向可正可负，位置如图所示。这三个力的大小分别要满足什么关系时，此力系分别能简化为合力、力螺旋？

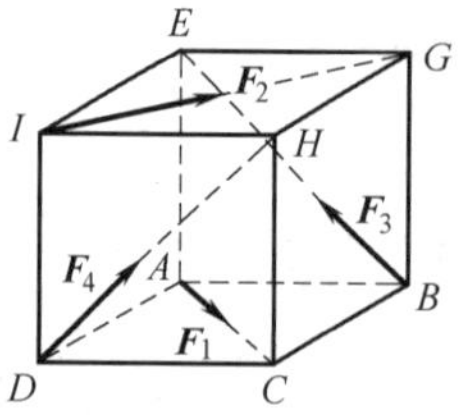

题2-21图

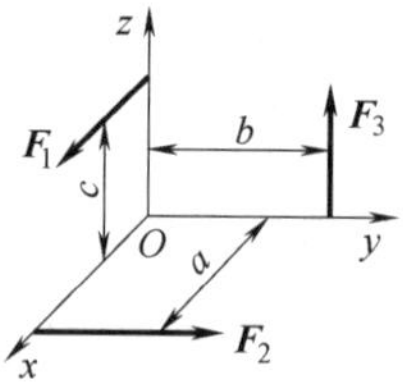

题2-22图

2-23 如题2-23图所示，各物体间不存在摩擦，已知 O_2B 上作用力偶 M，问能否在 A 点加一适当大小的力 F，使其在此位置平衡。图中 $O_2C=BC$，O_2C 水平，BC 铅直。

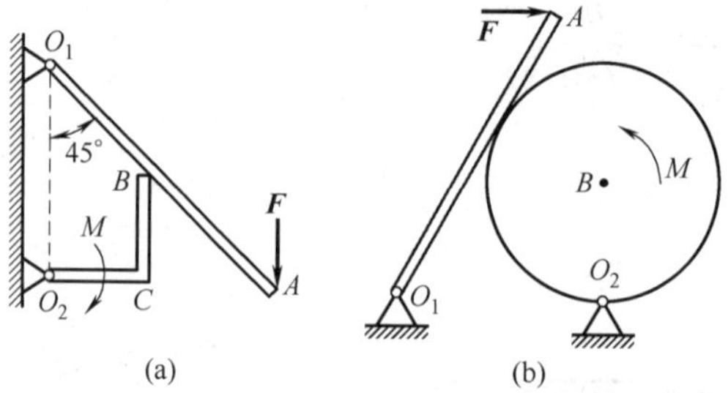

题2-23图

2-24 题2-24图所示机构杆重不计，铰链无摩擦，在杆 BC 上 C、D 两点分别作用力 $\boldsymbol{F}_1$、$\boldsymbol{F}_2$，且 $\boldsymbol{F}_1$ 与 $\boldsymbol{F}_2$ 作用线平行，方向如图所示，两力均不为零。适当选择 $\boldsymbol{F}_1$ 和 $\boldsymbol{F}_2$ 的大小，能否使系统处于平衡？

2-25 如题2-25图所示，在三铰钢架的 G，H 处各作用一个铅垂力 $\boldsymbol{F}$，在求 A，B 支座约束力时，可否将两铅垂力用 C 点处等于 $2F$ 的铅垂力来等效替换？

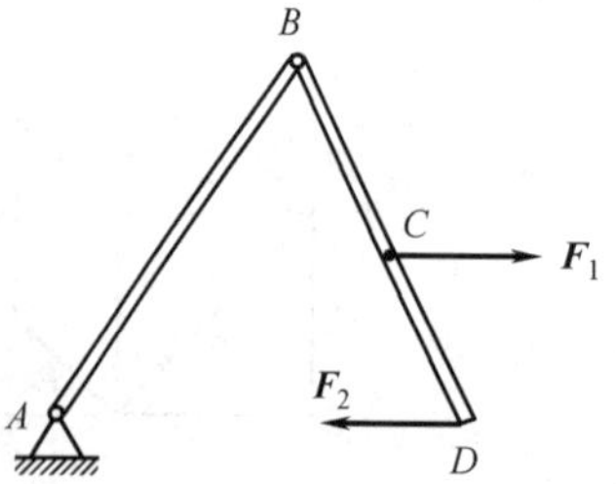

题2-24图

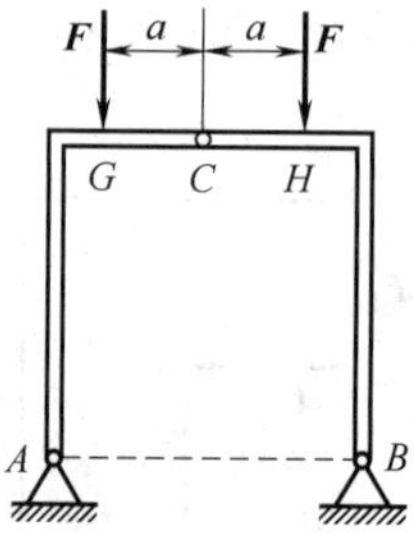

题2-25图

2-26 计算题 2-26 图所示分布力的合力大小和作用线位置，已知 q_1，q_2，q 和 l。

2-27 机翼所受载荷及尺寸如题 2-27 图所示，已知 $q_1=60\text{kN}\cdot\text{m}$，$q_2=40\text{kN}\cdot\text{m}$，$P_1=45\text{kN}$，$P_2=20\text{kN}$，$M=18\text{kN}\cdot\text{m}$。求主动力系向 O 点简化的结果。

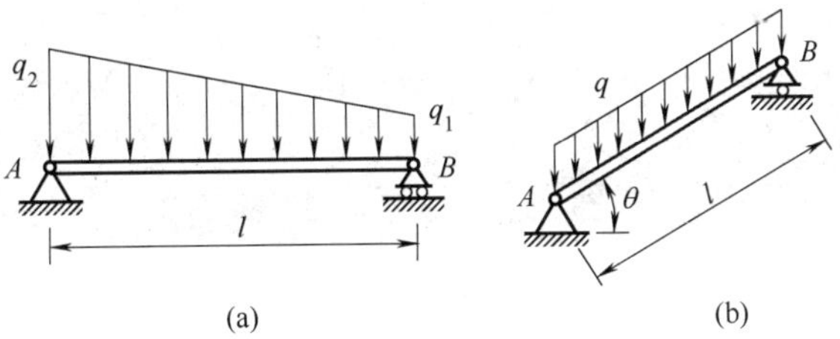

题 2-26 图

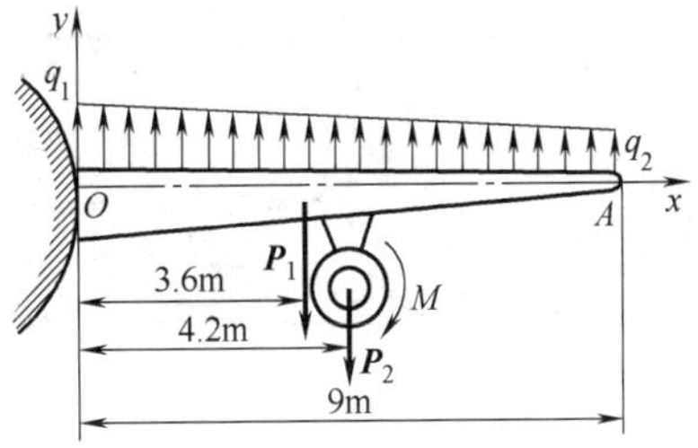

题 2-27 图

2-28 计算题 2-28 图中各形状的形心（标注数字的单位是 mm）。

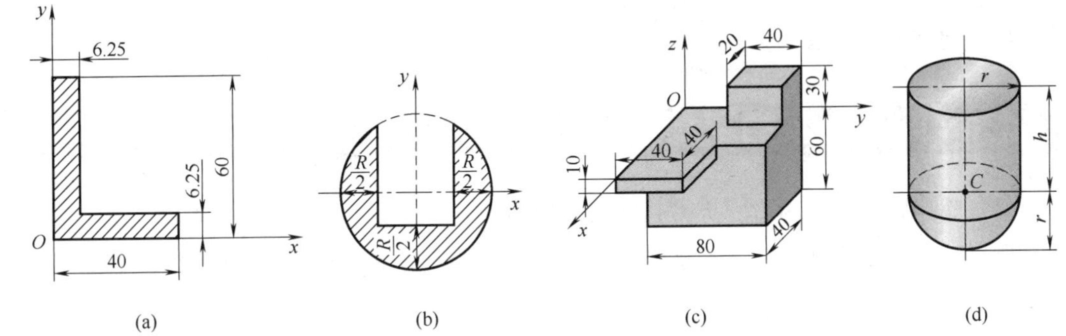

题 2-28 图

拓展题

2-29 在过去的农村，孩子们经常会自己制作玩具。其中一种常见的玩具是利用石头将啤酒盖敲平，然后在其正中心钉一个或两个小孔，并用棉线穿过啤酒盖上的小孔。孩子们会捏住绳子的两端，反复地兜甩绳子直至棉线绷紧。接着，他们会用两手拉直绳子并来回拉，这样就能看到啤酒盖高速旋转，如题 2-29 图所示。这种旋转现象的产生是由于力偶的作用效果。那么，为什么看上去水平的拉力会产生力偶的作用效果呢？

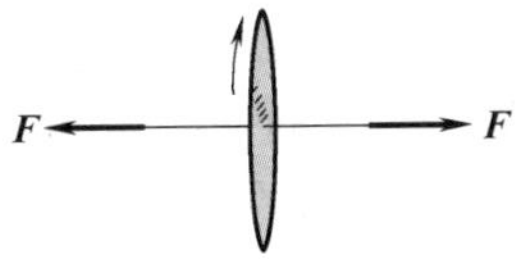

题 2-29 图

2-30 为了在地面训练宇航员修理空间站或登月工作，通常建造大型水池以便模拟在太空中的失重环境。请结合实际感受来分析这种模拟是否能模拟真实太空中的力学效果。

第3章

力系的平衡

工程中经常需要知道物体静止时的内力或平衡位置，这类问题称为静平衡问题。

本章从汇交力系的平衡方程、力偶系的平衡方程引出任意力系的平衡方程，讨论平衡方程的变体及其使用条件，然后将其用于物体系平衡问题的求解，最后用简单例子说明分析变形体问题的微元法。

3.1 汇交力系的平衡

对于作用在刚体上的汇交力系，其简化结果是一个合力。因为平衡意味着力系是零力系，所以汇交力系平衡的充要条件是：汇交力系的主矢为零。其矢量表达为

$$\boldsymbol{F}_{\mathrm{R}}=\sum \boldsymbol{F}_i=\mathbf{0} \tag{3.1}$$

如果力系的汇交点不在刚体上，则可以将刚体扩大，汇交点在这个扩展的刚体上。因为刚体不能变形，所以扩大的刚体如果平衡，作为其局部的原刚体也平衡。

根据平行四边形法则，多个力矢量求和相当于各力首尾依次连接，可构成**力多边形**。起始点指向末尾点的矢量就是汇交力系的合力 $\boldsymbol{F}_{\mathrm{R}}$，如图 3-1 所示。可见汇交力系平衡的几何条件是力多边形自行封闭。

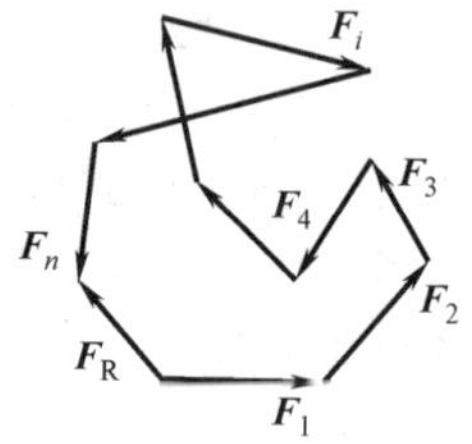

图 3-1

汇交力系的平衡问题可按比例画出封闭的力多边形求解，称为几何法。在平面汇交力系中，力多边形是平面多边形，其中几何量常使用余弦定理或正弦定理计算。

［例 3-1］ 如图 3-2（a）所示平面结构中，水平杆 AB 与斜杆 CD 铰接于 C 处，并与铅垂墙上 A，D 处的固定铰链连接。已知 $AC=CB$，角度如图，不计各构件自重。若在 B 处作用一铅垂力 $F=10\text{kN}$，求 CD 杆受力和铰支座 A 处的约束力。

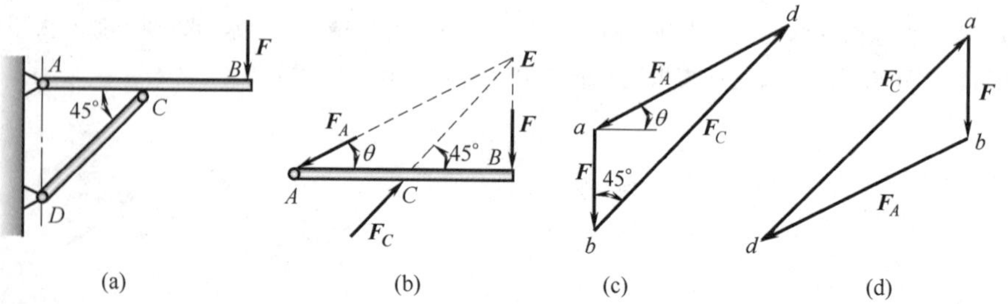

图 3-2

解：由于不计构件自重，所以 CD 杆是二力杆，它对杆 AB 的作用力必沿 C，D 连线。由三力平衡汇交定理，杆 AB 受力情况如图 3-2（b）所示［当然，也可以画出封闭力三角形如图 3-2（d）所示，最终结果相同］。

根据平面汇交力系平衡的几何表述，这三个力应该组成一个封闭的三角形。依次平移各力，首尾相连得到图 3-2（c）所示三角形。该三角形中线段长度与力的大小成比例，因此由几何线段之间的比例关系，可得力之间的大小比例关系。对图 3-2（c）中的三角形，由正弦定理有

$$\frac{F_C}{\sin(90°+\theta)}=\frac{F}{\sin(45°-\theta)},\ \frac{F_A}{\sin45°}=\frac{F}{\sin(45°-\theta)},$$

其中 $\tan\theta=1/2$。解得

$$F_C=28.28\text{kN},\ F_A=22.36\text{kN}$$

由作用力与反作用力的关系可知，杆 CD 受压力，如图 3-2（b）所示。

讨论：有人认为，根据几何法的相似比例关系，在图 3-2（b）中 $CE=BE/\sin45°=\sqrt{2}BE$，则应该有 $F_C=F/\sin45°=\sqrt{2}F=14.14\text{kN}$。同理，应该有 $F_A=F/\sin\theta=\sqrt{5}F=22.36\text{kN}$。这种做法错在哪里？

汇交力系平衡条件也可以投影到直角坐标系。将力系各力向直角坐标轴投影得 $\boldsymbol{F}_i=F_{ix}\boldsymbol{i}+F_{iy}\boldsymbol{j}+F_{iz}\boldsymbol{k}$，则 $\sum\boldsymbol{F}_i=\sum F_{ix}\boldsymbol{i}+\sum F_{iy}\boldsymbol{j}+\sum F_{iz}\boldsymbol{k}=\boldsymbol{0}$，因此汇交力系平衡的解析条件为

$$\sum F_x=0,\ \sum F_y=0,\ \sum F_z=0 \tag{3.2}$$

称为**汇交力系的平衡方程**。由此可见，式（3.2）完全兼容平面情形。

思考：式（3.2）中只能选择相互垂直的三个轴吗？三个轴必须交于一点吗？

对于平面力系平衡的动态分析问题，使用几何法更直观简单。对于空间情形，用解析法求解较为方便。

3.2 力偶系的平衡

对于作用在刚体上的力偶系，其化简结果是一个力偶。平衡条件是与零力系等效，因此力偶系平衡的充要条件是：力偶系的合力偶矩为零。矢量表达是

$$\boldsymbol{M}=\sum\boldsymbol{M}_i=\boldsymbol{0} \tag{3.3}$$

将平衡条件式（3.3）投影到直角坐标系中，$\boldsymbol{M}=\sum M_{ix}\boldsymbol{i}+\sum M_{iy}\boldsymbol{j}+\sum M_{iz}\boldsymbol{k}=\boldsymbol{0}$，得

$$\sum M_{ix}=0,\ \sum M_{iy}=0,\ \sum M_{iz}=0 \tag{3.4}$$

这就是**力偶系的平衡方程**。

在平面情形中，力偶退化为代数量，因此平面力偶系平衡的充要条件是：各力偶矩的代数和为零。即平衡方程式（3.4）退化为

$$\sum M=0$$

力偶系较少见，主要存在于齿轮传动和轴传动中（忽略重力作用）。

［例 3-2］ 如图 3-3（a）所示机构位于水平面内，直角弯杆 ABD 在 C，D 处贯穿，B 处通过铰链固定。已知在杆 DE 上作用一矩为 $M=40\text{kN}\cdot\text{m}$ 的力偶，圆轮 A 半径 $r=1\text{m}$，斜面倾角 $\theta=30°$，不计各处摩擦，系统恰好平衡。求支座 A，B 的约束力与杆 EC 受力。

解：系统整体所受主动力只有 M 的情况下平衡，则 A、B 两处约束力只能构成力偶

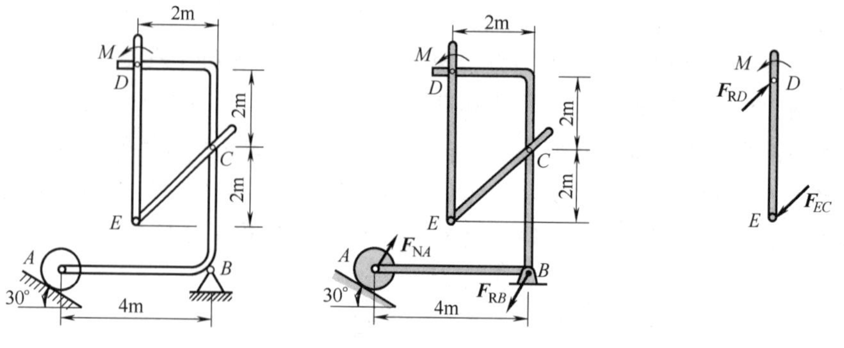

(a) (b) (c)

图 3-3

与之平衡。摩擦不计，则 A 处支持力 $\boldsymbol{F}_{NA}$ 垂直斜面向上，所有 B 处约束力 F_B 方向只能与 $\boldsymbol{F}_{NA}$ 相反，且大小相等。有平面力偶系平衡方程

$$M-F_{NA}\cdot AB\cos30^\circ=0$$

解得 $F_{NA}=20/\sqrt{3}\,\text{kN}$，$F_B=20/\sqrt{3}\,\text{kN}$。

杆 EC 为二力杆，可取杆 DE 为研究对象，所受主动力为 M，则 E 处和 D 处受到的约束力必为力偶才能平衡，由此可知 E 端受力方向从 C 指向 E。由平面力偶系平衡方程

$$M-F_E\cdot DE\sin45^\circ=0$$

解得 $F_E=10\sqrt{2}\,\text{kN}$。$EC$ 杆受力与 F_E 为相互作用力，故 EC 杆受压，方向如图，大小为 $F_{EC}=F_E=10\sqrt{2}\,\text{kN}$。

讨论：如果将力偶 M 移至杆 EC 或 ABD 上，杆 EC 和 A，B 处的约束力会改变吗？

3.3 任意力系的平衡

3.3.1 力系的平衡方程

由力系简化理论可知，作用在刚体上的任意力系，如果向某一点简化所得主矢 $\boldsymbol{F}'_R=\boldsymbol{0}$ 和主矩 $\boldsymbol{M}_O=\boldsymbol{0}$，则该力系平衡。反之，如果力系已经平衡，意味着向任意点简化后的主矩都为零。因此任意力系的平衡充要条件是：力系向任意点简化的主矢和主矩为零。即

$$\boldsymbol{F}'_R=\boldsymbol{0},\ \boldsymbol{M}_O=\boldsymbol{0}$$

将其投影到直角坐标系中，得到**空间任意力系的平衡方程**

$$\begin{aligned}&\sum F_x=0 \quad \sum F_y=0 \quad \sum F_z=0\\&\sum M_x(\boldsymbol{F})=0 \quad \sum M_y(\boldsymbol{F})=0 \quad \sum M_z(\boldsymbol{F})=0\end{aligned} \tag{3.5}$$

思考：力投影的方向是否可以独立于力矩的投影方向？

式（3.5）可用于推导其他特殊情况的平衡方程，例如力系存在两个汇交点，或各力分别位于两个平面内等情形。下面推导平面任意力系和平行力系的平衡方程，其他情况可仿照推导。

对于平面任意力系，不妨设在 xOy 平面内，力的 z 分量消失，则对 z 轴的投影方程可以舍去。与力系共面的 x 轴和 y 轴的矩，恒为零，因此对 z 轴的矩退化为对 z 轴与平面交点 O 的矩。于是，式（3.5）简化为

$$\sum F_x=0 \quad \sum F_y=0 \quad \sum M_O(\boldsymbol{F})=0 \tag{3.6}$$

这就是**平面任意力系的平衡方程**。

［**例 3-3**］ 如图 3-4（a）所示，T 形立柱 ABD 垂直插入水平地面。已知其重力 $P=200\text{kN}$，左侧受到一斜下方集中力 $F=800\text{kN}$，水平方向受到载荷集度为 $q=40\text{kN/m}$ 的线性分布载荷，右端受到一矩为 $M=40\text{kN}\cdot\text{m}$ 的力偶，$l=1\text{m}$。求固定端 A 处的约束反力。

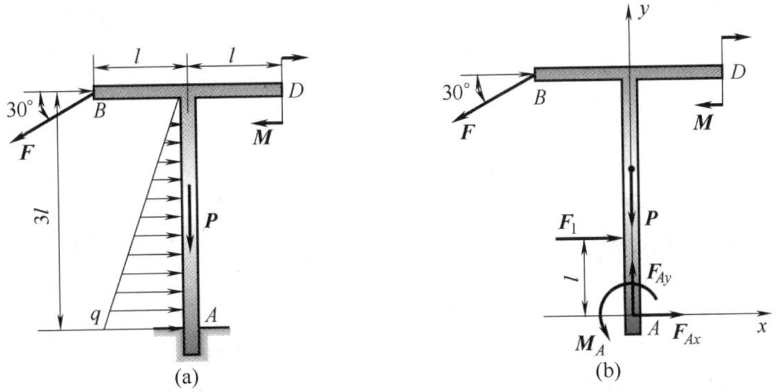

图 3-4

解：取 T 形刚架，由于 A 处未知量较多，所以就选 A 点为矩心，建立直角坐标轴 xAy。考虑到平行分布力是作用在单个刚体上，可先简化为集中力 $\boldsymbol{F}_1$，作用点距离 A 点 $l/3$ 处，如图 3-4（b）所示。其中 $F_1=(q\times 3l)/2=30\text{kN}$。计算力 $\boldsymbol{F}$ 对 A 点的矩比较麻烦，可以将力 $\boldsymbol{F}$ 分解到 x 和 y 方向，分别计算力矩。

由平面任意力系平衡方程

$$\sum F_x=0 \quad F_{Ax}+F_1-F\sin 60^\circ=0$$

$$\sum F_y=0 \quad F_{Ay}-P-F\cos 60^\circ=0$$

$$\sum M_A=0 \quad M_A-M-F_1\cdot l+F\cos 60^\circ\cdot l+F\cos 30^\circ\cdot 3l=0$$

解得 $F_{Ax}=316.4\text{kN}$，$F_{Ay}=300\text{kN}$，$M_A=-1188\text{kN}\cdot\text{m}$，“$-$”表示实际方向与图中所画方向相反。

对于平行力系，“力系等效与简化”一章中证明了其化简结果不可能是力螺旋，因此平行力系的主矩必然垂直于主矢，即主矩在主矢为法向量的平面内，于是可将主矩投影到两个不同的方向（空间平行力系情形）或一个方向（平面平行力系情形）上。平行力的主矢方向与各力方向一致，故独立的力投影方程只有一个。综上，空间中的平行力系平衡方程最多只有 3 个，平面中的平行力系平衡方程最多只有 2 个。

对于空间平行力系，不妨设各力与 z 轴平行，如图 3-5 所示。各力对 z 轴的矩恒为零，式（3.5）中的矩平衡方程中只剩 2 个。然后考虑主矢，由于平行力系的主矢与 z 轴平行，所以只有 z 方向的投影方程有效。因此，空间平行力系只有 3 个平衡方程：

$$\sum F_z=0 \quad \sum M_x(\boldsymbol{F})=0 \quad \sum M_y(\boldsymbol{F})=0 \tag{3.7}$$

也可以选择其他的投影方向和矩轴，只要不产生“0=0”的恒等式就行。

平面平行力系属于平面任意力系的特殊情形，可以参考式（3.6）。不妨设各力都与 x 轴平行（图 3-6），则各力都垂直于 x 轴，因而 x 轴投影方程恒成立，可舍去。因此平面平行力系只有两个平衡方程：

$$\sum F_x=0 \quad \sum M_O(\boldsymbol{F})=0 \tag{3.8}$$

也可以选择其他投影轴，只要不产生“0=0”的恒等式就行。

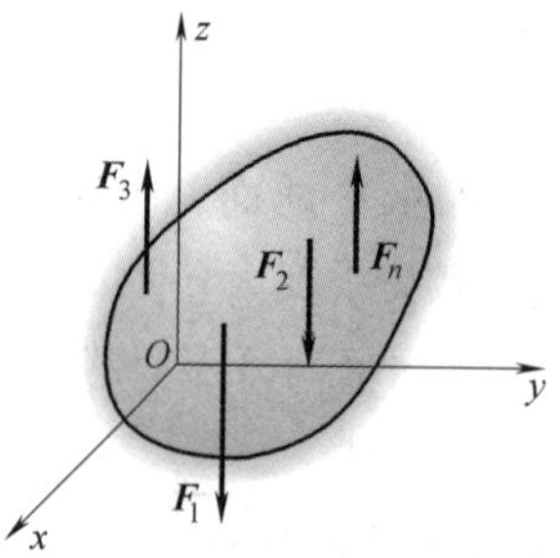

图 3-5

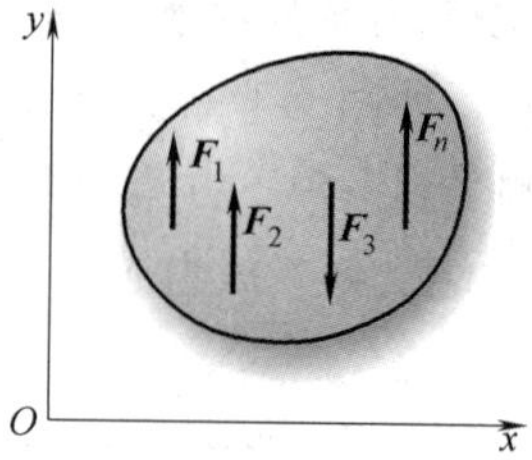

图 3-6

3.3.2 平衡方程的变体

由于平衡力系对任意点的矩都为零，因此平衡方程中的力投影方程可以用额外的矩平衡方程代替。若将任意力系平衡方程的标准式称为三矩式，则还有四矩式、五矩式、六矩式这些“多矩式”。除标准式外，四到六矩式的投影方向、矩轴必须满足一定条件，否则有些方程不独立（实际上是恒等式），无法解出未知量。这些条件有两种推导方式：一是从方程成立所对应的可能的力系简化结果进行分析；二是考虑平衡方程系数矩阵的线性无关性，即矩阵必须满秩（行列式不能等于零）。第一种方式具有几何直观性，但需要空间想象能力和逻辑严谨（防止漏掉可能的情况）；第二种方式不会漏掉任何可能，但需要将代数式转化为几何语言。

作为平衡方程的变体，“多矩式”的优势是可以选择不同的轴，尽量使未知力与之共面，从而减少方程中的未知量，实现少联立方程求解，甚至一个方程只解出一个未知量。若使用联立求解策略，列方程时通常需要注意限制条件；若采用一个方程只解出一个未知量的顺序求解策略，只要能求出新的未知量，所列方程必然独立，不必顾虑限制条件。

当求解少量未知量时，顺序求解策略可以列较少的方程依次求解未知量，标准式中未列出的方程可以用来检验求解结果；一旦有误，要定位错误源头，并更正后续求解步骤中的相关量。

［例 3-4］ 均质正方形板 $ABCD$ 边长为 l，重为 P，用 6 根重量不计的细杆铰接，如图 3-7 所示。在 A 处还作用有水平载荷 $\boldsymbol{F}$。求各杆内力。

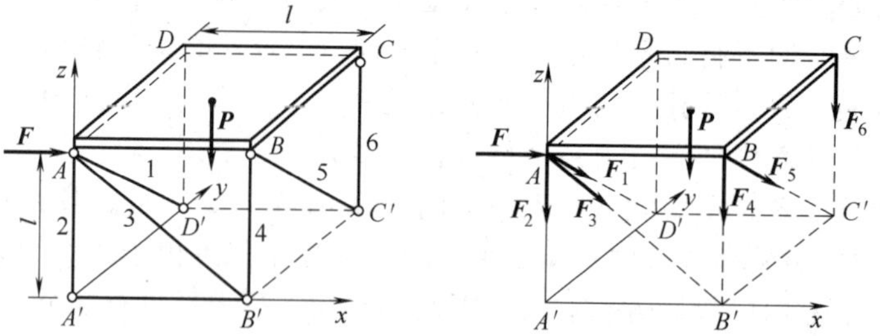

(a) (b)

图 3-7

解：① 取方板 $ABCD$ 为研究对象，它受空间任意力系而平衡。如图 3-7（a）所示，将各杆编号。

② 对方板 $ABCD$ 进行受力分析，画受力图。各细杆均为两点受力，都是二力杆，因此杆受到的力以及对方板的约束力都沿杆方向，但有拉力与压力之分。先设各杆均受拉力，若求得结果为负值，则表示杆受压力。方板受力图如图 3-7（b）所示。

③ 列平衡方程，求未知量。采用多矩式，可以列对任何轴的力投影及矩平衡方程。为了尽量保证一个方程解出一个未知数，或最多联立两个方程求解，选择尽可能多的未知力与之相交或平行的轴。

$$\sum M_{AB}=0 \quad -F_6 l-P\frac{l}{2}=0 \quad \Rightarrow F_6=-\frac{1}{2}P$$

$$\sum M_{AA'}=0 \quad F_5\cos45^\circ\cdot l=0 \quad \Rightarrow F_5=0$$

$$\sum F_y=0 \quad F_1\cos45^\circ+F_5\cos45^\circ=0 \quad \Rightarrow F_1=0$$

$$\sum M_{AD}=0 \quad F_4 l+F_6 l+P\frac{l}{2}=0 \quad \Rightarrow F_4=0$$

$$\sum F_x=0 \quad F+F_3\cos45^\circ=0 \quad \Rightarrow F_3=-\sqrt{2}F$$

$$\sum M_{BC}=0 \quad -F_2 l+Fl-P\frac{l}{2}=0 \quad \Rightarrow F_2=F-P\frac{l}{2}$$

由所得结果可知：杆 1，4，5 为零杆（内力为零）；杆 2 的内力为拉力，如果 $F>P/2$；杆 3、6 受压。

④ 校核。可用标准式中任一个剩余平衡方程对所得结果进行校核，校核方程中应包含尽量多的所求量；在本题中可校核 $\sum F_z=0$。

$$\sum F_z=-F_1\cos45^\circ-F_2-F_3\cos45^\circ-F_4-F_5\cos45^\circ-F_6-P$$

将所得结果代入，发现 $\sum F_z=0$ 成立，因而所得结果无误。

空间平行力系最多有 3 个独立的平衡方程，因此有二矩式、三矩式。二矩式是式（3.7），三矩式是

$$\sum M_l(\boldsymbol{F})=0 \quad \sum M_m(\boldsymbol{F})=0 \quad \sum M_n(\boldsymbol{F})=0 \tag{3.9}$$

矩轴 l，m，n 的选择有限制条件，可利用力系简化来分析。空间平行力系的简化结果不可能是力螺旋，除平衡之外，只能是力偶或合力。因此考虑后两种情况的可能性。

空间平行力系的矩平衡方程表明力系对某轴的矩为零，说明简化结果可能是：与该轴垂直的力偶矩矢（即轴与力系平行），或者与该轴共面的一个合力。如果平行力系还对另外一个轴的矩为零，除了平衡以外，可能情况是：这两个轴与力系平行，或者两个轴相交且所在的平面与力系平行。若平行力系还对第三根轴的矩为零，则除平衡之外可能的情况是：三轴与各力平行，或三个轴在与力系平行的同一平面内，或三轴交于一点。因此，为了满足空间平行力系平衡，三矩式（3.9）需要注意限制条件：三个轴不能都与各力平行，并且三个轴不能在与各力平行的同一平面内，也不能交于一点。当然，只要不联立求解三矩式（3.9），那么不必考虑这些限制条件。

［例 3-5］ 如图 3-8 所示为三轮车模型简图，已知车自重 $P=8\text{kN}$，载荷 $P_1=10\text{kN}$，作用于 C 点。求小车静止时地面对轮子的约束力。

解： 取小车为对象，受力如图 3-8 所示。力系为空间平行力系，可以采用多矩式。

对轮 A，B 中心连线列矩平衡方程（简称“取矩”，下同）

$$2F_D-1.2P-0.2P_1=0 \quad \Rightarrow \quad F_D=5.8\text{kN}$$

对 y 轴取矩

$$1.2F_B-0.8P_1-0.6P+0.6F_D=0 \quad \Rightarrow \quad F_B=7.767\text{kN}$$

对过轮 D 中心且与 y 轴平行的轴取矩

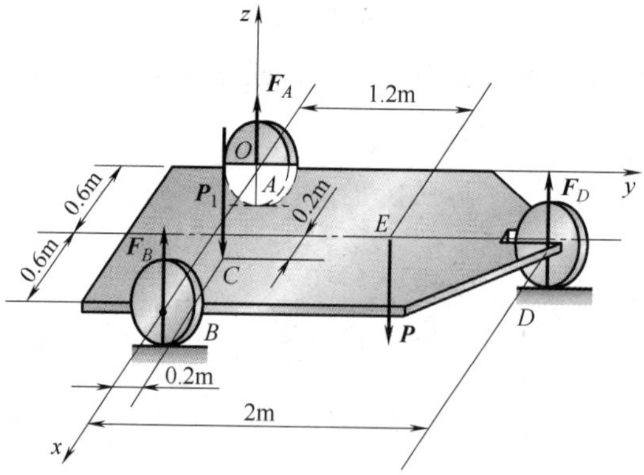

图 3-8

$$0.6F_A + 0.2P_1 = 0.6F_B \quad \Rightarrow \quad F_A = 4.43\text{kN}$$

注意，今后任何方程中出现力对轴的矩的正负号可以不必严格按照右手法则进行，只要方程保证两边相同转动方向的正负号一样即可。

平面力系最多有 3 个独立的平衡方程，类似地，也有一矩式、二矩式和三矩式。其中，一矩式就是标准式（3.6），二矩式是

$$\sum F_x = 0 \quad \sum M_A(\boldsymbol{F}) = 0 \quad \sum M_B(\boldsymbol{F}) = 0 \tag{3.10}$$

其中，x 轴不能与 A，B 两点连线垂直。解释如下。

平面力系对 A 点的矩为零，说明力系不可能简化为一个力偶，要么平衡，要么简化为经过 A 点的一个合力。若此时对另一个 B 点的矩为零，则力系除了平衡，还可能简化为沿 A，B 两点连线的一个合力。若还有 $\sum F_x = 0$，则只要 x 不与 AB 两点连线垂直（否则增加的 $\sum F_x = 0$ 是恒等式），就完全排除了力系简化为一个合力的可能。

三矩式则是

$$\sum M_A(\boldsymbol{F}) = 0 \quad \sum M_B(\boldsymbol{F}) = 0 \quad \sum M_C(\boldsymbol{F}) = 0 \tag{3.11}$$

其中，A，B，C 三点不能共线。因为对 A，B 两个不同的点的矩都为零的平面力系要么平衡，要么简化为沿 AB 连线的一个合力。若再增加 $\sum M_C(\boldsymbol{F}) = 0$，则力系平衡，或简化为沿 AB 连线且作用线通过 C 点的合力，即 A，B，C 三点共线。可见，满足式（3.11）的平面力系如果平衡，则选择的 A，B，C 三个矩心不能共线。

平面平行力系的一矩式就是式（3.8），也可以有二矩式

$$\sum M_A(\boldsymbol{F}) = 0 \quad \sum M_B(\boldsymbol{F}) = 0 \tag{3.12}$$

其中，矩心连线 AB 不能与力的作用线平行。

汇交力系也有二矩式（平面汇交力系）或三矩式（空间汇交力系）。前者要求汇交点不能在直线 AB 上；后者要求 A，B，C 三点不能共线，且汇交点不能在直线 AB，AC，BC 三者之一上。请读者仿照上面的方法自行证明这些限制条件。

［例 3-6］ 起重机重 $\boldsymbol{P} = 500\text{kN}$，起吊重物重量 $\boldsymbol{P}_1 = 250\text{kN}$，尺寸如图 3-9 所示。欲使起重机满载和空载时均不翻倒，求平衡锤的最小重量及平衡锤到左轨的最大距离。

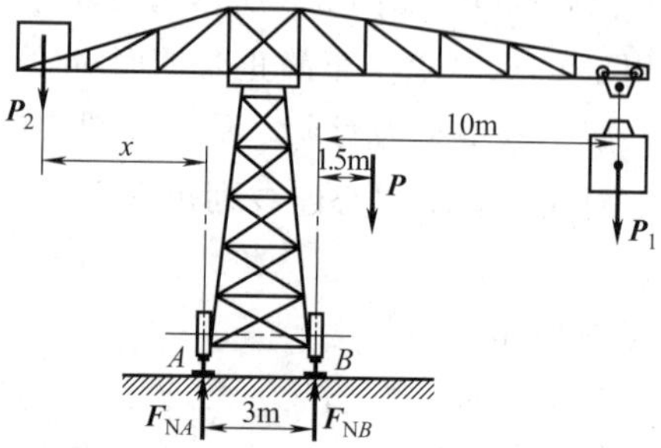

图 3-9

解： 起重机受力情况如图 3-9 所示。平衡锤重量要最小，必须要求起重机在满载和空载这两

个极限情况下都不会翻倒。由于起重机重心在 B 桩右侧，因此无论空载还是满载，平衡锤到左轨距离 x 最大时，其重量最小。

起重机满载时，有向右翻倒的趋势，此时极限状态是 A 桩将脱离地面，即 $F_{NA}=0$，可对 B 点取矩

$$\sum M_B=0,\quad P_2(x+3)-1.5P-10P_1=0$$

起重机空载时，有向左翻倒的趋势，此时极限状态是 B 桩将脱离地面，即 $F_{NB}=0$，可对 A 点取矩

$$\sum M_A=0,\quad P_2x-4.5P=0$$

联立以上两式，得 $P_{2\min}=P_2=333.3\text{kN}$，$x_{\max}=x=6.75\text{m}$。

3.4 物体系的平衡

3.4.1 静定与超静定问题

前面研究平衡问题都是针对单个物体，而工程问题中大多是由多个物体组成的系统，称为**物体系**。当物体系平衡时，组成该系统的每个物体都平衡，因此对于每一个受平面任意力系作用的物体，均可写出三个独立的平衡方程。如 n 个物体组成的物体系在平面力系作用下平衡，共有 $3n$ 个平衡方程。若其中有物体受特殊力系，如平面汇交力系或平面平行力系作用时，则系统的平衡方程数目相应减少。当系统中的未知量数目等于独立平衡方程个数时，所有未知数都能由平衡方程求出，这样的问题称为**静定问题**。在工程实际中，考虑到温度、载荷等因素会造成结构变形，有时为了提高结构的刚度，常常增加一些约束，导致未知量的个数多于独立平衡方程数目，未知量无法全部由平衡方程求出，这样的问题称为**超静定问题**。对于超静定问题，必须考虑物体产生的变形，补充变形协调方程后，才能使方程的总数等于未知量的数目。

如图 3-10（a）所示，共有两个构件，受平面力系作用，则每个刚体 3 个平衡方程，共 6 个平衡方程，最多只能求解 6 个未知量。A 和 B 处各两个未知量，C 处相互作用力只算一遍，也有两个（二力杆可视为其两端共有 4 个约束力分量的平面任意力系，受到力偶系的物体也可以视为受任意力系，因为多出来的方程数被多计入的未知量个数抵消），一共 6 个。未知量个数与方程数目相等，因此是静定问题。图 3-10（b）也是两个刚体，但 A 处是固定端，相比图 3-10（a）中的 A 处多了一个未知量（约束力偶），是超静定问题。图 3-10（c）中只有一个刚体，平面力系中只能列 3 个方程，A 处 2 个未知量，B 和 C 处各 1 个未知量，共 4 个未知量，是超静定问题。图 3-10（d）中有两个刚体，可列 6 个平衡方程，相比图 3-10（c），在 D 处多了 2 个未知量，共 $4+2=6$ 个未知量，因此是静定问题。

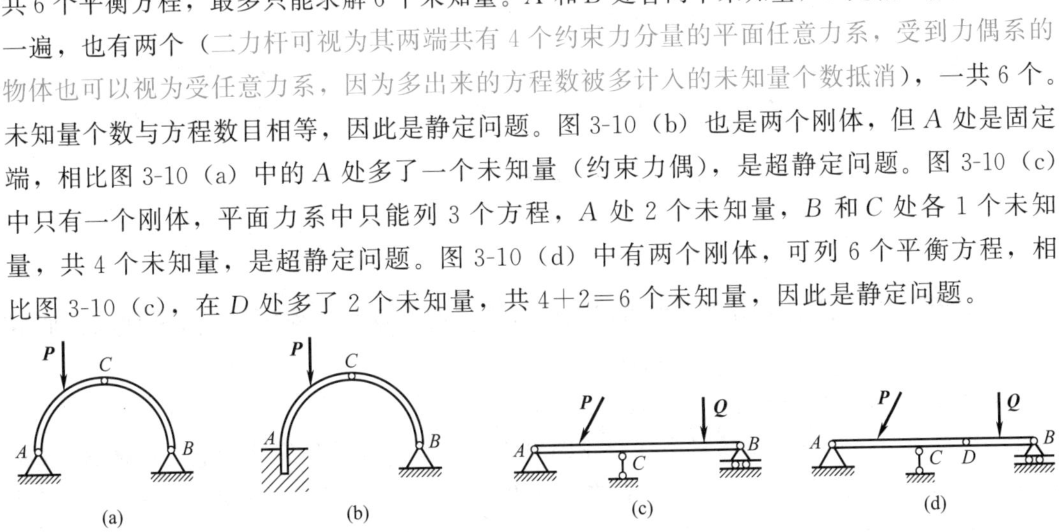

图 3-10

思考：以上是仅受到集中载荷的情况，若存在力偶或分布力作用，结果不变吗？

未知数个数少于独立平衡方程数目，说明系统无法平衡，称为**运动机构**。缺少的未知数个数就等于机构的**自由度**。它对运动学和动力学分析具有重要意义。

3.4.2 物体系平衡的求解方法

对于静定问题，求解物体系平衡问题最直接的方法是将物体系拆成单个物体，并分别列出标准式平衡方程，然后联立求解全部方程。n 个物体组成的系统受空间力系平衡，总共有 $6n$ 个方程（平面力系情形则为 $3n$ 个），联立求解的计算量很大，更适合计算机求解。然而在实际工程中，一般只求少数几个未知量（用于危险位置处的校核等），没有必要联立求解全部未知量，而且把整个问题输入计算机，可能比求解方程更费时。

注意到物体系平衡，则整体和局部全都平衡，这启发我们可以灵活选取整体或局部作为研究对象，从而列尽可能少的平衡方程。我们可以尽量联立少量方程求解，或一个方程解出一个未知量。相比之下，后者可以不用考虑方程独立性，因此更方便。

（1）力系局部等效替换

［例 3-7］ 结构如图 3-11（a）所示，各处光滑，杆、轮及绳的质量不计。求支座 A，B 处的约束力。

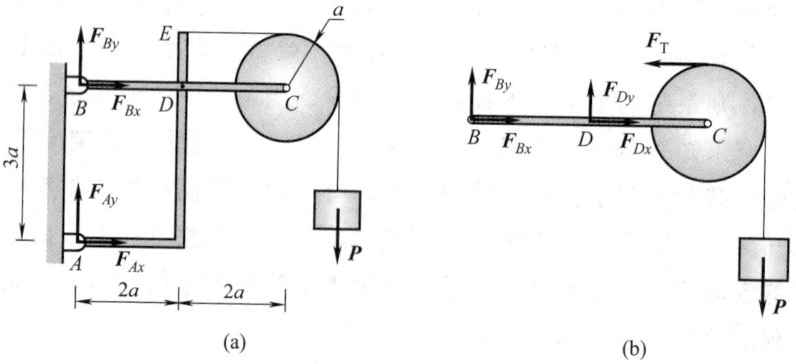

图 3-11

解： 待求量为 A，B 两处四个未知量，至少需要四个方程才能全部求出。

先整体分析，受力情况如图 3-11（a）所示。显然无法求出全部 4 个待求量，尽量求出其中能求出的量。为了避免联立求解方程，分别对较多未知力的交点 B 和点 A 取矩

$$\sum M_B=0,\quad F_{Ax}\cdot 3a-P\cdot 5a=0\ \Rightarrow\ F_{Ax}=\frac{5}{3}P$$

$$\sum M_A=0,\quad F_{Bx}\cdot 3a+P\cdot 5a=0\ \Rightarrow\ F_{Bx}=-\frac{5}{3}P$$

当然，上面对 A 点的矩平衡方程也可以用竖直方向的力投影方程代替。以后面临类似情况，选用哪个方程，以方程所含待求量个数最少为准。

现在 4 个待求量只剩 F_{Ay} 和 F_{By} 两个未知，但无论对整体如何列方程都求不出来，因此必须拆开分析局部。待求量不在滑轮的轮心处，故不必拆开滑轮。于是只有 BC（含滑轮）或 ADE 可作为研究对象，二者之一都可选择。比如取 BC（含滑轮）为研究对象，受力情况如图 3-11（b）所示。注意到滑轮光滑，绳不受摩擦，有 $F_T=P$。对较多未知力

交点 D 取矩，以便尽量一个方程只求一个未知量

$$\sum M_D=0,\quad F_{By}\cdot 2a-F_T\cdot a+P\cdot 3a=0\ \Rightarrow\ F_{By}=-P$$

剩下的未知待求量 F_{Ay} 可以回到整体中，列竖直方向的力投影方程

$$\sum F_y=0,\quad F_{Ay}+F_{By}-P=0\ \Rightarrow\ F_{Ay}=2P$$

当然，F_{Ay} 也可以通过取 ADE 为研究对象，对 D 点取矩求出。

若不计滑轮摩擦，当滑轮平衡时，根据对轮心的矩平衡方程可知，滑轮上绳两端的拉力相等。若将绳两端的拉力（如例 3-7 中的 $\boldsymbol{F}_T$ 与 $\boldsymbol{P}$）向轮心简化，则主矩为零。因此，在忽略摩擦的平衡问题中，将作用在滑轮两端的拉力平移到轮心处，不会影响结果，并可以简化计算。

[例 3-8] 如图 3-12（a）所示组合梁 ABC，均布载荷的载荷集度为 q。求 A，C 处的约束力。

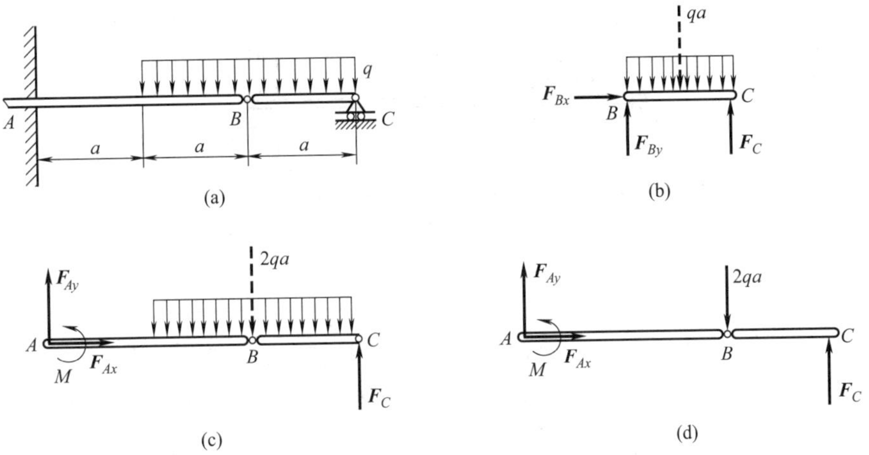

图 3-12

解： 如果仍像例 3-7 那样先考虑整体再考虑部分，会遇到困难，因此可以先考虑分析局部。

① 先考虑梁 BC 的平衡，受力图如图 3-12（b），均布载荷可用其合力 qa 代替。

$$\sum M_B=0,\quad F_C a-qa\cdot\frac{1}{2}a=0\ \Rightarrow\ F_C=\frac{1}{2}qa$$

② 再考虑整体平衡，受力图如图 3-12（c），均匀载荷用其合力 $2qa$ 代替。

$$\sum F_x=0,\quad F_{Ax}=0$$

$$\sum F_y=0,\quad F_{Ay}+F_C-2qa=0\ \Rightarrow\ F_{Ay}=\frac{3}{2}qa$$

$$\sum M_A=0,\quad M+F_C\cdot 3a-2qa\cdot 2a=0\ \Rightarrow\ M=\frac{5}{2}qa^2$$

讨论：均布载荷通常等效为集中力，这仅适用于刚体，如图 3-12（b）中的做法。而图 3-12（c）中的等效代替的依据是刚化原理。如果一开始就将均布载荷以其合力 $2qa$ 代替，即将原题［图 3-12（a）］替换成新题［图 3-12（d）］，当考虑梁 BC 的平衡时，将得到 $F_C=0$，结果与原题不同。原因在于，单独对 BC 列平衡方程，相当于默认图 3-12（d）中的组合梁 ABC 是变形体（绕铰链 B 可相对转动），所以力系等效替换不再有效。

可见，当分布力系跨过结构中的铰链时，如果是分析整体的平衡，可直接将分布力简化为一个合力；如果是分析局部结构的平衡，则必须先将分布力分段，再简化。

同理，如果是分析整体的平衡，力偶（无论是主动力偶还是约束力偶）可在整体上平移；如果是分析局部结构的平衡，则力偶不能移动到别的刚体上。

（2）巧用过渡量

当物体系由两个以上的物体组成时，应先制定解题步骤：先取哪一部分为研究对象，列哪个平衡方程，求哪个未知量；再考虑哪个部分的平衡，列哪个方程，求哪个未知量。直到全部待求量都求出。

有时候只能先求出与待求量相关的非待求未知量（称为“过渡量”），一旦过渡量已知，就能以一个方程只求一个未知量的方式逐一求出所有待求量。

［例 3-9］ 不计自重的组合梁如图 3-13（a）所示，已知 $q=2\text{kN/m}$，$P=5\text{kN}$，$M=6\text{kN}\cdot\text{m}$，$L=2\text{m}$。求固定端 A 处的约束力偶。

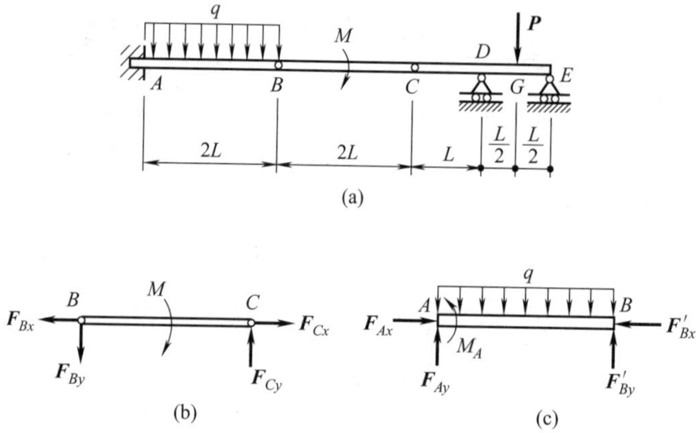

图 3-13

分析：整体分析，发现无法求出待求量。局部分析 AB 或 $AB+BC$，也无法求出待求量。说明要引入过渡量。由于 BC 段仅受力偶作用，受力情况简单，过渡量可能就在其中。考虑到 AB 段若知道 F_{By}，直接对 A 点取矩就可求得待求量。因此过渡量就是 F_{By}。

解：① 取 BC 段，受力情况如图 3-13（b）所示。对 C 点取矩

$$\sum M_C=0,\quad F_{By}\cdot 2L-M=0\quad\Rightarrow\quad F_{By}=\frac{M}{2l}$$

② 取 AB 段，受力情况如图 3-13c 所示。对 A 点取矩

$$\sum M_C=0,\quad F'_{By}\cdot 2L-2qL\cdot L+M_A=0\quad\Rightarrow\quad M_A=2qL^2-M$$

［例 3-10］ 如图 3-14（a）所示，铅垂面内的结构由杆 AB，CD 及斜 T 形杆 BCE 组成，不计各杆自重。已知载荷 $\boldsymbol{F}_1$ 和 $\boldsymbol{F}_2$，力偶矩 $M=F_1a$，$\boldsymbol{F}_2$ 作用于销钉 B 上。求固定端 A 处的约束力及销钉 B 对杆 AB 的力。

分析：整体分析，只能尝试求 A 处的待求未知量，但都求不出。由于销钉 B 对杆 AB 的力是待求量，若先将其求出，则杆 AB 上只剩 3 个未知量，可列 3 个平衡方程求出。于是目标转为求销钉 B 对杆 AB 的力。可将销钉与 T 形杆固结，变为求 T 形杆 B 端（含销钉）受到杆 AB 的作用。而 T 形杆 B，C 两端共有 4 个未知量，因此必须求出 C 处

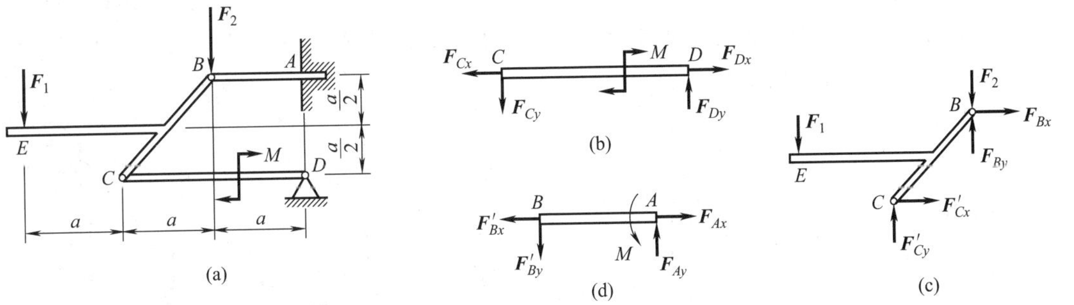

图 3-14

一个未知量，可以通过杆 CD 的矩平衡方程求出，过渡量已找到。

解：① 取杆 CD，受力图如图 3-14（b）所示。对 D 点取矩：

$$\sum M_D=0,\quad F_{Cy}\cdot 2a-M=0 \ \Rightarrow\ F_{Cy}=\frac{F_1a}{2a}=\frac{F_1}{2}$$

② 取 T 形杆，受力图如图 3-14（c）所示。

$$\sum F_y=0,\quad F_{By}+F'_{Cy}-F_2-F_1=0 \ \Rightarrow\ F_{By}=\frac{F_1}{2}+F_2$$

$$\sum M_C=0,\quad F_{By}a-F_{Bx}a-F_2a+F_1a=0 \ \Rightarrow\ F_{Bx}=\frac{3F_1}{2}$$

③ 取杆 AB，受力情况如图 3-14（d）所示。

$$\sum F_x=0,\quad F_{Ax}-F'_{Bx}=0 \ \Rightarrow\ F_{Ax}=\frac{3}{2}F_1$$

$$\sum F_y=0,\quad F_{Ay}-F'_{By}=0 \ \Rightarrow\ F_{Ay}=\frac{F_1}{2}+F_2$$

$$\sum M_A=0,\quad -M_A+F'_{By}\cdot a=0 \ \Rightarrow\ M_A=\left(\frac{F_1}{2}+F_2\right)a$$

实际上，过渡量的选择并不唯一。如取杆 CD 对 C 点取矩求得 F_{Dy} 作为过渡量，则 F_{By}，F_{Bx} 可以通过取 T 形杆＋杆 CD，列投影方程和对 D 点取矩依次求得。剩余 A 处约束力求解方法不变。

讨论：如果题目只求 A 处的约束力，则没必要先求出销钉 B 对杆 AB 的约束力。可考虑整体，如果知道 F_{Dx}，可对 A 点取矩，求得 M_A，然后列力投影方程，求得 F_{Ax}，再对 D 点求矩，求得 F_{Ay}。而 F_{Dx} 可通过先求出 F_{Dy}，然后取 T 形杆＋杆 CD 并对 B 点取矩求得。F_{Dy} 则可以通过取杆 CD 并对 C 点取矩求得。这样，引入 2 个过渡量求 3 个待求量，用到 5 个方程。求解过程中遇到的未知力偶是困难的根源，因此要想办法尽量先求出未知力偶，否则需要引入多个过渡量。

可见，销钉上存在载荷时候（与销钉连接多个构件情况本质上一样）并且该销钉对铰接的个别构件的作用力是待求量时，可以灵活地把销钉与余下构件之一固结，尽量减少非待求未知量的个数。若销钉的所有作用力都是待求量，则销钉必须抽出来单独进行受力分析。

［例 3-11］ AB，AC 和 DF 组成的构架如图 3-15（a）所示。杆 DF 上的销钉 E 可在杆 AC 的光滑槽内滑动，各杆自重不计。在水平杆 DF 的右端作用一铅直力 $\boldsymbol{F}$，求铅直杆 AB 上铰链 A，D 和 B 的受力。

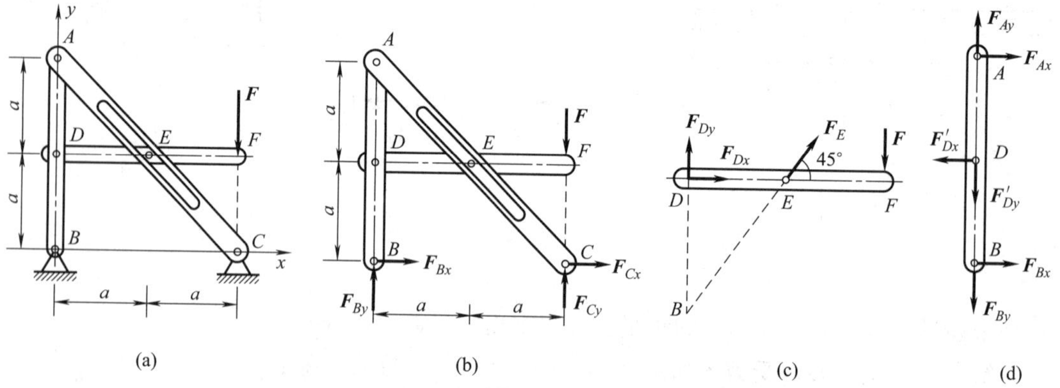

图 3-15

分析：整体分析，注意到有较多未知力交于 C 点，对其取矩，可求出 F_{By}。再找与待求量相关的杆 DF，注意到滑槽光滑，则 E 处的约束力作用线垂直于杆 AC，正好与 D 处的 F_{Dy} 相交于 B 点。对 B 和 E 点分别取矩，可以求出 D 处约束力。这样，杆 ADB 上只剩 3 个未知量，可以全部求出。

解：① 取整体，受力图如图 3-15（b）所示。对 C 点取矩：

$$\sum M_C=0,\quad -F_{By}\times 2a=0 \quad\Rightarrow\quad F_{By}=0$$

② 取杆 DEF，受力图如图 3-15（c）所示。

$$\sum M_B=0,\quad F_{Dx}a+F\times 2a=0 \quad\Rightarrow\quad F_{Dx}=-2F$$

$$\sum M_E=0,\quad F_{Dy}a+Fa=0 \quad\Rightarrow\quad F_{Dy}=-F$$

③ 取杆 ADB，受力图如图 3-15（d）所示。

$$\sum M_A=0,\quad F_{Bx}\times 2a-F'_{Dx}a=0 \quad\Rightarrow\quad F_{Bx}=-F$$

$$\sum M_D=0,\quad F_{Ax}a-F_{Bx}a=0 \quad\Rightarrow\quad F_{Ax}=-F$$

$$\sum F_y=0,\quad F_{Ay}+F_{By}-F'_{Dy}=0 \quad\Rightarrow\quad F_{Ay}=-F$$

注意，其中 $F'_{Dx}=F_{Dx}=-2F$，$F'_{Dy}=F_{Dy}=-F$，负号表示实际方向与受力图中所画方向相反。

［例 3-12］ 如图 3-16（a）所示结构，已知铅直载荷 P，杆 AD 和杆 BC 的中点被销

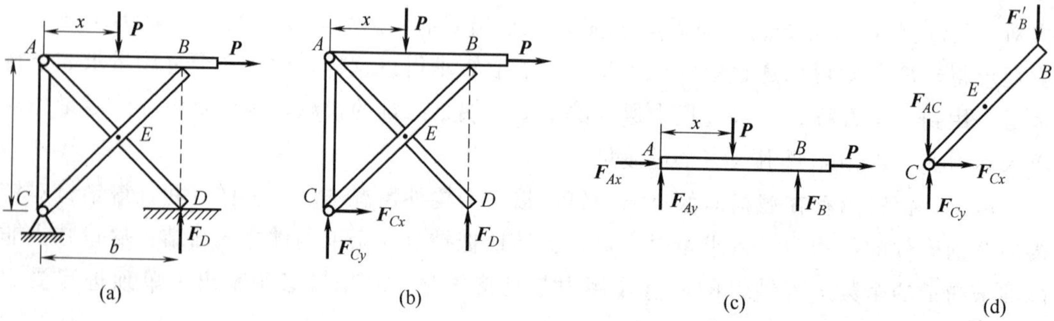

图 3-16

钉 E 贯穿，各杆重不计，各处均光滑。证明：铅直杆 AC 始终受大小为 $(1+a/b)P$ 的压力（与 x 无关）。

分析： 本题仍然可以当作计算题来做。待求量是杆 AC 的内力，因此销钉应该与其他杆固结，不必单独抽出分析，这样，待求量就可以通过杆 AC 对其他构件的反作用力求得。由于结构较复杂，本题必须引入过渡量，而选择不同的过渡量，求解方案就不同。如下是一种引入 3 个过渡量的可行方案。

解： ① 取整体，受力情况如图 3-16（a）所示。

$$\sum M_D=0,\quad P(b-x)-F_{Cy}b=0=0 \quad \Rightarrow \quad F_{Cy}=\frac{P}{b}(b-x)$$

$$\sum F_y=0,\quad F_{Cx}+P=0 \quad \Rightarrow \quad F_{Cx}=-P$$

② 取杆 AB（销钉 A 与杆 AED 固结），受力情况如图 3-16（c）所示。对 A 点取矩：

$$\sum M_A=0,\quad F_Bb-Px=0 \quad \Rightarrow \quad F_B=\frac{x}{b}P$$

③ 取杆 BEC（销钉 C 与之固结），受力情况如图 3-16（d）所示。对 E 点取矩：

$$\sum M_E=0,\quad F_{AC}\frac{b}{2}-F_{Ay}\frac{b}{2}+F_{Ax}\frac{a}{2}-F_B'\frac{b}{2}=0 \quad \Rightarrow \quad F_{AC}=\left(1+\frac{a}{b}\right)P$$

讨论：还可以选择 F_D 和杆 AB 的 F_{Ax}，F_{Ay} 作为过渡量，最后取杆 AED（含销钉 A）对 E 点取矩。

思考：能否取 $AD+BC$ 为研究对象？如何求销钉 C 对杆 BEC 的约束力？

在求解物体系平衡问题时，尽量采用顺序求解策略，即做到一个平衡方程解出一个未知量。我们将仅含有当前待求未知量，而不含其他非待求未知量的方程称为“有用方程”。为了尽可能减少方程中的未知量个数，有用方程一般选矩平衡方程。通过上述例题，总结物体系静平衡问题的解题方法如下。

（3）分析流程

先对整体分析求解。若不能全部求出待求量，则将能求出的待求量视为已知量，然后再从当前剩余待求未知量中选一个作为求解目标，由近及远遍历其所在的单个物体及其与邻居的组合，寻找并求解仅含当前待求未知量的有用方程，如果：

① 只找到含两个待求未知量的有用方程，说明应先求出其中一个量，那么遍历与这个量相关的物体及物体组合，求出它之后，再回头求出当前待求量。

② 找到含三个或以上待求量的有用方程，可跳过当前待求量，进入下一个待求量的求解程序。

③ 找不到有用方程，一般找受力简单的杆件（其上除连接和支承外），求出其中某个分量作为过渡量，然后从过渡量所在物体由远及近遍历物体组合，寻找仅含待求量和过渡量的方程，就能以一个方程只求一个未知量的方式求出其他待求量。

重复上面的程序，直至所有待求量求解完。

在解题过程中，还要注意以下细节：

① 分布载荷继承到单个刚体再简化；

② 力偶不跨刚体平移；

③ 若待求量不在滑轮轮心处，则滑轮一般不必拆开，轮上的载荷可向轮心简化；

④ 销钉尽量固结到其他构件上，以便于求出待求未知量为准；

⑤ 矩心尽量取在较多未知力的交点上；

⑥ 投影方向尽量与较多未知力相垂直。

*3.4.3 方程独立性的判断

除非只取一次研究对象（一般是整体，也可以是局部）就能求出题目中的待求量，大部分物体系的静平衡问题，需要像例 3-11 那样灵活地选取不同的研究对象列平衡方程，我们采用的是一个方程求一个未知量的策略，因此不必考虑方程的独立性问题，但如果采取联立方程的求解策略，方程有可能不独立。

以平面力系问题为例，单个物体最多只能列 3 个平衡方程，有时可以通过 3 个方程中的 1 个或 2 个就能求出待求量。而在选择不同物体组合列平衡方程时，容易出现不独立的情况。我们以例 3-7 为例说明。

如果分别取 ADE 和 BC（含滑轮）作为研究对象，都对 B 点取矩。将方程相加，就会得到整体对 B 点取矩的平衡方程。同理，将整体和 ADE 分别作为研究对象时，列同一方向的投影方程，则 BC（含滑轮）为研究对象时，不能列同一方向的投影方程。所以，如果 ADE、BC（含滑轮）和整体这三部分中有两个列了全部的平衡方程，则第三个不能再列任何方程。另外，如果其中一个列出了全部的平衡方程，则隐含对任何方向的力投影方程或对任何点的矩平衡方程，因此剩余两个如果分别作为研究对象时，若列矩平衡方程，则矩心不能相同，若列力投影方程时，投影方向也不能相同。

综上，若结构上，局部 1＋局部 2＝局部 3，列平衡方程时应该注意：

① 若其中一个部分列出了全部的独立方程，则另两个不能对同一点取矩，也不能对同一方向列力投影方程；

② 若其中两个部分列出了各自的全部独立方程，则第三个部分不能列任何方程；

③ 若需要对三个部分列方程，三个部分不能对同一点取矩，也不能对同一方向列力的投影方程。

注意，“局部”可以是单个物体，也可以是相互关联的物体组合。

联立求解策略有时候可以不引入过渡量，尽量找含待求未知量少的有用方程。具体做法与前文总结的分析流程基本一致，只是在搜索有用方程时，允许方程含有多个未知量。一般联立两个方程，最多联立三个方程。

[例 3-13] 用联立求解策略求解例 3-10。

解： 未知约束力偶永远是困难所在，因为如果列投影方程，容易引入非待求未知量，如果取矩，一般要联立三个及以上的方程。因此，先求 B 处待求的两个未知量。

① 取 T 形杆（B 端含销钉），对 C 点取矩：

$$F_{By}a-F_{Bx}a-F_{2}a+F_{1}a=0$$

② 取 T 形杆（B 端含销钉）＋CD，对 D 点取矩：

$$F_{1}\times 3a+F_{2}a-F_{By}a-F_{Bx}a-M=0$$

联立以上二式，解得 $F_{Bx}=\dfrac{3F_{1}}{2}$，$F_{By}=\dfrac{F_{1}}{2}+F_{2}$。

③ 取 AB，选择标准式或二矩式，可依次求出 A 处的三个待求量。请读者完成剩余

求解步骤。

以上仅使用5个方程求5个未知量，但这并不意味着总能如此。尤其是当（一处或多处）只求一部分未知量，或者求复杂结构中的某些约束力，必须引入过渡量。

例3-9是一处只求部分未知量的情况。无论如何选取研究对象，都无法避免引入过渡量，困难的根源是约束力偶的存在。通常，过渡量尽量选择方向已知的力（通过二力构件、平行力、三力平衡汇交、力偶只能与力偶平衡等来确定）。

[例3-14] 用联立求解策略求解例3-9。

解：由于只求1个待求量，平面任意力系最多三个方程，因为是联立求解，则必然最多只需引入2个过渡量。整体分析，右端 D，E 处约束力方向易知，可选作过渡量。

① 取 CE，对 C 点取矩：

$$F_D L + F_E \times 2L - P \times \frac{3}{2}L = 0$$

② 取 $CE+BC$，对 B 点取矩：

$$F_D \times 3L + F_E \times 4L - M - P \times \frac{7}{2}L = 0$$

联立解得 $F_D = \frac{1}{2}P + \frac{M}{L}$，$F_E = \frac{1}{2}P - \frac{M}{2L}$。

③ 取整体，对 A 点取矩：

$$M_A + F_D \times 5L + F_E \times 6L - M - P \times \frac{11}{2}L - qL \times 2L = 0 \quad \Rightarrow \quad M_A = 2qL^2 - M$$

[例3-15] 分析例3-11和例3-12的联立求解思路。

分析：例3-11中销钉 E 处力的方向已知，可作为过渡量。先取整体对 C 取矩，求出 F_{By}；再取 DEF，对 D 取矩，得 F_E；然后由力的投影方程求出 D 处两个未知力；最后取 $DEF+ADB$，分别对 B、A 取矩，再列 y 方向力投影方程，即可求得剩余待求量。总共使用了7个方程求6个未知量。

例3-12中，B，D 两处力的方向已知，可作为过渡量。先整体对 C 取矩，求出 D 处的力；再取 AB，对 A 取矩，求出 B 处的力；最后取 $AB+AD$，对 E 点取矩，求出 F_{AC}。总共使用了3个方程求1个未知量。

注意，本例用到了相互作用力关系。

*3.5 变形体的平衡分析

在工程中，有许多涉及变形体平衡的问题。因为变形体形状会变换，所以通常要取其无穷小微元体进行分析。刚化原理表明，平衡的变形体必须满足平衡方程。由于微元体无穷小，可以忽略高阶微分项，得到平衡微分方程（而不是代数方程）。下面以软绳为例，说明变形体平衡问题的分析方法。此方法同样适用于变形体动力学问题。

[例3-16] 柔软不可伸长的均质绳系于 A，B 两点，已知绳长为 L，单位长度质量为常数 λ，位置和尺寸如图3-17（a）所示。求其悬挂静止时的形状以及内部张力的分布。

解：任取长度为 ds 的线微元段为研究对象，重为 $\lambda \boldsymbol{g} ds$，柔绳张力为 $\boldsymbol{F}$，沿切线方向，如图3-17（b）所示。微元段两边受到的张力与自身重力构成汇交力系，平衡条件是

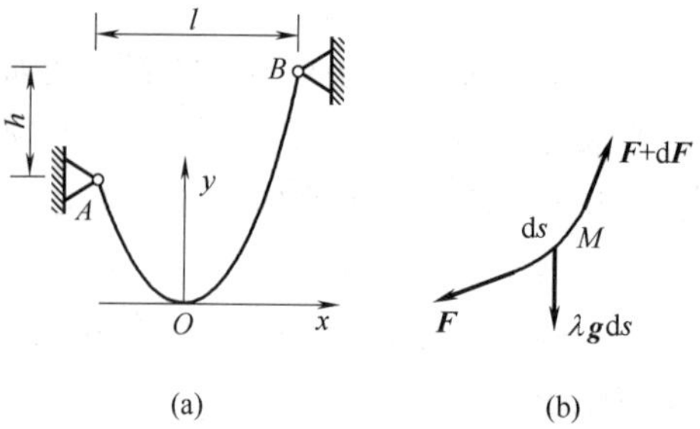

图 3-17

主矢为零，则 $\mathrm{d}\boldsymbol{F}+\lambda\boldsymbol{g}\,\mathrm{d}s=\boldsymbol{0}$，两边除以 $\mathrm{d}s$，得

$$\frac{\mathrm{d}\boldsymbol{F}}{\mathrm{d}s}+\lambda\boldsymbol{g}=\boldsymbol{0}$$

这就是均质柔绳在重力下的平衡微分方程标准形式。但它是矢量式，需要投影到坐标系中求解。

取柔绳的最低点 O 为坐标原点，建立直角坐标系，x 轴水平向右，y 轴竖直向上，如图 3-17（a）所示。设微元段上一点 $M(x,\ y)$ 处的张力大小为 $F(x)$，将张力 $\boldsymbol{F}$ 分解为沿 x，y 两个方向 $\boldsymbol{F}=F_x\boldsymbol{i}+F_y\boldsymbol{j}$，而重力加速度 $\boldsymbol{g}=-g\boldsymbol{j}$。代入平衡微分方程矢量式，得到直角坐标系下的平衡微分方程

$$\begin{cases}\dfrac{\mathrm{d}F_x}{\mathrm{d}x}=0\\[2ex] \dfrac{1}{\sqrt{1+y'^2}}\ \dfrac{\mathrm{d}F_y}{\mathrm{d}x}-\lambda g=0\end{cases}\tag{a}$$

其中考虑到了 $\mathrm{d}s=\sqrt{1+y'^2}\,\mathrm{d}x$，以及 M 点处切线与水平方向夹角为 v，斜率为 $y'=\tan\theta=F_y/F_x$。

式（a）的第一个微分方程的解 F_x 是常数，由于 O 点处的张力是水平的，设其大小为 F_0 则有 $F_x=F_0$。将 $F_y=F_x\tan\theta=F_0y'$，代入式（a）的第二个微分方程，得

$$\frac{F_0y''}{\sqrt{1+y'^2}}=\lambda g$$

设 $u=y'$，代入上式并分离变量，积分得 $\dfrac{\mathrm{d}y}{\mathrm{d}x}=u=\sinh\dfrac{\lambda gx}{F_0}+C$。$O$ 点斜率为零，即有 $C=0$。再次积分，得 $y=\dfrac{F_0}{\lambda g}\cosh\dfrac{\lambda gx}{F_0}+C_1$，代入 O 点坐标，得 $C_1=-\dfrac{F_0}{\lambda g}$。于是柔绳的形状为

$$y=\frac{F_0}{\lambda g}\left(\cosh\frac{\lambda gx}{F_0}-1\right)$$

上面这种形如 $y=a\cosh(x/a)$ 的函数曲线称为**悬链线**。它是沿弧长均匀载荷作用下平衡呈现的自然形状。

目前 F_0 还未求出，并且 x_A 的坐标未知，这需要用两个边界条件求得：

$$h=y_B-y_A=\frac{F_0}{\lambda g}\left[\cosh\frac{\lambda g(x_A+l)}{F_0}-\cosh\frac{\lambda g x_A}{F_0}\right],L=\int_{x_A}^{x_A+l}\sqrt{1+y'^2}\,\mathrm{d}x$$

$$=\frac{F_0}{\lambda g}\left[\sinh\frac{\lambda g(x_A+l)}{F_0}-\sinh\frac{\lambda g x_A}{F_0}\right]$$

可以联立方程进行数值求解。也可以利用双曲恒等式 $\cosh^2 x-\sinh^2 x=1$、双曲余弦差角公式与倍角公式，将以上两个方程平方相减，开方得

$$\sqrt{L^2-h^2}=\frac{2F_0}{\lambda g}\sinh\frac{\lambda g l}{2F_0}$$

该非线性代数方程可直接通过牛顿迭代法求出 F_0，相应的数值求解代码和示例结果参见附录 B。

求出了 F_0 之后，就能得到绳子中的张力沿绳子的分布

$$F_x=F_0,\ F_y=F_x\tan\theta=F_0 y'=F_0\sinh\frac{\lambda g x}{F_0}$$

思考：绳受到沿水平方向均匀载荷（例如悬索桥上的缆绳受到桥重的外载荷，几乎沿水平方向均匀分布，绳自重相比于外载荷可以忽略不计）平衡，其形状是什么？

还可以使用刚化原理，对变形体整体（或对称地划分的某个部分）列平衡方程。例如为了求水对湖岸的压力，可以通过图 3-18（a）所示方式，取自重为 $\boldsymbol{P}$ 的一部分静水为研究对象，如图 3-18（b）所示。设其左边受其他水施加的分布静压力，右边受湖岸作用的分布支持力，合力为 $\boldsymbol{F}_N$。然后，根据刚体平衡方程求出 $\boldsymbol{F}_N$，其反作用力就是水对湖岸的压力。这相当于对水的无穷多个微元体平衡方程求和，于是内力抵消，只剩整体受到的外部作用力。

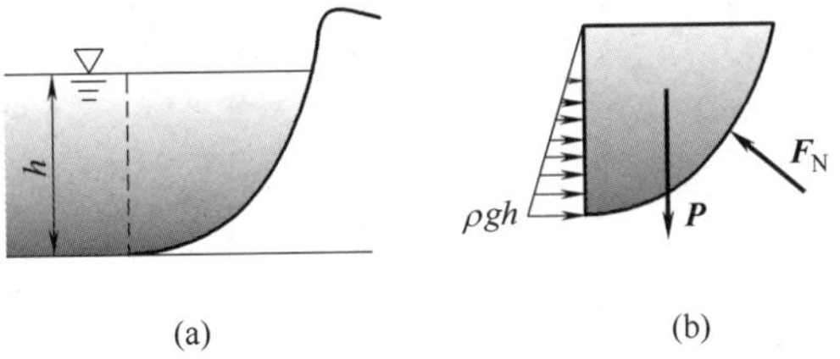

图 3-18

习 题

判断题

3-1 力偶只能由力偶来平衡。（ ）

3-2 力所在作用线与某根轴异面时，该力对此轴的矩一定不等于零。（ ）

3-3 若在一个刚体上同时作用的三个力的作用线不汇交于一点，则此刚体不可能平衡。（ ）

3-4 平面力系平衡的充分必要条件是，其力多边形自行封闭。（ ）

3-5 汇交力系的平衡问题列的三个投影方程中，各个轴方向可以不必相互垂直。（ ）

3-6 平面平行力系最多有 3 个独立的平衡方程。（ ）

3-7 固定空间物体，至少需要 6 根二力杆。（ ）

3-8 空间平衡力系不能对通过同一点的 3 根以上的轴列力矩方程。（ ）

3-9 空间平衡力系不能对 3 根以上的平行轴列力矩方程。(　　)

3-10 平面任意力系对其作用面内某两点之矩的代数和都为零，且该力系在过这两点连线的轴上投影的代数和也为零，则该力系为平衡力系。(　　)

简答题

3-11 判断题 3-11 图中哪些是静定问题，哪些是超静定问题。

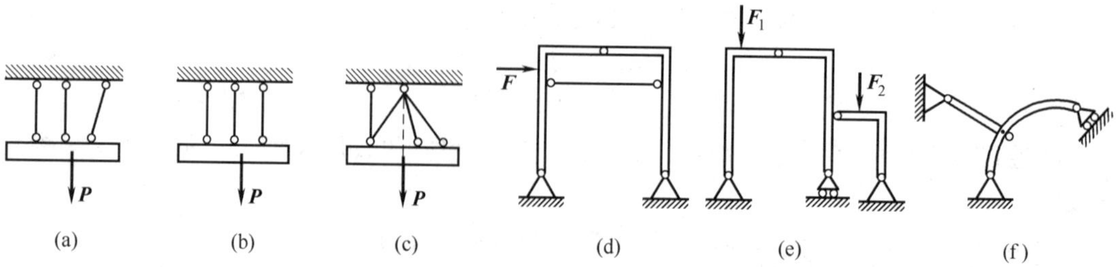

题 3-11 图

3-12 输电线跨度 l 相同时，为什么电线下垂量 h 越小，电线越易于拉断？

3-13 试分析这两种力系各自最多有几个独立的平衡方程：①空间力系中各力的作用线与某一固定平面平行；②空间力系中各力的作用线分别汇交于两个固定点。

计算题

3-14 边长为 24cm 的正方形均质平板重 18N，形心为 O 点。平板的 A，B，C 三处由三根绳共同悬挂在距离 O 点正上方 24cm 的铰链 D 处，使平板保持水平，如题 3-14 图所示。求各绳的拉力。

3-15 如题 3-15 图所示，匀质杆 OA 重 $\boldsymbol{P}$，长为 l，放在宽度为 $b(b<l/2)$ 的光滑槽内。求杆平衡时的水平倾角 α。

3-16 如题 3-16 图所示，飞机起落架自重不计，当飞机作等速直线滑行时，起落架受到铅直正压力 $F_N=30\text{kN}$。求 A，B 两处受到的约束力。

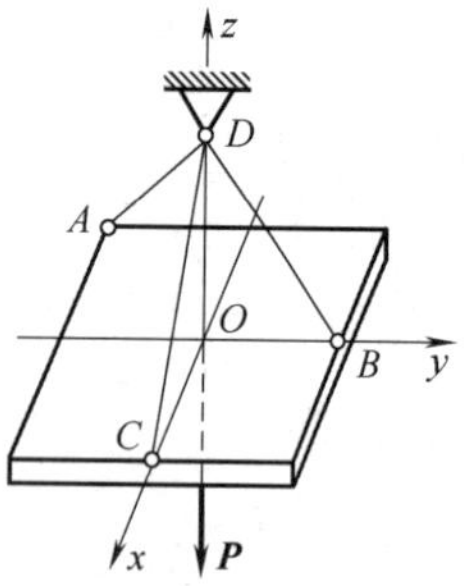

题 3-14 图

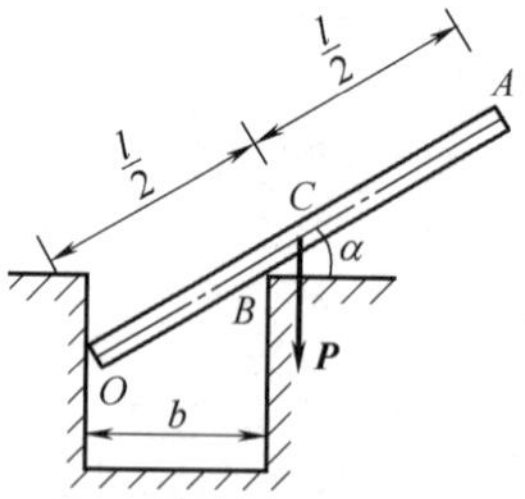

题 3-15 图

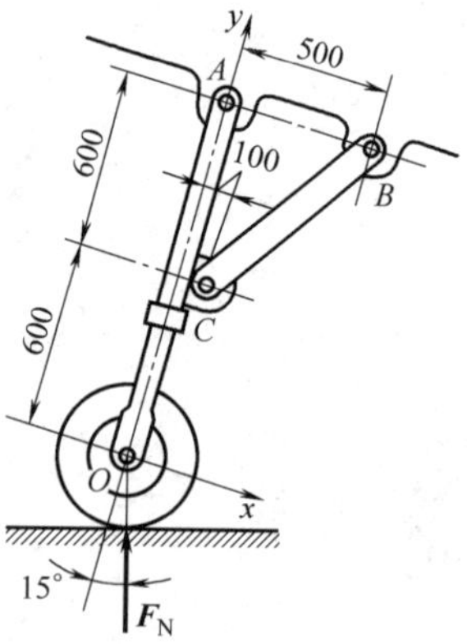

题 3-16 图

3-17 在题 3-17 图所示机构中，套筒 A 穿过摆杆 O_1B，用销子连接在曲柄 OA 上，已知 OA 长度为 a，其上作用有力偶矩为 M_1，不计各构件的重量。在图示 $\alpha=30°$，OA 处于水平位置时，机构如果能维持平衡，则应在摆杆 O_1B 上加多大的力偶矩 M_2。

3-18 边长为 a 的等边三角形板 ABC 用三根铅垂杆 1，2，3 和三根与水平面成 30°角的斜杆 4，5，6 撑在水平位置，在板的平面内作用一力偶，其力偶矩为 M，方向如题 3-18 图所示。若不计板及杆的重量，求各杆内力。

3-19 均质长方形薄板重 $P=200\text{N}$，用球铰链 A 和蝶铰链 B 固定在墙上，并用绳子 CE 拉住以维持在水平位置。绳子 CE 系在薄板上的 C 点，并挂在钉子 E 上，钉子钉入墙内，并和 A 点在同一铅垂墙上，如题 3-19 图所示。$\angle ECA=\angle BAC=30°$。求绳子的张力和支座 A，B 的反力大小。

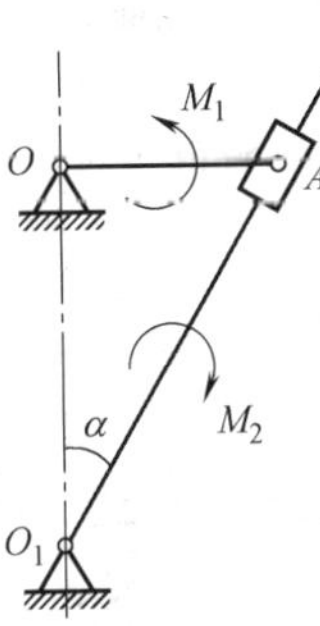

题 3-17 图

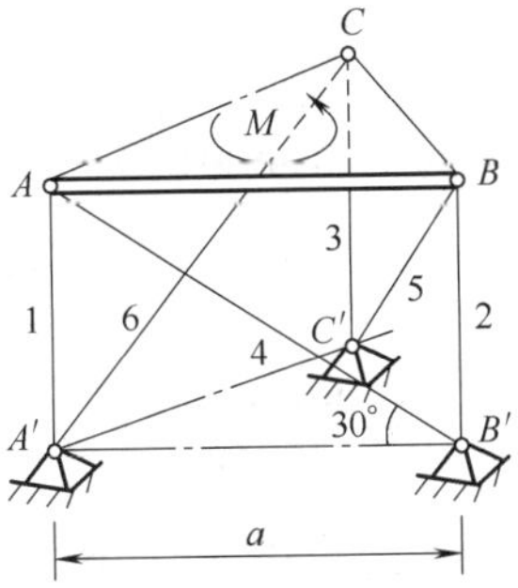

题 3-18 图

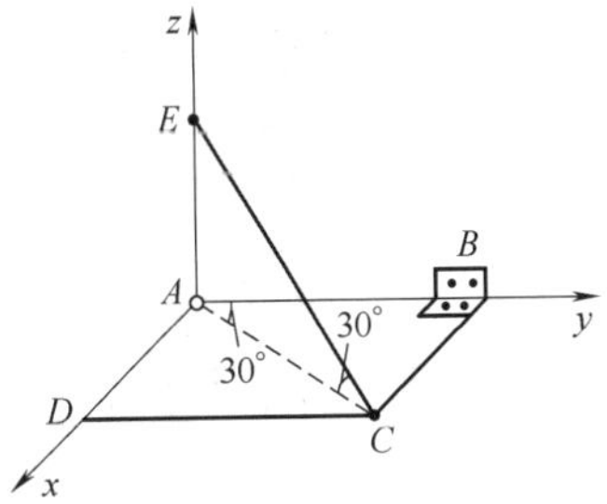

题 3-19 图

3-20 直角杆结构如题 3-20 图所示，各杆自重不计。求 A，B 处的约束力。

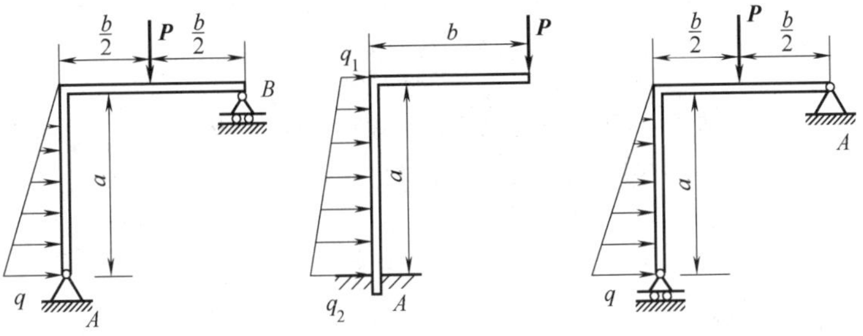

(a) (b) (c)

题 3-20 图

3-21 直角弯杆 AC 和 BC 在 C 处铰接，并处于同一平面内，尺寸、分布载荷如题 3-21 图所示，杆自重不计。求 A，B，C 处的约束力。

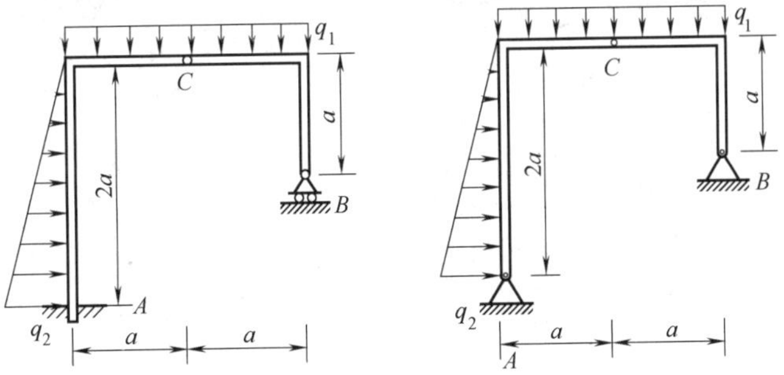

(a) (b)

题 3-21 图

3-22 AB，BC 和 CD 组成框架结构如题 3-22 图所示，构件自重不计。求 A，B，C 和 D 处的约束力。

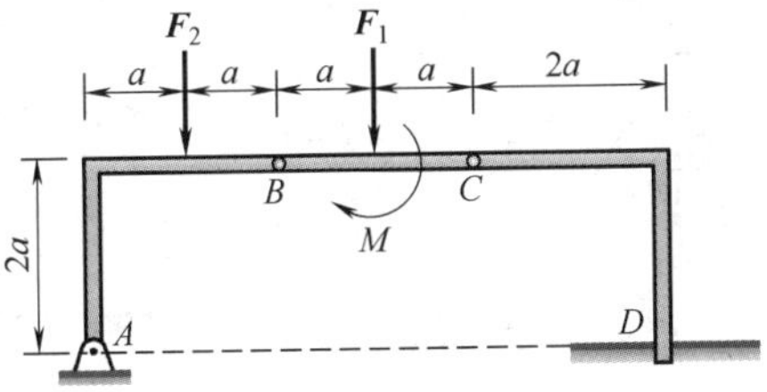

题 3-22 图

3-23　如题 3-23 图所示系统由杆 AB、BC 和 CE 及滑轮 E 组成，杆与滑轮的重量不计，物重 $P=12\text{kN}$。已知 $AD=BD=2\text{m}$，$CD=DE=1.5\text{m}$，求支座 A 的约束力以及杆 BC 的内力。

3-24　如题 3-24 图所示凳子由 AB、BC、AD 三杆铰接而成，放在光滑地面上。求凳面有 $\boldsymbol{P}$ 力作用时铰链 E 处销子与销孔间的相互作用力。

3-25　结构和载荷如题 3-25 图所示，尺寸 a，各构件自重不计。求铰链 A，B，D 受力。

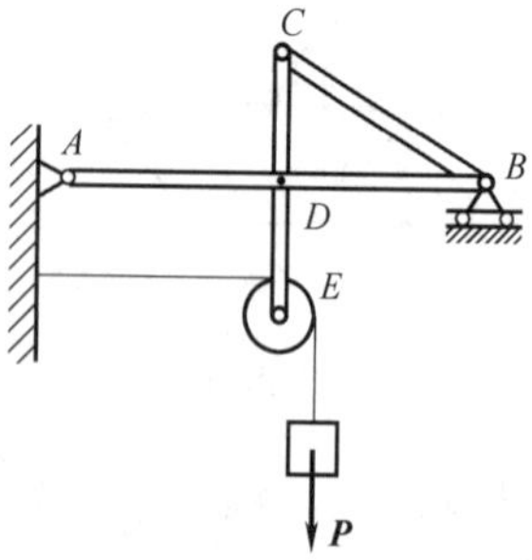

题 3-23 图

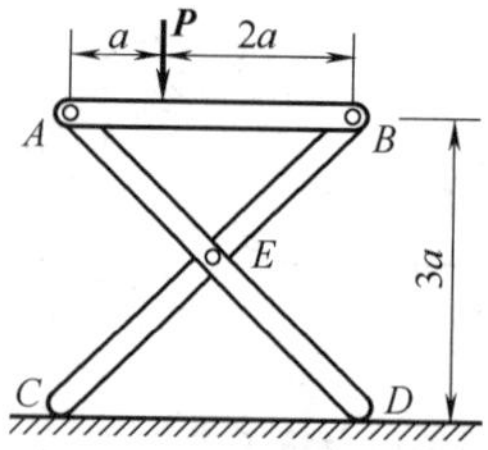

题 3-24 图

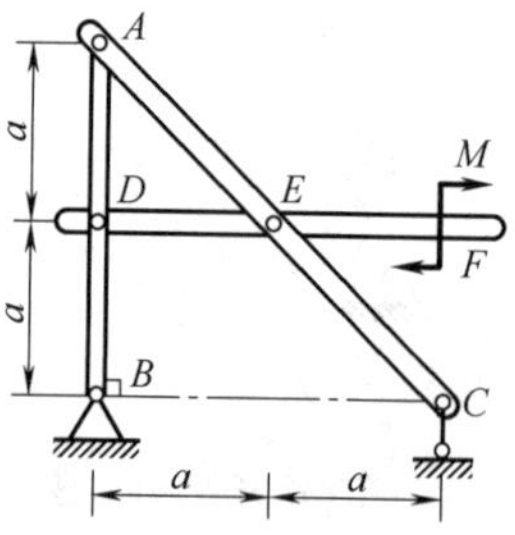

题 3-25 图

3-26　如题 3-26 图所示结构中，C，D 处均为铰链连接，DF 刚体上有一光滑的滑槽，槽内销钉 E 固结在 BC 刚体上，载荷及尺寸如图。求 A，B 与 C 处的约束力。

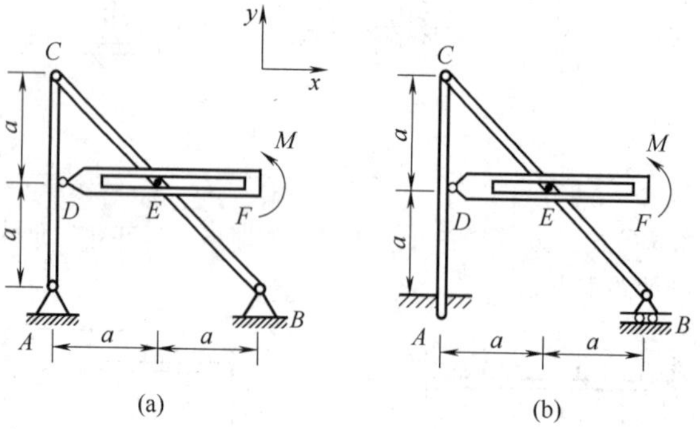

题 3-26 图

3-27　如题 3-27 图所示，半圆拱 ACB 的半径为 a，左端 A 为铰链，右端 B 为连杆。拱受到静水压力的作用，水的比重（密度与重力加速度之积）为 γ。求拱在垂直于纸面单位宽度上受到支座的约束力。

*3-28　如题 3-28 图所示，电线 ACB 架在两电线杆之间，形成以下垂曲线。下垂距离 $CD=f=1\text{m}$，两电线杆间距 $AB=40\text{m}$。电线 ACB 段重 $P=400\text{N}$。求电线中点拉力以及单位长度电线的质量。

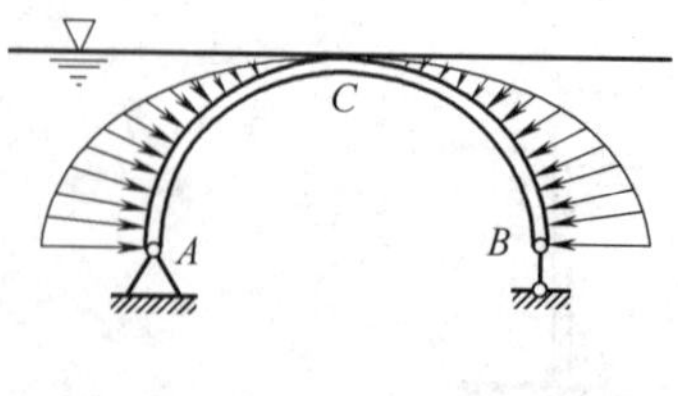

题 3-27 图

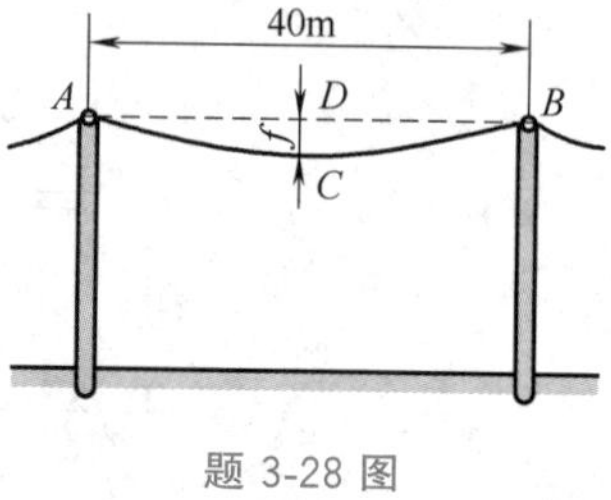

题 3-28 图

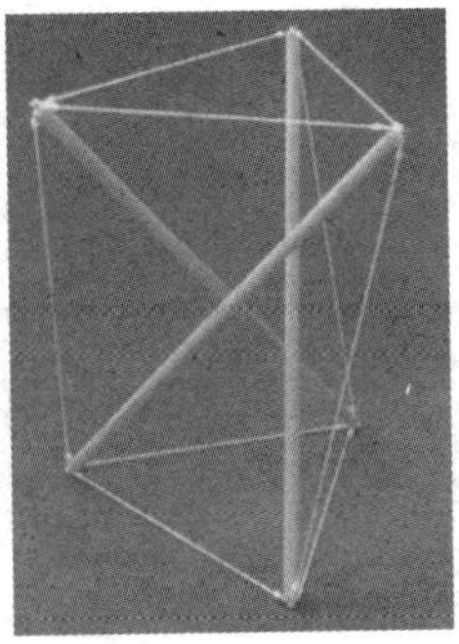
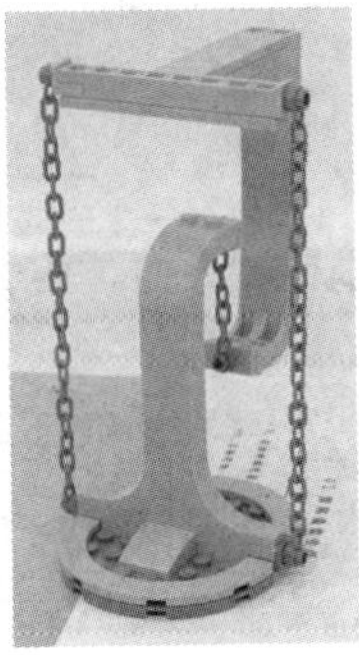

题 3-29 图

拓展题

3-29　如题 3-29 图所示是张拉整体的简单例子。张拉整体是存在预应力才能自平衡的铰接结构，用于家具、建筑、行星着陆器、复杂地形探索机器人的设计。请解释张拉整体能够在无外力作用下自平衡的原理，并分析这种结构相较于传统结构的优点。

3-30　题 3-30 图所示是受悬链线启发的倒链结构。悬链线是在重力作用下最稳定的结构，受其启发，建筑工程上常使用倒链结构，可以承受特定位置布置的大载荷。请解释其中的力学原理。

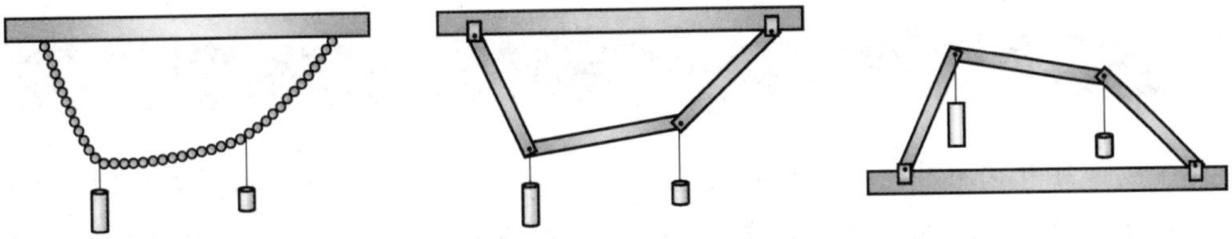

(a)　　(b)　　(c)

题 3-30 图

第4章 摩擦

在理想光滑情况下，约束力沿接触面公法线方向，但现实中存在切向摩擦作用，很多情况下不能被忽略。

本章将介绍物体静止和运动时的滑动摩擦规律，讨论考虑摩擦时物体平衡问题的求解方法和技巧。从生活中的死锁现象引入摩擦角概念，有助于更快求解静摩擦问题。最后，介绍滚动摩阻的概念。

4.1 滑动摩擦

两个物体相互接触并存在相对滑动趋势，或发生相对滑动时，在接触处公切面内将出现阻碍作用，这种现象称为**滑动摩擦**，它起到对运动限制的作用，可以用约束力来等效，称为滑动摩擦力。根据相对运动情况，滑动摩擦力可分为两类：

(1) 静摩擦力

存在相对滑动趋势情况中的力称为静滑动摩擦力，简称**静摩擦力**，常以 $\boldsymbol{F}_s$ 表示。静摩擦力作用在接触处，沿公切线方向，与相对滑动趋势相反。它在物体干燥（或极少量液体存在）的接触面内起阻碍相对滑动的作用，又叫库仑摩擦力。实验发现，当物体之间存在滑动趋势时，静摩擦力会随着主动力的变化而改变。

当物体间相对滑动趋势增强时，静摩擦力会相应增大，物体仍保持相对静止；当物体在主动力作用下出现即将相对滑动的临界状态时，静摩擦力达到其最大值，若相对滑动趋势继续增大，静摩擦力则不再继续增大，物体开始相对滑动。可表示为

$$0 \leqslant F_s \leqslant F_{max}$$

其中，F_{max} 称为**临界静摩擦力**，或者称为最大静摩擦力，是物体处于临界平衡状态时的静摩擦力。法国科学家库仑通过实验发现，最大静摩擦力近似满足如下规律：

$$F_{max} = f_s F_N \tag{4.1}$$

一般称为**库仑摩擦定律**。式中系数 f_s 称为**静摩擦因数**，它是无量纲数，与接触面的材料、粗糙程度、温度、湿度、润滑情况等因素有关，可由实验测定。

注意，由于分子间引力作用，极光洁的表面之间的 f_s 可能很大。对于考虑接触面变形的情况，f_s 甚至可以大于1。因此，本书中的“光滑”是指理想无摩擦。此外，式（4.1）只简单近似，但因为公式简单，计算简便，且有一定精度，所以在工程中仍被广泛使用。

(2) 动摩擦力

当接触面之间将开始出现相对滑动时，接触面在切向仍存在阻碍相对滑动的阻力，称为动滑动摩擦力，简称**动摩擦力**，常用 $\boldsymbol{F}_d$ 表示。实验表明：动摩擦力的大小与接触物体之间的法向压力 F_N 成正比，即

$$F_d = fF_N$$

其中，f 是**动摩擦因数**，它与接触面材料及表面状况、相对滑动速度有关，一般有 $f < f_s$。当相对滑动速度不大时，动摩擦因数可近似认为是常数。

在微观上，相对滑动接触面在最凸起处产生点接触，因此对于具有屈服极限的金属，摩擦力与接触面大小无关。然而，在弹塑性接触中，实际接触面积往往接近或大于表观接触面积，导致摩擦力还与实际接触面积有关。

相对滑动速度 v 主要影响接触面的表面层发热、变形和磨损程度，从而对动摩擦因数产生影响。对于金属接触，f 与 v 基本无关。对于一般弹塑性接触，极小载荷情况下，f 与 v 成正比；而在中等载荷下，f 随 v 增大而先增后减。

对于湿润接触面之间的摩擦力，其本质是流体的内摩擦。这种摩擦力的规律较为复杂，不仅与滑动速度有关，还与接触面积、液体压力分布、接触面几何形状等因素有关。

经典摩擦理论不考虑变形因素的影响，因此并未深入研究上述问题。

4.2 考虑摩擦时的静平衡问题

滑动摩擦力是一种作用在接触处的切向约束力，其方向与接触处的相对滑动趋势相反。如果能够确定摩擦力的方向，应按照实际方向画出。具体来说，可以先假设接触处理想光滑，此时的相对滑动方向即为考虑摩擦时的相对滑动趋势或方向，摩擦力方向与之相反。如果无法判断摩擦力方向，可先假设一个沿切向的方向。摩擦力的大小可由平衡方程来确定。如果计算结果为负值，则说明实际方向与画出的摩擦力方向相反。

需要注意的是，平衡问题的解须满足条件 $0 \leqslant F_s \leqslant F_{max}$，取上限 F_{max} 表示摩擦接触处是滑动的临界平衡状态。

有时候滑动的临界状态可能无法达到，而是先达到了翻倒的临界平衡状态。因为法向约束力实际上是分布力，其分布情况会随着主动力的变化而变化，因此其等效集中力的作用点会随之移动，如图 4-1 所示。

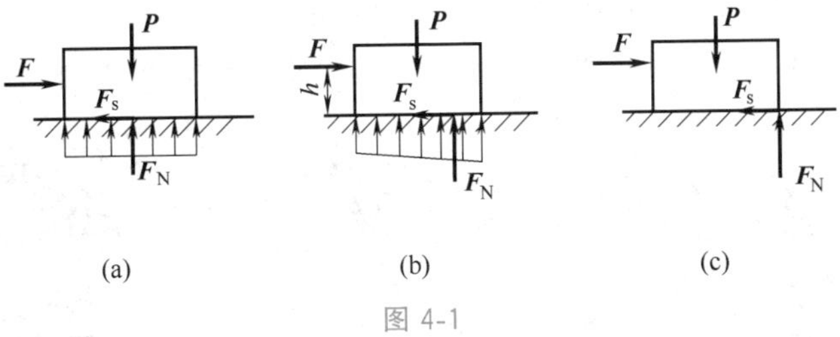

图 4-1

随着主动力 $\boldsymbol{F}$ 的增大或其作用点高度 h 的增加，法向约束力 $\boldsymbol{F}_N$ 的作用点或作用线将右移 [图 4-1 (b)]，同时摩擦力 $\boldsymbol{F}_s$ 也随着力 $\boldsymbol{F}$ 的增大而增大。当摩擦力 $\boldsymbol{F}_s$ 尚未达到最大值，但法向约束力 $\boldsymbol{F}_N$ 的作用点已到达物体的尖点时，物体处于翻倒的临界平衡状态

[参见图 4-1（c）]。在这种情况下，临界平衡方程要求倾翻力偶（**F**，$\boldsymbol{F}_s$）与抗倾翻力偶（**W**，**F**）保持平衡。当摩擦力 $\boldsymbol{F}_s$ 达到最大值但法向约束力 $\boldsymbol{F}_N$ 的作用点尚未到达尖点时，物体处于滑动的临界平衡状态。

[例 4-1] 均质木箱重 $P=5\text{kN}$，$f_s=0.4$，$h=2a=2\text{m}$，$\theta=30°$。求：①当 D 处拉力 $F=1\text{kN}$ 时，木箱能否平衡？②能保持木箱平衡的最大拉力。

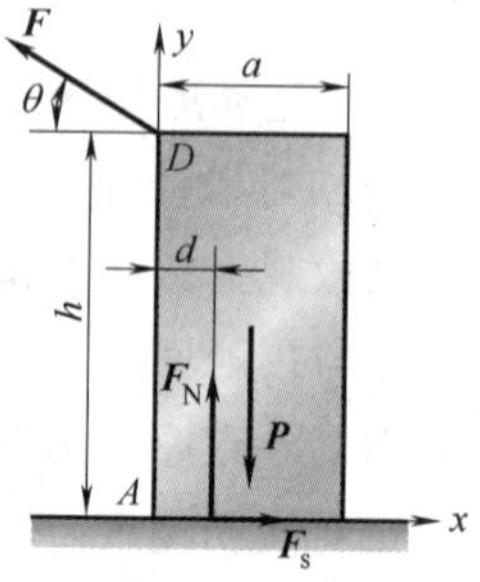

图 4-2

解：① 取木箱，假设摩擦力 $\boldsymbol{F}_s$ 方向水平向右，作用点与 A 的水平距离为 d，如图 4-2 所示。若木箱处于平衡状态，则有

$$\sum F_x=0 \quad F_s-F\cos\theta=0 \quad \Rightarrow \quad F_s=866\text{N}$$

$$\sum F_y=0 \quad F_N-P+F\sin\theta=0 \quad \Rightarrow \quad F_N=4500\text{N}$$

$$\sum M_A=0 \quad hF\cos\theta-P\cdot\frac{a}{2}+F_Nd=0 \Rightarrow \quad d=0.171\text{m}$$

理论上的最大静摩擦力 $F_{max}=f_sF_N=1800\text{N}$，而实际 $F_s<F_{max}$，故木箱不滑动。由于 $d>0$，即木箱无翻倒趋势，所以木箱能平衡。

② 当拉力 **F** 过大，木箱可能向左滑动或绕 A 点翻倒。分别讨论这两种临界状态。

设木箱即将绕 A 点翻倒时，拉力为 $F_{翻}$，此时 $d=0$，对 A 列矩平衡方程

$$\sum M_A=0 \quad F_{翻}\cos\theta\cdot h-P\cdot\frac{a}{2}=0 \quad \Rightarrow \quad F_{翻}=\frac{Pa}{2h\cos\theta}=1443\text{N}$$

设木箱即将滑动时拉力为 $F_{滑}$，列力投影方程

$$\sum F_x=0 \quad F_s-F_{滑}\cos\theta=0$$

$$\sum F_y=0 \quad F_N-P-F_{滑}\sin\theta=0$$

而临界滑动状态有 $F_s=F_{max}=f_sF_N$，联立解得

$$F_{滑}=\frac{f_sP}{\cos\theta+f_s\sin\theta}=1876\text{N}$$

可见 $F_{翻}<F_{滑}$，即翻倒先于滑动，故木箱保持平衡的最大拉力为 1443N。

思考：可否将上面求出的结果中将摩擦因数取负值来得到 $F_{滑}$ 的上限值？

在求解存在多处摩擦的平衡问题时，需要判断哪处先达到临界平衡状态。通常假设某一处先到达该状态，然后求解并判断物理上是否可能。

[例 4-2] 如图 4-3（a）所示均质轮重 $P=100\text{N}$，半径为 r，杆 AB 长为 l，质量不

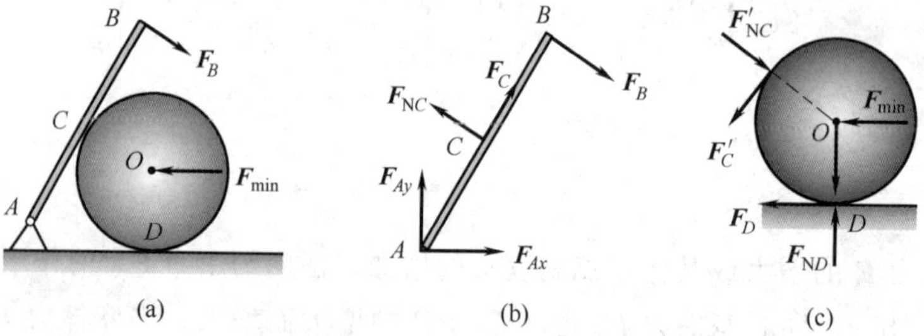

图 4-3

计。当杆 AB 与水平面夹角 $\theta=60°$时，B 点处作用垂直于杆的力 $F_B=50\text{N}$，杆与轮在 C 点相切，且 $AC=BC=l/2$，杆轮之间静摩擦因数 $f_C=0.4$。若要维持系统平衡，求：① $f_D=0.3$（轮和地面间），轮心 O 处最小水平推力 $F_{\min}$；② $f_D=0.15$（轮和地面间），轮心 O 处最小水平推力 $F_{\min}$。

解： C，D 两处有一处摩擦力达最大值，系统即将运动。

① 先设 C 处摩擦力达最大值。取杆为研究对象，如图 4-3（b）所示。对 A 点取矩

$$\sum M_A=0\quad F_{NC}\cdot\frac{l}{2}-F_B\cdot l=0\quad\Rightarrow\quad F_{NC}=100\text{N}$$

由假设知 $F_C=F_{C\max}=f_CF_{NC}=40\text{N}$。

取轮为研究对象，如图 4-3（c）所示，有平衡方程

$$\sum M_O=0\quad F_{NC}\cdot\frac{l}{2}-F_B\cdot l=0$$

$$\sum F_x=0\quad F'_{NC}\sin60°-F'_C\cos60°-F_{\min}-F_D=0$$

$$\sum F_y=0\quad F_{ND}-P-F'_{NC}\cos60°-F'_C\sin60°=0$$

因为 $F'_{NC}=F_{NC}=100\text{N}$，$F_D=F'_C=40\text{N}$，代入上述方程解得 $F_{\min}=26.6\text{N}$，$F_{ND}=184.6\text{N}$。

当 $f_D=0.3$ 时，$F_{D\max}=f_DF_{ND}=55.39\text{N}$，而 $F_D=40\text{N}<F_{D\max}$，故 D 处未达到最大值，因此 $F_{\min}=26.6\text{N}$。

② 当 $f_D=0.15$ 时，$F_{D\max}=f_DF_{ND}=27.59\text{N}$，而 $F_D=40\text{N}>F_{D\max}$，故 D 处打滑，此时 D 处摩擦力保持临界值，则要重新计算各力。

取杆为研究对象，列关于矩心 A 的平衡方程

$$\sum M_A=0\quad F_{NC}\cdot\frac{l}{2}-F_B\cdot l=0\quad\Rightarrow\quad F_{NC}=100\text{N}$$

取轮为研究对象，列平衡方程

$$\sum M_O=0\quad F'_C\cdot r-F_D\cdot r=0$$

$$\sum F_x=0\quad F'_{NC}\sin60°-F'_C\cos60°-F_{\min}-F_D=0$$

$$\sum F_y=0\quad F_{ND}-P-F'_{NC}\cos60°-F'_C\sin60°=0$$

补充方程为 $F_D=f_DF_{ND}$，$F'_{NC}=F_{NC}$，$F'_C=F_C$

由 $f_D=0.15$，解得 $F_D=F_C=25.86\text{N}$，$F_{ND}=172.4\text{N}$，$F_{\min}=47.81\text{N}$。与最大静摩擦力比较，$F_C<F_{C\max}=f_CF_{NC}=40\text{N}$，因此 C 处不滑动，$F_{\min}=47.81\text{N}$。

然而当摩擦接触处的个数增多时，临界平衡可能的组合情形较多，如果逐一求解，计算量将会非常大。为了降低计算量，可以先根据静定问题判定方法分析需要补充的方程数目，再根据存在数学解来确定至多需要考虑的那些情况，最后，根据实际的可能运动情况，排除不需要讨论的临界状态。如果一些情况属于其他情况的特例，则保留其最一般的情况。这种方法不会遗漏任何可能，适用于处理任意个接触面和任意个临界状态的问题。

［例 4-3］ 如图 4-4（a）所示，两个长度为 $2l$，质量为 m 的均质梯子 AB 和 BC 在 B 点光滑铰接，夹角为 2β，A，C 端静置于粗糙水平面，梯子与水平面间的静摩擦因数为 f_s。求要使一个质量为 M 的人能爬到 B 点，f_s 需满足的条件。

解： 设人沿着 BC 方向距 C 点 x 处时，梯子平衡。分别取两根杆对 B 点取矩，可知

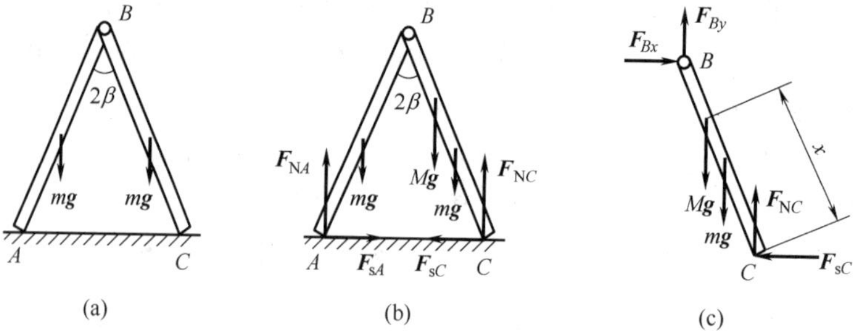

图 4-4

摩擦力均指向 AC 的中点，整体受力情况如图 4-4（b）所示。

取整体为研究对象，对 A 点取矩

$$F_{NC}\times 4l\sin\beta - Mg(4l-x)\sin\beta - mg\times 3l\sin\beta - mgl\sin\beta = 0$$

解得 $F_{NC}=mg+Mg\left(1-\dfrac{x}{4l}\right)$。

对 B 点在地面的投影点取矩

$$(2l-x)\sin\beta=(F_{NC}-F_{NA})2l>0 \quad\Rightarrow\quad F_{NC}>F_{NA}$$

由于地面静摩擦因数相同，所以 A、C 两处必然是 C 处先到达临界滑动状态，因此梯子 BC 决定 f_s 的范围。

取梯子 BC 为研究对象，受力如图 4-4（c）所示，对 B 点取矩

$$F_{NC}\times 2l\sin\beta - F_{sC}\times 2l\cos\beta - Mg(2l-x)\sin\beta - mgl\sin\beta = 0$$

将上面的支持力代入，解得

$$F_{sC}=\left(\frac{1}{2}mg+\frac{x}{4l}Mg\right)\tan\beta$$

补充摩擦方程 $F_{sC}\leqslant f_sF_{NC}$，解得

$$f_s\geqslant\left[\frac{6ml+4Ml}{4(m+M)l-xM}-1\right]\tan\beta=y(x)$$

为了保证不滑动，上式必须恒成立，则上式右边应该取最大值 $y_{max}=y(2l)$，即 $f_s\geqslant\dfrac{M+m}{M+2m}\tan\beta$。

思考：若 A，C 处的静摩擦因数不同，该如何求解？下一节摩擦角方法可否使用？

求主动力时，由于运动趋势的不确定性，有可能正反方向的摩擦力都能平衡，所以所求结果是一个范围值。如果正压力方向确定且不变，只要摩擦力改变方向，意味着摩擦因数取相反数。因此把上限值表达式中的摩擦因数 f_s 换成 $-f_s$，就可以得到下限值的表达式。然而，从上面两道例题可见，当接触点增多或存在特殊几何限制时，摩擦问题变得复杂。因此，以上简便做法在如下情况不能使用：

① 因为几何条件限制，某一个极限情况可以实现，而另一个极限情况不能实现；

② 不同极限情况只对应于接触点位置的变化，而摩擦力方向可能不变；

③ 在多点接触问题中，不同的极限情况对应于不同的摩擦状况。

柔软物体的摩擦可认为属于无穷多个接触点的摩擦类型。这类问题需要使用微元体分析，得到微分平衡方程，对其积分可得到解。

[* 例 4-4] 船停靠时，会利用绳子缠绕在码头的木桩上许多圈来固定。设绳与木桩之间的静摩擦因数为 f_s，求绳子内的张力 T 与包角的关系。

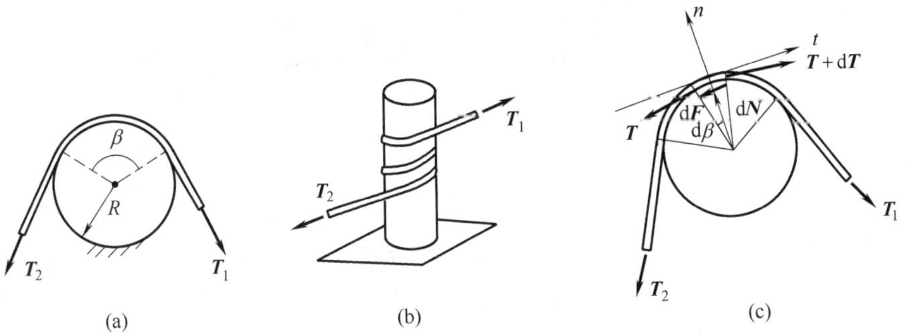

图 4-5

解： 如图 4-5（a）、（b）所示，根据刚化原理，绳子平衡时，其受力应满足平衡方程。设胶带有向 $\boldsymbol{T}_2$ 方向滑动的趋势，考虑临界情况的微元段，其包角为 $\mathrm{d}\beta$，作出受力图如图 4-5（c）所示，两端张力分别为 $\boldsymbol{T}$ 和 $\boldsymbol{T}+\mathrm{d}\boldsymbol{T}$，法向约束力为 $\mathrm{d}\boldsymbol{N}$，摩擦力大小为 $\mathrm{d}F=f_s\mathrm{d}N$。考虑到无穷小近似 $\sin(\mathrm{d}\beta/2)\sim\mathrm{d}\beta$，$\cos(\mathrm{d}\beta/2)\sim 1$，在 t，n 两个方向上有平衡方程

$$\sum F_t=0,\ \mathrm{d}N-T\cdot\frac{\mathrm{d}\beta}{2}-(T+\mathrm{d}\beta)\cdot\frac{\mathrm{d}\beta}{2}=0$$

$$\sum F_n=0,\ T+\mathrm{d}T-T+f_s\mathrm{d}N=0$$

第一个方程中忽略高阶微分，得 $\mathrm{d}N=\mathrm{T}\mathrm{d}\beta$，代入第二个方程有 $\mathrm{d}T=-f_sT\mathrm{d}\beta$，分离变量并对 β 从 0 到 β 积分

$$\int_{T_2}^{T_1}\frac{\mathrm{d}T}{T}=-\int_0^{\beta}\mathrm{d}\beta$$

得

$$\frac{T_2}{T_1}=\mathrm{e}^{f_s\beta}$$

为了对上述结论有所直观感受，假设一根绳子绕桩两周，$f_s=0.5$，若绳一端 $T_2=5\mathrm{kN}$，则另一端 $T_1\approx 9.34\mathrm{N}$。

单刚体的多点摩擦问题，也可以利用下面引入的摩擦角概念，使用几何法解决。

4.3 自锁现象与摩擦角

任何滑动都存在支承面，因此存在法向约束力，而静滑动摩擦力是切向约束力，其合力称为**全约束力**，一般用 $\boldsymbol{F}_{RA}$ 表示。全约束力的作用线与接触处的公法线之间有一夹角 φ，它随着静摩擦力的增大而增大，如图 4-6（a）所示。

当物体的滑动趋势方向任意改变时，全约束力的作用线方位也随之改变，并在空间中画出一个以接触点（或全约束力作用点）为顶点的锥面。当物块处于临界平衡状态时，静摩擦力达到最大值，偏角 φ 也达到最大值 φ_f，显然 $\tan\varphi_f=F_{max}/F_N=f_s$。因此将全约束力与公法线之间夹角的最大值称为**摩擦角**，对应的锥面称为**摩擦锥**，如图 4-6（b）所示。

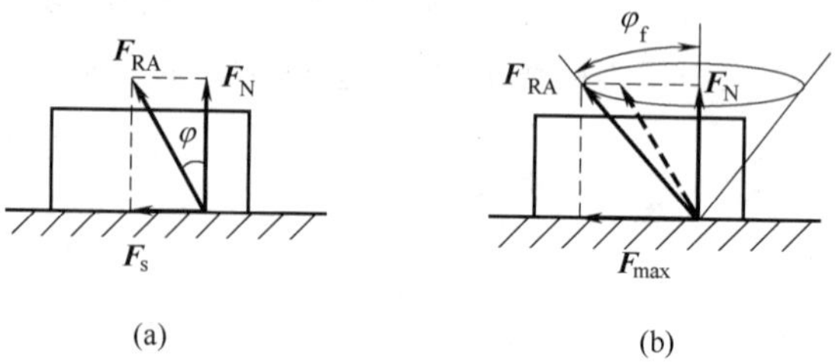

图 4-6

如果物体与支承面沿着任何方向相对滑动的摩擦因数都相同，则摩擦锥是一个顶角为 $2\varphi_f$ 的圆锥。可见，如果全部主动力的合力 $\boldsymbol{F}_R$ 的作用线位于摩擦锥范围内，且指向支承面，则总有 $\boldsymbol{F}_{RA}$ 能与之平衡。此时不管这个力多么大，物体都不会滑动，称为**自锁现象**。千斤顶、压榨机、圆锥销等机构或夹具等，都是根据摩擦角来设计以保持其始终能发挥平衡的效果。

斜面倾角恰好就是斜面的摩擦角，因此斜面自锁条件为：斜面的倾角小于或等于材料的摩擦角。一个典型应用是，在修建各种坡路时，车轮与路面之间的摩擦因数通常是确定的（高温、冻结、雨雪等因素可能会造成较大变化），因而摩擦角也是确定值。为了保证各种车辆在坡路上刹车时不至于向后滑行，对建造的坡路的倾角有一定要求。类似地，粮食、沙子、煤等颗粒物堆放形成的锥形的倾角，铁路、公路路基的斜坡角度，自动卸货车的翻斗抬起的角度等，均可使用自锁条件来讨论。

螺旋其实可以看成是绕在圆柱上的斜面，如图 4-7 所示。其自锁条件与斜面的自锁条件一样，螺旋的升角就是斜面的倾角，而施加于螺母的轴向力相当于斜面上物块的自重，为了使螺旋自锁，升角 $\theta \leqslant \varphi_f$。例如，螺旋千斤顶的螺杆和螺母之间的静摩擦因数为 $f_s = 0.1$，则摩擦角 $\varphi_f = \arctan f_s = 5°43'$，为保证螺旋千斤顶不会自滑，一般取螺纹升角 $4° \sim 4°30'$。

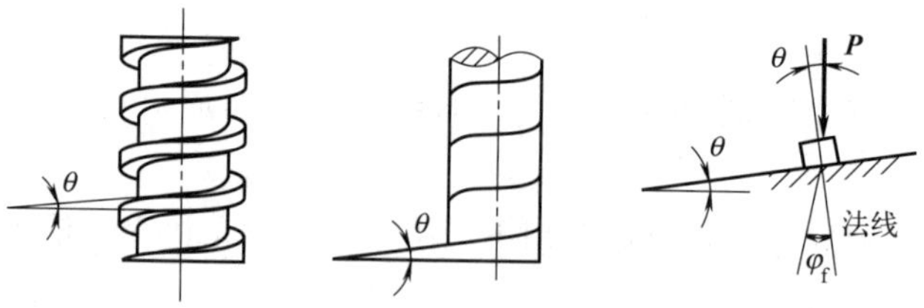

图 4-7

使用摩擦角求解静平衡问题，尤其对于判断何处达到临界状态非常方便，求解思路直观。在空间力系中，摩擦角使用起来不太方便，往往采用解析方法。在平面力系中，往往要用到正弦或余弦定理，解决其中几何量的计算。

［例 4-5］ 攀登电线杆的脚套钩如图 4-8 所示，电线杆的直径 $d = 300\text{mm}$，A，B 间的铅垂距离 $b = 100\text{mm}$。若套钩与电线杆之间静摩擦因数 $f_s = 0.5$。求工人操作时，为了安全，站在套钩上的最小距离 l 应为多大。

解：取套钩为研究对象。平衡时，A，B 处的全约束力作用线交点只可能落在图 4-8 中的双重阴影区域内。由三力平衡汇交定理，$\boldsymbol{P}$ 的作用线必通过该交点。最小距离 l 对应图中 C 点位置。由几何关系得

$$b=\left(l+\frac{d}{2}\right)\tan\varphi_f+\left(l-\frac{d}{2}\right)\tan\varphi_f$$

解得 $l=\dfrac{b}{2f_s}=100\text{mm}$

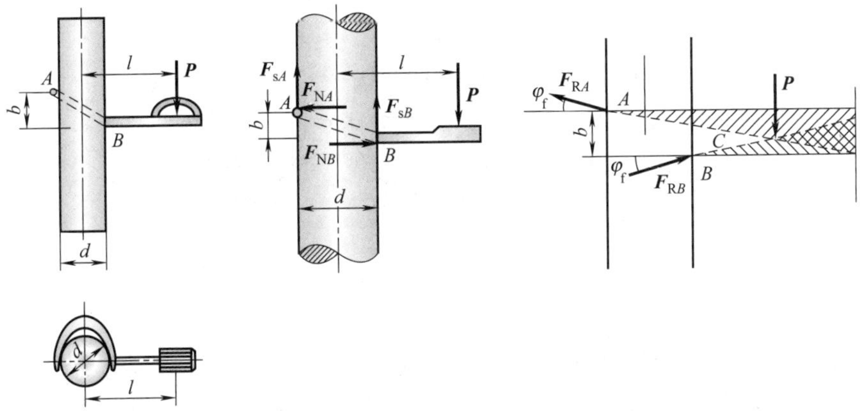

图 4-8

［例 4-6］ 一个均质梯子斜靠在直角墙面上，与水平地面夹角为 θ，一个人站在梯子上往上走。已知梯子重 $\boldsymbol{P}$，人重 $\boldsymbol{W}$，梯子与墙面的静摩擦因数均为 f_s。求梯子不出现滑动状态下，人沿着梯子走的最远距离。

解： 利用 A，B 两处摩擦角可画出主动力合力的作用线范围。设主动力 $\boldsymbol{P}$，$\boldsymbol{W}$ 的合力作用点在杆方向距离 B 点 x 处，而人站在沿杆方向距离 B 点 s 处，摩擦角为 θ_f，如图 4-9 所示。

取梯子为研究对象，其不滑动时是平衡状态，主动力合力 $\boldsymbol{P}+\boldsymbol{W}$ 的作用点满足杠杆平衡方程

$$P\left(\frac{l}{2}-x\right)=W(x-s)$$

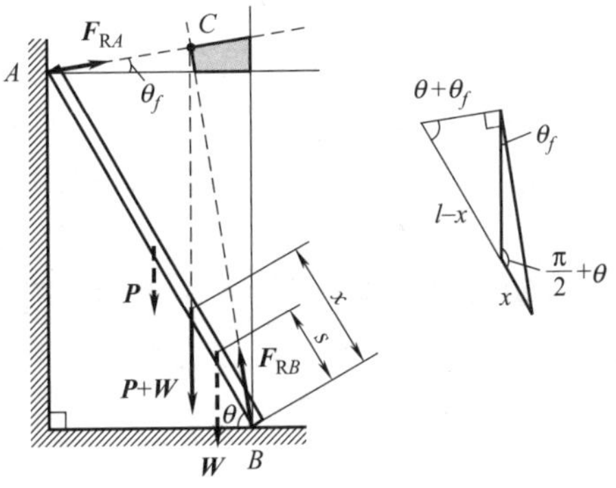

图 4-9

到临界平衡状态时，主动力合力作用线必通过图中阴影四边形的最左侧顶点，由正弦定理

$$\frac{x}{\sin\theta_f}=\frac{l\sin(\theta+\theta_f)}{\sin\left(\dfrac{\pi}{2}+\theta\right)}$$

联立解得

$$s=\frac{2(W+P)x-Pl}{2W}=\frac{f_s^2+f_s\tan\theta}{1+f_s^2}\frac{(W+P)l}{W}-\frac{Pl}{2W}$$

当然，对于部分接触点的摩擦因数未确定的问题，使用摩擦角来分析也很方便。

4.4 滚动摩阻

摩擦使得让水平面上非常重的物体滑动起来要费不少力气，而使滚子滚动起来往往比

使其滑动要省力得多（滚子与地面接触点相当于翻倒的支点）。不过，根据受力分析来看，只要推力大于零，无论滚子多重，滚动力偶都会使其加速滚动，这明显与我们的生活经验（推力要达到一定值，滚子才能滚动起来）不符。原因在于滚子与轨道/地面接触处实际上不是点接触，而是表面接触，因为接触点处总存在微小变形。

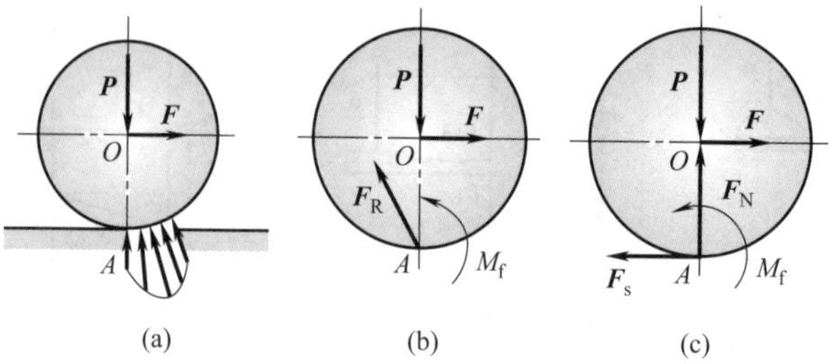

图 4-10

当有滚动趋势时，接触面的约束力是分布力［图 4-10（a）］。它的合力作用点其实不在 A 点，而是略往前移。将其向 A 点处简化，得到一个力 $\boldsymbol{F}_R$ 和矩为 M_f 的力偶［图 4-10（b）］，其中 $\boldsymbol{F}_R$ 可以分解为法向约束力 $\boldsymbol{F}_N$ 和切向静摩擦力 $\boldsymbol{F}_s$［图 4-10（c）］，M_f 就是物体从静止到滚动起来要克服阻碍转动的力偶，称为**滚阻力偶**。滚子静止时，滚阻力偶矩 M_f 随着主动力偶矩增大而增加，直至滚子到达将要滚动的临界平衡状态，此时滚阻力偶矩达到最大值，称为最大滚阻力偶矩，记为 M_{max}，即

$$0 \leqslant M_f \leqslant M_{max}$$

若主动力偶矩超过 M_{max}，滚子开始滚动，而滚动过程中的滚阻力偶矩近似等于 M_{max}。古典摩擦理论表明，最大滚动摩阻力偶矩 M_{max} 与支承面的法向约束力 $\boldsymbol{F}_N$ 的大小成正比

$$M_{max} = \delta F_N \tag{4.2}$$

称为**滚动摩阻定律**，其中 δ 为滚动摩阻系数，简称**滚阻系数**，它具有长度量纲，单位常使用 mm。滚阻系数与滚子和支承面材料的硬度和湿度等有关，一般可视为常数。滚阻系数较小（钢制车轮与钢轨之间是 0.05mm），大多数情况下可以忽略滚动摩阻。

考虑滚子在即将滚动的临界平衡态，如图 4-11（a）所示。根据力的平移定理，可将其中的法向约束力 $\boldsymbol{F}_N$ 与最大滚动摩阻力偶 M_{max} 合成为一个力 $\boldsymbol{F}'_N$，且 $F_N = F'_N$，如图 4-11（b）所示。$\boldsymbol{F}'_N$的作用线与中心线的距离为 d，因为 $d = M_{max}/F_N$，与式（4.2）比较得 $\delta = d$。因此，滚阻系数 δ 可看成滚子在即将滚动时，等效的法向约束力 $\boldsymbol{F}'_N$与中心线的最远距离，即最大滚阻力偶（$\boldsymbol{F}'_N$，$\boldsymbol{P}$）的力偶臂。

可以分别计算出使滚子滚动或滑动所需的水平推（拉）力，以分析究竟是使滚子滚动省力还是滑动省力。

对 A 点取矩平衡方程 $\sum M_A(\boldsymbol{F}) = 0$，可以求得 $F_{滚} = M_{max}/R = \delta F_N/R = \delta P/R$。再由水平方向的力平衡方程 $\sum F_x = 0$，解得 $F_{滑} = F_{max} = f_s F_N = f_s P$。一般情况下，$\delta/R \ll f_s$，故 $F_{滚} \ll F_{滑}$。可见，滚动比滑动要省力得多。这也说明，支撑面上的滚子，往往先出现纯滚动（不打滑）。

考虑滚阻力偶时的平衡问题的求解方式与考虑滑动摩擦的情形一样。但要注意，滚动其实是连续翻倒的临界状态，静摩擦力未必达到了最大值。

如果滚子质量分布不均匀，拉力或推力又不通过轮心（或者存在力偶作用）时，如图

4-12 所示，摩擦力的方向可能与直觉相反。

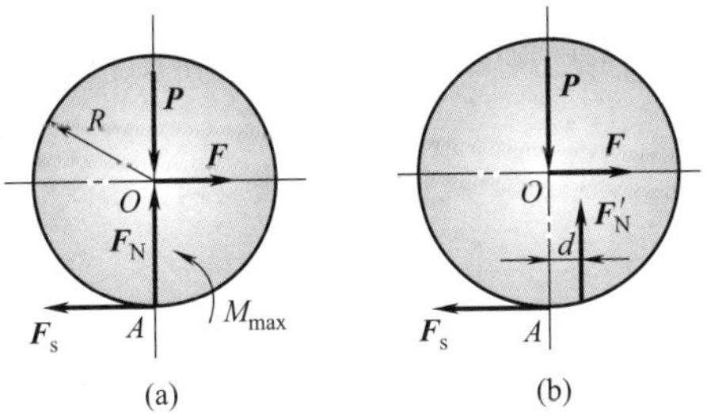

图 4-11

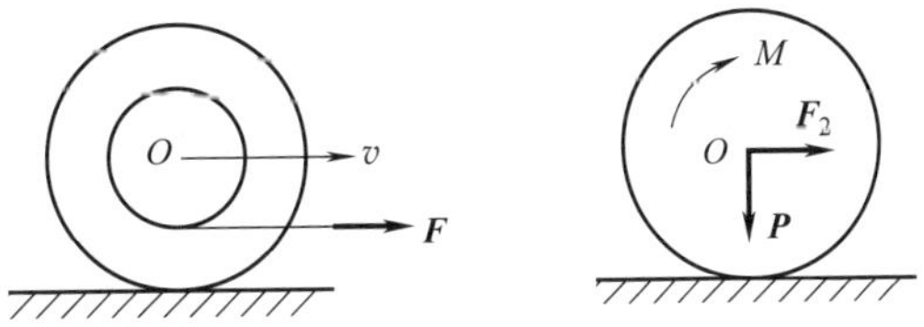

图 4-12

习 题

判断题

4-1 静滑动摩擦力达到最大值时，物体可能出现翻倒状态。（ ）

4-2 画受力图时，滑动摩擦力可以画在物体的中心处。（ ）

4-3 物体在有相对滑动趋势时，其所受法向压力越大，则所受静滑动摩擦力也越大。（ ）

4-4 滑动摩擦力是与物体的接触面相切的集中力，其作用点可以在接触面内随意滑动。（ ）

4-5 动滑动摩擦也存在摩擦角。（ ）

4-6 两物体接触面之间不光滑，并有正压力作用，则接触面处存在摩擦力。（ ）

4-7 其他条件不变，增加接触面的光滑程度，摩擦因数有可能增大。（ ）

4-8 滚动摩阻本质上可以等效为一个力偶。（ ）

4-9 物体不能同时受到滚动摩阻和滑动摩擦力。（ ）

4-10 只有滚动的物体才能受到滚动摩阻的作用。（ ）

简答题

4-11 为何将两本书的页面交替叠放后，很难将两本书拉开？

4-12 人在骑自行车直线前进时，前后轮所受摩擦力方向如何？在拐弯时，情况又会如何？

4-13 摩擦力的大小与接触面积无关，为何运动鞋的鞋底要做成凹槽来提高防滑效果？

计算题

4-14 如题 4-14 图所示，置于 V 形槽中的棒料上作用一力偶，力偶矩 $M=15\text{N}\cdot\text{m}$ 时，刚好能转动此棒料。已知棒料重 $\boldsymbol{P}=400\text{N}$，直径 $D=0.25\text{m}$，不计滚阻。求棒料与 V 形槽间的静摩擦因数 f_s。

4-15 均质杆的 A 端放在水平地板上，杆的 B 端则用绳子拉住，如题 4-15 图所示。设杆与地板的静摩擦因数 f，杆与地面间的交角 $\beta=45°$。当绳子与水平线的夹角 φ 等于多大时，杆开始向右滑动？

4-16 如题 4-16 图所示均质长方块 A 置于粗糙斜面上，摩擦因数为 f。斜面的倾角由零缓慢加大，问 A 块是先滑动还是先翻倒？

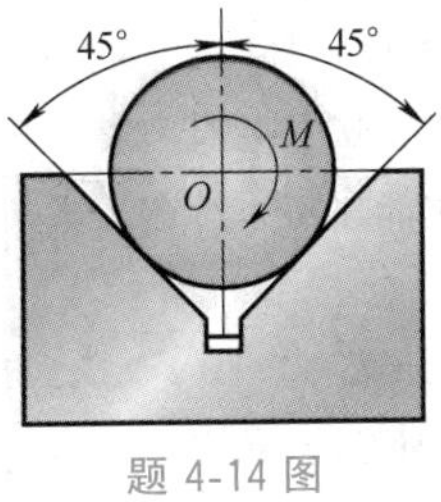

题 4-14 图

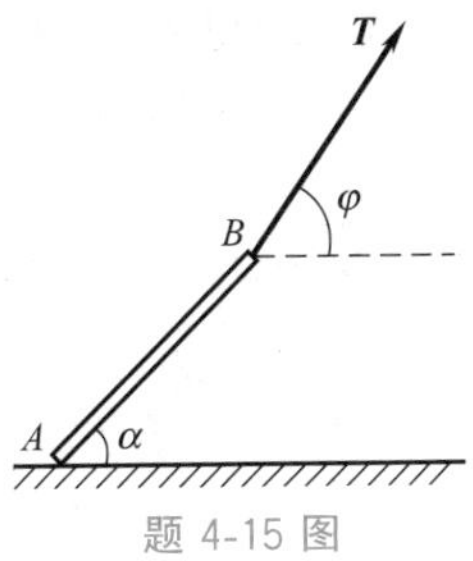

题 4-15 图

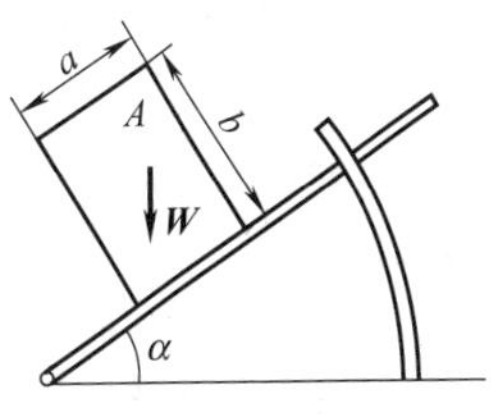

题 4-16 图

4-17　如题 4-17 图所示，圆柱重 5kN，半径 $r=6\text{cm}$，在水平力 $\boldsymbol{F}$ 作用下翻越台阶。若圆柱在台阶棱边处无滑动，静摩擦因数为 0.3。求所能翻越台阶的最大高度。

4-18　如题 4-18 图所示，两种形状的楔子两侧面与槽之间的摩擦角均为 θ_f，若想要使楔子嵌入后不致滑出，求对应楔子顶角度 α 和 β 应满足什么条件？

4-19　平板水平放置在直角 V 形槽内，如题 4-19 图所示。板长 l，板重不计，板与两个槽间的摩擦角均为 φ_m。若一人在板上走动，求不使板滑动时人的走动范围。

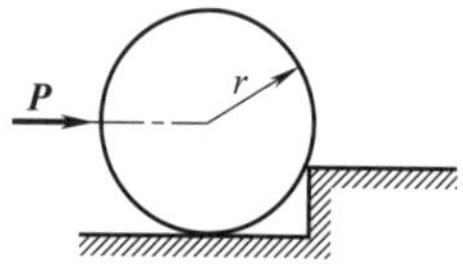

题 4-17 图

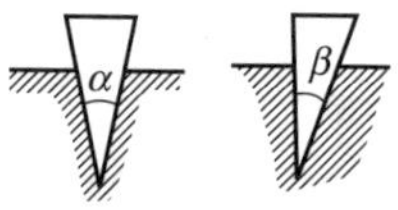

题 4-18 图

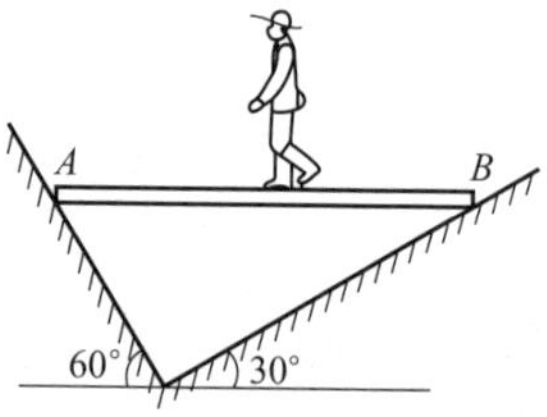

题 4-19 图

4-20　如题 4-20 图所示，小球重 W_1，半径为 r，大球重 W_2，半径为 R。设球与地面间、大球与小球之间的摩擦因数均为 f，现加水平力 $\boldsymbol{F}$，滚动摩阻不计。试问静摩擦因数 f 至少应为多少，才能在足够大的水平力作用下保证大球从小球上面翻过。

4-21　一衣橱重 500N，用一水平力 $\boldsymbol{P}$ 拉动。设衣橱与地面间的摩擦因数 $f=0.40$，题 4-21 图中 $a=h=1\text{m}$。当力 $\boldsymbol{P}$ 逐渐增大时，问衣橱是先滑动还是先翻倒？

4-22　如题 4-22 图所示，不计自重的拉门与上下滑道之间的静摩擦因数均为 f_s，门高为 h。若在门上 $2h/3$ 处用水平力 $\boldsymbol{F}$ 拉门而不会卡住，求门宽 b 的最小值。门的自重对不被卡住的门宽最小值是否有影响？

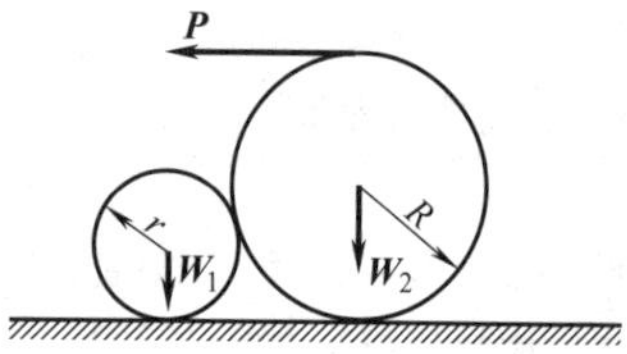

题 4-20 图

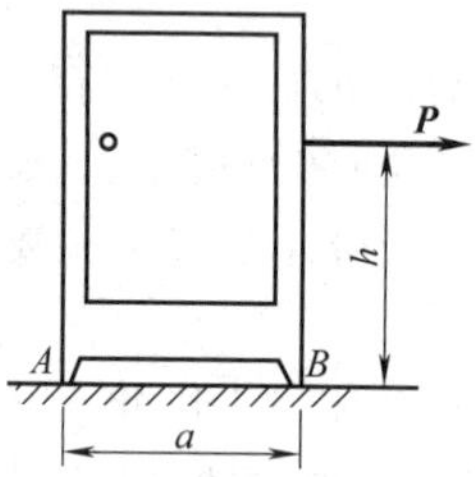

题 4-21 图

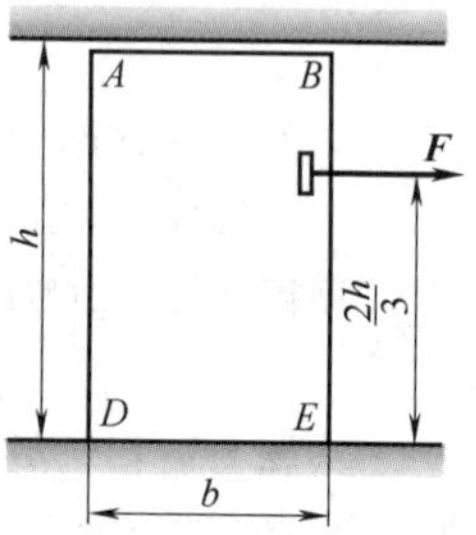

题 4-22 图

4-23　均质箱体 A 的宽度 $b=1\text{m}$，高 $h=2\text{m}$，重力 $P=200\text{kN}$，放在倾角 $\theta=20°$ 的斜面上。箱体与斜面之间的摩擦因数 $f_s=0.2$。今在箱体的 C 点系一无重软绳，方向如题 4-23 图所示，绳的另一端绕过滑轮 D 挂一重物 E。已知 $BC=a=1.8\text{m}$。求使箱体处于平衡状态的重物 E 的重量。

4-24　均质圆柱重力为 $\boldsymbol{P}$，半径为 r，搁在不计自重的水平杆和固定斜面之间，杆 A 端为光滑铰链，D 端受一铅垂向上的力 $\boldsymbol{F}$，圆柱上作用一力偶，如题 4-24 图所示。已知 $F=P$，圆柱与杆和斜面间的静滑动摩擦因数皆为 $f_s=0.3$，不计滚动摩阻，当 $\theta=45°$ 时，$AB=BD$。求此时能保持系统静止的力偶矩 M 的最小值。

4-25　如题 4-25 图所示，一小方块 A 放在倾角为 β 的粗糙斜面上，摩擦角为 φ，且 $\varphi<\beta$。方块 A 用一线系于斜面上的定点 O 处。求方块平衡时，线与斜面的最大倾斜线之间的最大夹角 θ。

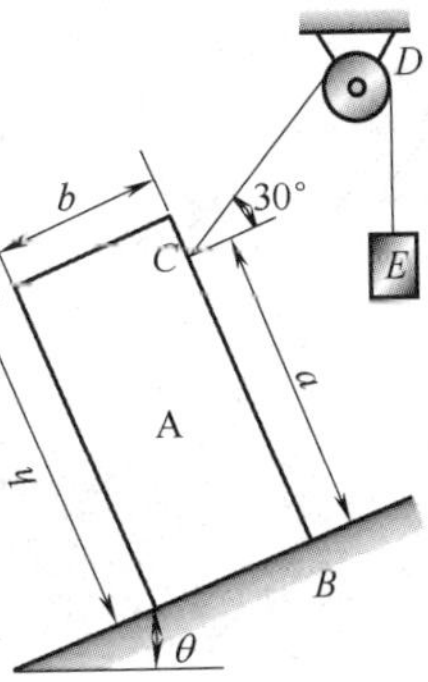

题 4-23 图

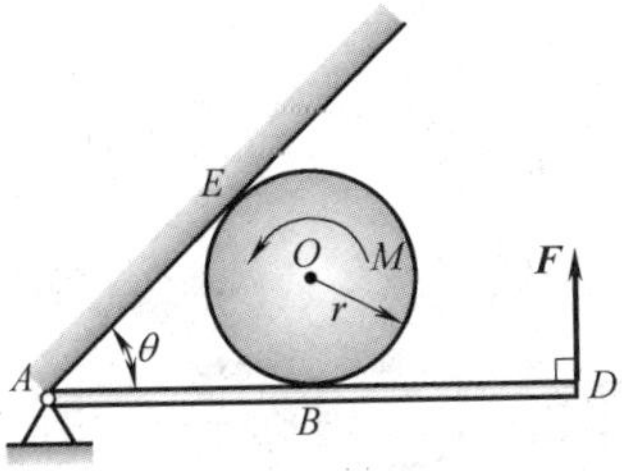

题 4-24 图

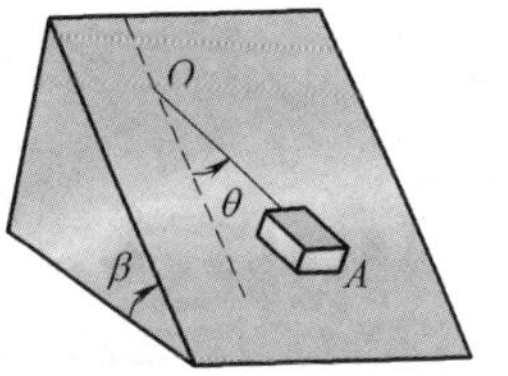

题 4-25 图

4-26　重 50N 的方块放在倾斜的粗糙面上，斜面的边 AB 与 BC 垂直，如题 4-26 图所示。如在方块上作用水平力 $\boldsymbol{F}$ 与 BC 边平行，此力由零逐渐增加，方块与斜面间的静摩擦因数为 0.6。求保持方块平衡时，水平力 $\boldsymbol{F}$ 的最大值以及静摩擦力与 AB 边的夹角 θ。

4-27　梁 AB 重 $\boldsymbol{W}$，置于两平行的水平导轨上，如题 4-27 图所示。接触处 C、D 的摩擦因数为 f，水平力 $\boldsymbol{F}$ 垂直于 AB。问力 $\boldsymbol{F}$ 多大时才可推动梁 AB？

* 4-28　拉住轮船的绳子绕固定在码头上的带缆桩两整圈，如题 4-28 图所示。设船作用于绳子的拉力为 7500N；为了保证两者之间无相对滑动，码头装卸工人必须用 150N 的拉力拉住绳的另一端。试求：①绳子与带缆桩间的静摩擦因数；②如绳子绕在桩上 3 整圈，工人的拉力仍为 150N，问此时船作用于绳的最大拉力应为多少？

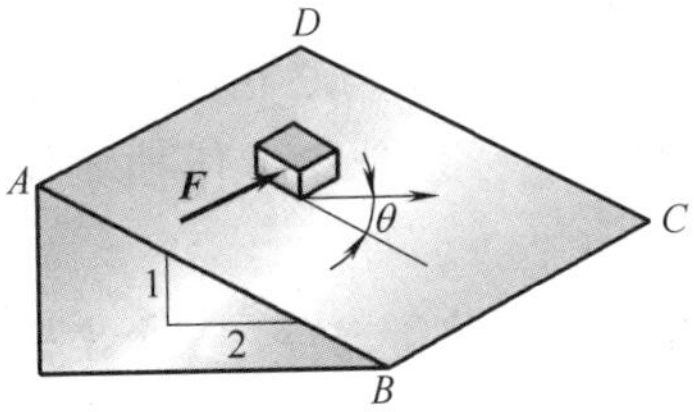

题 4-26 图

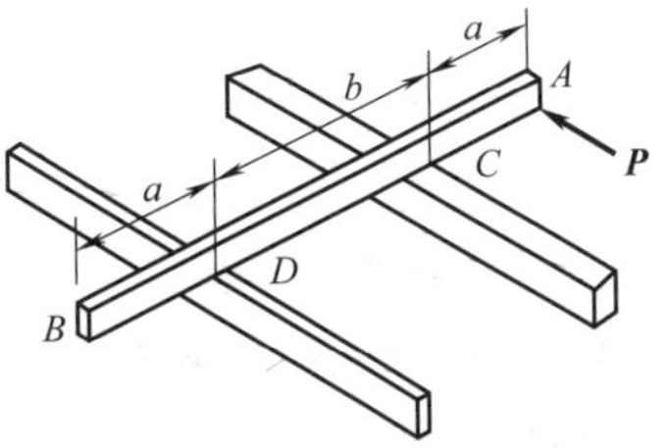

题 4-27 图

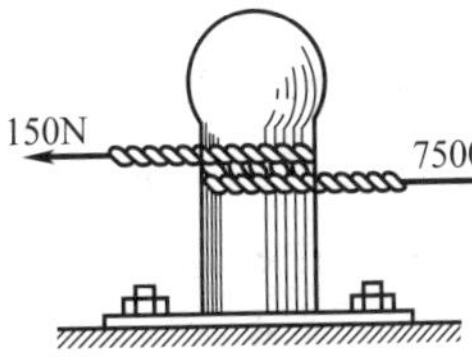

题 4-28 图

拓展题

4-29　已知 π 形物体重为 $\boldsymbol{P}$，尺寸如题 4-29 图所示。若以水平力 $\boldsymbol{F}$ 拉该物体，当刚开始拉动时，A，B 两处的摩擦力是否都达到最大值？如果 A，B 两处的静摩擦因数均为 f_s，此二处最大静摩擦力是否相等？若力 $\boldsymbol{F}$ 较小而未能拉动物体时，能否分别求出 A，B 两处的静摩擦力？

4-30　由轻质干燥木杆搭建的简易拱桥如题 4-30 图所示。假设木杆各接触处的静滑动摩擦因数为 f_s，求受载结构能够平衡时，尺寸 a，b 与静滑动摩擦因数 f_s 必须满足的不等式关系。

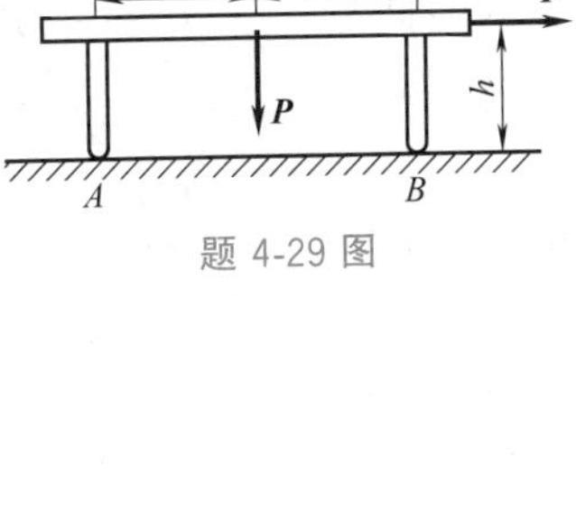

题 4-29 图

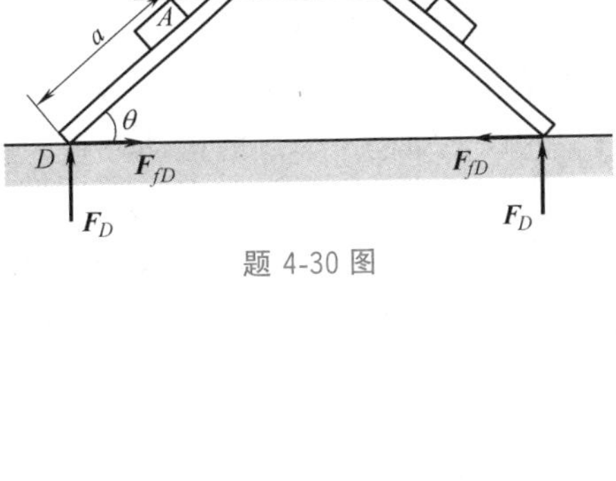

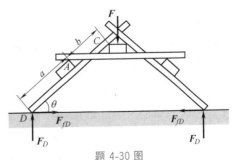

题 4-30 图

第5章

点的运动

工程中的非平衡问题与结构的运动有关。点的运动可以用于描述包括变形体在内任何物体的运动，是运动学的基础。

本章首先介绍点的运动的描述方法，然后研究点的运动的数学表达。最后，结合具体实例分析不同表示法的应用。注意，本章研究的是运动的描述方法，属于数学工具范畴，因此，所谓的动点既可以是几何点，也可以是物理点。

5.1 矢量描述法

点的运动是由空间点的位置连续变化而形成。但是，要描述点所在的空间位置，就必须指定一个参考体。参考体是有限大小的物体，因此在参考体上选择一个与之相固结的坐标架，称为**参考系**，代表与参考体相固结的整个空间。这表明，参考系是参考体抽象模型，因此参考系有时不一定对应真实的参考物。

例如，在研究卫星的运动时经常使用的**地心参考系**，它的坐标原点位于地心，三个坐标轴固定指向三颗恒星，不受地球自转的影响。显然，根本不存在一个与该参考系固结的真实的参考体。因此，今后只提参考系，不提参考体。除非另有说明，本书默认地面为参考系。

参考系建立后，为了方便描述不同的运动，而在描述问题时，我们总是希望所得的结果与坐标系的选择无关，即对任何类型坐标系都适用。因此，我们经常先用矢量描述各种量的关系，在求解具体问题时，再选择合适的坐标系进行计算。在静力学和动力学中，我们也是这么做的。

研究点 M 的运动，可在参考系中选择一个参考点 O，从 O 引向 M 的矢量

$$\boldsymbol{r}=\boldsymbol{r}(t) \tag{5.1}$$

称为点 M 相对点 O 的位置矢量，简称**位矢**或**矢径**。注意，位矢（或矢径）的起点是固定的。点 M 连续运动时，其位矢 $\boldsymbol{r}$ 随时间连续变化，相应的 $\boldsymbol{r}(t)$ 是一个连续的矢量函数。所以，称式（5.1）为点 M 的矢量形式的**运动方程**。对于给定时刻 t，运动方程描述了点 M 的空间位置。因此，知道一个点的运动方程，就掌握了这个点的运动情况。

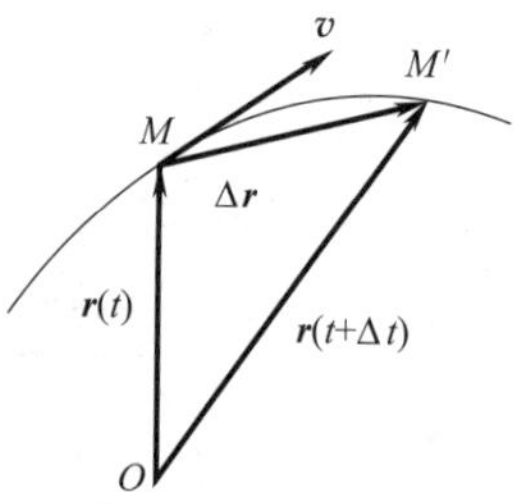

图 5-1

随着时间的变化，矢径 $\boldsymbol{r}(t)$ 的末端划出一条空间曲线，称为**矢端曲线**。如图 5-1 所示，这条曲线正是点 M 的运动轨迹。

假设从 t 时刻到 $t+\Delta t$ 时刻，点沿着它的运动轨迹从 M 运动到 M'，相应的矢径 $\boldsymbol{r}$ 变为 $\boldsymbol{r}+\Delta\boldsymbol{r}$，点在时间间隔 Δt 内的空间位置变化，可以用位矢的变化 $\Delta\boldsymbol{r}$ 来表示，即**位移矢量**。这段时间内的平均速度可用 $\Delta\boldsymbol{r}/\Delta t$ 表示，其极限值

$$\boldsymbol{v}=\lim_{\Delta t\to 0}\frac{\Delta\boldsymbol{r}}{\Delta t}=\dot{\boldsymbol{r}} \tag{5.2}$$

称为点的**瞬时速度**，简称**速度**。它是矢量，等于矢径对时间的一阶导数，方向沿着运动轨迹（速度矢端曲线）的切线。在国际单位制中，速度的单位为 m/s，常用单位还有 km/s 和 km/h。

如果速度连续变化，以同样方式（图 5-2）定义点的**瞬时加速度**，简称**加速度**，即

$$\boldsymbol{a}=\lim_{\Delta t\to 0}\frac{\Delta\boldsymbol{v}}{\Delta t}=\dot{\boldsymbol{v}}=\ddot{\boldsymbol{r}} \tag{5.3}$$

它等于速度矢量的一阶导数，或者矢径的二阶导数。在国际单位制中，加速度的单位为 m/s^2。注意，加速度矢量的方向是速度矢端曲线的切线方向，与轨迹的切线方向、速度方向无关。

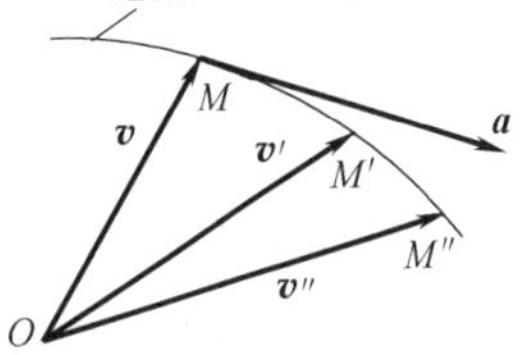

图 5-2

矢量的具体计算是在坐标系中进行的。工程中常用坐标系类型有直角坐标系、自然坐标系、极坐标系、柱坐标系、球坐标系。不同坐标系中矢量的分量不同。

5.2 直角坐标形式

空间直角坐标系 $Oxyz$ 如图 5-3 所示，$\boldsymbol{i}$，$\boldsymbol{j}$，$\boldsymbol{k}$ 分别为 x，y，z 坐标轴上的单位长度的矢量。这种在坐标轴上的非零矢量称为**基矢量**。显然，基矢量大小和方向都不随点的位置变化而变化。因此 M 点的矢径 $\boldsymbol{r}(t)$ 可以表示为基矢量的线性组合

$$\boldsymbol{r}(t)=x(t)\boldsymbol{i}+y(t)\boldsymbol{j}+z(t)\boldsymbol{k} \tag{5.4}$$

根据式（5.2），得到速度

$$\boldsymbol{v}(t)=v_x\boldsymbol{i}+v_y\boldsymbol{j}+v_z\boldsymbol{k} \tag{5.5}$$

其中 $v_x=\dot{x}$，$v_y=\dot{y}$，$v_z=\dot{z}$ 分别是速度$\boldsymbol{v}(t)$ 在 x，y，z 轴上的分量。

根据式（5.3），得到加速度

$$\boldsymbol{a}(t)=a_x\boldsymbol{i}+a_y\boldsymbol{j}+a_z\boldsymbol{k} \tag{5.6}$$

其中，$a_x=\ddot{x}$，$a_y=\ddot{y}$，$a_z=\ddot{z}$ 分别是加速度 $\boldsymbol{a}(t)$ 在 x，y，z 轴上的分量。

[例 5-1] 如图 5-4 所示的曲柄滑块机构中，曲柄 OA 与水平面的夹角随时间的变化关系为 $\theta=\omega t$，ω 为常数。已知 $t=0$ 时，滑块位于最右端，长度 $OA=AB=L$。求连杆的中点 M 的运动方程及轨迹。

解： 建立图 5-4 所示的直角坐标系。先写出 M 点的矢径

$$\boldsymbol{r}_M=\frac{1}{2}(\overrightarrow{OA}+\overrightarrow{OB})=\frac{1}{2}[(L\cos\theta\boldsymbol{i}+L\sin\theta\boldsymbol{j})+2L\cos\theta\boldsymbol{i}]=\frac{L}{2}(5\cos\omega t\boldsymbol{i}+\sin\omega t\boldsymbol{j})$$

故 M 点的运动方程为

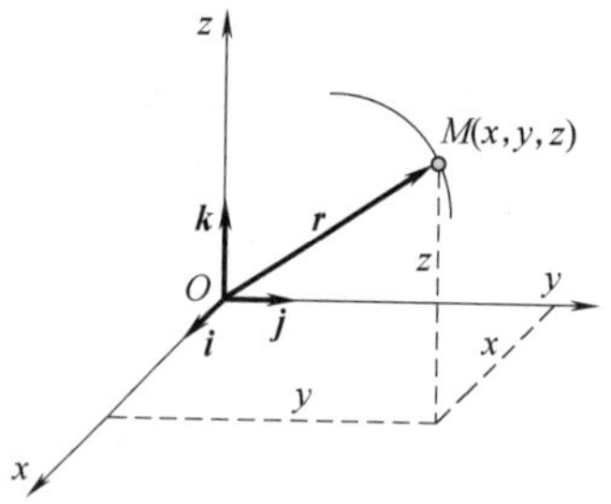

图 5-3

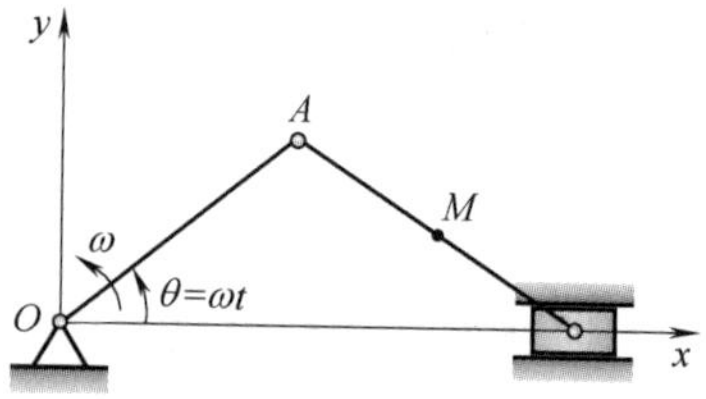

图 5-4

$$\begin{cases} x=\dfrac{5}{2}L\cos\omega t \\ y=\dfrac{1}{2}L\sin\omega t \end{cases}$$

消去 t，得到轨迹方程

$$\frac{x^2}{25L^2/4}+\frac{y^2}{L^2/2}=1$$

显然，这是一个椭圆。

从例 5-1 可见，当点的运动轨迹是曲线时，直角坐标系下的速度和加速度表达式可能较复杂。这时在自然坐标系中表达较为方便。

5.3 自然坐标形式

当点 M 的轨迹确定时，可在轨迹曲线上任取一点作为原点 O，使 M 的每个点位置都与从原点到该位置的弧长 s 一一对应，则弧长 s 称为点的**弧坐标**。显然，给定

$$s=s(t) \tag{5.7}$$

点 M 的运动就确定了，因此称上式为**弧坐标形式的运动方程**。

如图 5-5 所示，弧长 $s(t)$ 唯一确定了点 M 的位置，因此点 M 的矢径可表达为如下复合函数形式

$$\boldsymbol{r}=\boldsymbol{r}(s(t))$$

根据式（5.2），点 M 的速度为

$$\boldsymbol{v}(t)=\frac{\mathrm{d}\boldsymbol{r}}{\mathrm{d}t}=\frac{\mathrm{d}\boldsymbol{r}}{\mathrm{d}s}\frac{\mathrm{d}s}{\mathrm{d}t}=\dot{s}\,\boldsymbol{\tau}(s) \tag{5.8}$$

由于 Δs 表示的弧段与位移 $\Delta\boldsymbol{r}$ 在无穷小极限下是重合的，有

$$|\boldsymbol{\tau}(s)|=\left|\frac{\mathrm{d}\boldsymbol{r}}{\mathrm{d}s}\right|=\lim_{\Delta s\to 0}\left|\frac{\Delta\boldsymbol{r}}{\Delta s}\right|=1$$

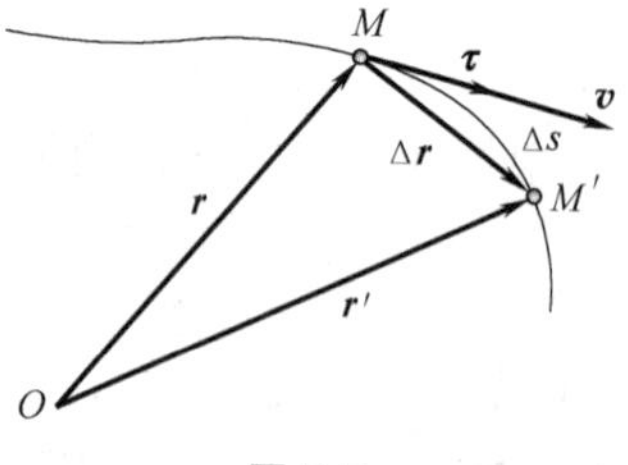

图 5-5

$\boldsymbol{\tau}(s)$ 是单位矢量，沿曲线的切向，与速度方向平行。因此，速度的大小 $v=\mathrm{d}s/\mathrm{d}t$。

将式（5.8）代入式（5.3），得到 M 点的加速度为

$$\boldsymbol{a}(t)=\ddot{s}\,\boldsymbol{\tau}+\dot{s}\,\dot{\boldsymbol{\tau}}=\frac{\mathrm{d}v}{\mathrm{d}t}\boldsymbol{\tau}+v\frac{\mathrm{d}\boldsymbol{\tau}}{\mathrm{d}t}$$

可见加速度由两项组成。等式右边第一项式表示速度大小的变化，方向是轨迹曲线的 M 点切线方向（与速度方向平行），称为**切向加速度**，记作 $\boldsymbol{a}_t=\dot{v}\boldsymbol{\tau}$。第二项式是速度方向变化产生的

加速度。旋转的矢量对时间的导数的一般结果见式（6.2），下面推导平面旋转矢量情形。

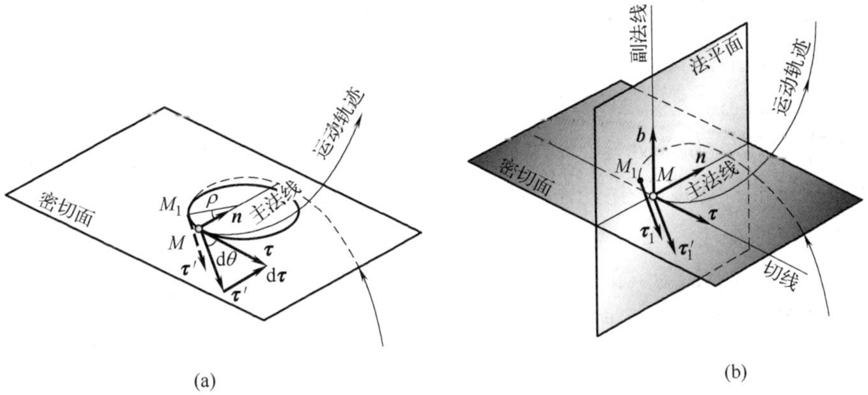

(a) (b)

图 5-6

如图 5-6（a）所示，在无穷小极限下，可以找到一个半径为 ρ 的圆，使得弧微元 ds 成为圆的一部分，即 $ds=\rho d\theta$，其中 $d\theta$ 是弧微元对应的圆心角。$\boldsymbol{\tau}$ 是单位长度矢量，因此 $d(\boldsymbol{\tau}^2)=2\boldsymbol{\tau}\cdot d\boldsymbol{\tau}=0$，即 $d\boldsymbol{\tau}$ 与 $\boldsymbol{\tau}$ 垂直。记 $\boldsymbol{n}$ 为指向圆心的单位矢量，而无穷小弧长与弦长相等，即 $d\boldsymbol{\tau}$ 的大小等于 $1\cdot d\theta$，根据等腰微分三角形的相似关系 $d\boldsymbol{\tau}/ds=\boldsymbol{n}/\rho$，因此有

$$v\frac{d\boldsymbol{\tau}}{dt}=v\frac{\boldsymbol{n}ds}{\rho dt}=\frac{v^2}{\rho}\boldsymbol{n}$$

记 $\boldsymbol{a}_n(t)=v\dfrac{d\boldsymbol{\tau}}{dt}=\dfrac{v^2}{\rho}\boldsymbol{n}$，称为**法向加速度**。因为 $d\theta/ds=1/\rho$，表示弧微元弯曲程度，称为**曲率**，故上面拟合的圆称为 M 点处的**曲率圆**，或**密切圆**，其圆心称为 M 点处的**曲率中心**，半径 ρ 称为 M 点处的**曲率半径**，密切圆所在的平面称为 M 点处的**密切面**。

综上，加速度表达式为

$$\boldsymbol{a}(t)=\dot{v}\boldsymbol{\tau}+\frac{v^2}{\rho}\boldsymbol{n} \tag{5.9}$$

加速度大小为 $a=\sqrt{\dot{v}^2+v^4/\rho^2}$

如图 5-6（b）所示，通过 M 点并与切线垂直的平面称为法平面，则 $\boldsymbol{n}$ 在法平面内。切矢 $\boldsymbol{\tau}$ 和法矢 $\boldsymbol{n}$ 均在密切平面上且相互垂直，因此定义**副法矢** $\boldsymbol{b}=\boldsymbol{\tau}\times\boldsymbol{n}$，位于法平面内。这三个单位矢量构成一个坐标系，称为**自然坐标系**。与直角坐标系不同，该坐标系是活动坐标系，因为点 M 位于空间不同位置时，坐标基矢量 $\boldsymbol{\tau}$，$\boldsymbol{n}$，$\boldsymbol{b}$ 的方向发生了变化。

思考：自然坐标系中，是否可以直接将坐标分量相减而得到位移矢量？

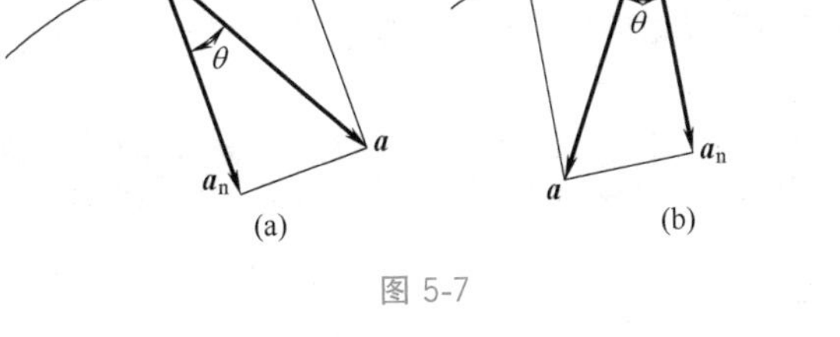
(a) (b)

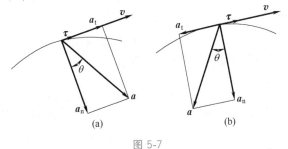

图 5-7

由式（5.9）可知，空间曲线运动的点的加速度矢量只有切向和法向分量，而无副法

向分量。对于一般曲线运动，如图 5-7 所示，加速曲线运动［图 5-7（a）］和减速曲线运动［图 5-7（b）］的加速度方向虽然都位于曲率半径一侧，但切向加速度分量 $\boldsymbol{a}_t$ 的方向不同，导致加速度 $\boldsymbol{a}$ 有所区别。

以下是几个熟悉的特殊的情形。

直线运动：可以理解为处处曲率半径无穷大，由于速度大小有限，故法向加速度为零。

匀速曲线运动：速度大小不变，故切向加速度为零。

圆周运动：曲率半径处处等于常数。

［**例 5-2**］ 已知半径为 r 的轮子沿直线轨道无滑动地滚动（称为纯滚动），设轮子转角 $\varphi=\omega t$（ω 为常数），如图 5-8 所示。求轮缘上任一点 M 的运动方程的直角坐标和弧坐标形式，点 M 的速度、切向加速度、法向加速度。

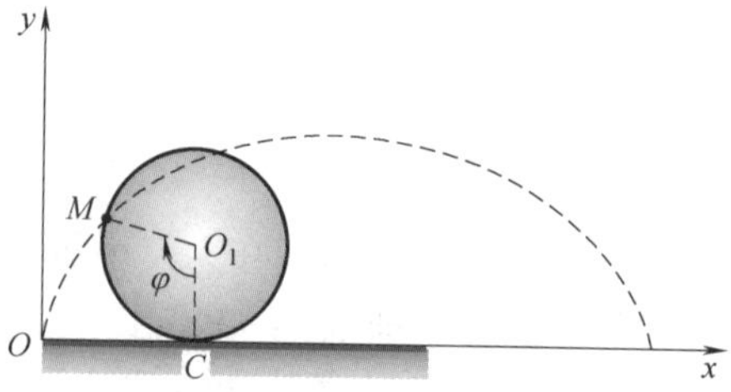

图 5-8

解：点 M 做曲线运动，取直角坐标系如图所示。由纯滚动条件，$OC=\overset{\frown}{MC}=r\varphi=r\omega t$，从而点 M 的运动方程的直角坐标形式为

$$\begin{cases}x=OC-O_1M\sin\varphi=r(\omega t-\sin\omega t)\\ y=O_1C-O_1M\cos\varphi=r(1-\cos\omega t)\end{cases}$$

点 M 的轨迹称为旋轮线，动圆一般称为该旋轮线的生成圆。

点 M 的速度为

$$v_x=\dot{x}=r\omega(1-\cos\omega t),\ v_y=\dot{y}=r\omega\sin\omega t$$

则速度大小为 $v=\sqrt{v_x^2+v_y^2}=r\omega\sqrt{2(1-\cos\omega t)}=2r\omega\sin\dfrac{\omega t}{2}\quad(0\leqslant\omega t\leqslant 2\pi)$

弧坐标形式的运动方程为

$$s=\int_0^t v\,\mathrm{d}t=\int_0^t 2r\omega\sin\frac{\omega t}{2}\mathrm{d}t=4r\left(1-\cos\frac{\omega t}{2}\right)\quad(0\leqslant\omega t\leqslant 2\pi)$$

加速度

$$a_x=\ddot{x}=r\omega^2\sin\omega t,\ a_y=\ddot{y}=r\omega^2\cos\omega t$$

其大小为 $a=\sqrt{a_x^2+a_y^2}=r\omega^2$

切向加速度 $a_t=\dot{v}=r\omega^2\cos\dfrac{\omega t}{2}$，法向加速度 $a_n=\sqrt{a^2-a_t^2}=r\omega^2\sin\dfrac{\omega t}{2}$。曲率半径可通过 $\rho=v^2/a_n$ 计算。

应用：在重力作用下，质点沿开口朝上的旋轮线的任意高度处自由下降，到达最低点的时间相同，即等时性，利用这一性质改进单摆，可实现单摆周期不受摆幅影响，因此旋轮线也称为摆线。在机械领域，摆线针轮减速机也是应用之一。

如果物体运动轨迹与距离或角度有简单关系时，采用极坐标、柱坐标、球坐标系更方便。

*5.4 曲线坐标形式

5.4.1 极柱坐标投影

设点 M 在空间内做曲线运动，则它在任意时刻的位置可以由极（柱）坐标的极径

$\rho(t)$、方位角 $\varphi(t)$、高度 $z(t)$ 来确定。记这三个方向的单位基矢量分别为 $\boldsymbol{e}_\rho$、$\boldsymbol{e}_\varphi$、$\boldsymbol{e}_z$，如图 5-9 所示。

则点 M 的矢径为 $\boldsymbol{r}(t)=\rho\boldsymbol{e}_\rho+z\boldsymbol{e}_z$，可以证明有如下关系（方法在球坐标情形中有说明）：

$$\dot{\boldsymbol{e}}_\rho=\dot{\varphi}\boldsymbol{e}_\varphi,\ \dot{\boldsymbol{e}}_\varphi=-\dot{\varphi}\boldsymbol{e}_\rho,\ \dot{\boldsymbol{e}}_z=0 \tag{5.10}$$

则点 M 的速度

$$\boldsymbol{v}(t)=\frac{\mathrm{d}\boldsymbol{r}(t)}{\mathrm{d}t}=\dot{\rho}\boldsymbol{e}_\rho+\rho\dot{\boldsymbol{e}}_\rho+\dot{z}\boldsymbol{e}_z=\dot{\rho}\boldsymbol{e}_\rho+\rho\dot{\varphi}\boldsymbol{e}_\varphi+\dot{z}\boldsymbol{e}_z \tag{5.11}$$

其中，径向分量 $v_\rho=\dot{\rho}$ 称为**径向速度**；横向分量 $v_\varphi=\rho\dot{\varphi}$ 称为**横向速度**，z 分量 $v_z=\dot{z}$ 称为**竖向速度**。对式（5.11）两边求导得到点 M 的加速度

$$\boldsymbol{a}(t)=\frac{\mathrm{d}\boldsymbol{v}(t)}{\mathrm{d}t}=(\ddot{\rho}-\rho\dot{\varphi}^2)\boldsymbol{e}_\rho+(2\dot{\rho}\dot{\varphi}+\rho\ddot{\varphi})\boldsymbol{e}_\varphi+\ddot{z}\boldsymbol{e}_z \tag{5.12}$$

其中，径向、横向和竖向分量 $a_\rho=\ddot{\rho}-\rho\dot{\varphi}^2$，$a_\varphi=2\dot{\rho}\dot{\varphi}+\rho\ddot{\varphi}$ 和 $a_z=\ddot{z}$ 分别称为**径向加速度、横向加速度**和**竖向加速度**。注意：这里的径向和法向、横向和切向之间是有区别的，法向和切向都针对轨迹而言的，而径向和横向则是 ρ-φ 坐标平面上极径方向和垂直于极径方向。

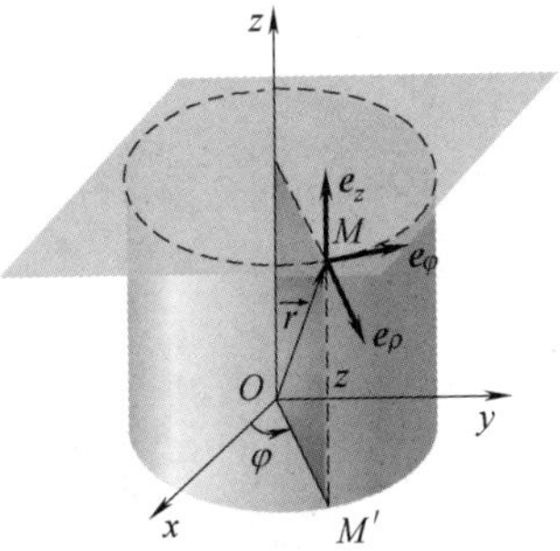

图 5-9

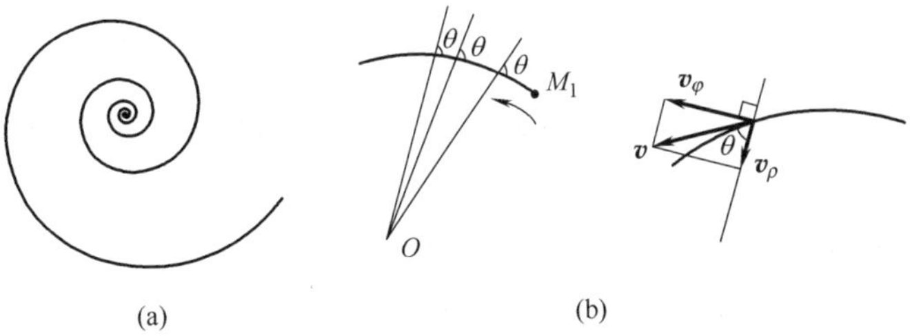

图 5-10

［例 5-3］ 与定点 O 发出的射线之间夹角 θ 为定值的曲线称为等角螺线、对数螺线，如图 5-10（a）所示。它是自然界中常见的螺线，例如鹦鹉螺纵剖面外轮廓、鹰喙和鲨鱼的背鳍、公羊角的平面投影、向日葵种子的排列、松果球和多肉植物叶片分布等，所以又叫生长螺线。证明等角螺线在极坐标系中可表示为 $\rho=a\mathrm{e}^{b\varphi}$（$a$、$b$ 为常数）。

解： 曲线可视为动点的运动轨迹，可以利用速度方向与径向夹角为一定值的条件来求。

采用极坐标系，取径向单位基矢量 $\boldsymbol{e}_\rho$ 和横向单位矢量 $\boldsymbol{e}_\varphi$，动点 M 的速度 $\boldsymbol{v}=\dot{\rho}\boldsymbol{e}_\rho+\rho\dot{\varphi}\boldsymbol{e}_\varphi$。因为横向速度与径向速度垂直，由图 5-10（b）中的速度矢量三角形

$$\dot{\rho}/\rho\dot{\varphi}=\frac{\dfrac{\mathrm{d}\rho}{\mathrm{d}t}}{\rho\dfrac{\mathrm{d}\varphi}{\mathrm{d}t}}=\frac{\dfrac{\mathrm{d}\rho}{\mathrm{d}\varphi}}{\rho}=\cot\theta=\text{常数}$$

分量变量得

$$\frac{d\rho}{\rho}=\cot\theta d\varphi$$

两边同时积分，设初始极半径为 a，则

$$\varphi=\tan\theta\ln\frac{\rho}{a}$$

对数螺线名称来源于此。一般将极半径作为因变量，即

$$\rho=a\mathrm{e}^{\varphi\cot\theta}$$

其中，θ 为螺旋角。若令 $b=\cot\theta$，则等角螺线一般表达式为

$$\rho=a\mathrm{e}^{b\varphi}$$

任何形式的指数曲线都可以化为上述形式，例如螺线 $\rho=3^{\varphi}$ 等价为 $\rho=\mathrm{e}^{\varphi\ln 3}$。

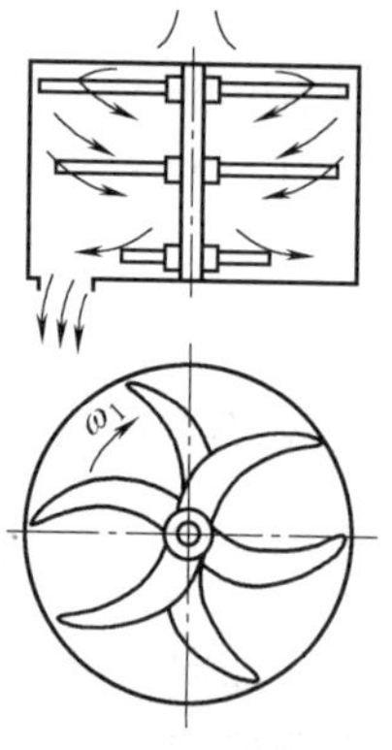

图 5-11

应用：涡轮叶片曲面按照等角螺线设计，抽水会很均匀；镰刀或者草料收割机的刀如果是等角螺线的一段，用起来不容易黏刀，割得又快又好。化工搅拌器中的桨叶如果由两段等角螺旋一凸一凹拼接为 S 形，并分层布置，可以提高搅拌效率。如图 5-11 所示。

对于地表附近长距离的运动，或封闭无洞的曲面上的运动，采用球坐标描述比较简单。

5.4.2 球坐标投影

设点 M 在空间内做曲线运动，则它在任意时刻的位置可以由球坐标的极径 $r(t)$、俯角 $\theta(t)$、方位角 $\varphi(t)$ 来确定。记这三个方向的单位基矢量分别为 $\boldsymbol{e}_r$、$\boldsymbol{e}_\theta$、$\boldsymbol{e}_\varphi$，如图 5-12 所示。

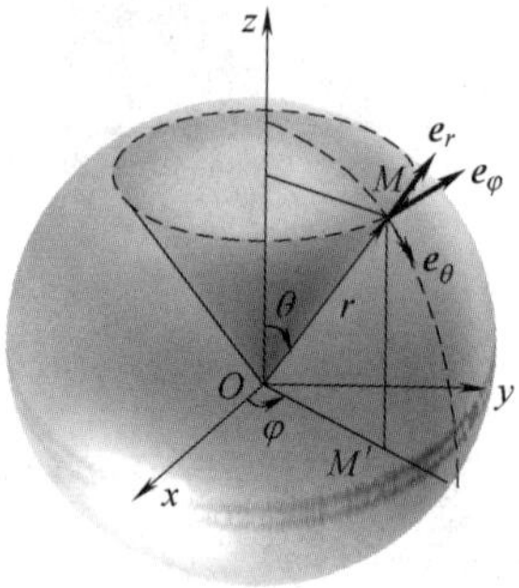

图 5-12

则点 M 的矢径为 $\boldsymbol{r}(t)=r\boldsymbol{e}_r$，同样可证明

$$\dot{\boldsymbol{e}}_r=\dot{\theta}\boldsymbol{e}_\theta+\dot{\varphi}\sin\theta\boldsymbol{e}_\varphi,\ \dot{\boldsymbol{e}}_\theta=-\dot{\theta}\boldsymbol{e}_r+\dot{\varphi}\cos\theta\boldsymbol{e}_\varphi,$$
$$\dot{\boldsymbol{e}}_\varphi=-\dot{\varphi}\sin\theta\boldsymbol{e}_r-\dot{\varphi}\cos\theta\boldsymbol{e}_\theta \tag{5.13}$$

这种单位矢量的变化率有统一的推导方式。下面以 $\boldsymbol{e}_r$ 为例，说明具体推导方法。

先求基矢量的全微分

$$d\boldsymbol{e}_r=\frac{\partial\boldsymbol{e}_r}{\partial r}dr+\frac{\partial\boldsymbol{e}_r}{\partial\varphi}d\varphi+\frac{\partial\boldsymbol{e}_r}{\partial\theta}d\theta=\frac{\partial\boldsymbol{e}_r}{\partial\varphi}d\varphi+\frac{\partial\boldsymbol{e}_r}{\partial\theta}d\theta$$

因为基矢量长度不变，所以$\partial\boldsymbol{e}_r/\partial r$ 为零。由偏导数定义，$\partial\boldsymbol{e}_r/\partial\varphi$ 的大小是 $\boldsymbol{e}_r$ 移动到 O 点处，保持夹角 θ 不变时绕 z 轴转动划过的弧所对应的旋转半径，由于长度是 1，所以旋转半径是 $\sin\theta$。$\partial\boldsymbol{e}_r/\partial\varphi$ 的方向是 $\boldsymbol{e}_r$ 在 O 点处以夹角 θ 绕 z 轴转动时的矢端轨迹切向，即圆锥底圆的切向 $\boldsymbol{e}_\varphi$。因此$\partial\boldsymbol{e}_r/\partial\varphi=\sin\theta\boldsymbol{e}_\varphi$。同理，$\partial\boldsymbol{e}_r/\partial\varphi=\boldsymbol{e}_\theta$。于是

$$d\boldsymbol{e}_r=\sin\theta\boldsymbol{e}_\varphi d\varphi+\boldsymbol{e}_\theta d\theta$$

两边同时除以 dt 即得式（5.13）中的第一个等式，余下两个等式用同样方法可获得。

利用式（5.13）可得 M 点的速度为

$$\boldsymbol{v}=\frac{d\boldsymbol{r}(t)}{dt}=\dot{r}\boldsymbol{e}_r+r\dot{\theta}\boldsymbol{e}_\theta+r\dot{\varphi}\sin\theta\boldsymbol{e}_\varphi \tag{5.14}$$

即三个球坐标分量分别为 $v_r=\dot{r}$，$v_\theta=r\dot{\theta}$，$v_\varphi=r\dot{\varphi}\sin\theta$。

M 点的加速度在球坐标中的三个分量可由式（5.3）和式（5.13）求得：

$$a_r=\ddot{r}-r\dot{\theta}^2-r\dot{\varphi}^2\sin^2\theta$$

$$a_\theta=r\ddot{\theta}+2\dot{r}\dot{\varphi}\sin\theta-r\dot{\varphi}^2\sin\theta\cos\theta$$

$$a_\varphi=r\ddot{\varphi}\sin\theta+2\dot{r}\dot{\varphi}\sin\theta+2r\dot{\varphi}\dot{\theta}\cos\theta \tag{5.15}$$

可见，对于活动坐标基矢量建立的坐标系，计算速度、加速度的投影时要考虑坐标基矢量变化率的贡献。虽然上述推导过程不难，但略显烦琐。实际上，借助动力学中的动量和广义坐标的概念，将速度和加速度分别视为单位质量的物体具有的动量和受到的力。那么任意曲线坐标系中的速度和加速度都可以参考第 8 章拉格朗日方程推导过程，写出一个通用的表达式。

习题

判断题

5-1　动点在某瞬时的速度若为零，但在该瞬时动点的加速度不一定为零。（　　）

5-2　点做曲线运动时，其加速度大小等于速度大小对时间的一阶导数。（　　）

5-3　动点做曲线运动时，若其速度大小没有变化，则其加速度方向必垂直于速度方向。（　　）

5-4　两个动点的初速度、运动轨迹、法向加速度均相同，则其运动方程必相同。（　　）

5-5　两个动点的初速度、运动轨迹、法向加速度均相同，则其切向加速度可以相同。（　　）

5-6　两个动点的初速度、运动轨迹、法向加速度均相同，则其速度必相同。（　　）

5-7　已知动点轨迹及其速度在某坐标系下的某一分量，则其速度矢量可以完全确定。（　　）

5-8　已知动点轨迹及其速度在某坐标系下的某一分量，则其加速度矢量的这一分量可以完全确定。（　　）

5-9　在极坐标系中，直接对速度分量进行积分，可得到相应方向的位移。（　　）

5-10　在球坐标系中，速度分量直接对时间求一阶导数，可以得到对应的加速度分量。（　　）

简答题

5-11　请解释在什么情况下 $\left|\frac{\mathrm{d}\boldsymbol{r}}{\mathrm{d}t}\right|\neq\frac{\mathrm{d}|\boldsymbol{r}|}{\mathrm{d}t}$，$\left|\frac{\mathrm{d}\boldsymbol{v}}{\mathrm{d}t}\right|\neq\frac{\mathrm{d}|\boldsymbol{v}|}{\mathrm{d}t}$？在什么情况下又相等？各举例说明。

5-12　已知工业机器人执行端完成一次任务的起始位置和初始速度矢量及空间轨迹方程，理论上是否有可能设计出一套满足空间轨迹和初始条件的最快的运动方案？如果有可能，实现起来是否存在弊端？

5-13　若点的运动轨迹是光滑的，则其轨迹的曲率中心形成的轨迹也是光滑的吗？为什么？

计算题

5-14　已知动点的运动方程为 $x=10\sin3t$，$y=12\cos4t$，$z=t^2/2$，求动点的速度、加速度。

5-15　动点做螺旋运动，其运动方程为 $x=5\cos3t$，$y=5\sin3t$，$z=7t$。求动点的切向加速度和法向加速度。

5-16　如题 5-16 图所示为曲线规尺各杆，$OA=AB=200\text{mm}$，$CD=DE=AC=AE=50\text{mm}$。若杆 OA 以等角速度 $\omega=\pi/5\text{rad/s}$ 绕 O 轴转动，并且当运动开始时，杆 OA 水平向右。求尺上点 D 的运动方程和轨迹。

5-17　如题 5-17 图所示，杆 AB 长为 l，绕 B 点按 $\varphi=\omega t$ 的规律转动。与杆连接的滑块按 $s=a+b\sin\omega t$ 的规律沿水平线作简谐振动，其中 a，b，ω 为常数，求 A 点的轨迹。

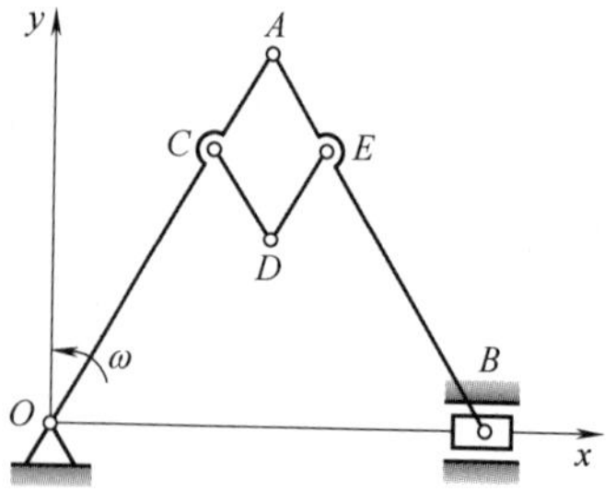

题 5-16 图

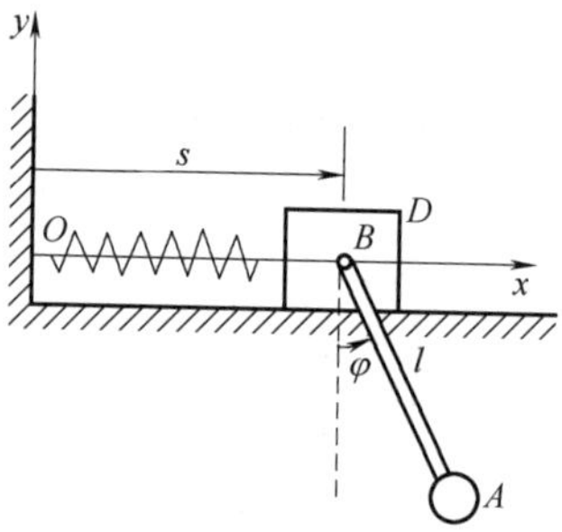

题 5-17 图

5-18　半径为 r 的半圆形凸轮在水平面上以 v_0 匀速滑动，如题 5-18 图所示。求当 $\theta=30°$时，顶杆上升的速度与加速度（杆与凸轮接触点为 M ）。

5-19　如题 5-19 图所示机构中，已知 $OO_1=l$，$\varphi=\omega_0 t$，其中 ω_0 是常数，D 是十字形导槽。求当 $\varphi=60°$时 D 点的速度大小和加速度大小。

5-20　如题 5-20 图所示，半径为 r 的圆轮沿水平直线运动轮上紧靠一长为 $4r$ 的直杆，轮心速度 v_0 为常数。求当 $\varphi=60°$时，A 点的速度和加速度。

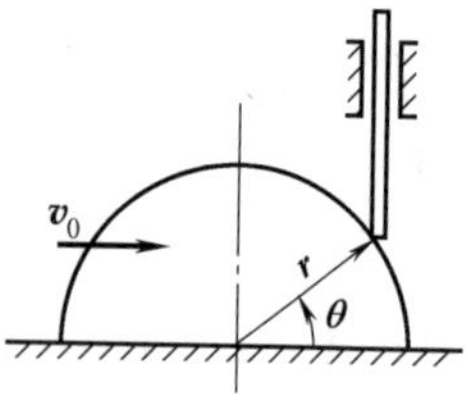

题 5-18 图

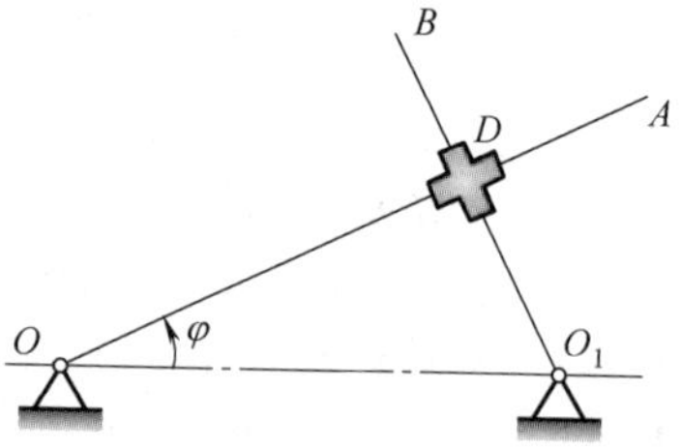

题 5-19 图

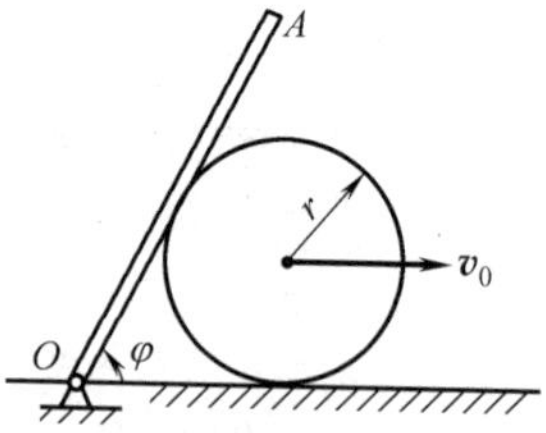

题 5-20 图

5-21　如题 5-21 图所示，已知曲柄 CB 与 CO 的夹角 $\varphi=\omega_0 t$，其中 ω_0 是常数，B 是套筒。求摇杆 OA 转动角与时间的关系。

5-22　如题 5-22 图所示，已知杆 AB 恒与半径为R 的半圆台相切，A 端速度为常量，求杆的角速度与角 θ 的关系。

5-23　如题 5-23 图所示，系杆 OA 带动半径为 $r=100\text{mm}$ 的动齿轮在半径为 $R=200\text{mm}$ 的定齿轮上滚动。系杆转动规律为 $\varphi=4t\,\text{rad}$，$\varphi=0$ 时动齿轮上与定齿轮接触的点为 M。求 M 点的运动方程和速度。

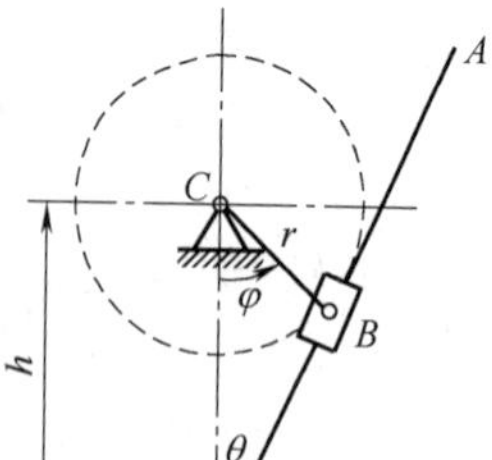

题 5-21 图

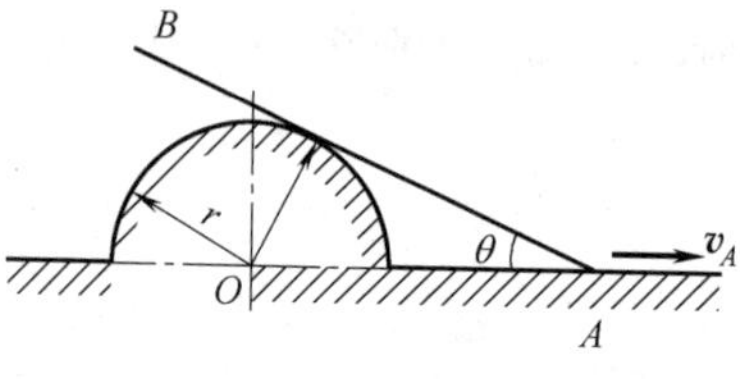

题 5-22 图

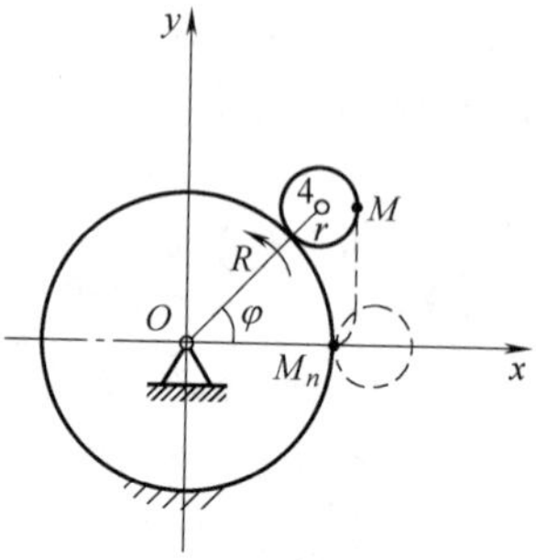

题 5-23 图

5-24　点 M 沿空间曲线运动，如题 5-24 图所示。某瞬时其速度为$\boldsymbol{v}=4\boldsymbol{i}+3\boldsymbol{j}$ (m/s)，加速度为 10m/s^2，其夹角为 30°。求该瞬时点的轨迹在密切面内的曲率半径 ρ 和点 P 的切向加速度 a_t。

5-25　如题 5-25 图所示，一根绷紧的绳子从一静止的圆柱体上解开时，绳子的末端 B 会产生一条曲线，称为圆的渐开线。如果绳子以恒定角速度 ω 展开，则渐开线方程为

$$x=R\cos\omega t+R\omega t\sin\omega t \quad y=R\sin\omega t-R\omega t\cos\omega t$$

其中，R 是圆柱体的半径。求 B 的速度与时间的函数关系，并证明 B 的速度矢量始终垂直于绳子。

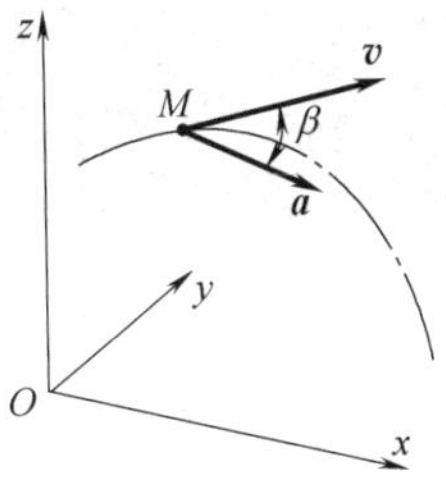

题 5-24 图

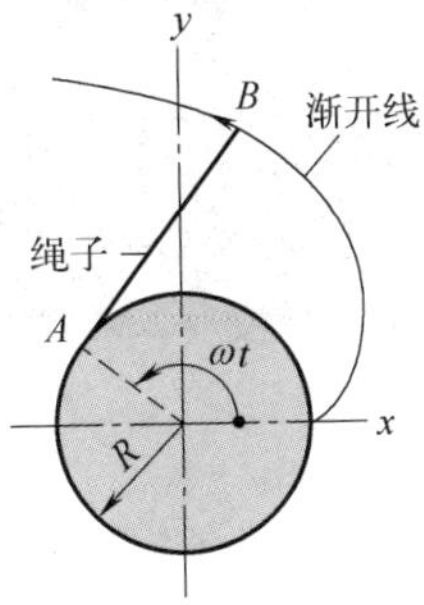

题 5-25 图

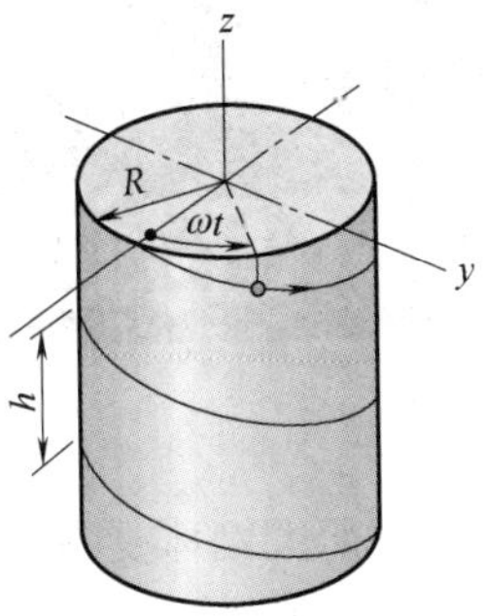

题 5-26 图

5-26　一个质点沿着螺旋线运动，其空间位置分量分别为

$$x=R\cos\omega t \quad y=R\sin\omega t \quad z=-\frac{h}{2\pi}\omega t$$

证明其速度和加速度大小是个常量。

* 5-27　如题 5-27 图所示，狐狸以不变速率 v_1 沿直线 AB 逃跑，猎豹以不变速率 v_2 始终朝着狐狸的方向追去。某时刻猎豹在 D 处，狐狸在 F 处，$FD=L$，且 FB 垂直 FD，设 $v_2>v_1$，请问猎豹追上狐狸还需多长时间？

* 5-28　海船以匀速 v 沿着与地理子午线不变的航向角 α 航行，如题 5-28 图所示。求船的加速度在球坐标 r，λ，φ 各轴上的投影（λ，φ 分别是当地的经度和纬度）、加速度的大小和斜航线的曲率半径。

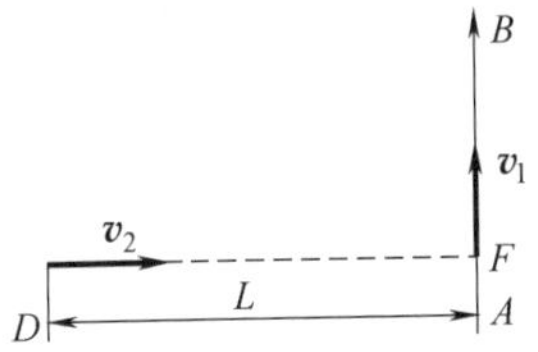

题 5-27 图

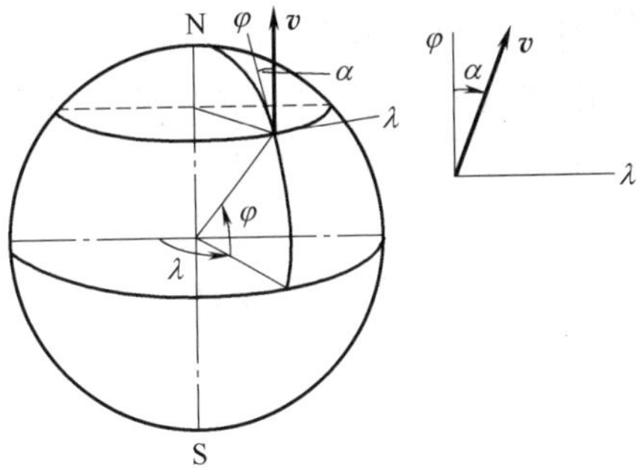

题 5-28 图

拓展题

* 5-29　三位音乐舞蹈演员站在边长为 a 的等边三角形三个顶点上，她们同时出发，始终朝着自己侧前方的演员以速率 v 前进。若忽略身体的碰撞，请问经过足够长时间后，她们能否同时相遇于一点？若能，请给出她们从出发到相遇所需的时间；若不能，请说明理由。

5-30　甲乙两人去郊外游玩，由于路途复杂，打算使用平衡车出行。由于暂时仅有一台平衡车，因此两人约定：一人步行，一人骑车，但骑行一定距离后把车留下，改为步行；后面步行的人走到留车地点骑车前进，当超过前面步行的朋友一段距离（骑行者临时决定）后改为步行，把车留给后面的人，如此反复进行至两人都到达终点。已知起点到终点距离 a km，两人骑行速度均为 b km/h，两人步行速度均为 c km/h（$c<b$），对于两人轮流骑行距离的不同组合方案，甲乙两人均到达终点的时刻不同。求从出发开始，最少需多少小时两人才刚好都到达终点？

第6章

刚体的运动

为了研究刚体受力与运动规律的联系，必须描述刚体的运动。由于刚体不变形，因此有整体旋转和平移特征。利用这一特征，可以对刚体的运动进行分类研究。

本章根据刚体内部两点间距离不变的性质，推导出刚体上任意两点的速度和加速度关系，然后对刚体的运动分类研究，最后用随体坐标系描述刚体的一般运动。

6.1 刚体的运动特征量

6.1.1 角速度矢量

刚体运动最显著特征是其姿态可以随时间变化，例如将球拍抛向空中，球拍在空中会出现复杂的姿态变化，这种变化是刚体的转动。虽然刚体的形状各不相同，但我们总可以将刚体抽象为其内部固结的一条非自旋线段，并用它来描述刚体运动过程中姿态的变化。

如图 6-1 (a)，刚体上任意两点 A、B 位矢之差是一条有向线段 $\boldsymbol{r}_{AB}=\boldsymbol{r}_B-\boldsymbol{r}_A$，因为刚体上任意两点的距离始终不变 $|\boldsymbol{r}_{AB}|=r=$常数。记 $\boldsymbol{r}_{AB}$ 方向的单位矢量为 $\boldsymbol{e}_r$，则

$$r\boldsymbol{e}_r=\boldsymbol{r}_{AB}=\boldsymbol{r}_B-\boldsymbol{r}_A$$

上式两边对时间 t 求一阶导数，得

$$r\frac{\mathrm{d}\boldsymbol{e}_r}{\mathrm{d}t}=\frac{\mathrm{d}\boldsymbol{r}_{AB}}{\mathrm{d}t}=\dot{\boldsymbol{r}}_B-\dot{\boldsymbol{r}}_A=\boldsymbol{v}_B-\boldsymbol{v}_A \tag{6.1}$$

考虑上式左边的导数 $\frac{\mathrm{d}\boldsymbol{e}_r}{\mathrm{d}t}=\lim\limits_{\Delta t\to 0}\frac{\Delta\boldsymbol{e}_r}{\Delta t}$。在图 6-1 (a) 中，线段 AB 经过 Δt 时间后运动到 $A'B'$，将其平移使 A' 与 A 重合，以便得到 $\Delta\boldsymbol{e}_r$。由于 $\boldsymbol{e}_r$ 长度为 1，因此它只在方向上

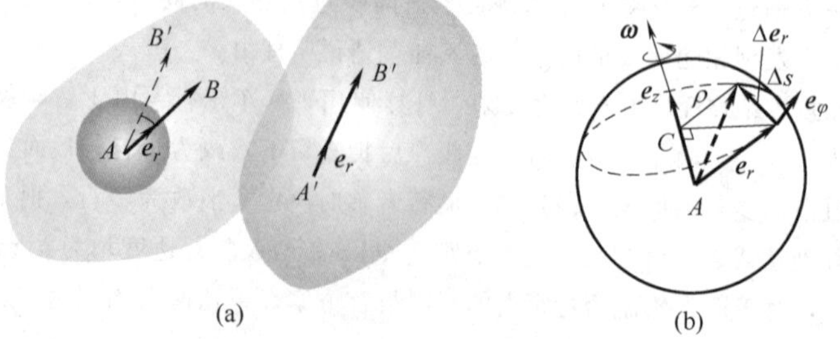

图 6-1

任意变化，这说明 AB 绕 A 点做球面运动，即 $\boldsymbol{e}_r$ 的矢端轨迹是球面的一段弧。

当 Δt 趋于零时，弧长 Δs 趋于 $\Delta \boldsymbol{e}_r$ 的长度。存在一个半径为 ρ 的密切圆，使球面上的这段弧 Δs 落在密切圆上［图 6-1（b），圆心为 C］。弧长对应的圆心角为 $\mathrm{d}\varphi$，弧长 $\mathrm{d}s=\rho\mathrm{d}\varphi$。若记 $\omega=\mathrm{d}\varphi/\mathrm{d}t$，$AC$ 轴上的单位矢量 $\boldsymbol{e}_z$，弧的单位切矢量 $\boldsymbol{e}_\varphi$，由球面几何知识知，AC 必垂直于密切圆所在平面，按右手螺旋法则 $\boldsymbol{e}_z\times\boldsymbol{e}_r=\rho\boldsymbol{e}_\varphi$，则

$$\lim_{\Delta t\to 0}\frac{\Delta \boldsymbol{e}_r}{\Delta t}=\rho\frac{\mathrm{d}\varphi}{\mathrm{d}t}\boldsymbol{e}_\varphi=\omega\boldsymbol{e}_z\times\boldsymbol{e}_r$$

若记 $\boldsymbol{\omega}=\omega\boldsymbol{e}_z$ 任何旋转的单位矢量 $\boldsymbol{e}_r$ 都有

$$\frac{\mathrm{d}\boldsymbol{e}_r}{\mathrm{d}t}=\boldsymbol{\omega}\times\boldsymbol{e}_r \tag{6.2}$$

其中，$\boldsymbol{\omega}$ 称为瞬时角速度矢量，国际单位为 rad/s。注意，不同时刻，角速度矢量大小和方向一般不同。式（6.2）非常重要，它与极柱坐标和球坐标基矢量的时间导数有紧密的联系，第 7 章中的相对导数也与之有关。

6.1.2 刚体上点的速度和加速度

将式（6.2）代入式（6.1），刚体上任意 A，B 两点的速度关系

$$\boldsymbol{v}_B-\boldsymbol{v}_A=\frac{\mathrm{d}\boldsymbol{r}_{AB}}{\mathrm{d}t}=\boldsymbol{\omega}\times\boldsymbol{r}_{AB} \tag{6.3}$$

这说明，刚体上任意两点的速度之差同时垂直于它们的连线和角速度矢量。因此，在任意瞬间，刚体上任意两点之间只能是相对静止或相互旋转。读者也许会问，刚体上任意两点之间旋转的角速度矢量的大小和方向是唯一的吗？答案是肯定的，证明也很容易。

考虑刚体上任意不共线的三个点 A，B，C，沿 AC，BC 方向上的单位向量分别为 $\boldsymbol{e}_{AC}$，$\boldsymbol{e}_{BC}$。假设 $\boldsymbol{e}_{AC}$，$\boldsymbol{e}_{BC}$ 旋转的角速度矢量不同，分别为 $\boldsymbol{\omega}$ 和 $\boldsymbol{\omega}'$。由于 A，B，C 任意两点间距离不变，则夹角也不变，即 AC 和 BC 的夹角的余弦 $\boldsymbol{e}_{AC}\cdot\boldsymbol{e}_{BC}=$**常数**。两边同时求导，利用式（6.2）得

$$(\boldsymbol{\omega}\times\boldsymbol{e}_{AC})\cdot\boldsymbol{e}_{BC}+(\boldsymbol{\omega}'\times\boldsymbol{e}_{BC})\cdot\boldsymbol{e}_{AC}=0$$

应用矢量混合积公式 $(\boldsymbol{a}\times\boldsymbol{b})\cdot\boldsymbol{c}=(\boldsymbol{b}\times\boldsymbol{c})\cdot\boldsymbol{a}=(\boldsymbol{c}\times\boldsymbol{a})\cdot\boldsymbol{b}$，上式整理为

$$(\boldsymbol{e}_{AC}\times\boldsymbol{e}_{BC})\cdot(\boldsymbol{\omega}-\boldsymbol{\omega}')=0$$

由于 AC，BC 不共线，且方向任意，则上式成立只能 $\boldsymbol{\omega}=\boldsymbol{\omega}'$，即刚体的瞬时角速度矢量唯一。因此刚体的角速度 $\boldsymbol{\omega}$ 是刚体运动的第一不变量。将式（6.3）两边同时点乘 $\boldsymbol{\omega}$，得到 $\boldsymbol{v}_B\cdot\boldsymbol{\omega}=\boldsymbol{v}_A\cdot\boldsymbol{\omega}$，称为刚体运动的第二不变量。

通常将式（6.3）写成

$$\boldsymbol{v}_B=\boldsymbol{v}_A+\boldsymbol{v}_{B|A} \tag{6.4}$$

其中，A 点称为**基点**，$\boldsymbol{v}_{B|A}=\boldsymbol{v}_B-\boldsymbol{v}_A=\boldsymbol{\omega}\times\boldsymbol{r}_{AB}$ 表示 B 点绕基点 A 点旋转的速度。这表明，刚体上任意点的速度等于任意基点的速度与绕基点沿 ω 方向旋转速度的矢量和。式（6.4）是刚性运动的一般结果，因此刚体上的任何点都可以取为基点。

将式（6.4）两边同时点乘 $\boldsymbol{r}_{AB}$，得到恒等式 $\boldsymbol{v}_A\cdot\boldsymbol{r}_{AB}=\boldsymbol{v}_B\cdot\boldsymbol{r}_{AB}$。

速度投影定理：刚体上任意两点在其连线方向上的投影相等。

这一定理的本质是刚体上的任意两点之间在连线方向的距离不变。例如，刚体上的两

点 A，B，必有 $\boldsymbol{r}_{AB}\cdot\boldsymbol{r}_{AB}=r^2$（常数）。现在对其两边同时求导，得 $2\boldsymbol{r}_{AB}\cdot(\boldsymbol{v}_A-\boldsymbol{v}_B)=0$，即$\boldsymbol{v}_A\cdot\boldsymbol{r}_{AB}=\boldsymbol{v}_B\cdot\boldsymbol{r}_{AB}$。这表明，如果速度在连线方向投影不等，下一时刻连线距离必然发生变化，则刚体变形，这与刚体定义相矛盾。

若对速度关系式（6.4）两边同时求导，可得加速度关系

$$\boldsymbol{a}_B=\boldsymbol{a}_A+\frac{\mathrm{d}\boldsymbol{\omega}}{\mathrm{d}t}\times\boldsymbol{r}_{AB}+\boldsymbol{\omega}\times\frac{\mathrm{d}\boldsymbol{r}_{AB}}{\mathrm{d}t}$$

定义 $\boldsymbol{\alpha}=\mathrm{d}\boldsymbol{\omega}/\mathrm{d}t$ 为角加速度矢量，方向为 $\boldsymbol{\omega}$ 的矢端轨迹切线方向，国际单位是 $\mathrm{rad/s^2}$。再将式（6.3）代入上式，得

$$\boldsymbol{a}_B=\boldsymbol{a}_A+\boldsymbol{\alpha}\times\boldsymbol{r}_{AB}+\boldsymbol{\omega}\times(\boldsymbol{\omega}\times\boldsymbol{r}_{AB}) \tag{6.5}$$

这是刚体任意两点间的加速度公式。其中 $\boldsymbol{a}_1=\boldsymbol{\alpha}\times\boldsymbol{r}_{AB}$ 称为**转动加速度**，其方向垂直于 AB 但不一定垂直于轴（因为 $\boldsymbol{\omega}$ 和 $\boldsymbol{\alpha}$ 的方向不一定重合），$\boldsymbol{a}_2=\boldsymbol{\omega}\times(\boldsymbol{\omega}\times\boldsymbol{r}_{AB})$ 称为**向轴加速度**，其方向垂直于 $\boldsymbol{\omega}$。

6.2 刚体的简单运动

6.2.1 刚体的平移运动

若 $\omega=0$，$\alpha=0$，由式（6.4）和式（6.5）可知，此时$\boldsymbol{v}_A=\boldsymbol{v}_B$，$\boldsymbol{a}_B=\boldsymbol{a}_A$，即平移刚体上各点速度相同、加速度相同。唯一不同的是各点的起始位置，因此它们的轨迹相互平行，这种运动称为**刚体的平移**，可以抽象为一个点的运动。此运动的最大特征是刚体姿态朝向不变。例如，图 6-2（a）所示摩天轮中吊仓的运动，可以建模为图 6-2（b）所示平行四边形机构的连杆 AB，类似的还有图 6-2（c）所示可升降平台 A 的运动。

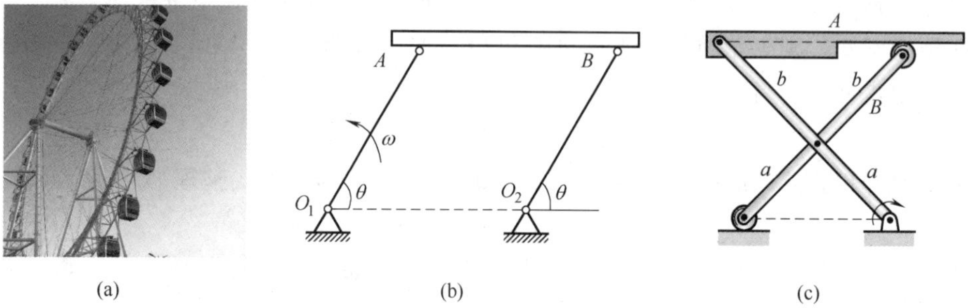

图 6-2

平行四边形机构对边始终平行，因此其特点是：对边的角速度相等。如图 6-3 所示，托盘天平通过平行四边形机构的巧妙设计，可以保证称重时物体始终正立在托盘上，而且不会因为物体偏离托盘中心而影响称量结果。

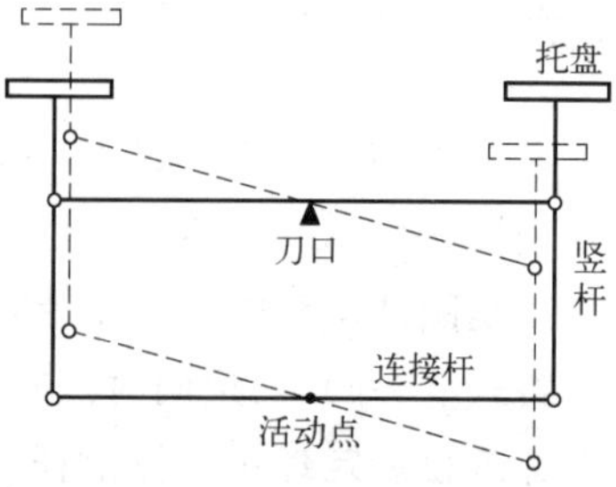

图 6-3

思考：某瞬时，运动的刚体上有 A，B 两点满足 $\boldsymbol{v}_A=\boldsymbol{v}_B$，$\boldsymbol{a}_B=\boldsymbol{a}_A$，刚体一定平移吗？

若 $\omega=0$，$\alpha\neq0$，这说明刚体瞬时不转动，但下一时

刻会转动，因此称为刚体的**瞬时平移**。将条件代入式（6.4）和式（6.5）可知，$\boldsymbol{v}_A=\boldsymbol{v}_B$，$\boldsymbol{a}_B=\boldsymbol{a}_A+\boldsymbol{\alpha}\times\boldsymbol{r}_{AB}$，这说明瞬时平移的刚体内所有点的速度都一样，但加速度不同。将加速度关系式两边点乘 $\boldsymbol{r}_{AB}$，得 $\boldsymbol{a}_B\cdot\boldsymbol{r}_{AB}=\boldsymbol{a}_A\cdot\boldsymbol{r}_{AB}$，因此有：

加速度投影定理：平移或瞬时平移的刚体上任意两点的加速度在两点连线方向上的投影相等。

加速度投影定理的本质是平移或瞬时平移刚体的角速度为零。证明：如果其上两点的加速度在连线方向上的投影不相等，其差值将提供向心加速度，说明刚体存在非零角速度，矛盾。

刚体平移和瞬时平移的特点对比如表 6-1。

表 6-1 刚体的平移与瞬时平移运动特点的比较

运动类型	各点轨迹	速度	加速度	角速度	角加速度	加速度投影
平移	平行	相同	相同	$\omega=0$	$\alpha=0$	刚体上任意两点的加速度在两点连线上的投影相等
瞬时平移	不平行	相同	不同	$\omega=0$	$\alpha\neq0$	

6.2.2 刚体绕定轴转动

在 $\omega\neq0$ 的情况下，若 $v_A=0$，$a_A=0$，$v_B=0$，$a_B=0$，由式（6.4）和式（6.5）可知，此时 $\boldsymbol{\alpha}/\!/\boldsymbol{\omega}/\!/\boldsymbol{r}_{AB}$，且 AB 所在直线上的点都固定（图 6-4）。取 AB 上任意一点 O 为基点，指向刚体上的其他任意点的位矢为 $\boldsymbol{r}$［图 6-5（a）］，刚体上任意点的速度和加速度为

$$\boldsymbol{v}=\boldsymbol{\omega}\times\boldsymbol{r},\quad \boldsymbol{a}=\boldsymbol{\alpha}\times\boldsymbol{r}+\boldsymbol{\omega}\times\boldsymbol{v}$$

可见，刚体上的点都绕着固定轴 AB 旋转，其速度大小与到轴的垂直距离成正比，方向垂直于轴，这种运动称为**刚体绕定轴转动**。它在生活中很常见，其本质特征是，在固定轴垂直的平面内，所有的点都以相同角速度绕固定轴与该平面交点做圆周运动［图 6-5（a）］。加速度如图 6-5（b）所示，由于 $\boldsymbol{\alpha}/\!/\boldsymbol{\omega}$，$\boldsymbol{a}_t=\boldsymbol{\alpha}\times\boldsymbol{r}$ 与轨迹圆相切，所以称为**切向加速度**，而 $\boldsymbol{a}_n=\boldsymbol{\omega}\times\boldsymbol{v}$ 垂直于点的轨迹，并指向中心 O'，因此称为**法向加速度**。

注意：A，B 点不一定必须在刚体上，也可以是刚体扩大部分上的一点。

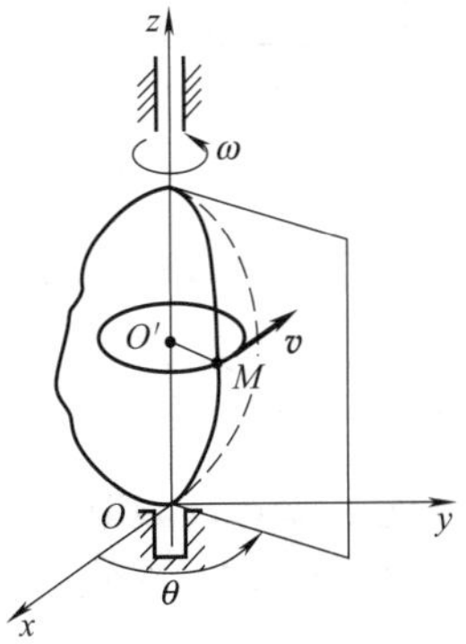

图 6-4

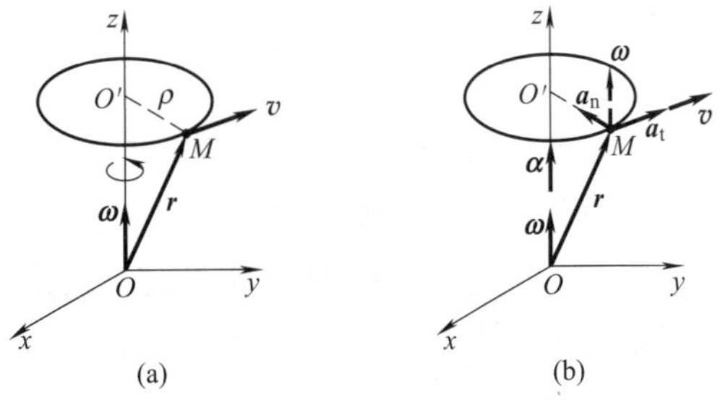

图 6-5

（1）定轴转动平面上的速度和加速度分布

在垂直于轴的平面内，绕定轴转动的平面图形上，各点速度分布和加速度分布比较简单。如图 6-6 所示，平面中所有点的速度都与转动轴垂直，转动半径 $\rho=R$，速度大小

$v=\dot{s}=R\dot{\varphi}=R\omega$，即与到转动轴的距离 R 成正比。而图 6-7 所示半径为 R 的平面圆绕 O 轴以角速度 ω，角加速度 α 转动，则 M 点的切向加速度 $\boldsymbol{a}_{\mathrm{t}}$、法向加速度 $\boldsymbol{a}_{\mathrm{n}}$ 和全加速度 $\boldsymbol{a}$ 的大小为

$$a_{\mathrm{t}}=\frac{\mathrm{d}v}{\mathrm{d}t}=\ddot{s}=R\alpha,\ a_{\mathrm{n}}=\frac{v^2}{\rho}=\frac{1}{R}(R\omega)^2=R\omega^2,$$

$$\Rightarrow a=\sqrt{a_{\mathrm{t}}^2+a_{\mathrm{n}}^2}=R\sqrt{\alpha^2+\omega^4}$$

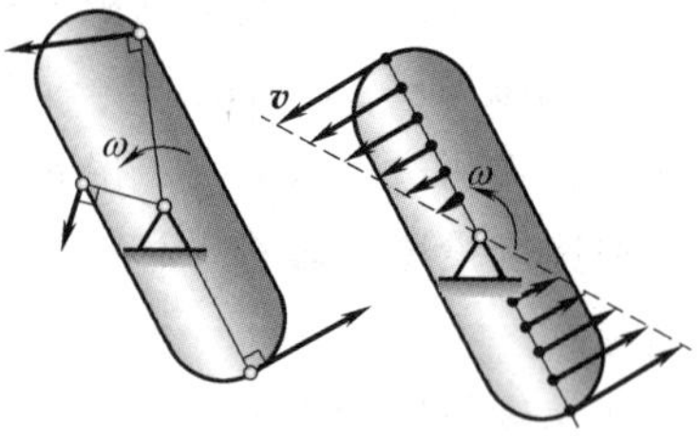

图 6-6

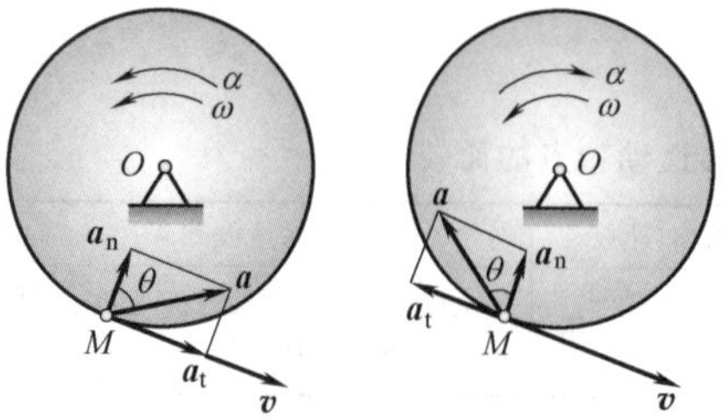

图 6-7

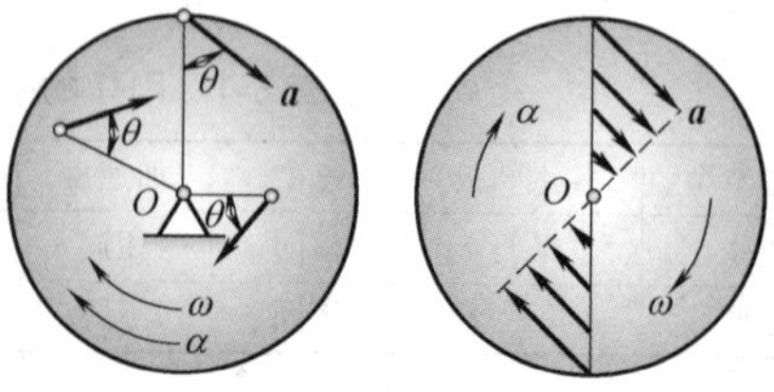

图 6-8

可见，加速度的大小 a 与到转动轴的距离 R 成正比，各点的加速度 $\boldsymbol{a}$ 与转轴到该点连线 OM 夹角为同一值，$\theta=\arctan\dfrac{\alpha}{\omega^2}$。因此，过转动中心的直线上所有的点的速度（图 6-7）和加速度（图 6-8）都是线性规律分布的，并且各自相互平行。

［例 6-1］　两条细直杆以三种不同方式将同一矩形板用铰链固定在 A，B 两点，如图 6-9 所示。图示瞬时，杆 AC 的角速度均为 ω，图 6-9（a）、（b）中，$AC=BD=l$；图 6-9（c）中，$BD=1.5AC=1.5l$。求图示瞬时三种情况下 D 点的速度和杆 BD 的角速度。

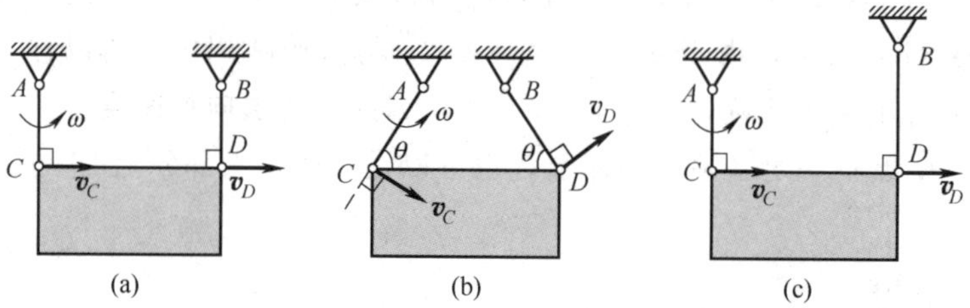

图 6-9

解：图 6-9（a）中，$AC=BD$ 且 $AC/\!/BD$，即 $ABCD$ 为平行四边形。由速度投影定理可知 $\boldsymbol{v}_C=\boldsymbol{v}_D$ 恒成立，因此杆 BD 的角速度总等于杆 AC 的角速度，则 $\boldsymbol{a}_C=\boldsymbol{a}_D$。可知矩形板做平移运动。图示瞬时 $v_C=v_D=v_O=\omega l$，方向都是水平向右。

图 6-9（b）中，C 和 D 都做定轴转动。由速度投影定理可知，D 点速度方向只能垂直于 BD 向右上方，且 $v_C\sin\theta=v_D\sin\theta$，所以 $v_C=v_D$，但方向不同，所以矩形不做平移运动。杆 BD 的角速度大小为 $\omega_{BD}=\dfrac{v_D}{BD}=\dfrac{v_C}{l}=\omega$，逆时针方向。

图 6-9（c）中，由速度投影定理可知 $v_C=v_D$，方向相同。杆 BD 角速度为 $\omega_{BD}=\dfrac{v_D}{BD}=\dfrac{2v_C}{3l}=\dfrac{2}{3}\omega$，逆时针方向。计算出 C，D 两点的加速度不同，故矩形板做瞬时平移运动。

［例 6-2］ 如图 6-10（a）、（b）所示机构中，$O_1A=O_2B=l$，图示瞬时 $O_1A /\!/ O_2B$。问 ω_1 和 ω_2，α_1 和 α_2 是否相等？

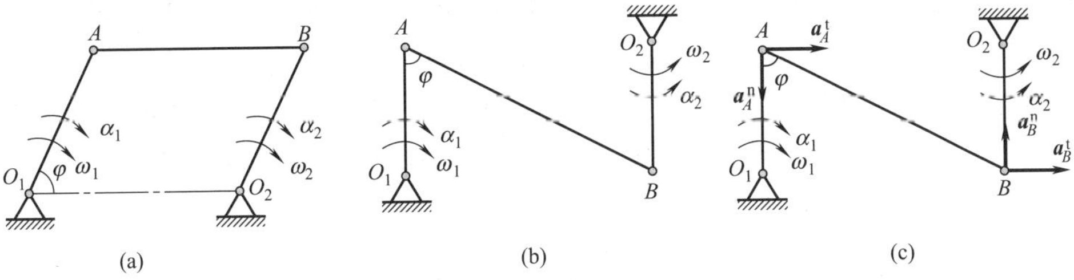

图 6-10

解： 对于图 6-10（a）情形。由速度投影定理可知，A，B 两点的速度方向和大小必须相同。由于杆 O_1A 和 O_2B 的转动方向相同，因此 $\boldsymbol{v}_A=\boldsymbol{v}_B$ 恒成立，再由定轴转动公式可知，$\omega_1=\omega_2$ 恒成立，两边同时对时间求导，得 $\alpha_1=\alpha_2$。

对于图 6-10（b）情形。由速度投影定理可知，A，B 两点速度方向和大小必须相同，由于 $O_1A=O_2B$，则 $\omega_1=\omega_2$。但是杆 O_1A 和杆 O_2B 的转动方向相反，下一时刻 A，B 两点速度方向不同，因此杆 AB 做瞬时平移［图 6-10（c）］。由加速度投影定理

$$\alpha_1 O_1A\sin\varphi+\omega_1^2 O_1A\cos\varphi=\alpha_2 O_2B\sin\varphi-\omega_2^2 O_2B\cos\varphi$$

得 $\alpha_2=\alpha_1+2\omega_1^2\cot\varphi$，因此 $\alpha_1\neq\alpha_2$。

（2）轮系传动关系

工程领域中的定轴转动主要应用在齿轮和胶带（或链条）传动中。如果齿轮之间不存在相对滑动，则啮合点瞬时速度相同。如图 6-11（a）所示，一对圆柱齿轮啮合点处，有 $\boldsymbol{v}_A=\boldsymbol{v}_B$。当相互啮合的齿轮齿厚和齿间距相同时，因为齿数 z 与半径成正比，故齿数之比与角速度、角加速度的大小成反比。

无级变速器、传送带等链条或带传动也与齿轮传动类似，只要轮与带/链之间没有相对滑动，则接触点的瞬时速度相等，如图 6-11（b）所示胶带（或链条）传动中，$\boldsymbol{v}'_A=\boldsymbol{v}_A$，$\boldsymbol{v}_B=\boldsymbol{v}'_B$。如果带/链被拉紧并且不变形，则带/链上所有点的速度大小都相等。

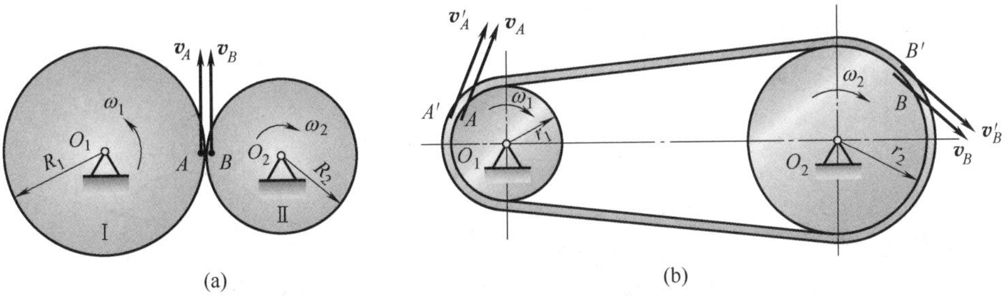

图 6-11

综上，如果规定角速度和角加速度以逆时针方向为正，则有啮合传动关系

$$\frac{\omega_1}{\omega_2}=\pm\frac{R_2}{R_1}=\pm\frac{z_2}{z_1}=\pm\frac{\alpha_1}{\alpha_2} \tag{6.6}$$

其中负号表示角速度方向相反，即外啮合或带/链交叉情形。

注意：① 角速度和角加速度都按逆时针为正时，才有符号的区别，如果都按实际转

动方向为正，则上式不能有负号。

② 啮合条件中的速度相等只是瞬时相等，因为下一时刻速度方向将改变，所以啮合点仅切向加速度相等。因此，对于齿轮之间的内或外啮合，啮合点 A，B 满足

$$\boldsymbol{v}_A=\boldsymbol{v}_B,\ \boldsymbol{a}_A^{\mathrm{t}}=\boldsymbol{a}_B^{\mathrm{t}}$$

对于皮带轮或链轮，则从动轮和主动轮的轮缘上的点的速度大小和切向加速度大小相等。

以上结论不仅对圆柱齿轮成立，对于与传动轴成任意角度的圆锥齿轮传动、摩擦轮传动等都成立。

6.3 刚体的平面运动

如果刚体或其扩大部分上有一点速度为零（$v_A=0$），代入式（6.4），已知过该点且与刚体角速度平行的直线上所有点的速度都为零，并且其他所有点的速度都垂直于该轴，因此将这条直线称为**瞬时转动轴**，简称**瞬轴**。刚体此时的运动称为瞬时定轴转动，简称**瞬时转动**。

瞬轴位置是唯一确定的，可以通过反证法来证明。假设刚体有多个瞬轴，由于刚体的角速度矢量是唯一的，所以瞬轴只能平行或重合。如果它们平行，则刚体上各点的速度同时与至少两根轴垂直，则速度为零，刚体静止。因此，瞬轴只能是重合的。

虽然瞬轴上所有点的速度为零，但瞬轴上各点加速度未知，因此瞬轴所在位置、方向可能随时间变化。

绕定轴转动是其中一个典型特例，另一个特例是刚体上各点与垂直于瞬轴的某个固定平面保持距离不变，称为**刚体的平面运动**。例如，在图 6-12 中，四连杆机构中的杆 AB、行星齿轮是平面运动的典型例子。

6.3.1 求平面图形内各点速度的基点法

刚体做平面运动时，由式（6.4）得到速度关系如下，称为**基点法**。

$$\boldsymbol{v}_B=\boldsymbol{v}_A+\boldsymbol{v}_{B|A}$$

如果 A，B 两点都在与固定平面平行的平面内，则 AB 连线垂直于角速度，$v_{B|A}=\omega\cdot AB$，方向与 AB 连线垂直，如图 6-13 所示。

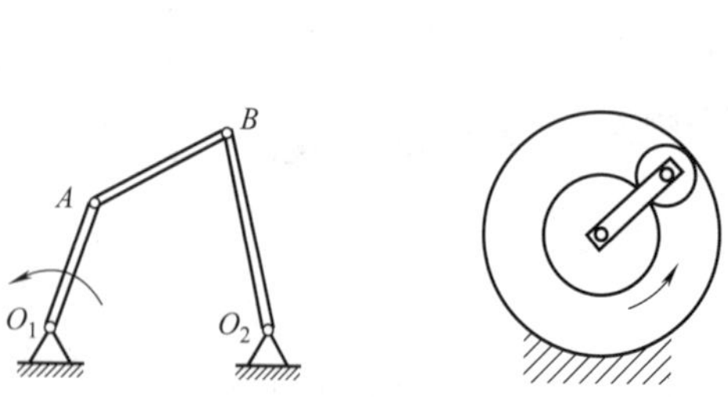

图 6-12

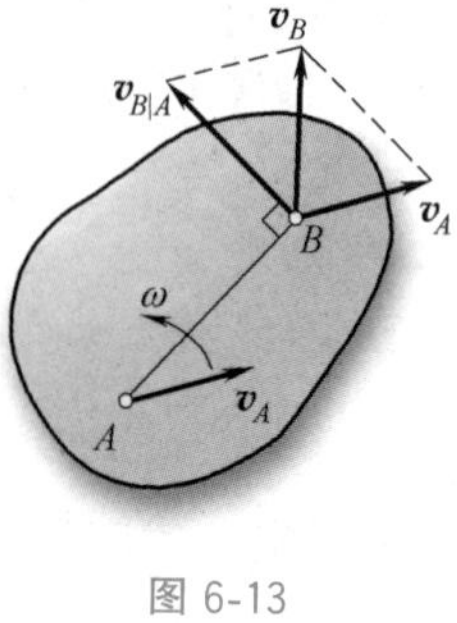

图 6-13

将上式沿 AB 连线方向投影，即得速度投影定理，而沿垂直于 AB 连线方向作投影，有 $v_{B\perp}=v_{A\perp}+v_{B|A}$，这表明在垂直于两点连线上的速度分量差值，恰好就等于两点相对旋转的速度大小。当已知两个点的速度信息（大小和方向）时，这可以用来求刚体角速

度。当角速度已知时，则可以列两个任意不同方向的投影方程，最多求解出两个未知量。

［例 6-3］ 平板直角台阶上斜靠有直杆 AD，杆 A 端在地面上水平向右滑动，如图 6-14 所示。某瞬时，杆与地面夹角为 θ，杆 A 端速度大小为 v_A，求此瞬时杆与台阶接触点 B 的速度和杆 AD 的角速度。

解：图 6 14 所示位置时，B 点不脱离墙壁，其瞬时速度必沿 AB 方向。A、B 两点在同一刚体上，由速度投影定理可直接得到 $v_B=v_A\cos\theta$。因为点 A 的运动信息已知，故以 A 为基点，求 B 的速度

$$\boldsymbol{v}_B=\boldsymbol{v}_A+\boldsymbol{v}_{B|A}$$

其中，$v_{B|A}=AB\cdot\omega_{AD}=\omega_{AD}/\sin\theta$。将上式向垂直于 AB 的方向投影，解得 $v_{B|A}=v_A\sin\theta$，因此 $\omega_{AD}=v_A\sin^2\theta$。

思考：图示瞬间，D 点速度方向、B 点加速度方向都沿 AD 方向吗？

［例 6-4］ 如图 6-15 所示的行星轮系中，半径为 r_1 大齿轮Ⅰ固定，半径为 r_2 的行星齿Ⅱ沿轮Ⅰ只滚不滑，系杆 OA 角速度为 ω_O。求：齿Ⅱ的角速度 $\omega_{\text{Ⅱ}}$ 及其上 B，C 两点的速度。

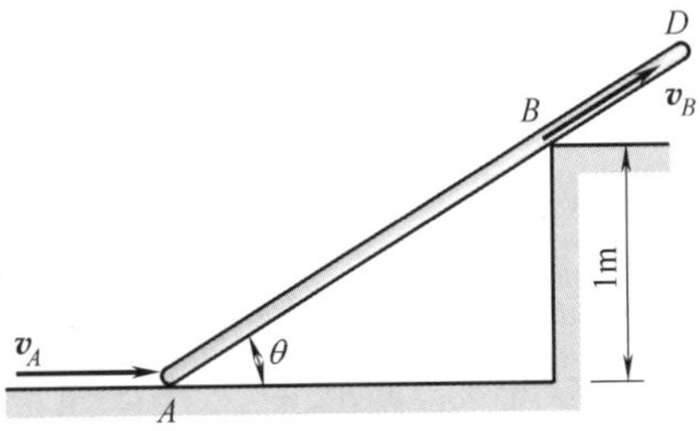

图 6-14

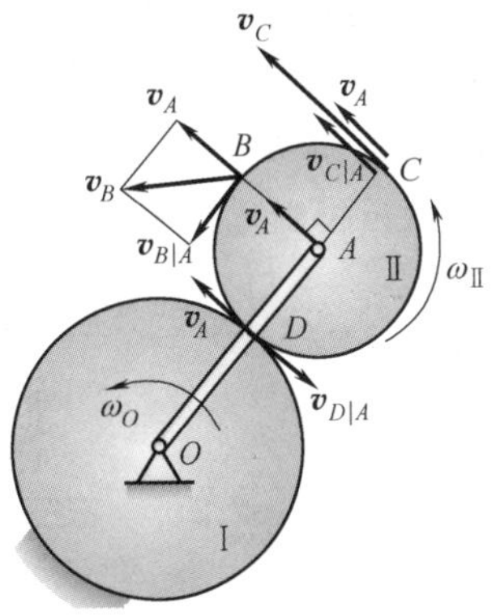

图 6-15

解：轮Ⅱ作平面运动，杆 OA 绕垂直纸面的 O 轴作定轴转动，点 A 速度可确定，故取轮心 A 为基点。由于齿轮间只滚不滑，则齿轮Ⅱ上接触点 D 点的速度与固定齿轮上接触点的速度一样，都静止，即

$$\boldsymbol{v}_D=\boldsymbol{v}_A+\boldsymbol{v}_{D|A}=\mathbf{0}$$

该矢量式中各矢量平行，有 $v_{D|A}=v_A=\omega_O(r_1+r_2)$，于是行星齿轮Ⅱ的角速度

$$\omega_{\text{Ⅱ}}=\frac{v_{D|A}}{DA}=\frac{v_A}{r_2}=\omega_O\left(1+\frac{r_1}{r_2}\right)$$

仍以 A 为基点，有

$$\boldsymbol{v}_B=\boldsymbol{v}_A+\boldsymbol{v}_{B|A}$$

其中，$v_A=\omega_O(r_1+r_2)$，$v_{B|A}=\omega_{\text{Ⅱ}}r_2$。由图中几何关系

$$v_B=\sqrt{v_A^2+v_{B|A}^2}=\sqrt{2}\,\omega_O(r_1+r_2)$$

同理，有 $\boldsymbol{v}_C=\boldsymbol{v}_A+\boldsymbol{v}_{C|A}$，则 $v_C=v_A+v_{C|A}=2\omega_O(r_1+r_2)$。

6.3.2 求平面图形内各点速度的瞬心法

刚体的平面运动是瞬时转动的特例，瞬轴的唯一性决定了瞬轴与平面运动图形的交点

是唯一瞬时速度为零的点，称为平面图形的速度瞬时中心，简称**速度瞬心**。工程中常用“瞬心”来指代速度瞬心。

以速度瞬心 P 为基点，刚体上任意一点速度可表示为 $\boldsymbol{v}_A=\boldsymbol{\omega}\times\boldsymbol{r}_{PA}$，其中 $\boldsymbol{\omega}$ 是刚体的角速度，$\boldsymbol{r}_{PA}$ 是 A 点相对于速度瞬心 P 的位矢。由于瞬轴与平面图形垂直，$\boldsymbol{\omega}\perp\boldsymbol{r}_{PA}$，所以 $v_A=\omega r_{PA}$。可见，刚体的平面运动可视为每时每刻绕不同的瞬心的转动。正是瞬心位置的不断变化，才导致刚体的整体移动。

圆轮在地面只滚不滑，称为**纯滚动**。由于圆轮与静止的地面无相对滑动，因此圆轮上与地面接触的点 C 的瞬时速度与静止地面的速度相同，为零，因此是轮的瞬心。则圆轮上任意点的速度与到瞬心 C 连线垂直，如图 6-16 所示。对于一般平面运动的刚体，其瞬心的位置不容易看出，但可以用下面的方法来确定一个刚体的瞬心位置。

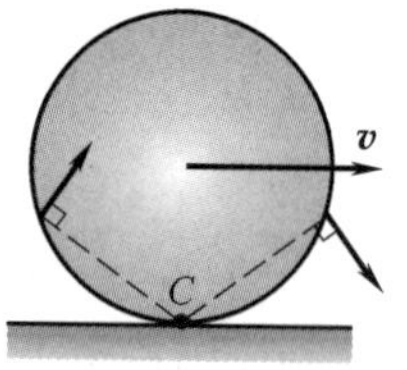

图 6-16

找到刚体上的两个点的速度方向并作垂线，两垂线交点就是该刚体的瞬心，如图 6-17（a）所示。在确定瞬心位置时，有两类特殊情况要注意：

① 速度平行，方向相同或相反。

瞬心在两点连线或延长线上，各点速度到该点距离成正比，如图 6-17（b）所示。

② 速度大小和方向都相等。

此时交点（瞬心）在无穷远处，刚体可能在做平移或瞬时平移，如图 6-17（c）所示。

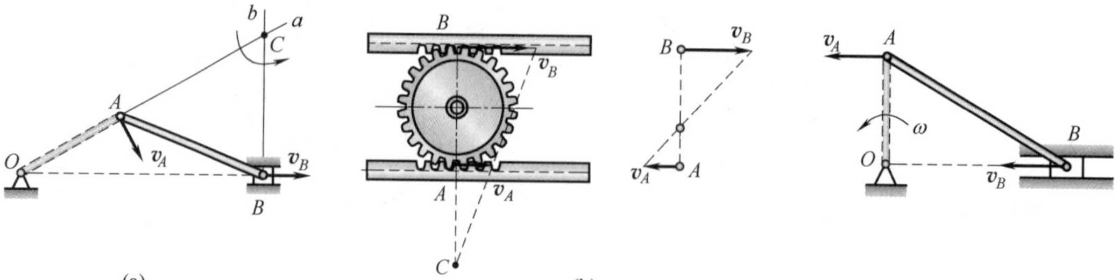

(a) (b) (c)

图 6-17

注意：① 圆轮只滚不滑时，仅当接触面固定，圆轮的接触点才是速度瞬心。

② 每个做平面运动的刚体在每一瞬时都有自己的速度瞬心和角速度，瞬心是在刚体或其扩大部分上，不能认为瞬心是在其他刚体上。

［例 6-5］ 曲柄连杆机构如图 6-18 所示，$OA=r$，$AB=\sqrt{3}r$，曲柄 OA 以匀角速度 ω 转动。求当 $\varphi=0°$，$60°$，$90°$时，点 B 的速度和杆 AB 的角速度。

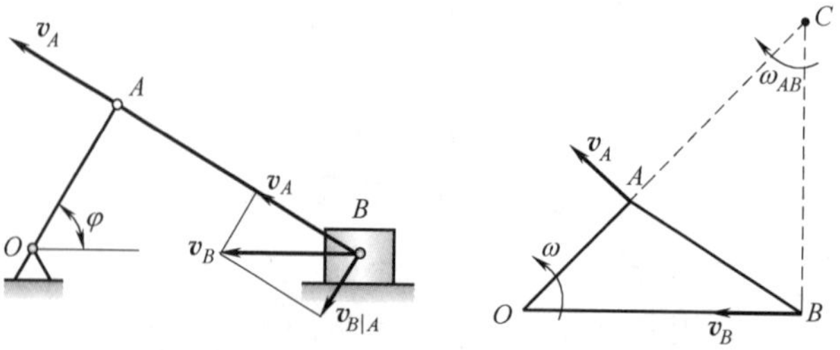

图 6-18

解：本题可以用基点法、瞬心法和解析法求解，这里给出后两种方法的解答。

① 瞬心法。

显然杆上 A，B 两点的速度方向已知，作速度垂线，交点为杆 AB 的瞬心 C。

当 $\varphi=0°$时，瞬心与 B 点重合。可知

$$\omega_{AB}=\frac{v_A}{AC}=\frac{\omega r}{AB}=\frac{\sqrt{3}}{3}\omega$$

因为 B 点到瞬心距离为零，AB 杆角速度为有限大小，所以 $v_B=0$。

当 $\varphi=60°$时，$AC=3r$，所以 $\omega_{AB}=v_A/AC=\omega/3$，$v_B=\omega_{AB}BC=2\sqrt{3}\omega r/3$。

当 $\varphi=90°$时，瞬心在无穷远处，此时杆 AB 在做瞬时平移，故 $\omega_{AB}=0$，$v_B=v_A=\omega r$。

② 解析法。

以水平向右为 x 轴正方向，记杆 AB 与水平向左方向的夹角为θ，则点 B 的横坐标可表示为

$$x_B=OA\cos\varphi+AB\cos\theta=r\cos\varphi+\sqrt{3}r\cos\theta$$

由三角形 OAB 中的正弦定理

$$\frac{AB}{\sin\varphi}=\frac{OA}{\sin\theta}\quad\Rightarrow\quad\cos\theta=\sqrt{1-\frac{1}{3}\sin^2\varphi},\ \dot{\theta}=\frac{\sqrt{3}\cos\varphi}{\sqrt{2+\cos^2\varphi}}\dot{\varphi}$$

代入点 B 的横坐标中，得

$$x_B=r\cos\varphi+r\sqrt{2+\cos^2\varphi}$$

两边同时对上式关于时间 t 求导，得

$$v_B=\dot{x}_B=-r\dot{\varphi}\left(\sin\varphi+\frac{\sin\varphi\cos\varphi}{\sqrt{2+\cos^2\varphi}}\right)$$

由于杆 AB 的转动方向就是θ 增大的方向，而 $\dot{\varphi}=\omega$，所以

$$\omega_{AB}=\dot{\theta}=\frac{\cos\varphi}{\sqrt{2+\cos^2\varphi}}\omega$$

当 $\varphi=0°$，$60°$，$90°$时，则 $v_B=0$，$-2\sqrt{3}\omega r/3$，$-\omega r$（负号表示方向向左），$\omega_{AB}=\dot{\theta}=\sqrt{3}\omega/3$，$\omega/3$，0。

思考：为什么上面 ω_{AB} 求出来是正的，B 点的速度求出却是负的？

6.3.3 用基点法求平面内各点的加速度

刚体做平面运动时，由于各点速度都与角速度垂直，加速度关系式（6.5）退化为

$$\boldsymbol{a}_B=\boldsymbol{a}_A+\boldsymbol{a}_{B|A}=\boldsymbol{a}_A+\boldsymbol{a}^{\mathrm{n}}_{B|A}+\boldsymbol{a}^{\mathrm{t}}_{B|A}$$

其中，$a^{\mathrm{n}}_{B|A}=\omega^2\cdot AB=\omega v_{B|A}$，方向由 B 指向 A，$a^{\mathrm{t}}_{B|A}=\alpha\cdot AB$，方向垂直于 AB（图 6-19）。

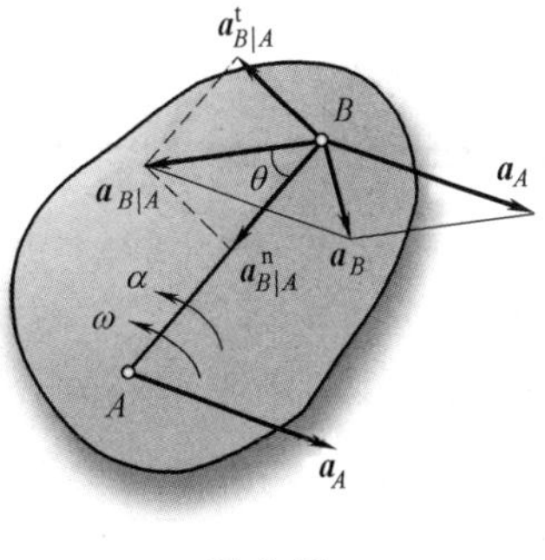

图 6-19

将上式向 AB 连线方向作投影，有 $a_{B\parallel}=a_{A\parallel}+a^{\mathrm{n}}_{B|A}$，即加速度在两点连线方向上的投影之差，恰好是两点相对旋转的法向加速度大小。同理，将投影方向改为垂直 AB 方向，则 $a_{B\perp}=a_{A\perp}+a^{\mathrm{t}}_{B|A}$，即在垂直于连线方向上，两点加速度分量之差，恰好是相对旋转的切向加

速度大小。

速度关系式中，主要是求解速度和角速度，可以使用基点法、瞬心法或解析法；而在加速度关系式中，主要是求加速度和角加速度。由于加速度瞬心不易确定，通常使用基点法或解析法。在使用解析法时，只有当位置或几何关系式在任何时刻都成立，两边才能同时对时间求导。

［例 6-6］ 如图 6-20（a）所示，半径为 R 的车轮沿水平地面沿直线做无相对滑动的纯滚动。某瞬时，轮心 O 速度为 $\boldsymbol{v}_O$，加速度为 $\boldsymbol{a}_O$，M 为轮缘上一点，OM 与 $\boldsymbol{v}_O$ 的夹角为 135°。求图示瞬时点 M 和瞬心 C 的加速度。

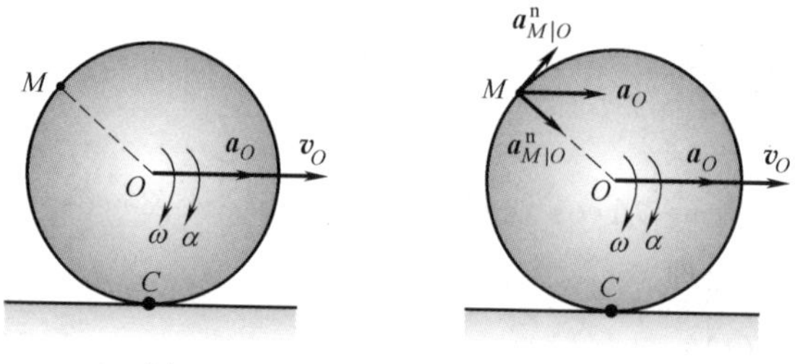

图 6-20

解： ① 圆轮做平面运动，轮心 O 的运动已知，选 O 为基点［图 6-20（b）］，则轮缘上任一点 M 的加速度为

$$\boldsymbol{a}_M=\boldsymbol{a}_O+\boldsymbol{a}^{\mathrm{t}}_{M|O}+\boldsymbol{a}^{\mathrm{n}}_{M|O}$$

其中，$a^{\mathrm{t}}_{M|O}=\alpha R$，$a^{\mathrm{n}}_{M|O}=\omega^2 R$。$\boldsymbol{a}_M$ 的大小及方向均未知，故必须求出 $\boldsymbol{a}^{\mathrm{t}}_{M|O}$ 和 $\boldsymbol{a}^{\mathrm{n}}_{M|O}$，因此要先求出圆轮的 ω，α，从而获得 $\boldsymbol{a}^{\mathrm{t}}_{M|O}$ 和 $\boldsymbol{a}^{\mathrm{n}}_{M|O}$ 的大小。

圆轮做纯滚动，则其瞬心是轮上与地面接触的点 C，即 $v_O=\omega R$，或 $\omega=v_O/R$，任意时刻此式都成立，于是可以将该式两边对时间 t 求导，注意到点 O 速度方向也不变，有

$$\alpha=\frac{\mathrm{d}\omega}{\mathrm{d}t}=\frac{1}{R}\frac{\mathrm{d}v_O}{\mathrm{d}t}=\frac{a_O}{R}$$

于是前面的方程中 $a^{\mathrm{t}}_{M|O}=\alpha R=a_O$，$a^{\mathrm{n}}_{M|O}=\omega^2 R$。

将上面的方程分别向水平和竖直方向投影，得

$$a_{Mx}=a_O+a^{\mathrm{t}}_{M|O}\cos45°+a^{\mathrm{n}}_{M|O}\cos45°=a_O+a_O\cos45°+\omega^2R\cos45°=\left(1+\frac{\sqrt{2}}{2}\right)a_O+\frac{\sqrt{2}}{2}\omega^2R$$

$$a_{My}=a^{\mathrm{t}}_{M|O}\sin45°-a^{\mathrm{n}}_{M|O}\sin45°=a_O\sin45°-\omega^2R\sin45°=\frac{\sqrt{2}}{2}(a_O-\omega^2R)$$

② 同样以 O 为基点，作加速度图，如图 6-21（a）所示。则 C 点的加速度

$$\boldsymbol{a}_C=\boldsymbol{a}_O+\boldsymbol{a}^{\mathrm{t}}_{C|O}+\boldsymbol{a}^{\mathrm{n}}_{C|O}$$

其中，$a^{\mathrm{t}}_{C|O}=\alpha R=a_O$，$a^{\mathrm{n}}_{C|O}=\omega^2 R$。将上式向切向（图中水平向右）方向投影 $a^{\mathrm{t}}_C=a_O-a^{\mathrm{t}}_{C|O}=0$，解得

$$a_C=a^{\mathrm{n}}_C=a^{\mathrm{n}}_{C|O}=\omega^2 R$$

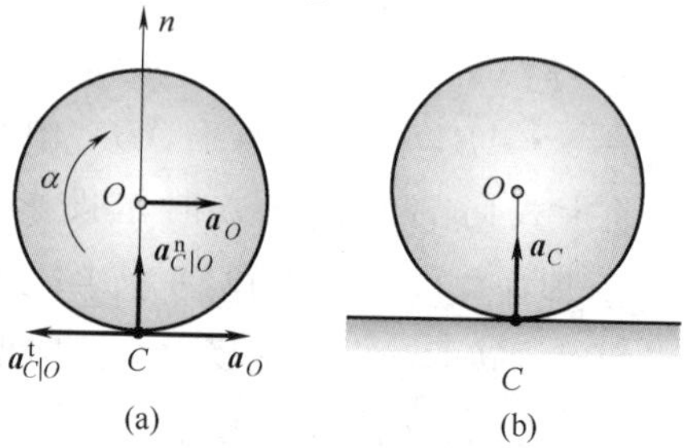

图 6-21

方向指向圆心 O［图 6-21（b）］。

讨论：当地面是平滑曲面时，瞬心加速度不同，如图 6-22 所示。设轮作纯滚动，角速度和角加速度分别为 ω，α，轮在任意时刻的瞬心为 P。如图 6-22 所示，瞬心 P 与地面相切轮缘点 C 重合，有

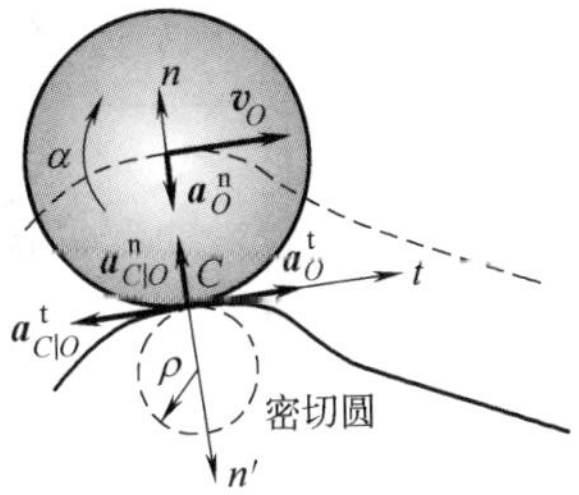

图 6-22

$$v_O=\omega(t)\cdot OP(t)$$

由于是纯滚动，所以此式对任意时刻均成立，故可以两边同时对时间 t 求导（注意动点的速度大小对时间求导得到的是运动轨迹的切向加速度），则

$$a_O^t=\frac{\mathrm{d}\omega}{\mathrm{d}t}\cdot OP(t)+\omega\cdot\frac{\mathrm{d}OP(t)}{\mathrm{d}t}=\alpha\cdot OP(t)+\omega\cdot\frac{\mathrm{d}OP(t)}{\mathrm{d}t} \tag{a}$$

由于圆轮做纯滚动，则 $OP(t)$ 恒等于轮半径 R，因而上式最右边一项为零，即

$$a_O^t=\alpha\cdot OP(t)=\alpha R$$

再以 O 为基点，求瞬心 C 的加速度（图中未画出）

$$\boldsymbol{a}_C^t+\boldsymbol{a}_C^n=\boldsymbol{a}_O^t+\boldsymbol{a}_O^n+\boldsymbol{a}_{C|O}^t+\boldsymbol{a}_{C|O}^n$$

其中，$a_{C|O}^t=\alpha R=a_O$，$a_{C|O}^n=\omega^2R$。

设地面轨迹曲线（即不同时刻的瞬心所在空间点连成的曲线，称为**定瞬心曲线**）在图示瞬心处的曲率半径为 ρ，而轮上的瞬心外切圆曲率半径就是 R。由于两个密切圆的公法线 n，n'经过两圆圆心，所以点 O 轨迹的曲率半径是两相切圆的半径之和，即 $a_O^n=v_O^2/(\rho+R)$。分别沿切向（t 轴）和法向（n 轴）投影，有

$$a_C^t=a_O-a_{C|O}^t=0$$

$$a_C=a_C^n=a_{C|O}^n-a_O^n=\frac{\rho R}{\rho+R}\omega^2 \tag{b}$$

由式（a）和式（b）可得到以下推论：

① 物体做纯滚动时，若 $\mathrm{d}(OP)/\mathrm{d}t=0$，则速度瞬心 P 的加速度 $\boldsymbol{a}_P$ 在滚动切点的公法线上，且

$$a_P=\frac{\rho R}{\rho\pm R}\omega^2 \quad \text{（分母中正号表示两密切圆外切,负号表示两密切圆内切）}$$

取 P 为基点，可知若刚体的形心 O 在公法线上，则形心 O 的切向加速度等于刚体的角速度与形心到速度瞬心的距离之积，即 $a_O^t=\alpha\cdot OP$。公法线上任意点 A 的切向加速度为 $a_A^t=\alpha\cdot AP$。

② 如果刚体瞬时角速度 $\omega\neq0$，则存在速度瞬心点 P（不在无穷远处）；如果瞬时角速度 $\omega=0$，该刚体所在平面的瞬心加速度 $a_P=0$。

对于非纯滚动的平面运动刚体，将刚体在不同时刻的瞬心点连成曲线，称为**动瞬心曲线**。刚体的平面运动，等同于以动瞬心曲线为轮廓的图形在定瞬心曲线的轨道上做纯滚动。这样我们就能继续应用上述结论。如果刚体在地面既滚又滑，上述结果则还要考虑相对滑动的速度的影响。

［例 6-7］ 如图 6-23（a）所示，曲柄 OA 以恒定的角速度 $\omega=2\mathrm{rad/s}$ 绕轴 O 转动，并借助连杆 AB 驱动半径为 r 的轮子在半径为 R 的圆弧槽中无滑动地滚动。设 $OA=AB=R=2r=1\mathrm{m}$，求图示瞬间 B 点和 C 点的速度与加速度。

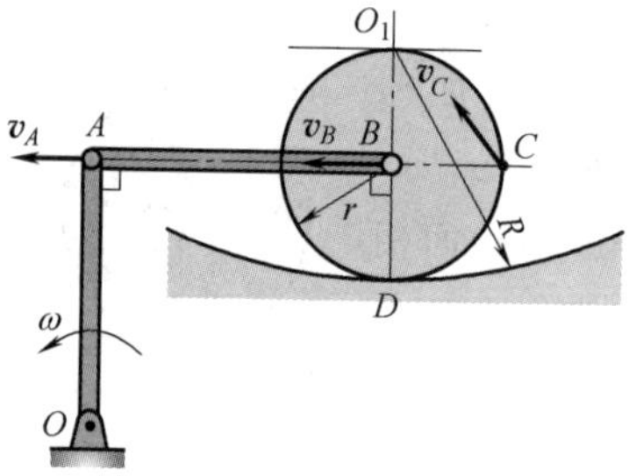

(a)

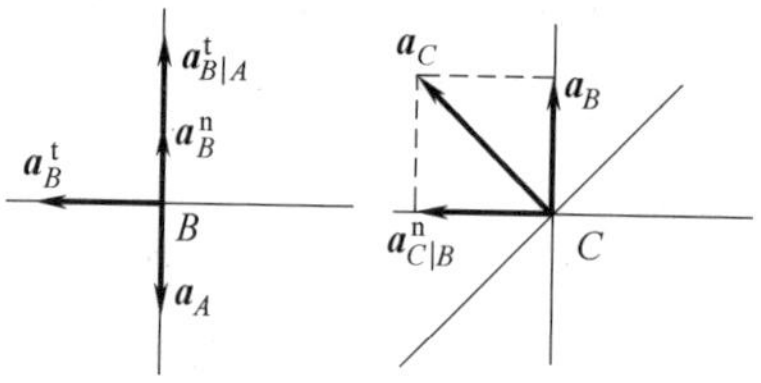

(b)

图 6-23

分析： 轮做纯滚动，可知 D 点为瞬心，则 B 点和 C 点的速度可求。B 点轨迹是以 O_1 为圆心，半径为 $R-r$ 的圆弧，其加速度存在切向和法向分量。后者可由 B 点速度求得。而 B 点所在的杆 AB 做瞬时平移，可利用基点法或加速度投影定理求得 B 点的切向加速度（沿 BA 方向）。利用例 6-6 讨论部分的结论可知 B 点切向加速度大小 $a^t_B=\alpha_B(R-r)$，从而求出轮 B 的角加速度。然后以 B 为基点，求 C 的加速度。

解： 点 A 和点 B 的速度方向相同，且沿杆方向，因此连杆 AB 在做瞬时平移，则点 B 的速度为

$$v_B=v_A=OA\cdot\omega=2\text{m/s}$$

轮 B 做平面运动，瞬心为 D 点，则轮 B 的角速度、点 C 的速度分别为

$$\omega_B=\frac{v_B}{r}=4\text{rad/s},\ v_C=\omega_B\cdot DC=2.828\text{m/s}$$

取 A 为基点，作 B 点的加速度图（注意 B 点轨迹是以 O_1 为圆心，$R-r$ 为半径的圆弧）

$$\boldsymbol{a}^t_B+\boldsymbol{a}^n_B=\boldsymbol{a}_A+\boldsymbol{a}^t_{B|A}$$

其中，$a^n_B=\dfrac{v_B^2}{R-r}$，$a_A=AB\cdot\omega^2$。向水平方向投影得 $a^t_B=\alpha_B(R-r)=0$，解得 $\alpha_B=0$。从而有

$$\boldsymbol{a}_B=\boldsymbol{a}^n_B=\frac{v_B^2}{R-r}=\frac{2^2}{1-0.5}=8\text{m/s}^2$$

取 B 为基点，作 C 点的加速度图

$$\boldsymbol{a}_C=\boldsymbol{a}_B+\boldsymbol{a}^n_{C|B}$$

其中，$a_B=\dfrac{v_B^2}{R-r}$，$a^n_{C|B}=\omega_B^2 r$。由图 6-23（b）中几何关系得 $a_C=\sqrt{a_B^2+(a^n_{C|B})^2}=\sqrt{8^2+(4^2\times0.5)^2}=11.31\text{m/s}^2$。

［例 6-8］ 一种典型的外推式平开窗机构如图 6-24（a）所示，其中窗扇在开窗时可以停在任意角度而不易受风力影响，但代价是在开启与关闭窗户时需要较大的力。该机构的运动学二维模型如图 6-24（b）所示，杆 AD 与杆 OB 通过铰链 A 连接，点 D 在滑槽内沿 x 轴做直线运动，窗扇 EC 与杆 OB 和 CD 分别通过铰链 B 和 C 连接。已知 $ABCD$ 为平行四边形，$OB=0.21\text{m}$，$AD=0.10\text{m}$，$CD=0.06\text{m}$，$EC=0.55\text{m}$。在图示位置时，

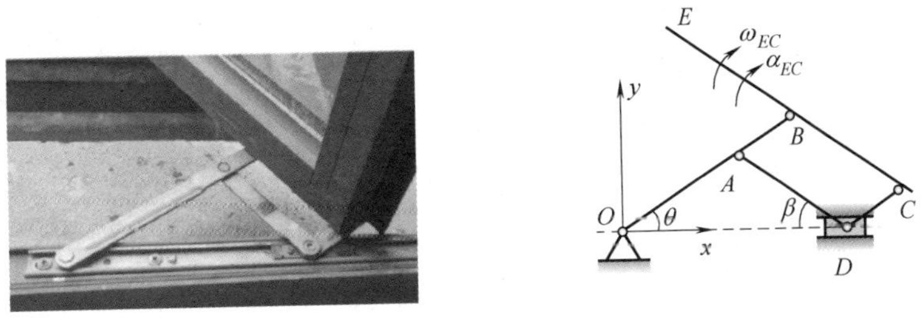

(a) (b)

图 6-24

杆 EC 的角速度和角加速度分别为 ω_{EC} 和 α_{EC}。求 E 点的速度和加速度。

分析： 本题可采用基点法或解析法，下面给出基点法的解答过程。

由于杆 EC 的角速度已知，为了求出 E 点速度，以 B 或者 C 点为基点都可以，但须先求出 B 或 C 点的速度。因为 B 点速度方向垂直于 OB，而 C 点速度方向未知，所以优先选择 B 点为基点。为求出 B 点速度，需求出 OB 杆角速度，因此要先求 A 点速度。E 点加速度的求解思路与速度的求解思路一样。

解： ① 考虑到机构中含平行四边形，则对边的角速度相等，即 $\omega_{AD}=\omega_{EC}$，D 点速度方向沿 x 方向，故以 D 为基点，求出 A 的速度。速度分析如图 6-25（a）左图所示，有

$$\boldsymbol{v}_A=\boldsymbol{v}_D+\boldsymbol{v}_{A|D}$$

其中，$v_{A|D}=AD\cdot\omega_{EC}$。由于 D 点的速度不需要求解，因此将上式向垂直于 $\boldsymbol{v}_D$ 方向投影，即向 y 轴方向投影，有 $v_A\cos\theta=AD\cdot\omega_{EC}\cos\beta$，可求得 $v_A=AD\cdot\omega_{EC}\cos\beta/\cos\theta$。在三角形 OAD 中，有正弦定理

$$\frac{OA}{\sin\beta}=\frac{AD}{\sin\theta}$$

解得
$$\omega_{OB}=\frac{v_A}{OA}=\omega_{EC}\tan\theta\cot\beta$$

进而得 $v_B=OB\cdot\omega_{OB}=OB\cdot\omega_{EC}\tan\theta\cot\beta$。

以 B 为基点，求点 E 的速度。速度分析如图 6-25（a）右图所示，

$$\boldsymbol{v}_E=\boldsymbol{v}_B+\boldsymbol{v}_{E|B}$$

其中，$v_{E|B}=EB\cdot\omega_{EC}$。将上式分别向 x 轴和 y 轴方向投影，解得

$$v_{Ex}=-v_B\sin\theta+v_{E|B}\sin\beta=(-OB\sin\theta\tan\theta\cot\beta+EB\sin\beta)\omega_{EC}$$

$$v_{Ey}=v_B\cos\theta+v_{E|B}\cos\beta=(OB\sin\theta\cot\beta+EB\cos\beta)\omega_{EC}$$

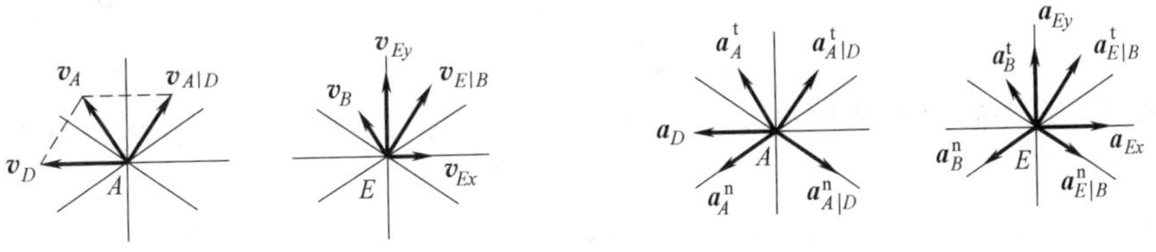

(a) (b)

图 6-25

② 基点法求加速度，思路与基点法求速度是完全一样的。以 D 为基点，则 A 点的加速度

$$\boldsymbol{a}_A^n+\boldsymbol{a}_A^t=\boldsymbol{a}_D+\boldsymbol{a}_{A|D}^n+\boldsymbol{a}_{A|D}^t$$

其中，$a_A^n=OA\cdot\omega_{OB}^2$，$a_A^t=OA\cdot\alpha_{OB}$，$a_{A|D}^n=AD\cdot\omega_{EC}^2$，$a_{A|D}^t=AD\cdot\alpha_{EC}$。加速度分析如图 6-25（b）左图所示，向 y 轴投影得

$$0=-a_A^n\sin\theta+a_A^t\cos\theta+a_{A|D}^n\sin\beta-a_{A|D}^t\cos\beta$$

将加速度代入，整理得

$$\alpha_{OB}=\tan\theta(\alpha_{EC}\cot\beta+\omega_{EC}^2\tan^2\theta\cot^2\beta-\omega_{EC}^2)$$

以 B 为基点，则 E 点的加速度为

$$\boldsymbol{a}_E=\boldsymbol{a}_B^n+\boldsymbol{a}_B^t+\boldsymbol{a}_{E|B}^n+\boldsymbol{a}_{E|B}^t$$

其中，$a_B^n=OB\cdot\omega_{OB}^2$，$a_B^t=OB\cdot\alpha_{OB}$，$a_{E|B}^n=EB\cdot\omega_{EC}^2$，$a_{E|B}^t=EB\cdot\alpha_{EC}$。加速度分析如图 6-25（b）右图所示，将上式分别向 x 轴和 y 轴投影，得

$$\begin{aligned}\alpha_{Ex}&=-a_B^n\cos\theta-a_B^t\sin\theta+a_{E|B}^n\cos\beta+a_{E|B}^t\sin\beta\\&=-OB\cdot\omega_{OB}^2\cos\theta-OB\cdot\alpha_{OB}\sin\theta+EB\cdot\omega_{EC}^2\cos\beta+EB\cdot\alpha_{EC}\sin\beta\\\alpha_{Ey}&=-a_B^n\sin\theta+a_B^t\cos\theta-a_{E|B}^n\sin\beta+a_{E|B}^t\cos\beta\\&=-OB\cdot\omega_{OB}^2\sin\theta+OB\cdot\alpha_{OB}\cos\theta-EB\cdot\omega_{EC}^2\sin\beta+EB\cdot\alpha_{EC}\cos\beta\end{aligned}$$

将前面求出的结果和已知的尺寸数据代入上式即可。

*6.3.4 平面图形的加速度瞬心

若平面运动刚体上或其扩大部分上存在一点 Q 的加速度 $\boldsymbol{a}_Q=\boldsymbol{0}$，则 Q 点称为平面运动刚体的**加速度瞬心**。任意时刻，平面运动刚体的加速度瞬心唯一。因为如果不唯一，用基点法分析两个加速度瞬心之间的加速度关系，发现只能是角速度和角加速度都为零，即刚体只能做平移。

如图 6-26 所示，以加速度瞬心为基点，平面运动刚体上任意一点 A 的加速度可表示为

$$\boldsymbol{a}_A=\boldsymbol{a}_{A|Q}^n+\boldsymbol{a}_{A|Q}^t$$

这与定轴转动刚体上的点的加速度分布一样，因此有

$$a_{A|Q}=\sqrt{\alpha^2+\omega^4}QA,\quad QA=\frac{a_A}{\sqrt{\alpha^2+\omega^4}}$$

其中，ω，α 分别为刚体的角速度和角加速度，$\boldsymbol{a}_A$ 旋转 $\theta=\arctan\dfrac{\alpha}{\omega^2}$（正值则按角加速度正方向旋转）后就是射线 AQ 的方向。

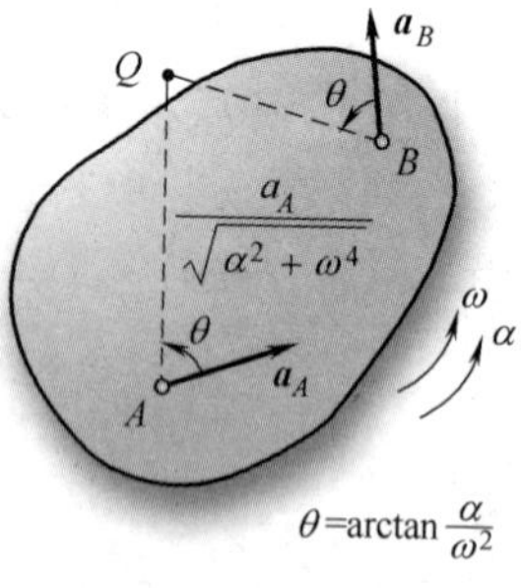

图 6-26

特例：① 对于瞬时平移情形 $\omega=0$，则 $\theta=90°$，加速度瞬心绘制方法与速度瞬心绘制方法一样。

② 对于匀速转动情形 $\alpha=0$，$\theta=90°$，速度矢量的交点即加速度瞬心。

除了以上两种特殊情况以外，加速度瞬心方法不常用。因为计算 θ 要用到刚体角速度 ω 和角加速度 α 的值，基点法也用到这两个值，所以加速度仍用基点法来求。

类比刚体定轴转动可知，加速度瞬心本质上是切向加速度矢量的瞬时旋转中心。

*6.4 刚体的空间运动

6.4.1 刚体绕定点的运动

如果刚体或其扩大部分存在一点，其速度和加速度都为零，说明该点的空间位置不变。这种运动称为**刚体绕定点运动**。如果存在两个这样的点，则是绕定轴转动。可见，绕定轴转动只是绕定点转动的特例，而绕定点运动是瞬时转动的特例，即刚体的瞬轴固定于一点。

雷达天线、锥形行星齿轮、陀螺和万向支架（图 6-27）都是生活中刚体绕定点运动的例子。有些情况很难一眼看出物体在绕定点转动，这是因为固定点不一定在刚体上，通过该点的瞬轴又看不见，人们能观察到的是绕具体的轴的转动。

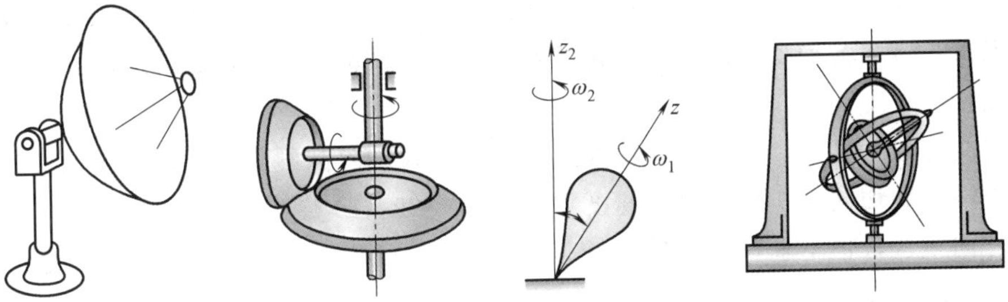

图 6-27

定轴转动和平面运动的刚体只需一个转角就能表示其姿态，但是绕定点运动的刚体没有固定转轴，因此需要描述其姿态的变化。任意力系的平衡方程要求主矩对 x，y，z 轴都为零，说明任意方向的转动都可以分解为绕 x，y，z 轴的转动，因此刚体的姿态用三个角度来表示。例如在工程中经常用偏航角、俯仰角、横滚角来表示姿态朝向。当然，有许多其他选择方案。下面介绍一种常见方案，以地球在地心坐标系中的运动来说明。

地球绕着指向北极星的地轴自转，因为地球形状不是正球体，所以月亮和太阳引力不均衡，导致地轴指向不是永久不变的，而是缓慢地绕着通过地心指向黄极的公转轴转动（周期约为 25722 年），地球的这种运动称为进动，英文中将进动称为 precession，含有“旋进”的意思。地轴与公转轴的夹角 ψ 称为**进动角**，公转轴也称为进动轴（见图 6-28）。地轴的进动使得每年的冬至都会有微小提前，称为“岁差”。此外，月球对地球赤道处鼓起部分的引力形成的力矩，使得地轴与公转轴的夹角 23.5°随时间周期性变化，就像地轴在“点头”一样，其最大摆动幅度约为 9″，周期为 18.6 年。因此，每隔大约 19 年，中国阴历日期就会与 19 年前重合（例如今天的阴历和阳历日期对应关系在 19 年后又变得一样）。因此古人把 19 年称为一章，而地轴的点头周期运动就被称为章动，英文中将章动称为 nutation，含有“点头”的意思。地轴与公转轴的夹角 θ 则称为**章动角**。地球绕地轴自转的角度 φ 则称为**自转角**。进动角 ψ、章动角 θ、自转角 φ 由欧拉引入，因此它们称为**欧拉角**。

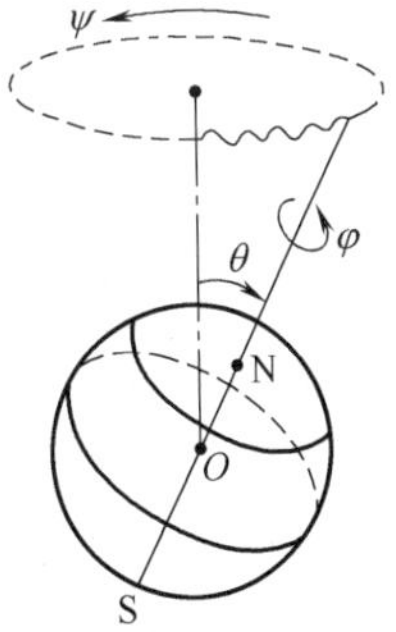

图 6-28

为了使三个欧拉角唯一确定刚体的方位，通常假设 $0\leqslant\psi\leqslant2\pi$，$0\leqslant\theta\leqslant\pi$，$0\leqslant\varphi\leqslant2\pi$。当刚体作定点运动时，欧拉角是时间的单值函数，即

$$\psi=\psi(t)，\theta=\theta(t)，\varphi=\varphi(t) \tag{6.7}$$

这三个式子称为刚体绕定点运动的欧拉角形式的运动方程。进动轴、自转轴以及同时垂直于这两个轴的章动轴，确定了绕定点运动刚体角速度的三个分量方向。因此，绕定点运动的刚体角速度一般可分解为进动角速度、章动角速度、自转角速度。

由式（6.4）和式（6.5）可知，若以定点为基点，则绕定点转动的刚体上的点的速度和加速度

$$\boldsymbol{v}=\boldsymbol{\omega}\times\boldsymbol{r}，\qquad \boldsymbol{a}=\boldsymbol{\alpha}\times\boldsymbol{r}+\boldsymbol{\omega}\times\boldsymbol{v}$$

形式上与定轴转动结果一样，但区别在于：

① 定轴转动刚体情形中的矢径 $\boldsymbol{r}$ 可以从固定轴上任取一个固定点作为起点，定点转动则只能选择唯一的固定点作为起点。

② 刚体绕定点运动的角速度方向是瞬轴的方向，可以随时间变化。其中 $\boldsymbol{a}_1=\boldsymbol{\alpha}\times\boldsymbol{r}$ 是**转动加速度**，方向与矢径 $\boldsymbol{r}$ 以及角加速度 $\boldsymbol{\alpha}$ 垂直；$\boldsymbol{a}_2=\boldsymbol{\omega}\times\boldsymbol{v}$ 与转轴以及速度垂直，是**向轴加速度**。

刚体绕定点运动时，角速度和角加速度的大小和方向都不断变化，而角加速度矢量沿角速度矢端曲线切向，一般不与角速度重合［图 6-29（a）］。转动加速度的方向不与速度矢量的方向重合，也不垂直于向轴加速度［图 6-29（b）］。转动加速度 $\boldsymbol{a}_1$ 不是点的切向加速度，向轴加速度 $\boldsymbol{a}_2$ 也不是法向加速度。

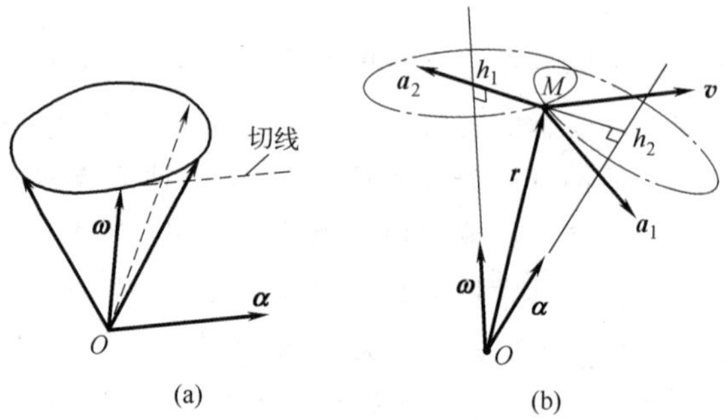

图 6-29

绕定点运动的刚体有很多应用，例如陀螺玩具、导航中的惯性陀螺仪，美术工艺品等。早在西汉时，长安的巧匠丁缓发明了“被中香炉”，就是利用万向支架内环恒平性质，使得冬天的古人可以在被子里取暖。当然，大部分情况绕定点运动的刚体，固定点不太明显，一般由自转轴与进动轴的交点来确定。

［例 6-9］ 齿轮 A 和齿轮 B 可绕曲柄自由转动，齿轮 C 则被固定。如图 6-30 所示，已知曲柄以匀角速度 ω_0 绕 y 轴旋转，齿轮啮合处不打滑。求图示位置时，齿轮 A 和齿轮 B 的角速度与角加速度。

解：对于空间运动分析，一般采用基矢量的方式表达各个矢量，然后用基点法运算比较方便。

① 由于齿轮 C 被固定，所以以齿轮 C 的中心为坐标原点 O，建立如图 6-30 所示坐标系 $Oxyz$，单位基矢量分别为 $\boldsymbol{i}$，$\boldsymbol{j}$，$\boldsymbol{k}$。齿轮 B 绕 y 轴做定轴转动，齿轮 A 绕自转轴和 y

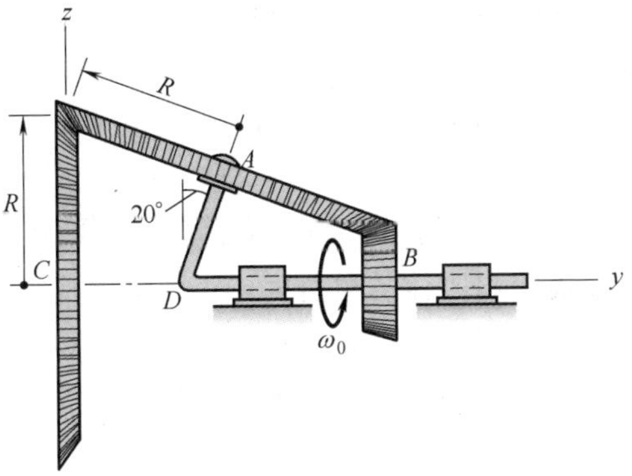

图 6-30

轴交点 D 做定点运动。由于齿轮 A 的中心绕 y 轴做定轴转动，则

$$\boldsymbol{v}_A=\omega_0\boldsymbol{j}\times\boldsymbol{r}_{OA}=\omega_0\boldsymbol{j}\times(R\boldsymbol{k}+R\cos20^\circ\boldsymbol{j}-R\sin20^\circ\boldsymbol{k})=R\omega_0(1-\sin20^\circ)\boldsymbol{i}$$

注意到齿轮 C 上端是瞬心，点 D 是固定点，所以瞬轴必然通过这两点连线。由此可以确定齿轮 A 角速度方向的单位矢量为 $\sin35^\circ\boldsymbol{j}-\cos35^\circ\boldsymbol{k}$，则 $\boldsymbol{\omega}_A=\omega_A(\sin35^\circ\boldsymbol{j}-\cos35^\circ\boldsymbol{k})$。

从 D 点指向轮 A 中心的矢量 $\boldsymbol{r}_{DA}=\boldsymbol{r}_{OA}-\boldsymbol{r}_{OD}=R\boldsymbol{k}+R\cos20^\circ\boldsymbol{j}-R\sin20^\circ\boldsymbol{k}-R\tan35^\circ\boldsymbol{j}$，由绕定点运动的公式，有

$$\boldsymbol{v}_A=\boldsymbol{\omega}_A\times\boldsymbol{r}_{DA}$$

联立解得

$$\omega_A=\frac{1-\sin20^\circ}{\sin35^\circ}\omega_0$$

所以 $\boldsymbol{\omega}_A=\omega_A(\sin35^\circ\boldsymbol{j}-\cos35^\circ\boldsymbol{k})=(0.658\boldsymbol{j}-0.940\boldsymbol{k})\omega_0$

点 D 到齿轮 B 上端啮合点的矢径为 $\boldsymbol{r}_1=R\boldsymbol{k}+2R\cos20^\circ\boldsymbol{j}-2R\sin20^\circ\boldsymbol{k}-R\tan35^\circ\boldsymbol{j}$，齿轮 B 中心到上端啮合点的位矢为 $\boldsymbol{r}_2=2R\cos20^\circ\boldsymbol{j}+R\boldsymbol{k}-2R\sin20^\circ\boldsymbol{k}$，设齿轮 B 的角速度为 $\boldsymbol{\omega}_B=\omega_B\boldsymbol{j}$，由齿轮啮合条件可知

$$\boldsymbol{\omega}_B\times\boldsymbol{r}_2=\boldsymbol{\omega}_A\times\boldsymbol{r}_1$$

解得

$$\omega_B=\left(1+\frac{1}{1-2\sin20^\circ}\right)\omega_0$$

则 $\boldsymbol{\omega}_B=\boldsymbol{\omega}_B\boldsymbol{j}=4.17\omega_0\boldsymbol{j}$。

② 由①可确定任何时刻角速度方向都在 D 点与齿轮 A、C 啮合点的连线上，所以角速度矢端轨迹是绕定齿轮的圆。因此，瞬时角加速度是轨迹圆的切线方向。于是可设齿轮 A 的角加速度 $\boldsymbol{\alpha}_A=-\alpha_A\boldsymbol{i}$。显然，齿轮 A 中心绕定轴 y 以速度为 $\boldsymbol{v}_A=R\omega_0(1-\sin20^\circ)\boldsymbol{i}$ 做匀速圆周运动，向心加速度 $\boldsymbol{a}_A=-R\omega_0^2(1-\sin20^\circ)\boldsymbol{k}$。由刚体绕定点运动的加速度公式

$$\boldsymbol{a}_A=\boldsymbol{\alpha}_A\times\boldsymbol{r}_{DA}+\boldsymbol{\omega}_A\times\boldsymbol{v}_A$$

代入数据，解得 $\alpha_A=-\omega_0^2\cot35^\circ(1-\sin20^\circ)\boldsymbol{i}=-0.94\omega_0^2\boldsymbol{i}$。

齿轮 A 和齿轮 B 上端啮合，由于无滑动，所以啮合点速度和切向加速度都相等。齿轮 B 做定轴转动，可设其角加速度为 $\boldsymbol{\alpha}_B=\alpha_B\boldsymbol{j}$，则啮合点的速度为

$$\boldsymbol{v}=\boldsymbol{\omega}_B\times\boldsymbol{r}_1=2R\omega_0(1-\sin20^\circ)\boldsymbol{i}$$

使用定轴转动公式，啮合点的切向加速度

$$\boldsymbol{a}=\boldsymbol{\alpha}_B\times\boldsymbol{r}_1=R\alpha_B(1-2\sin20^\circ)\boldsymbol{i}$$

齿轮 A 的角速度和角加速度已经求出，则它与齿轮 B 啮合点的加速度在切向的投影为

$$\boldsymbol{a}=(\boldsymbol{\alpha}_A\times\boldsymbol{r}_1+\boldsymbol{\omega}_A\times\boldsymbol{v})\cdot\boldsymbol{i}=\mathbf{0}$$

解得 $\boldsymbol{\alpha}_B=\mathbf{0}$。

讨论：① 绕定点运动的刚体，基点取静止的固定点，因此如果能确定角速度方向，那么只需一个点的速度，就能求出刚体的角速度，否则需要找出两个点的速度才行。角加速度的求解通常会用到角速度，因此应该先求角速度再求角加速度。同理，如果能确定角加速度的方向，则只需知道刚体上的某个点的加速度矢量，就可计算出角加速度，否则一般要求找出两个点的加速度矢量才能求出角加速度。

② 平面运动的刚体，其角速度方向不变，所以没必要像这样用矢量计算。

③ 本题也可以采用第 7 章的刚体运动合成知识求解，将齿轮 A 的转动视为自转和进动的合成，利用传动比关系列方程。注意进动角不变，意味着章动角速度为零。

如图 6-31 所示，若以固定点 O 为原点，取定坐标系 $Oxyz$，另取与刚体固结的动坐标系 $Ox'y'z'$，只要确定了动坐标系在定坐标系中的朝向，刚体的姿态也随之确定。通过这两个坐标系之间的相对转角，即可确定描述刚体绕定点运动的姿态方案。

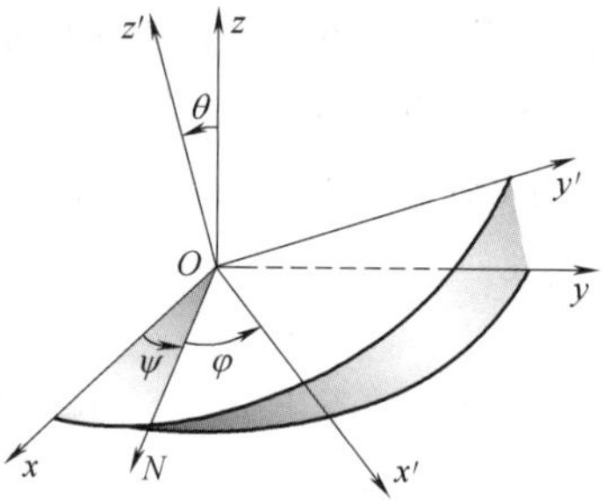

图 6-31

以欧拉角为例进行说明，动坐标平面 $Ox'y'$ 与定坐标平面 Oxy 如果有交线 ON，则称为**节线**，它必然垂直于 Oz 和 Oz'。节线与定轴 Ox 的夹角称为进动角 ψ，节线与动轴 Ox'的夹角称为自转角 φ，动轴 Oz'与定轴 Oz 的夹角称为章动角 θ。注意，三个欧拉角符号是约定俗成的，不能随意调换，避免造成不必要的误解。

刚体从一个位置绕定点转动到另一个位置的有限运动与转动的次序有关。本书介绍的是经典的欧拉角次序，即先绕体轴 x_3（即 z'轴）转过 ψ 角，再绕体轴 x_1（即 x'轴）转过 θ 角，最后绕体轴 x_3 再转过 φ 角。这种转动次序称为“体轴 3-1-3”，这三个角就是欧拉角。根据选择转轴的不同及转动次序的不同，共有 24 种组合，即 24 种广义欧拉角。例如按“体轴 1-2-3”转动的卡丹角（如万向支架外环、内环、转子的转角 α，β，γ），按“体轴 3-1-2”转动的姿态角等。姿态角在研究飞行器的运动时经常使用。

图 6-32 中，x_1，x_2，x_3 轴固结于书本。图 6-32（a）所示是按“体轴 1-3”转动（即先绕 x_1 转动，再绕 x_3 转动）各 90°的情况；图 6-32（b）所示是按“体轴 3-1”转 90°。最后的结果不同，即刚体的有限转动与次序有关。因此，刚体的有限转动不能用矢量来表

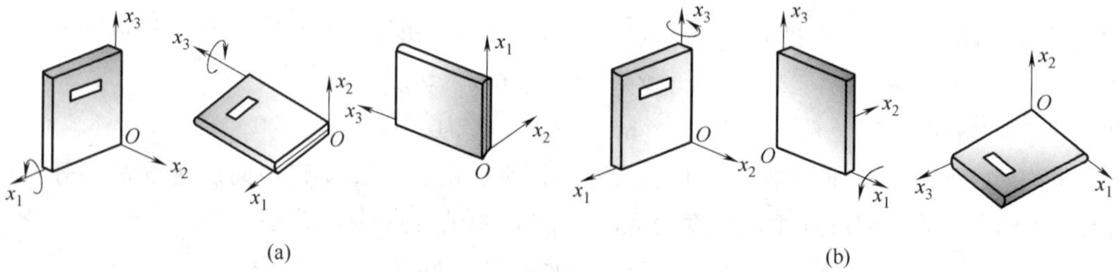

图 6-32

示，即便把欧拉角三个标量凑成一组坐标（即第 11 章中的广义坐标）也不是矢量，因为矢量加法要满足交换性。

以上坐标轴依次有限转动，需要用矩阵乘法来表示，所以刚体姿态可以表示为坐标旋转矩阵之积。矩阵乘法一般不具有交换性，因此转动的先后顺序有影响。但是，欧拉证明了：

欧拉有限转动定理：绕定点运动的刚体，从某一位置到另一位置的任何位移，可以绕通过定点的某一轴转动一次而实现。

当转动角趋于零时，定理中的轴的极限方向就是瞬轴方向。对于无限小角度的转动，可以利用矩阵证明无穷小转动满足交换性，角速度和角加速度可以用矢量描述。

显然，欧拉角在 $\theta=0$ 时产生奇性（节线消失，φ 与 ψ 无法区分），在 $\theta=0$ 附近的小扰动将导致 ψ 出现大幅变化，因此欧拉角适合 θ 几乎不变的运动，如陀螺或天体的运动。卡丹角在小扰动下表现为小变化，适合线性化，因此在工程技术中被广泛采用，但在 $\beta=\pi/2$ 时也存在奇性（α 与 γ 无法区分）。在涉及机械或机器人相关姿态变化时，很容易遇到这种奇性问题。在奇异位置附近，数值计算误差可能会变得很大，甚至无法继续计算。因此，需要寻找一种没有奇异性的表示方法。

解决上述问题的答案是四元数，它是类比复数和矢量运算规则而推广的一种超复数。普通复数可以表示绕垂直于复平面的轴转动，而四元数能够表示绕空间中任意轴的转动。有关旋转的代数表示原理涉及矩阵分析、李群和李代数等数学知识。对此感兴趣的读者，可以查阅相关文献或资料。

6.4.2 自由刚体的运动

可以证明，刚体的位姿（即位置和姿态）可以通过刚体内任意三个不共线的点的位置来完全描述。

假设在刚体内只取一个点，显然无法表达刚体的姿态；若取两个不同的点，相当于一条有向线段，可以表示刚体的位置与朝向，但无法表示刚体绕该线段旋转任意角度的姿态；若取不共线的三个点，这三个点构成一个三角形，可以表示刚体的位姿。

刚体上三个不共线的点，总共有 9 个坐标分量。无论刚体如何运动，这三个点之间距离始终不变，即 9 个未知量被 3 个方程所约束，因此只有 $9-3=6$ 个分量是独立的。刚体的空间位置需要用 3 个坐标分量表示，因此还剩 3 个坐标分量可以用来表示刚体的姿态。能够完全描述质点系位置姿态的独立参量个数，称为“自由度”。例如，空间平移的刚体，自由度为 3。定轴转动的刚体，自由度为 1。平面运动的刚体，自由度为 3。绕定点运动刚体，自由度为 3。空间中的自由刚体，自由度为 6。

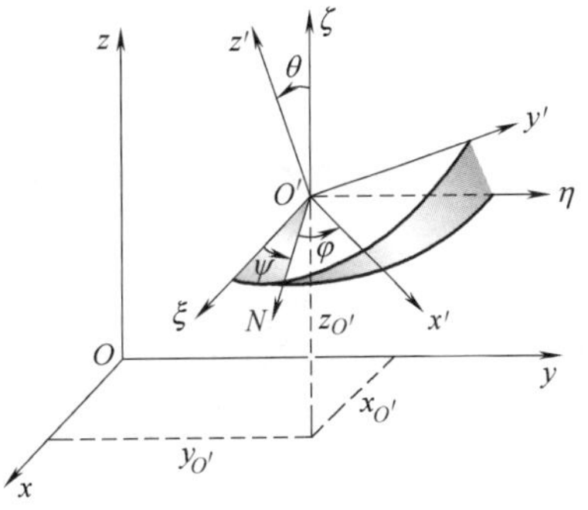

图 6-33

可以用固结在刚体上的直角坐标系来代替刚体本身，该坐标系称为**随体坐标系**，或**连体坐标系**，其位置和姿态确定了刚体的位姿。随体坐标系的原点 O' 可以选在刚体内的任何位置，甚至可以不在刚体上，唯一要求是坐标轴要与刚体固结。而刚体一般运动的解析描述通常采用连体坐标和参考坐标系一起描述。

图 6-33 中选择了一个固定坐标系 $Oxyz$，而动坐标系 $Ox'y'z'$ 与自由刚体固结在一起。自由刚体在空间中的位姿可以用如下方程描述

$$\left.\begin{array}{l} x_{O'}=f_1(t),\ y_{O'}=f_2(t),\ z_{O'}=f_3(t) \\ \psi=f_4(t),\ \theta=f_5(t),\ \phi=f_6(t) \end{array}\right\}\text{(自由刚体 6 个自由度)}$$

以上就是自由刚体的运动方程。速度与加速度的表达可通过对运动方程求导，或根据式（6.4）和式（6.5）计算。根据第 7 章中刚体运动的合成内容可知，自由刚体的运动也可以看作是随基点平移和绕基点运动的合成。

思考：某瞬时，刚体上不共线的三个点加速度相同，则刚体作什么运动？

习 题

判断题

6-1 刚体的平移运动轨迹可以是空间曲线。（ ）

6-2 若平面图形上各点的加速度矢量始终相等，则平面图形的运动可能不是平移。（ ）

6-3 刚体上的所有点以同样角速度绕某根固定轴转动，则刚体的运动是定轴转动。（ ）

6-4 刚体平面运动时，其角速度和角加速度与基点的选择有关。（ ）

6-5 若平面图形的速度瞬心的加速度始终为零，则该平面图形所代表的刚体作定轴转动。（ ）

6-6 某瞬时，刚体上各点速度矢量都相同，但加速度矢量不相同，则此刚体不可能平移。（ ）

6-7 刚体做定轴转动时，若其角加速度增大，则角速度也必然随之增大。（ ）

6-8 两个半径不等的摩擦轮外接触不打滑传动，则两接触点的速度和切向加速度均相等。（ ）

6-9 刚体做平面运动，若某瞬时其平面图形上有两点的加速度的大小和方向均相同，则该瞬时此刚体上各点的加速度都相同。（ ）

6-10 速度投影定理对刚体的一般运动也适用。（ ）

简答题

6-11 根据平面运动刚体上各点速度的分布规律，判断题 6-11 图平面图形上指定点的速度分布是否可能？

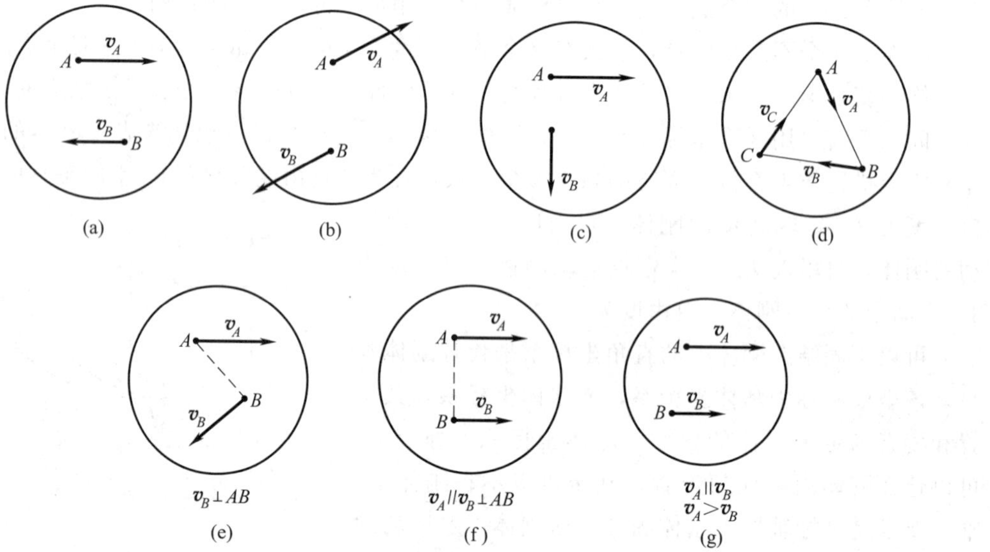

题 6-11 图

6-12　根据平面运动刚体上各点加速度的分布规律，判断题 6-12 图平面图形上指定点的加速度方向是否可能？图（b）中 $a_B > a_A$；图（c）中 $a_B = a_A$；图（e）中点划线分别与两个加速度平行；图（f）中三角形 ABC 是正三角形。

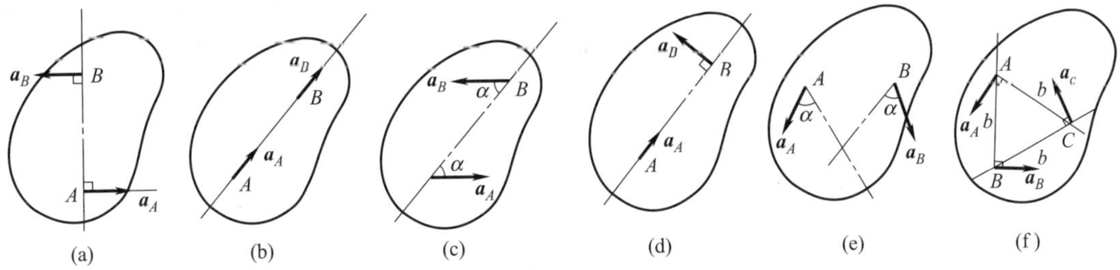

题 6-12 图

6-13　绕定轴转动的刚体上，除固定轴之外的任意两个点之间相互旋转的角速度是否为零？为什么？

计算题

6-14　如题 6-14 图所示机构中，杆 AB 以匀速 v 运动，初始时 $\varphi=0$。求当 $\varphi=\pi/4$ 时，摇杆 OC 的角速度和角加速度。

6-15　题 6-15 图所示凸轮以匀速 v_0 自右向左移动。凸轮外形曲线方程在固连坐标系 Oxy 中为 $y=f(x)$。直杆 AB 长 l，一端接于定点 A，另一端 B 放在凸轮上。如果要求杆以匀角速度 ω_0 转动，求凸轮外形曲线方程。

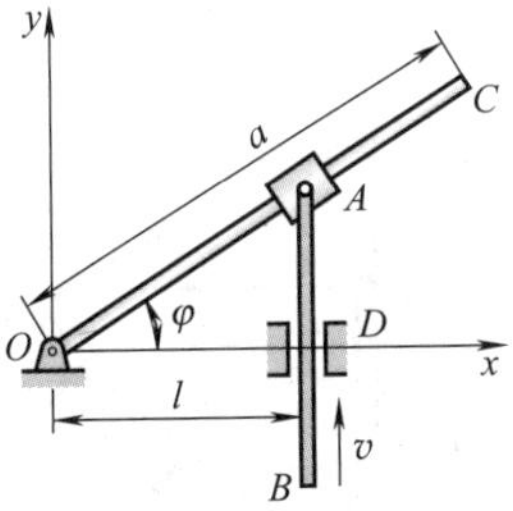

题 6-14 图

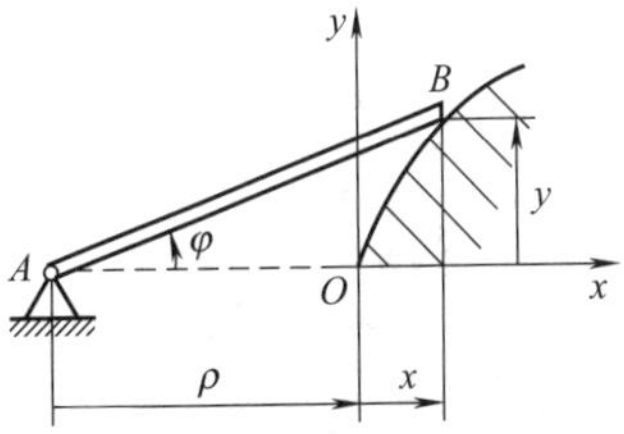

题 6-15 图

6-16　如题 6-16 图所示的机构中，杆 AB 与套筒 B 固连，可在垂直滑道内滑动，杆 CD 穿过套筒 B 与齿轮 E 固连，齿轮 E 的半径为 r，曲柄 OC 长度为 R，以匀角速度 ω 转动，齿轮 G 与齿轮 E 始终啮合。求：①齿轮 G 的半径，轮心的位置如何确定；②齿轮 G 的角速度。

6-17　如题 6-17 图所示曲柄长 $OA=20\text{cm}$，以角速度 2rad/s 绕垂直于图面的固定轴 O 转动。在曲柄末端 A 装有半径为 10cm 的齿轮 2，后者与定齿轮 1 处于内啮合，而齿轮 1 则与曲柄共轴。已知 $BD \perp OC$，求齿 2 边缘上 B，C，D，E 各点的速度大小。

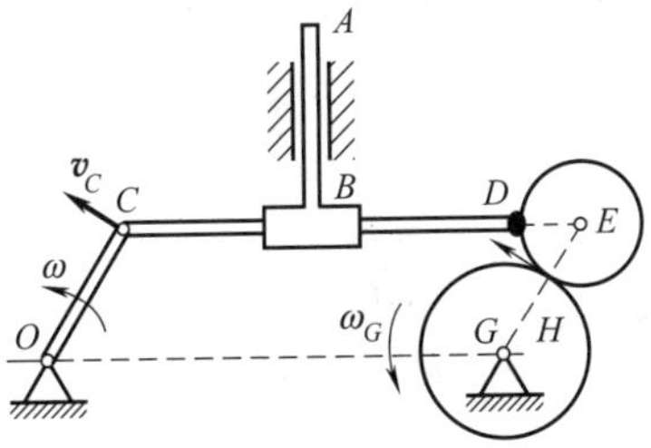

题 6-16 图

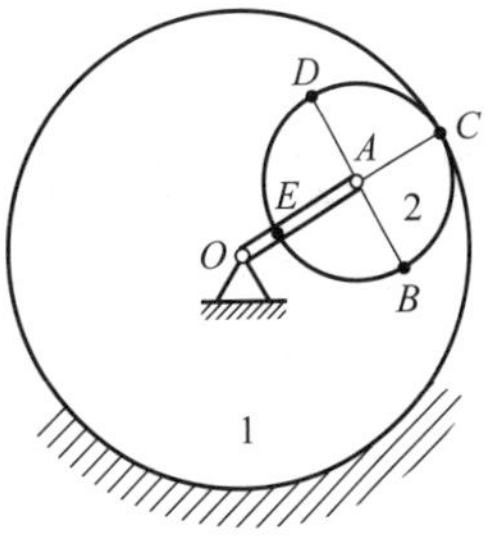

题 6-17 图

6-18 题 6-18 图所示行星齿轮系中，齿轮Ⅰ可绕 O_1 轴做定轴转动，内齿轮Ⅲ固定不动，Ⅱ为行星齿轮。齿轮Ⅰ与曲柄 O_1O_2 可分别独立地绕 O_1 轴转动。已知曲柄 O_1O_2 的角速度为 ω_4，试求齿轮Ⅰ和Ⅱ的角速度 ω_1 和 ω_2。

6-19 如题 6-19 图所示，卡车驶上 20°的斜坡，计速仪显示后轮速度为 $v_R=8$ km/h，前、后轮均做纯滚动。车轮直径均为 0.9m。求图示位置时前轮的角速度 ω_F、后轮的角速度 ω_R 和车身的角速度 ω_T。

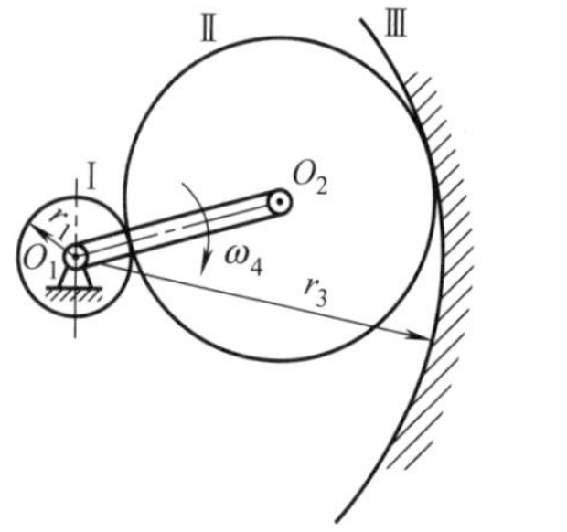

题 6-18 图

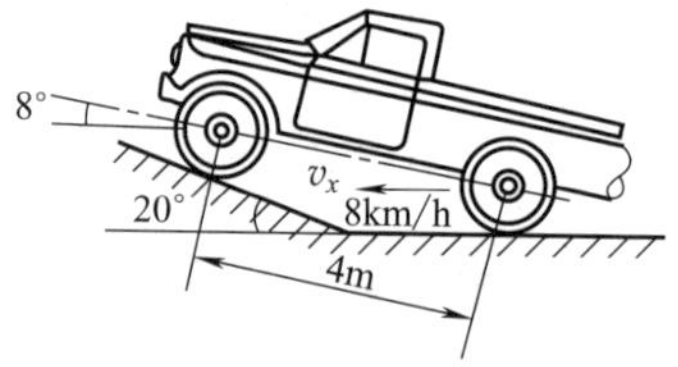

题 6-19 图

6-20 题 6-20 图所示圆轮 A 以 $v=6$m/s 匀速向左做纯滚动。求 $\theta=30°$时 BD 杆角速度及 D 端的速度。

6-21 如题 6-21 图所示四连杆机构中，连杆由一块三角板 ABD 构成。已知曲柄 O_1A 的角速度 $\omega_{O1A}=2$rad/s，曲柄 $O_1A=100$mm，水平距离 $O_1O_2=50$mm，$AD=50$mm。当 O_1 铅直时，AB 平行于 O_1O_2，且 AD 与 AO_1 在同一直线上，角 $\varphi=30°$。求三角板 ABD 的角速度和点 D 的速度。

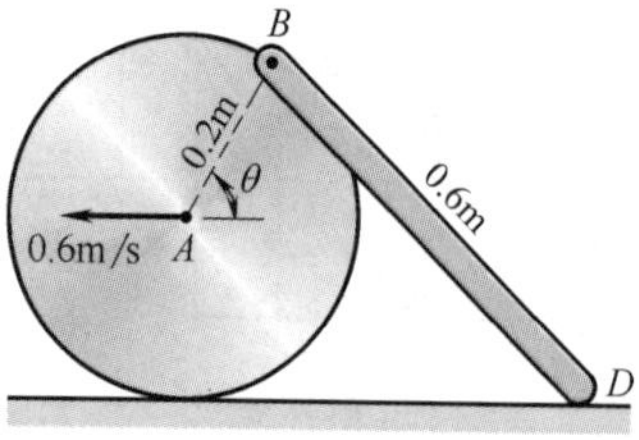

题 6-20 图

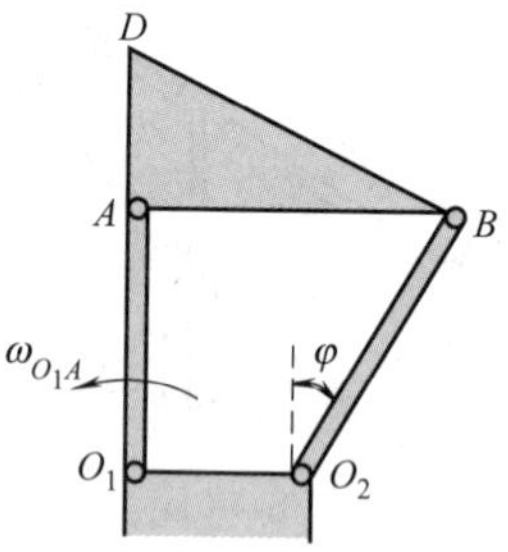

题 6-21 图

6-22 题 6-22 图所示配汽机构中，曲柄 OA 以匀角速度 $\omega=20$rad/s 旋转。$OA=0.4$m，$AB=BC=0.2\sqrt{37}$m。求当曲柄 OA 在两铅垂线位置和两水平位置时，配汽机构中气阀推杆 DE 的速度。

6-23 三角板在滑动过程中，其顶点 A 和 B 始终与铅垂墙面以及水平地面相接触。已知 $AB=BC=AC=b$，$v_B=v_0$（常数），在题 6-23 图所示位置时，AC 水平。求此时顶点 C 的加速度。

6-24 如题 6-24 图所示机构中，曲柄 OA 以等角速度 ω_0 绕 O 轴转动，且 $OA=O_1B=r$。图示位置时$\angle AOO_1=90°$，$\angle BAO=\angle BO_1O=45°$。求此瞬时，点 B 的加速度以及杆 O_1B 的角加速度。

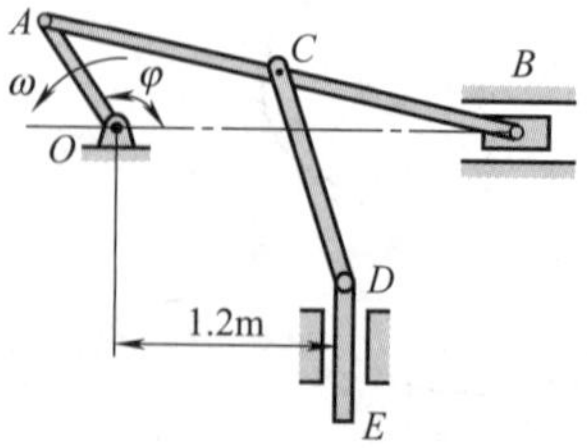

题 6-22 图

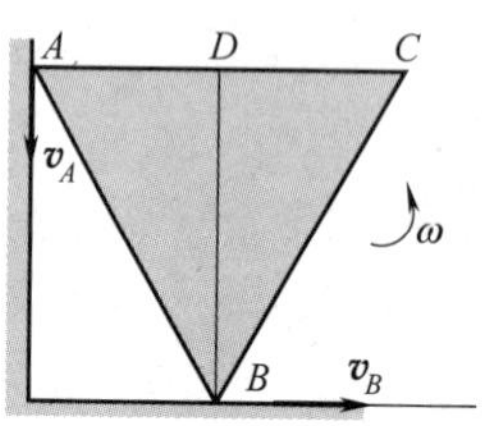

题 6-23 图

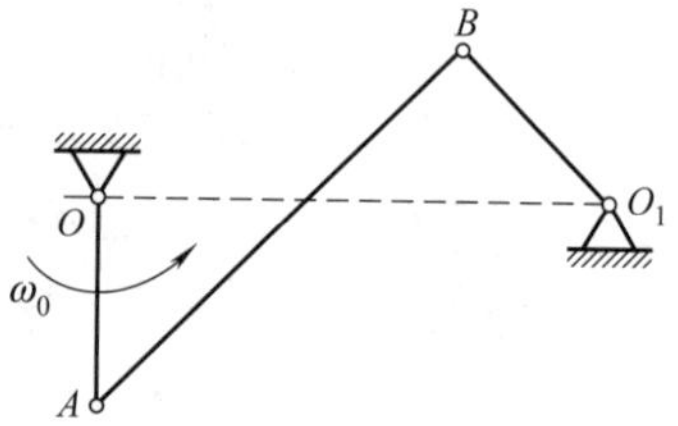

题 6-24 图

6-25 在瓦特行星传动机构中，平衡杆 O_1A 绕轴 O_1 转动，并借连杆 AB 带动曲柄 OB；而曲柄 OB 活动地装置在轴 O 上，如题 6-25 图所示。在轴 O 上装有齿轮Ⅰ，齿轮Ⅱ与连杆 AB 固结于一体。已知 $r_1=r_2=0.3\sqrt{3}\,\text{m}$，$O_1A=0.75\text{m}$，$AB=1.5\text{m}$；平衡杆的角速度 $\omega_{O1}=6\text{rad/s}$。求当 $\gamma=60°$ 且 $\beta=90°$ 时，曲柄 OB 和齿轮Ⅰ的角速度和角加速度。

6-26 半径为 r 的两轮用长 l 的杆 O_2A 相连如题 6 26 图所示。前轮 O_1 做匀速纯滚动，轮心速度为 v。求在图示位置瞬时，后轮 O_2 做纯滚动的角加速度及接触点 E 的加速度。如何求 φ 为任意值时后轮 O_2 的角速度与角加速度？两轮与地面接触点的加速度又如何求？

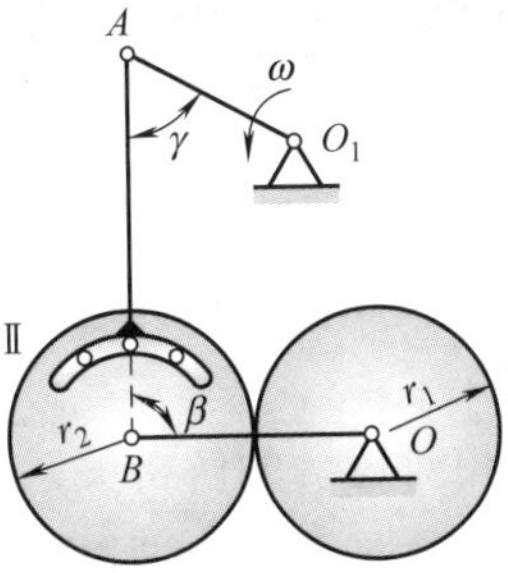

题 6-25 图

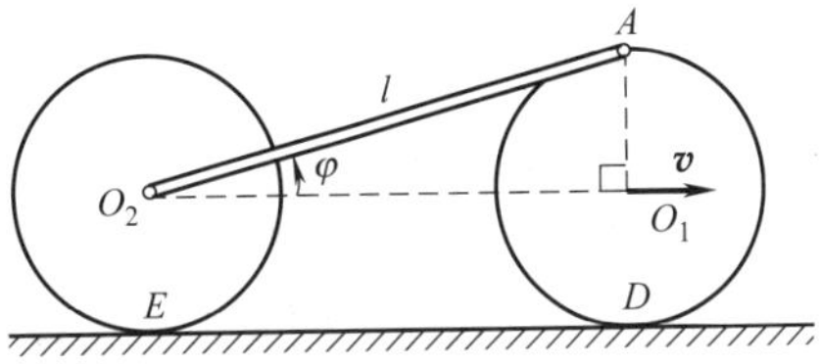

题 6-26 图

* 6-27 如题 6-27 图所示，固定在旋臂 C 上的两个锥齿轮可绕固定齿轮 A 转动。旋臂 C 以匀角速度 $\omega=25\text{rad/s}$ 绕 z 轴旋转。求 B 齿轮的角速度和角加速度。

* 6-28 如题 6-28 图所示，圆锥滚子轴承由紧套在轴 2 上的内环 1、装在机身上的外环 3 和一些圆锥滚子 4 组成。如果滚子无滑动，而转子角速度为常量 ω。试求图示尺寸下的滚子角速度和角加速度。

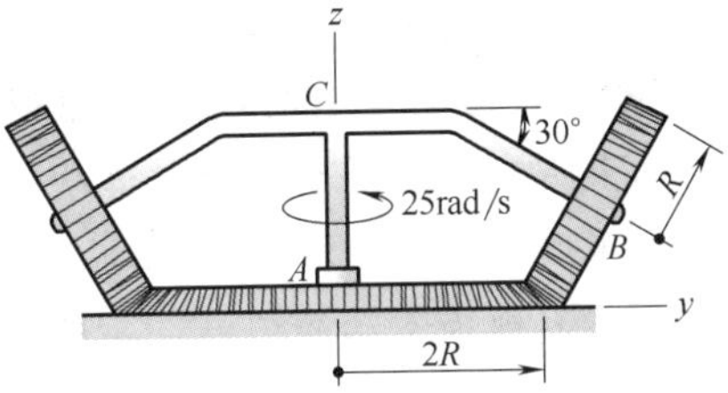

题 6-27 图

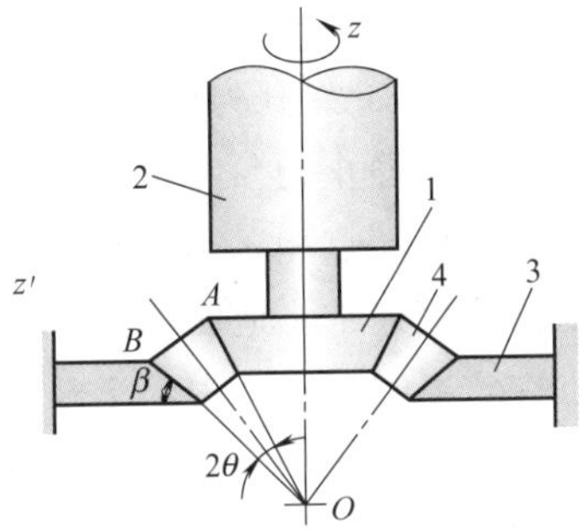

题 6-28 图

拓展题

6-29 半径为 R 的硬币 B 绕半径为 r 的硬币 A 外缘纯滚动。当硬币 B 到第一次回原位时，一共自转了几圈？

6-30 若平面运动的刚体在某时刻的瞬心为 P 点，则刚体上任意一点 A 的速度 $\boldsymbol{v}_A=\boldsymbol{\omega}\times\boldsymbol{r}_{PA}$，对方程两边同时求导得 $\boldsymbol{a}_A=\boldsymbol{\alpha}\times\boldsymbol{r}_{PA}+\boldsymbol{\omega}\times\boldsymbol{v}_A$，其中 $\boldsymbol{\alpha}$ 是刚体的角加速度。推导出的加速度公式对吗？请说明理由。

第 7 章

相对运动

不同物体之间也会有相对运动，例如运动机构中，一些构件会相对滑动，这两个刚体及其上的点的运动有何关系？

本章通过推导动点在不同参考系中的运动方程，给出相对运动的解析关系。利用矢量旋转公式推导动点相对不同参考系的速度及加速度之间的矢量关系。分别以简单和复杂的运动机构为例，说明用这两种方法求解运动学问题的规律与技巧。

7.1 点的相对运动

在不同参考系中，动点的速度和轨迹会有所不同。人们常常选择一个看作是静止不动的参考系作为背景来描述运动，称为**定参考系**，简称**定系**。相对于定参考系作刚性运动（可以是第 6 章中介绍任何的类型的刚体运动）的参考系称为**动参考系**，简称**动系**。实际上并不存在绝对静止的参考系，以上只是相对而言，用于区分两个参考系。

相应地，将动点相对定系的运动称为**绝对运动**，将动点在动系中的运动称为**相对运动**。例如，我们通常将地面视为定系，因此认为在地面上观察到的运动是绝对运动。实际上，动点在定系和在动系中的运动都是相对运动，但为了区分这两个不同的运动，因此使用绝对运动和相对运动的术语。可见，相对运动是将参考系视为不动的结果。一旦明白这一点，建立相对运动和绝对运动的关系就很容易。

7.1.1 运动方程

例 6-5 中使用的解析法就是利用动点在定系中的任意时刻坐标位置，将其看成是时间的函数，关于时间求一、二阶导数，就得到速度、加速度。同理，若求出了相对运动的运动方程，就能求出相对轨迹和相对速度、相对加速度等。

任何动点位置可以用位置矢量 $\boldsymbol{r}$ 来表示，如果建立坐标系，$\boldsymbol{r}$ 可以使用坐标单位基矢量的线性组合表示，则线性组合系数就是坐标。为了方便计算，一般取正交坐标系，其坐标基矢量两两垂直，因此位矢 $\boldsymbol{r}$ 与单位坐标基矢量点乘的结果就是坐标。

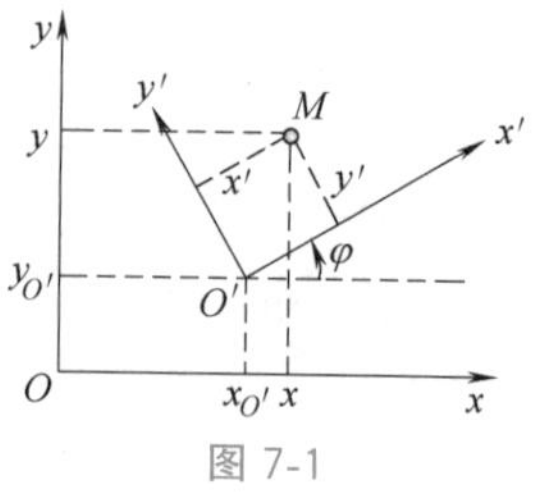

图 7-1

以平面直角坐标系为例，如图 7-1 所示，设定系中直角坐标系 Oxy 的单位基矢量为 $\boldsymbol{i}$，$\boldsymbol{j}$，动系 $Ox'y'$ 中的单位基矢量为 $\boldsymbol{i}'$，$\boldsymbol{j}'$。设动点 M 的绝对运动的运动方程为

$$\begin{cases}x=x(t)\\y=y(t)\end{cases}$$

相对运动的运动方程为

$$\begin{cases}x'=x'(t)\\y'=y'(t)\end{cases}$$

则坐标变换关系为

$$\begin{cases}x=x_{O'}+x'\cos\varphi-y'\sin\varphi\\y=y_{O'}+x'\sin\varphi+y'\cos\varphi\end{cases}\tag{7.1}$$

上式很容易推导，将 $\boldsymbol{r}$ 往各坐标轴投影即可。例如，$\boldsymbol{r}$ 与 x 轴的单位基矢量 $\boldsymbol{i}$ 点乘，就得到点 M 在定系中的 x 坐标，其推导过程如下。当然，如果 $\boldsymbol{r}$ 点乘的 x' 方向的单位基矢量，就得到式（7.1）中 x' 的表达式。

$$(\boldsymbol{r}_M-\boldsymbol{r}_{O'})\cdot\boldsymbol{i}=\boldsymbol{r}_{O'M}\cdot\boldsymbol{i}$$

$$\underbrace{(x\boldsymbol{i}+y\boldsymbol{j})}_{\boldsymbol{r}_M}\cdot\boldsymbol{i}-\underbrace{(x_{O'}\boldsymbol{i}+y_{O'}\boldsymbol{j})}_{\boldsymbol{r}_{O'}}\cdot\boldsymbol{i}=\underbrace{(x'\boldsymbol{i}'+y'\boldsymbol{j}')}_{\boldsymbol{r}_{O'M}}\cdot\boldsymbol{i}$$

$$x\underbrace{\boldsymbol{i}\cdot\boldsymbol{i}}_{1}+y\underbrace{\boldsymbol{j}\cdot\boldsymbol{i}}_{0}-x_{O'}\underbrace{\boldsymbol{i}\cdot\boldsymbol{i}}_{1}-y_{O'}\underbrace{\boldsymbol{j}\cdot\boldsymbol{i}}_{0}=x'\underbrace{\boldsymbol{i}'\cdot\boldsymbol{i}}_{\cos\varphi}+y'\underbrace{\boldsymbol{j}'\cdot\boldsymbol{i}}_{-\sin\varphi}$$

以上推导方法也可以推广到三维空间中，不过要注意，如果直接投影，将得到 9 个方向余弦，然而上一章我们证明了刚体姿态只有 3 个自由度，所以 9 个方向余弦中只有 3 个是独立的。为了避免这种冗余表达，一般绕三个轴依次旋转三个角度，每次旋转都可视为上面的二维情形。最终结果有点复杂，但是如果将式（7.1）写成矩阵形式，相应表达就显得简洁明了：

$$\begin{pmatrix}x\\y\end{pmatrix}=\begin{pmatrix}x_{O'}\\y_{O'}\end{pmatrix}+\begin{bmatrix}\cos\varphi & -\sin\varphi\\\sin\varphi & \cos\varphi\end{bmatrix}\begin{pmatrix}x'\\y'\end{pmatrix}$$

上式中的系数矩阵是单位正交矩阵（其逆是自身的转置），表示平面旋转。一般来说，绕某个坐标轴旋转，则该坐标不变。例如在三维空间中，绕 z 轴旋转 φ 角度和绕 y 轴旋转 φ 角度的旋转矩阵分别为

$$A_z(\varphi)=\begin{bmatrix}\cos\varphi & -\sin\varphi & 0\\\sin\varphi & \cos\varphi & 0\\0 & 0 & 1\end{bmatrix},\ A_y(\varphi)=\begin{bmatrix}\cos\varphi & 0 & -\sin\varphi\\0 & 1 & 0\\\sin\varphi & 0 & \cos\varphi\end{bmatrix}$$

这样，进行空间三次旋转后，系数矩阵可表示为三个旋转矩阵的乘积。

为了方便记忆式（7.1），回忆复数的指数形式可以表示旋转的性质，令 $w=x+y\mathrm{i}$，$w_{O'}=x_{O'}+y_{O'}\mathrm{i}$，$w'=x'+y'\mathrm{i}$，这里 i 是虚数单位，式（7.1）可写为如下简单形式

$$w=w_{O'}+w'\mathrm{e}^{\mathrm{i}\varphi}$$

其中用到欧拉公式 $\mathrm{e}^{\mathrm{i}\varphi}=\cos\varphi+\mathrm{i}\sin\varphi$。既然三维旋转等价为三次二维旋转的复合，式（7.1）对相对运动问题已经足够。

需要注意的是，坐标旋转公式（7.1）对矢量成立，因此速度和加速度也适用该公式。

思考：若动系和定系都采用极坐标系，则与式（7.1）对应的表达式是什么样的？

[例 7-1] 如图 7-2（a）所示，曲柄 $OA=400\text{mm}$，以等角速度 $\omega=0.5\text{rad/s}$ 绕 O 轴逆时针转动。曲柄的 A 端推动水平板 B，使滑杆 C 沿铅直方向上升。求当曲柄与水平线

间的夹角 $\theta=30°$时，滑杆的速度和加速度。

分析： 滑杆作上下平移，其上所有点的速度和加速度都相同。由于滑杆与曲柄有接触，可写出图示时刻滑杆上与曲柄 A 接触的点 A'（注意，上一时刻它还不是接触点）在任意时刻的坐标，再对时间逐次求导就能得到 A'点的速度和加速度。如果写不出绝对运动的坐标，但可以写出与运动物体固结的动系中的相对坐标，可以用式（7.1）转换到定系中再计算绝对速度和加速度。

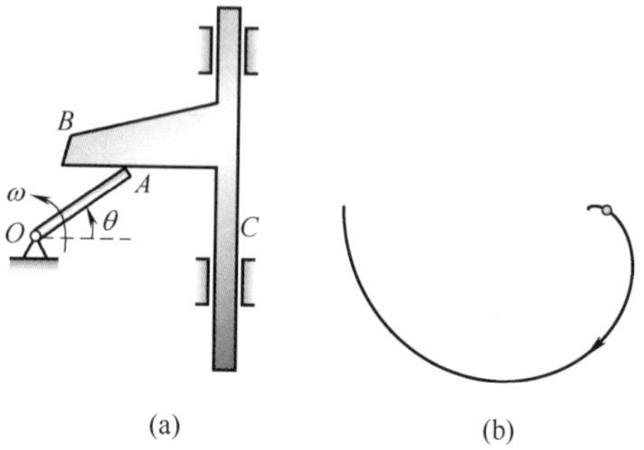

图 7-2

解： 以 O 为坐标原点，建立定系 xOy。显然 A'的纵坐标与 A 点的纵坐标一样，因此 $y_{A'}=OA\cdot\sin\theta$，依题意可取 $\theta=\omega t$，因此有

$$v_C=\dot{y}_{A'}=OA\cdot\dot{\theta}\cos\theta=OA\cdot\omega\cos\theta, a_C=\ddot{y}_{A'}=-OA\cdot\omega^2\sin\theta$$

将 $\theta=30°$代入上式，得到滑杆 C 的速度和加速度

$$v_C=0.4\times0.5\times\cos30°=\frac{\sqrt{3}}{10}\approx0.173\text{m/s}，a_C=-0.4\times0.5^2\times\sin30°=-0.05\text{m/s}$$

讨论：点 A 相对水平板 B 的运动是水平直线运动，有人据此认为，点 A'相对于 OA 杆的运动是水平直线运动，其加速度在水平方向。这是错的，因为下一时刻 A'不再是接触点，而在 OA 杆的斜下方。因此若将动系 $x'Oy'$与杆 OA 固结，x'轴沿 OA 方向。那么 A'的轨迹是曲线轨迹，只是恰好在 A'点处相切。

点 A'上下平移，故可设其绝对运动方程为：$x=a=$常数，$y=OA\cdot\sin\theta$，代入式（7.1）中，得到相对轨迹方程

$$\begin{cases}x'=a\cos\theta+OA\cdot\sin^2\theta\\y'=-a\sin\theta+OA\cdot\sin\theta\cos\theta\end{cases}$$

根据题意，$a=OA\cdot\cos30°$，$\theta\in[0,\pi]$，代入上式，用计算机可以画出相对轨迹，如图 7-2（b）所示（曲线上的点是图示时刻 A'的位置，注意该轨迹是在动系中观察到的）。

对参数方程关于时间求导（注意 $\theta=\omega t$），得到在动系中观测到的相对速度和相对加速度

$$\begin{cases}\dot{x}'=-a\omega\sin\theta+OA\cdot\omega\sin2\theta\\y'=-a\omega\cos\theta+OA\cdot\omega\cos2\theta'\end{cases}\quad\begin{cases}\ddot{x}'=-a\omega^2\cos\theta+2OA\cdot\omega^2\cos2\theta\\\ddot{y}'=a\omega^2\sin\theta-2OA\cdot\omega^2\sin2\theta\end{cases}$$

代入式（7.1）转换到定系，得到相对速度和相对加速度

$$v_{rx}=OA\cdot\omega\sin\theta=0.1\text{m/s}，v_{ry}=OA\cdot\omega\cos\theta-a\omega=0$$

$$a_{rx}=2OA\cdot\omega^2\cos\theta-a\omega^2=\frac{\sqrt{3}}{20}\ \text{m}^2/\text{s}，a_{ry}=-2OA\cdot\omega^2\sin\theta=-0.1\text{m}^2/\text{s}$$

可见，图示瞬间，动点 A'的相对速度在定系中的方向水平向右，而相对加速度方向为右斜下方。

可见，处理点的复合运动的解析法是首先建立运动方程，然后通过对时间求导获得速度与加速度，适于研究运动任意瞬时（或位置）的速度与加速度。有些情况，解析法求导计算量太大。矢量法可以避免复杂的求导计算，可以直接由速度（加速度）合成定理建立

速度（加速度）矢量关系，根据已知量来求未知量，适合求特定瞬时（或位置）的速度与加速度。

7.1.2 速度合成定理

考虑在动系中分析动点的矢径变化率。如图 7-3 所示，在与刚体固结的动系内，动点 M 的矢径的矢量分解式为 $\boldsymbol{r}'=x'_1\boldsymbol{e}'_1+x'_1\boldsymbol{e}'_2+x'_1\boldsymbol{e}'_3$，其中 x'_1，x'_2，x'_3 是 $\boldsymbol{r}'$ 在动系中的坐标，$\boldsymbol{e}'_1$，$\boldsymbol{e}'_2$，$\boldsymbol{e}'_3$ 分别是与动坐标轴 x'_1，x'_2，x'_3 固结的单位基矢量。

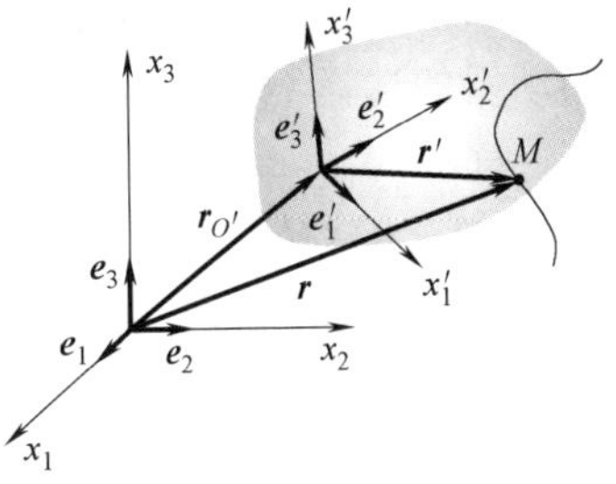

图 7-3

在定系中的导数称为**绝对导数**，它是 $\boldsymbol{r}'$ 在定系中的变化率。在动系中观察到的相对运动，忽略了动系的基矢量 $\boldsymbol{e}'_1$，$\boldsymbol{e}'_2$，$\boldsymbol{e}'_3$ 方向变化。因此，忽略坐标基矢量变化的导数称为**相对导数**，在求导符号上用波浪号“～”以示区别。因此，将绝对导数求得的速度/加速度就是绝对速度/加速度，而用相对导数求得的速度/加速度就是相对速度/加速度。接下来研究相对导数和绝对导数的联系。

第 6 章中给出了单位矢量的旋转公式，$\mathrm{d}\boldsymbol{e}/\mathrm{d}t=\boldsymbol{\omega}\times\boldsymbol{e}$，其中 $\boldsymbol{\omega}$ 是单位矢量 $\boldsymbol{e}$ 在空间中旋转对应的角速度矢量。设动系的角速度矢量为 $\boldsymbol{\omega}$，则位矢 $\boldsymbol{r}$ 的绝对导数为

$$\frac{\mathrm{d}\boldsymbol{r}}{\mathrm{d}t}=(\dot{x}'_1\boldsymbol{e}'_1+\dot{x}'_1\boldsymbol{e}'_2+\dot{x}'_1\boldsymbol{e}'_3)+\left(x'_1\frac{\mathrm{d}\boldsymbol{e}'_1}{\mathrm{d}t}+x'_2\frac{\mathrm{d}\boldsymbol{e}'_2}{\mathrm{d}t}+x'_3\frac{\mathrm{d}\boldsymbol{e}'_3}{\mathrm{d}t}\right)=\frac{\tilde{\mathrm{d}}\boldsymbol{r}}{\mathrm{d}t}+\boldsymbol{\omega}\times\boldsymbol{r}$$

右边第二项是动系旋转产生的贡献。

因为 $\boldsymbol{r}$ 可以是任何矢量，所以上式常写为如下算子公式（也称为泊松公式）

$$\frac{\mathrm{d}}{\mathrm{d}t}=\frac{\tilde{\mathrm{d}}}{\mathrm{d}t}+\boldsymbol{\omega}\times \tag{7.2}$$

可称为**相对导数公式。**

有了这个结果，我们可以给出绝对速度与相对速度的关系。如图 7.1 所示，在定系中，动点 M 的矢径可表示为 $\boldsymbol{r}=\boldsymbol{r}_{O'}+\boldsymbol{r}'$，代入式（7.1）得

$$\boldsymbol{v}_\mathrm{a}=\frac{\mathrm{d}\boldsymbol{r}}{\mathrm{d}t}=\frac{\mathrm{d}\boldsymbol{r}'}{\mathrm{d}t}+\frac{\mathrm{d}\boldsymbol{r}_{O'}}{\mathrm{d}t}=\frac{\tilde{\mathrm{d}}\boldsymbol{r}'}{\mathrm{d}t}+\boldsymbol{\omega}\times\boldsymbol{r}'+\boldsymbol{v}_O=\boldsymbol{v}_\mathrm{r}+\boldsymbol{v}_{O'}+\boldsymbol{\omega}\times\boldsymbol{r}'$$

其中，$\boldsymbol{v}_\mathrm{a}=\dfrac{\mathrm{d}\boldsymbol{r}}{\mathrm{d}t}$ 是**绝对速度**；$\boldsymbol{v}_\mathrm{r}=\dfrac{\tilde{\mathrm{d}}\boldsymbol{r}'}{\mathrm{d}t}$ 是**相对速度**；$\boldsymbol{v}_{O'}+\boldsymbol{\omega}\times\boldsymbol{r}'$ 是基点法求得的某点的速度，可以理解为：假想动点 M 在瞬时被“冻结”在动系固结的运动刚体或其扩大部分上，随着刚体一起运动时所具有的速度称为**牵连速度**，记作 $\boldsymbol{v}_\mathrm{e}=\boldsymbol{v}_{O'}+\boldsymbol{\omega}\times\boldsymbol{r}'$。下标 e 代表 entrainment，意思是驱动、挟带、使……同步。因此，动系相对于定系的运动称为**牵连运动**，意思是动系所固结的刚体对 M 点拖带牵连而产生的运动。于是，有

$$\boldsymbol{v}_\mathrm{a}=\boldsymbol{v}_\mathrm{r}+\boldsymbol{v}_\mathrm{e} \tag{7.3}$$

即绝对速度等于相对速度与牵连速度的矢量和，这就是点的**速度合成定理。**

动系和定系是两个不同的参考系，动点在定系和动系中的两个“相对”速度（绝对速度和相对速度）的联系者就是牵连速度。式（7.3）是两个“相对”运动的联系，因此可以理解为运动的合成，也可以理解为运动的分解。

例如，在机床上对工件加工，车刀在空间中的运动路线是人预定好的，其参考系是工作台。工件被卡钳固定在机床轴上随其一起转动，参考系也是工作台。当研究车刀上与工件接触点的相对运动时，可将动系与工件固结，则工件上刻的痕迹就是车刀接触点在动系中的相对轨迹。反过来，如果研究工件上某个切削点的相对运动，就将动系与车刀固结，此时工件上的刻痕不是切削点的相对运动轨迹，因为工件接触点时刻在变，当前切削点在动系中的运动轨迹才是相对轨迹，但它在空中看不见，多数情况下是空间曲线。可见，动点与动系的选择不同，相对运动轨迹复杂程度就不同，相对速度和相对加速度方向自然也就不一样。

因此，选择合适的动点和动系，使相对运动轨迹清晰、简单，就便于利用式（7.3）求解。如图 7-4 所示的几种机构，它们有一共同点：其中一个构件上的点是稳定的接触点，并且与另一个直线构件相接触。尽量选该点为动点，动系与另一构件固结，相对轨迹是直线。在图 7-4（a）中，杆 AB 上的点 B 与杆 CD 总保持接触，就取该点为动点，动系与杆 CD 固结。

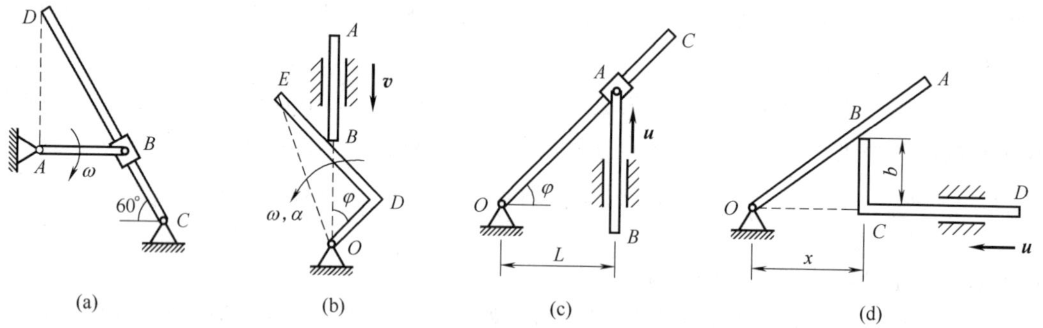

图 7-4

［例 7-2］ 已知凸轮顶杆机构中的凸轮为一偏心圆轮［图 7-5（a）］，其半径为 R，偏心距为 e，并以 ω 做匀角速转动。求当 $\angle OCA=90°$时，顶杆 AB 上一点的速度。

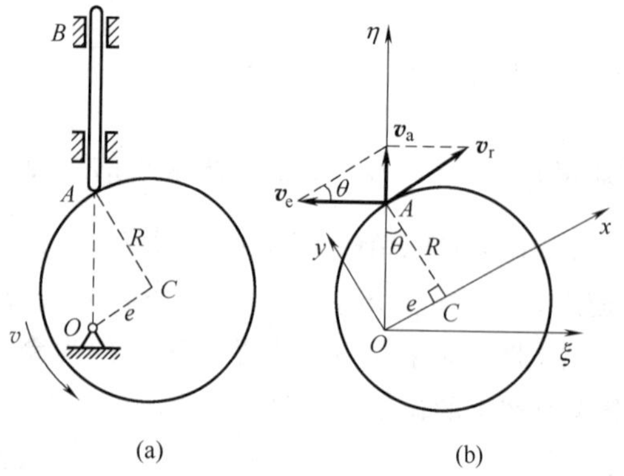

图 7-5

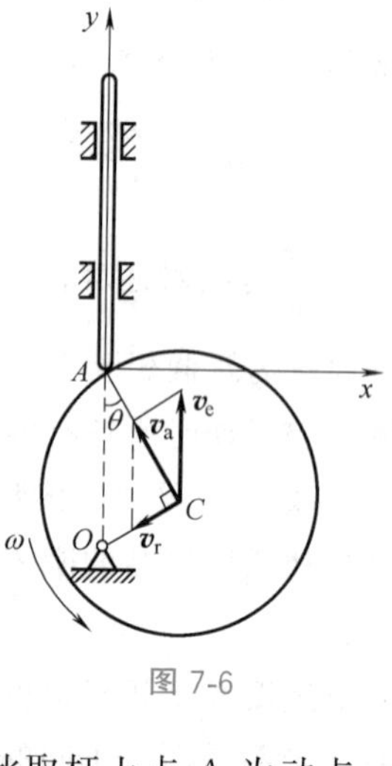

图 7-6

解： ① 两物体相互接触，杆上点 A 是稳定接触点，因此取杆上点 A 为动点，动系与偏心圆轮固结。分析三种运动。绝对运动：点 A 的直线运动；相对运动：点 A 沿圆盘边缘的圆周运动；牵连运动：动系 Oxy 绕 O 轴的定轴转动。

② 速度分析如图 7-5（b）所示

$$\boldsymbol{v}_a=\boldsymbol{v}_r+\boldsymbol{v}_e$$

其中，$v_e=\omega\sqrt{R^2+e^2}$。由图中几何关系可知 $v_a=v_e\tan\theta=\frac{e}{R}\omega\sqrt{R^2+e^2}$。

讨论：本题还可将动系 Axy 与顶杆固结，但不能再选杆上的点 A 为动点，因它与动系无相对运动；可选凸轮中心 C 为动点，因为它与接触点的距离始终不变，相对轨迹简单，其相对运动是绕 A 的圆周运动，半径为 R。动点 C 的绝对运动是绕 O 的圆周运动，半径为 e。牵连运动是随顶杆直线平移。将速度按照运动轨迹切线方向分解，如图 7-6 所示，有

$$\boldsymbol{v}_a=\boldsymbol{v}_r+\boldsymbol{v}_e$$

其中，$v_a=\omega e$，则 $v_A=v_e=\frac{v_a}{\cos\theta}=\frac{e}{R}\omega\sqrt{R^2+e^2}$。

如果接触的两个物体存在不稳定的接触点，这时可以选择一个物体为动系，几何动点的相对轨迹的密切圆心为动点，也可以取几何点（交点/切点）为动点，动系分别与两物体固结，然后列等式求解。

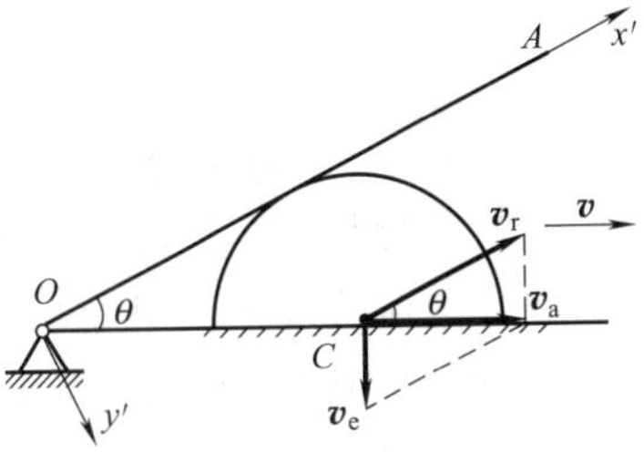

图 7-7

［例 7-3］ 细直杆一端铰接在 O 轴，另一端始终紧贴半径为 r 的半圆柱体，如图 7-7 所示。已知半圆柱以速度$\boldsymbol{v}$ 水平向右滑动。求杆与水平面夹角为 θ 时，其绕 O 轴转动的角速度大小。

解： 注意到半圆柱横截面圆心 C，与半圆柱和杆相切，且到切点的距离始终不变，因此选 C 点为动点，动系与杆固结。点 C 的绝对运动是水平移动，相对运动是沿杆向上的直线，牵连运动是随动系一起绕 O 点定轴转动。将速度按照平行四边形分解，有

$$\boldsymbol{v}_a=\boldsymbol{v}_r+\boldsymbol{v}_e$$

由几何关系可知 $v_e=v_a\tan\theta=v\tan\theta=\omega OC=\omega r/\sin\theta$，于是 $\omega=v\sin^2\theta/r\cos\theta$。

讨论：只是求速度或角速度，动点还可选择为杆上与半圆柱相切点，或选择半圆柱上与杆的相切点。但如果求加速度或角加速度，就只能选择圆柱横截面圆心 C 为动点。因为这两个物体上存在不稳定接触点（接触点始终都在变化）。若取其中的点作为动点，下一时刻该点不是切点，因此它的相对轨迹是仅在接触点处相切的曲线，这时相对加速度方向大小不确定，而未知量已有 2 个，但矢量方程在平面中只能给出 2 个分量方程，最多求解两个未知量，因此其绝对加速度或牵连加速度就求不出来。

［例 7-4］ 直线 AB 以大小为 v 的速度沿垂直于 AB 的方向向上移动，直线 CD 以大小为 v_2 的速度沿垂直于 CD 的方向向左上方移动，如图 7-8（a）所示。如两直线间的交角为 θ，求两直线交点 M 的速度。

分析： 像这类存在不稳定接触点的问题，可将每个时刻的交点（几何点）视为某个物理点，例如在 M 处套一小环，就是等效的物理点，取它作为动点。这需要进行两次运动分解，联立求解。

解： 取交点 M 为动点，分别以 AB、CD 为动系，相对运动和牵连运动都是直线运动，如图 7-8（b）所示，由速度合成

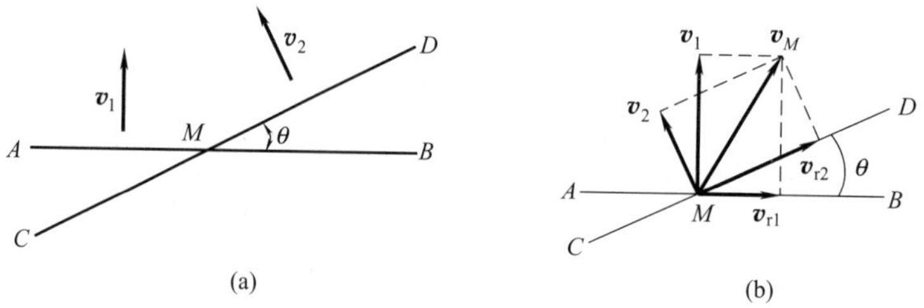

图 7-8

$$\boldsymbol{v}_a=\boldsymbol{v}_{e1}+\boldsymbol{v}_{r1}=\boldsymbol{v}_{e2}+\boldsymbol{v}_{r2}$$

其中，$\boldsymbol{v}_{e1}=\boldsymbol{v}_1$，$\boldsymbol{v}_{e2}=\boldsymbol{v}_2$。等式两边同时向$\boldsymbol{v}_1$方向投影，得

$$v_1=v_2\cos\alpha+v_{r2}\sin\alpha$$

解得 $v_{r2}=(v_1-v_2\cos\alpha)/\sin\alpha$。则动点 M 的绝对速度

$$v_a=\sqrt{v_{e2}^2+v_{r2}^2}=\sqrt{v_2^2+\left(\frac{v_1-v_2\cos\alpha}{\sin\alpha}\right)^2}=\frac{1}{\sin\alpha}\sqrt{v_1^2+v_2^2-2v_1v_2\cos\alpha}$$

思考：例 7-3 中能否取套住杆和圆柱边缘的一套环为动点，使用例 7-4 的解法求解？

像公路上行驶的车辆之间、海域上的舰艇等，它们之间没有接触点，动系或动点选择非此即彼，绝对轨迹也很明确，所以非常简单。

[例 7-5] 如图 7-9（a）所示，公路上行驶的两辆车速度都恒为 72km/h。图示瞬时，在车 B 中的观察者看来，车 A 的速度为多大？

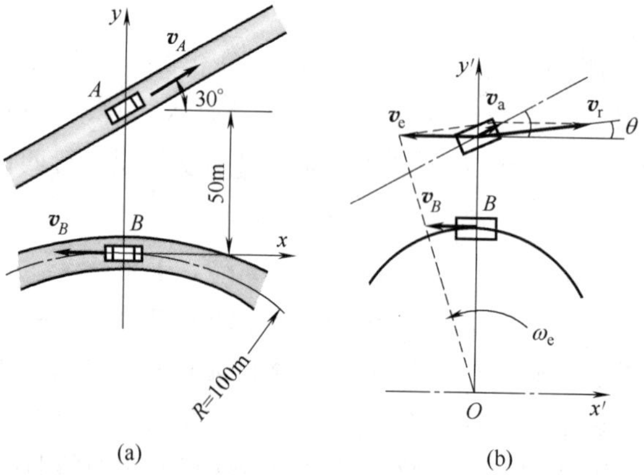

图 7-9

解： ① 取车 A 几何中心为动点，动系固结于车 B。分析三种运动。绝对运动：直线；相对运动：平面曲线；牵连运动：随着车 B 一起绕环形车道中心的定轴转动。

② 分析速度，如图 7-9（b）所示

$$\boldsymbol{v}_a=\boldsymbol{v}_r+\boldsymbol{v}_e$$

由几何关系可知 $v_A=v_B=20\text{m/s}$，$\omega_e=\dfrac{v_B}{R}=\dfrac{20}{100}=0.2\text{rad/s}$，$v_e=\omega_e\times150=30\text{m/s}$。

$$\boldsymbol{v}_r=\boldsymbol{v}_a-\boldsymbol{v}_c=47.32\boldsymbol{i}'+10\boldsymbol{j}'\text{m/s},\ \tan\theta=\frac{10}{47.32},\ \theta=11.93^\circ$$

从例 7-5 可知，动系只能与刚体固结。若必须与点固结，则可将动系原点与该点固定，但动系尽量不旋转，否则动系将做平面运动，动点相对轨迹可能很复杂，相对速度、相对加速度方向均难以确定。

7.1.3 加速度合成定理

根据速度合成定理，绝对加速度 $\boldsymbol{a}_{\mathrm{a}}=\dfrac{\mathrm{d}\boldsymbol{v}_{\mathrm{a}}}{\mathrm{d}t}=\dfrac{\mathrm{d}\boldsymbol{v}_{\mathrm{r}}}{\mathrm{d}t}+\dfrac{\mathrm{d}\boldsymbol{v}_{\mathrm{e}}}{\mathrm{d}t}$，再由相对导数公式

$$\frac{\mathrm{d}\boldsymbol{v}_{\mathrm{r}}}{\mathrm{d}t}=\frac{\widetilde{\mathrm{d}}\boldsymbol{v}_{\mathrm{r}}}{\mathrm{d}t}+\boldsymbol{\omega}\times\boldsymbol{v}_{\mathrm{r}}$$

以及

$$\begin{aligned}\frac{\mathrm{d}\boldsymbol{v}_{\mathrm{e}}}{\mathrm{d}t}&=\frac{\mathrm{d}\boldsymbol{v}_{O}}{\mathrm{d}t}+\frac{\mathrm{d}}{\mathrm{d}t}(\boldsymbol{\omega}\times\boldsymbol{r}')=\boldsymbol{a}_{O}+\boldsymbol{\omega}\times\frac{\mathrm{d}\boldsymbol{r}'}{\mathrm{d}t}+\frac{\mathrm{d}\boldsymbol{\omega}}{\mathrm{d}t}\times\boldsymbol{r}'\\&=\boldsymbol{a}_{O}+\boldsymbol{\omega}\times(\boldsymbol{\omega}\times\boldsymbol{r}')+\boldsymbol{\omega}\times\boldsymbol{v}_{\mathrm{r}}+\boldsymbol{\alpha}\times\boldsymbol{r}'\end{aligned}$$

二者相加，得

$$\boldsymbol{a}_{\mathrm{a}}=\boldsymbol{a}_{\mathrm{r}}+[\boldsymbol{a}_{O}+\boldsymbol{\omega}\times(\boldsymbol{\omega}\times\boldsymbol{r}')+\boldsymbol{\alpha}\times\boldsymbol{r}']+2\boldsymbol{\omega}\times\boldsymbol{v}_{\mathrm{r}} \tag{7.4}$$

其中，$\boldsymbol{a}_{\mathrm{r}}=\dfrac{\widetilde{\mathrm{d}}\boldsymbol{v}_{\mathrm{r}}}{\mathrm{d}t}$是相对加速度，对比上一章加速度公式可知，方括号项代表某一点的加速度。类比牵连速度的解释可知，它就是**牵连加速度**，记作 $\boldsymbol{a}_{\mathrm{e}}$。最后一项 $\boldsymbol{a}_{C}=2\boldsymbol{\omega}\times\boldsymbol{v}_{\mathrm{r}}$称为科里奥利加速度，简称**科氏加速度**。根据表达式来看，如果相对速度$\boldsymbol{v}_{\mathrm{r}}$为零，或动系没有转动或转动角速度矢量 $\boldsymbol{\omega}$ 与相对速度平行，则科氏加速度 $\boldsymbol{a}_{C}$ 为零。

因此，式（7.4）可以写为

$$\boldsymbol{a}_{\mathrm{a}}=\boldsymbol{a}_{\mathrm{r}}+\boldsymbol{a}_{\mathrm{e}}+\boldsymbol{a}_{C} \tag{7.5}$$

即动点的绝对加速度等于相对加速度、牵连加速度和科氏加速度的矢量和，这就是点的**加速度合成定理。**

从推导过程来看，科氏加速度来自两方面：

① 动系旋转导致相对速度方向变化引起的附加加速度；

② 由于动系旋转，动点相对位置变化导致牵连速度大小的变化所引起的附加加速度。由此可见，科氏加速度是动系转动与动点相对其运动的耦合效应，故可称为耦合加速度。因此科氏加速度是一种几何效应，而不是物理效应。

［例 7-6］ 求例 7-5 中，从车 B 中的观察者看来，车 A 的加速度。

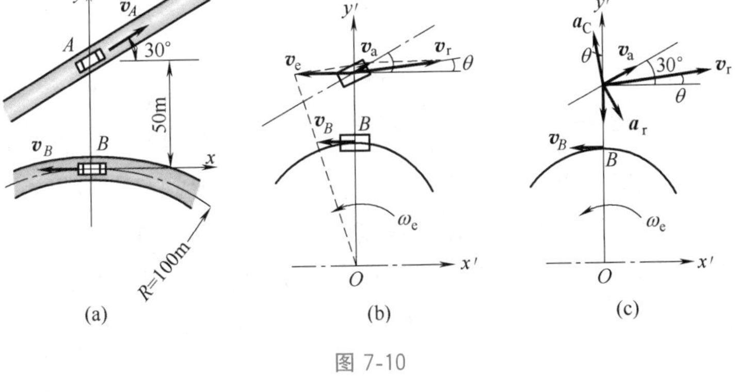

图 7-10

解：① 沿用例 7-5 的动点和动系。即取车 A 几何中心为动点，动系固结于车 B。分析三种运动。绝对运动：直线；相对运动：平面曲线；牵连运动：随着车 B 一起绕环形车道中心的定轴转动。

② 分析速度，如图 7-10（b）所示，解答过程见例 7-5。

③ 分析加速度，如图 7-10（c）所示，有

$$\boldsymbol{a}_a=\boldsymbol{a}_r+\boldsymbol{a}_e+\boldsymbol{a}_C$$

其中

$$a_e=OA\cdot\omega_e^2=150\times\left(\frac{20}{100}\right)^2=6\text{m/s}^2,\ a_C=2\omega_e v_r=2\times\frac{1}{5}\times 48.365=19.346\text{m/s}^2。$$

将上式分别向 y'、x'轴投影

$$a_{ry'}=a_e-a_C\cos\theta=6-19.346\cos 11.93°=-12.9\text{m/s}^2,\ a_{rx'}=a_C\sin\theta=4\text{m/s}^2$$

因此，$\boldsymbol{a}_r=4\boldsymbol{i}'-12.9\boldsymbol{j}'\text{m/s}^2$。

为了避免计算复杂，尽量避免出现科氏加速度，可以尽量让动系与平移刚体固结。

［例 7-7］ 凸轮顶杆机构如图 7-11 所示，已知凸轮为一偏心圆轮，其半径为 R，偏心距为 e，并以 ω 做等角速转动。求当$\angle OCA=90°$时，顶杆 AB 的加速度。

解：与例 7-2 一样，动点有两种选择，但最好选择 C 为动点，因为不希望引入科氏加速度，故尽量让动系与直线运动的物体固连，并保证相对轨迹要尽量简单。这样，相对速度和相对加速度方向就容易判断。

① 取凸轮中心 C 为动点，将动系 Axy 与顶杆固结，因为 C 点与接触点的距离始终不变，相对轨迹简单，其相对运动是绕 A 的圆周运动，半径为 R。动点 C 的绝对运动是绕 O 的圆弧运动，半径为 e。牵连运动是与杆一起直线平移。速度分析见例 7-2 讨论部分，这里仅给出相对速度 $v_r=v_a\tan\theta=\omega e^2/R$。

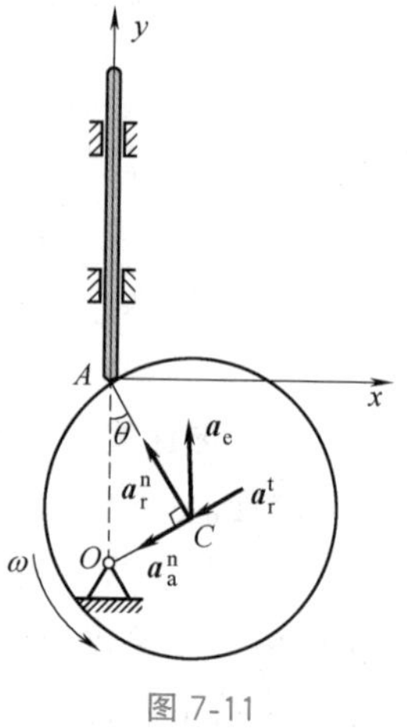

图 7-11

② 加速度分析，如图 7-11 所示。

$$\boldsymbol{a}_a^n+\boldsymbol{a}_a^t=\boldsymbol{a}_r^n+\boldsymbol{a}_r^t+\boldsymbol{a}_e$$

其中，$a_a^n=e\omega^2$，$a_a^t=0$，$a_r^n=v_r^2/R=\omega^2e^4/R^3$。以上矢量只有两个大小未知，正好可以列两个投影方程求出。

将上式沿 $\boldsymbol{a}_r^n$ 方向投影得 $a_r^n=-a_e\cos\theta$，解得 $a_e=-\dfrac{e^4\sqrt{R^2+e^2}}{R^4}\omega^2$。

将上式沿 $\boldsymbol{a}_r^t$ 方向投影得 $a_a^n=a_r^t-a_e\sin\theta$，解得 $a_r^t=\left(1-\dfrac{e^4}{R^4}\right)e\omega^2$。

对于套筒问题，滑杆相对于套筒的运动是直线运动。反过来，套筒相对滑杆的运动也是直线运动，所以动系既可以是杆，也可以是套筒。但通常选择二者之中运动较为简单的那个作为动系，另一物体上的某个点作为动点。这样计算加速度就不复杂。

［例 7-8］ 如图 7-12（a）所示平面机构中，曲柄 $OA=r$，以匀角速度 ω_O 转动。套筒 A 沿 BC 杆滑动。$BC=DE$，且 $BD=CE=l$。求杆 BD 在图示位置时的角速度和角加速度。

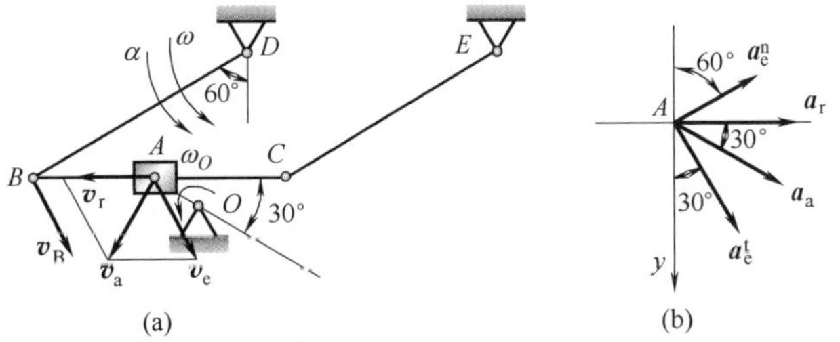

图 7-12

解：①销钉 A 是明确的接触点，所以取滑块 A 上的销钉为动点，动系固结于 BC 杆。分析三种运动。绝对运动：圆周平移（绕 O 轴）；相对运动：平移（沿杆 BC）；牵连运动：平移（与 B 点轨迹相同）。

速度分析如图 7-12（a）所示，有

$$\boldsymbol{v}_a=\boldsymbol{v}_r+\boldsymbol{v}_e$$

其中 $v_a=r\omega_O$。由几何关系可知 $v_r=v_e=v_a=r\omega_O$，因此 $\omega_{BD}=\dfrac{v_e}{BD}=\dfrac{r\omega_O}{l}$。

② 加速度分析，如图 7-12（b）所示，有

$$\boldsymbol{a}_a=\boldsymbol{a}_e^t+\boldsymbol{a}_e^n+\boldsymbol{a}_r$$

其中，$a_a=r\omega_O^2$，$a_e^n=l\omega_{BD}^2$。沿 y 轴投影

$$a_a\sin30°=a_e^t\cos30°-a_e^n\sin30°$$

解得 $a_e^t=\dfrac{(a_a+a_e^n)\sin30°}{\cos30°}=\dfrac{\sqrt{3}\omega_O^2r(l+r)}{3l}$，所以 $\alpha_{BD}=\dfrac{a_e^t}{BD}=\dfrac{\sqrt{3}\omega_O^2r(l+r)}{3l^2}$。

讨论：如果选取杆 BC 上与套筒重合的点为动点，以套筒为动系，结果与本题一样吗？

有些问题动系和动点的选择较多，但应注意尽量使速度和加速度分析共用一套动点和动系，因为在加速度分析时，可以沿用速度分析中的一些结果。

［例 7-9］ 如图 7-13（a）所示偏心轮摇杆机构中，摇杆 O_1A 借助弹簧压在半径为 R 的偏心轮 C 上。偏心轮绕 O 往复摆动，从而带动摇杆绕 O_1 轴摆动。设 $OC\perp O_1O$ 时，轮 C 的瞬时角速度为 ω，瞬时角加速度为零，$\theta=60°$。求此时摇杆 O_1A 的角速度 ω_1 和角加速度 α_1。

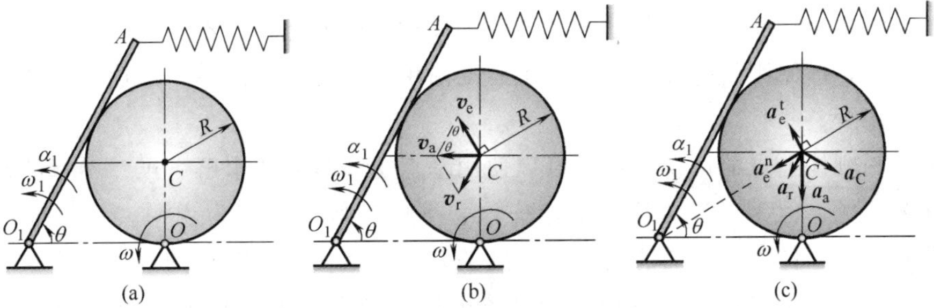

图 7-13

分析：本题属于存在不稳定接触点的问题，是相切类型。这类问题最好选择切点处轮廓的密切圆心为动点，则速度和加速度分析都可以沿用同样的动点和动系的方式分析。如

果只是分析速度，则动点的选择可以是杆上的接触点或者轮上的接触点。这些点下一个时刻就不再是接触点，因此其相对轨迹是曲线，相对加速度存在法向加速度分量。相对轨迹的曲率半径不知道，相对加速度方向就无法确定。分析加速度时，前一个方案更好。为了求解过程简单，选择速度和加速度分析可以公用的动点动系方案。

解：① 取 C 为动点，动系与摇杆 O_1A 固结。分析三种运动。绝对运动：圆周运动（绕 O 点）；相对运动：直线运动（平行于杆）；牵连运动：定轴转动（绕 O_1 轴）。

速度分析如图 7-13（b）所示，有

$$\boldsymbol{v}_a=\boldsymbol{v}_r+\boldsymbol{v}_e$$

其中，$v_a=v_e=v_r=\omega R$。因为 $\theta=60°$，$O_1C=2R$，所以 $\omega_1=\dfrac{v_e}{O_1C}=\dfrac{\omega}{2}$。

② 加速度分析如图 7-13（c）所示，有

$$\boldsymbol{a}_a=\boldsymbol{a}_e^t+\boldsymbol{a}_e^n+\boldsymbol{a}_r+\boldsymbol{a}_C$$

其中，$a_a=\omega^2R$，$a_e^t=2\alpha_1R$，$a_e^n=2\omega_1^2R$，$a_C=2\omega_r v_r$。

沿 $\boldsymbol{a}_C$ 方向投影

$$a_a\cos 60°=a_C-a_e^t\cos 30°-a_e^n\sin 30°$$

解得 $a_e^t=\dfrac{2}{\sqrt{3}}\left(a_C-\dfrac{1}{2}a_a-\dfrac{1}{2}a_e^n\right)=\dfrac{\sqrt{3}}{6}\omega^2R$，因此

$$\alpha_1=\frac{a_e^t}{2R}=\frac{\sqrt{3}}{12}\omega^2$$

思考：本题是否可以选择（由每时每刻的接触点位置定义轨迹的）几何点作为动点？如果能这样选择，其速度分析和加速度分析是否可共用这套动点动系方案？

动点和动系选择的原则：**动点与动系不能选在同一刚体上，且动点相对运动轨迹应尽量简单，**使相对加速度的方向、大小、切向分量、法向分量最少确定一个。

7.1.4 运动学综合问题

平面运动涉及五种典型问题：同一刚体上的两点之间关系、无接触点问题（例 7-5 和例 7-6）、两个刚体间存在稳定接触点问题（例 7-2、例 7-7、例 7-8）、两个刚体间存在不稳定接触点问题（例 7-3、例 7-4、例 7-9），以及套筒-滑杆（或滑块-滑槽，滑块视为套筒，滑槽视为滑杆）问题。本节稍后将处理套筒-滑杆问题。平面运动物体或运动机构中任意两点之间的运动关系都可归结为上述五种典型问题的组合。不同的问题选择动点和动系的方式不同，但原则是一致的——动系运动简单，相对轨迹简单，加速度合成公式中的未知量尽可能少。

对于同一刚体上点的运动关系，可以使用基点法和瞬心法求解。虽然本章的知识也可以解决这个问题，但为了避免读者混淆方法，下面的例子仅作为说明，并不推荐这种做法。当遇到同一刚体上两点的速度或加速度关系时，请使用第 6 章的方法。

例如，可以用相对运动视角来解释刚体上任意两点速度公式 $\boldsymbol{v}_B=\boldsymbol{v}_A+\boldsymbol{\omega}\times\boldsymbol{r}_{AB}$。以 B 为动点，由于 A，B 在同一个刚体上，所以动系不能固结于此刚体，否则 B 相对动系静止。因此，将动系的原点 O' 与刚体的基点 A 固结并随之一同平移，则刚体相对于动系绕定点 A 运动。于是，刚体或其扩大部分上任一点 B 的运动都可看作是在动系中绕定点

A 运动并随动系一起平移的运动的合成。在基点法公式中，$\boldsymbol{\omega}\times\boldsymbol{r}_{AB}=\boldsymbol{v}_{B|A}$ 是点 B 在动系中绕动系的原点 A 转动的速度，是相对速度 $\boldsymbol{v}_r$，而 ω 是相对角速度，但它等于绝对角速度，因为动系不旋转。而 $\boldsymbol{v}_A$ 是点 B 的牵连速度 $\boldsymbol{v}_e$。例 6-5 的基点法就是这种动点和动系方案下的速度合成定理。

例 6-3 中求 B 点速度，可取 B 点为动点，动系与杆 OA 固结，虽然点 B 与点 A 距离是常数（AB 长度固定），但是点 A 的相对轨迹不是一个圆，而是复杂的曲线运动。基点法本质上可以用点的运动合成来解释。

［例 7-10］ 如图 7-14（a）所示机构中，杆 OA 以匀角速度 ω 转动，$OA=r$，图示瞬时 $OA\perp OB$。求该瞬时杆 AC 上与销钉 B 重合的点 D 的加速度。

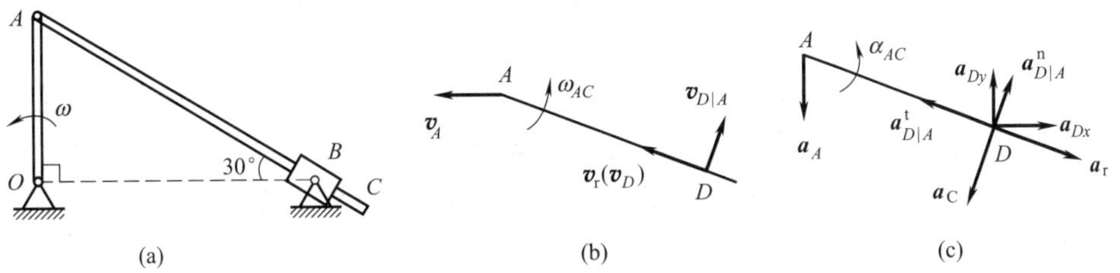

图 7-14

分析：套筒上的销钉 B 是稳定接触点，一般取它为动点，动系与杆 AC 固结，这导致牵连加速度方向和法向分量大小无法确定，还需结合基点法或新的动点、动系，得到新的方程，计算量就稍微大一些，通常不这么取动点。可以取 D 点为动点，动系与套筒固结。点 D 只是瞬时接触点，求解加速度时本来不适合作为动点，但其相对加速度的方向能确定，且牵连运动是静止，因此可以作为动点，也可以取 A 点为动点，动系与套筒固结。此时套筒可认为拉伸到与杆同长，则相对加速度方向也可确定。题目求的是 D 点的加速度，取 D 点为动点，动系与套筒固结，这样求解较方便。

解：① 取 D 点为动点，动系与套筒固结。分析三种运动。绝对运动：平面曲线；相对运动：直线；牵连运动：定轴转动（绕 B 轴）。

因为牵连运动为定轴转动，所以加速度分析必然产生科氏加速度，需要计算相对速度 v_r，故先分析速度。

速度分析如图 7-14（b）所示，$v_e=v_B=0$，故绝对速度等于相对速度。考虑到 D 点在杆 AC 上，而 A 点速度可求，因此以 A 为基点，求 D 点的速度。

$$\boldsymbol{v}_D=\boldsymbol{v}_a=\boldsymbol{v}_r=\boldsymbol{v}_A+\boldsymbol{v}_{D|A}$$

其中，$v_A=r\omega$，$v_{D|A}=AD\cdot\omega_{AC}=2r\omega_{AC}$。

将上式沿 DA 方向投影，得 $v_r=v_D=v_A\cos30^\circ=\dfrac{\sqrt{3}}{2}r\omega$；沿 $v_{D|A}$ 方向投影，得 $v_{D|A}=v_A\cos60^\circ=\dfrac{1}{2}r\omega$。因此 $\omega_{AC}=\dfrac{v_{D|A}}{2r}=\dfrac{1}{4}\omega$，套筒的角速度 $\omega_e=\omega_{AC}=\dfrac{1}{4}\omega$。

② 加速度分析如图 7-14（c）所示，注意到 D 点的牵连加速度为零，D 点绝对轨迹是曲线，有

$$\boldsymbol{a}_{Dx}+\boldsymbol{a}_{Dy}=\boldsymbol{a}_r+\boldsymbol{a}_C \tag{a}$$

其中，$a_C=2\omega_e v_r=\frac{\sqrt{3}}{4}r\omega^2$。式（a）中有三个量的大小无法确定，需要再补充方程。考虑到 A 点的加速度可求，就以 A 点为基点，求 D 点加速度

$$\boldsymbol{a}_{Dx}+\boldsymbol{a}_{Dy}=\boldsymbol{a}_A+\boldsymbol{a}_{D|A}^{n}+\boldsymbol{a}_{D|A}^{t} \tag{b}$$

其中，$a_{D|A}^{n}=AD\cdot\omega_{AC}^2=\frac{1}{8}r\omega^2$，$a_{D|A}^{t}=AD\cdot\alpha_{AC}$。上面的式（a）和式（b）一共 4 个未知量，而两个矢量方程在平面内可得 4 个独立的分量方程，因此联立解得

$$a_{Dx}=\frac{\sqrt{3}}{16}\omega^2 r,\ a_{Dy}=-\frac{9}{16}\omega^2 r$$

D 点加速度方向不沿杆，而是右斜下方与水平线成 79.1°夹角，可见 D 点绝对轨迹是曲线。

思考：例 7-3 是否可视为在圆柱与杆的接触点处安装一个套筒，而杆穿过套筒？

为了熟悉套筒相关的运动问题，请读者尝试分析图 7-15 各种情况中动点和动系该如何选择？假设其中标出的角速度是已知量。将速度和加速度合成图画出来。如果未知量过多，看看能否再找等式或更换动点、动系方案。

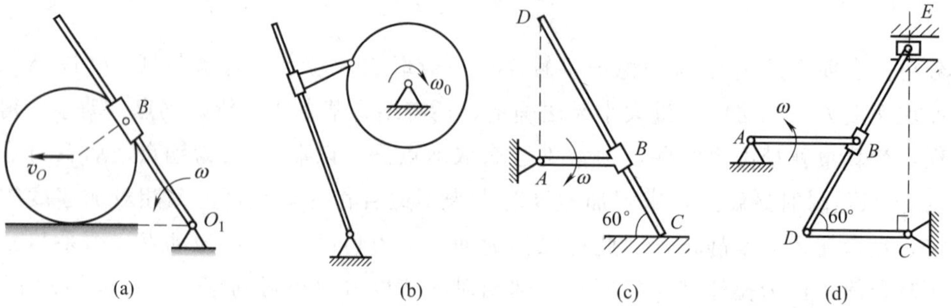

图 7-15

［例 7-11］ 某牛头刨床机构如图 7-16（a）所示。已知 $O_1A=200$mm，角速度 $\omega_1=2$rad/s。求图 7-16（a）示位置滑枕 CD 的速度和加速度。

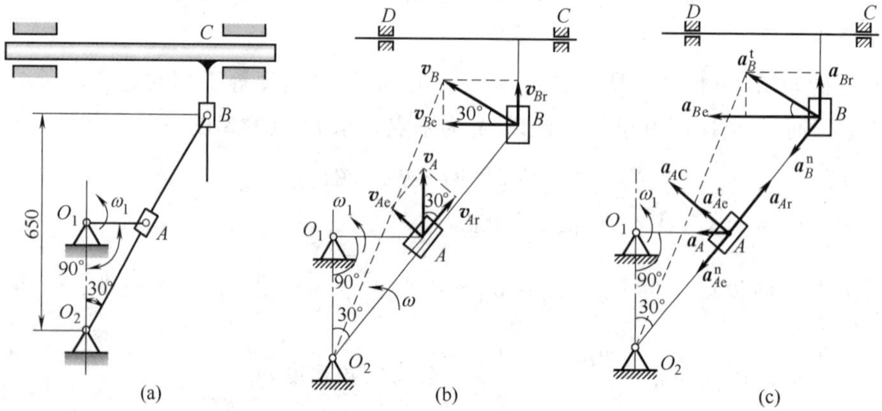

图 7-16

分析：滑枕与套筒 B 存在相对运动，套筒上的 B 点是稳定接触点，因此将其作为动点，动系与滑枕固结。可建立滑枕速度和加速度与 B 点速度和加速度的联系，而 B 点又

是做定轴转动的摇杆 O_2B 上的点，B 点的速度和加速度的计算需要知道摇杆的角速度和角加速度。O_1A 的角速度和角加速度已知，则点 A 的速度和加速度可求。点 A 是相对杆 O_2B 滑动的稳定接触点，取为动点，动系于摇杆固结，就能得到摇杆的角速度和角加速度。于是，原问题化为两个典型的稳定接触点问题。以上分析思路是从未知到已知，解答过程则要反过来书写，从已知到未知。

解：① 以套筒上的 A 点为动点，动系与杆 O_2B 固结。分析三种运动。绝对运动：圆周运动（绕 O_1 轴）；相对运动：直线运动（沿 O_2B）；牵连运动：定轴转动（绕 O_2 轴）。

速度分析如图 7-16（b）所示，有

$$\boldsymbol{v}_A=\boldsymbol{v}_{Ar}+\boldsymbol{v}_{Ae}$$

其中，$v_{Ar}=v_A\cos30°=0.2\sqrt{3}\,\mathrm{m/s}$，$v_{Ae}=v_A\sin30°=0.2\mathrm{m/s}$。

因为 $v_{Ae}=\omega\cdot O_2A$，所以

$$\omega=\frac{v_{Ae}}{O_2A}=\frac{0.2}{0.2/\sin30°}=0.5\mathrm{rad/s}$$

加速度分析如图 7-16（c）所示，有

$$\boldsymbol{a}_A=\boldsymbol{a}_{Ae}^{n}+\boldsymbol{a}_{Ae}^{t}+\boldsymbol{a}_{Ar}+\boldsymbol{a}_C$$

其中，$a_A=\omega_1^2\cdot O_1A=0.8\mathrm{m/s^2}$，$a_{Ae}^{n}=\omega^2\cdot O_2A=0.1\mathrm{m/s^2}$，$a_{Ae}^{t}=\alpha\cdot O_2A=0.4\alpha\,\mathrm{m/s^2}$，$a_C=2\omega v_{Ar}=0.2\sqrt{3}\,\mathrm{m/s^2}$。

因为后面用不到 $\boldsymbol{a}_{Ar}$，因此向与它垂直的方向投影，即向 $\boldsymbol{a}_{Ae}^{t}$ 方向投影，得 $a_A\cos30°=a_{Ae}^{t}+a_{AC}$，解得

$$\alpha=\frac{\sqrt{3}}{2}\ \mathrm{rad/s^2}$$

② 取摇杆 O_2B 上的点 B 为动点，动系与滑枕固结 CD。分析三种运动。绝对运动：定轴转动（绕 O_2 轴）；相对运动：直线运动（上下方向）；牵连运动：水平直线平移。

速度分析如图 7-16（b）所示，有

$$\boldsymbol{v}_B=\boldsymbol{v}_{Br}+\boldsymbol{v}_{Be}$$

其中，$v_B=O_2B\cdot\omega=\frac{0.65}{\cos30°}\times0.5=\frac{0.65}{3}\sqrt{3}\,\mathrm{m/s}$。将上式向水平方向投影，得

$$v_{CD}=v_e=v_B\cos30°=0.325\mathrm{m/s}$$

加速度分析如图 7-16（c）所示，有

$$\boldsymbol{a}_B^{n}+\boldsymbol{a}_B^{t}=\boldsymbol{a}_{Be}+\boldsymbol{a}_{Br}$$

其中，$a_B^{t}=O_2B\cdot\alpha=0.65\mathrm{m/s^2}$，$a_B^{n}=O_2B\cdot\omega^2=0.1876\mathrm{m/s^2}$。将上式向 $\boldsymbol{a}_{Be}$ 方向投影，得

$$a_{CD}=a_{Be}=a_B^{t}\cos30°+a_B^{n}\cos60°=0.657\mathrm{m/s^2}$$

讨论：本题也可以使用解析法。由于 CD 做水平移动，只需写出 C 点横坐标即可。因为 B 点横坐标与 C 点横坐标相同，所以关注 B 点的横坐标。由于曲柄 O_1A 角速度已知，可以 O_1 为原点，水平向右为 x 轴，竖直向上为 y 轴。设初始曲柄 O_1A 水平（初相位不影响速度和加速度），则 $x_A=O_1A\cos2t$。由图示位置可求出 $O_1O_2=O_1A\cot30°$，注意到曲柄长度不变，可在三角形 O_1O_2A 中，由余弦定理

$$O_2A=\sqrt{(O_1O_2)^2+(O_1A)^2-2O_1O_2\cdot O_1A\cos(90^\circ+2t)}=\sqrt{0.16-0.08\sqrt{3}\sin2t}$$

可求出在任意时刻 $\sin\angle O_1O_2A=\dfrac{x_A}{O_2A}=\dfrac{0.2\cos2t}{\sqrt{0.16-0.08\sqrt{3}\sin2t}}$，而 $O_2B=0.65/\cos30^\circ$是恒定值，因此

$$x_B=O_2B\sin\angle O_1O_2A=\frac{1.3\cos2t}{\sqrt{12-6\sqrt{3}\sin2t}}$$

然后对上式求导，可得到速度和加速度表达式，并代入 $\omega t=30^\circ$，求得图示瞬时 CD 的速度和加速度。可见，对于复杂机构，解析法通常在求导计算时非常复杂，但可以求出任意时刻的结果。

注意：解析法求出的结果负号代表与坐标轴正方向相反，而矢量法中某个量为负，说明该矢量的实际方向与速度或加速度分析图中画出的方向相反。

综上，运动学分析可分为两类求解方法。第一种方法是通过几何关系给出点的绝对或相对位置的普适坐标表达式，然后对（笛卡尔）坐标求导以得到速度和加速度。相对速度和相对加速度可以通过式（7.1）可以转换到定系中。这种方法是通过几何关系的求导来代替矢量合成，即使最终结果很简单，但在求导过程中可能会产生非常复杂的表达式，简化过程计算量大，这是解析法的一个缺点。不过，这种方法可以求出任何时刻的速度和加速度。

第二种方法是矢量法，它要求选择合适的动点和动系，因为这种方法基于瞬时分析。如果选择的动系使得相对轨迹复杂，则相对加速度方向难以确定，或者使得牵连运动复杂，问题就变得复杂甚至无法求解。然而，通过将问题分解为几个典型问题，并按照例题总结的方法选择动点、动系，问题就能轻松解决。瞬时分析的另一个优点是，有时计算量较小。

*7.2 刚体的相对运动

7.2.1 角速度合成定理

刚体的复杂运动可以由几个简单运动合成而得到。当刚体做平移运动时，可视为单个点的运动，因此刚体平移运动的合成与分解以及点的运动合成与分解一样，这里不再赘述。

当刚体做一般运动时，要使用基点速度和刚体的角速度矢量来共同描述。因此，刚体的相对运动包括基点在动系中的相对速度$\boldsymbol{v}_r$，以及刚体在动系中相对转动的角速度，称为**相对角速度** $\boldsymbol{\omega}_r$。而动系相对定系的角速度，称为**牵连角速度** $\boldsymbol{\omega}_e$。刚体的角速度是相对于定系的角速度，称为**绝对角速度** $\boldsymbol{\omega}_a$。

例如，地球在绕自转的同时，地轴还在缓慢地进动和章动。取地心坐标系为定系，将动系与地轴固结（但不随其转动），则地球自转角速度是相对角速度 $\boldsymbol{\omega}_r$，地轴的进动角速度和章动角速度的矢量和等于地球的牵连角速度 $\boldsymbol{\omega}_e$。当章动可以忽略时，地球的进动角速度就等于牵连角速度 $\boldsymbol{\omega}_e$。

设动系中的一个自由运动的刚体的绝对角速度为 $\boldsymbol{\omega}_a$，在其上任取 A，B 两点，则

$$\boldsymbol{v}_A=\boldsymbol{v}_{Ar}+\boldsymbol{v}_{Ae}，\boldsymbol{v}_B=\boldsymbol{v}_{Br}+\boldsymbol{v}_{Be}$$

二式相减，并应用式（6.3）可得

$$\boldsymbol{v}_B-\boldsymbol{v}_A=\boldsymbol{\omega}_a\times\boldsymbol{r}_{AB}=(\boldsymbol{v}_{Br}-\boldsymbol{v}_{Ar})+(\boldsymbol{v}_{Be}-\boldsymbol{v}_{Ae})=\boldsymbol{\omega}_r\times\boldsymbol{r}_{AB}+\boldsymbol{\omega}_e\times\boldsymbol{r}_{AB}$$

上式左右相减得 $(\boldsymbol{\omega}_a-\boldsymbol{\omega}_r-\boldsymbol{\omega}_e)\times\boldsymbol{r}_{AB}=\boldsymbol{0}$，因为 A，B 是任取的，即 $\boldsymbol{r}_{AB}$ 是任意方向，则只能是

$$\boldsymbol{\omega}_a=\boldsymbol{\omega}_r+\boldsymbol{\omega}_e \tag{7.6}$$

这就是刚体相对动系运动的**角速度合成定理**。这个式子对于刚体的任意运动都成立。

(1) 绕平行轴转动的合成

在这种情况下，角速度方向是相同的，矢量和退化为代数和。我们只需明确规定转动的正负方向，然后取代数和即可。通常以逆时针方向为正。绕平行轴转动的合成运动仍然是瞬时转动，并且其瞬轴是某个平行轴。我们可以将角速度矢量视为平行力，其合力的作用位置即为瞬轴的位置。

如图 7-17 所示，齿轮套在杆上，不仅可以自转，杆还可以绕固定轴公转。如果将动系与杆固结，则随着杆一起转动的角速度是牵连角速度 $\boldsymbol{\omega}_e$，而自转角速度是相对角速度 $\boldsymbol{\omega}_r$。在任意时刻，总可以在连线 O_1O_2 上找到齿轮上的一点 C，其牵连速度 $\boldsymbol{v}_e$ 与相对速度 $\boldsymbol{v}_r$ 大小相等、方向相反，因此绝对速度为零。当 $\boldsymbol{\omega}_e$ 与 $\boldsymbol{\omega}_r$ 同向时，点 C 在 O_1 与 O_2 两点之间，如图 7-17 所示。当 $\boldsymbol{\omega}_e$ 与 $\boldsymbol{\omega}_r$ 反向时，点 C 在 O_1O_2 之外，如图 7-18 所示。瞬轴上各点的速度为零，由于瞬轴方向就是绝对角速度的方向，因此瞬轴通过点 C 且与轴 O_1、O_2 平行。

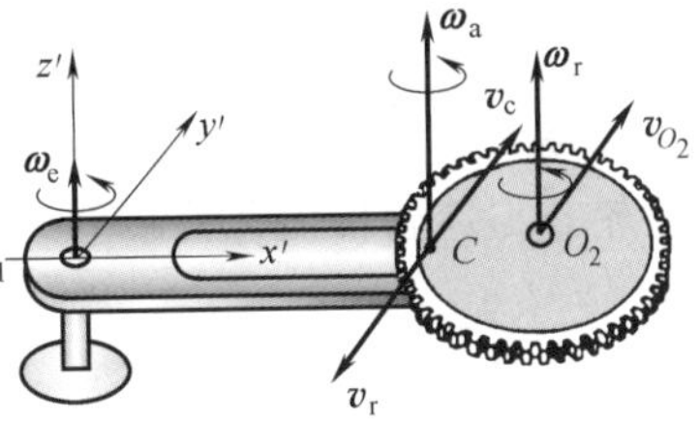

图 7-17

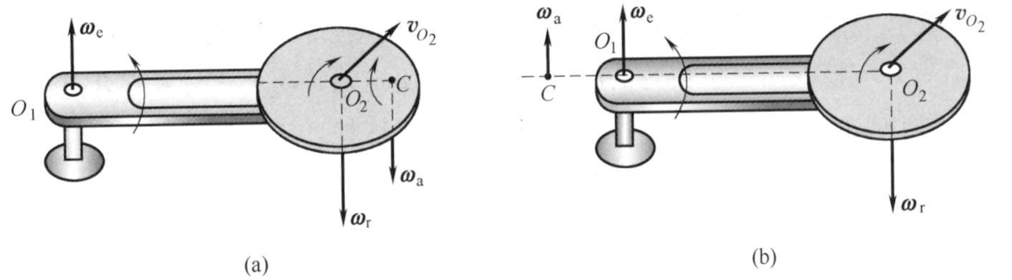

图 7-18

设瞬轴与两轴的距离分别为 O_1C 和 O_2C。在点 C 处，$v_e=v_r$，即 $\omega_e\cdot O_1C=\omega_r\cdot O_2C$，或

$$\frac{O_1C}{O_2C}=\frac{\omega_r}{\omega_e} \tag{7.7}$$

合角速度的方向与绝对值大的一方相同。这与平行力合成的数学规律一样。因此，根据等大反向但不共线的力可以合成为一个力偶的事实进行类比，得知当刚体以同样大小的角速度同时绕两个平行轴反向转动时，它们的合角速度为零，即运动合成为瞬时平移。这种运动称为**转动偶**。

［例 7-12］ 图 7-19 所示为航空燃气涡轮发动机中的减速装置，由定轴传动齿轮 Ⅰ，

经过一组啮合于固定内齿轮Ⅲ的行星齿轮组Ⅱ来携带系杆Ⅳ转动，二系杆与螺旋桨相固连。已知各齿轮的齿数分别为 z_1、z_2 和 z_3。设齿轮Ⅰ固连在涡轮机转轴上，角速度为 ω_1，方向如图 7-19 所示。求系杆Ⅳ的角速度（即螺旋桨的角速度）ω_4。

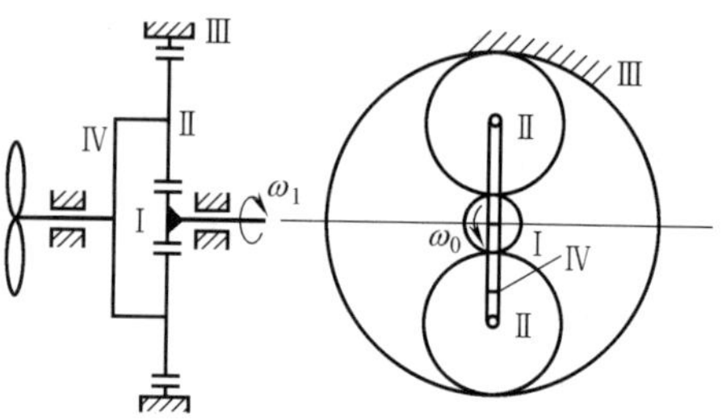

图 7-19

分析：本题的关键在于动系的选择，原则是尽量使各刚体绕动系的运动很简单。如果使用绕平行轴转动的合成，则相当于取随着齿轮轴一起平移的坐标系为动系，这时应该使用啮合点速度相等的关系来确定各个齿轮的角速度。本题选择动系与系杆固结最为方便，这样每个齿轮相对动系都是简单的运动。

解：设齿轮Ⅰ、Ⅱ、Ⅲ相对系杆的角速度分别为 $\omega_{r\text{I}}$，$\omega_{r\text{II}}$，$\omega_{r\text{III}}$，由齿轮Ⅱ和齿轮Ⅰ的啮合传动关系

$$\frac{\omega_{r\text{II}}}{\omega_1-\omega_4}=\frac{\omega_{r\text{II}}}{\omega_{r\text{I}}}=\frac{z_1}{z_2}$$

由齿轮Ⅱ与齿轮Ⅲ啮合关系

$$\frac{\omega_{r\text{II}}}{0-\omega_4}=\frac{\omega_{r\text{II}}}{\omega_{r\text{III}}}=-\frac{z_3}{z_2}$$

以上两式相除，解得

$$\omega_4=\frac{z_1}{z_1+z_3}\omega_1$$

讨论：①齿轮啮合传动关系在动系中要用相对角速度，在定系中要使用绝对角速度。如果选择后者，应该找出每个齿轮的瞬轴，然后利用定轴转动公式计算啮合点速度，这相当于基点法或瞬心（轴）法。对于齿轮较多的轮系，这种方法计算较复杂。

②无论用什么方法，内啮合传动要添加负号。

(2) 绕相交轴转动的合成

如图 7-20 所示，行星锥齿轮绕轴 OA 转动，同时轴 OA 又绕定轴 Oz 转动，这两轴相交于定点 O。因此行星锥齿轮的运动是绕定点 O 的运动，由绕相交轴转动合成。行星锥齿轮的瞬轴经过两轴的交点 O，其方向是行星锥齿轮的绝对角速度方向。如果动系取为随行星锥齿轮绕 z 轴转动的坐标系，则行星锥齿轮的自转角速度和公转角速度分别是相对角速度和牵连角速度，根据角速度合成定理，其合角速度方向与行星锥齿轮的瞬轴方向相同。

上面的方法可以推广到多个轴的情况。当刚体绕相交于一点的多个轴转动时，可以先将其中两个角速度进行合成，得到它们的合矢量作为相对角速度，然后将剩余的角速度视为牵连角速度，并重复这个合成过程。最终可以得到绕瞬轴转动的角速度

$$\boldsymbol{\omega}=\boldsymbol{\omega}_1+\boldsymbol{\omega}_2+\cdots+\boldsymbol{\omega}_n=\sum_{i=1}^{n}\boldsymbol{\omega}_i$$

图 7-20

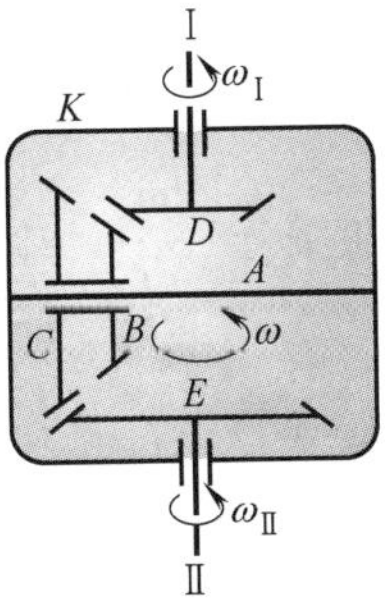

图 7-21

［例 7-13］ 一种差速器结构如图 7-21 所示。其中框架 K 和轴 A 一起以角速度 ω 绕轴 Ⅰ－Ⅱ转动，半径为 r_1 和 r_2 彼此相固结的两个伞齿轮 B 和 C 可在轴 A 上自由转动。伞齿轮 B 与轴Ⅰ上半径为 R_1 的伞齿轮 D 相啮合，伞齿轮 C 与轴Ⅱ上半径为 R_2 的伞齿轮 E 相啮合。已知轴Ⅰ的角速度 ω_{I} 和轴Ⅱ的角速度 ω_{II}。求框架的角速度 ω 和齿轮 B 相对于框架的角速度 $\omega_{B\mathrm{r}}$。

分析： 相交轴运动问题通常使用角速度合成定理，动系尽量选择使得齿轮的相对运动较简单。若选择将动系与框架固结，则各个齿轮的相对运动都是定轴转动，就可以使用相对量给出啮合关系。

解： 将动系与框架固结，轴Ⅰ和轴Ⅱ的角速度 ω_{I} 和 ω_{II} 的实际方向如图 7-21 所示。设框架的角速度 ω 的方向与它们相同，则轴Ⅰ和轴Ⅱ相对角速度为

$$\omega_{\mathrm{I}\mathrm{r}}=\omega_{\mathrm{I}}-\omega\ ,\ \omega_{\mathrm{II}\mathrm{r}}=\omega_{\mathrm{II}}-\omega$$

设 $\omega_{B\mathrm{r}}$ 的方向如图 7-21 所示，则齿轮的传动关系如下

$$\frac{\omega_{\mathrm{I}\mathrm{r}}}{\omega_{B\mathrm{r}}}=\frac{r_1}{R_1}\ ,\ \frac{\omega_{\mathrm{II}\mathrm{r}}}{\omega_{B\mathrm{r}}}=\frac{r_2}{R_2}$$

根据图中传动关系，$\omega_{\mathrm{II}\mathrm{r}}$ 和 $\omega_{B\mathrm{r}}$ 中必定有一个的转向与图示的转向相反。将以上二式相除，得

$$\frac{\omega_{\mathrm{I}}-\omega}{\omega_{\mathrm{II}}-\omega}=-\frac{r_1R_2}{r_2R_1}$$

解得 $\omega=\dfrac{r_2R_1\omega_{\mathrm{I}}+r_1R_2\omega_{\mathrm{II}}}{r_2R_1+r_1R_2}$。

由上面的啮合传动关系 $\omega_{B\mathrm{r}}=\dfrac{R_1}{r_1}\omega_{\mathrm{I}\mathrm{r}}=\dfrac{R_1}{r_1}(\omega_{\mathrm{I}}-\omega)$ 解出

$$\omega_{B\mathrm{r}}=\frac{R_1R_2}{r_2R_1+r_1R_2}(\omega_{\mathrm{I}}-\omega_{\mathrm{II}})$$

思考：本题用基点法如何求解？

7.2.2 角加速度合成定理

有时需要某一点的绝对加速度（用于求切向加速度），就必须求出刚体的角加速度，

因此对式（7.6）两边同时求时间的导数，有

$$\frac{d\boldsymbol{\omega}_a}{dt}=\frac{d\boldsymbol{\omega}_e}{dt}+\frac{d\boldsymbol{\omega}_r}{dt}$$

记绝对角加速度 $\boldsymbol{\alpha}_a=\frac{d\boldsymbol{\omega}_a}{dt}$，牵连角加速度 $\boldsymbol{\alpha}_e=\frac{d\boldsymbol{\omega}_e}{dt}$，相对角加速度 $\boldsymbol{\alpha}_r=\frac{\tilde{d}\boldsymbol{\omega}_r}{dt}$。由相对导数公式（7.1），有

$$\frac{d\boldsymbol{\omega}_r}{dt}=\frac{\tilde{d}\boldsymbol{\omega}_r}{dt}+\boldsymbol{\omega}_e\times\boldsymbol{\omega}_r$$

代入上面的式子得到

$$\boldsymbol{\alpha}_a=\boldsymbol{\alpha}_r+\boldsymbol{\alpha}_e+\boldsymbol{\omega}_e\times\boldsymbol{\omega}_r \tag{7.8}$$

这就是刚体相对动系运动的**角加速度合成定理**，它对任意的刚体运动都适用。

（1）绕平行轴转动的合成

由于转动轴平行，角加速度合成公式化为标量形式

$$\alpha_a=\alpha_r+\alpha_e$$

注意，这里平行轴是恒定的，角加速度与角速度方向是共线的，角速度方向不会变化。

（2）以恒定角速度绕相交轴转动的合成

相对角速度和牵连角速度的方向、大小不变，因此角加速度合成公式变为

$$\boldsymbol{\alpha}_a=\boldsymbol{\omega}_e\times\boldsymbol{\omega}_r$$

注意，相交轴必须有交点。

（3）定点运动与平移运动的合成

定点运动与平移运动的合成，可以从定点运动的一般化开始分析。

我们将放宽刚体绕定点运动的条件，只要求刚体或其扩大部分上存在速度为零的点，这种运动是**瞬时定轴转动**，刚体瞬时定轴转动，除了瞬轴上所有点的瞬时速度为零之外，其他任意点 A 的速度都与瞬轴垂直 $\boldsymbol{v}_A\perp\boldsymbol{\omega}$。

如果刚体或其扩大部分上找不到瞬时速度为零的点，说明刚体上各点的速度与刚体的角速度不垂直。假设有一点 B 的速度与角速度不垂直，只是斜交，则总可以找到另一点 A，使 $\boldsymbol{v}_{B|A}$ 与 $\boldsymbol{v}_B$ 垂直于刚体角速度的分量等大反向，即满足 $\boldsymbol{v}_A/\!/\boldsymbol{\omega}$。这就是刚体随基点平移，同时绕过基点且与角速度平行的轴做**瞬时螺旋运动**。

由式（6.4）可知，刚体上任意点的速度只由基点的速度 $\boldsymbol{v}_A$ 及刚体角速度矢量 $\boldsymbol{\omega}$ 决定，因此称 $\boldsymbol{v}_A$ 和 $\boldsymbol{\omega}$ 是刚体运动的特征量。式（6.4）与式（2.5）数学规律一样，得出如下结论：

如果刚体或其扩大部分上存在一点 A，满足

① $\boldsymbol{v}_A\perp\boldsymbol{\omega}$，则刚体做瞬时定轴转动，转动轴通过 A 点且沿 $\boldsymbol{\omega}$ 方向；

② $\boldsymbol{v}_A/\!/\boldsymbol{\omega}$，则刚体做瞬时螺旋运动，**螺旋轴**通过 A 点且沿 $\boldsymbol{\omega}$ 方向；

③ $\boldsymbol{v}_A$ 与 $\boldsymbol{\omega}$ 既不垂直也不平行，则刚体做瞬时螺旋运动，且螺旋轴平移到了 A' 点，位移矢量为 $\boldsymbol{r}_{AA'}=(\boldsymbol{\omega}\times\boldsymbol{v}_A)/\omega^2$。

运动的合成可视为简化等效，平移与绕定点运动的合成的结果就是瞬时定轴转动和瞬

时螺旋运动。因此，平面运动属于瞬时定轴转动，因为基点速度与角速度垂直。表 7-1 列出了数学规律类比下的刚体瞬时运动与力系简化的对应关系。但要注意，这是数学规律的类比，而非物理类比。

表 7-1　刚体瞬时运动与力系简化的类比

力系等效和简化	刚体运动合成和简化	力系等效和简化	刚体运动合成和简化
力	相对或牵连角速度	合力	(瞬时)定轴转动
主矢	绝对角速度	合力偶	(瞬时)平移、转动偶
力矩	基点的速度	力螺旋	(瞬时)螺旋运动
主矩	点之间的相对速度	平衡	(瞬时)静止

由此可见，刚体任何运动的合成结果可以归结为瞬时定轴转动、瞬时平移、瞬时螺旋运动和瞬时静止之一。借助表格，我们可以推导出许多结论，例如绕两个异面轴转动的合成，可以类比为异面的力的简化，后者结果是力螺旋，因此合成运动是瞬时螺旋运动。如果异面轴在空间固定，则合成结果是螺旋运动。

习　题

判断题

7-1　点的速度合成定理给在动点运动过程中的每一时刻都成立。(　　)

7-2　将动参考系与某一物体固结，则动系上与动点重合的那一点可以不在该物体上。(　　)

7-3　相对加速度的方向在相对速度方向上。(　　)

7-4　平面运动可以视为定轴转动与随着此轴平移运动的合成。(　　)

7-5　科氏加速度的方向与相对速度方向垂直。(　　)

7-6　当牵连运动为瞬时平移时，牵连加速度的方向与牵连速度方向一样。(　　)

7-7　当牵连运动的角速度与相对速度垂直时，科氏加速度不存在。(　　)

7-8　动参考系的选择只影响相对速度的大小，牵连速度的大小不受影响。(　　)

7-9　刚体绕两个平行轴转动的合成运动是平面运动。(　　)

7-10　刚体自由运动时，若某瞬时其上不共线的三点速度相同，则刚体瞬时角速度为零。(　　)

简答题

7-11　运动的刚体的绝对角速度，与在相对定系平移的动系中观测到的是否一样？为什么？

7-12　如题 7-12 图所示三种机构中，标出的角速度 ω 为已知常数。如果求刚体 AB 的角速度或速度，该如何选择动点和动系？如果求刚体 AB 的角加速度或 A 点的加速度，如何选择动点和动系，计算才比较简单？

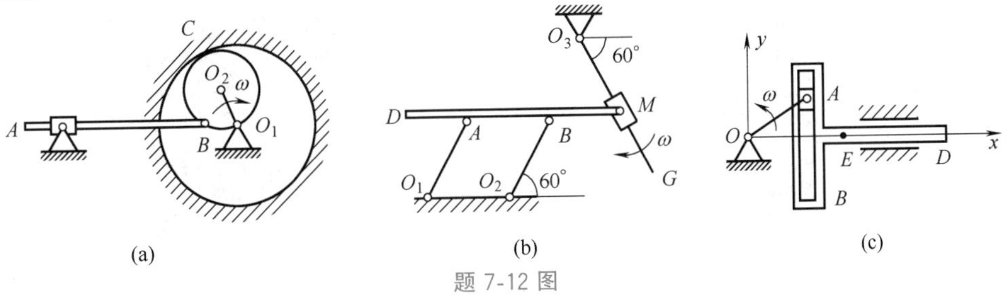

题 7-12 图

7-13 平静海面上有两艘舰艇 A 和 B，其中 A 艇向东行驶，B 艇沿着 O 为圆心，半径 R 的圆弧行驶。如题 7-13 图所示瞬时，两艘舰艇上的士兵测得对方舰艇的速度是否大小相等但方向相反？为什么？

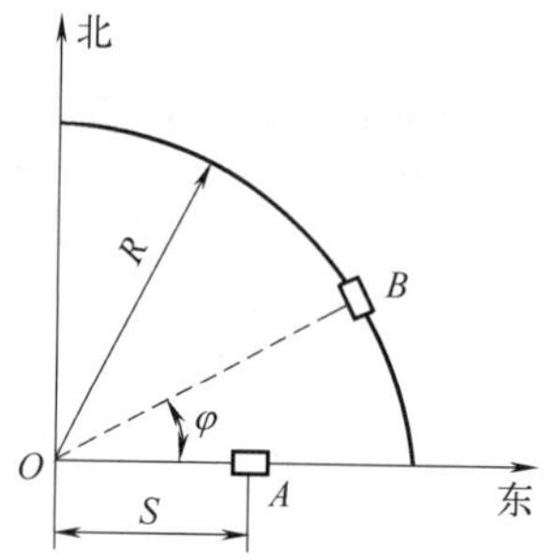

题 7-13 图

计算题

7-14 如题 7-14 图所示曲柄滑道机构中，曲柄长 $OA=r$，并以等角速度 ω 绕轴 O 转动。装在水平杆上的滑槽 DE 与水平线成 $60°$角。求当曲柄与水平线的交角分别为 $\varphi=0°$，$30°$，$60°$时杆 BC 的速度。

7-15 如题 7-15 图示 2 种机构中，已知 $O_1O_2=a=200\text{mm}$，$\omega_1=3\text{rad/s}$。求图示位置时杆 O_2A 的角速度。

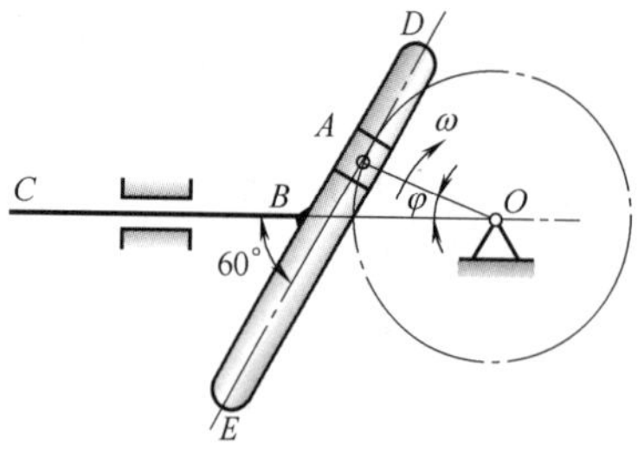

题 7-14 图

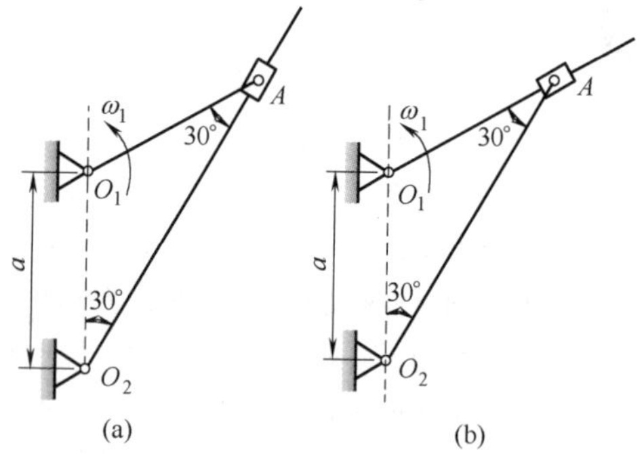

题 7-15 图

7-16 平底顶杆凸轮机构如题 7-16 图所示，顶杆 AB 可沿导轨上下移动，偏心圆盘绕轴 O 转动，轴 O 位于顶杆轴线上。工作时顶杆的平底始终接触凸轮表面。该凸轮半径为 R，偏心距 $OC=e$，凸轮绕轴 O 转动的角速度为 ω，OC 与水平线夹角为 φ。求当 $\varphi=0°$时，顶杆的速度。

7-17 绕轴 O 转动的圆盘及直杆 OA 上均有一导槽，一活动销子 M 置于两导槽内，如题 7-17 图所示，$b=0.1\text{m}$。设在图示位置时，圆盘及直杆的角速度分别为 $\omega_1=9\text{rad/s}$ 和 $\omega_2=3\text{rad/s}$。求此瞬时销子 M 的速度。

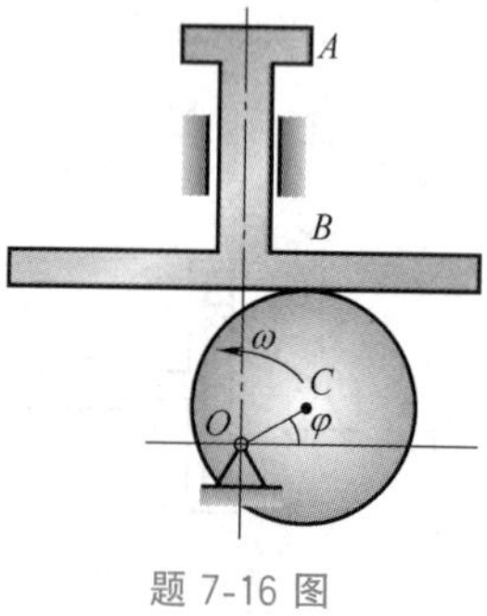

题 7-16 图

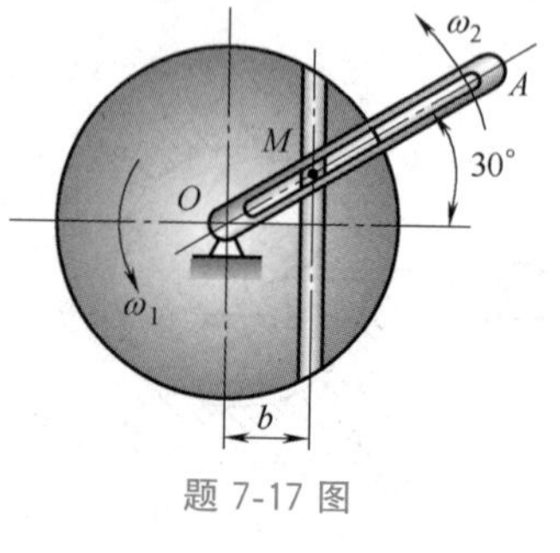

题 7-17 图

7-18　如题 7-18 图所示液压缸的柱塞在伸臂时，通过销钉 A 可带动具有滑槽的曲柄 OD 绕轴 O 转动。已知柱塞以 $v=2\text{m/s}$ 匀速度沿其轴线向上运动。求当 $\theta=30°$时，曲柄 OD 的角加速度。

7-19　如题 7-19 图所示曲柄滑杆机构中，滑杆上有一圆弧形滑道，其半径 $R=100\text{mm}$，圆心在导杆 BC 上。曲柄长 $OA=100\text{mm}$，以等角速度 $\omega=4\text{rad/s}$ 绕 O 轴转动。求导杆 BC 的运动规律以及当曲柄与水平线间的交角为 30°时，导杆 BC 的速度和加速度。

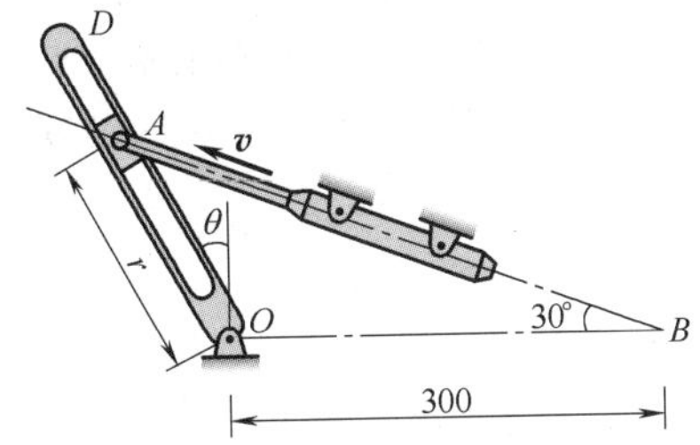

题 7-18 图

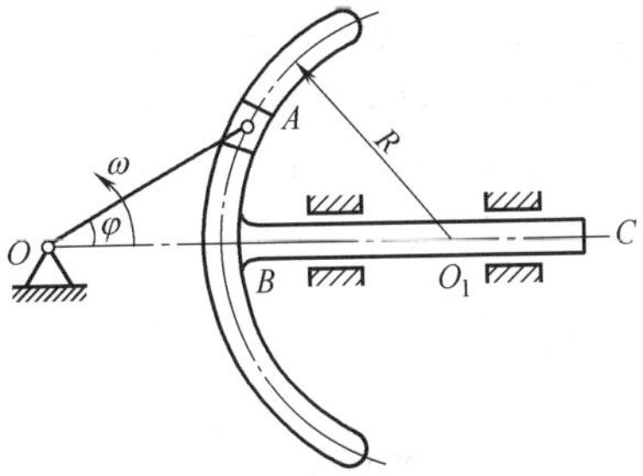

题 7-19 图

7-20　半径为 r 的半圆形凸轮以匀速 v 在水平面上滑动，长为$\sqrt{2}\,r$ 的直杆 OA 可绕 O 轴转动。求题 7-20 图所示瞬时，点 A 的速度 v_A 与加速度 a_A，并求杆 OA 的角速度和角加速度。

7-21　如题 7-21 图所示铰接四边形机构中，$O_1A=O_2B=100\text{mm}$，又 $O_1O_2=AB$，杆 O_1A 以等角速度 $\omega=2\text{rad/s}$ 绕 O 轴转动。杆 AB 上有一套筒 C，此筒与杆 CD 相铰接。机构的各部件都在同一铅直面内。求当 $\varphi=60°$时，杆 CD 的速度和加速度。

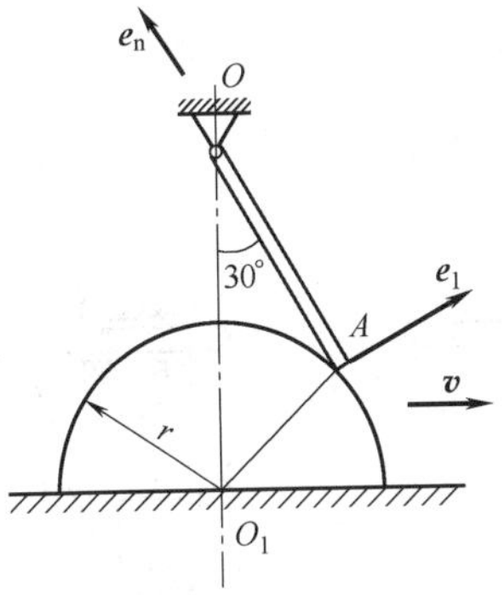

题 7-20 图

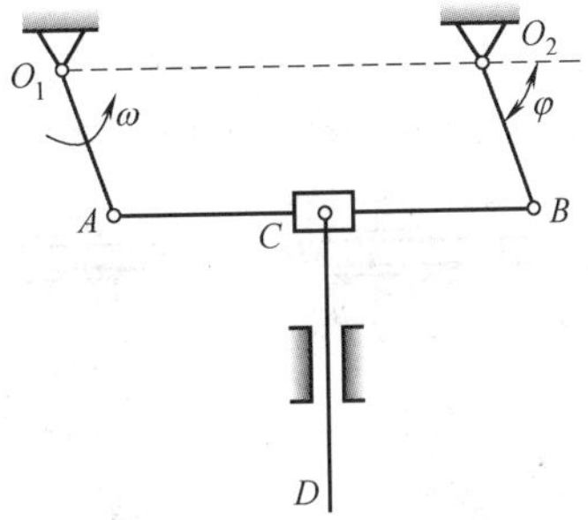

题 7-21 图

7-22　如题 7-22 图所示直角曲杆 OBC 绕轴 O 转动，使套在其上的小环 M 沿固定直杆 OA 滑动。已知 $OB=0.1\text{m}$，OB 与 BC 垂直，曲杆的角速度 $\omega=0.5\text{rad/s}$，角加速度为零。求当 $\varphi=60°$时，小环 M 的速度和加速度。

7-23　如题 7-23 图所示，轮 O 在水平面上滚动而不滑动，轮心以匀速 $v_O=0.2\text{m/s}$ 运动，轮缘上固

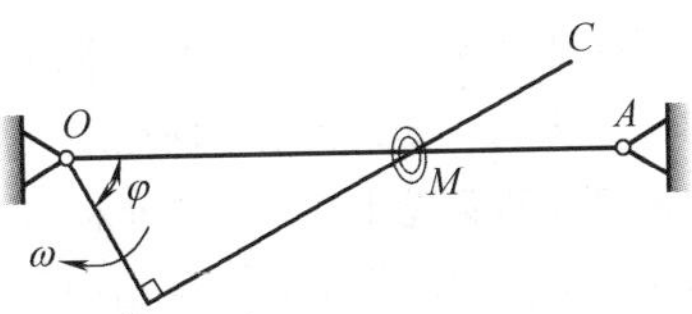

题 7-22 图

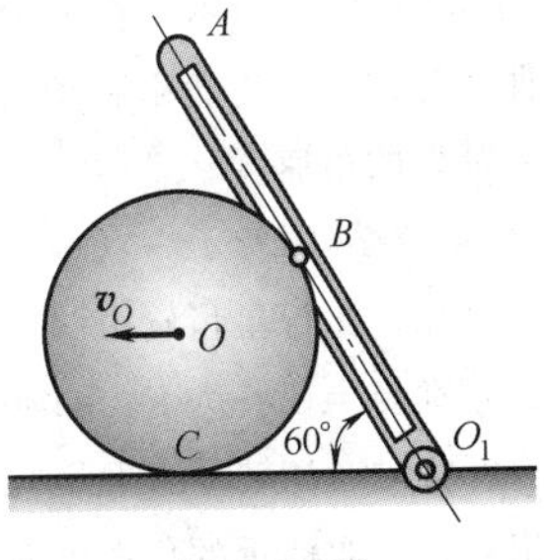

题 7-23 图

连销钉 B，此销钉在摇杆 O_1A 的槽内滑动，并带动摇杆绕 O_1 轴转动。已知轮的半径 $R=0.5\text{m}$，在图示位置时，AO_1 是轮的切线，摇杆与水平面间的交角为 $60°$。求摇杆在该瞬时的角速度和角加速度。

7-24　为使货车车厢减速，在轨道上装有液压减速顶，如题 7-24 图所示。半径为 R 的车轮滚过时将压下减速顶的顶帽 AB 而消耗能量，降低速度。如轮心的速度为 $\boldsymbol{v}$，加速度为 $\boldsymbol{a}$，求 AB 下降速度、加速度和减速顶对于轮子的相对滑动速度与角 θ 的关系（设轮与轨道之间无相对滑动）。

7-25　如题 7-25 图示平面机构中，杆 AB 以不变的速度 $\boldsymbol{v}$ 沿水平方向运动，套筒 B 与杆 AB 的端点铰接，并套在绕 O 轴转动的杆 OC 上，可沿该杆滑动。已知 AB 和 OE 两平行线间的垂直距离为 b。求在图示位置（$\gamma=60°$，$\beta=30°$，$OD=BD$）时，杆 OC 的角速度和角加速度、滑块 E 的速度和加速度。

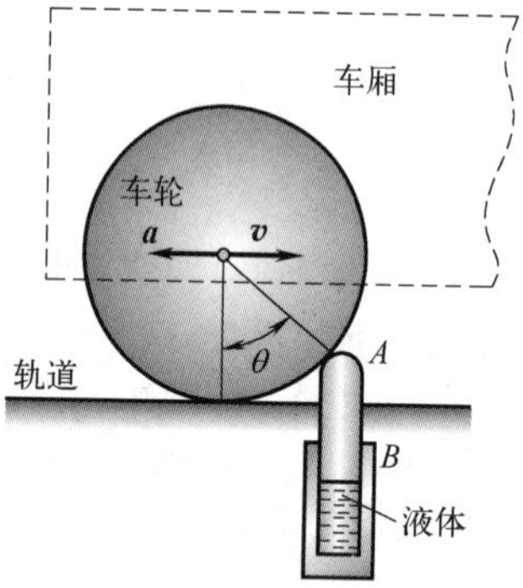

题 7-24 图

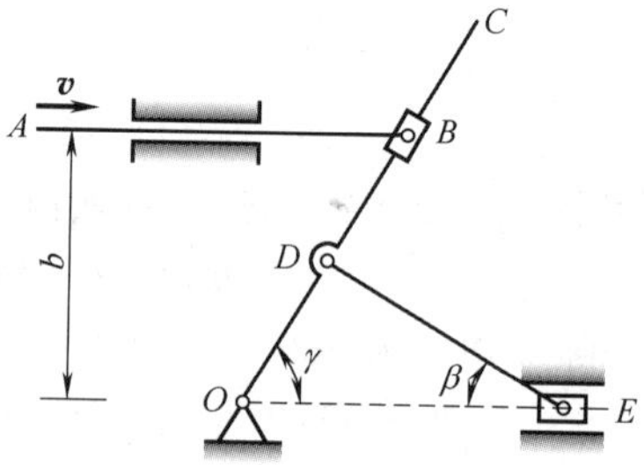

题 7-25 图

7-26　如题 7-26 图所示 4 种刨床机构，已知曲柄 $O_1A=r$，以匀角速度 ω 转动，$b=4r$。求各图所示位置时，滑枕 CD 平移的速度和加速度。

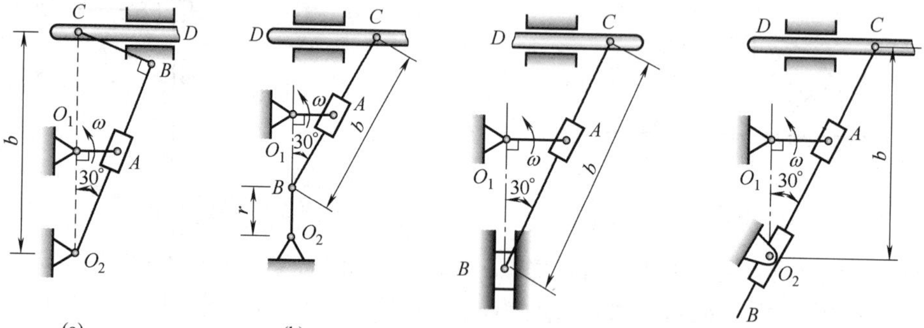

(a)　(b)　(c)　(d)

题 7-26 图

*7-27　如题 7-27 图所示，在齿轮减速器中，主动轴角速度为 ω，齿轮Ⅱ与定齿轮Ⅴ相内啮合。齿轮Ⅱ和齿轮Ⅲ又分别与动齿轮Ⅰ和动齿轮Ⅳ相外啮合。如齿轮Ⅰ、Ⅱ和Ⅲ的半径分别为 r_1，r_2 和 r_3，求齿轮Ⅰ和齿轮Ⅳ的角速度。

*7-28　如题 7-28 图所示一双重差动机构，其构造如下：曲柄Ⅲ绕固定轴 AB 转动，在曲柄上活动地套一行星齿轮Ⅳ，此行星齿轮由两个半径各为 $r_1=50\text{mm}$ 和 $r_2=20\text{mm}$ 的锥齿轮牢固地连接而成。这两个锥齿轮又分别与半径各为 $R_1=100\text{mm}$ 和 $R_2=50\text{mm}$ 的另外两个锥齿轮Ⅰ和锥齿轮Ⅱ相啮合。齿轮Ⅰ和齿轮Ⅱ均可绕轴 AB 转动，但不与曲柄相连，其角速度分别为 $\omega_1=4.5\text{rad/s}$，$\omega_2=9\text{rad/s}$。如两齿轮转动方向相同，求曲柄Ⅲ的角速度 ω_3 和行星齿轮相对于曲柄的角速度 ω_{4r}。

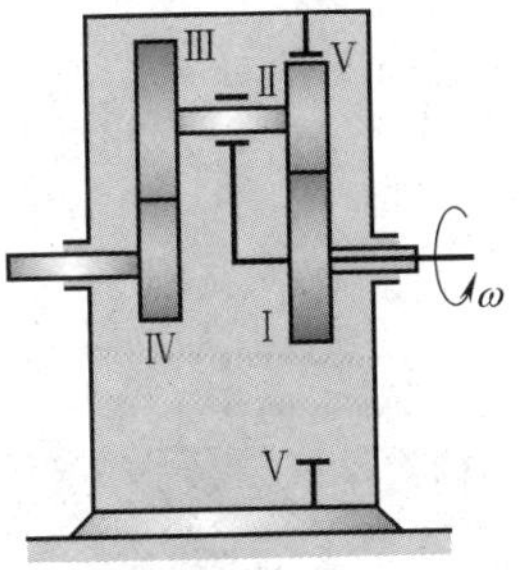

题 7-27 图

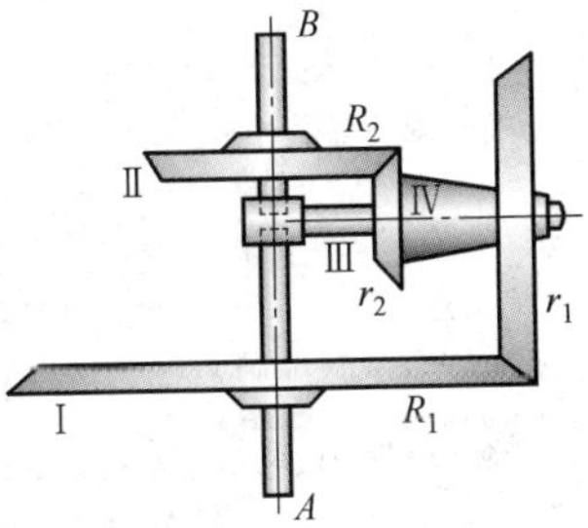

题 7-28 图

拓展题

7-29 若 ρ_a，ρ_r 分别是绝对轨迹、相对轨迹上该处的曲率半径，ρ_e 为动参考系上与动点重合的那个点的轨迹在重合位置处的曲率半径，请分析说明下列计算公式是否正确。

$$a_a^t=\frac{dv_a}{dt},\ a_a^n=\frac{v_a^2}{\rho_a};\ a_e^t=\frac{dv_e}{dt},\ a_e^n=\frac{v_e^2}{\rho_e};\ a_r^t=\frac{dv_r}{dt},\ a_r^n=\frac{v_r^2}{\rho_r}$$

7-30 为何在北半球的运动场上，人们大多都习惯逆时针跑步？

第8章 力与运动

力系的特征是主矢和主矩，刚体的运动特征是平移和转动。如果根据主矢引入惯性运动量来定义平衡，则力与运动的规律转化为惯性运动量的变化规律。

本章从质点平移与转动的惯性引入动量、动量矩的概念，推导描述主矢与平移规律的质点系动量定理、主矩与转动规律的动量矩定理，导出刚体平面运动微分方程，用于动力学问题的求解。

8.1 主矢与移动效果

力系对物体的机械运动作用效果可以用主矢和主矩表示，那么主矢产生的运动效果如何定量描述呢？考虑到主矢与力的作用位置无关，说明其效果无须考虑物体的形状。

现实中的物体无论多么小，都有其尺寸。当研究对象的形状大小对运动的影响可以忽略不计时，可以将其抽象为一个只有质量没有体积的几何点，称为**质点**。例如，分析航天器绕地球运行的轨道运动时，航天器的尺寸远小于轨道半径，对引力分布的影响很小，因此可将航天器抽象为质点。另外，平移运动的刚体内部各点处的运动情况完全一样，通常不必考虑此刚体的形状和大小，可以将其抽象为一个质点。

牛顿总结前人与自己的研究结果，总结了描述自由质点运动的三大定律。牛顿第一定律也叫**惯性定律**，是指物体在不受力时会保持静止或匀速直线运动，称为平衡状态。它是保持原有运动状态不变的一种惯性运动。笛卡尔通过碰撞实验发现了能够在物体之间传递的“运动量”，将其称为**动量**。对于惯性运动，动量保持不变（动量守恒）。如果惯性运动状态无法维持，则平衡状态被打破，并将其归因为力的作用。即自由质点的动量产生改变趋势，称为受到力的作用。

因此，从惯性运动视角给出力的定义是质点的动量定理 $\boldsymbol{F}=\mathrm{d}\boldsymbol{p}/\mathrm{d}t$，这是牛顿第二定律的原始表述。然而，物体的动量无法直接测定，速度却容易测得。在宏观低速情况下，通过实验可以归纳出质点动力学公式 $\boldsymbol{F}=m\boldsymbol{a}$，其中 $\boldsymbol{a}=\mathrm{d}\boldsymbol{v}/\mathrm{d}t$ 是加速度，m 称为质量。

宏观低速下的实验隐含了质量与位置、运动速度无关的假设。在这一假设下，动量可以定义为质点的速度矢量 $\boldsymbol{v}$ 与质量 m 之积，即 $\boldsymbol{p}=m\boldsymbol{v}$。因此

$$\boldsymbol{F}=\frac{\mathrm{d}\boldsymbol{p}}{\mathrm{d}t}=\frac{\mathrm{d}(m\boldsymbol{v})}{\mathrm{d}t}=m\frac{\mathrm{d}\boldsymbol{v}}{\mathrm{d}t}=m\boldsymbol{a}$$

这说明，质量表示物体惯性的大小，可以称为“平移惯量”，只是由于习惯而沿用下来。

注意：① 动量描述的是惯性运动，其中的速度自然是针对惯性定律成立的参考系而言的，即惯性系中的速度。因而动量定理及其导出的公式都只在惯性系中成立。

② 物理定律都是针对质量不变系统得到的，因此变质量系统的动力学问题在应用动量定理时，必须应用于物质组成不变的那些质点，详见专题 4。

动量守恒反映了自然中维持惯性运动的本性。因此动量定理适用面更广。力的概念最终在哈密顿力学中被彻底抛弃，取而代之的是位置和动量，能够适用于更广的领域。

8.1.1 质点系动量定理

现实中大部分情况下都不能忽视物体的大小，不能将其视为质点。这种由有限或无限个有联系的质点组成的系统，称为**质点系**。例如固体、流体、沙丘都是质点系，区别在于流体、固体、刚体所表现的变形与受力的规律（本构关系）不同。

若质点系中的质点间彼此相互约束，则无法直接应用自由质点的动量定理。为此，引入牛顿第三定律（作用与反作用定律）。结果是，内力对系统的运动量无影响，于是可以直接对质点系应用动量定理了。但要注意的是，当涉及场的作用时，场的动量变化不应该忽略，否则牛顿第三定律不成立。

对于质点系，设第 i 个质点质量为 m_i，速度为$\boldsymbol{v}_i$，由矢量加法可知，质点系的动量为 $\boldsymbol{p}=\sum m_i\boldsymbol{v}_i$。如果质点系或作用力是连续分布的，则相应求和符号变为积分。

记质点系的总质量 $m=\sum m_i$，根据重心的定义，质点系的质心位置 $\boldsymbol{r}_C$ 可以定义为

$$m\boldsymbol{r}_C=\sum m_i\boldsymbol{r}_i \tag{8.1}$$

当质量不随空间位置变化时，有 $\boldsymbol{p}=\sum m_i\boldsymbol{v}_i=\mathrm{d}(\sum m_i\boldsymbol{r}_i)/\mathrm{d}t$，可以得到质点系动量的计算式

$$\boldsymbol{p}=m\boldsymbol{v}_C \tag{8.2}$$

注意，质心是几何点，例如均质圆环的质心位于圆环中心处。

刚体是由无限多个质点组成的形状不变的质点系，其质心相对自身是个确定的点。质量分布均匀的规则形状刚体的质心是其几何中心，式（8.2）计算刚体的动量很方便。

［例 8-1］ 如图 8-1（a）所示，质量 $m=20\text{kg}$，半径 $R=100\text{mm}$ 的均质圆盘在 OA 杆上纯滚动。OA 杆的角速度 $\omega_1=1\text{rad/s}$，圆盘相对于 OA 杆转动角速度为 $\omega_2=3\text{rad/s}$，$OB=200\text{mm}$，求此瞬时圆盘的动量。

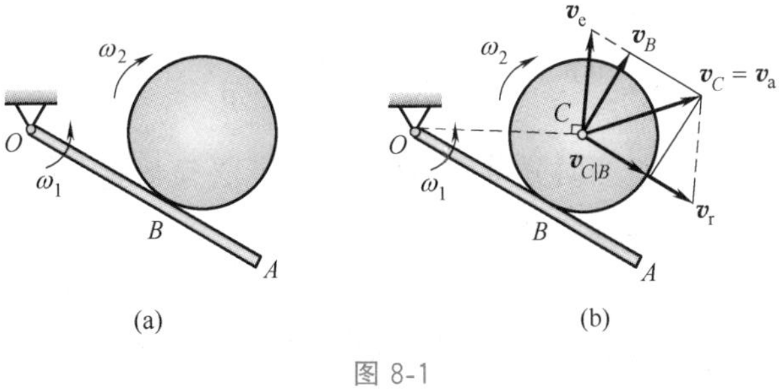

图 8-1

分析：本题有两种解法，基点法或速度合成法。使用基点法时，轮的角速度应使用绝

对角速度。题目给出的角速度是相对杆 OA 的角速度，根据刚体运动合成，轮的绝对角速度大小为 $\omega_2-\omega_1$。如果使用速度合成法，要注意本题属于存在不稳定接触点的相切类型问题，应该取轮心 C 为动点，动系与杆 OA 固结。

解： ① 基点法。

以 B 点为基点，C 点的速度图如图 8-1（b）所示。B 点绝对速度为 $v_B=\omega_1\cdot OB=200\text{mm/s}$，则 C 点相对于 B 点的速度为 $v_{C|B}=(\omega_2-\omega_1)\cdot R=200\text{mm/s}$。根据几何关系可知，$C$ 点速度为

$$v_C=\sqrt{v_B^2+v_{CB}^2}=200\sqrt{2}\,\text{mm/s}$$

② 速度合成法。

如图 8-1（b）所示，以 C 为动点，杆 OA 为动系，牵连运动是杆 OA 的定轴转动，牵连速度$\boldsymbol{v}_{\text{e}}$垂直于 OC 连线向上，点 C 到杆 OA 的距离始终不变，因此相对速度$\boldsymbol{v}_{\text{r}}$平行于杆 OA 向右。牵连速度大小$v_{\text{e}}=\omega_1 OC$，$v_{\text{r}}=\omega_2 R$，在速度矢量合成三角形中，$\boldsymbol{v}_{\text{r}}$与$\boldsymbol{v}_{\text{e}}$之间角度为$\angle OCB$。由余弦定理

$$\begin{aligned}v_{\text{a}}&=\sqrt{v_{\text{e}}^2+v_{\text{r}}^2-2v_{\text{e}}v_{\text{r}}\cos\angle OCB}=\sqrt{\omega_1^2(OB^2+R^2)+\omega_2^2R^2-2\omega_1\omega_2R^2}\\&=\sqrt{(\omega_1\cdot OB)^2+(\omega_2-\omega_1)^2R^2}=200\sqrt{2}\,\text{mm/s}\end{aligned}$$

由 $\boldsymbol{p}=m\boldsymbol{v}_C$ 可知，$p=5.64\text{kg}\cdot\text{m/s}$。

将每个质点的动量变化率叠加，得到总动量 $\boldsymbol{p}$ 的变化率，内力成对相互抵消，因此只有外力 $\boldsymbol{F}_i^{(\text{e})}$ 对质点系的作用叠加，因而有**质点系动量定理**

$$\frac{\text{d}\boldsymbol{p}}{\text{d}t}=\sum\boldsymbol{F}_i^{(\text{e})} \tag{8.3}$$

这说明，质点系动量对时间的一阶导数，等于质点系所受外力系的主矢。

注意：① 内力不改变质点系的动量；

② 质点系动量定理对变形体也适用。

式（8.3）可以投影直角坐标系中进行计算，有

$$\frac{\text{d}p_x}{\text{d}t}=\sum F_x^{(\text{e})},\ \frac{\text{d}p_y}{\text{d}t}=\sum F_y^{(\text{e})},\ \frac{\text{d}p_z}{\text{d}t}=\sum F_z^{(\text{e})} \tag{8.4}$$

式中动量在直角坐标系中的投影式为

$$p_x=mv_{Cx}=m\dot{x}_C,\ p_y=mv_{Cy}=m\dot{y}_C,\ p_z=mv_{Cz}=m\dot{z}_C \tag{8.5}$$

式（8.3）如果要投影到自然坐标系、极柱坐标系等坐标系中，则注意导数应该是绝对导数。例如，将式（8.3）投影到自然坐标系中的切向方向，则有

$$\sum F_{it}^{(\text{e})}=\sum\boldsymbol{F}_i^{(\text{e})}\cdot\boldsymbol{\tau}=\frac{\text{d}\boldsymbol{p}}{\text{d}t}\cdot\boldsymbol{\tau}=\frac{\text{d}(\boldsymbol{p}\cdot\boldsymbol{\tau})}{\text{d}t}-\boldsymbol{p}\cdot\frac{\text{d}\boldsymbol{\tau}}{\text{d}t}=\frac{\text{d}p_{\text{n}}}{\text{d}t}-\boldsymbol{p}\cdot\frac{\text{d}\boldsymbol{\tau}}{\text{d}t}=\frac{\text{d}p_{\text{n}}}{\text{d}t}-\boldsymbol{p}\cdot\frac{v}{\rho}\boldsymbol{n}=\frac{\text{d}p_{\text{n}}}{\text{d}t}-\frac{vp_{\text{n}}}{\rho}$$

可见，切向力的代数和不等于法向分量 p_{n} 的变化率，必须补充方向变化导致的贡献项。

思考：动量定理向极坐标系投影会得到什么结果？

如果作用于质点系的外力的主矢恒等于零，根据式（8.3），质点系的动量保持不变，即 $\boldsymbol{p}=$常矢量。如果系的外力主矢在某一坐标轴上的投影恒等于零，根据式（8.4），质点系的动量在该坐标轴上的投影将保持不变，例如$\sum F_x^{(\text{e})}=0$，则 $p_x=$常量，这就是**质点系动量守恒定律**。

8.1.2 质心运动定理

若质量不变，式（8.3）可以成加速度的表达式，即

$$m\boldsymbol{a}_C=\sum \boldsymbol{F}_i^{(e)} \tag{8.6}$$

称为**质心运动定理**，它表明，如果质点系质量不变，那么其总质量与质心加速度的乘积等于外力系的主矢。上式对单个刚体应用较为方便。对于多个刚体组成的系统，分别求各刚体的动量，然后求矢量和，代入式（8.3）得到质心运动定理的常用形式

$$\sum m_i\boldsymbol{a}_{Ci}=\sum \boldsymbol{F}_i^{(e)} \tag{8.7}$$

其中，m_i，$\boldsymbol{a}_{Ci}$ 是第 i 个刚体的质量、加速度。

方程式（8.6）和式（8.7）均可以投影到各个坐标系中。例如，将式（8.6）投影到直角坐标系和自然坐标系中，有

$$\left.\begin{aligned}m\ddot{x}_C&=\sum F_x^{(e)}\\ m\ddot{y}_C&=\sum F_y^{(e)}\\ m\ddot{z}_C&=\sum F_z^{(e)}\end{aligned}\right\}\text{（直角坐标投影式）}\qquad \left.\begin{aligned}m\ddot{s}_C&=\sum F_t^{(e)}\\ m\frac{\dot{s}_C^2}{\rho}&=\sum F_n^{(e)}\end{aligned}\right\}\text{（自然坐标投影式）}$$

其中，s 是质心轨迹的弧坐标；ρ 是质心运动轨迹的当地曲率半径。

思考：为什么质心运动定理在自然轴系中的投影式只有两个方程？

当质点系所受的外力系在某个方向的投影代数和为零时，则质点系质心在此方向上静止或匀速直线运动（与初始状态相同），这称为**质心运动守恒定律**。该结论是对式（8.7）在主矢分量为零的方向上对时间积分一次的结果。在动力学问题中，如果先获知该信息，通常可简化求解过程。

在碰撞问题中，往往使用质点系动量定理的积分形式，即冲量定理。详见专题2。

［例8-2］ 质量为 m_1，长为 l 的均质杆 OD，在其端部连接一质量为 m_2，半径为 r 的小球，如图8-2所示。杆 OD 以匀角速度 ω 绕基座上的轴 O 转动，基座的质量为 m。求基座对突台 A，B 的水平压力与对光滑水平面的垂直压力。

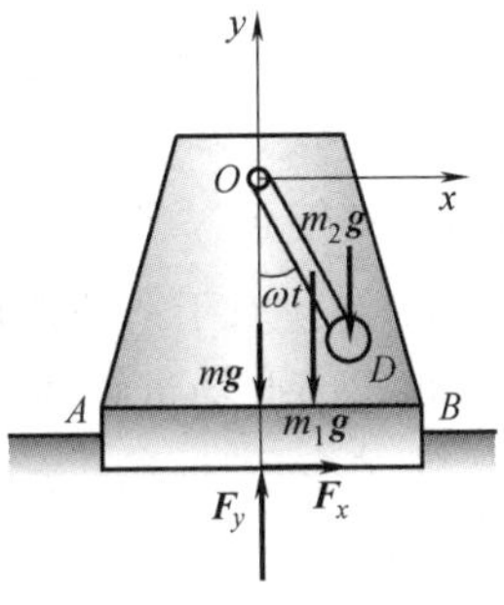

图 8-2

解： 建立如图8-2所示坐标系，由质心坐标公式有

$$x_C=\frac{m_1\dfrac{l}{2}\sin\omega t+m_2(l+r)\sin\omega t}{m_1+m_2+m},\quad y_C=\frac{m_1\dfrac{l}{2}\cos\omega t+m_2(l+r)\cos\omega t+ma}{m_1+m_2+m}$$

其中，a 为基座质心距 O 距离。

两端对时间求导，得

$$\ddot{x}_C=-\frac{m_1l+2m_2(l+r)}{2(m_1+m_2+m)}\omega^2\sin\omega t,\quad \ddot{y}_C=-\frac{m_1l+2m_2(l+r)}{m_1+m_2+m}\omega^2\cos\omega t$$

分析系统，受力如图8-2所示，由质心运动定理有

$$\begin{cases}(m_1+m_2+m)\ddot{x}_C=F_x\\ (m_1+m_2+m)\ddot{y}_C=F_y-(m_1+m_2+m)g\end{cases}$$

解得 $F_x=-\dfrac{m_1l+2m_2(l+r)}{2}\omega^2\sin\omega t$，$F_y=(m_1+m_2+m)g-\dfrac{m_1l+2m_2(l+r)}{2}\omega^2\cos\omega t$

上面是系统运动时产生的约束力，称为**动约束力**。相应地，系统静平衡时的约束力称为**静约束力**。在本例中，将 $\omega=0$ 代入上式就是静约束力 $F_x=0$，$F_y=(m_1+m_2+m_3)g$。动约束力比静约束力多出的部分称为**附加动约束力**。

讨论：当 $\cos\omega t=1$ 时，F_y 有最小值 $F_{y\min}=(m_1+m_2+m)g-\dfrac{m_1 l+2m_2(l+r)}{2}\omega^2$，可见转速必须满足

$$\omega^2<\frac{2(m_1+m_2+m)}{m_1 l+2m_2(l+r)}g$$

否则系统将周期性跳跃。利用这一点，可以制作出向上跳跃的小机器。

质心运动定理用于已知系统的运动求其受力特别方便。如果已知系统受力，求系统的运动，用同样的方法，只需将得到的运动微分方程进行积分，即可得到系统的速度和位移。不过，力的作用点位置信息尚未使用，因此上面给出的是质心的运动规律。刚体不仅平移，还会转动，因此除了质心运动定理之外，还需要研究与转动相关的定理。

8.2 主矩与转动效果

关于质点绕某点转动的规律，最初来自对天体运动的观察。观测发现，天体绕恒星运动在单位时间内其连线扫过的面积是个常数。假设天体的质量 m 不随位置和天体移动的速度 $\boldsymbol{v}$ 变化，恒星中心 O 到天体中心的矢径记作 $\boldsymbol{r}$，则天体在单位时间内扫过的面积可表示为 $\boldsymbol{r}\times m\boldsymbol{v}=$常矢量，物理上称为角动量守恒。

第 2 章中力对点的矩的定义可知，$\boldsymbol{r}\times m\boldsymbol{v}$ 的数学本质是质点动量 $m\boldsymbol{v}$ 对点 O 的矩，因此也称为对 O 点的**动量矩**，常用 $\boldsymbol{L}_O$ 表示，方向由右手螺旋法则确定，国际单位常用 $\mathrm{kg\cdot m^2/s}$。对于一般的运动，质点不一定围绕某个固定中心转动，但可以对任何点计算动量矩，因此动量矩的称呼更适用于天体运动以外的一般运动。

为了研究转动运动和受力的关系，类比质点的动量定理，研究质点对固定点的动量矩 $\boldsymbol{L}_O$ 的变化率：

$$\frac{\mathrm{d}\boldsymbol{L}_O}{\mathrm{d}t}=\frac{\mathrm{d}(\boldsymbol{r}\times m\boldsymbol{v})}{\mathrm{d}t}=\frac{\mathrm{d}\boldsymbol{r}}{\mathrm{d}t}\times m\boldsymbol{v}+\boldsymbol{r}\times\frac{\mathrm{d}(m\boldsymbol{v})}{\mathrm{d}t}=\boldsymbol{v}\times m\boldsymbol{v}+\boldsymbol{r}\times\boldsymbol{F}=\boldsymbol{r}\times\boldsymbol{F}=\boldsymbol{M}_O(\boldsymbol{F})$$

这就是质点对固定点 O 的动量矩定理。注意上面的推导过程只应用了动量定理和矢量微分法则，因此质点对固定点的动量矩定理继承了动量定理的所有限制和优点。

动量矩定理表明，若质点对固定点 O 的动量矩为常数，则质点受到对点 O 的力矩为零。这可以是受力为零，或力的作用线通过固定点 O。其中前者与惯性定义相容，后者则常见于天体运动情形。由于动量为常数定义了惯性运动，那动量矩为常数是否也是一种惯性运动？或者，动量矩为常数的运动，是否可认为是一种平衡态？

8.2.1 质点系动量矩定理

将质点的动量矩定理进一步推广到质点系，质点间内力矩抵消，于是质点系动量矩定理在形式上仍和质点动量矩一样。设质点系第 i 个质点所受外力为 $\boldsymbol{F}_i^{(e)}$，则质点系对固定点 O 的动量矩为 $\boldsymbol{L}_O$，有

$$\frac{\mathrm{d}\boldsymbol{L}_O}{\mathrm{d}t}=\sum \boldsymbol{M}_O(\boldsymbol{F}_i^{(e)}) \tag{8.8}$$

即**质点系动量矩定理**，它表明，质点系对固定点 O 的动量矩对时间的一阶导数，等于此质点系所受外力系对 O 点主矩。

注意：① 质点系的内力矩不改变系统的动量矩；

② 质点系对固定点的动量矩的方向与各点的瞬时速度分布、质量分布有关；

③ 质点系动量矩定理对变形体也适用。

将 $\boldsymbol{L}_O=L_{Ox}\boldsymbol{i}+L_{Oy}\boldsymbol{j}+L_{Oz}\boldsymbol{k}$ 代入式（8.8），则在直角坐标系中有

$$\frac{\mathrm{d}L_{Ox}}{\mathrm{d}t}=\sum M_x(\boldsymbol{F}_i^{(e)}),\ \frac{\mathrm{d}L_{Oy}}{\mathrm{d}t}=\sum M_y(\boldsymbol{F}_i^{(e)}),\ \frac{\mathrm{d}L_{Oz}}{\mathrm{d}t}=\sum M_z(\boldsymbol{F}_i^{(e)}) \tag{8.9}$$

由式（8.9）可知，外力系对某个固定轴（如 z 轴）的合力矩为零，则质点系对此轴的动量矩 $\boldsymbol{L}_z$＝常量，即**动量矩守恒**，它是对某轴合力矩为零的情况，式（8.8）积分一次的结果。

如果要将式（8.8）投影到自然坐标系、极柱坐标系、球坐标系等活动坐标系中，需要注意坐标基矢量的贡献要计入，因为式（8.8）中的导数是绝对导数。

［例 8-3］ 如图 8-3 所示，铅直平面内放置的开口的 U 形光滑玻璃管中装满质量为 m 的某种均质液体，其总长度为 L。某瞬间，液体初始有高度差并保持静止，求此后液面的运动微分方程。

解：以 U 形管对称轴为 y 轴，其与液体静平衡自由表面的交点 O 为原点，液面离静平衡自由表面的距离为 y，半圆弧的圆心为 O'，考虑全部液体对 O'轴应用动量矩定理。

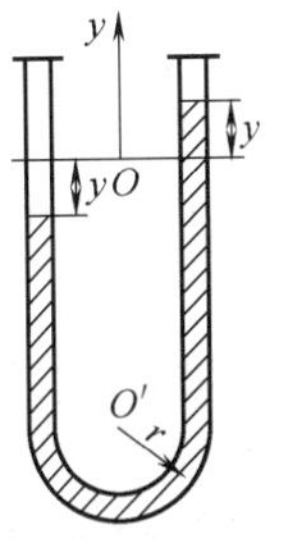

图 8-3

若将液体分为 n 小段，每一小段对 O'轴的动量矩都可写为 $m_i\dot{y}_ir_i$，全部液体对 O'轴的动量矩为$\sum m_i\dot{y}_ir_i=m\dot{y}r$，则

$$\frac{\mathrm{d}}{\mathrm{d}t}(m\dot{y}r)=-\frac{2y}{L}mgr$$

整理可得液体的运动微分方程

$$\ddot{y}+\frac{2g}{L}y=0$$

注意，管壁对液体的约束力之所以不出现在方程中，是因为它们对 O' 轴的动量矩之和为零。

对于变形体，每个质点的速度可以不同，因此动量矩只能按定义计算。对于刚体，其角速度唯一，因此刚体的动量矩还可以化简。

（1）刚体对轴的动量矩

对于平移的刚体，刚体的动量矩与质点的情况一样。对于绕定轴转动的刚体，不妨设是 z 轴，如图 8-4 所示，刚体对 z 轴的动量矩 $L_z=\sum r_imv_i=\sum r_im\omega r_i=J_z\omega$ 方向与角速度方向一样，其中 $J_z=\sum m_ir_i^2$ 称为刚体对 z 轴的**转动惯量**。注意，这里的角速度是刚体的绝对角速度。刚体绕平移运动的轴的相对角速度等于绝对角速度。

考虑到物体的质量通常是连续分布的，则求和符号应该换为适当的积分符号，质量变为微元，有

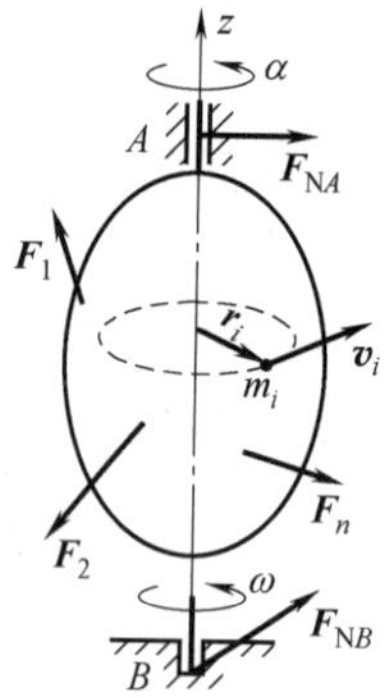

图 8-4

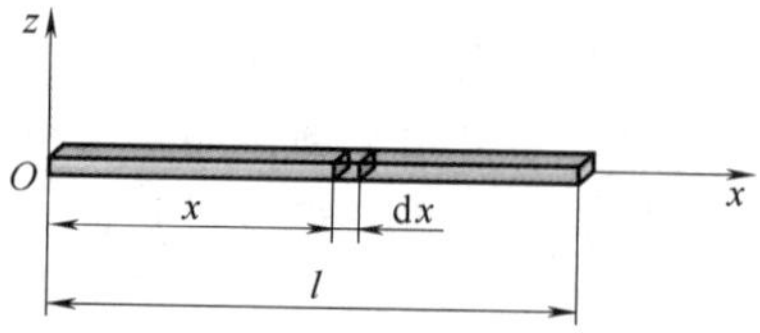

图 8-5

$$J_z=\int r^2\mathrm{d}m=\int r^2\mathrm{d}(\rho V) \tag{8.10}$$

式中，ρ 为密度在空间上的分布函数；V 为体积。若密度是空间均匀，则上式可写成

$$J_z=\int \rho r^2\mathrm{d}V \tag{8.11}$$

例如，如图 8-5 所示，长为 l、质量为 m 的均质细杆对一端的转动惯量

$$J_z=\frac{m}{l}\int_0^l x^2\mathrm{d}x=\frac{1}{3}ml^2$$

对过质心 C 且与杆垂直的轴的转动惯量

$$J_C=\frac{m}{l}\int_{-l/2}^{l/2}(x-l/2)^2\mathrm{d}x=\frac{1}{12}ml^2$$

如图 8-6 所示，半径为 R、质量为 m 的均质圆盘对过盘心 O 且与盘面垂直的轴的转动惯量

$$J_z=\frac{m}{\pi R^2}\int_0^R r^2\cdot 2\pi r\mathrm{d}r=\frac{1}{2}mR^2$$

可见，转动惯量与质量相对轴的分布情况有关。

有时为了计算方便，常常将刚体想象为全部质量集中于距离转轴 ρ 处的质点，用该质点的转动等效为刚体的转动，即转动惯量可以写为如下形式

$$J_z=m\rho_z^2 \tag{8.12}$$

其中，ρ_z 具有长度的量纲，称为刚体对 z 轴的**惯性半径**（回转半径），它也可以查表计算。

(2) 刚体绕定轴的转动微分方程

将 $L_z=J_z\omega$ 代入式 (8.9) 的第三式，得到

$$J_z\frac{\mathrm{d}\omega}{\mathrm{d}t}=\sum M_z(\boldsymbol{F}_i^{(e)}) \quad 或 \quad J_z\alpha=\sum M_z(\boldsymbol{F}_i^{(e)})$$

这就是**刚体绕定轴的转动微分方程**。在应用此方程时，注意角加速度的正方向必须与力矩的正方向一致，最好设角速度和角加速度的正方向一样，否则后续计算中容易出现符号错误。

(3) 平行轴定理和相交轴定理

如果刚体绕与另一根和质心平行的轴转动，则有**平行轴定理**

$$J_z = J_{z_C} + md^2 \tag{8.13}$$

式中，z_C 轴为过质心且与 z 轴平行的轴；d 为 z 与 z_C 轴之间的距离。

对于平面图形，若两根轴（不妨设为 x 轴和 y 轴）在该平面内且相互垂直，有**相交轴定理**

$$J_z = J_x + J_y \tag{8.14}$$

以上二式的证明相当简单，读者可尝试证明。

对于外形非规则的物体，也可以用组合法求转动惯量（与重心位置的计算类似）。例如，求图 8-7 所示均质空心圆柱对 z 轴的转动惯量 J_z，假设其质量为 m。

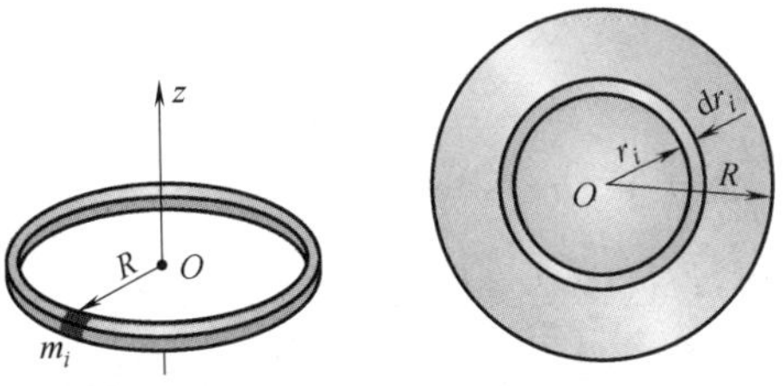

图 8-6

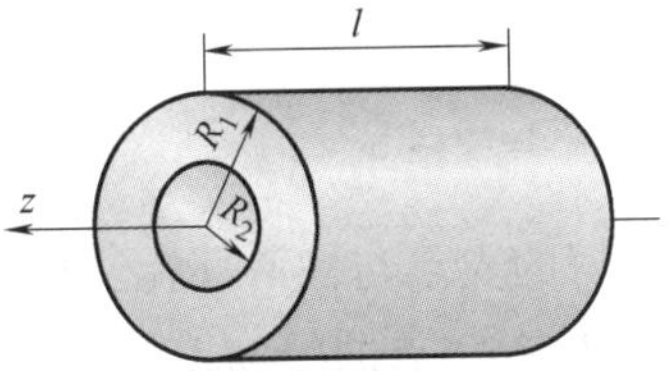

图 8-7

将空心部分视为负质量，则对应的转动惯量也为负，有

$$J_z = J_1 - J_2 = \frac{1}{2}m_1R_1^2 - \frac{1}{2}m_2R_2^2$$

其中，$m_1 = \rho\pi R_1^2 l$，$m_2 = \rho\pi R_2^2 l$。因为 $\rho\pi l(R_1^2 - R_2^2) = m$，所以

$$J_z = \frac{1}{2}m(R_1^2 + R_2^2)$$

可见，质量分布远离转动轴，转动惯量不减反增。

常见均质几何体对轴的转动惯量见附录 C。

［**例 8-4**］ 刚体在重力作用下绕光滑的水平轴 O 摆动，称为**复摆**。如图 8-8 所示，已知刚体质量为 m，对 O 轴的转动惯量为 J，刚体质心 C 与悬挂点 O 的距离为 a。求刚体微幅摆动的周期。

解：设刚体相对铅垂线的转动角为 φ，由刚体绕定轴运动微分方程

$$J_O \frac{d^2\varphi}{dt^2} = -mga\sin\varphi$$

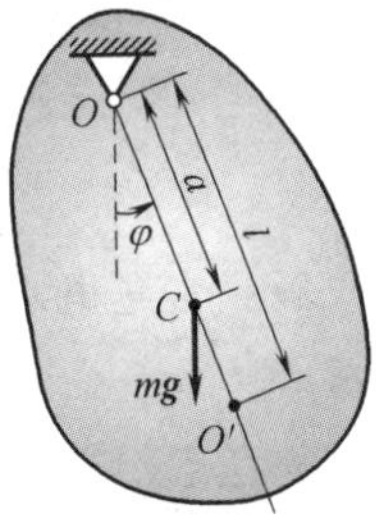

图 8-8

微小摆幅时，有 $\sin\varphi \approx \varphi$，代入上式，整理得

$$\frac{d^2\varphi}{dt^2} + \omega^2\varphi = 0$$

其中，$\omega^2 = \dfrac{mga}{J_O}$。上式是简谐振动标准微分方程，通解为 $\varphi = A\sin(\omega t + \varphi_0)$。其中，振幅 A 和初相位 φ_0 取决于运动的初始条件，而 ω 是角频率，因此周期为

$$T = \frac{2\pi}{\omega} = 2\pi\sqrt{\frac{J_O}{mga}}$$

若要求 O 轴的约束力，则可使用质心运动定理

$$F_{Ox}=-mg\cos\varphi-ma\dot{\varphi}^2,\ F_{Oy}=mg\sin\varphi+ma\ddot{\varphi}$$

只需代入上面运动微分方程的解 $\varphi=\varphi(t)$，即可得到 O 轴的约束力。

讨论：① 当一个单摆与复摆的微振动周期相同，则称该单摆是复摆的等效单摆。根据单摆周期公式，可知复摆的等效摆长为

$$l=\frac{J_O}{ma}$$

图 8-8 所示复摆上沿 OC 连线且与点 O 距离 l 处的 O' 点称为复摆的**摆心**。可见，复摆可以等效为质量全部集中于摆心处的单摆。

② 由于 $O'C=a'=l-a$，而

$$l=\frac{J_C+ma^2}{ma}=\frac{J_C}{ma}+a\Rightarrow aa'=\frac{J_C}{m}$$

因此复摆的支点与摆心共轭，即它们互为摆心，这就是复摆的摆心的互易性。由平行轴定理，刚体对 O' 点的转动惯量为 $J_C+ma'^2$，以摆心为支点的复摆微振动周期为

$$T=\frac{2\pi}{\omega}=2\pi\sqrt{\frac{J_C+ma'^2}{mga'}}=2\pi\sqrt{\frac{J_C+ma^2}{mga}}=2\pi\sqrt{\frac{J_O}{mga}}=T$$

这说明，复摆上任意一点以及与其共轭的摆心分别为支点时的微振动周期相等。

［**例 8-5**］ 如图 8-9（a）所示，质量为 m，半径为 r 的均质滑轮可绕中心 O 轴转动。轮上绕有不可伸长的轻绳，绳与滑轮之间紧贴且无相对滑动，且两端分别挂有质量为 m_1 和 m_2 的重物（$m_1>m_2$）。设摩擦力对 O 轴的力矩为常值 M_s。求滑轮受到的固定支座的约束力以及绳子两端的张力大小 F_1 和 F_2。

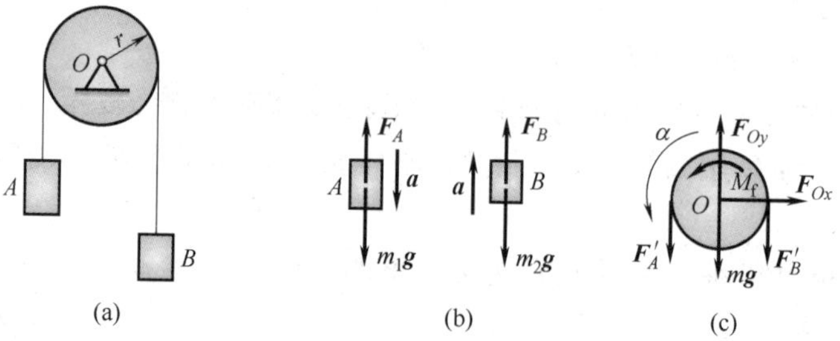

图 8-9

解：本题既求系统的内力也求外力，对各个刚体列对应的运动微分方程，再联立求解即可。

先考虑滑轮。如图 8-9（c）所示，因为存在摩擦力，该摩擦力沿轮的切向，对轮心有力矩，使滑轮加速转动。以绳和滑轮为整体，由于轻绳质量不计，所以整体对中心轴的转动惯量为 $J_O=mR^2/2$。由绕定轴转动刚体运动微分方程

$$\frac{1}{2}mr^2\cdot\alpha=(F'_A-F'_B)r+M_f$$

方程有 3 个未知量，显然无法求出，需补充关于角加速度的方程。而角加速度一般与切向加速度相联系，因此补充与切向加速度的运动学关系

$$a=r\alpha$$

这个加速度是绳子下降或上升的加速度，它与物块受力相关，因此分别取物块使用质心运动定理［图 8-9（b）］

$$m_1 a = m_1 g - F_A$$
$$m_2 a = F_B - m_2 g$$

联立以上方程，可求出绳子张力大小分别为

$$F_A = m_1 \frac{(mr + 4m_2 r)g - 2M_f}{mr + 2(m_1 + m_2)r}, \quad F_B = m_2 \frac{(mr + 4m_1 r)g + 2M_f}{mr + 2(m_1 + m_2)r}$$

为了求滑轮处的约束力，可以对整体列质心运动定理

$$\begin{cases} 0 = F_{Ox} \\ 0 = F_{Oy} - F'_A - F'_B - mg \end{cases}$$

解得
$$F_{Ox} = 0, \quad F_{Oy} = (m + m_1 + m_2)g - \frac{2(m_1 - m_2)^2}{m + 2(m_1 + m_2)} g$$

讨论：① 从上面列的定轴转动微分方程可知，只有当不考虑轮轴处的摩擦时，若滑轮是匀速转动（或者滑轮质量可忽略不计），跨过滑轮的绳两端张力才相等。

② 如果题目只求滑轮受到的约束力，这是系统的外力，容易想到使用质心运动定理，然而这需要知道角加速度或切向加速度。切向加速度通常使用下一章中介绍的动能定理求解较为方便。

③ 如果题目只求绳子内力，本题解答的前半部分已经给出了解答。

刚体的动量矩＝转动惯量·角速度，这预示刚体绕定点转动的动量矩也有类似形式的结果，但这时动量矩的方向通常与角速度方向不一样，参见专题 3。

8.2.2 相对质心的动量矩定理

仿照质心运动定理，我们来研究一下对质心的动量矩。考虑质点系对与质心 C 重合的固定点的动量矩 $\boldsymbol{L}_C$，这要使用绝对动量来计算。然而很多情况下，相对动量计算起来比较方便，相应算出的结果是相对动量矩 $\boldsymbol{L}_{C\mathrm{r}}$。

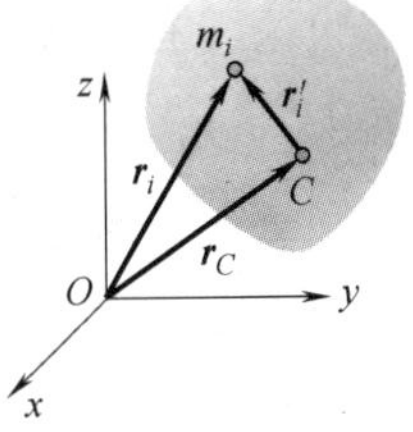

图 8-10

如图 8-10 所示，以刚体质心 C 为基点，第 i 个质点的速度为 $\boldsymbol{v}_i = \boldsymbol{v}_C + \boldsymbol{v}_{i|C}$，由质心定义 $m\boldsymbol{r}_C = \sum m_i \boldsymbol{r}_i$ 以及动量矩定义，计算对质心 C 的动量矩

$$\begin{aligned} \boldsymbol{L}_C &= \sum m_i \boldsymbol{r}'_i \times \boldsymbol{v}_C + \sum \boldsymbol{r}'_i \times \boldsymbol{m}_i \boldsymbol{v}_{i|C} = (\sum m_i \boldsymbol{r}_i - \sum m_i \boldsymbol{r}_C) \times \boldsymbol{v}_C + \sum \boldsymbol{r}'_i \times m_i \boldsymbol{v}_{i|C} \\ &= (m\boldsymbol{r}_C - m\boldsymbol{r}_C) \times \boldsymbol{v}_C + \sum \boldsymbol{r}'_i \times m_i \boldsymbol{v}_{i|C} = \sum \boldsymbol{r}'_i \times m_i \boldsymbol{v}_{i|C} = \boldsymbol{L}_{C\mathrm{r}} \end{aligned}$$

这表明，对与质心重合的空间固定点的动量矩，与相对质心的动量矩相等。因此 $L_{Cz} = J_C \omega$。

从上面的推导过程来看，$\boldsymbol{L}_C = \boldsymbol{L}_{C\mathrm{r}}$ 的依据是质心系中 $\sum m_i(\boldsymbol{r}_i - \boldsymbol{r}_C) = 0$，其物理意义是，质心是杠杆平衡的支点。由此可知

$$\frac{\mathrm{d}\boldsymbol{L}_C}{\mathrm{d}t} = \frac{\mathrm{d}\boldsymbol{L}_{C\mathrm{r}}}{\mathrm{d}t} = \sum \boldsymbol{M}_C(\boldsymbol{F}_i^{(\mathrm{e})}) \tag{8.15}$$

其结果在形式上与固定点的情况一样。该式对变形体也成立。注意，这里的相对量是指在随质心 C 平移的参考系中计算得到的量，因为前面使用的是基点法。例如，刚体有 $L_{Cz} = J_C \omega$，其中角速度 ω 是在质心平移参考系内的角速度，可见它是绝对角速度。

将动量矩的定义与力矩定义类比，可知动量对应主矢，动量矩对应主矩，于是由式（2.5）可知质点系对任意两点 A 和 B 的动量矩关系为 $\boldsymbol{L}_A=\boldsymbol{L}_B+\boldsymbol{r}_{AB}\times m\boldsymbol{v}_C$。将 B 换为质心 C，由于 $\boldsymbol{L}_C=\boldsymbol{L}_{Cr}$，所以得到对任意点的动量矩与相对质心 C 的动量矩关系

$$\boldsymbol{L}_A=\boldsymbol{L}_{Cr}+\boldsymbol{r}_{AC}\times m\boldsymbol{v}_C \tag{8.16}$$

这是计算对空间点的动量矩比较常用的式子。

思考：若质点系在任意时刻对空间任意固定点的动量矩等于零，能否推出“该质点系的质心一定静止不动”的结论？

［**例 8-6**］ 均质圆盘质量为 m，半径为 R，在水平地面沿直线纯滚动，如图 8-11 所示位置时，其角速度为 ω。求圆盘在图示位置时对边缘上的 A、C、P 三个固定空间点的动量矩。

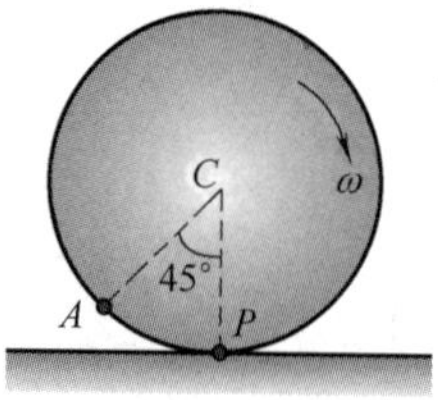

图 8-11

解：点 C 为质心，由对质心的绝对动量矩等于相对质心的动量矩，即

$$L_C=J_C\omega=\frac{1}{2}mR^2\omega$$

点 P 为瞬心，圆盘可视为瞬时绕 P 点做定轴转动，因此 $L_P=J_P\omega=\frac{3}{2}mR^2\omega$，也可以按照式（8.16）计算

$$L_P=mv_CR+L_C=mR^2\omega+\frac{1}{2}mR^2\omega=\frac{3mR^2}{2}\omega$$

对点 A 的动量矩由式（8.16）计算

$$L_A=mv_C\frac{\sqrt{2}}{2}R+L_C=\frac{\sqrt{2}}{2}mR^2\omega+\frac{1}{2}mR^2\omega=\frac{\sqrt{2}+1}{2}mR^2\omega$$

讨论：有人认为 $L_A=J_A\omega=J_C+mR^2=\frac{3}{2}mR^2\omega$，这样计算对吗？结果对应的含义是什么？

如果质点系受到对质心的合外力矩为零，则质点系对质心的动量矩守恒。此时一旦某个方向的动量矩大小或方向出现变化，则动量矩矢量缺少的部分会以整体转动的方式来补足。这在许多地方有应用。

例如，太空中的卫星通过调整三个转轴相互垂直的反作用轮的转速（图 8-12），可以精准实现卫星姿态控制，弥补了传统喷气方式在姿态精细控制方面的不足；蹦床运动员利用手臂与腿部的有序动作配合，才能在空中做出各种动作（图 8-13）。猫从高处落下时，总能够脚先着地，也是利用了这一原理。

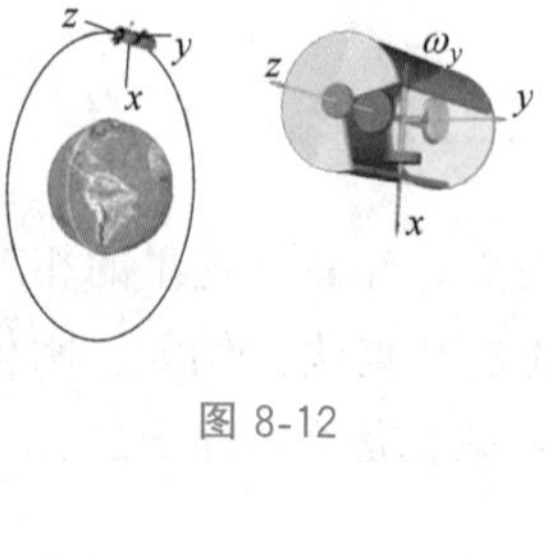

图 8-12

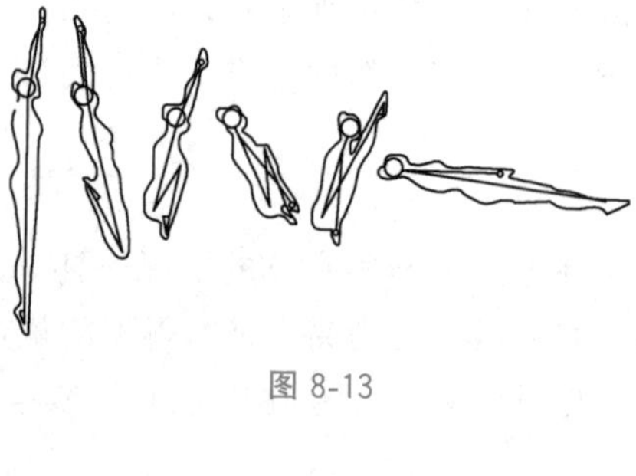
图 8-13

动量矩定理，尤其是对质心的动量矩定理，一般用于推导其他情形的动力学公式，它和动量定理是各种定理公式的源头。

8.3 刚体平面运动问题

在刚体运动的一阶运动量是基点的速度和角速度，它们可以计算出刚体上任意点的速度。二阶运动量是基点加速度和角加速度，它与刚体的运动和受力有关。

刚体对过质心 z 轴的动量矩 $L_{Cz}=J_C\omega$，代入相对质心的动量矩定理（8.15），与质心运动定理结合起来，就得到了刚体平面运动微分方程

$$m\boldsymbol{a}_C=\sum \boldsymbol{F}_i^{(e)} \qquad (8.17)$$

$$J_C\alpha=\sum M_C(\boldsymbol{F}_i^{(e)})$$

上式可向坐标系投影，有

$$\left.\begin{aligned} ma_{Cx}&=\sum F_x^{(e)}\\ ma_{Cy}&=\sum F_y^{(e)}\\ J_C\alpha&=\sum M_C(\boldsymbol{F}_i^{(e)})\end{aligned}\right\}\text{(直角坐标投影式)} \qquad \left.\begin{aligned} ma_C^{t}&=\sum F_t^{(e)}\\ ma_C^{n}&=\sum F_n^{(e)}\\ J_C\alpha&=\sum M_C(\boldsymbol{F}_i^{(e)})\end{aligned}\right\}\text{(自然坐标投影式)}$$

以上各组均称为**刚体平面运动微分方程**，可以求力或加速度，如果求速度或位移，则为

$$\left.\begin{aligned} m\ddot{x}_C&=\sum F_x^{(e)}\\ m\ddot{y}_C&=\sum F_y^{(e)}\\ J_C\ddot{\varphi}&=\sum M_C(\boldsymbol{F}_i^{(e)})\end{aligned}\right\}\text{(直角坐标投影式)} \qquad \left.\begin{aligned} m\ddot{s}_C&=\sum F_t^{(e)}\\ m\frac{\dot{s}_C^2}{\rho}&=\sum F_n^{(e)}\\ J_C\ddot{\varphi}&=\sum M_C(\boldsymbol{F}_i^{(e)})\end{aligned}\right\}\text{(自然坐标投影式)}$$

只要存在约束力，刚体的运动受到限制，其运动的自由度降低，因此刚体的质心加速度和角加速度不独立。这意味着求解以上方程还需补充质心加速度和角加速度之间的等式关系，称为**运动学条件**。这可以根据运动情况，采用基点法或运动合成公式获得。当然，对全过程成立的质心坐标求导，也可获得运动学条件，而不必用基点法或运动合成得到。

[例 8-7] 质量为 m，半径为 R 的均质圆轮放置于倾角为 θ 的斜面上，在重力作用下由静止开始运动。设轮与斜面间的静、动滑动摩擦因数分别为 f_s、f，不计滚动摩阻，试分析轮的运动。

解： 取轮为研究对象，受力情况如图 8-14 所示。已知 $a_{Cy}=0$，$a_{Cx}=a_C$。由刚体平面运动微分方程

$$ma_C=mg\sin\theta-F$$

$$0=-mg\cos\theta+F_N$$

$$J_C\alpha=FR$$

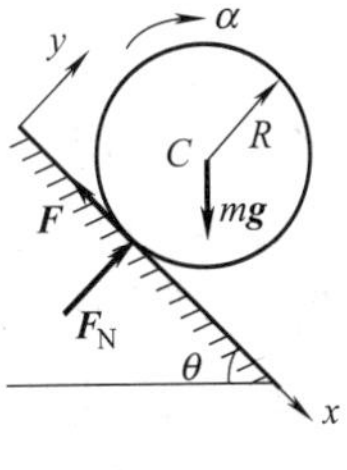

图 8-14

均质圆轮 $J_C=mR^2/2$，方程中有 F、F_N、a_C、α 共四个未知数，还须补充 a_C 与 α 的运动关系。可以先解出

$$F_N=mg\cos\theta$$

因为不知道轮是否做纯滚动，所以分别讨论。

① 设接触面绝对光滑，即 $F=0$，则 $a_C=g\sin\theta$，$\alpha=0$，从而 $\omega=$常量。因为轮由静止开始运动，故 $\omega=0$，这说明，轮沿斜面平移下滑。

② 设接触面足够粗糙。轮纯滚动，由例 6-4 可知，补充的运动学关系为 $a_C=\alpha R$。代入式（a），解得

$$a_C=\frac{2}{3}g\sin\theta,\ \alpha=\frac{2g}{3R}\sin\theta,\ F=\frac{1}{3}mg\sin\theta$$

③ 设轮与斜面间有滑动，轮既滚又滑。补充方程 $F=fF_N$，可解得

$$a_C=(\sin\theta-f\cos\theta)g,\ \alpha=\frac{2fg}{R}\cos\theta,\ F=fmg\cos\theta$$

轮纯滚动的条件：$\frac{1}{3}mg\sin\theta=F\leqslant F_{max}=f_sF_N=f_smg\cos\theta$，则 $f_s\geqslant\frac{1}{3}\tan\theta$。

这表明：当 $f_s<\frac{1}{3}\tan\theta$ 时，解答③适用；当 $f_s=0$ 时解答①适用。

思考：如果例 8-6 中的其他条件不变，仅将斜面换成同样倾角的三角楔，且三角楔与地面之间的静摩擦因数为 f_c，则题目中的结论是否会改变？

[例 8-8] 质量为 m，半径为 R 的均质轮，质心位于几何中心 O 处，一水平力 $\boldsymbol{F}_T$ 作用在距质心上方 h 处，轮开始纯滚动，如图 8-15（a）所示。设轮对质心的惯性半径为 ρ，滚阻不计。求轮受到的摩擦力方向。

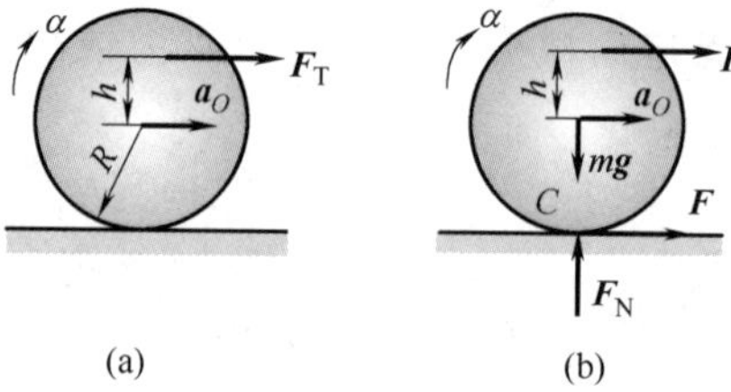

图 8-15

解：以鼓轮为研究对象，假设摩擦力方向水平向右，受力情况如图 8-15（b）所示。由刚体平面运动微分方程

$$ma_O=F_T+F$$
$$0=F_N-mg$$
$$m\rho^2\alpha=F_Th-FR$$

这里共有 a_O，F，F_N，α 共四个未知量，因此必须补充运动学条件。由于轮纯滚动，有

$$\alpha R=a_O$$

若设 $\rho^2=kR^2$，$x=h/R$，联立可解得

$$F=\frac{m(x-k)R}{1+x}a_O$$

当 $x>k$ 时，$F>0$，即摩擦力方向与图中加速度方向一致（摩擦力与拉力方向相同）；

当 $x=k$ 时，$F=0$，即摩擦力为零；

当 $x<k$ 时，$F<0$，即摩擦力方向与图中加速度方向相反（摩擦力与拉力方向相反）。

讨论：① 上面摩擦力为零的情形 $x=k$ 对应拉力在轮的撞击中心处，详见专题 2。

② 如果轮的形心不在质心处，则运动学条件 $\alpha R=a_O$ 不成立（见例 6-6），上述结论也就不成立。

[例 8-9] 如图 8-16（a）所示，已知均质圆环半径为 r，质量为 m，其上焊接刚杆 OA，杆长为 r，质量为 m。用手扶住圆环使其在 OA 水平位置静止。圆环与地面间为纯

滚动。求放手瞬间圆环的角加速度、地面的摩擦力及法向约束力。

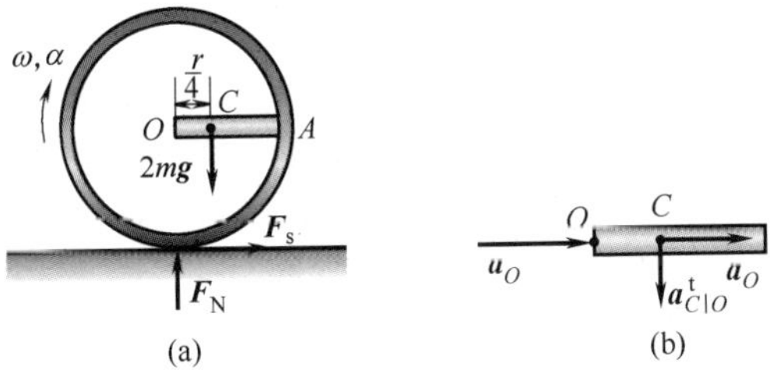

图 8-16

解： 设整体质心为 C，其受力如图 8-16（a）所示。建立平面运动微分方程

$$2ma_{Cx}=F_s$$

$$2ma_{Cy}=2mg-F_N$$

$$J_C\alpha=F_N\frac{r}{4}-F_s r$$

其中，$J_C=\frac{mr^2}{12}+m\left(\frac{r}{4}\right)^2+mr^2+m\left(\frac{r}{4}\right)^2=\frac{29}{24}mr^2$。

由求加速度基点法［图 8-16（b）］有

$$\boldsymbol{a}_C=\boldsymbol{a}_O+\boldsymbol{a}^n_{C|O}+\boldsymbol{a}^t_{C|O}$$

投影到水平和铅直两个方向，并注意到圆环沿地面纯滚动，得到运动学条件

$$a_{Cx}=a_O=r\alpha,\ a_{Cy}=a^t_{C|O}=\frac{1}{4}r\alpha$$

代入上面的刚体平面运动微分方程，解得

$$\alpha=\frac{3}{20}\frac{g}{r}(\text{顺时针}),\ F_s=\frac{3}{10}mg,\ F_N=\frac{77}{40}mg$$

还有突然解除约束的问题，即计算约束突然解除的瞬间，物体的受力或加速度的问题。这类问题的特点是：在解除约束的前、后瞬时，系统的一阶运动量（速度与角速度）连续，而二阶运动量（加速度与角加速度）将发生突变。不过，对于弹簧或弹性绳等弹性约束，由于弹性力与形变量有关，约束突然解除后的瞬间，形变量无法突变，所以弹性力不会突变。

［例 8-10］ 如图 8-17（a）所示，长为 l，质量为 m 的均质杆，其两端用不可伸长的轻绳系于铰链 O 处。设 $OA=OB$，绳子与杆夹角为 β。初始时杆保持水平静止。求杆绳 OB 被突然剪断瞬间，OA 绳的拉力。

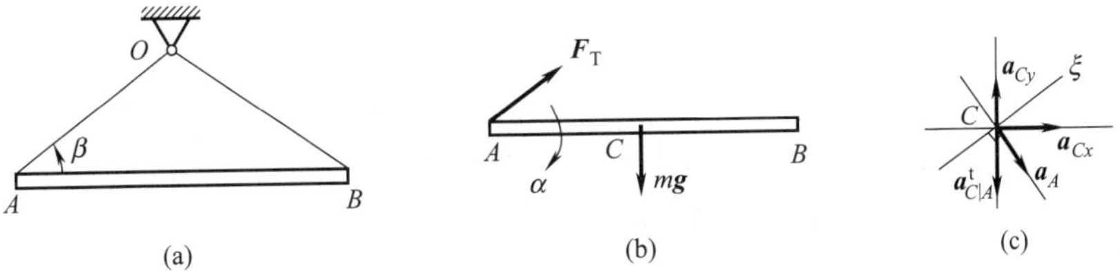

图 8-17

解： 当绳 OB 被突然剪断时，杆 AB 的角速度为零，但角加速度不为零，受力如图 8-17（b）所示。

由平面运动微分方程

$$ma_{Cx}=F_{\mathrm{T}}\cos\beta$$

$$ma_{Cy}=F_{\mathrm{T}}\sin\beta-mg$$

$$\frac{1}{12}ml^{2}\alpha=\frac{l}{2}\cdot F_{\mathrm{T}}\sin\beta$$

以上方程不封闭，须补充运动学条件。

A 端受绳 OA 约束，只能绕 O 点转动，但点 A 速度为零，因此点 A 沿 AO 方向的向心加速度为零，即其瞬时加速度只能垂直 OA 向下。以 A 为基点，C 的加速度如图 8-17（c）所示。

$$\boldsymbol{a}_{Cx}+\boldsymbol{a}_{Cy}=\boldsymbol{a}_{A}+\boldsymbol{a}_{C|A}^{\mathrm{t}}+\boldsymbol{a}_{C|A}^{\mathrm{n}}$$

因为杆的瞬时角速度 $\omega=0$，所以 $a_{C|A}^{\mathrm{n}}=0$，$a_{C|A}^{\mathrm{t}}=\alpha l/2$。为了避免求解未知量 $\boldsymbol{a}_{A}$，可沿 ξ 方向投影，得到运动学条件

$$a_{Cx}\cos\beta+a_{Cy}\sin\beta=-a_{C|A}^{\mathrm{t}}\sin\beta=-\frac{l}{2}\alpha\sin\beta$$

与平面运动微分方程联立，解得

$$\alpha=\frac{6\sin^{2}\beta}{1+3\sin^{2}\beta}\frac{g}{l},\ F_{\mathrm{T}}=\frac{mg\sin\beta}{1+3\sin^{2}\beta}$$

讨论：① 上面的方程还可以求出点 A 的加速度。

② 角加速度设的顺时针方向，$\boldsymbol{F}_{\mathrm{T}}$ 对质心的矩也是顺时针方向，不要对图 8-17（b）产生误解。

③ 此类问题的关键在于找出运动学条件，其中一些瞬时加速度的方向应该从瞬时可能的运动角度来分析，尤其是要注意被动力永远不会产生主动运动趋势。

对于突然增加约束或碰撞问题，一阶运动量将发生突变，处理方法详见专题 2。

刚体平面运动微分方程是力与加速度的关系。由于方程中引入了角加速度，所以要补充质心加速度与角加速度的运动学关系；如果求速度，必须对加速度积分。

对于多刚体系统来说，每个刚体都要补充运动学条件，并且引入非待求的未知约束力。为解决这一问题，可以建立相对特殊矩心的动量矩定理。

*8.4 对动点的动量矩定理

使用动量矩定理时，往往会引入非待求的未知约束力。如果存在对任意点的动量矩定理，就可选择合适的点，使得未知约束力对该点的矩为零，从而约束力在动量矩定理方程中消失。

在固定坐标系 $Oxyz$ 中建立一个随着动点 A 平移的参考系 $Ax'y'z'$，如图 8-18 所示。此图是本节公式推导的共同参考图。质点系对固定点 O 的动量矩为

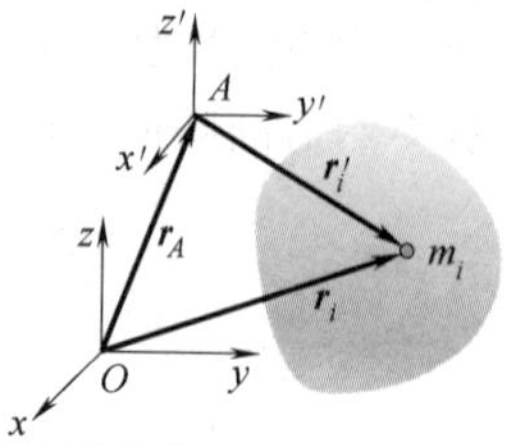

图 8-18

$$\boldsymbol{L}_{O}=\sum\boldsymbol{r}_{i}\times m_{i}\boldsymbol{v}_{i}=\sum(\boldsymbol{r}_{A}+\boldsymbol{r}_{i}')\times m_{i}\boldsymbol{v}_{i}=\boldsymbol{r}_{A}\times\sum m_{i}\boldsymbol{v}_{i}+\sum\boldsymbol{r}_{i}'\times m_{i}\boldsymbol{v}_{i}=\boldsymbol{r}_{A}\times m\boldsymbol{v}_{C}+\boldsymbol{L}_{A}$$

两边同时对时间求导，得

$$\frac{\mathrm{d}\boldsymbol{L}_{O}}{\mathrm{d}t}=\frac{\mathrm{d}}{\mathrm{d}t}(\boldsymbol{r}_{A}\times m\boldsymbol{v}_{C})+\frac{\mathrm{d}\boldsymbol{L}_{A}}{\mathrm{d}t}=\boldsymbol{r}_{A}\times m\boldsymbol{a}_{C}+\boldsymbol{v}_{A}\times m\boldsymbol{v}_{C}+\frac{\mathrm{d}\boldsymbol{L}_{A}}{\mathrm{d}t}$$

$$=\boldsymbol{r}_A\times\sum\boldsymbol{F}_i^{(e)}+\boldsymbol{v}_A\times m\boldsymbol{v}_C+\frac{\mathrm{d}\boldsymbol{L}_A}{\mathrm{d}t}$$

注意到

$$\begin{aligned}\boldsymbol{r}_A\times\sum\boldsymbol{F}_i^{(e)}&=\sum\boldsymbol{r}_A\times\boldsymbol{F}_i^{(e)}=\sum(\boldsymbol{r}_i-\boldsymbol{r}_i')\times\boldsymbol{F}_i^{(e)}=\sum\boldsymbol{r}_i\times\boldsymbol{F}_i^{(e)}-\sum\boldsymbol{r}_i'\times\boldsymbol{F}_i^{(e)}\\&=\sum\boldsymbol{M}_O(\boldsymbol{F}_i^{(e)})-\sum\boldsymbol{M}_A(\boldsymbol{F}_i^{(e)})\end{aligned}$$

回代到前面的式子，即得$\frac{\mathrm{d}\boldsymbol{L}_O}{\mathrm{d}t}=\sum\boldsymbol{M}_O(\boldsymbol{F}_i^{(e)})-\sum\boldsymbol{M}_A(\boldsymbol{F}_i^{(e)})+\boldsymbol{v}_A\times m\boldsymbol{v}_C+\frac{\mathrm{d}\boldsymbol{L}_A}{\mathrm{d}t}$，整理后得到

$$\frac{\mathrm{d}\boldsymbol{L}_A}{\mathrm{d}t}=\sum\boldsymbol{M}_A(\boldsymbol{F}_i^{(e)})-\boldsymbol{v}_A\times m\boldsymbol{v}_C \tag{8.18}$$

称为**对任意点的动量矩定理。**注意，式中使用的都是绝对速度。可见，当满足以下两个条件之一时，对动点的动量矩定理式（8.18）退化为对固定点的动量矩定理。

① 动点速度 $v_A=0$；

② 动点速度与质心速度方向一致$\boldsymbol{v}_A/\!/\boldsymbol{v}_C$。

式（8.18）直接用得比较少，因为很多时候相对动量矩计算更方便，所以希望将其转换为相对动量矩的情况。为此，只需应用点的速度合成定理，对于随动点平移的动系，质点的牵连速度是动系平移速度，质点相对动系的速度就是相对动点的速度，因此可以直接推导绝对动量矩与相对动量矩的关系

$$\begin{aligned}\boldsymbol{L}_A&=\sum\boldsymbol{r}_i'\times m_i\boldsymbol{v}_i=\sum\boldsymbol{r}_i'\times m_i(\boldsymbol{v}_A+\boldsymbol{v}_{i|A})=\sum\boldsymbol{r}_i'\times m_i\boldsymbol{v}_A+\sum\boldsymbol{r}_i'\times m_i\boldsymbol{v}_{i|A}\\&=\sum m_i\boldsymbol{r}_i'\times\boldsymbol{v}_A+\boldsymbol{L}_{A\mathrm{r}}=\sum m_i(\boldsymbol{r}_i-\boldsymbol{r}_A)\times\boldsymbol{v}_A+\boldsymbol{L}_{A\mathrm{r}}=\sum m_i\boldsymbol{r}_i\times\boldsymbol{v}_A-\sum m_i\boldsymbol{r}_A\times\boldsymbol{v}_A+\boldsymbol{L}_{A\mathrm{r}}\\&=m\boldsymbol{r}_C\times\boldsymbol{v}_A-m\boldsymbol{r}_A\times\boldsymbol{v}_A+\boldsymbol{L}_{A\mathrm{r}}=m(\boldsymbol{r}_C-\boldsymbol{r}_A)\times\boldsymbol{v}_A+\boldsymbol{L}_{A\mathrm{r}}=\boldsymbol{r}_{AC}\times m\boldsymbol{v}_A+\boldsymbol{L}_{A\mathrm{r}}\end{aligned}$$

因此

$$\boldsymbol{L}_A=\boldsymbol{L}_{A\mathrm{r}}+\boldsymbol{r}_{AC}\times m\boldsymbol{v}_A \tag{8.19}$$

上式的物理含义是，质点系对动点的绝对动量矩，等于质点系相对该点的动量矩，加上将此质点系视为质量集中于瞬时质心处的质点随 A 点一同平移时的牵连动量矩。将式（8.19）代入式（8.18）中，得到

$$\begin{aligned}\frac{\mathrm{d}\boldsymbol{L}_A}{\mathrm{d}t}&=\frac{\mathrm{d}\boldsymbol{L}_{A\mathrm{r}}}{\mathrm{d}t}+\frac{\mathrm{d}\boldsymbol{r}_{AC}}{\mathrm{d}t}\times m\boldsymbol{v}_A+\boldsymbol{r}_{AC}\times m\frac{\mathrm{d}\boldsymbol{v}_A}{\mathrm{d}t}\\&=\frac{\mathrm{d}\boldsymbol{L}_{A\mathrm{r}}}{\mathrm{d}t}+(\boldsymbol{v}_C-\boldsymbol{v}_A)\times m\boldsymbol{v}_A+\boldsymbol{r}_{AC}\times m\boldsymbol{a}_A=\frac{\mathrm{d}\boldsymbol{L}_{A\mathrm{r}}}{\mathrm{d}t}+\boldsymbol{v}_C\times m\boldsymbol{v}_A+\boldsymbol{r}_{AC}\times m\boldsymbol{a}_A\end{aligned}$$

$$\Rightarrow\quad\frac{\mathrm{d}\boldsymbol{L}_A}{\mathrm{d}t}=\frac{\mathrm{d}\boldsymbol{L}_{A\mathrm{r}}}{\mathrm{d}t}+\boldsymbol{v}_C\times m\boldsymbol{v}_A+\boldsymbol{r}_{AC}\times m\boldsymbol{a}_A=\sum\boldsymbol{M}_A(\boldsymbol{F}_i^{(e)})-\boldsymbol{v}_A\times m\boldsymbol{v}_C$$

因此有

$$\frac{\mathrm{d}\boldsymbol{L}_{A\mathrm{r}}}{\mathrm{d}t}=\sum\boldsymbol{M}_A(\boldsymbol{F}_i^{(e)})-\boldsymbol{r}_{AC}\times m\boldsymbol{a}_A \tag{8.20}$$

称为质点系**对动点的动量矩定理。**式中的动量矩中使用的是相对速度。等号右边最后一项的意义是牵连惯性力矩，详见专题 1。对于下列三种特殊动点，式（8.20）右边的最后一项为零。

① 动点加速度为零（$a_A=0$）；

② 动点加速度指向质心（$\boldsymbol{a}_A/\!/\boldsymbol{r}_{AC}$）；

③ 动点为质心（$\boldsymbol{r}_{AC}=\boldsymbol{0}$）。

对于刚体平面运动，相对动量矩 $\boldsymbol{L}_{A\mathrm{r}}=J_A\boldsymbol{\omega}$，因为相对 A 点的转动其实是在随 A 点

平移的动系中的转动，相对角速度与绝对角速度相对。当然也可以通过式（8.19）和式（8.16）联合平行轴定理推导得到，请读者自行完成。将相对动量矩 $\boldsymbol{L}_{Ar}=J_A\boldsymbol{\omega}$ 代入式（8.20），当 J_A 不变时，有

$$J_A\boldsymbol{\alpha}=\sum \boldsymbol{M}_A(\boldsymbol{F}_i^{(e)})-\boldsymbol{r}_{AC}\times m\boldsymbol{a}_A \tag{8.21}$$

称为平面运动刚体对动点的相对动量矩方程。对于满足上面三个条件之一的特殊动矩心 A，式（8.21）最后一项消失，称为**简约式动量矩定理。**

其中满足条件①和②的点不容易找到，但是瞬心一般容易找到。例 6-6 中研究过纯滚动刚体的瞬心加速度，并给出了瞬心加速度等于零及指向质心的条件。因此，满足瞬心加速度为零的条件（详见例 6-6 讨论部分）的情况，就可以取瞬心为动量矩的矩心，列出和对固定点的动量矩定理形式一样的方程。

对于做纯滚动的均质圆轮，可以对其瞬心列动量矩定理，因为速度瞬心加速度指向质心。其他情况，例如在圆盘上挖洞，或加偏心质量，若瞬时角速度为零，则速度瞬心的加速度为零，可作为特殊动矩心，否则不行。对于突然解除约束问题，瞬时速度为零的点，其加速度可能非零，如果加速度方向不通过质心，则不能作为特殊动矩心。

注意：式（8.21）与式（8.20）不同，前者可以对任何系统的局部或整体列方程，后者由于要求转动惯量不变，所以对多自由度机构不成立，只能对单个刚体列方程。故**简约式动量矩定理应用于多物体系时，必然会引入非待求的未知约束力，这也是其不足之处。**

[例 8-11] 如图 8-19（a）所示，质量 $m=50\text{kg}$ 的均质杆 AB，A 端搁在光滑的水平面上，另一端由质量不计的绳子系在固定点 O 上，且 ABO 在同一垂直面内。已知 AB 长 $L=2.5\text{m}$，绳 BO 长 $b=1\text{m}$，点 O 高出地面 $h=2\text{m}$。当绳子在水平位置时，杆由静止释放。求释放瞬时杆的角加速度。

解： 如图 8-19（b）所示，刚体由静止释放，杆 AB 瞬时角速度为零，故速度瞬心 P 的加速度为零，是特殊动矩心，则

$$\sum M_P=J_P\alpha$$

解得 $\alpha=3.53\text{rad/s}^2$。

思考：若此时杆 AB 存在角速度，则上述方法仍可行吗？

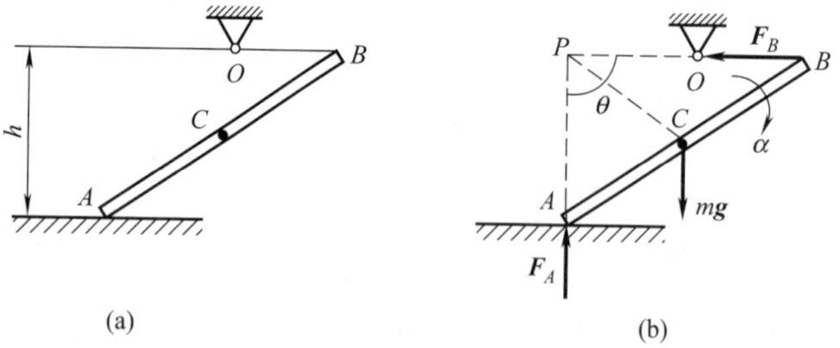

图 8-19

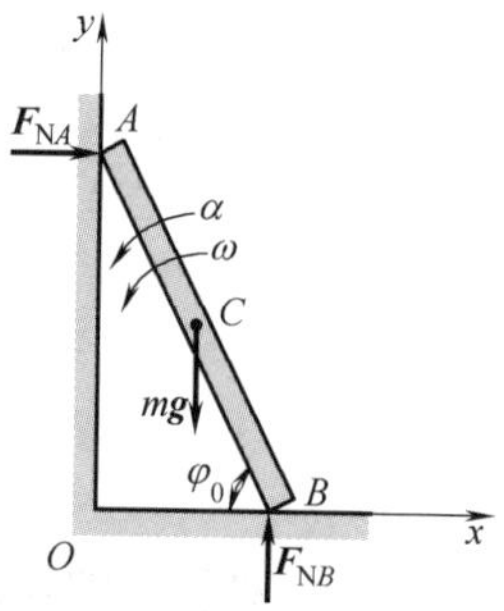

图 8-20

[例 8-12] 如图 8-20 所示，长为 l 的均质杆 AB 放在铅垂平面内，杆上端 A 靠在光滑的铅垂墙上，另一端 B 放在光滑的水平面上，与水平面的夹角为 φ。令杆由静止状态滑下。求杆在任意位置时的角加速度 α。

解： 杆做平面运动，受力如图。根据平面运动微分方程有

$$ma_{Cx}=F_A$$

$$ma_{Cy}=F_B-mg$$

$$J_C\alpha=F_B\cdot\frac{l}{2}\cos\varphi-F_A\cdot\frac{l}{2}\sin\varphi$$

式中有 5 个未知量，还需补充 2 个运动学关系式方能求出所有未知量。显然很麻烦。如果使用相对于特殊瞬心的动量矩定理，求解过程就比较简单。

由例 6-6 讨论部分的结论可知，如果刚体质心到瞬时速度瞬心 P 的距离保持不变，则瞬心加速度通过形心，由于均质物体形心与质心重合，故瞬心加速度通过质心。因此满足质点系相对速度瞬心的动量矩定理。本题中，$L_P=J_P\omega$，ω 为杆的角速度，杆的质心到速度瞬心的距离恒为 $l/2$，故可以使用简约式动量矩定理（下式中 $J_P=ml^2/12+m(l/2)^2=ml^2/3$）

$$J_P\alpha=mg\cdot\frac{l}{2}\cos\varphi$$

解得 $\alpha=\frac{3g}{2l}\cos\varphi$，对该结果时间积分，可得杆的角速度，则其余未知量可求。

习 题

判断题

8-1 质点的运动方向，就是质点所受合力的方向。（ ）

8-2 刚体动量的作用线通过刚体的质心。（ ）

8-3 若作用于质点系的所有外力合力恒为零，则质点系的质心位置保持不变。（ ）

8-4 质点做直线运动时，对地面固定点的动量矩为零。（ ）

8-5 静置在台秤上的密闭容器内的无人机在起飞、悬停、降落时，台秤上的读数不变。（ ）

8-6 动量定理和动量矩定理只对刚体有效。（ ）

8-7 质心加速度只与质点系所受外力的大小和方向有关，与其作用位置无关。（ ）

8-8 质点系的内力不能改变质点系的总动量，但可以改变每一质点的动量。（ ）

8-9 若系统的动量守恒，则其对任意点的动量矩也守恒。（ ）

8-10 质点系不受外力作用时，质心运动状态不变，各质点运动状态也不变。（ ）

简答题

8-11 某质点系对空间任意点的动量矩都相同，且不等于零。这种运动情况可能吗？请说明理由。

8-12 刚体上 A 点处作用一力，则该点的加速度方向与此力的方向有何关系？

8-13 坐在椅子上的儿童，有时为了移动到某处，会将脚离开地面，身体向前窜，使椅子和身体一起向前一小段一小段移动。但动量定理表明，内力不改变系统的动量。如何解释这种运动现象？

计算题

8-14 题 8-14 图示中各刚体都是均质的，且质量均为 m，杆长均为 l。求各刚体的动量大小。

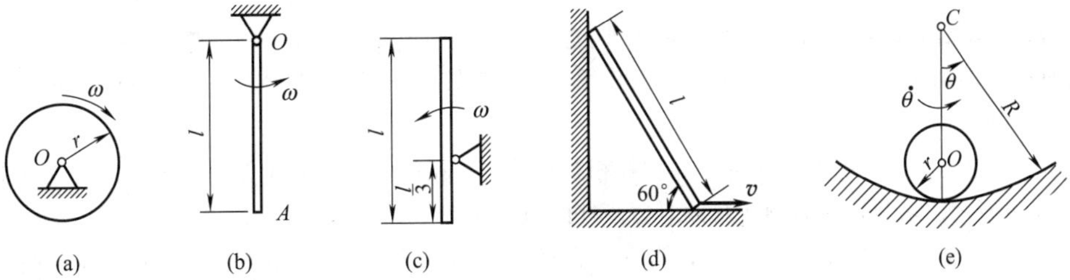

题 8-14 图

8-15 如题 8-15 图所示，无重杆 OA 以角速度 ω_O 绕轴 O 转动，质量 $m=25\text{kg}$，半径 $R=200\text{mm}$ 的均质圆盘以 3 种方式安装于杆 OA 的 A 端，如图所示。在图（a）中，圆盘与杆 OA' 焊接在一起，在图（b）中，圆盘与杆 OA 在 A 端铰接，且相对杆 OA 以角速度 ω_r 逆时针转动。在图（c）中，圆盘相对杆 OA 以角速度 ω_r 顺时针转动。已知 $\omega_O=\omega_r=4\text{rad/s}$，计算在此 3 种情况下，圆盘对轴 O 的动量矩。

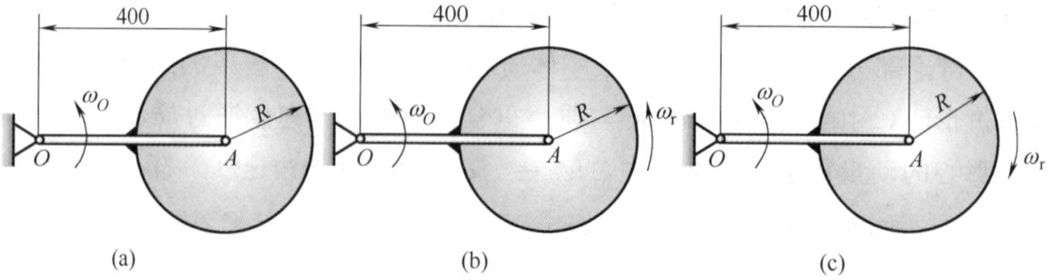

题 8-15 图

8-16 由相同材料制成的均质杆 AG 与 BG 铰接于 G 点，都在同一铅垂面内，如题 8-16 图所示。$AG=250\text{mm}$，$BG=400\text{mm}$。若 $GG_1=240\text{mm}$ 时，系统由静止释放。若忽略各处摩擦，求当 A，B，C 在同一直线上时，A 与 B 两点各自移动的距离。

8-17 正圆锥体可绕其中心铅垂轴 z 自由转动，转动惯量为 J_z。当它处于静止状态时，一质量为 m 的小球自圆锥顶 A 点无初速地沿锥面光滑螺旋槽滑下。滑至锥底 B 点时，小球沿水平切线方向脱离锥体。一切摩擦均可忽略。求刚脱离的瞬时，小球的速度 v 和锥体的角速度 ω。

8-18 题 8-18 图所示匀质圆盘的质量为 16kg，半径为 0.1m，与地面间的动滑动摩擦因数 $f=0.25$。若盘心 O 的初速度 $v_O=0.4\text{m/s}$，初始角速度 $\omega=2\text{rad/s}$，试问经过多少时间后圆盘停止滑动？此时盘心速度多大？

8-19 如题 8-19 图所示，质量为 m，半径为 r 的均质圆柱放在半径为 R 的圆槽内。已知圆柱对质心的转动惯量为 J_C，槽足够粗糙。求圆柱的运动微分方程。

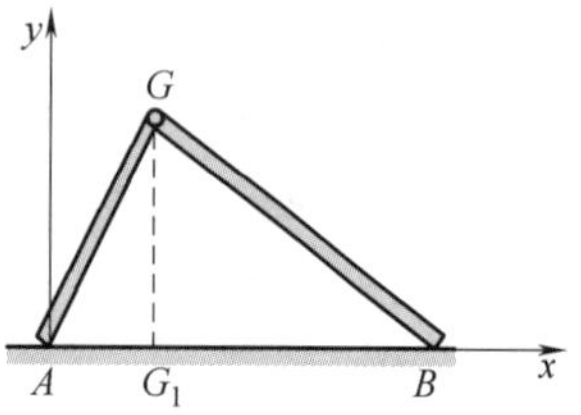

题 8-16 图

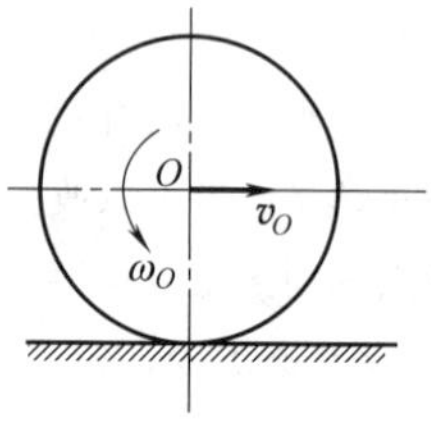

题 8-18 图

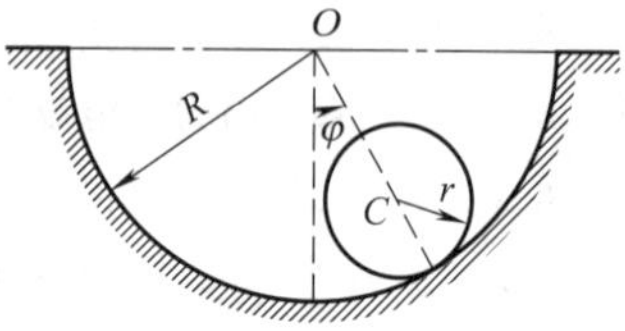

题 8-19 图

8-20 如题 8-20 图所示，质量为 m，半径为 r 的均质圆柱体放在倾角为 60°的粗糙斜面上，圆柱体上缠绕有细绳，绳子的另一端固定在 A 点，绳在圆柱外的部分与斜面平行。若圆柱体与斜面间的摩擦因数为 $f_s=1/3$，试求其中心沿斜面下落的加速度。

8-21 匀质直角刚杆 ABC，质量为 m，放在光滑水平面上。已知 $AB=BC$。初始时刻杆静止，且 AB 位于竖直方向，如题 8-21 图所示。求在 A 端作用于垂直的一水平力 $\boldsymbol{F}$ 时，A 点的瞬时加速度。

8-22 均质圆柱体 A 和 B 的质量均为 m，半径均为 r，一不可伸长绳缠在绕固定轴 O 转动的圆柱 A 上，绳的另一端绕在圆柱 B 上，直线绳段铅垂，如题 8-22 图所示。绳重不计，摩擦不计。求：①圆柱 B 下落时质心的加速度；②若在圆柱体 A 上作用一逆时针转向，矩为 M 的力偶，求圆柱 B 的质心加速度方向向上的条件。

8-23 质量均为 m，长均为 l 的两均质杆相互铰接，初始瞬时 OA 处于铅垂位置，两杆夹角为 45°，如题 8-23 图所示。求从该瞬时静止释放时，两杆的角加速度。

8-24 匀质细长杆 AB，质量为 m，长为 l，与铅垂墙壁夹角为 θ，接触处光滑。杆 AB 在题 8-24 图示位置突然释放。求该瞬时质心 C 的加速度大小和 E 处的约束力大小。

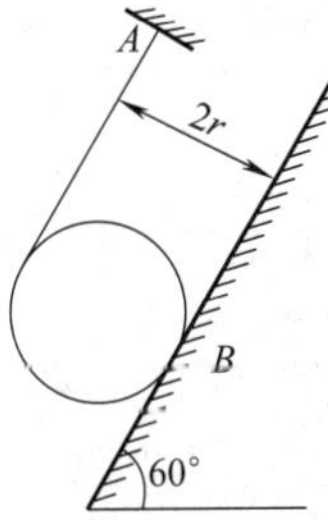

题 8-20 图

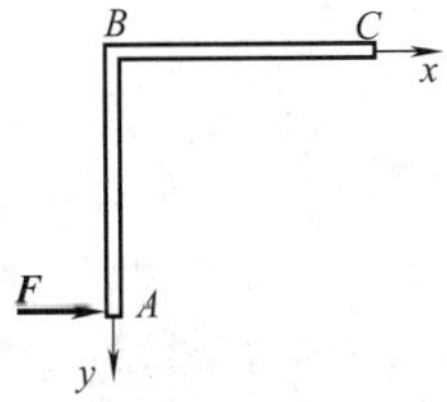

题 8-21 图

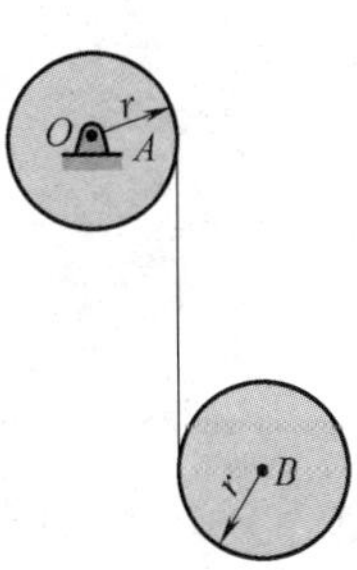

题 8-22 图

8-25　两均质细长杆 AB、BC 位于铅垂面内，在 A、B 处用光滑铰链连接，如题 8-25 图所示。杆 BC 的 C 端放在光滑水平面上，并在图示位置无初速释放。若各杆质量均为 4kg，长均为 $l=0.6\text{m}$，求初瞬时及此后任意瞬时各杆的角加速度。

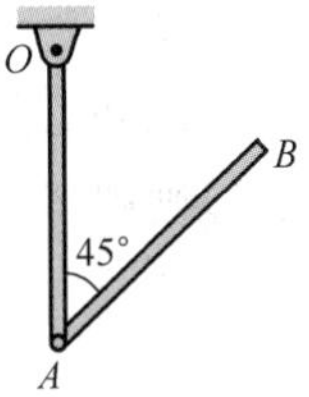

题 8-23 图

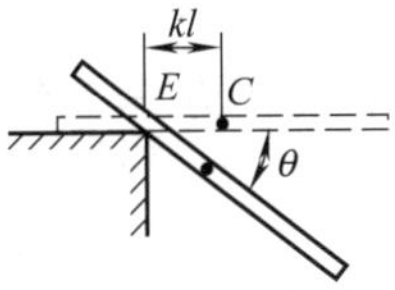

题 8-24 图

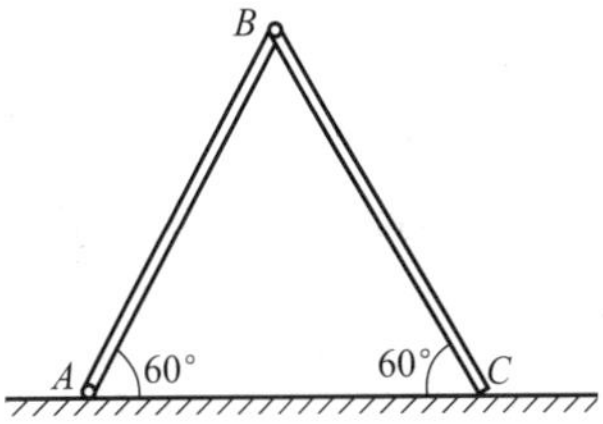

题 8-25 图

8-26　如题 8-26 图所示均质杆 AB 长为 l，放在铅直平面内。杆的一端 A 靠在光滑铅直墙上，另一端 B 放在光滑的水平地板上，并与水平面成 φ_0 角。此后，令杆由静止状态倒下。求：①杆在任意位置时的角速度；②当杆脱离墙时，此杆与水平面所夹的角。

8-27　如题 8-27 图所示，均质杆 AB 质量 $m=4\text{kg}$，用两条绳悬挂于水平位置。若其中一绳突然断了，求此瞬时另一根绳的拉力。

8-28　如题 8-28 图所示，匀质杆 AB 重 100N，长 1m，其 B 端搁在地面上，A 端用软绳吊住。已知杆与地面间的静摩擦因数为 0.30。问软绳剪断的瞬间，B 端是否滑动？并求此瞬时杆的角加速度以及地面对杆的力。

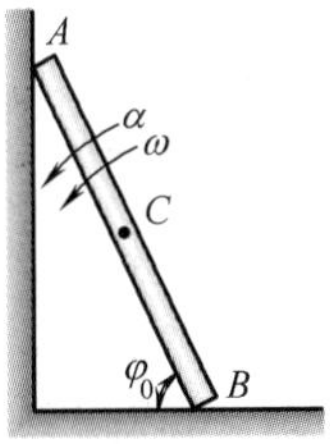

题 8-26 图

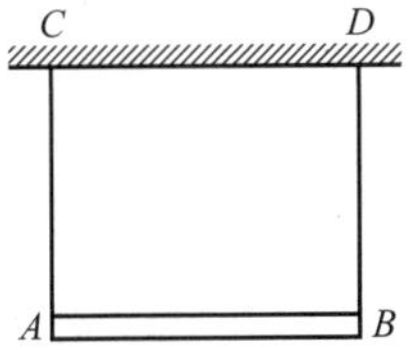

题 8-27 图

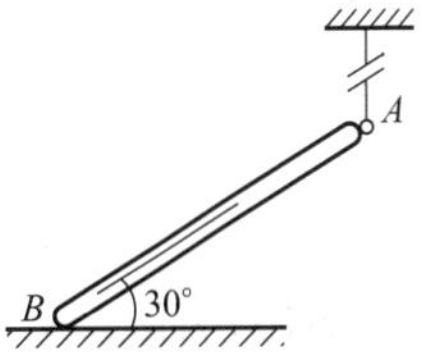

题 8-28 图

拓展题

8-29　静止悬挂在铅垂面内的弹簧从悬挂点突然脱离并开始自由下落，观察发现，弹簧下端是静止的。问当弹簧收缩到原长、最短时，还是与弹簧刚度和密度有关的某个长度时，弹簧下端才开始下落？如何解释这一现象？

8-30　长为 l，质量为 m 的细直杆的一端用不可伸长的轻绳悬挂在铅垂面内，初始杆保持铅垂静止。如果给杆上某处施加一个大小为 $\boldsymbol{F}$ 的力，问该力作用的位置和作用方向满足什么条件，可使杆瞬时角加速度为零？如果将轻绳换成同样材质，但长度为 kl（k 为比例常数）的杆，作用力的条件如何变化？

第9章 功与能量

力与物体运动的规律在应用时要么引入了非待求未知力，要么需要补充运动学条件，不便求解。如果从力的空间累积作用效果考虑，可以避免一些约束力的出现。

本章从力的空间累积效果引入动能和功的概念，根据功的性质引出势能和有势力。对动量定理的空间积分，引出动能定理和功率方程。在势力场中，动能定理则解释为机械能守恒。

9.1 力的空间累积效果

9.1.1 动能

力用单位时间内的动量变化来衡量。力的时间累积作用效果是改变受力对象的动量。然而动量定理表明，内力不改变系统的动量。那么如何解释弹簧被压缩后能够自由伸缩的现象呢？这说明还需要另外一个量来描述力的作用效果。考虑到运动时空间位置的变化，我们可以从空间累积的效果来考虑。

例如，如果一个恒定力与质点的运动方向相同，质点将获得大小为 $\mathrm{d}p$ 的动量变化。在这个过程中，物体所经历的空间距离 $\mathrm{d}s$ 可以看作是力大小的一种反映。根据力的定义 $F=\mathrm{d}p/\mathrm{d}t$，我们可以类比地提出 $\mathrm{d}T/\mathrm{d}s=F$，其中 s 指的是质点运动轨迹的弧长。则有

$$\mathrm{d}T=F\mathrm{d}s=\frac{\mathrm{d}p}{\mathrm{d}t}\mathrm{d}s=\frac{\mathrm{d}s}{\mathrm{d}t}\mathrm{d}p=v\mathrm{d}p$$

根据微分的乘法法则，当质量 m 与速度无关（即 m 不是 v 的函数）时，可以得到

$$\mathrm{d}T=v\mathrm{d}p=v\mathrm{d}(mv)=\mathrm{d}\left(\frac{1}{2}mv^2\right)=\mathrm{d}\left(\frac{1}{2}mv^2\right)$$

两边同时积分得 $T=mv^2/2+C$。为方便计算，规定 $v=0$ 时 $T=0$，故 $C=0$。$T=mv^2/2$ 称为质点的**动能**。在国际单位制中，动能的单位是 J（焦耳）。

通过上面的推导过程可以看出，动能的变化反映了力在空间上的累积作用效果。

接下来考虑质点系的动能。取质点系的质心 C 为基点，其中质点 i 的速度 $\boldsymbol{v}_i=\boldsymbol{v}_C+\boldsymbol{v}_{i|C}$，则质点系总动能为

$$T=\sum\frac{1}{2}m_iv_i^2=\frac{1}{2}\sum(m_i\boldsymbol{v}_C^2+2m_i\boldsymbol{v}_C\cdot\boldsymbol{v}_{i|C}+m_i\boldsymbol{v}_{i|C}^2)$$

$$=\frac{1}{2}mv_C^2+\boldsymbol{v}_C\cdot(\sum m_i\boldsymbol{v}_{i|C})+\frac{1}{2}\sum m_i\boldsymbol{v}_{i|C}^2$$

其中，$\boldsymbol{v}_C\cdot\sum m_i\boldsymbol{v}_{i|C}=\boldsymbol{v}_C\cdot\frac{\mathrm{d}}{\mathrm{d}t}\sum m_i(\boldsymbol{r}_i-\boldsymbol{r}_C)=\boldsymbol{v}_C\cdot\frac{\mathrm{d}}{\mathrm{d}t}\times(\sum m_i\boldsymbol{r}_i-m\boldsymbol{r}_C)=0$，因此

$$T=\frac{1}{2}mv_C^2+\frac{1}{2}\sum m_i\boldsymbol{v}_{i|C}^2 \tag{9.1}$$

式中右边第一项是质点系随质心 C 平移的动能，第二项是各质点相对质心 C 运动的动能。这说明，对于任意质点系（可以是变形体），质点系的绝对动能等于它随质心平移的动能与相对于质心平移坐标系运动的动能之和。这称为**柯尼希定理**。

对于刚体的动能表达式，只需将基点法中的速度关系式代入上式即得，见专题3。在这里，我们只考虑定轴转动和平面运动的刚体动能。

(1) 定轴转动刚体的动能

绕固定轴 z 转动的刚体瞬时角速度为 ω，则 $T=\sum\frac{1}{2}m_iv_i^2=\frac{1}{2}\sum m_i(\omega r_i)^2=\frac{1}{2}\omega^2\sum m_ir_i^2$，即

$$T=\frac{1}{2}J_z\omega^2$$

(2) 平面运动刚体的动能

如图9-1所示，平面运动刚体可视为绕速度瞬心 P 的瞬时定轴转动，d 为瞬心到质心 C 的距离，则 $T=\frac{1}{2}J_P\omega^2=\frac{1}{2}(J_C+md^2)\omega^2$，注意到 $\omega d=v_C$，因此有

$$T=\frac{1}{2}J_P\omega^2=\frac{1}{2}mv_C^2+\frac{1}{2}J_C\omega^2 \tag{9.2}$$

即平面运动刚体的动能等于随质心平移的动能与绕质心转动动能之和。

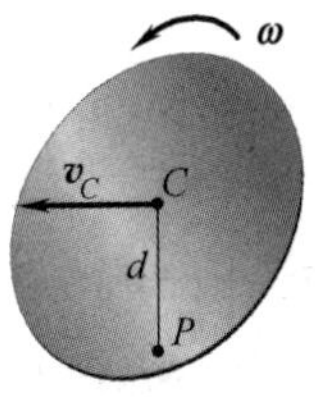

图 9-1

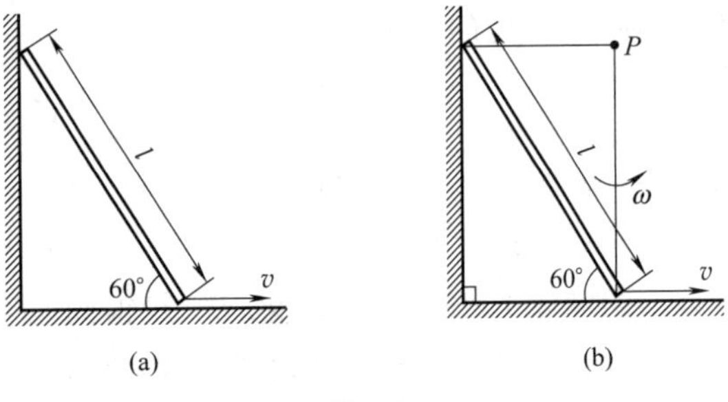

图 9-2

［例 9-1］ 质量为 m，长为 l 的均质直杆斜靠在直角墙壁上，某瞬时与地面接触一端的速度为 $\boldsymbol{v}$，杆与水平地面夹角为 60°，如图 9-2（a）所示，求该瞬时杆的动能。

解：刚体做平面运动，求动能的最简单的方法是找刚体的瞬心 P。

显然，瞬心位置是墙角关于杆的镜像对称点［图 9-2（b）］。求出刚体的角速度 $\omega=\frac{v}{l\sin 60^\circ}=\frac{2v}{\sqrt{3}l}$，刚体对瞬心轴的转动惯量 $J_P=J_C+m(l/2)^2=ml^2/12+ml^2/4=ml^2/3$。因此，刚体的动能 $T=J_P\omega^2/2=2mv^2/9$。

9.1.2 功

当力的方向与质点动量的方向不在同一直线上时，可以将力分解为平行于动量的切向分量 $\boldsymbol{F}_t$ 和垂直于动量的法向分量 $\boldsymbol{F}_n$。显然，只有切向力对动能有贡献 $F_t ds=\boldsymbol{F}\cdot d\boldsymbol{r}$，它是力的作用点位移的空间累积效果，称为**功**。对于曲线运动的质点，可以将每一段位移微元 $d\boldsymbol{r}$ 视为直线，从而得到元功 $\delta W=\boldsymbol{F}\cdot d\boldsymbol{r}$（元功不是功的微分，因为 $\boldsymbol{F}\cdot d\boldsymbol{r}$ 未必等于某个标量函数 W 的全微分 dW，所以只能写为 δW）。将其沿作用点轨迹从 M_1 到 M_2 点积分（图 9-3），得到力对质点所做的功

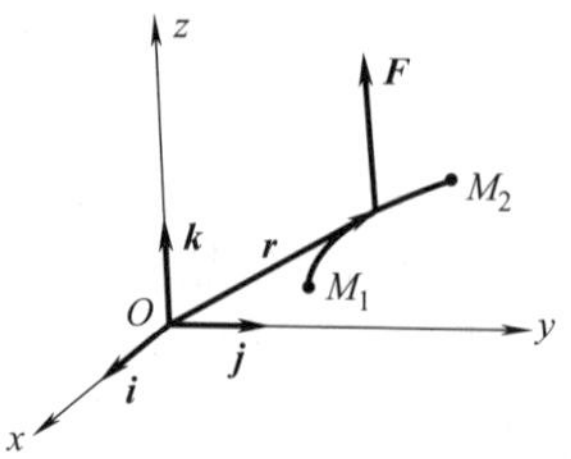

图 9-3

$$W_{12}=\int_{M_1}^{M_2}\boldsymbol{F}\cdot d\boldsymbol{r} \tag{9.3}$$

显然，功是标量。在国际单位制中，功的单位为 J（焦耳），1J=1N · m。

注意，“力作用点的位移”是指物体上受力作用的那一点的位移。例如，杆的一端在地面滑动，受地面恒定的摩擦力作用。杆划过一段距离 s，杆所受的摩擦力对杆做负功，而杆对地面的摩擦力却对地面不做功。这是因为杆对地面摩擦力作用的质点没有发生位移。

力偶产生转动效果，在无穷小转动情况下，刚体角位移可以表示为矢量 $d\boldsymbol{\varphi}=\boldsymbol{\omega}dt$，其中 $\boldsymbol{\omega}$ 是角速度矢量。考虑一对力偶（$\boldsymbol{F}$，$-\boldsymbol{F}$）作用在刚体上，作用点分别为 A 和 B。那么这对力所做功之和为 $\delta W=\boldsymbol{F}\cdot d\boldsymbol{r}_A-\boldsymbol{F}\cdot d\boldsymbol{r}_B=\boldsymbol{F}\cdot d\boldsymbol{r}_{BA}$，根据式（6.3），$d\boldsymbol{r}_{BA}=\boldsymbol{\omega}\times\boldsymbol{r}_{BA}dt$，将其代入前式，并利用混合积性质与力偶矩定义 $\boldsymbol{M}=\boldsymbol{r}_{BA}\times\boldsymbol{F}$，我们可以得到力偶对任意运动的刚体做的元功

$$\delta W=\boldsymbol{M}\cdot\boldsymbol{\omega}dt \tag{9.4}$$

对于定轴转动刚体，上式中力偶和角速度变为标量。例如力偶矩 M_z 使刚体绕 z 轴的转角从 φ_1 到 φ_2 所做的功是

$$W_{12}=\int_{\varphi_1}^{\varphi_2}M_z d\varphi$$

当 M_z=常量，有 $W_{12}=M_z(\varphi_2-\varphi_1)$。

(1) 力系对刚体做的功

将力系向刚体上任一点 O 简化，一般得到一个主矢和一个主矩。因为主矢和主矩对刚体的运动效果与原力系的运动效果等效，所以一个刚体受到的力系中，所有力所做元功之和等于该力系的主矢和主矩对其所做的元功

$$\delta W=\sum\delta W_i=\boldsymbol{F}'_R\cdot d\boldsymbol{r}_O+\boldsymbol{M}_O\cdot d\boldsymbol{\varphi}$$

特别地，对于平面运动刚体，一般将力系向质心 C 简化，有 $\delta W=\boldsymbol{F}'_R\cdot d\boldsymbol{r}_C+M_C d\varphi$。因此，当质心由 C_1 到 C_2，转角由 φ_1 到 φ_2 时，力系做的功可以表示为

$$W_{12}=\int_{C_1}^{C_2}\boldsymbol{F}'_R\cdot d\boldsymbol{r}_C+\int_{\varphi_1}^{\varphi_2}M_C d\varphi \tag{9.5}$$

需要注意的是，如果力系中的某个力不做功，则在计算力系的主矢、主矩时，可以不必将其纳入计算。另外，如果力系向其他任意点简化，只需将 C 替换为该点，上述结论仍然成立。

(2) 常见主动力做的功

对于常见主动力，如重力和弹簧力，根据功的定义可得到如下结论。

① 重力由于方向始终不变，所以做功只与初、末位置有关，与路径无关

$$W_{12}=mg(z_{C2}-z_{C1})$$

其中，z_{C1}、z_{C2} 是物体的重力在做功过程中初、末时刻物体重心的高度。

② 弹簧刚度系数为 k(N/m) 的弹力做的功只与变形量有关

$$W_{12}=\frac{k}{2}(\Delta l_2^2-\Delta l_1^2)$$

其中，Δl_1、Δl_2 是弹簧弹力在做功过程中初、末时刻的弹簧变形量（对于拉压弹簧，是线变形量；对于扭簧，是扭转角）。

［例 9-2］ 如图 9-4（a）所示，均质圆盘质量为 m，半径为 R，其外缘上缠绕多圈无重细绳，绳头作用常力 F 使圆盘沿水平直线纯滚动。求盘心走过路程 s 时圆盘所受力系做的功。

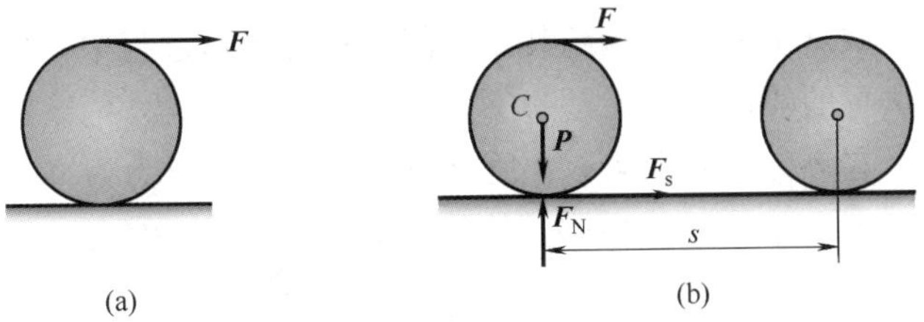

图 9-4

解： 由例 8-7 可知，本题中摩擦力的方向水平向右。如果忽略滚动摩阻，圆盘受到的重力、摩擦力和法向约束力［图 9-4（b）］都不做功，只有力 $\boldsymbol{F}$ 做功。将力 $\boldsymbol{F}$ 向质心 C 简化，得

$$W=Fs+M_C\varphi=Fs+FR\cdot\frac{s}{R}=2Fs$$

光滑固定面、固定铰支座、光滑铰链、不可伸长的柔索中的约束力做功都为零。工程上常将约束力做功等于零的约束称为**理想约束**。

思考：轮子在固定面做纯滚动时，若考虑滚动摩阻，接触处是否仍为理想约束？

9.1.3 势能

只有当功与路径无关时，功是一个关于位置的标量函数，称为势能函数，简称**势能**或位能、位势。可见，仅当力有势能时，元功才可以表示为某个标量函数的全微分，此标量函数就是这个力的势能函数。势能加上或减去任何常数，其微分不变。因此，势能并不唯一，需要选择一个零势能面作为参考。选择不同的零势能位置，系统的势能绝对大小就不同。

当物体处于空间任一位置时，受到的同一种力可以视为空间位置的函数 $\boldsymbol{F}=\boldsymbol{F}(x, y, z)$，这个函数称为**力场**。

势力场： 力的功只与力作用点的始末位置有关，与路径无关，也叫保守力场。

质点在势力场 $\boldsymbol{F}=\boldsymbol{F}(x, y, z)$ 中从点 M 运动到任意位置 M_0 过程中，有势力所做

的功等于质点在点 M 处相对于点 M_0 的势能

$$V(M)-V(M_0)=\int_M^{M_0}\boldsymbol{F}\cdot \mathrm{d}\boldsymbol{r}=\int_M^{M_0}(F_x\mathrm{d}x+F_y\mathrm{d}y+F_z\mathrm{d}z) \tag{9.6}$$

其中，参考点 M_0 称为势能零点。

对上式两边同时微分，得 $-\mathrm{d}V=F_x\mathrm{d}x+F_y\mathrm{d}y+F_z\mathrm{d}z$，而对于多元函数 $V(x,\ y,\ z)$ 有一阶微分公式 $\mathrm{d}V=\frac{\partial V}{\partial x}\mathrm{d}x+\frac{\partial V}{\partial y}\mathrm{d}y+\frac{\partial V}{\partial z}\mathrm{d}z$，因此有如下性质：

① 有势力在直角坐标轴上的投影等于势能对该坐标偏导数的相反数

$$F_x=-\frac{\partial V}{\partial x},\ F_y=-\frac{\partial V}{\partial y},\ F_z=-\frac{\partial V}{\partial z} \tag{9.7}$$

② 势能相等的点构成等势能面；

③ 有势力方向垂直于等势能面，指向势能减小的方向。

显然，有势力做正功，则物体相应势能减小；反之，有势力做负功，则物体相应势能增加。在等势能面上运动，相应有势力不做功。

质点系的势能：质点系从某位置到其零势能位置的变形过程中，各有势力做功的代数和为此质点系在该位置的势能。

质点系受到多个有势力，则在第 i 个质点位置处所受的合力为

$$F_{xi}=-\frac{\partial V}{\partial x_i},\ F_{yi}=-\frac{\partial V}{\partial y_i},\ F_{zi}=-\frac{\partial V}{\partial z_i}$$

则弹性势能 $V=\int_r^{r_0}\boldsymbol{F}\cdot \mathrm{d}\boldsymbol{r}=\frac{k}{2}(\Delta l^2-\Delta l_0^2)$，或 $V=\int_r^{r_0}\boldsymbol{F}\cdot \mathrm{d}\boldsymbol{r}=\frac{k_\varphi}{2}(\Delta\varphi^2-\Delta\varphi_0^2)$；重力势能 $V=\sum\int_Z^{Z_0}-m_i g\,\mathrm{d}z_i=mg(z_C-z_{C0})$。

有了势能就可以很方便地计算物体受到相应有势力做的功，无须进行积分计算。

现在我们可以解释本章开头的问题了。原因是，即使系统没有外力作用，内力仍然可以做功，从而使系统获得动能。其中，内力做功来自于弹性势能的减少。接下来，我们将考虑外力对质点系做的功与质点系动能变化之间的联系。

9.2 动能定理

设质点系中的第 i 个质点受到力 $\boldsymbol{F}_i$ 的作用，则根据质点动能定理，对于每个质点，有 $\mathrm{d}T_i=F_{it}\mathrm{d}s=\boldsymbol{F}_i\cdot \mathrm{d}\boldsymbol{r}=\delta W_i$，将其叠加，并设内力元功之和为 $\delta W^{(\mathrm{i})}$，外力元功之和为 $\delta W^{(\mathrm{e})}$。可得质点系动能定理的微分式

$$\mathrm{d}T=\delta W^{(\mathrm{e})}+\delta W^{(\mathrm{i})} \tag{9.8}$$

注意，内力虽然是相互作用力，但做功代数和不一定为零。设 A，B 两质点之间的作用力为 $\boldsymbol{F}_A$ 和 $\boldsymbol{F}_B=-\boldsymbol{F}_A$，这一对内力做的元功的代数和为

$$\boldsymbol{F}_A\cdot \mathrm{d}\boldsymbol{r}_A+\boldsymbol{F}_B\cdot \mathrm{d}\boldsymbol{r}_B=\boldsymbol{F}_A\cdot(\mathrm{d}\boldsymbol{r}_A-\mathrm{d}\boldsymbol{r}_B)=\boldsymbol{F}_A\cdot \mathrm{d}\boldsymbol{r}_{BA}$$

如果质点 A、B 存在相对位移，内力做功代数和可能不为零。例如，滑动摩擦是切向力，在相对位移上做功并产生热量；弹簧变形时，内力沿着变形方向做功，可以储存和释放弹性势能。对于刚体而言，其内部相邻两质点之间的内力沿着它们的连线方向，且它们之间

的相对位移要么为零（刚体平移），要么垂直于其连线（刚体存在转动）。因此，刚体内力做功的代数和为零。

对式（9.8）两边同时积分，记内力做功与外力做功代数和为 W_{12}，则有动能定理的积分式

$$T_2-T_1=W_{12} \tag{9.9}$$

这表明，质点系所受到的外力和内力做功的代数和等于系统的动能改变量。

微分式（9.8）与积分式（9.9）具有不同的意义，前者中的元功可以包含角度和长度微分，两边同时可以除以某个微元，如 dt 或 ds，从而得到相应的物理意义结果；后者则可以得到速度大小，通常是式子对时间求导数，从而得到角加速度或切向加速度。但必须注意，积分式（9.9）能够进行求导的前提条件是：该式列出的等式关系对于任意中间时刻都成立。

思考：有人认为动量守恒意味着速度守恒，因此动能也守恒，从而得到动量守恒则动能守恒的结论。这种观点对吗？

［例 9-3］ 均质细杆长 l，质量为 m，上端 B 靠在光滑的铅直墙上，下端 A 以光滑铰链与均质圆柱的中心相连，如图 9-5（a）所示。圆柱质量为 m，半径为 R，放在粗糙的水平地面上，自图示位置由静止开始纯滚动，杆与水平线的夹角 $\varphi=45°$。求点 A 在初瞬时的加速度。

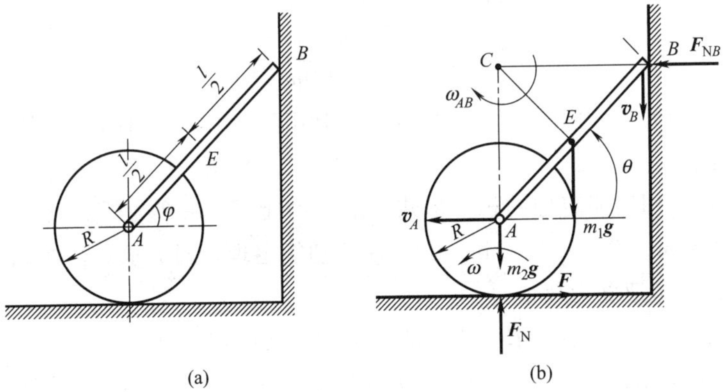

图 9-5

解： 本题是理想约束系统，所有主动力做功都能表示出来，适合用动能定理，可避免对单个刚体应用平面运动微分方程来求。在任意 θ 角时，由图 9-5（b）可知，杆 AB 的速度瞬心为 C，杆 AB 质心 E 的速度为

$$v_E=\omega_{AB}\cdot CE=\omega_{AB}\frac{l}{2},\ \omega_{AB}=\frac{v_A}{AC}=\frac{v_A}{l\sin\theta}$$

因此 $v_E=v_A\cdot\dfrac{CE}{AC}=\dfrac{v_A}{2\sin\theta}$。

由于圆柱做纯滚动，有
$$\omega=\frac{v_A}{R}$$

式中，ω 为圆柱的角速度。在任意 θ 角时，系统的动能为

$$T=\frac{1}{2}m_2v_A^2+\frac{1}{2}\times\frac{1}{2}m_2R^2\omega^2+\frac{1}{2}m_1v_E^2+\frac{1}{2}\times\frac{m_1l^2}{12}\omega_{AB}^2=\frac{1}{12}\left(9m_2+\frac{2m_1}{\sin^2\theta}\right)v_A^2$$

整个系统中只有杆 AB 的重力做功，其元功为

$$\delta W=m_1 g\,\mathrm{d}y_E$$

由 $\dfrac{\mathrm{d}y_E}{\mathrm{d}t}=v_{Ey}=v_E\cos\theta=\dfrac{v_A}{2}\cot\theta$ 得

$$\delta W=m_1 g\ \frac{v_A}{2}\cot\theta\,\mathrm{d}t$$

由动能定理的微分形式 $\mathrm{d}T=\sum\delta W$ 或 $\dfrac{\mathrm{d}T}{\mathrm{d}t}=\dfrac{\delta W}{\mathrm{d}t}$，并注意到 θ 及 v_A 都是 t 的函数，$\dot{\theta}=-\omega_{AB}=-\dfrac{v_A}{l\sin\theta}$，得

$$\frac{1}{6}\left[a_A\left(\frac{2m_1}{\sin^2\theta}+9m_2\right)+2v_A^2\ \frac{m_1\cos\theta}{l\sin^4\theta}\right]v_A=\frac{1}{2}m_1 g v_A\cot\theta$$

故

$$a_A=\frac{3m_1 g\cot\theta-2m_1 v_A^2\ \dfrac{\cos\theta}{l\sin^4\theta}}{\dfrac{2m_1}{\sin^2\theta}+9m_2}$$

在初瞬时，$v_A=0$，$\theta=\varphi=45°$，点 A 的加速度为

$$a_A=\frac{3m_1 g}{4m_1+9m_2}$$

讨论：① 本题元功 δW 的计算是关键，由于 $\mathrm{d}T/\mathrm{d}t$ 中将含有 v_A，因此 $\mathrm{d}y_E/\mathrm{d}t$ 也必先用 v_A 来表达。

② 本题也可以用动能定理的积分形式求解。动能 T_2 在 θ 为任意角度时与前面相同，$T_1=0$；功为 $W=m_1 gl(\sin45°-\sin\theta)/2$。建立动能定理，对 t 求导，注意到 v_A 为正时 θ 减少，故 AB 杆的角速度为负值。

③ 动能中是速度的大小，求导所得的加速度是切向加速度。

④ 本题也可以用刚体平面运动微分方程进行求解，将圆柱及杆分别作为研究对象即可。该方法比较麻烦。使用动能定理只需一个方程即可求解。

[例 9-4] 均质细杆 AB 长为 l，质量为 m，起初紧靠在铅垂墙壁上，由于微小干扰，杆绕点 B 倾倒如图 9-6（a）所示。不计摩擦，求：①B 端未脱离墙时杆 AB 的角速度、角加速度及 B 处的约束力；②B 端脱离墙壁时的 θ_1 角；③杆着地时质心的速度及杆的角速度。

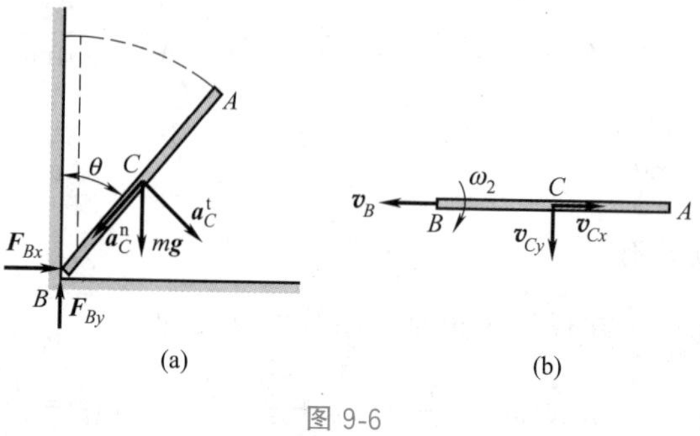

图 9-6

解：本题是求一段过程中的速度、加速度和力的典型问题。速度和加速度用动能定理求解就比较方便。

① 未脱离墙时，杆做定轴转动，分析杆，受力如图 9-6（a）所示。由动能定理有

$$\frac{1}{2}\times\frac{1}{3}ml^2\omega^2=mg\times\frac{l}{2}(1-\cos\theta)$$

则 $\omega=\sqrt{\frac{3g}{l}(1-\cos\theta)}$，此结果对任意 θ 都成立，故对其两边求时间 t 的导数，可得 $\alpha=\frac{3g}{2l}\sin\theta$。

为了求 B 处的约束力，由质心运动定理有

$$ma_C^{t}\cos\theta-ma_C^{n}\sin\theta=F_{Bx}$$

$$-ma_C^{t}\sin\theta-ma_C^{n}\cos\theta=F_{By}-mg$$

当 B 段未脱离墙壁时，杆 AB 做定轴转动，因此质心 C 的加速度分量为

$$a_C^{t}=\alpha\times\frac{l}{2},\ a_C^{n}=\omega^2\times\frac{l}{2}$$

解得

$$F_{Bx}=\frac{3}{4}mg\sin\theta(3\cos\theta-2)$$

$$F_{By}=\frac{1}{4}mg(1-3\cos\theta)^2$$

② B 端脱离墙壁的条件为 $F_{Bx}=0$，即 $\frac{3}{4}mg\sin\theta(3\cos\theta-2)=0$，解得

$$\theta_1=\arccos\frac{2}{3}=48.19^\circ$$

此时有

$$\omega_1=\sqrt{\frac{3g}{l}(1-\cos\theta_1)}=\sqrt{\frac{g}{l}},\ v_{Cx}=\frac{l}{2}\omega\cos\theta=\frac{1}{3}\sqrt{gl}$$

脱离墙后，因 $\sum F_x=0$，则质心在水平方向上运动守恒，即此后任一瞬时总有 $v_{Cx}=\frac{1}{3}\sqrt{gl}$。

③ 杆着地时，运动分析如图 9-6（b）所示。以 B 为基点，有 $\boldsymbol{v}_C=\boldsymbol{v}_B+\boldsymbol{v}_{C|B}$，将其向铅直方向投影得

$$v_{Cy}=v_{C|B}=\omega\times\frac{l}{2}$$

在杆由铅直位置运动到水平位置过程中，只有重力做功，由动能定理有

$$\frac{1}{2}m(v_{Cx}^2+v_{Cy}^2)+\frac{1}{2}\times\frac{1}{12}ml^2\omega_2^2=mg\times\frac{l}{2}$$

解得

$$\omega_2=2\sqrt{\frac{2g}{3l}},\ v_C=\frac{1}{3}\sqrt{7gl}$$

思考：能否直接建立坐标系，写出 C 点坐标一般表达式，对时间求导得到运动学关系？

9.3 功率方程

力做功的效率，可以用力在单位时间内做的功来衡量，因此称为**功率**

$$P=\frac{\delta W}{\mathrm{d}t}=F_{\mathrm{t}}v=\boldsymbol{F}\cdot\boldsymbol{v} \tag{9.10}$$

对于力偶的功率，根据上式计算出力偶中的两个力的功率之和，等价为如下计算式

$$P=\frac{\delta W}{\mathrm{d}t}=\frac{M_z\mathrm{d}\varphi}{\mathrm{d}t}=M_z\omega \tag{9.11}$$

在国际单位制中，功率的单位是 W（瓦特），1W=1J/s。

对动能定理微分式两边同时除以 $\mathrm{d}t$，得到**功率方程**

$$\frac{\mathrm{d}T}{\mathrm{d}t}=\sum_{i=1}^{n}\frac{\delta W_i}{\mathrm{d}t}=\sum_{i=1}^{n}P_i \tag{9.12}$$

即质点系动能对时间的一阶导数等于作用于质点系的所有内力和外力功率的代数和。

在实际机械设备中，外部输入的功率可以分为两部分：一部分用于工作，称为**有用功率**；另一部分则会浪费在工件发热、变形、腐蚀等物理或化学过程中，这部分功率对工作无贡献，却又无法避免，称为**无用功率**。因此上式又可以写作

$$P_{输入}=P_{有用}+P_{无用}+\frac{\mathrm{d}T}{\mathrm{d}t}\quad 或\quad \frac{\mathrm{d}T}{\mathrm{d}t}=P_{输入}-P_{有用}-P_{无用} \tag{9.13}$$

该式表明，单位时间内对系统输入的功，转化为有用功和无用功，以及系统额外增加的动能。

在机械传递中，机械效率定义为

$$\eta=\frac{P_{有效}}{P_{输入}} \tag{9.14}$$

其中，有效功率 $P_{有效}=P_{有用}+\frac{\mathrm{d}T}{\mathrm{d}t}=P_{输入}-P_{无用}$。

对于多级传动系统 $\eta=\eta_1\eta_2\cdots\eta_n$，每个机械效率对应的输入功率可能不同。

功率方程与对动能定理积分式求时间导数的方法等价。因此，功率方程一般直接用求单自由度系统的运动微分方程。

［例 9-5］ 一半径为 r，质量为 m 的均质半圆柱在水平面上来回摆动，如图 9-7 所示。其质心 C 至 O 点的距离为 d，对过质心与图面垂直轴的回转半径为 ρ。设接触处有足够的摩擦防止半圆柱滑动。求半圆柱在其铅垂平衡位置附近微摆动的周期。

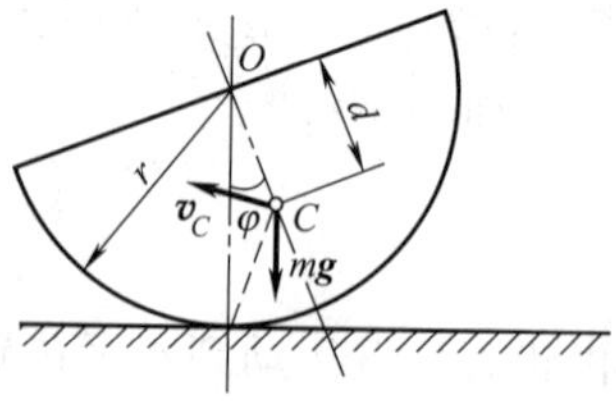

图 9-7

分析：只需求出半圆柱体的运动微分方程，然后将其线性化，即可得到微小摆动周期。系统主动力只有重力，且受到地面约束是理想约束，对于单自由度系统用功率方程较合适。

解：由瞬心求质心速度，借助余弦定理可得系统在任意位置时的动能表达式为

$$T=\frac{1}{2}m(r^2+d^2-2rd\cos\varphi)\dot{\varphi}^2+\frac{1}{2}m\rho^2\dot{\varphi}^2$$

重力的功率为

$$P=m\boldsymbol{g}\cdot\boldsymbol{v}_C=-mg\dot{\varphi}d\sin\varphi$$

注意符号，φ 增大，对应重力功率为负。

由功率方程

$$\frac{\mathrm{d}}{\mathrm{d}t}\left(\frac{1}{2}m(r^2+d^2-2rd\cos\varphi)\dot{\varphi}^2+\frac{1}{2}m\rho^2\dot{\varphi}^2\right)=-mg\dot{\varphi}d\sin\varphi$$

解得

$$m(r^2+d^2-2rd\cos\varphi+\rho^2)\ddot{\varphi}-mdr\dot{\varphi}^2\sin\varphi+mgd\sin\varphi=0$$

对于微摆动，$\sin\varphi\sim\varphi$，$\cos\varphi\sim1$，略去二阶以上小量，整理得

$$\ddot{\varphi}+\frac{d}{(r-d)^2+\rho^2}g\varphi=0$$

对比振动微分方程 $\ddot{x}+\omega^2x=0$，可知以上方程的周期为

$$T=\frac{2\pi}{\omega}=2\pi\sqrt{\frac{(r-d)^2+\rho^2}{dg}}$$

讨论：由于是无滑动地滚动，可以考虑使用平面运动微分方程，但需要补充质心加速度与角加速度的关系。或者看速度瞬心是否满足特殊矩心的条件，采用对特殊矩心的简约式动量矩定理。请读者自行尝试。

从源头来看，动能定理或功率方程是动量定理向速度方向投影，再加权求和的结果，避免了与速度垂直的力的出现。因此，动能定理和功率方程适合理想约束系统，或者所有的力做功都已知的情况。

9.4 机械能守恒

若质点系仅受有势力作用，由式（9.6）可知每个质点受到有势力 $\boldsymbol{F}_{\mathrm{pot}}$ 做的功都有如下形式

$$W_{12}=\int_{M_1}^{M_2}\boldsymbol{F}_{\mathrm{pot}}\cdot\mathrm{d}\boldsymbol{r}=\int_{M_1}^{M_2}-\mathrm{d}V=V_1-V_2 \tag{9.15}$$

将上述结果叠加，得到系统的总势能，形式仍不变，包括内力和弹力做的功。由质点系动能定理积分式（9.9），上式可以写成

$$T_2-T_1=W_{12}=V_1-V_2\quad\text{或}\quad T+V=\text{常量} \tag{9.16}$$

质点系在某一瞬时的动能和势能的代数和称为质点系的**机械能**。质点系仅受有势力作用时，机械能守恒，这种系统称为**保守系统**。非保守力不做功，或做功代数和为零，机械能也守恒。

机械能守恒是动能定理的特殊情形，只能求出一个未知量。通常可以利用机械能守恒快速列出单自由度保守系统的运动微分方程。当然，机械能守恒还可以用于求解保守系统运动过程中的速度和位置等。

［**例 9-6**］ 如图 9-8 所示，一半径为 r，质量为 m 的均质圆柱体在半径为 R 的圆柱面内无滑动滚动。求圆柱体的运动微分方程。

解： 本系统是保守系统，设 θ 坐标，圆柱体的运动可分解为平移和转动。平动时圆柱体质心的线位移为 $(R-r)\theta$，故线速度为 $v=(R-r)\dot{\theta}$。圆柱体绕质心轴转动，由于无滑动，所以角速度为

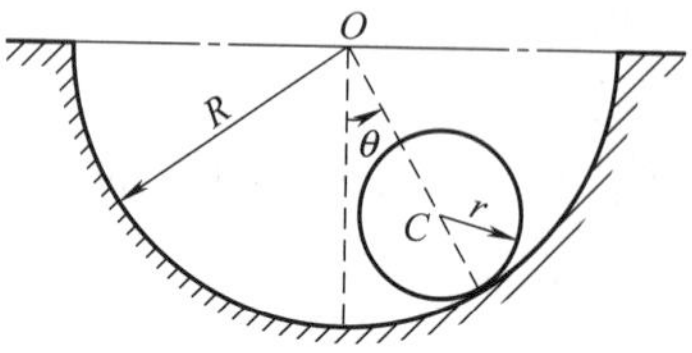

图 9-8

$$\omega=\frac{v}{r}=\frac{1}{r}(R-r)\dot{\theta}$$

任一瞬时位置，圆柱体动能为

$$T=\frac{1}{2}mv^2+\frac{1}{2}J\omega^2=\frac{1}{2}m[(R-r)\dot{\theta}]^2+\frac{1}{2}\times\frac{mr^2}{2}\left[\frac{1}{r}(R-r)\dot{\theta}\right]^2=\frac{3}{4}m(R-r)^2\dot{\theta}^2$$

圆柱体的势能以最低位置 O 为零，在摆角为 θ 的瞬时圆柱体质心升高为 $(R-r)(1-\cos\theta)$，则

$$V=mg(R-r)(1-\cos\theta)$$

由机械能守恒 $\frac{\mathrm{d}}{\mathrm{d}t}(T+V)=0$，得

$$\frac{\mathrm{d}}{\mathrm{d}t}\left[\frac{3}{4}m(R-r)^2\dot{\theta}^2+mg(R-r)(1-\cos\theta)\right]=\left[\frac{3}{2}m(R-r)^2\ddot{\theta}+mg(R-r)\sin\theta\right]\dot{\theta}=0$$

$\dot{\theta}$ 不恒为零，故可两边除掉，得到运动微分方程

$$\ddot{\theta}+\frac{2g}{3(R-r)}\sin\theta=0$$

9.5 动力学综合应用

工程中大多是受约束的质点系，其动力学问题一般有四类：

① 已知主动力（含主动力偶，下同）求系统的运动规律；

② 已知系统的运动规律或加速度，求主动力或约束力（含约束力偶，下同）；

③ 已知系统的部分运动量和部分主动力，求运动量或约束力；

④ 求经过一段过程后物体的速度、加速度或约束力问题。

第一类问题，相当于求解运动微分方程。一般是利用质心运动定理和动量矩定理为每个物体建立运动微分方程，根据运动学公式给出质心加速度与角加速度的关系，最后联立求解。然而，这样会引入未知约束力，并且需要联立求解所有未知约束力，计算量较大。实际上，有些未知约束力不必求出。一些巧妙方法可以降低计算量。例如，针对受理想约束的单自由度系统，或约束力做功已知的单自由度系统，使用动能定理的微分式或功率方程，可以避免引入理想约束力。针对多自由度系统，使用相对动点的动量矩定理，结合动量定理，选择合适的投影方向或矩心，尽量避免在方程中出现过多的约束力，以降低联立方程的数量。或者使用下一章中介绍的动静法（与相对动点的动量矩定理等价），利用静力学中的技巧，也能够尽量避免非待求的约束力出现。

第二类问题，求解未知力真正需要的信息是切向加速度或角加速度，否则需补充运动学关系。如果求未知主动力，可直接应用动量定理和动量矩定理，也可以利用相对动点的动量矩定理，以减少约束力个数。如果求未知约束力，则将物体隔离，暴露出约束力，再

选择动量定理和动量矩定理的适当投影式，避免其他非待求的约束力出现，再联立求解。

第三类问题，既要求未知的运动，也要求未知的约束力。对于这种情况，要根据系统中各物体的运动情况和系统受力的特点，尽可能避免引入未知的约束力。一般先求出运动量，再求解未知反力。具体来说：当系统只受有势力的作用，可用机械能守恒；系统受理想约束，可以用动能定理微分式。求出运动量后，用动量定理或动量矩定理求未知约束反力。此时如果待求约束力与某一定轴相交或平行，应用动量矩定理在此轴的投影式；如果待求约束力与某定轴垂直，用动量定理在此轴上的投影式。

第四类问题，求运动过程后的速度（含刚体的角速度，下同）或位移（含刚体的角位移，下同）。一般用动力学定理的积分形式或守恒定律求速度或位移。例如，动量定理、动量矩定理的积分形式（冲量定理和冲量矩定理，用于碰撞问题，见专题 2；包括动量守恒或质心守恒、动量矩守恒），以及动能定理积分式（包括机械能守恒）。但在应用守恒定律时，要注意质点系的受力状况是否满足守恒定律所要求的条件。约束力的求解方法与前面几类问题相同。其中需要补充的运动学关系，也可通过对全过程成立的关系式关于时间求导得到。

［例 9-7］ 如图 9-9 所示，已知均质直杆长 l，质量 m，地面光滑。求杆由铅直倒下，刚到达地面时的角速度和地面约束力。

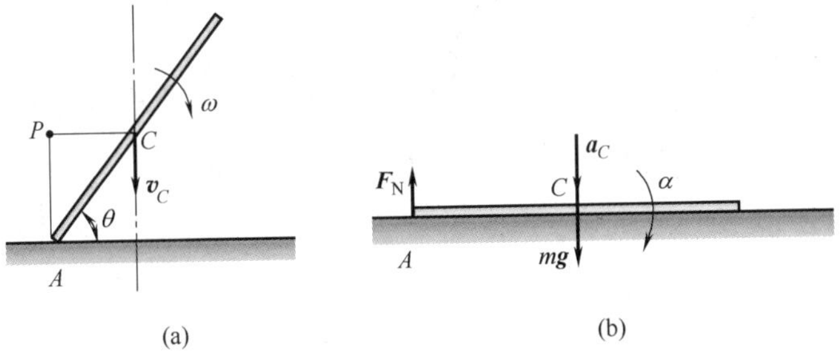

图 9-9

解： ① 杆做平面运动，如图 9-9（a）所示；由于水平方向不受力，由质心运动守恒知，质心只在竖直方向运动，可确定瞬心 P 的位置。杆在任意时刻的角速度为

$$\omega=\frac{v_C}{CP}=\frac{2v_C}{l\cos\theta}$$

初、末时刻动能

$$T_1=0,T_2=\frac{1}{2}mv_C^2+\frac{1}{2}J_C\omega^2=\frac{1}{2}m\left(1+\frac{1}{3\cos^2\theta}\right)v_C^2$$

由动能定理积分形式

$$\frac{1}{2}m\left[1+1/(3\cos^2\theta)\right]v_C^2=mg(1-\sin\theta)l/2$$

当 $\theta=0$ 时，代入上式，解得

$$v_C=\sqrt{3gl}/2,\quad \omega=\sqrt{3g/l}$$

② 刚到地面时［图 9-9（b）］，由刚体平面运动微分方程

$$mg - F_N = ma_C$$

$$\frac{1}{12}ml^2\alpha = F_N\frac{l}{2} \tag{a}$$

补充运动学关系

$$\boldsymbol{a}_C = \boldsymbol{a}_A + \boldsymbol{a}^{t}_{C|A} + \boldsymbol{a}^{n}_{C|A}$$

显然，A 点加速度在水平方向，质心加速度在竖直方向，将上式向竖直方向投影，可得

$$a_C = a^{t}_{C|A} = \alpha l/2 \tag{b}$$

联立式（a）和式（b），解得

$$F_N = \frac{1}{4}mg$$

［例 9-8］ 如图 9-10（a）所示，长为 l，质量为 m 的均质细杆 AB 两端分别与墙面、地面光滑接触，初始倾角为 θ_0。在重力作用下，杆开始滑落。求在任意 θ 角时杆的角速度与角加速度以及 A 端与墙脱离时的倾角 θ_d。

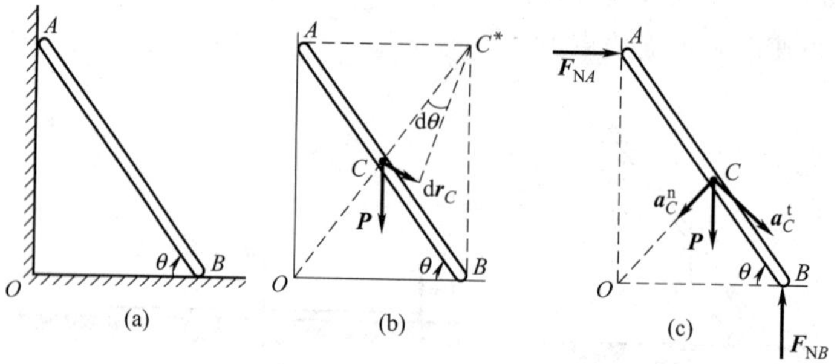

图 9-10

分析： 单自由度系统求角速度，一般考虑应用动能定理，而且还可避免杆两端约束力的出现，直接求得杆的角加速度。求出杆的加速度后，可以列动力学方程获得受力与加速度的关系，找出临界条件。

解： ① 杆 AB 的角速度 $\omega = -\mathrm{d}v/\mathrm{d}t$，角加速度 $\alpha = \mathrm{d}\omega/\mathrm{d}t$。设杆 AB 的质心 C，速度瞬心 C^*，如图 9-10（b）所示。则 AB 杆的动能为

$$T = \frac{1}{2}mv_C^2 + \frac{1}{2}J_C\omega^2 = \frac{1}{6}ml^2\omega^2$$

只有重力 $\boldsymbol{P}$ 做功，其元功 $\delta W = \boldsymbol{P} \cdot \mathrm{d}\boldsymbol{r}_C = mg \times \frac{1}{2}l\omega\mathrm{d}t \cdot \cos\theta = \frac{1}{2}mgl\omega\cos\theta\mathrm{d}t$。

根据动能定理的微分形式 $\mathrm{d}T = \delta W$ 有

$$\frac{1}{3}ml^2\omega\alpha\mathrm{d}t = \frac{1}{2}mgl\omega\cos\varphi\mathrm{d}t \quad \Rightarrow \quad \alpha = \frac{3g}{2l}\cos\varphi$$

也可以用对速度瞬心 C^* 的动量矩定理来求杆的角加速度，这样可以避免杆两端的约束力出现，但要小心 C^* 为动点，动量矩方程有附加项（见第 8 章“对动点的动量矩定理”一节）。

② 杆从 θ_0 下滑到 θ 时的角速度，既可对角加速度表达式进行积分，也可由动能定理的积分形式求出

$$\frac{1}{6}ml^2\omega^2-0=mg\,\frac{l}{2}(\sin\theta_0-\sin\theta)\quad\Rightarrow\quad\omega=\sqrt{\frac{3g}{l}(\sin\theta_0-\sin\theta)}$$

根据质心运动定理，在水平方向有 $m\ddot{x}_C=F_x$。而在 A 点脱离前，杆 AB 的中点 C 绕 O 点做圆周运动，C 点加速度为向心加速度 $a_n=\frac{l}{2}\dot{\theta}^2$，切向加速度 $a_t=\frac{l}{2}\ddot{\theta}$，如图 9-10（c）所示，因此有

$$m(a_t\sin\theta-a_n\cos\theta)=F_{NA}\quad\Rightarrow\quad F_{NA}=\frac{3}{4}mg(3\sin\theta-2\sin\theta_0)\cos\theta$$

令 $F_{NA}=0$，解出 $\sin\theta=\frac{2}{3}\sin\theta_0$

当 $\theta_0=60°$时，求出 A 点脱离墙壁时的角度为 $\varphi=35.3°$。

讨论：① 角速度及角加速度与角度的正方向是否一致？实际应是什么方向？

② 杆的角速度可通过微分形式或积分形式的动能定理求出，两种方法各有什么特点？

③ 杆上中心既可认为是绕 O 点做圆周运动，又可认为绕 C^* 点做定轴转动，这是否有矛盾？

④ 杆 AB 脱离墙后会如何运动？方程应如何列写？

对于单自由度系统，求一段过程中外力所引起的速度变化问题，一般应用动能定理积分式就能求解，本章中的例题较为简单，没有涉及做功外力未知的情况。如果是这种情况，采用动量定理和动量矩定理积分，即求微分方程的积分即可。对于多自由度系统，则可以根据各个定理的积分式列出积分方程组，其求解可能需要用到附录中介绍的数值方法。

最后来讨论一下有关动力学方程的独立性问题，这对于多个物体组成的单自由度系统的情况很重要。由于其涉及的情况非常多，所以这里不再举例，而是直接从定理之间的本质关系的角度解释动力学方程的独立性问题。

动量矩定理来自动量定理，但引入了力的作用点信息，因此与动量定理是独立的。动能定理来自动量定理，是动量定理或动量矩定理的空间积分。功率方程是动能定理对时间的求导，机械能守恒则是保守系统中的动能定理，因此功率方程、机械能守恒和动能定理，只有一个是独立的。由于动能变化源于切向力做功，所以动能定理本质是质心运动定理的切向投影式的叠加。

综上，对平面运动的单个刚体建立的功率方程、动量定理、动量矩定理是相关的。更准确地说，质心运动定理的切向分量形式、动量矩定理、功率方程之中只有两个独立。对于平面运动的单个刚体，动量矩方程如果是对满足特殊动矩心条件的速度瞬心取矩得到的，则该方程与功率方程相同，不独立。此外，对于多刚体系统，以整体为研究对象，由动量定理、动量矩定理列出的 3 个标量方程与由功率方程得到的方程必然独立。这是因为，只要刚体有联系，其质心加速度就存在联系，但是动量定理和动量矩定理并未给出加速度间的联系，因此需要额外补充这些运动学关系，而功率方程本质上是将力向切向投影，获得了各个刚体的切向加速度之间的一个内在等式关系，相当于补充了一个运动学关系的标量方程。

习题

判断题

9-1 刚体做平面运动时的动能等于随其任意基点平移动能与绕该基点的转动动能之和。（ ）

9-2 对质点系使用动能定理时，由于内力等大反向，故只需考虑外力所做的功。（ ）

9-3 刚体上力系做的功等于力系向刚体上任一点简化所得的力和力偶所做的功之和。（ ）

9-4 对质点系使用动能定理时，由于内力等大反向，故只需考虑外力所做的功。（ ）

9-5 无论刚体做怎样的运动，力系的功等于力系中所有各力做功的代数和。（ ）

9-6 弹簧伸长时弹性力做正功，缩短时做负功。（ ）

9-7 圆柱在地面上做纯滚动时，地面摩擦力的功率为零。（ ）

9-8 有势力做功与路径无关，只与起始和终末位置有关。（ ）

9-9 水中下落的铁球受重力和浮力的作用，若忽略水中阻力，则铁球的机械能仍守恒。（ ）

9-10 功率方程中不需要考虑内力的功率。（ ）

简答题

9-11 人行走若不打滑，则摩擦力作用点的位移为零，所以摩擦力做功为零，人体的动能从哪里来？

9-12 作用在系统上的某个力的功率为零，则该力是否能改变系统动量？

9-13 汽车利用变速箱来保证获得合适的动力，那么一台汽车的最大速度由功率还是最大扭矩决定？汽车起步加速的快慢由功率还是扭矩决定？

计算题

9-14 如题 9-14 图所示，均质物体质量都为 m，图（c）中为圆轮在水平面做纯滚动。求图中各物体的动能。

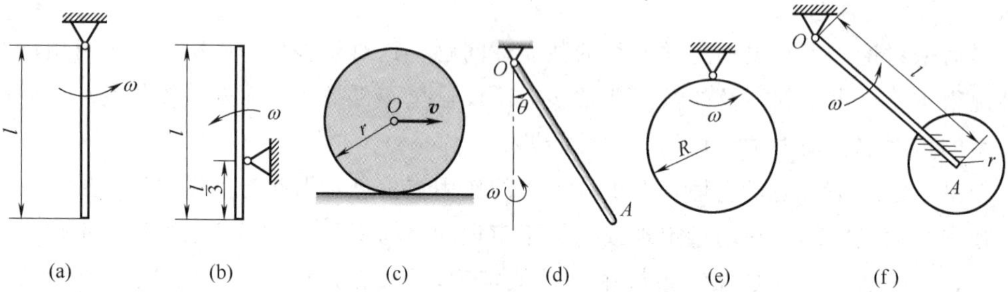

题 9-14 图

9-15 如题 9-15 图所示，均质圆盘半径为 R，质量为 m，其上缠有轻质细绳。绳 A 端固定，AC 水平。轮心 O 处作用一水平常力 $\boldsymbol{F}_O$，轮与水平面间的动滑动摩擦因数为 f。设 $\boldsymbol{F}_O$ 足够大，使轮心 O 水平向右运动，同时由于细绳不可伸长，轮子还将转动使细绳展开。设初始圆盘静止，求在 $\boldsymbol{F}_O$ 作用下盘心 O 走过 s 路程时圆盘的角速度及角加速度。

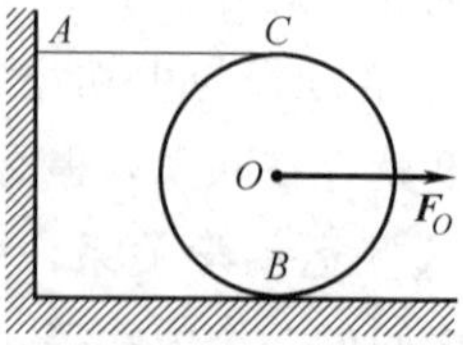

题 9-15 图

9-16 题 9-16 图所示曲柄连杆机构位于水平面内，曲柄重为 $\boldsymbol{P}$，长为 r，连杆重为 $\boldsymbol{Q}$，长为 l，滑块重为 $\boldsymbol{G}$，曲柄和连杆可视为均质细长杆。今在曲柄上作用一不变的矩为 M 的力偶，当 $\angle BOA=90°$ 时，A 点的速度为 $\boldsymbol{v}$ 。求当曲柄转至水平位置时 A 点的速度。

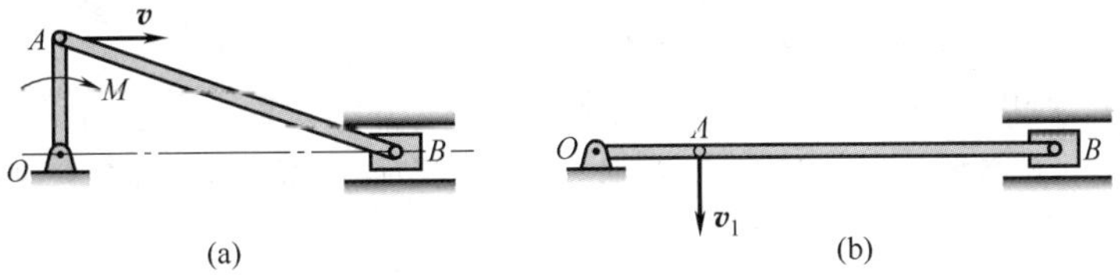

题 9-16 图

9-17 如题 9-17 图所示，动齿轮半径为 r，质量为 m_1，可视为均质圆盘。均质曲柄 OA 质量为 m_2，定齿轮半径为 R。机构位于水平面内，OA 上的作用力偶矩为 $M=$常量，系统由静止开始运动。求曲柄转过 φ 角时的角速度和角加速度。

9-18 均质杆 $AB=BO=l$，质量均为 m，位于铅垂面内。在杆 AB 上作用一矩为常量的力偶 M，由题 9-18 图所示位置开始运动，不计摩擦。求杆端 A 碰到铰支座 O 时，杆 A 端的速度。

9-19 等长等重的三根均质杆用光滑铰链连接，在铅垂平面内摆动。求自题 9-19 图示位置无初速释放时，AB 杆中点 C 的加速度，以及 AB 杆运动到最低位置时 C 的速度。设杆长 $l=1\text{m}$。

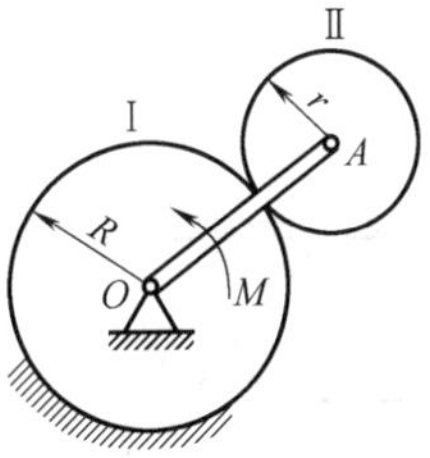

题 9-17 图

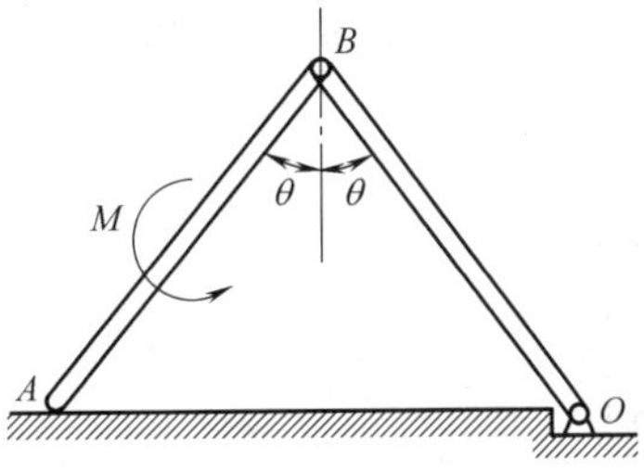

题 9-18 图

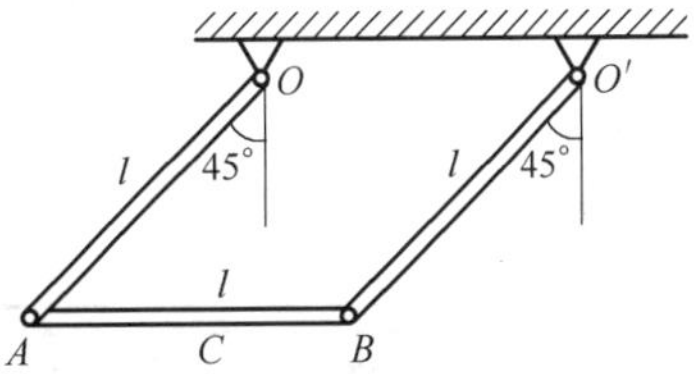

题 9-19 图

9-20 如题 9-20 图所示匀质细杆 OA 可绕水平轴 O 转动，另一端有一均质圆盘可绕 A 在铅直面内自由旋转，如图所示。已知杆 OA 长 l，质量为 m_1，圆盘半径 R，质量为 m_2。摩擦不计，初始时杆 OA 水平，杆和圆盘静止。求杆与水平线成 θ 角的瞬时，杆的角速度和角加速度。

9-21 如题 9-21 图所示，质量为 m、半径为 R 的均质圆盘，在圆心处与质量为 M、长为 l 的均质杆 AB 铰接，A 处也为铰链，不计摩擦。系统在铅垂面内，当 AB 杆水平时无初速释放。求系统通过最低位置时，B 点的速度 $\boldsymbol{v}_B$ 和 A 处的反力。

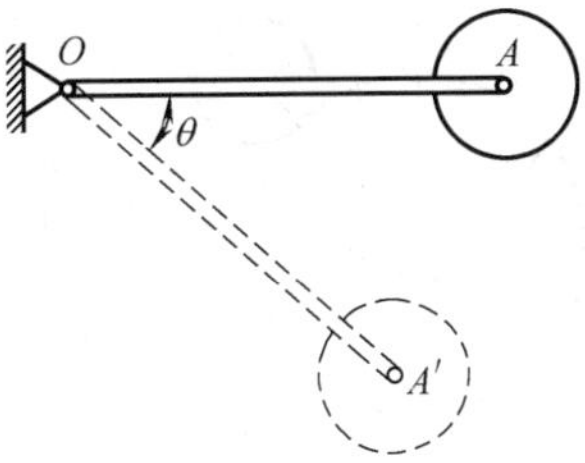

题 9-20 图

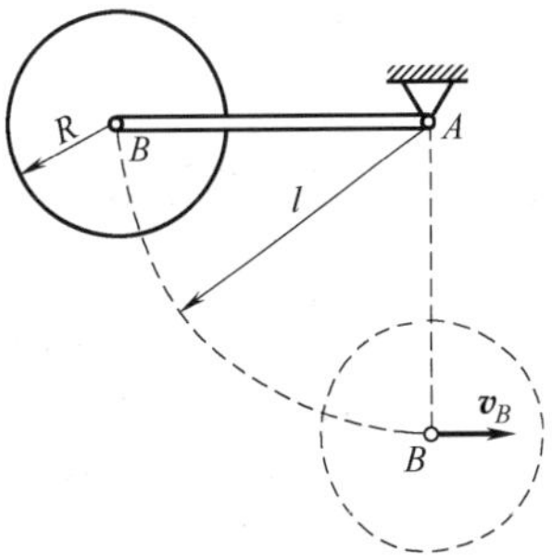

题 9-21 图

9-22　题 9-22 图所示三棱柱体 ABC 的质量为 m_1，放在光滑的水平面上。质量为 m_2 的均质圆柱体 O 由静止沿斜面 AB 向下滚动而不滑动。已知斜面的倾角为 θ，求三棱柱体的加速度。

9-23　如题 9-23 图所示，半径为 R、质量为 M 的均质圆盘，装在半径为 r，质量为 m 的均质圆柱形轴上，并由绕在此轴上的两条竖直线挂起。开始时，轴在水平位置，并且盘心至两线的距离相等，然后释放。求圆盘向下时盘心的加速度和线中的张力。

9-24　将长为 l 的均质细杆的一段平放在水平桌面上，使其质量中心 C 与桌缘的距离为 a，如题 9-24 图所示。若当杆与水平面之夹角超过 θ_0 时，即开始相对桌缘滑动，试求摩擦因数 f。

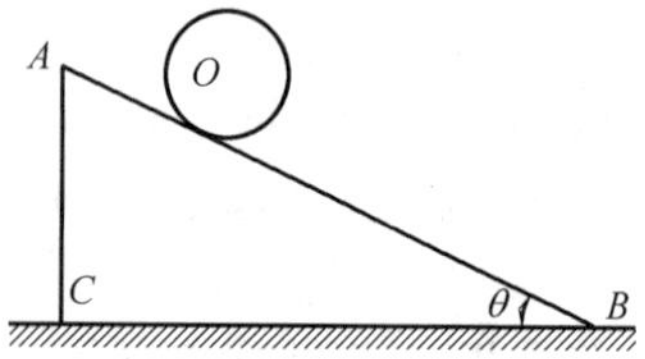

题 9-22 图

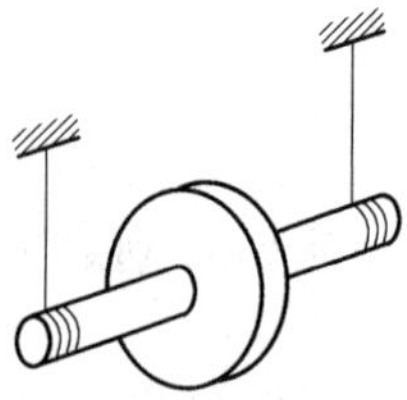
题 9-23 图

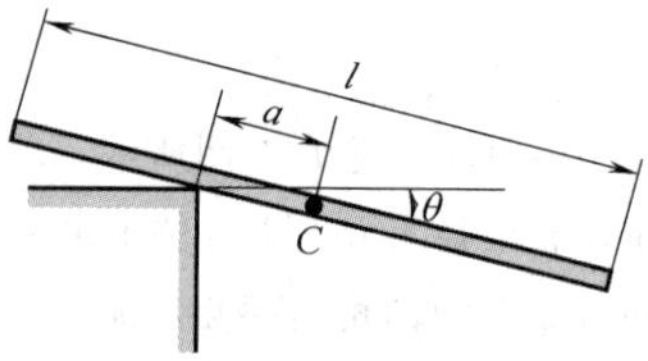

题 9-24 图

9-25　水平均质细杆质量为 m，长为 l，C 为杆的质心。杆 A 处为光滑铰支座，B 端为挂钩，如题 9-25 图所示。如 B 端突然脱落，杆转到铅垂位置时。问 b 值多大能使杆有最大角速度？

9-26　如题 9-26 图所示，正方形均质板的质量为 40kg，边长 $b=100\text{mm}$，在铅直平面内用 3 根软绳拉住。求：①当软绳 FG 被剪断瞬时，板的加速度和 AD，BE 两绳的拉力；②当 AD，BE 两绳位于铅直位置时，板的加速度和两绳的拉力。

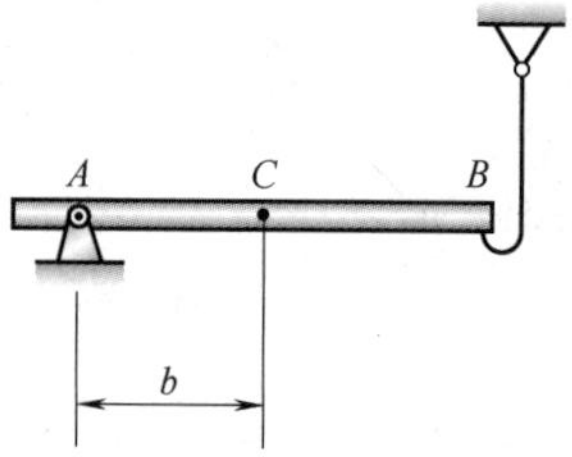

题 9-25 图

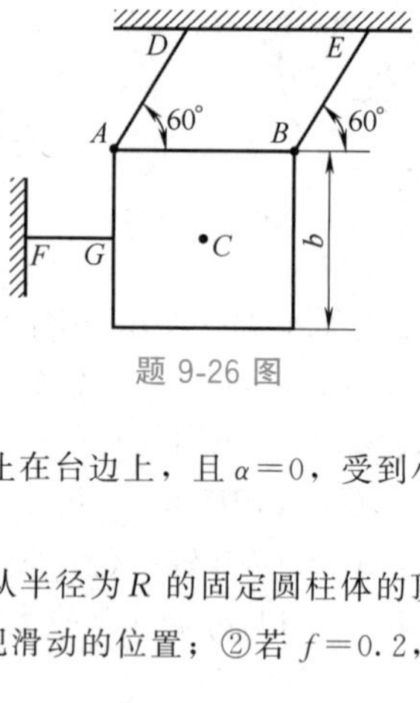

题 9-26 图

9-27　如题 9-27 图所示，半径为 r 的均质圆柱体，初始时静止在台边上，且 $\alpha=0$，受到小扰动后无滑动滚下。求圆柱体离开水平台时的角度 α 和这时的角速度。

9-28　如题 9-28 图所示，一质量为 m，半径为 r 的均质圆盘从半径为 R 的固定圆柱体的顶端从静止开始无滑动滚下，设接触面的摩擦因数为 f。求：①小球开始出现滑动的位置；②若 $f=0.2$，求小球脱离圆柱体的角度。

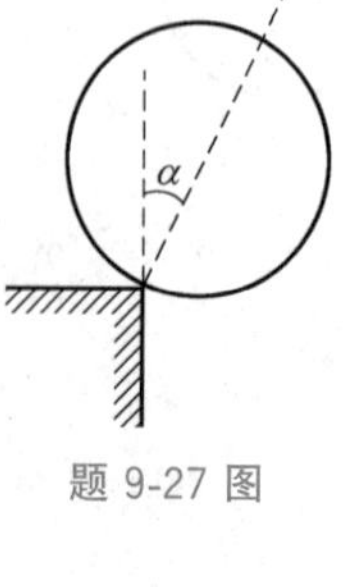

题 9-27 图

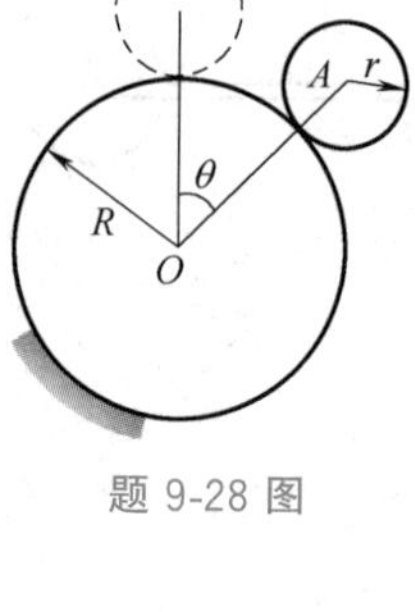

题 9-28 图

拓展题

9-29　平面运动的刚体某瞬时的速度瞬心为 P 点，由瞬心定义可知，力 $\boldsymbol{F}_i$ 在刚体上的作用点处的速度 $\boldsymbol{v}_i=\boldsymbol{\omega}\times\boldsymbol{r}_i$，其中 $\boldsymbol{r}_i$ 是瞬心到该点的矢径。刚体可视作瞬时绕过 P 点的轴做定轴转动，若记 J_p 是刚体对瞬心 P 的转动惯量，有人作如下论证：

刚体动能为 $T=\frac{1}{2}J_P\omega^2$，由功率方程

$$\frac{\mathrm{d}T}{\mathrm{d}t}=\sum P_i=\sum M_P(\boldsymbol{F}_i)\omega$$

而 $\frac{\mathrm{d}T}{\mathrm{d}t}=\frac{\mathrm{d}}{\mathrm{d}t}\left(\frac{1}{2}J_P\omega^2\right)=J_P\omega\alpha$，所以

$$J_P\alpha=\sum M_P(\boldsymbol{F}_i)$$

请问以上推理过程错在哪里？

9-30　根据经验来看，燃油车在高速公路上行驶较为省油、在城市内通勤较为费油，而电动车却在城市内通勤较省电、在高速公路行驶则较费电。燃油发动机转速在适当的区间内，输出扭矩几乎恒定，且不受功率的影响；低于该区间最小转速，则输出扭矩随功率增加而增加。电动机低于基础转速时，其输出扭矩为恒定值，超过基础转速时，输出扭矩与功率成反比。请根据以上信息，结合所学知识，解释燃油车和电动汽车耗能表现相反的原因。

第10章 动静普遍原理

如果从动静辩证和能量视角思考非平衡与平衡的区别，将得到动力学和静力学的普适原理，从而获得对机械运动普遍规律的认识，为分析力学理论奠定基础。

本章首先介绍可以从静力学视角处理动力学问题的达朗贝尔原理，仍引入了约束力。考虑到理想约束力做功为零，利用虚功原理可不引入理想约束力，结合这两个原理导出动力学普遍方程，作为分析力学的起点。

10.1 达朗贝尔原理

质量为 m 的质点，在惯性系中的加速度为 $\boldsymbol{a}$，作用于质点的主动力 $\boldsymbol{F}$，约束力 $\boldsymbol{F}_{\mathrm{N}}$，则质点动力学方程为

$$\boldsymbol{F}+\boldsymbol{F}_{\mathrm{N}}=m\boldsymbol{a} \tag{10.1}$$

移项，变为

$$\boldsymbol{F}+\boldsymbol{F}_{\mathrm{N}}+(-m\boldsymbol{a})=\mathbf{0}$$

上式中的 $-m\boldsymbol{a}$ 具有力的量纲，与质量（惯性）成正比，所以将

$$\boldsymbol{F}_{\mathrm{I}}=-m\boldsymbol{a} \tag{10.2}$$

定义为**惯性力**，其方向与质点的绝对加速度 $\boldsymbol{a}$ 方向相反。于是质点动力学方程（10.1）可写为

$$\boldsymbol{F}+\boldsymbol{F}_{\mathrm{N}}+\boldsymbol{F}_{\mathrm{I}}=\mathbf{0} \tag{10.3}$$

上式与质点的平衡方程在形式上一样，它表明：作用在质点上的主动力、约束力和虚加的惯性力在形式上组成平衡力系。这就是**质点的达朗贝尔原理**。

注意：① 质点仍处于非平衡态；

② 这里惯性力与真实的力等效，但它不存在反作用力。

10.1.1 质点系的达朗贝尔原理

由 N 个非自由质点组成质点系中，如果在每一个质点上都附加上虚加的惯性力 $\boldsymbol{F}_{\mathrm{I}i}=-m_i\boldsymbol{a}_i$，则由质点的达朗贝尔原理，每个质点都有

$$\boldsymbol{F}_i+\boldsymbol{F}_{\mathrm{N}i}+\boldsymbol{F}_{\mathrm{I}i}=\mathbf{0}\quad(i=1,2,\cdots,n) \tag{10.4}$$

所有质点形式上处于平衡，类似静力学平衡，由刚化原理可知，对于任意矩心 O，有

$$\begin{cases}\sum\boldsymbol{F}_i^{(\mathrm{e})}+\sum\boldsymbol{F}_{\mathrm{I}i}=\mathbf{0}\\ \sum\boldsymbol{M}_O(\boldsymbol{F}_i^{(\mathrm{e})})+\sum\boldsymbol{M}_O(\boldsymbol{F}_{\mathrm{I}i})=\mathbf{0}\end{cases} \tag{10.5}$$

上式就是**质点系的达朗贝尔原理**。它表明，作用在质点系上所有外力与所有质点的惯性力系在形式上组成平衡力系。但注意，对于变形体或刚体，上述求和符号要变为对质量的积分。

与静力学平衡方程相比，动力学问题附加惯性力系后，方程比静力学问题多了惯性力的主矢 $\Sigma \boldsymbol{F}_{\mathrm{I}i}$ 与主矩 $\Sigma \boldsymbol{M}_O(\boldsymbol{F}_{\mathrm{I}i})$。由于式（10.5）在形式上是一个平衡力系，因此可以用静力学的方法求解动力学问题，称为**动静法**。注意，式（10.5）中的 O 点可以是固定静止的点，也可以是动点（包括瞬时静止的点）。

［**例 10-1**］ 如图 10-1（a）所示，质量为 m、长为 l 的均质细杆用球铰链连接到 O 点，并绕铅直轴以 ω 做匀角速度转动，形成圆锥摆。求图 10-1 所示时刻杆与铅直轴的夹角 θ 及 O 处的约束力。

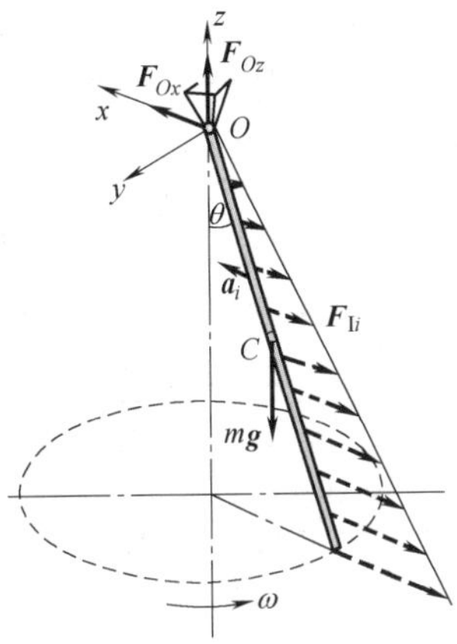

图 10-1

解： 杆上每一点都做匀速圆周运动，切向加速度为零，故加速度都指向转轴。杆上的惯性力的分布如图 10-1（b）所示。由质点系的达朗贝尔原理，式（10.5）可知

$$\Sigma F_x=0,\ F_x-F_{\mathrm{I}}=0$$

$$\Sigma F_z=0,\ F_z-mg=0$$

$$\Sigma M_y=0,\ M_{\mathrm{I}y}-mg\,\frac{l}{2}\sin\theta=0$$

其中
$$F_{\mathrm{I}}=\int_0^l \rho \mathrm{d}l\cdot\omega^2 l\sin\theta=\frac{1}{2}m\omega^2 l\sin\theta$$

$$M_{\mathrm{I}y}=\int_0^l \rho \mathrm{d}l\cdot(\omega^2 l\sin\theta)\cdot l\cos\theta=\frac{1}{3}ml^2\omega^2\sin\theta\cos\theta$$

解得
$$F_x=-\frac{1}{2}m\omega^2 l\sin\theta,\ F_z=mg$$

矩方程 $\Sigma M_y=0$ 化简为 $\sin\theta\left(\omega^2\cos\theta-\dfrac{3g}{2l}\right)=0$，解得 $\theta=0$ 或 π 或 $\arccos\dfrac{3g}{2\omega^2 l}$。

10.1.2 惯性力系的简化

惯性力分布在每个质点上，对于连续体则需要进行积分计算惯性力和惯性力矩。然而，对于多物体系，每个物体都这样计算，显然不太方便。力系的简化结论同样适用于惯性力系。因此，可以将惯性力系 $\boldsymbol{F}_{\mathrm{I}i}$ 向任意 O 点简化，得到惯性力主矢 $\boldsymbol{F}_{\mathrm{IR}}$ 和惯性力主矩 $\boldsymbol{M}_{\mathrm{I}O}$。然后对比式（10.5）与质心运动定理和动量矩定理，得到

$$\boldsymbol{F}_{\mathrm{IR}}=-m\boldsymbol{a}_C\quad \boldsymbol{M}_{\mathrm{I}O}=-\frac{\mathrm{d}\boldsymbol{L}_O}{\mathrm{d}t} \tag{10.6}$$

可见，惯性力主矢 $\boldsymbol{F}_{\mathrm{IR}}$ 与简化中心的选择无关，惯性力主矩 $\boldsymbol{M}_{\mathrm{I}O}$ 与简化中心 O 的选择有关。为了进一步简化惯性力主矩，假设向任意点 A 简化，由相对动点 A 的动量矩定理，式（8.20）得

$$\boldsymbol{M}_{\mathrm{I}A}=\Sigma\boldsymbol{r}_i'\times(-m_i\boldsymbol{a}_{i|A})+\boldsymbol{r}_{AC}\times(-m\boldsymbol{a}_A) \tag{10.7}$$

其中，第一项是使用质点的相对加速度的惯性力矩；第二项是牵连惯性力矩（见专题 1）。

如果 $\boldsymbol{r}_{AC}\times(-m\boldsymbol{a}_A)=\boldsymbol{0}$，则式（10.7）在形式上与对固定点的惯性力矩是一样的，即

$$\boldsymbol{M}_{\mathrm{IA}}=\sum\boldsymbol{r}_i'\times(-m_i\boldsymbol{a}_{i|A})$$

所以惯性力系有三种特殊简化中心：

① 加速度为零的点（$a_A=0$）；

② 质心 C；

③ 加速度矢量通过质心的点（$\boldsymbol{a}_A /\!/ \boldsymbol{r}_{AC}$）。这与相对动点的动量矩定理提到的特殊矩心条件一样。

(1) 刚体所受惯性力系的简化

对于刚体所受惯性力系，向满足上面三个条件之一的特殊简化中心 A 简化，则惯性主矩 $\boldsymbol{M}_{\mathrm{IA}}=\sum\boldsymbol{r}_i'\times(-m_i\boldsymbol{a}_{i|A})$ 可以进一步化简为

$$\begin{aligned}\boldsymbol{M}_{\mathrm{IA}}&=\sum\boldsymbol{r}_i'\times(-m_i\boldsymbol{a}_{i|A})=\sum\boldsymbol{r}_i'\times(-m_i\boldsymbol{a}_{i|A}^{\mathrm{t}})+\sum\boldsymbol{r}_i'\times(-m_i\boldsymbol{a}_{i|A}^{\mathrm{n}})\\&=-\sum\boldsymbol{r}_i'\times(m_i\boldsymbol{\alpha}\times\boldsymbol{r}_i')-\sum\boldsymbol{r}_i'\times[m_i\boldsymbol{\omega}\times(\boldsymbol{\omega}\times\boldsymbol{r}_i')]\\&=-\sum[m_i\boldsymbol{r}_i'^2\boldsymbol{\alpha}-m_i(\boldsymbol{r}_i'\cdot\boldsymbol{\alpha})\boldsymbol{r}_i']-\sum\boldsymbol{r}_i'\times[(m_i\boldsymbol{\omega}\cdot\boldsymbol{r}_i')\boldsymbol{\omega}-m_i\boldsymbol{\omega}^2\boldsymbol{r}_i']\\&=-\sum[m_i\boldsymbol{r}_i'^2\boldsymbol{\alpha}-m_i(\boldsymbol{r}_i'\cdot\boldsymbol{\alpha})\boldsymbol{r}_i']-\sum\boldsymbol{r}_i'\times(m_i\boldsymbol{\omega}\cdot\boldsymbol{r}_i')\boldsymbol{\omega}\end{aligned}\tag{10.8}$$

上面的推导过程使用了附录 A 中的二重矢量积公式。

根据刚体运动类型，式（10.8）可进一步化简。

1）刚体平移

刚体平移时，$\alpha=0$，$\omega=0$，代入式（10.8）可知，对质心 C，有

$$\boldsymbol{F}_{\mathrm{IR}}=-m\boldsymbol{a}_C,\ \boldsymbol{M}_{\mathrm{IC}}=\boldsymbol{0}\tag{10.9}$$

上式表明：平移刚体的惯性力系可简化为过质心的合力，大小等于刚体质量与加速度的乘积，合力方向与加速度方向相反。

2）刚体绕定轴转动

设刚体绕固定 z 轴转动，角速度 ω，角加速度 α。取轴上一点 O，这是特殊简化中心。建立直角坐标系如图 10-2 所示。z 轴外刚体上任意一质点 m_i 绕 z 轴做半径为 r_i 的圆周运动。过该点作垂直于轴的截面，则质点所受惯性力均在该平面内，惯性力的切向和法向分量大小分别为 $F_{\mathrm{I}i}^{\mathrm{t}}=m_ia_i^{\mathrm{t}}=m_ir_i\alpha$，$F_{\mathrm{I}i}^{\mathrm{n}}=m_ia_i^{\mathrm{n}}=m_ir_i\omega^2$，其中惯性力系对 x 轴的矩为

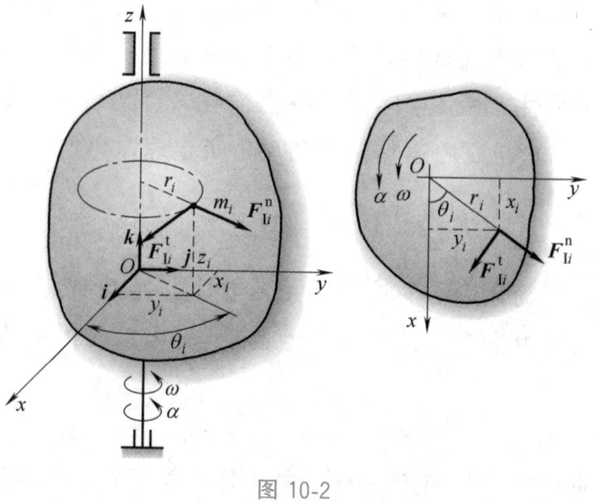

图 10-2

$$M_{Ix}=\sum M_x(\boldsymbol{F}_{Ii}^{t})+\sum M_x(\boldsymbol{F}_{Ii}^{n})=\sum m_i r_i \alpha \cos\theta_i z_i-\sum m_i r_i \omega^2 \sin\theta_i z_i$$

而 $\cos\theta_i=x_i/r_i$，$\sin\theta_i=y_i/r_i$，代入上式得

$$M_{Ix}=\alpha\sum m_i x_i z_i-\omega^2\sum m_i y_i z_i$$

令

$$J_{yz}=\sum m_i y_i z_i, J_{xz}=\sum m_i x_i z_i \tag{10.10}$$

称为对 z 轴的**惯性积**，它取决于刚体质量对坐标轴的分布情况。

于是惯性力系对 x 轴的矩

$$M_{Ix}=J_{xz}\alpha-J_{yz}\omega^2 \tag{10.11}$$

同理可得惯性力系对 y 轴的矩

$$M_{Iy}=J_{yz}\alpha+J_{xz}\omega^2 \tag{10.12}$$

以及惯性力系对 z 轴的矩

$$M_{Iz}=\sum M_z(\boldsymbol{F}_{Ii}^{t})+\sum M_z(\boldsymbol{F}_{Ii}^{n})=-(\sum m_i r_i^2)\alpha=-J_z\alpha \tag{10.13}$$

所以定轴转动刚体受到的惯性力向转轴上一点 O 的简化结果是

$$\boldsymbol{F}_{IR}=-m\boldsymbol{a}_C,\quad \boldsymbol{M}_{IO}=\underbrace{(J_{xz}\alpha-J_{yz}\omega^2)}_{M_{Ix}}\boldsymbol{i}+\underbrace{(J_{yz}\alpha+J_{xz}\omega^2)}_{M_{Iy}}\boldsymbol{j}+\underbrace{(-J_z\alpha)}_{M_{Iz}}\boldsymbol{k} \tag{10.14}$$

注意：① 式（10.14）仅对特殊简化中心（定轴上任意点或刚体质心都是特殊简化中心）成立。

② 由于 z 轴是转轴或平行于转轴，因此无论坐标系 $Oxyz$ 是否与刚体固结，J_z 都是常量，且 M_{Iz} 表达式不变。但惯性积 J_{yz} 和 J_{xz} 一般会随时间变化，即使刚体匀速转动也是如此；反之，如果坐标系 $Oxyz$ 与刚体固结，则惯性积 J_{yz} 和 J_{xz} 为常量。因此，式（10.14）对于定系而言是随刚体运动而变化的矢量。

特别地，如果 $M_{Ix}=M_{Iy}=0$ 恒成立，说明惯性积 $J_{xz}=J_{yz}=0$，这意味着刚体存在与轴 AB（或 z 轴）垂直的质量对称面。设轴 AB 与此质量对称面的交点为 O，以它为简化中心，则

$$M_{IO}=M_{Iz}=-J_z\alpha \tag{10.15}$$

如果此时将惯性力系向质心简化，根据力的平移定理以及平行轴定理，结果是

$$M_{IC}=-J_C\alpha \tag{10.16}$$

结论：当刚体有质量对称平面，且绕垂直于此对称面的轴做定轴转动时，惯性力系向转轴与对称面交点简化，可得位于此平面内的一个力和一个力偶。这个力等于刚体质量与质心加速度的乘积，方向与质心加速度相反，作用线通过转轴；这个力偶的矩等于刚体对转轴的转动惯量与角加速度的乘积，转向与角加速度相反。

[例 10-2] 如图 10-3（a）所示均质杆的质量为 m，长为 l，绕定轴 O 转动的角速度为 ω，角加速度为 α。求惯性力系向点 O 简化的结果。

解：如图 10-3（b）所示，惯性力系主矢始终为 $-m\boldsymbol{a}_C$，其切向分量和法向分量大小分别为

$$F_{IO}^{t}=m\frac{l}{2}\alpha,\ F_{IO}^{n}=m\frac{l}{2}\omega^2$$

惯性力系向 O 点简化的主矩为 $M_{IO}=-\frac{1}{3}ml^2\alpha$，向质心 C 简化的主矩为 $M_{IC}=M_{IO}+-\frac{1}{12}ml^2\alpha$。

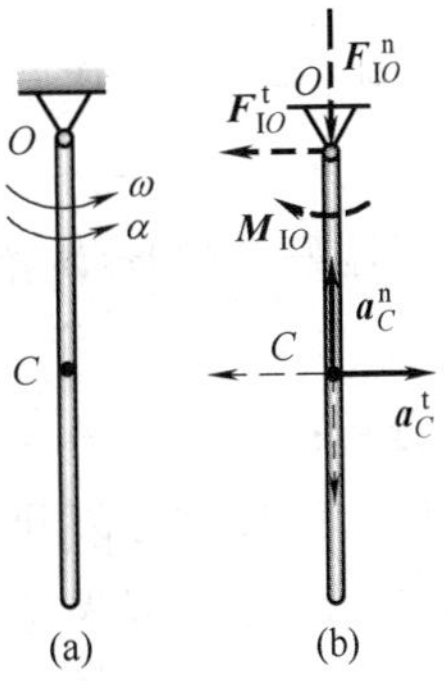

图 10-3

思考：能否以 $\boldsymbol{F}_{IR}=-m\boldsymbol{a}_C$，惯性力和质心加速度 $\boldsymbol{a}_C$ 相

反为由，把惯性力的主矢画在点 C，如图 10-3（b）中的 C 点处虚线所示？惯性力系向质心简化的结果是什么？

3）刚体平面运动

设平面运动刚体的角速度为 z 轴方向，令直角坐标系 $Oxyz$ 随着特殊简化中心 O 平移，则刚体在此坐标系内的运动与定轴转动情况相同，因此惯性力系向特殊简化中心 O 简化的结果是

$$\boldsymbol{F}_{\mathrm{IR}}=-m\boldsymbol{a}_C,\ \boldsymbol{M}_{\mathrm{IO}}=M_{\mathrm{I}x}\boldsymbol{i}+M_{\mathrm{I}y}\boldsymbol{j}+M_{\mathrm{I}z}\boldsymbol{k}$$

惯性力矩的分量为

$$M_{\mathrm{I}x}=J_{xz}\alpha-J_{yz}\omega^2,\ M_{\mathrm{I}y}=J_{yz}\alpha+J_{xz}\omega^2,\ M_{\mathrm{I}z}=-J_z\alpha$$

工程中，平面运动的刚体常常有质量对称平面，且平行于此平面运动。因此对于通过特殊简化中心的转轴 z，惯性积 $J_{xz}=J_{yz}=0$，代入上述表达式得惯性力系主矩

$$\boldsymbol{M}_{\mathrm{IO}}=-J_C\boldsymbol{\alpha} \tag{10.17}$$

质心 C 是最常用的特殊简化中心，上式中的下标 O 可替换为 C（图 10-4），仍成立。

结论：有质量对称平面的刚体，平行于此平面运动时，刚体的惯性力系可简化为此平面内过对特殊简化中心的一个力和一个力偶。此力等于刚体质量与质心加速度的乘积，方向与质心加速度相反，此力偶的矩等于刚体对过特殊简化中心且垂直于该平面的轴的转动惯量与角加速度的乘积，转向与角加速度相反。进一步，若满足简约式动量矩定理成立条件的速度瞬心，也是特殊简化中心，此时惯性力系向速度瞬心简化会使问题变得简单。

（2）动静法求解物体系动力学问题

动力学问题可以利用静力学中取矩心的技巧，避免一些未知约束力出现，实现一个方程求解一个未知量的目的。通常情况下，动静法比以前的方法更方便，对于刚体单自由度系统，如果在应用动静法时，遇到引入太多非待求未知力的情况，可先用动能定理微分式求出加速度等运动量后，再用动静法。

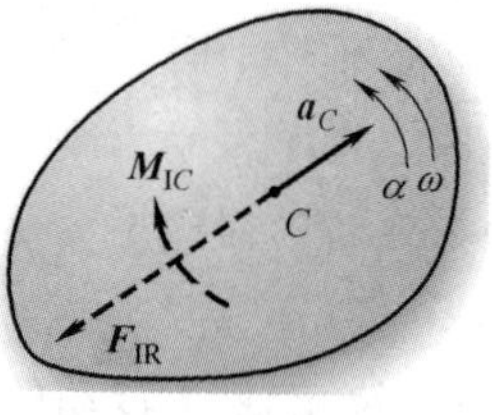

图 10-4

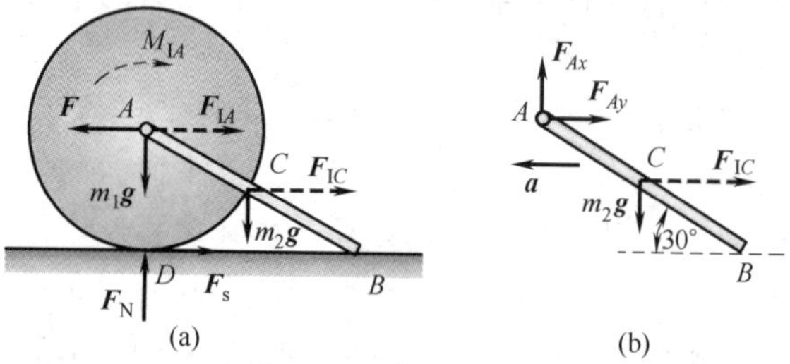

图 10-5

［例 10-3］ 均质圆盘质量为 m_1，半径为 R，均质细长杆 $l=2R$，质量为 m_2。杆端 A 与轮心为光滑铰接，如图 10-5（a）所示。在 A 处加一水平拉力 $\boldsymbol{F}$，使轮沿水平面纯滚动。求刚好能使杆 B 端离开地面的力 F 大小，以及保证纯滚动，轮与地面间的静摩擦因数。

分析：为避免 A 处约束力出现，可使用动静法求解。

解：细杆刚好离开地面时仍平移，则地面约束力为零。设杆的加速度为 $\boldsymbol{a}$，则轮心 A 加速度 $\boldsymbol{a}_A=\boldsymbol{a}$。因为轮做纯滚动，其运动学条件为 $a_A=\alpha R$。

取 AB 杆，其承受的力加上惯性力如图 10-5（b）所示，其中 $F_{\mathrm{IC}}=m_2a$。

$$\sum M_A=0 \quad m_2aR\sin30°-m_2gR\cos30°=0，解得 a=\sqrt{3}g$$

取整体，其承受的力加上惯性力如图 10-5（a）所示，$F_{IA}=m_1a$，$M_{IA}=\frac{1}{2}m_1R^2\frac{a}{R}$。

$$\sum M_D=0 \quad FR-F_{IA}R-M_{IA}-F_{IC}R\sin30°-m_2gR\cos30°=0$$

$$\sum F_x=0 \quad F-F_s-(m_1+m_2)a=0$$

解得 $F=\left(\frac{3}{2}m_1+m_2\right)\sqrt{3}g$，$F_s=\frac{\sqrt{3}}{2}m_1g$。由于 $F_s\leqslant f_sF_N=f_s(m_1+m_2)g$，所以 $f_s\geqslant\frac{F_s}{F_N}=\frac{\sqrt{3}m_1}{2(m_1+m_2)}$。

可见，对于问题中既有未知的运动量，又有未知的约束力的情况，可以先求出运动，再在已知运动情况下用动静法求约束力。使用动静法时可以对任何点取矩，而动量矩定理却只能对固定点取矩。实际上，动静法中对动点取矩，本质上与相对动点的动量矩定理等价。

［例 10-4］ 长为 l，质量为 m 的匀质杆 AB，BD 在 B 处铰接，A 端用铰链支座固定，位于如图 10-6（a）所示铅直位置静止。今在 D 端作用一水平力 $\boldsymbol{F}$，求此瞬时两杆的角加速度。

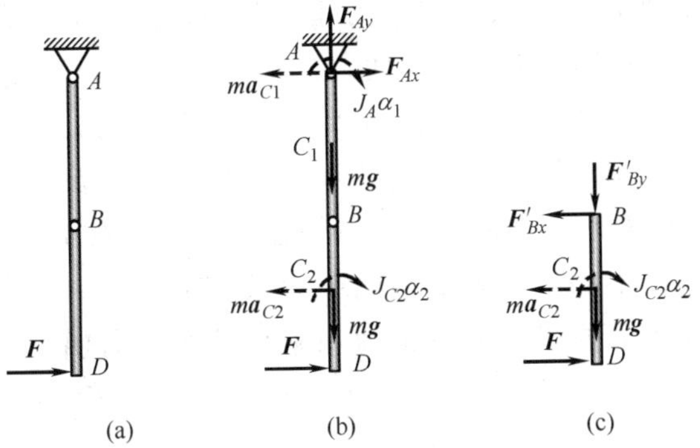

图 10-6

分析： 利用动静法，可分别对 A 和 B 点取矩，得到角加速度，无须引入非待求的未知约束力。

解： 取整体为研究对象，两根杆添加简化后的惯性力，受力如图 10-6（b）所示。由于点 A 处未知量较多，可对其取矩

$$ma_{C2}\frac{3}{2}l+J_A\alpha_1+J_{C2}\alpha_2-F\times2l=0$$

再取杆 BD 为研究对象，添加简化后的惯性力，受力如图 10-6（c）所示，对 B 点取矩，可得

$$ma_{C2}\frac{l}{2}+J_{C2}\alpha_2-Fl=0$$

方程出现未知的质心加速度 a_{C2}，需要补充运动学关系。由基点法知

$$a_{C2}=a_B+\alpha_2\frac{l}{2}=\alpha_1l+\alpha_2\frac{l}{2}$$

并且 $J_A = ml^2/3$，$J_{C2} = ml^2/12$，联立方程，可求得

$$\alpha_1 = -\frac{6F}{7ml},\ \alpha_2 = \frac{30F}{7ml}$$

讨论：本题添加的惯性力为什么缺少了法向方向的分量？

10.1.3 绕定轴转动刚体的轴承附加动约束力

日常生活和工程中存在大量绕定轴转动的刚体（例如电动机、柴油机、电风扇、汽车的传动轴等）。如果在这些机器工作时轴承受的力与机器不工作时一样，则这些机器通常不会产生振动噪声和破坏。与静平衡时受到的**静约束力**相应，运动时受到的约束力称为**动约束力**，其中比静约束力多出来的那部分力，称为**附加动约束力**。绕定轴转动的刚体，轴上会出现附加动约束力。如果能设法消除附加动约束力，则可以最大限度减少振动噪声和破坏。

如图 10-7 所示，设刚体绕任意固定轴 AB（记为 z 轴）转动，角速度大小为 ω，角加速度大小为 α。刚体上每个质点的惯性力都由切向和径向分量组成，前者与切向加速度相反，后者与径向加速度相反。根据达朗贝尔原理，刚体所受主动力、惯性力系与轴承的约束力在形式上组成平衡力系。其中，惯性力与轴 AB 垂直。可见，附加动约束力与惯性力有关。

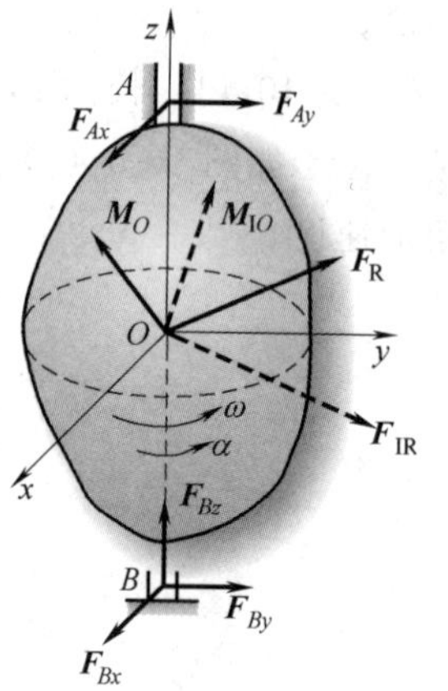

图 10-7

在轴 AB 方向上，惯性力没有分量，因此该方向上主动力分量与静约束力的分量平衡。因为附加动约束力和静约束力都作用在轴承上，不会产生对轴 AB 的矩，所以惯性力系对轴 AB 的力矩与主动力对轴 AB 的力矩平衡。静约束力只与主动力有关，因此定轴转动刚体所受的附加动约束力和附加动约束力偶消失的条件是：惯性力系主矢为零，并且对轴 AB 和轴的法平面交点的任意轴之矩为零（即惯性力系在与转轴垂直的平面内平衡）。

当惯性力主矢为零时，即刚体质心加速度 $\boldsymbol{a}_C = \mathbf{0}$，说明刚体质心在转轴上。由于力对平面内任意轴的力矩可以分解为对平面内两个相互垂直的轴（记为 x 轴和 y 轴）的矩矢，因此全部惯性力对 AB 轴的法平面内两条相互垂直的 x 轴和 y 轴（其交点在 AB 轴上）的力矩必须为零，即前一节中的 $M_{Ix} = J_{xz}\alpha - J_{yz}\omega^2 = 0$，$M_{Iy} = J_{yz}\alpha + J_{xz}\omega^2 = 0$。

如果刚体对过某点的轴的惯性积为零，则称此轴为过该点的**惯性主轴**。特别地，如果惯性主轴还过质心，则称为**中心惯性主轴**。总结为：当刚体绕其中心惯性主轴转动时，轴承不出现附加动约束力。这种刚体绕定轴转动时没有附加动约束力的现象称为**动平衡**。

工程中存在较多质量对称分布的构件，尤其是几何对称的均质构件。对于这些构件，可以根据其几何特点，直接找出其惯量主轴。如图 10-8（a）所示存在某质量对称面的刚体，取 z 轴垂直于该质量对称面 xy，则刚体上任意点（x，y，z）总存在一个关于 xy 平面的对称点（x，y，$-z$），因而必有 $J_{xz} = \sum m_i x_i z_i = 0$，$J_{yz} = \sum m_i y_i z_i = 0$。由此可见，如果刚体具有质量对称面，则刚体对该平面上某个点的惯性主轴之一必与该平面垂直。又如图 10-8（b）所示的均质刚体具有对称轴 z，则对于刚体上任意点（x，y，z），总存在一个关于该轴对称的点（$-x$，$-y$，z），因此也有 $J_{xz} = \sum m_i x_i z_i = 0$，$J_{yz} = \sum$

$m_i y_i z_i = 0$。这说明，均质刚体如果存在几何对称轴，则此轴是刚体对于轴上各点的惯性主轴。

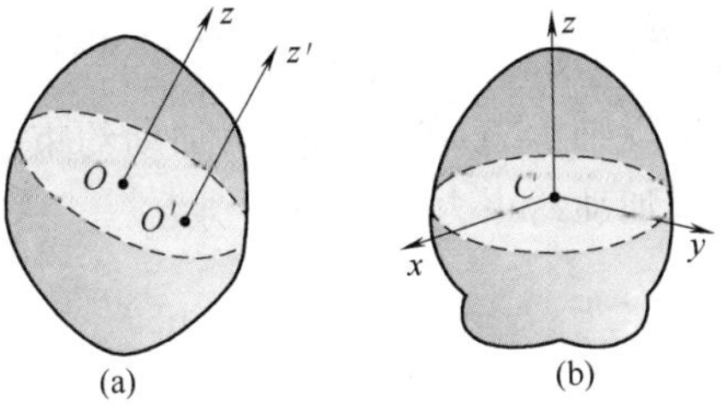

图 10-8

根据质心的定义可知，质心必然在质量对称面或对称轴上。因此工程中的转子的转轴如果通过质心，并且垂直于质量对称面，则在转动时不会产生附加动约束力。然而实际的转子都不是理想对称的刚体，在轴承上安装时既存在偏心又存在轴偏角，导致转子产生周期变化的附加动约束力和附加动约束力偶。可以通过挖去多余质量，或在多余质量的转动轴对称位置附加平衡质量来消除这种不平衡。通过实现动平衡，就能大大降低轴承受到的动压力，使转轴成为一定精度下的中心惯性主轴，像汽车的车轮、电风扇叶片都必须进行动平衡，否则影响使用寿命。

［例 10-5］ 质量为 $2m$、长为 $2l$ 的均质杆 DE 以等角速度 ω 绕铅垂轴 AB 转动，如图 10-9（a）所示。杆 DE 与铅垂轴交角为 θ，质心 C 在转轴上，且 $AB=L$，试求轴承 A 和 B 上的附加动约束力。

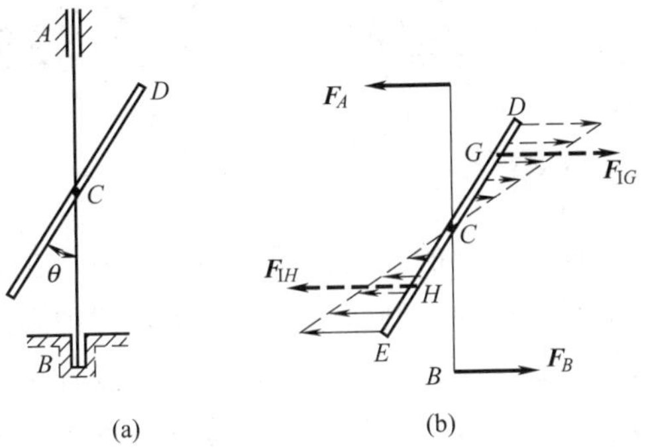

图 10-9

解： 首先分析杆 DE 上惯性力的分布。如图 10-9（b）所示，由于杆上各点做等速圆周运动，只有向轴加速度，因此杆上各点受到的惯性力与到转轴的距离成正比，方向与向轴加速度方向相反，惯性力系是一个平行力系。现在分别对杆 CD 和杆 CE 上的惯性力进行简化。由于杆质心 C，端点 D 和 E 的加速度的大小分别为

$$a_C = 0, \quad a_D = a_E = \omega^2 l \sin\theta \tag{a}$$

杆 CD 上的惯性力系可简化为作用在点 G 的合力，作用点到质心的距离 $CG=2l/3$，其大小为

$$F_{IG} = \frac{1}{2} m\omega^2 l \sin\theta \tag{b}$$

同样，杆 CE 上的惯性力系可简化为作用在点 H 的合力，作用点到质心的距离 $CH=2l/$

3，其大小 $F_{IH}-F_{IG}$，方向与 $\boldsymbol{F}_{IG}$ 相反。因此整个杆 DE 上的惯性力系最终简化为一个力偶（$\boldsymbol{F}_{IG}$，$\boldsymbol{F}_{IH}$），其力偶矩的大小为

$$M_I=\frac{4}{3}F_{IG}l\cos\theta=\frac{1}{3}m\omega^2l^2\sin2\theta \tag{c}$$

由于力偶只能和力偶平衡，所以轴承 A 和 B 上的附加动约束力 $\boldsymbol{F}_A$ 和 $\boldsymbol{F}_B$ 组成一个力偶，方向与惯性力偶转向相反。附加动约束力的大小分别为

$$F_A=F_B=\frac{m}{3L}\omega^2l^2\sin2\theta$$

讨论：① 本例中的转轴过质心，但不是中心惯性主轴，所以刚体受到的惯性力系简化为一个惯性力偶。

② 附加动约束力和附加动约束力偶与转子角速度平方成正比，因此高速转子对轴的压力很大。

动静法可以对任意点取矩，克服了动量、动量矩定理的一些缺点，简化了动力学方程的求解过程。但当约束变得复杂时，静力学方法的缺点更明显，使主动力的求解非常烦琐。例如，像涉及蜗杆蜗轮这类传动的系统（图 10-10），其约束力在空间上分布很复杂，若单独拆开求解计算会很烦琐。这其实要研究平衡非自由体的主动力之间的关系，从而为构建适合非自由体的力学方法提供理论基础。

图 10-10

10.2 虚位移原理

10.2.1 约束与虚位移

非自由体在空间几何位置上受到的限制作用称为约束力，在静力学和动力学问题的求解过程中，总是用约束力来代替这种限制作用。本质上，这种限制作用是对物体位置的限制，不是主动对物体施加约束力。考虑到这一点，我们可以直接将物体位置限制条件的数学表达式写出来，作为约束条件。这样，就可以从运动视角考虑主动力之间有何关系。这种对几何位置或速度的限制称为**约束**。如果约束可以用等式关系表达，则称为**约束方程**。根据约束条件的表达式特点，先对约束进行分类。

（1）几何约束和运动约束

限制质点或质点系在空间的几何位置的关系式称为**几何约束**。例如，质点被限制在旋转抛物面上运动，如图 10-11 所示，约束方程为 $x^2+y^2=2pz$。

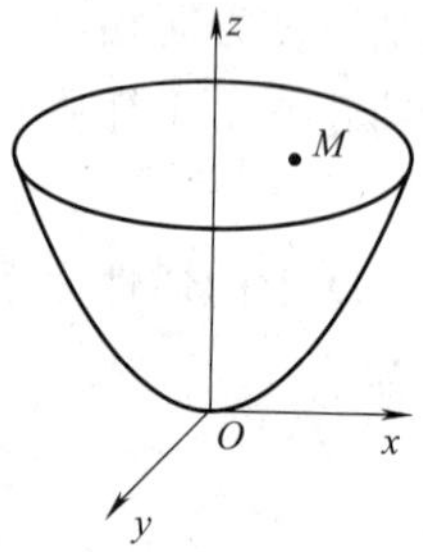

图 10-11

除了几何约束之外，还有对运动情况进行限制的**运动约束**（或微分约束）。例如，车轮沿直线轨道纯滚动时，车轮除了受到几何约束（轮心 A 与地面距离必须始终为 r）之外，还受到纯滚动的运动学约束的限制，即每一瞬时都有 $v_A=R\omega$。这是运动约束方程，用几何坐标可表示为

$$\dot{x}_A - R\dot{\varphi} = 0$$

或者

$$dx_A - R\,d\varphi = 0$$

如果 r 等于常数，上式两端对时间 t 积分，可得

$$x_A - R\varphi = x_A(0) - R\varphi(0)$$

于是，运动约束变为了几何约束。因此，可积分的运动约束等同于几何约束。

相反，将几何约束表达式的两边同时对时间求导，也能得到速度关系式。因此，几何约束虽然限制的是几何位置，但实际上它也隐式地限制了速度。同理，运动约束虽然限制了速度，但它也存在积分，即便积分结果无法显式表达出来，它仍隐式地限制了几何位置。

(2) 定常约束和非定常约束

不随时间变化的约束称为**定常约束**，即约束表达式中不显含时间 t；而约束条件中显含时间 t 的约束称为**非定常约束**。例如，单摆的摆长随时间变化（图 10-12），是非定常约束。

注意，图 10-13 中为了保证摆到任何高度周期都一样，在单摆两边放半个旋轮线形状的板（则摆的轨迹是旋轮线的渐开线，仍是一条旋轮线，摆周期与振幅无关，故又称摆线）。尽管有效摆长由于摆的运动而发生变化，但挡板的形状和位置保持不变，因此属于定常约束。

(3) 双侧约束与单侧约束

等式表达的约束称为**双侧约束**。不等式表达的约束是**单侧约束**。单侧约束的常见例子有绳子挂的小球，或者光滑支承面。

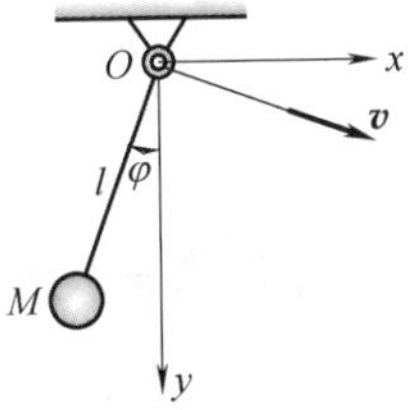

图 10-12

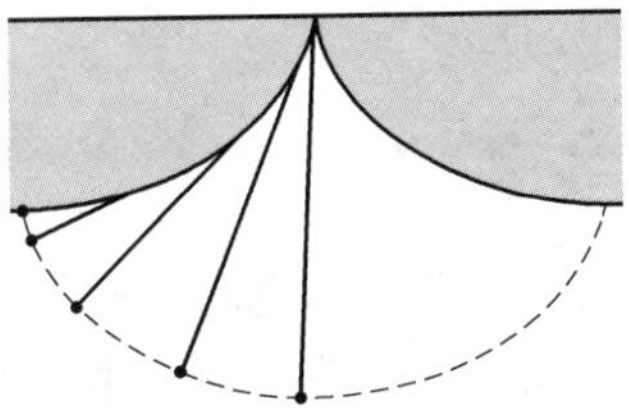
图 10-13

(4) 完整约束与非完整约束

几何约束和可积的运动约束，称为**完整约束**。不可积的运动约束，称为**非完整约束**。只受完整约束的系统，称为**完整系统**，存在非完整约束的系统，称为**非完整系统**。

思考：导弹飞行过程中受到的空气阻力可近似表达成与速度大小的平方成正比的规律，这属于非完整约束吗？

本章只考虑完整双侧约束，其约束方程的一般形式是

$$f_k(x_1, y_1, z_1; x_2, y_2, z_2; \cdots; x_n, y_n, z_n; t) = 0 \quad (k=1,2,\cdots,s) \tag{10.18}$$

式中，n 是非自由质点系中质点的个数；s 为约束方程的个数。该方程可以看作是 $3n$ 维空间中随时间变化的 s 个超曲面，而质点只能在这 s 个约束曲面上运动。

为了了解质点系在约束条件下各质点只能有什么样的真实位移，或者其运动要满足什么样的方程，就必须考虑约束所允许的可能情况。对完整双侧约束方程（10.18）两端同时微分，得到无限小的位移 $d\boldsymbol{r}_i = dx_i\boldsymbol{i} + dy_i\boldsymbol{j} + dz_i\boldsymbol{k}$（$i=1, 2, \cdots, n$）应满足的条件

$$df_k = \sum_{i=1}^{N}\left(\frac{\partial f_k}{\partial x_i}dx_i + \frac{\partial f_k}{\partial y_i}dy_i + \frac{\partial f_k}{\partial z_i}dz_i\right) + \frac{\partial f_k}{\partial t}dt = 0 \quad (k=1,2,\cdots,s) \tag{10.19}$$

满足上式的任意一组无限小的位移，称为质点系的**可能位移**。真实位移是可能位移中的一组，具体与主动力、运动初始条件有关。

对于定常约束，约束方程（10.18）中不显含时间 t，式（10.19）中对时间 t 的偏导数项消失，此时质点只能在约束曲面上运动，因此可能位移 $\mathrm{d}\boldsymbol{r}_i$（$i=1, 2, \cdots, n$）与隐函数曲面 $f_k=0$ 相切。受此启发，对于非定常约束，如果将时间冻结 $\mathrm{d}t=0$，可能位移 $\mathrm{d}\boldsymbol{r}_i$ 写成 $\delta\boldsymbol{r}_i$，则式（10.19）变为

$$\delta f_k=\sum_{i=1}^{N}\left(\frac{\partial f_k}{\partial x_i}\delta x_i+\frac{\partial f_k}{\partial y_i}\delta y_i+\frac{\partial f_k}{\partial z_i}\delta z_i\right)=\nabla f_k\cdot\delta\boldsymbol{r}_i=0\quad(k=1,2,\cdots,s)\tag{10.20}$$

可见，时间冻结情况下，满足约束条件的可能位移 $\delta\boldsymbol{r}_i$ 在约束曲面的切平面内。这虽然是在完整约束情况下推得的结论，但该结论对非完整约束同样成立，因为非完整约束也存在相应的约束曲面，虽然我们无法显式地写出该约束曲面的表达式。

将质点在某个时刻，假想时间冻结情况下约束所允许的无限小的位移 $\delta\boldsymbol{r}_i$（$i=1, 2, \cdots, n$）称为**虚位移**。符号 δ 是“等时变分”算子，相当于时间冻结的多元微分符号 d，运算法则与微分一样。“等时”是指时间冻结，即虚位移无须经历时间来完成。实位移 $\mathrm{d}\boldsymbol{r}_i$（$i=1, 2, \cdots, n$）不仅要满足约束，还需要花费时间完成。无论是定常约束还是非定常约束，虚位移只需满足给定时刻的约束条件，与主动力、初始条件无关。

比较式（10.19）和式（10.20）可知，对于定常、完整约束，实位移是虚位移之一，但对于某些非定常约束，实位移也可以是虚位移之一。如约束 $\mathrm{d}x-2t\mathrm{d}y=0$，则虚位移满足 $\delta x-2t\delta y=0$。

10.2.2 虚功方程

物体的实位移是确定的，而其他可能位移没有发生，从做功的角度来看，可以认为物体的真实运动只是花费某种最小的能量的一种路径选择。

为了衡量在虚位移上花费的能量，将力在虚位移上做的功称为**虚功**。注意，虚位移可以是线虚位移或角虚位移。例如，力 $\boldsymbol{F}$ 在虚位移 $\delta\boldsymbol{r}$ 上的虚功为 $\boldsymbol{F}\cdot\delta\boldsymbol{r}$，力偶 M 在虚位移 $\delta\varphi$ 的虚功为 $M\delta\varphi$。虽然虚功和元功都用符号 δW 表示，但它们在本质上是不同的。虚功并不等于实功，因为虚位移是可能发生的无限小位移，它并未真实发生，所以即使力没有做实功，它仍然可以做虚功。

处于平衡状态的质点系相当于不受力，因此质点系中所有主动力和约束力在任何虚位移上所做虚功之和为零。我们将约束力在实位移上做功为零的约束定义为理想约束。受此启发，可将**理想约束**推广为在质点系任何虚位移上约束力做功之和为零的约束。显然，忽略摩擦时，许多约束力通常与运动方向垂直，因此虚功为零。这类约束属于理想约束，如光滑固定面约束、光滑铰链、不可伸长的柔绳、固定端。如果不考虑滚动摩阻，纯滚动中的摩擦力和法向约束力所做虚功都为零，这类情况也是理想约束。因此，受理想约束的平衡质点系受到的主动力在虚位移上的虚功之和等于零。

反过来，如果受到理想约束的质点系中所有主动力在虚位移上的虚功之和为零，质点系是什么状态呢？对于定常约束，虚位移就是实位移之一，故主动力虚功之和为零。由于虚位移是任意的，所以这等价为合外力为零，即质点系做惯性运动。对于非定常约束，非定常项也可以等效为一种力。例如，为了实现图 10-12 的情况，绳子一端必须施加一个变

化的约束力。这个力是主动变化的约束力，可并入主动力中，从而转化为前面的定常约束情形。

因此，具有理想约束的质点系，其平衡的充分必要条件是：作用于质点系的所有主动力在任何虚位移上所做虚功之和为零。这称为**虚位移原理，或虚功原理**（各种机械本质上都可归结为杠杆模型，而杠杆原理的几何描述蕴含虚功原理思想。古人没有“功”的清晰概念，因此无法准确地描述虚功原理）。

当然，每个瞬间质点系平衡，并不意味着平衡位形在不同瞬间一样。这也暗示着虚位移原理所定义的平衡可能更一般化。第 2 章中定义的平衡是静平衡，其定义源于动量为常数的惯性运动。上文对非定常约束力的分析表明，静平衡是虚位移原理描述的平衡的真子集，因为后者包含了相对平衡的意义。

例如，当车厢作为约束时，由于路面不平，车厢会上下运动，因此车厢上放置的物体受到的约束力除了定常约束情况下所受的静约束力外，还包括车厢上下振动引起的附加动约束力，它满足虚功原理。对于动平衡的情况，附加动约束力为零，满足虚功原理。因此刚体绕其中心惯性主轴的定轴转动也是惯性转动。刚体的动量矩为常数，则动量为常数或受到的力的作用线经过矩心，因此动量矩为常数意味着惯性平移和刚体惯性转动。这说明，虚位移原理拓展了平衡的概念。

如果用 δW_{Fi} 表示作用在质点 i 上的主动力 $\boldsymbol{F}_i$ 在其虚位移 $\delta\boldsymbol{r}_i$ 上的虚功，则上述表述可用公式表达为

$$\sum\delta W_{Fi}=\sum\boldsymbol{F}_i\cdot\delta\boldsymbol{r}_i=0 \tag{10.21}$$

式（10.21）称为**虚功方程**。如果将变形产生的内力视为主动力，则虚功原理也适用于变形体。同样地，如果质点系受到理想/非理想约束，可以将理想/非理想约束去除，并用约束力代替，将其作为主动力并计入虚功，则虚功原理仍然适用。

通常将虚功方程（10.21）投影到直角坐标系中使用，得到解析表达

$$\sum(F_{ix}\delta x_i+F_{iy}\delta y_i+F_{iz}\delta z_i)=0 \tag{10.22}$$

其中 F_{ix}，F_{iy}，F_{iz} 是作用于质点 i 的主动力 $\boldsymbol{F}_i$ 在直角坐标轴上的分量；δx_i，δy_i，δz_i 是虚位移 $\delta\boldsymbol{r}_i$ 在直角坐标轴上的分量。如果力组成矩为 M 的力偶，虚功则用 $M\delta\theta$ 来计算。

上式表明，可以利用坐标变分求虚位移关系。这种方法称为解析法。当然，如果很难写出坐标表达式，则可以直接对约束等式求变分来获得虚位移之间的关系。

［例 10-6］ 图 10-14（a）所示结构中，$AC=CE=CD=CB=DG=GE=l$，在 G 点作用一铅直向上的力 $\boldsymbol{F}$，各杆自重不计。求支座 B 的水平约束力。

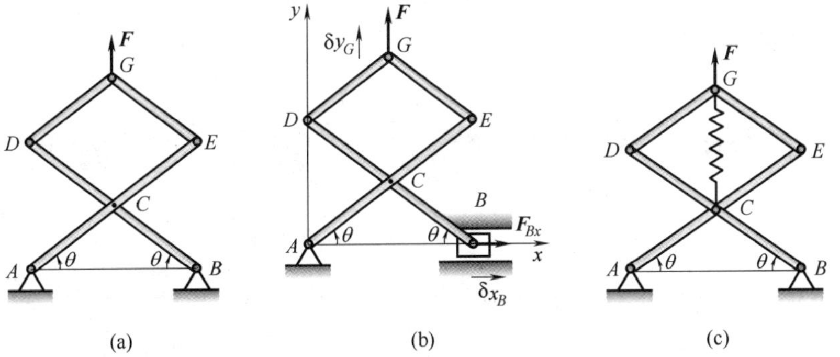

图 10-14

解： 解除 B 端水平约束，以主动力 $\boldsymbol{F}_{Bx}$ 代替，如图 10-14（b）所示，各主动力作用点处给虚位移，建立直角坐标系 xAy。写出主动力的作用点坐标，并对其取等时变分，有

$$x_B = 2l\cos\theta, \ y_G = 3l\sin\theta$$

$$\delta x_B = -2l\sin\delta\theta, \ \delta y_G = 3l\cos\theta\delta\theta$$

代入虚功方程 $\sum\delta W_F = F_{Bx}\delta x_B + F\delta y_G = 0$，即

$$F_{Bx}(-2l\sin\theta\delta\theta) + F\times 3l\cos\theta\delta\theta = 0$$

解得 $F_{Bx} = \dfrac{3}{2}F\cot\theta$。

思考：如果在 C 和 G 之间连接一根弹簧，如图 10-14（c）所示，又该如何求解？

对于约束很复杂的系统，解析法的计算量较大，可以利用几何关系求得各主动力作用处的虚位移的关系，称为几何法。

［**例 10-7**］ 图 10-15 所示组合梁上作用有载荷 $q=2\text{kN/m}$，$F=5\text{kN}$，$M=6\text{kN}\cdot\text{m}$，$a=2\text{m}$。求固定端 A 处的约束力。

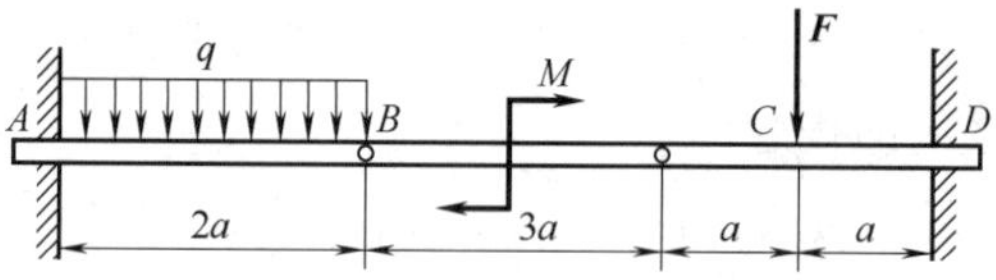

图 10-15

分析： 由于虚功方程一次只能求出一个主动力，所以将 A 端约束力分量。

解： 将 A 处固定端的水平方向的约束去除（只有水平方向允许有位移），代之以主动力 $\boldsymbol{F}_{Ax}$，则 A 处的固定端替换为导向轴承。显然各主动力的虚位移只能为零（图略）。因此 $F_{Ax}=0$。

将 A 处固定端竖直方向约束去除（只有竖直方向允许有位移），M 代之以主动力 $\boldsymbol{F}_{Ay}$，则 A 处固定端替换为竖直方向滑轨。设 A 处虚位移为 δy_A，如图 10-16 所示，则力偶 M 对应的虚位移为 $\delta\theta_M=\delta y_A/3a$。因为 D 处为固定端，所以 C 处虚位移为零。由虚功方程

$$F_{Ay}\delta y_A - 2qa\cdot\delta y_A + M\delta\theta_M = 0$$

解得 $F_{Ay}=2qa-M/3a$。

将 A 处固定端的约束力偶去除（只允许有角位移），代之以主动力偶 M_A，则 A 处固定端替换为固定铰支座。设 A 处虚位移为 $\delta\theta$，如图 10-17 所示，则分布力的等效集中力对应虚位移为 $a\delta\theta$，B 处虚位移为 $\delta y_B=2a\delta\theta$，力偶 M 的虚位移为 $\delta\theta_M=\delta y_B/3a=2\delta\theta/3$。$C$ 处的虚位移仍为零。由虚功方程

$$M_A\delta\theta - 2qa\cdot a\delta\theta + M\cdot\delta\theta_M = 0$$

解得 $M_A=2qa^2-2M/3$。

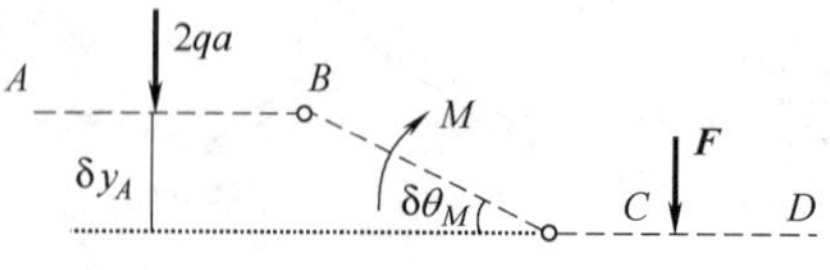

图 10-16

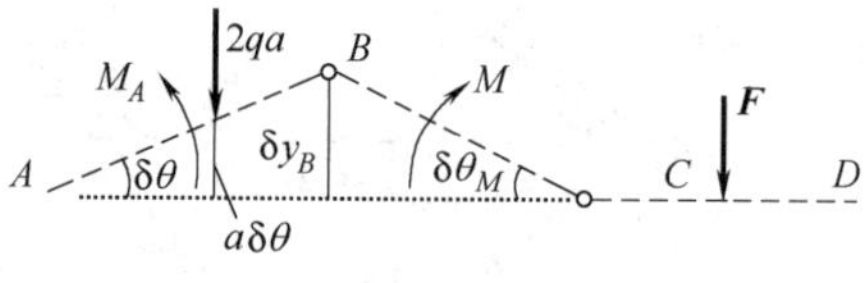

图 10-17

如果几何关系很复杂，可以借用刚体运动学中的速度投影定理、基点法、速度瞬心法确定刚体上任意两点的虚位移关系，或者利用运动合成来获得虚位移的关系，称为虚速度法。这种方法本质上与几何法等价，因为虚位移在时间冻结时产生，所以其方向与虚速度一样。

［例 10-8］ 某机构如图 10-18 所示，$CDEF$ 为平行四边形，杆 AB 可沿 O 处的销槽滑动。当矩为 M 的力偶作用在连杆 GF 上时，弹簧被压缩。已知 $\theta=0$ 时弹簧为原长，弹簧刚度为 k，杆重不计。求系统平衡时的 θ 角。

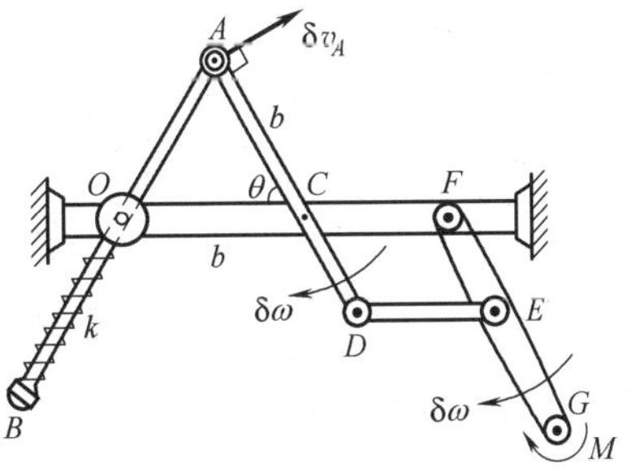

图 10-18

分析：本题是求平衡位置。主动力偶已知，因此只需将弹簧撤掉，代之以主动力 $\boldsymbol{F}$，其大小与 θ 有关，利用虚功方程可求出。本题机构复杂，最好用虚速度法，当然解析法也可以。

解：如图 10-18 所示，弹簧原长为 AB，因此压缩量为 $OA=2b\sin\dfrac{\theta}{2}$，因此弹簧力大小为 $F=k\cdot OA$，沿 BA 方向。因为力偶矩 M 已知，所以设杆 GF 的虚角速度为 $\delta\omega$，由于平行四边形机构对边角速度相等，所以杆 AD 的虚速度也是 $\delta\omega$，从而 A 点的虚速度为 $\delta v_A=b\delta\omega$，将其沿弹簧力的方向投影得 $\delta v_{A\parallel}=b\delta\omega\cos\dfrac{\theta}{2}$。由虚功方程

$$M\delta\omega-k\cdot OA\cdot\delta v_{A\parallel}=0$$

解得 $\theta=\arcsin\dfrac{M}{kb^2}$。

［例 10-9］ 半径为 R 的滚子放在粗糙水平面上，连杆 AB 的两端分别与轮缘上的点 A 和滑块 B 处铰接。现在滚子上施加矩为 M 的力偶，在滑块上施加力 $\boldsymbol{F}$，使系统处于图 10-19（a）所示位置平衡。设力 $\boldsymbol{F}$ 已知，滚子有足够大的重力 $\boldsymbol{P}$，忽略滚阻，不计滑块和各铰链处的摩擦，不计杆 AB 与滑块的重力。求力偶矩 M 及滚子与地面间的摩擦力 $\boldsymbol{F}_s$。

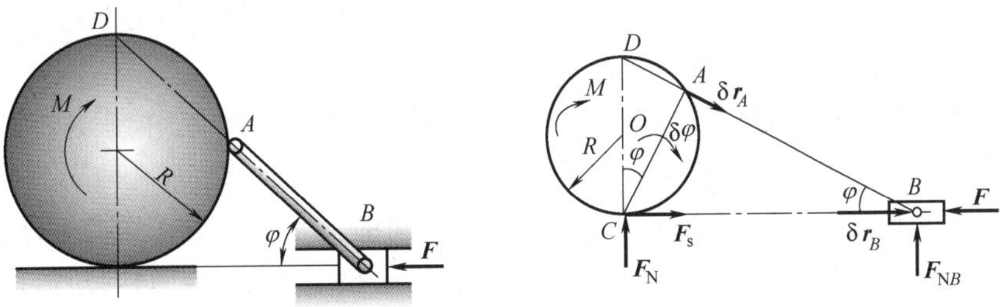

(a) (b)

图 10-19

分析：本题滚子做纯滚动，由于滚阻忽略，所以滚子处为理想约束，滑块和各铰链处摩擦不计，因此可以考虑使用虚功原理。为了求力偶矩 M，给对应的虚位移，利用虚速度法可以求出力偶矩 M。滚子与地面的摩擦力可以利用平衡方程来求，也可用虚位移原理来求。只需去掉滚子在水平方向的约束，只给水平方向的虚位移，构成单自由度情况，然后使用虚速度法求解即可。

解： 由于滚子纯滚动，给滚子虚位移 $\delta\varphi$，其他各处虚位移如图 10-19（b）所示。$\delta r_A = 2R\cos\varphi\delta\varphi$，由速度投影定理，$\delta r_A = \delta r_B\cos\varphi$，从而 $\delta r_B = 2R\cos\varphi$。做功的力为 M 和 $\boldsymbol{F}$，虚功方程为

$$M\delta\varphi - F\delta r_B = 0$$

解得 $M = 2RF$。

取整体，由平衡方程 $\sum F_x = 0$，$F_s = F$。

讨论：若本题改为求地面对滚子的支持力 $\boldsymbol{F}_N$，去掉地面支持约束，给竖直方向虚位移 $\delta\boldsymbol{r}_C$，系统就变为了 2 个自由度，而虚功方程只能求一个未知量，可假设滚子滚动的虚位移 $\delta\varphi$ 为零，圆盘只能向上平移，于是系统自由度变为 1。滚子平移则 $\delta\boldsymbol{r}_A = \delta\boldsymbol{r}_C$，再由速度投影定理，$\delta r_A = \delta r_B\cos\varphi$，从而有 $\delta r_B = \delta r_C/\cos\varphi$。做功的力为 $\boldsymbol{F}_N$ 和 $\boldsymbol{F}$，虚功方程为

$$F_N\delta r_C - F\delta r_B = 0$$

解得 $F_N = F/\cos\varphi$。同样的方法可以用来分别求铰链 A 对滚子的约束力 $\boldsymbol{F}_{Ax}$ 和 $\boldsymbol{F}_{Ay}$。

注意：虚速度是设想约束瞬间“冻结”，质点保持原有位置不变时约束允许发生的可能速度，与加速度无关。虚位移仅仅表示该位置在无限小时间内的位移变化，不考虑下一时刻的运动和加速度问题。故严格来说，画虚位移图时仅仅画出虚位移关系才合理。如果画出有形的约束，不仅限制了速度关系，也潜在地限制了加速度关系。可见，“冻结”的正确理解是，在下一个无限小时刻，约束复制前一时刻的结果。

虚速度法比其他方法有着更广的适用范围。

如果求主动力 $\boldsymbol{F}_i$，可假设其他未知主动力作用点处各有一个与力的方向垂直的虚速度（若是未知力偶矩，则假设其作用的刚体虚角速度为零）。

如果求某一方向的约束力 $\boldsymbol{F}_{ix}$ 或力矩 M_{ix}，将该待求力或力矩对应方向的约束去除，并假设所有未知主动力作用点处有一与其方向垂直的虚速度。

如果内部具有多个弹簧，并且是静定问题，可假设弹簧两端的虚速度满足特定关系，以消除非待求的未知弹簧力。

这样，系统就变为单自由度系统。对于单自由度系统，在其几何约束允许下，得到虚速度关系，直接对虚速度应用虚位移原理。

在某些情况下，虚位移原理可能不如力系平衡方程的方法简单，但虚速度法能避免引入非待求的未知力，因此最好将虚位移原理与力系平衡方程的方法混合使用。

以上例题说明，虚位移原理可以确定主动力之间的关系（即求未知的主动力）、求约束反力（将约束力视为主动力，等同于第一类问题）、确定系统在已知主动力作用下的平衡位置。其中第二种问题启发我们，如果在动力学问题中把惯性力（$-m\boldsymbol{a}$）也视为主动力，看成平衡系统，并用虚功原理来求解，这就为非自由体的动力学问题打开了新思路。

10.3 动力学普遍方程

考虑理想、双面约束下，n 个质量为 m_i，位矢为 $\boldsymbol{r}_i$，受主动力 $\boldsymbol{F}_i (i=1, 2, \cdots, n)$ 的质点所组成的质点系，将质点所受的惯性力视为主动力，代入虚功方程，有

$$\sum_{i=1}^{n}(\boldsymbol{F}_i - m_i \ddot{\boldsymbol{r}}_i) \cdot \delta \boldsymbol{r}_i = 0 \tag{10.23}$$

该方程将静力学和动力学问题统一到一个框架中，因此称为**动力学普遍方程**。用它求解动力学问题，既可以避免求解未知的约束力，又能利用静力学技巧来方便地列出方程求解。

动力学普遍方程是动力学问题中主动力之间的等式，若需要求解理想约束力或非理想约束力，用类似虚功原理的处理方法，去掉该约束，并将相应约束力作为主动力代替即可。

式（10.23）通常投影到直角坐标系中进行计算，即

$$\sum_{i=1}^{n}[(F_{ix} - m\ddot{x}_i)\delta x_i + (F_{iy} - m\ddot{y}_i)\delta y_i + (F_{iz} - m\ddot{z}_i)\delta z_i] = 0 \tag{10.24}$$

动力学普遍方程一般作为非自由质点系动力学方程的推导起点，第 11 章中的拉格朗日方程就是一个例子。因此，它可以求系统的运动微分方程，尤其是功率方程无法处理的多自由度系统。当然，它也可以直接用于动力学问题的求解。相比达朗贝尔原理，它避免了理想约束力的出现，并能确定所需列的动力学方程数目，使动力学分析变得简单和更有规律。

［例 10-10］ 半径为 r，质量为 M 均质圆柱 A，与长度为 $4r$，质量为 m 的均质细直杆 AB，用光滑铰链连接于 A 处。杆的 B 端可以在铅垂墙面上滑动，摩擦角 $\varphi_f = 30°$。圆柱在足够粗糙的水平地面做纯滚动。初始时系统静止，杆与墙壁交角 $\theta = 60°$，如图 10-20（a）所示。求系统刚开始运动时，A 点的加速度。

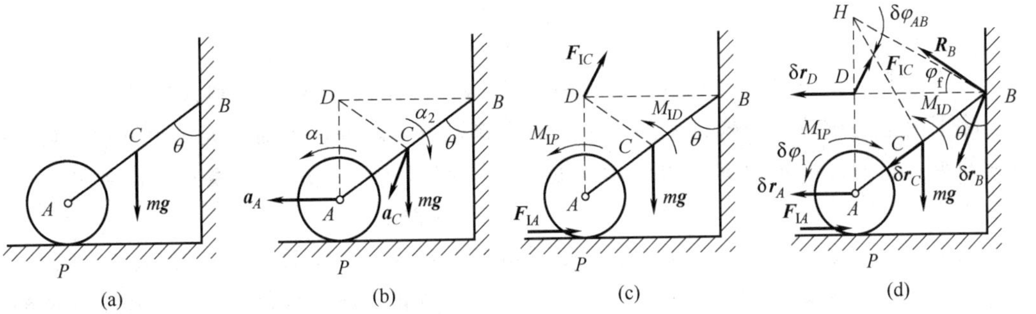

图 10-20

解：用虚速度法可以不引入任何非待求的未知力，直接求出答案。

本题中的系统是单自由度，因此由动力学普遍方程可得 1 个独立的动力学方程。质心加速度如图 10-20（b）所示，惯性力简化如图 10-20（c）所示，其中

$$M_{IP} = J_P \alpha_A,\ F_{IA} = m_1 a_A,\ M_{ID} = J_D \alpha_2,\ F_{IC} = m a_C,\ J_P = \frac{3}{2}Mr^2,\ J_D = \frac{16}{3}mr^2$$

为了不引入墙面对 AB 的非待求的摩擦力与支持力，将摩擦力与支持力用合力 $\boldsymbol{R}_B$ 表示，如图 10-20（d）所示。假设 $\boldsymbol{R}_B$ 作用点 B 的虚位移 $\delta \boldsymbol{r}_B$ 与 $\boldsymbol{R}_B$ 垂直，并假设圆柱 A 做纯滚动。对于单自由度系统，可假设虚位移如图 10-20（d）所示。虚速度方向与虚位移相同，故有

$$-M_{IP}\omega_1 - M_{ID}\omega_{AB} + mg\cos 60° v_C + F_{IC}\cos 120° v_D = 0 \tag{a}$$

虚速度关系与虚位移关系相同，故只需将图 10-20（d）的虚位移关系里面的虚位移改为

虚速度即可。

取虚角速度为自变量，单自由度系统中，其他任何一个虚速度一定可表示为角速度的倍数。记 H 为杆 AB 的虚速度瞬心，P 为圆柱 A 的虚速度瞬心。由运动学求速度的方法，可求得

$$\omega_{AB}=\frac{v_A}{AH}=\frac{1}{4}\omega_1,\ v_C=2\sqrt{3}\omega_{AB}=\frac{\sqrt{3}}{2}r\omega_1,\ v_D=2r\omega_{AB}=\frac{1}{2}r\omega_1$$

将上述速度关系代入式 (a)，得

$$\left(-M_{IP}-\frac{1}{4}M_{ID}+\frac{\sqrt{3}}{4}rmg-\frac{1}{4}rF_{IC}\right)\omega_1=0$$

即

$$-M_{IP}-\frac{1}{4}M_{ID}+\frac{\sqrt{3}}{4}rmg-\frac{1}{4}rF_{IC}=0 \tag{b}$$

由运动学可知，AB 的实际速度瞬心 D 的加速度为零，又因为实际角速度为零，故

$$\alpha_{AB}=\frac{a_A}{DA}=\frac{1}{2}\frac{a_A}{r},\ a_C=\alpha_{AB}\cdot DC=a_A \tag{c}$$

对于圆柱 A

$$\alpha_1=\frac{a_A}{r} \tag{d}$$

将式 (c) 和式 (d) 代入式 (b) 得

$$a_A=\frac{3\sqrt{3}mg}{18M+11m}$$

讨论：本题是单自由度系统，若求地面对圆柱的支持力 $\boldsymbol{F}_{NP}$，则要列 2 个动力学方程。除了由上述虚位移模式得到的 1 个动力学普遍方程之外，还需补充 1 个方程。可去除地面约束，再假设一种使 $\boldsymbol{F}_{NP}$ 做虚功，但其他非待求力不做虚功的模式，得到另一个动力学普遍方程。

对于多自由度系统，动静法不能完全避免引入非待求未知力，而采用了虚功原理的虚速度法的动力学普遍方程，则可以避免这个问题。因此，动力学普遍方程采用虚速度的方法，使动力系统的分析具有固定模式。

最后，如果能引入一种方法可以避免补充运动学条件，结合动力学普遍方程，则求解过程非常简洁。这需要使用所谓的“广义坐标”，进一步可获得广义坐标表示的拉格朗日方程。

习题

判断题

10-1　惯性力的大小与绝对速度无关。(　　)

10-2　在失重环境下，达朗贝尔原理不成立。(　　)

10-3　达朗贝尔原理对变形体也成立。(　　)

10-4　刚体绕垂直于其质量对称面的某个轴做定轴转动，能实现动平衡。(　　)

10-5　惯性力系选择不同简化中心时，惯性力的主矢不同。(　　)

10-6　虚位移是质点系在约束许可的范围内，任意微小但不为零的位移。(　　)

10-7 对于非理想约束系统，不能使用虚位移原理。(　　)

10-8 虚位移原理对刚体和变形体都成立。(　　)

10-9 动力学普遍方程只对理想约束情形成立。(　　)

10-10 动力学普遍方程不仅可以求主动力，也能求解约束力。(　　)

简答题

10-11 惯性力是否满足力的平行四边形法则？为什么？

10-12 绕定轴转动的刚体如果没有进行动平衡，会有什么后果？

10-13 对于理想、非完整约束系统，虚位移原理也成立吗？请说明你的理由。

计算题

10-14 如题10-14图所示，两相同的均质杆 O_1A，O_2B 长均为 l，重均为 P，分别铰接于T形杆的 O_1，O_2 点上，并在两杆重心上连接一刚度系数为 k 的弹簧。当两杆处于铅垂位置时，弹簧为原长。若T形杆以等角速 ω 绕铅垂轴转动，试求图示相对平衡位置的 φ 角与 ω 的关系。设 $k=P/l$，$a=l/4$。

10-15 如题10-15图所示，火箭加速度为 $\boldsymbol{a}$，卫星整流罩自由倒下，转到90°位置时自动脱落。整流罩质心为 C，$OC=r$，质量为 m，对 O 点转动惯量为 $m\rho^2$。求整流罩在脱落位置时的角速度。

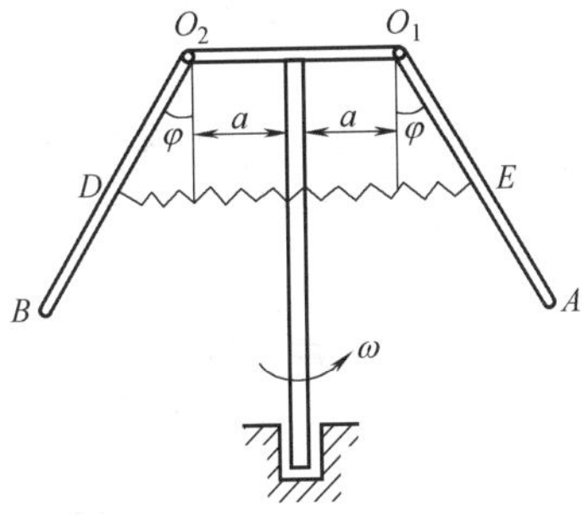

题10-14图

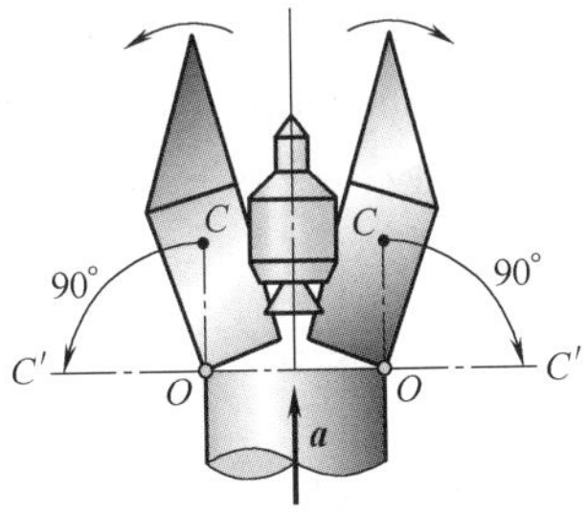

题10-15图

10-16 均质细杆 AB 重 $\boldsymbol{W}$，在中点与转动轴 CD 固结，其中 $CD=AB=l$，如题10-16图所示。求当轴以匀角速度转动时，轴承处由于惯性力引起的压力的大小。

10-17 长方形薄板 $ABCD$ 重为 $\boldsymbol{P}$，支承在 AC 轴上，如题10-17图所示。板在水平位置静止时，在其轴上作用一矩为 M 的力偶。求板的角加速度及支座 A 和 C 的动反力。

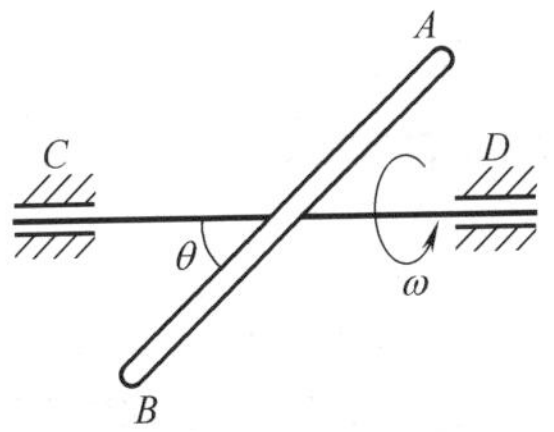

题10-16图

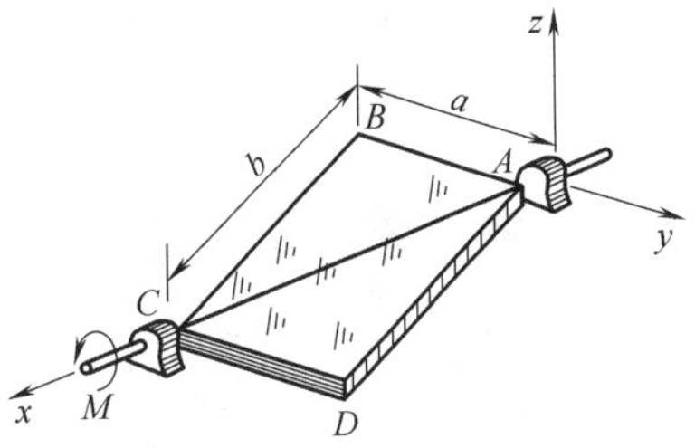

题10-17图

10-18　如题10-18图所示，长方形匀质平板，质量为27kg，由两个销 A 和 B 悬挂。求在撤去销 B 的瞬时，平板的角加速度和销 A 的约束力。

10-19　铅垂平面内做平面运动的两均质杆 OA 与 AB 用铰连接，并在 O 端用铰支座支承，如题10-19图所示。设两杆的长度均为 l，质量均为 m，杆 OA 位于水平、杆 AB 与铅垂线成30°位置无初速地释放瞬时，不计铰链处摩擦，求杆 OA 和杆 AB 的角加速度。

10-20　如题10-20图所示，曲柄 OA 质量为 m_1，长为 r，以等角速度 ω 绕水平的 O 轴逆时针方向转动。曲柄 OA 推动质量为 m_2 的滑杆 BC，使其沿铅垂方向运动。忽略摩擦，求当曲柄与水平方向夹角30°时的力偶矩 M 及轴承 O 受到的约束力。

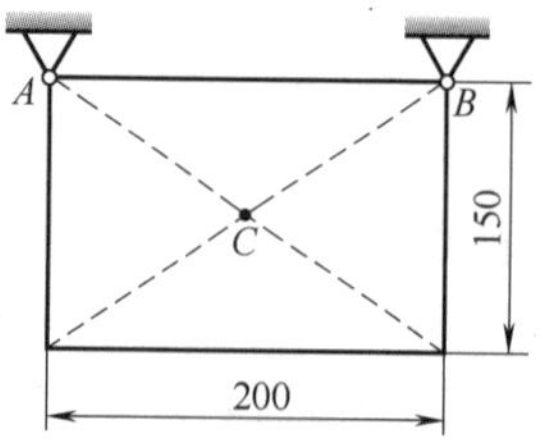

题 10-18 图

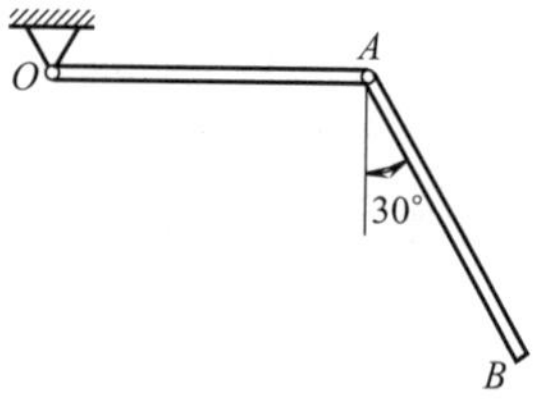

题 10-19 图

10-21　如题10-21图所示平面机构中，$AC=CE=BC=CD=DF=EF$，在点 F 上作用一力 $\boldsymbol{P}$，同时在 B 处作用一水平力 $\boldsymbol{Q}$。各处光滑，不计各构件自重。求系统平衡时 φ 的值。

10-22　如题10-22图所示，平台钢架由一个Γ形框架带中间铰 C 构成。框架的上端刚性地插在混凝土墙内，下端搁在滚动支座上。求当 $\boldsymbol{P}_1$ 和 $\boldsymbol{P}_2$ 两力作用时，插入端 A 处的铅直反作用力。

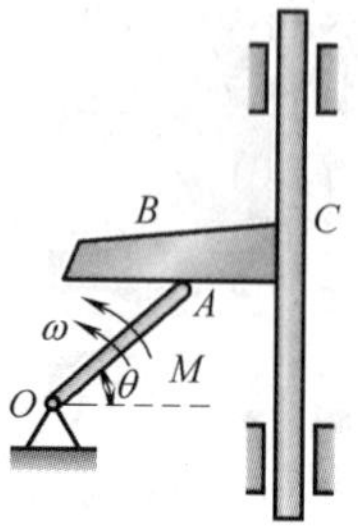

题 10-20 图

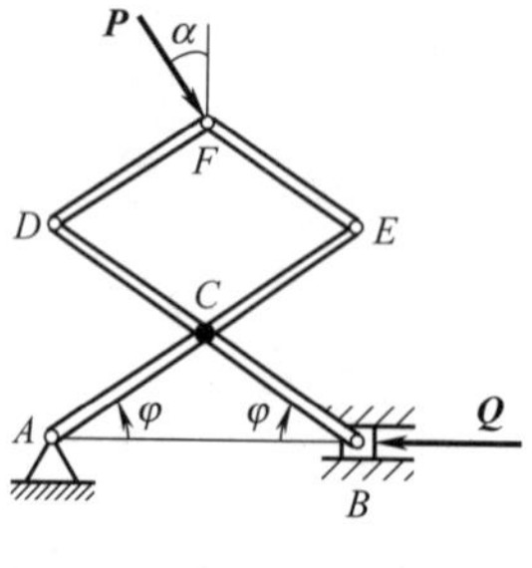

题 10-21 图

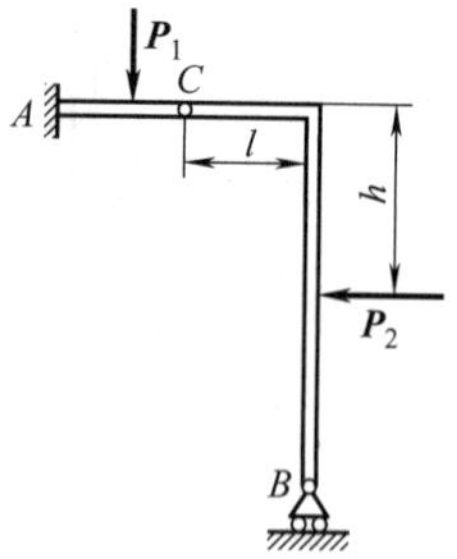

题 10-22 图

10-23　如题10-23图所示，两等长杆 AB 与 BC 在点 B 用铰链连接，又在杆的 D，E 两点连一个弹簧。弹簧刚度系数为 k，当距离 AC 等于 a 时，弹簧内力为零。如在点 C 作用一水平力 $\boldsymbol{F}$，杆系处于平衡。求 AC 的距离。

10-24　如题10-24图所示机构中，在曲柄 OA 上作用一矩为 M 的力偶，在滑块 D 上作用一水平力 $\boldsymbol{F}$。机构尺寸如图所示。求当机构平衡时，力 $\boldsymbol{F}$ 与力偶矩 M 的关系。

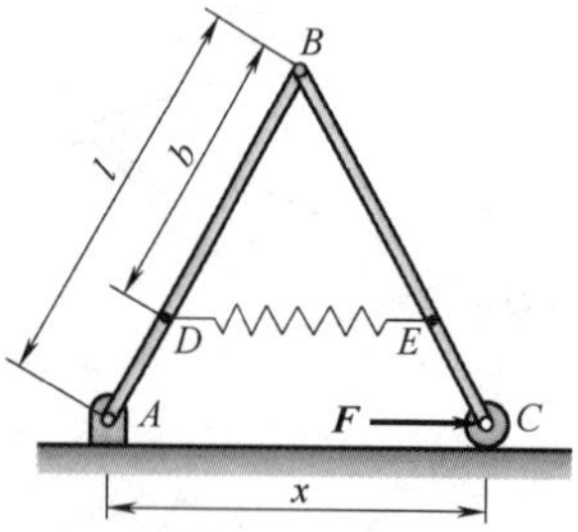

题 10-23 图

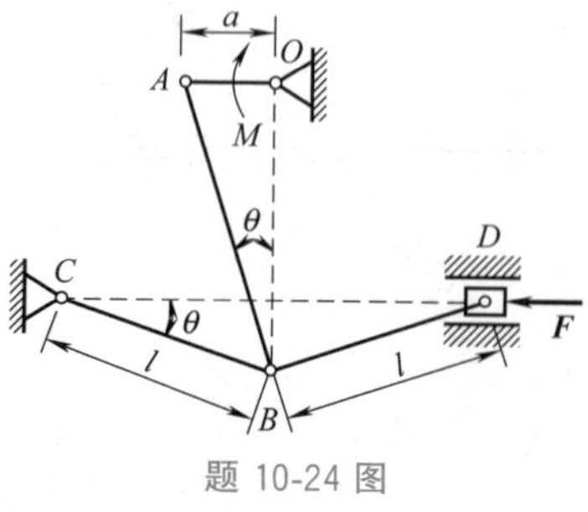

题 10-24 图

10-25　如题 10-25 图所示，三孔拱桥如图所示，其重量不计，各处光滑。已知拱的尺寸 a 和作用的两力 $\boldsymbol{P}$ 与 $\boldsymbol{Q}$。试用虚位移原理求滚动支座 C 的约束反力。

10-26　用虚位移原理求如题 10-26 图所示桁架中杆 3 的内力。

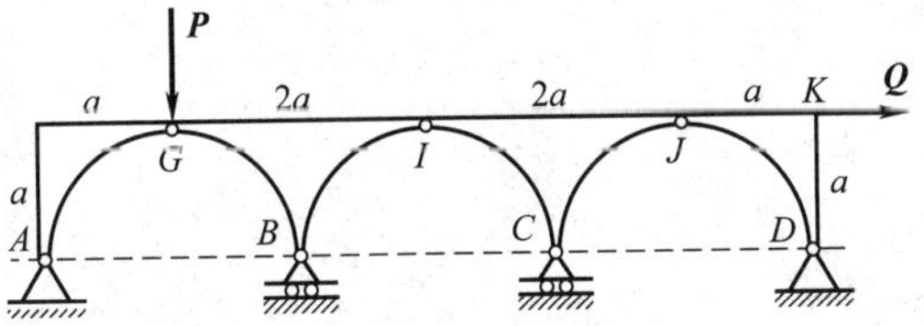

题 10-25 图

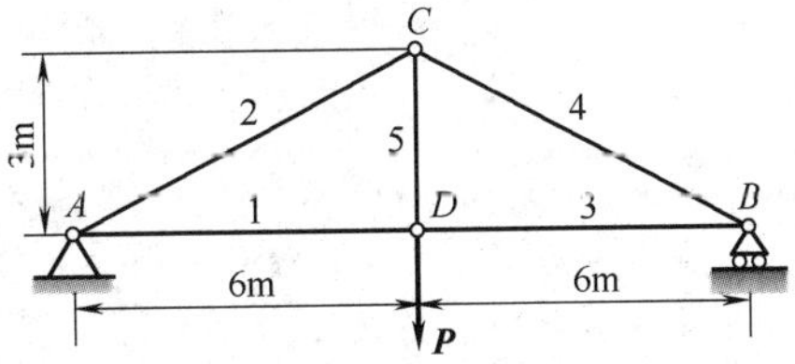

题 10-26 图

10-27　质量为 m 的直杆 A 可自由地在固定铅垂套管中移动，杆的下端搁在质量为 m，倾角为 α 的光滑楔子 B 上，楔子在光滑的水平面上，由于杆子的重量，楔子沿水平方向移动，杆下落，如题 10-27 图所示。求两物体的加速度大小及地面约束力。

10-28　如题 10-28 图所示，均质杆 OA 在变化力偶矩作用下，绕 O 轴匀速转动，并带动均质连杆 AB 和半径为 r 的均质圆盘在半径为 $5r$ 的固定圆上做纯滚动。已知 $AB=4r$，$OA=2r$，杆 OA 以匀角速度 3ω 转动，圆盘 B 和连杆 AB 的质量均为 m。用动力学普遍方程求图示瞬时固定圆对圆盘 B 的支持力。

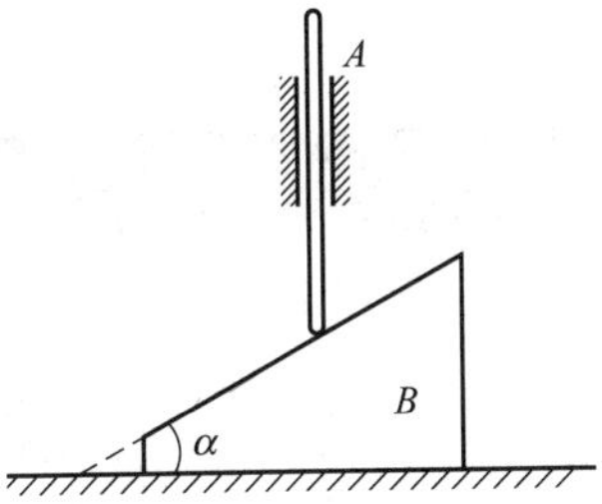

题 10-27 图

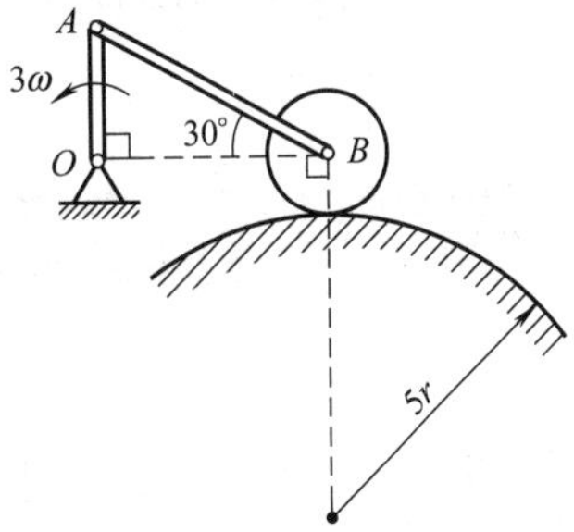

题 10-28 图

拓展题

10-29　动力学普遍方程中是否包含内力做的虚功？请说明理由。

10-30　虚位移原理从几何角度来处理约束，因此不适合含速度的运动约束情况。是否可能存在虚速度原理或虚加速度原理，从而可以处理速度约束问题？如果存在，它们之间相互等价吗？

第11章

拉格朗日力学

对于复杂的多体系统，牛顿力学方法会引入大量未知约束力，导致方程数量多。针对该问题，拉格朗日和哈密顿等人利用数学分析理论描述非自由体的运动，从而发展出了“分析力学”理论体系，为现代力学奠定了基础。

本章引入描述系统位形的广义坐标，并用广义坐标表示虚位移原理，应用于动力学普遍方程，导出完整系拉格朗日方程及其初积分，介绍可处理复杂约束问题的第一类拉格朗日方程。

11.1 自由度和广义坐标

(1) 广义坐标的引入

系统中的一些运动量并不是独立的，因此需要补充一些运动学关系。由于刚体运动的本质是任意两点之间的距离不变，如果选择满足约束关系的参数来描述点的位置，那么运动学关系自动成立。

考虑由 n 个质点组成的质点系，如果受到 s 个完整双侧约束，那么确定系统位置和形态（位形）的 $3n$ 个直角坐标中只有 $N=3n-s$ 个是独立变化的。例如，要确定一个质点在空间中的位置，需要3个独立参量。如果质点被限定只能在约束方程为 $f(x, y, z)=0$ 的曲面上运动，则三个坐标中只有两个独立，即只需曲面上一个二维参数网格就能确定该点的位置。因此，将能够完全描述质点系位形所需的最少的独立参量数目，称为质点系的**自由度**。

自由度是质点系的固有属性，与坐标系的选择无关。因此一定存在自由度数（N）个独立参量，能够完全确定全部质点的位置，从而确定系统的位形。即一定存在坐标变换关系

$$\begin{cases} x_i=x_i(q_1,q_2,\cdots,q_N,t) \\ y_i=y_i(q_1,q_2,\cdots,q_N,t) \quad (i=1,2,\cdots,n) \\ z_i=z_i(q_1,q_2,\cdots,q_N,t) \end{cases} \tag{11.1}$$

将带约束的问题变为新的 N 个独立变量 q_1，q_2，…，q_N 描述的自由运动问题，原来全部约束关系将自动包含在式(11.1)中。这种足以确定质点系位形的一组独立参量，称为**广义坐标**。广义坐标可以是直角坐标、球坐标或极坐标等，甚至可以具有能量或动量矩的量纲，其本质上是描述系统的一组参数，因此也能在其他物理问题中使用。

(2) 广义坐标的选择

类似于直角坐标系旋转后可以产生新的直角坐标一样，广义坐标可以有无穷多组选择。不过，广义坐标不再是质点的坐标，而是描述系统位形的参数。由于广义坐标之间可以有不同的量纲，所以它们无法构成有物理意义的矢量，但仍然可以当作数学上的向量进行运算，并且可以视为高维位形空间点的坐标。这个高维空间一般称为拉格朗日位形空间。

在求解具体问题时，我们往往选择形式直观简洁、能够反映系统对称性的一组广义坐标。这样可以使动力学方程表达式更加简单，也更容易从数学角度观察出方程解的性质。

对于一些简单问题，广义坐标的选取有时候是显而易见的。例如，单摆只有一个自由度，可以选择弧长或摆角作为广义坐标，如图 11-1（a）所示。单摆相应的拉格朗日位形空间是一个一维圆，圆上的任意一点到起点的圆弧长度或对应的圆心角可以表示摆的位置。对于有两个自由度的双摆系统，如图 11-1（b）所示，可以选择两个摆角，或一个摆的摆角与另一个摆的横坐标或纵坐标作为广义坐标。不过，取两个摆角作为广义坐标比较方便，相应的拉格朗日位形空间是一个圆环面。选择两个摆角作为广义坐标，也无须全都使用绝对量，可以一个取为到铅垂线的角度，另一个取为相对前一个摆的转角。

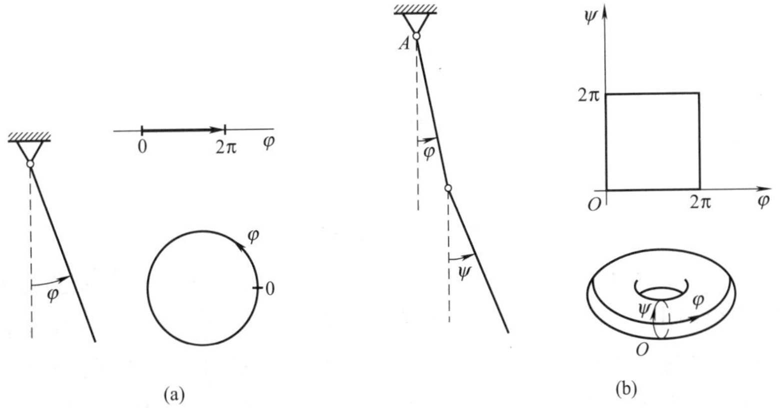

图 11-1

不同的广义坐标选择方案会导致结果表达式的复杂程度不同，但相应位形空间的拓扑结构是相同的。因此，在选择广义坐标时，可以根据问题的特点和求解的方便性来进行灵活选择。

对于约束较多或较复杂的问题，选择合适的广义坐标可能不太直观。对于这种情况，可以通过一些数学变换来寻找适当的广义坐标，尽管这些坐标的物理意义难以解释。

(3) 非完整约束的情况

对于非完整约束，情况有所不同。例如，除 s 个完整约束外，还有 r 个不可积的微分约束，这时仍有 $3n-s$ 个形式上独立（即无法用一部分参数显式表达另一部分参数）的广义坐标。然而，运动约束隐式地限制了上述 $3n-s$ 个广义坐标的取值，因此系统的自由度数 $N=3n-s-r$，小于或等于广义坐标个数。可见，广义坐标个数并不一定等于自由度数目。

非完整约束的处理，目前尚未完全解决。其中，仅线性非完整约束可以从广义速度的角度进行处理，具体可参考本章末尾。

11.2 广义坐标表示的平衡条件

考虑 n 个质点所组成的系统受到 s 个完整双侧约束作用，约束方程为

$$f_k(\boldsymbol{r}_1,\boldsymbol{r}_2,\cdots,\boldsymbol{r}_n,t)=0 \quad (k=1,2,\cdots,s) \tag{11.2}$$

设 q_1，q_2，…，q_N（$N=3n-s$）为系统的一组广义坐标，则各质点的坐标可以表示为

$$\boldsymbol{r}_i=\boldsymbol{r}_i(q_1,q_2,\cdots,q_N,t) \quad (i=1,2,\cdots,n) \tag{11.3}$$

由虚位移的定义，对式（11.3）取等时变分来确定第 i 个质点的虚位移 $\delta\boldsymbol{r}_i$。其运算法则与多元函数求微分的规律一样，因而有

$$\delta\boldsymbol{r}_i=\sum_{k=1}^{N}\frac{\partial\boldsymbol{r}_i}{\partial q_k}\delta q_k \quad (i=1,2,\cdots,n) \tag{11.4}$$

其中，$\delta q_k(k=1,2,\cdots,N)$ 是广义坐标 q_k 的等时变分，称为**广义虚位移**。

将式（11.4）代入虚功方程，得

$$\delta W_F=\sum_{i=1}^{n}\delta W_{Fi}=\sum_{i=1}^{n}\boldsymbol{F}\cdot\sum_{k=1}^{N}\frac{\partial\boldsymbol{r}_i}{\partial q_k}\delta q_k=\sum_{k=1}^{N}\left(\sum_{i=1}^{n}\boldsymbol{F}\cdot\frac{\partial\boldsymbol{r}_i}{\partial q_k}\right)\delta q_k=0 \tag{11.5}$$

定义

$$Q_k=\sum_{i=1}^{n}\boldsymbol{F}_i\cdot\frac{\partial\boldsymbol{r}_i}{\partial q_k} \quad (k=1,2,\cdots,N) \tag{11.6}$$

则式（11.5）可改写为

$$\delta W_F=\sum_{k=1}^{N}Q_k\delta q_k=0 \tag{11.7}$$

其中，$Q_k\delta q_k$ 具有功的量纲，因此称 Q_k 是广义坐标 q_k 方向上的**广义主动力**或**广义力**。显然，广义力的量纲由它所对应的广义坐标来确定。例如，当 q_k 具有线位移的量纲时，Q_k 的量纲是力的量纲；当 q_k 具有角位移的量纲时，Q_k 的量纲是力矩的量纲。

由于完整系统中的广义虚位移是独立的，所以式（11.7）若成立，则必有

$$Q_k=0 \quad (k=1,2,\cdots,N) \tag{11.8}$$

上式说明，质点系平衡的条件是系统在所有广义坐标方向上的广义力都等于零。这是用广义坐标表示的质点系的平衡条件。它是平衡方程在广义坐标空间中的投影式。

求广义力有如下两种方法：

① 解析法。

即利用定义式（11.6）计算。这种方法本质是将物理空间中的力矢量向广义坐标方向投影，得到对应的广义力。

② 虚功法。

为求出广义坐标 q_k 对应的广义力 Q_k，可沿广义坐标增大的方向取特殊虚位移 $\delta q_k\neq 0$，而其余虚位移为零，求出所有主动力在该虚位移上所做的虚功 $\delta W(\delta q_k)$，则有

$$Q_k=\frac{\delta W(\delta q_k)}{\delta q_k} \tag{11.9}$$

该方法的本质是认为系统总的虚功可分解为各广义坐标或自由度方向的独立分量。

［例 11-1］ 杆 OA 和 AB 以铰链相连，O 端悬挂于圆柱铰链上，如图 11-2（a）所示。

已知 $OA=a$，$AB=b$，杆重和铰链的摩擦都忽略不计。在点 A 和 B 分别作用向下的铅垂力 $\boldsymbol{F}_A$ 和 $\boldsymbol{F}_B$，又在点 B 作用一水平力 $\boldsymbol{F}$。试求平衡时 φ_1，φ_2 与 $\boldsymbol{F}_A$，$\boldsymbol{F}_B$，$\boldsymbol{F}$ 之间的关系。

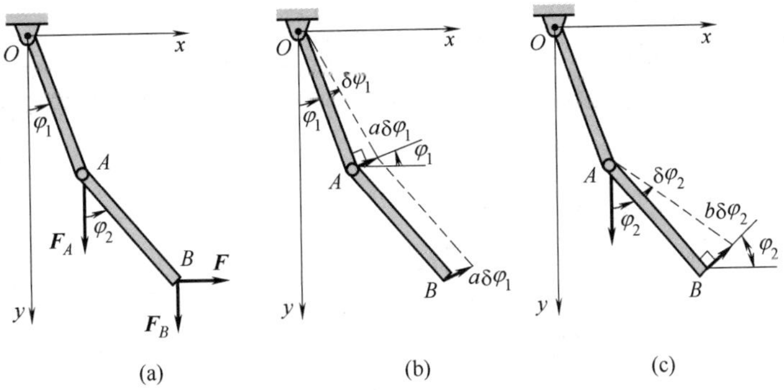

图 11-2

解： 杆 OA 和 AB 的位置可由点 A 和 B 的 4 个坐标 x_A，y_A 和 x_B，y_B 完全确定，由于杆 OA 和 AB 的长度一定，可列出两个约束方程：

$$x_A^2+y_A^2=a^2,\ (x_B-x_A)^2+(y_B-y_A)^2=b^2$$

因此，系统有两个自由度。现选择 φ_1 和 φ_2 为系统的两个广义坐标，计算其对应的广义力 Q_1 和 Q_2。

① 解析法。

$$\left.\begin{aligned} Q_1&=F_A\frac{\partial y_A}{\partial\varphi_1}+F_B\frac{\partial y_B}{\partial\varphi_1}+F\frac{\partial x_B}{\partial\varphi_1}\\ Q_2&=F_A\frac{\partial y_A}{\partial\varphi_2}+F_B\frac{\partial y_B}{\partial\varphi_2}+F\frac{\partial x_B}{\partial\varphi_2}\end{aligned}\right\}\tag{a}$$

由于

$$\begin{aligned} &y_A=a\cos\varphi_1\\ &y_B=a\cos\varphi_1+b\cos\varphi_2,\ x_B=a\sin\varphi_1+b\sin\varphi_2\end{aligned}\tag{b}$$

故

$$\begin{aligned} &\frac{\partial y_A}{\partial\varphi_1}=-a\sin\varphi_1,\ \frac{\partial y_B}{\partial\varphi_1}=-a\sin\varphi_1,\ \frac{\partial x_B}{\partial\varphi_1}=a\cos\varphi_1\\ &\frac{\partial y_A}{\partial\varphi_2}=0,\qquad \frac{\partial y_B}{\partial\varphi_2}=-b\sin\varphi_2,\ \frac{\partial x_B}{\partial\varphi_2}=-b\cos\varphi_2\end{aligned}$$

代入式（a），系统平衡时应有

$$\left.\begin{aligned} Q_1&=-(F_A+F_B)a\sin\varphi_1+Fa\cos\varphi_1=0\\ Q_2&=-F_Bb\sin\varphi_2+Fb\cos\varphi_2=0\end{aligned}\right\}\tag{c}$$

解得

$$\tan\varphi_1=\frac{F}{F_A+F_B},\ \tan\varphi_2=\frac{F}{F_B}\tag{d}$$

② 虚功法。

保持 φ_2 不变，只有 $\delta\varphi_1$ 时，如图 11-2（b）所示。由式（b）的变分可得一组虚位移

$$\delta y_A=\delta y_B=-a\sin\varphi_1\delta\varphi_1,\ \delta x_B=a\cos\varphi_1\delta\varphi_1 \tag{e}$$

则对应于 φ_1 的广义力为

$$Q_1=\frac{\sum\delta W_1}{\delta\varphi_1}=\frac{F_A\delta y_A+F_B\delta y_B+F\delta x_B}{\delta\varphi_1}$$

将式（e）代入上式，得 $Q_1=-(F_A+F_B)a\sin\varphi_1+Fa\cos\varphi_1$

保持 φ_1 不变，只有 $\delta\varphi_2$ 时，如图 11-2（c）所示，由式（b）变分得到一组虚位移

$$\delta y_A=0,\ \delta y_B=-b\sin\varphi_2\delta\varphi_2,\ \delta x_B=b\cos\varphi_2\delta\varphi_2$$

代入对应于 φ_2 的广义力的表达式，得

$$Q_2=\frac{\sum\delta W_2}{\delta\varphi_2}=\frac{F_A\delta y_A+F_B\delta y_B+F\delta x_B}{\delta\varphi_2}=-F_Bb\sin\varphi_2+Fb\cos\varphi_2$$

两种方法所得的广义力相同。在用第二种方法给出虚位移时，也可以直接由几何关系计算。如保持 φ_2 不变，只有 $\delta\varphi_1$ 时，杆 AB 为平移，A，B 两点的虚位移相等。点 A 的虚位移大小为 $a\delta\varphi_1$，方向与 OA 垂直［图 11-2（b）］，沿 x，y 轴的投影为

$$\delta x_A=\delta x_B=a\cos\varphi_1\delta\varphi_1,\quad \delta y_A=\delta y_B=-a\sin\varphi_1\delta\varphi_1$$

又当 φ_1 不变，只有 $\delta\varphi_2$ 时，点 A 不动，杆 AB 绕 A 转动 $\delta\varphi_2$，点 B 的虚位移大小为 $b\delta\varphi_2$，方向与杆 AB 垂直［图 11-2（c）］，沿 x，y 轴的投影为

$$\delta x_B=b\cos\varphi_2\delta\varphi_2,\quad \delta y_B=-b\sin\varphi_2\delta\varphi_2$$

与变分计算结果相同。

思考：如果例题中的两根杆变为无穷根短杆相连，相当于软绳，相应的广义坐标该如何选取？此时广义力的结果又是什么？

11.3 平衡的稳定性

如何判断一个已经平衡的系统是否稳定？考虑到达朗贝尔原理，加入惯性力后，也可以在平衡框架下讨论运动的稳定性问题。

直接的想法是，对平衡的位形施加任意方向的小扰动，若系统总能恢复原来的平衡位形［图 11-3（a）］，则称为**稳定平衡**；若系统始终无法恢复原来的位形［图 11-3（c）］，称为**不稳定平衡**；若恢复到其他随机的平衡位形［图 11-3（b）］，称为**随遇平衡**。根据虚功原理，这三种平衡都有 $\delta W_F=0$，当系统是保守的，$\delta W_F=\Sigma \boldsymbol{F}_i\cdot\delta\boldsymbol{r}_i=-\delta V=0$。

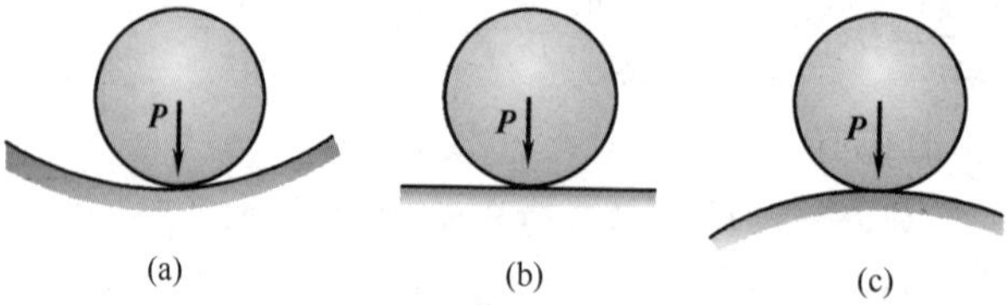

图 11-3

这说明，在保守场中，具有理想约束的质点系的平衡条件是：质点系的势能在平衡位置处的一阶变分为零。

如果用广义坐标来表示势能，即 $V=V(q_1,\ q_2,\ \cdots,\ q_N)$，将广义力定义式中的主动力用势能的梯度替换，则有

$$Q_k=\sum_{i=1}^{n}\boldsymbol{F}_i\cdot\frac{\partial\boldsymbol{r}_i}{\partial q_k}=-\sum_{i=1}^{n}\frac{\partial V}{\partial\boldsymbol{r}_i}\cdot\frac{\partial\boldsymbol{r}_i}{\partial q_k}=-\frac{\partial V}{\partial q_k}\quad(k=1,2,\cdots,N)\tag{11.10}$$

则广义坐标表示的平衡条件为

$$Q_k=-\frac{\partial V}{\partial q_k}=0\quad(k=1,2,\cdots,N)\tag{11.11}$$

即在势力场中，具有理想约束的质点系的平衡条件是：势能对于每个广义坐标的偏导数分别等于零。

接下来考虑如何量化平衡的稳定程度。前面给出的平衡条件是在广义坐标方向上平衡，如果在位形上增加小扰动，系统则可能不平衡。这种不平衡必然会导致主动力做功。这启发我们，可以将系统克服位形扰动而花费的能量作为平衡程度的衡量依据。如图 11-3（a）所示，对稳定平衡状态扰动，会导致主动力做负功；如图 11-3（b）所示，对随遇平衡状态扰动，导致主动力不做功；如图 11-3（c）所示，对不稳定平衡状态扰动，导致主动力做正功。

这 3 种平衡状态都能满足势能在平衡位置处 $\delta V=0$ 的平衡条件，即$\partial V/\partial q_k=0$。但从图 11-3 可见：在稳定平衡位置处，当系统受到扰动后，系统在新的可能位置处的势能都高于平衡位置处的势能，因此系统势能取极小值时，平衡是稳定的。此时系统可以从高势能位置回到低势能位置。相反，系统势能取极大值时，平衡可以是不稳定的；没有外力作用时，系统无法从低势能位置回到高势能位置。对于随遇平衡，系统在某位置附近其势能是不变的，因此其附近任何可能位置都是平衡位置。

对于一个自由度的系统，若只有一个广义坐标 q，则系统势能可以表示为一元函数，即 $V=V(q)$。当系统平衡时，根据式（11.11），在平衡位置 q_0 处有

$$\left.\frac{\mathrm{d}V}{\mathrm{d}q}\right|_{q=q_0}=0$$

如果系统处于稳定平衡状态，则系统势能在平衡位置处具有极小值，这意味着势能函数曲线在局部向下凸的形状，即

$$\left.\frac{\mathrm{d}^2V}{\mathrm{d}q^2}\right|_{q=q_0}>0$$

如果系统处于随遇平衡状态，则势能曲线局部平坦，即

$$\left.\frac{\mathrm{d}^2V}{\mathrm{d}q^2}\right|_{q=q_0}=0$$

[例 11-2] 如图 11-4 所示，质量为 m 的小球 A 可沿铅垂放置的半径为 r 的光滑圆环滑动，并用刚度系数为 k，原长为 l_0 的轻质弹簧与圆环上的 B 点相连接（$kr>mg$）。求小球在重力和弹簧作用下的平衡稳定性。

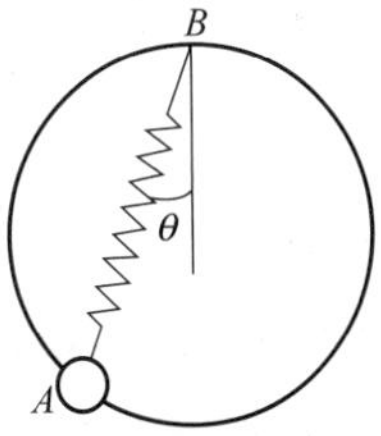

图 11-4

解： 圆环光滑，为理想约束。主动力为重力和弹力。可以应用虚功原理。

小球的自由度是 1，可以选择弹簧与铅垂线夹角 θ 为广义坐标。设 B 点处的重力势能为零，弹簧原长处弹性势能为零。则有

$$V=\frac{1}{2}k(2\pi R\sin\alpha-l_0)^2+mgR(\cos\alpha-\cos\alpha_0)=-2mgr\cos^2\theta+\frac{1}{2}k(2r\cos\theta-l_0)^2$$

平衡条件为

$$\frac{\partial V}{\partial \theta}=2R\sin\theta[kl_0-2(kr-mg)\cos\theta]=0$$

令 $\sigma=\dfrac{kl_0}{2(kr-mg)}$，则上述条件给出两个平衡位置：$\theta=0$，$\theta=\theta_s=\arccos\sigma$（$\sigma<1$）。

如果平衡位置稳定，势能应该取极小值，计算势能的二阶导数为

$$\frac{\mathrm{d}^2V}{\mathrm{d}\theta^2}=2krl_0[(1-2\cos^2\theta)/\sigma+\cos\theta]$$

对于第一个平衡位置 $\theta=0$，$\dfrac{\mathrm{d}^2V}{\mathrm{d}\theta^2}=2krl_0(1-1/\sigma)$，有：当 $\sigma>1$，即 $mg>k(r-l_0/2)$ 时稳定；当 $\sigma<1$，即 $mg<k(r-l_0/2)$ 时不稳定；当 $\sigma=1$，即 $mg=k(r-l_0/2)$ 时，可求出 $\dfrac{\mathrm{d}^2V}{\mathrm{d}\theta^2}=\dfrac{\mathrm{d}^3V}{\mathrm{d}\theta^3}=0$，但 $\dfrac{\mathrm{d}^4V}{\mathrm{d}\theta^4}>0$，即在稍大范围内仍是稳定的位置。

当 $\sigma<1$ 时，存在第二个平衡位置 $\theta=\theta_s$，此时 $\dfrac{\mathrm{d}^2V}{\mathrm{d}\theta^2}=2krl_0(1-1/\sigma)$ 恒大于零，即该位置为稳定平衡位置。

以上结果可用图 11-5 表示。当 σ 由大于 1 变化到小于 1，平衡位置由 1 个变为 3 个，势能 V 随 θ 的变化曲线也发生突变。这种当参数等于某个值时，动力学参数产生突变的现象称为分岔（bifurcation）。

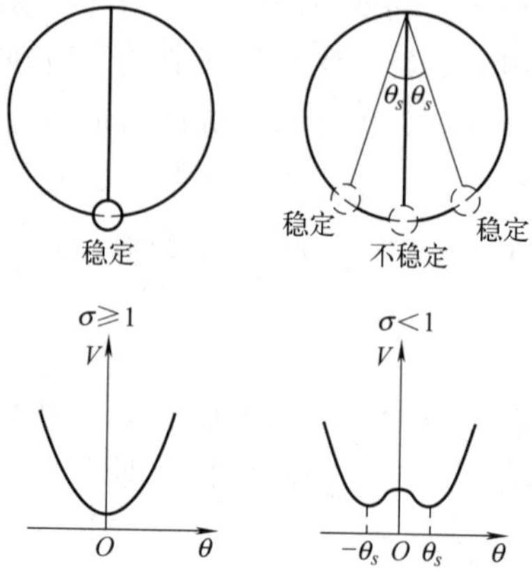

图 11-5

讨论：选择不同的零势能面对分析结果是否有影响？

对于 n 自由度系统，则平衡稳定性的判断变为，在广义坐标空间中，势能函数对应的曲面在当前的平衡点处是否取极小值。例如，二自由度系统，如果势能曲面在某点处局部为马鞍面，系统对一些（广义坐标）方向的扰动显然是不稳定的，而对另一些（广义坐标）方向的扰动则是稳定的。如何定量判断曲面局部弯曲情况？可以给系统当前位形 $\{q_k\}$（$k=1, 2, \cdots, n$）增加一组小扰动 $\{\delta q_k\}$，然后进行多元泰勒展开，略去高阶小量，得到势能增量的线性部分，正好是系统势能 Hessian 矩阵 $\left[\dfrac{\partial^2 V}{\partial q_i \partial q_j}\right]_{n\times n}$ 的二次型。

因此，对于上面给出的任何小扰动，系统稳定平衡的条件是，系统势能增量都为正（恰好符合矩阵正定性的定义）；系统处于随遇平衡的条件是，系统势能增量都为零；系统处于绝对不稳定平衡的条件是，系统势能增量都小于零；其他情况则对应于相对不稳定平衡。系统稳定平衡条件应修改为：势能的 Hessian 矩阵正定。矩阵正定性可由矩阵的顺序主子式都大于零来判定，也可以根据矩阵特征值来判断，参见线性代数教材相关内容。

由矩阵正定性条件，可以获得平衡状态随系统参数变化时，系统由稳定过渡到不稳定的条件，从而设计出抗干扰能力强的系统或者对环境可自适应突变的灵巧系统。

11.4 第二类拉格朗日方程

动力学普遍定理提供了一种解决非自由体力学问题的新思路，可以不必像牛顿力学那样引入约束力来代替约束，就能得到主动力之间的关系。考虑理想、双面约束的 n 个质量为 m_i，位矢为 $\boldsymbol{r}_i$，受主动力 $\boldsymbol{F}_i(i=1, 2, \cdots, n)$ 的质点所组成的质点系，动力学普遍方程可表示为

$$\sum_{i=1}^{n}(\boldsymbol{F}_i - m\ddot{\boldsymbol{r}}_i)\cdot\delta\boldsymbol{r}_i = 0$$

这是达朗贝尔位形中的动力学方程。但各质点的虚位移 $\delta\boldsymbol{r}_i$ 之间并不独立（由约束方程控制）。如果引入前面的广义坐标的思想，则可以避免虚位移不独立问题。在完整系统中，广义坐标方向的虚位移彼此独立，因此可以得到每个广义坐标方向上的投影方程。

设 $q_k(k=1, 2, \cdots, N)$ 为质点系的广义坐标，我们现在将位矢 $\boldsymbol{r}_i$ 表示为广义坐标和时间的函数，$\boldsymbol{r}_i(q_1, q_2, \cdots, q_N, t)$。根据等时变分法则，可得相应虚位移为

$$\delta\boldsymbol{r}_i = \sum_{k=1}^{N}\frac{\partial\boldsymbol{r}_i}{\partial q_k}\delta q_k \quad (i=1,2,\cdots,n)$$

代入到上面的动力学普遍方程中，交换下标 i 和 k 的求和次序，有

$$\sum_{k=1}^{N}\left[\left(\sum_{i=1}^{n}\boldsymbol{F}_i\cdot\frac{\partial\boldsymbol{r}_i}{\partial q_k}\right)+\left(\sum_{i=1}^{n}-m\ddot{\boldsymbol{r}}_i\cdot\frac{\partial\boldsymbol{r}_i}{\partial q_k}\right)\right]\delta q_k = 0$$

方括号内第一项是广义主动力 Q_k，而第二项含有惯性力，因此可以定义**广义惯性力**

$$Q_k^* = \sum_{i=1}^{n}-m\ddot{\boldsymbol{r}}_i\cdot\frac{\partial\boldsymbol{r}_i}{\partial q_k}$$

则达朗贝尔定理的广义坐标形式是

$$\sum_{k=1}^{N}(Q_k + Q_k^*)\delta q_k = 0 \tag{11.12}$$

广义惯性力中有加速度，可以化简。利用乘法的导数规则，如果质量不变，则有

$$Q_k^* = -\sum_{i=1}^{n}m\ddot{\boldsymbol{r}}_i\cdot\frac{\partial\boldsymbol{r}_i}{\partial q_k} = -\frac{\mathrm{d}}{\mathrm{d}t}\left(\sum_{i=1}^{n}m\dot{\boldsymbol{r}}_i\cdot\frac{\partial\boldsymbol{r}_i}{\partial q_k}\right)+\sum_{i=1}^{n}m\dot{\boldsymbol{r}}_i\cdot\frac{\mathrm{d}}{\mathrm{d}t}\left(\frac{\partial\boldsymbol{r}_i}{\partial q_k}\right) \tag{11.13}$$

注意矢径 $\boldsymbol{r}_i$ 是时间的函数，因此$\partial\boldsymbol{r}_i/\partial q_k$ 也是时间的函数，因此上面最后一项不能丢掉。既然两项都含动量了，可以将$\partial\boldsymbol{r}_i/\partial q_k$ 也化为速度的表达式。考虑到

$$\dot{\boldsymbol{r}}_i = \sum_{k=1}^{N}\frac{\partial\boldsymbol{r}_i}{\partial q_k}\dot{q}_k + \frac{\partial\boldsymbol{r}_i}{\partial t}$$

矢径 $\boldsymbol{r}_i$ 是广义坐标 q_k 和时间 t 的函数，没有显式地含有 $\dot{q}_k$，而且 $\dot{q}_k(k=1, 2, \cdots, N)$ 之间又是相互独立的，因此如果将上式对 $\dot{q}_k$ 求偏导，立马有

$$\frac{\partial\boldsymbol{r}_i}{\partial q_k} = \frac{\partial\dot{\boldsymbol{r}}_i}{\partial\dot{q}_k} \tag{11.14}$$

考虑到 $\dot{\boldsymbol{r}}_i$ 是 q_k，$\dot{q}_k$，t 的函数，则动能 $T = \sum\limits_{i=1}^{n}\frac{1}{2}m_i\dot{\boldsymbol{r}}_i^2 = T(q_1, q_2, \cdots, q_N, \dot{q}_1, \dot{q}_2, \cdots,$

$\dot{q}_N$, t)，因而

$$\frac{\partial T}{\partial q_k}=\sum_{i=1}^{n}\frac{\partial T}{\partial \dot{\boldsymbol{r}}_i}\cdot\frac{\partial \dot{\boldsymbol{r}}_i}{\partial q_k}=\sum_{i=1}^{n}m_i\dot{\boldsymbol{r}}_i\cdot\frac{\partial \dot{\boldsymbol{r}}_i}{\partial q_k}$$

$$\frac{\partial T}{\partial \dot{q}_k}=\sum_{i=1}^{n}\frac{\partial T}{\partial \dot{\boldsymbol{r}}_i}\cdot\frac{\partial \dot{\boldsymbol{r}}_i}{\partial \dot{q}_k}=\sum_{i=1}^{n}m_i\dot{\boldsymbol{r}}_i\cdot\frac{\partial \dot{\boldsymbol{r}}_i}{\partial \dot{q}_k}$$

将上式代入式（11.13）中

$$-\frac{\mathrm{d}}{\mathrm{d}t}\left(\sum_{i=1}^{n}m\dot{\boldsymbol{r}}_i\cdot\frac{\partial \boldsymbol{r}_i}{\partial q_k}\right)=-\frac{\mathrm{d}}{\mathrm{d}t}\left(\sum_{i=1}^{n}m\dot{\boldsymbol{r}}_i\cdot\frac{\partial \dot{\boldsymbol{r}}_i}{\partial \dot{q}_k}\right)=-\frac{\mathrm{d}}{\mathrm{d}t}\left(\frac{\partial T}{\partial \dot{q}_k}\right)$$

对式（11.13）第二项中如果能让 d/dt 先作用于 $\boldsymbol{r}_i$，

$$\frac{\mathrm{d}}{\mathrm{d}t}\left(\frac{\partial \boldsymbol{r}_i}{\partial q_k}\right)=\frac{\partial \dot{\boldsymbol{r}}_i}{\partial q_k}\tag{11.15}$$

则可化简为

$$\sum_{i=1}^{n}m\dot{\boldsymbol{r}}_i\cdot\frac{\mathrm{d}}{\mathrm{d}t}\left(\frac{\partial \boldsymbol{r}_i}{\partial q_k}\right)=\sum_{i=1}^{n}m\dot{\boldsymbol{r}}_i\cdot\frac{\partial \dot{\boldsymbol{r}}_i}{\partial q_k}=\frac{\partial T}{\partial q_k}$$

但能否交换次序呢？一般来说，时间的全导数和空间的偏导数不能随便交换求导顺序，但是可以证明，上面的式子可以交换求导顺序，只需利用全导数法则，即可证明

$$\frac{\partial \dot{\boldsymbol{r}}_i}{\partial q_k}=\sum_{j=1}^{s}\frac{\partial^2 \boldsymbol{r}_i}{\partial q_k\partial q_j}\dot{q}_j+\frac{\partial^2 \boldsymbol{r}_i}{\partial q_k\partial t}=\sum_{j=1}^{s}\frac{\partial}{\partial q_j}\left(\frac{\partial \boldsymbol{r}_i}{\partial q_k}\right)\dot{q}_j+\frac{\partial}{\partial t}\left(\frac{\partial \boldsymbol{r}_i}{\partial q_k}\right)=\frac{\mathrm{d}}{\mathrm{d}t}\left(\frac{\partial \boldsymbol{r}_i}{\partial q_k}\right)$$

因此广义惯性力可以写成动能的表达式

$$Q_k^*=-\frac{\mathrm{d}}{\mathrm{d}t}\left(\frac{\partial T}{\partial \dot{q}_k}\right)+\frac{\partial T}{\partial q_k}\tag{11.16}$$

那么动力学普遍方程也可写为

$$\sum_{k=1}^{N}\left[Q_k-\frac{\mathrm{d}}{\mathrm{d}t}\left(\frac{\partial T}{\partial \dot{q}_k}\right)+\frac{\partial T}{\partial q_k}\right]\delta q_k=0\tag{11.17}$$

由于广义坐标 q_k（$k=1$，2，…，N）彼此独立，则完整系统的广义虚位移 δq_k（$k=1$，2，…，N）必然彼此独立，所以每个虚位移前的系数必须为零，即

$$\frac{\mathrm{d}}{\mathrm{d}t}\left(\frac{\partial T}{\partial \dot{q}_k}\right)-\frac{\partial T}{\partial q_k}=Q_k\quad(k=1,2,\cdots,N)\tag{11.18}$$

这就是第二类拉格朗日方程，简称**拉格朗日方程**。其中用到两个关键的等效变换式（11.14）和式（11.15）是发现第二类拉格朗日方程的钥匙，称为拉格朗日关系式，它们是数学恒等式，适用于仅以广义坐标和时间为自变量的任何函数。

如果作用在质点系上的主动力 $\boldsymbol{F}_i$ 都是有势力，则可用势能的负梯度 $-\partial V/\partial \boldsymbol{r}_i$ 来表示，即

$$Q_k=-\sum_{i=1}^{n}\frac{\partial V}{\partial \boldsymbol{r}_i}\cdot\frac{\partial \boldsymbol{r}_i}{\partial q_k}=-\frac{\partial V}{\partial q_k}\tag{11.19}$$

代入拉格朗日方程，并注意到 $\partial V/\partial \dot{q}_k=0$（保守势能只与位置有关，与速度无关），则有

$$\frac{\mathrm{d}}{\mathrm{d}t}\left(\frac{\partial L}{\partial \dot{q}_k}\right)-\frac{\partial L}{\partial q_k}=0 \quad (k=1,2,\cdots,N) \tag{11.20}$$

其中，$L=T-V$ 称为**拉格朗日函数**，也称为**动势**。上式称为**保守系统的拉格朗日方程**。

对于主动力中有势力和非有势力（又称耗散力）共存的情况，可将有势力用 $-\partial V/\partial \boldsymbol{r}_i$ 表示，然后并入到拉格朗日函数中，而无势力部分仍用 Q_k 表示，此时的拉格朗日方程（11.18）变为

$$\frac{\mathrm{d}}{\mathrm{d}t}\left(\frac{\partial L}{\partial \dot{q}_k}\right)-\frac{\partial L}{\partial q_k}=Q_k \quad (k=1,2,\cdots,N) \tag{11.21}$$

从几何角度来看，拉格朗日方程是牛顿动力学方程 $\boldsymbol{F}=m\boldsymbol{a}$ 在广义坐标空间中的投影式，因此对于给定的力学系统，拉格朗日力学所得的结果和牛顿力学的结果必然相同，但与牛顿动力学方程相比，拉格朗日方程有如下优点：

① 对于受到 s 个完整双侧约束的 n 个质点组成的质点系，应用牛顿方法需要联立 $3n+s$ 个方程求解，而在拉格朗日方法中，由于广义坐标的引入，完整约束自动成立，故只需求解 $3n-s$ 个方程，且方程个数是最少的。

② 牛顿方程分析的对象是力矢量，而保守系统的拉格朗日方程分析的是具有能量性质的拉格朗日函数标量（动能和势能）。后者计算方便，方程形式统一，不受坐标系选择的影响。能量是各种相互作用的普适量，因此拉格朗日方法可以不再局限于力学范畴，也可以应用到其他物理领域，例如电磁场中。

由拉格朗日的推导过程，可以启发出应用拉格朗日方程的解题步骤：

① 确定系统的自由度数，选择合适的广义坐标。

② 判断约束是否为完整理想约束、主动力是否有势，从而决定使用哪种形式的拉格朗日方程。

③ 按所选的广义坐标，写出系统的动能、势能或广义力。

④ 将动能、广义力或拉格朗日函数代入拉格朗日方程。

［**例 11-3**］ 椭圆摆由滑块 A 和单摆 B 构成，如图 11-6 所示。滑块位于光滑水平面上，中心与摆杆光滑铰接，小球 B 固结于摆杆另一端，系统位于铅锤面内。若滑块 A 的质量为 m_A，小球 B 的质量为 m_B，摆杆质量不计。求系统的运动微分方程。

解：取系统整体为研究对象。系统有两个自由度，选择 x 和 φ 为广义坐标，如图 11-6 所示。系统具有完整理想约束，可使用第二类拉格朗日方程求解。

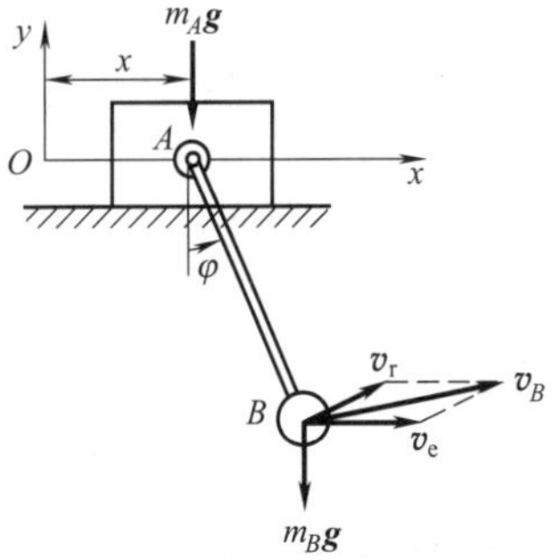

图 11-6

系统的动能为

$$T=\frac{1}{2}m_Av_A^2+\frac{1}{2}m_Bv_B^2=\frac{1}{2}m_A\dot{x}^2+\frac{1}{2}m_B(\dot{x}^2+l^2\dot{\varphi}^2+2l\dot{x}\dot{\varphi}\cos\varphi)$$

系统仅有重力，设零势能面在 $y=0$ 处，则系统势能为

$$V=-m_Bgl\cos\varphi$$

因此拉格朗日函数为

$$L=\frac{1}{2}m_A\dot{x}^2+\frac{1}{2}m_B(\dot{x}^2+l^2\dot{\varphi}^2+2l\dot{x}\dot{\varphi}\cos\varphi)+m_Bgl\cos\varphi$$

作用在系统上的主动力都是有势力，直接计算

$$\frac{\partial L}{\partial x}=0,\quad \frac{\partial L}{\partial \dot{x}}=(m_A+m_B)\dot{x}+m_Bl\dot{\varphi}\cos\varphi$$

$$\frac{\mathrm{d}}{\mathrm{d}t}\left(\frac{\partial L}{\partial \dot{x}}\right)=(m_A+m_B)\ddot{x}+m_Bl\ddot{\varphi}\cos\varphi-m_Bl\dot{\varphi}^2\sin\varphi$$

$$\frac{\partial L}{\partial \varphi}=-m_Bl\dot{x}\dot{\varphi}\sin\varphi-m_Bgl\sin\varphi,\frac{\partial L}{\partial \dot{\varphi}}=m_Bl^2\dot{\varphi}+m_Bl\dot{x}\cos\varphi$$

$$\frac{\mathrm{d}}{\mathrm{d}t}\left(\frac{\partial L}{\partial \dot{\varphi}}\right)=m_Bl^2\ddot{\varphi}+m_Bl\ddot{x}\cos\varphi-m_Bl\dot{x}\dot{\varphi}\sin\varphi$$

代入标准形式，得

$$(m_A+m_B)\ddot{x}+m_Bl\ddot{\varphi}\cos\varphi-m_Bl\dot{\varphi}^2\sin\varphi=0$$

$$m_Bl^2\ddot{\varphi}+m_Bl\ddot{x}\cos\varphi+m_Bgl\sin\varphi=0$$

[例 11-4] 均质圆柱体 A 半径为 R、质量为 m，可沿水平面做纯滚动，如图 11-7 所示。在圆柱质心 A 上用铰链悬连了长为 $l=2R$、质量为 m 的均质杆 AB。试采用拉格朗日方程，求在水平力 $\boldsymbol{F}$ 作用下系统的运动微分方程。若初瞬时系统静止，$\theta=0°$，求力 $\boldsymbol{F}$ 作用瞬间，圆柱体质心 A 的加速度。

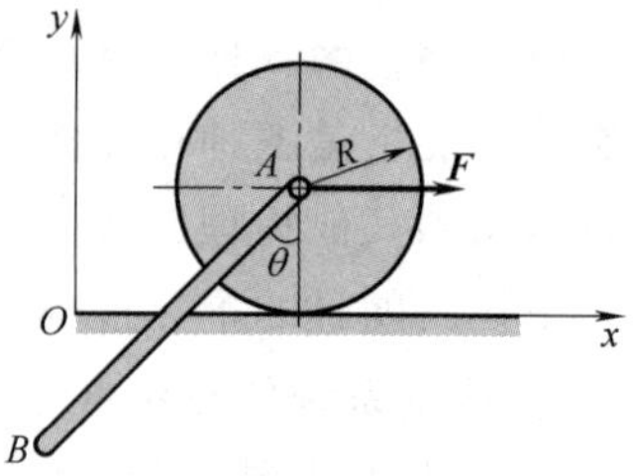

图 11-7

解： 杆 AB 的质心速度及绕质心轴的转动惯量分别为

$$\dot{x}_C=\dot{x}_A-R\dot{\theta}\cos\theta,\quad \dot{y}_C=R\dot{\theta}\sin\theta\quad J_C=\frac{1}{3}mR^2$$

系统动能

$$T=\frac{3}{4}m\dot{x}_A^2+\frac{1}{2}m(\dot{x}_C^2+\dot{y}_C^2)+\frac{1}{2}J_C\dot{\theta}^2=\frac{5}{4}m\dot{x}_A^2-m\dot{x}_AR\dot{\theta}\cos\theta+\frac{2}{3}mR^2\dot{\theta}^2$$

计算广义力，令 $\delta x_A\neq 0$，$\delta\theta=0$，得

$$\delta W_1=F\delta x_A=Q_1\delta x_A,\ Q_1=F$$

令 $\delta x_A=0$，$\delta\theta\neq0$，有

$$\delta W_2=-mgR\sin\theta\delta\theta=Q_2\delta\theta,\ Q_2=-mgR\sin\theta$$

代入拉格朗日方程

$$\frac{\mathrm{d}}{\mathrm{d}t}\left(\frac{\partial T}{\partial \dot{x}_A}\right)-\frac{\partial T}{\partial x_A}=Q_1,\ \frac{5}{2}m\ddot{x}_A-m\ddot{\theta}R\cos\theta+m\dot{\theta}^2R\sin\theta=F$$

$$\frac{\mathrm{d}}{\mathrm{d}t}\left(\frac{\partial T}{\partial \dot{\theta}}\right)-\frac{\partial T}{\partial \theta}=Q_2,\ -m\ddot{x}_AR\cos\theta+\frac{4}{3}mR^2\ddot{\theta}=-mgR\sin\theta$$

令 $\dot{x}_A=0$，$\theta=\dot{\theta}=0$，得

$$\ddot{x}_A=\frac{4}{7}\frac{F}{m},\ \ddot{\theta}=\frac{3}{7}\frac{F}{mR}$$

与利用虚位移原理求约束反力的情况类似，当系统中某物体的运动规律已知时，若要求系统中的约束力（力偶），可以解除约束，系统增加一个自由度，将所求的力当成主动力，用拉氏方程直接求解。

［例 11-5］ 如图 11-8 所示的系统，三角滑块 A 的质量为 m，放在光滑水平面上；圆柱 C 的质量为 m_2、半径为 r，圆柱在三角滑块的斜面上做无滑动的滚动。以图示式 x、y 为广义坐标，试用拉格朗日方程建立系统的运动微分方程，并求出三角块的加速度 a。

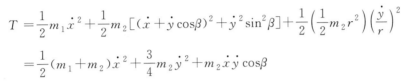

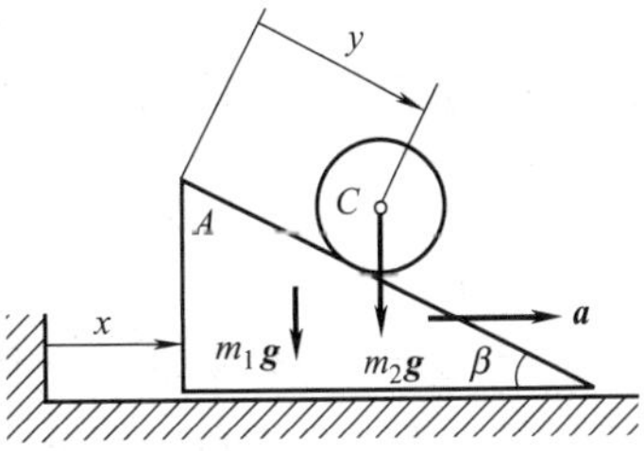

图 11-8

解：系统的动能为

$$T=\frac{1}{2}m_1\dot{x}^2+\frac{1}{2}m_2[(\dot{x}+\dot{y}\cos\beta)^2+\dot{y}^2\sin^2\beta]+\frac{1}{2}\left(\frac{1}{2}m_2r^2\right)\left(\frac{\dot{y}}{r}\right)^2$$

$$=\frac{1}{2}(m_1+m_2)\dot{x}^2+\frac{3}{4}m_2\dot{y}^2+m_2\dot{x}\dot{y}\cos\beta$$

系统的势能为 $V=-m_2g\sin\beta$，将 $L=T-V$ 代入拉格朗日方程

$$\begin{cases}\dfrac{\mathrm{d}}{\mathrm{d}t}\left(\dfrac{\partial L}{\partial \dot{x}}\right)-\dfrac{\partial L}{\partial x}=0\\[2ex]\dfrac{\mathrm{d}}{\mathrm{d}t}\left(\dfrac{\partial L}{\partial \dot{y}}\right)-\dfrac{\partial L}{\partial y}=0\end{cases}$$

得到系统的运动微分方程为

$$\begin{cases}(m_1+m_2)\ddot{x}+m_2\ddot{y}\cos\beta=0\\2m_2\ddot{x}\cos\beta+3m_2\ddot{y}-m_2g\sin\beta=0\end{cases}$$

由此解得

$$a=\ddot{x}=-\frac{m_2g\sin2\beta}{3(m_1+m_2)-2m_2\cos^2\beta}$$

讨论：①为了求地面的支持力，要求不引入非待求未知力，可假设三角滑块匀速向上运动，将该题变成 3 个自由度，那么如何应用拉格朗日第二类方程求解该题中地面对三角滑块不做功的支持力？

② 采用广义坐标来表示动能和势能，如何应用功率方程求解多自由度系统的加速度问题？如何应用功率方程求解该题中地面对三角滑块不做功的支持力？

③ 当都采用广义坐标来表示动能和势能时，请比较拉格朗日第二类方程与功率方程的联系和差异。

④ 如果地面与三角滑块的滑动摩擦因数为 $\tan\varphi_f$，如何不引入非待求未知力，应用拉格朗日第二类方程求解该题？

分析力学方法的整个过程无须受力分析，规范统一、形式化，更适合计算机自动化分析和求解。

仅仅从解题简便性上，可以总结出如下动力学问题解题方法的选择规律：

• 一般采用动静法（可以结合动能定理）较为简单。

- 当拉格朗日函数比较容易计算时，可采用第二类拉格朗日方程方法。
- 当动静法需要引入过多未知力时，采用动力学普遍方程通常更简单。

11.5 拉格朗日方程的初积分

拉格朗日方程是关于广义坐标的二阶微分方程组，若想求系统的运动规律，就必须对方程进行积分。一般情况下方程是非线性耦合的，方程很难积分。不过，对于保守系统，在某些条件下，方程可以积分，从而得到一些含有积分常数的等式关系。

仅对方程积分一次得到的等式关系称为**首次积分**或**初积分**。

(1) 循环积分

拉格朗日函数 L 中不出现的广义坐标称为**循环坐标**。例如，对于循环坐标 q_k，$\partial L/\partial q_k=0$，代入拉格朗日方程，得

$$\frac{\mathrm{d}}{\mathrm{d}t}\frac{\partial L}{\partial \dot{q}_k}=0$$

对其积分，有

$$\frac{\partial L}{\partial \dot{q}_k}=\text{常数}$$

上式就是拉格朗日方程的**循环积分**，也称为**广义动量积分**。注意，系统有几个循环坐标就有几个循环积分。

如果势能 V 中不显含 $\dot{q}_k$，则有

$$\frac{\partial L}{\partial \dot{q}_k}=\frac{\partial T}{\partial \dot{q}_k}=p_k=\text{常数} \tag{11.22}$$

其中，p_k 称为广义坐标 q_k 方向上的**广义动量**。上式表明广义动量循环坐标方向上守恒。如果广义坐标选择的是线坐标或角坐标，上式通常对应于牛顿力学中的动量或者动量矩守恒。但大多数情况下，其物理意义并不直观，因为这是在拉格朗日位形空间中表达的规律。

(2) 广义能量积分

若质点系只受完整约束，则系统动能 T 的表达式通常可以分为三个部分：广义速度 $\dot{q}_k$ 的二次齐次函数，记为 T_2；广义速度的一次齐次函数，记为 T_1；广义速度的零次齐次函数，记为 T_0。即 $T=T_2+T_1+T_0$。其中 T_2 就是前面例题中的动能表达式形式，而当存在非定常约束时，T_1 与 T_0 才出现。这种结构隐藏蕴含了一些特殊的积分，因为齐次函数具有一些数学性质，即“齐次欧拉定理”：

$$\sum_{k=1}^{N}\frac{\partial T_0}{\partial \dot{q}_k}\dot{q}_k=0,\ \sum_{k=1}^{N}\frac{\partial T_1}{\partial \dot{q}_k}\dot{q}_k=T_1,\ \sum_{k=1}^{N}\frac{\partial T_2}{\partial \dot{q}_k}\dot{q}_k=2T_2 \tag{11.23}$$

这意味着如果拉格朗日函数 L 中不显含时间 t，即 $\partial L/\partial t=0$，则拉格朗日函数对时间的全导数为

$$\frac{\mathrm{d}L}{\mathrm{d}t}=\sum_{k=1}^{N}\left(\frac{\partial L}{\partial q_k}\dot{q}_k+\frac{\partial L}{\partial \dot{q}_k}\ddot{q}_k\right)$$

代入保守系统的拉格朗日方程，得

$$\frac{\mathrm{d}L}{\mathrm{d}t}=\sum_{k=1}^{N}\left[\frac{\mathrm{d}}{\mathrm{d}t}\left(\frac{\partial L}{\partial \dot{q}_k}\right)\dot{q}_k+\frac{\partial L}{\partial \dot{q}_k}\frac{\mathrm{d}\dot{q}_k}{\mathrm{d}t}\right]=\frac{\mathrm{d}}{\mathrm{d}t}\left(\sum_{k=1}^{N}\frac{\partial L}{\partial \dot{q}_k}\dot{q}_k\right) \tag{11.24}$$

移项整理得

$$\frac{\mathrm{d}}{\mathrm{d}t}\left(\sum_{k=1}^{N}\frac{\partial L}{\partial \dot{q}_k}\dot{q}_k-L\right)=0$$

对上式关于时间 t 积分，有

$$\sum_{k=1}^{N}\frac{\partial L}{\partial \dot{q}_k}\dot{q}_k-L=\text{常数} \tag{11.25}$$

利用式（11.23）并注意到 $T=T_2+T_1+T_0$，保守系统的势能 V 不含广义速度 $\dot{q}_k$，从而上式可写为

$$T_2-T_0+V=\text{常数} \tag{11.26}$$

式（11.26）右端具有能量量纲，一般称为保守系统的**广义能量积分**，反映广义能量守恒。

若约束是定常的，此时 $T=T_2$，即系统的动能是广义速度 $\dot{q}_k$ 的二次齐次函数。式（11.26）可写为

$$T+V=\text{常数}$$

这就是保守系统的机械能守恒定律，也称为**能量积分**。需要注意的是，广义能量中的各项在很多问题中可能没有物理意义，并且广义能量守恒时，机械能可以不守恒。

循环积分和广义能量积分都是将原来的二阶微分方程积分一次得到的，相当于将原方程降了一阶。因此，在应用拉格朗日方程求解动力学问题时，应该始终注意分析是否存在循环积分或广义能量积分。例如，例 11-3 中的保守系统存在循环坐标 x，则存在循环积分，并且拉格朗日函数 L 不显含时间，且约束定常，因此存在能量积分。请读者解释为何该系统称为椭圆摆。

对于单自由度系统，可以先写拉格朗日函数，若存在能量积分，则直接写出能量积分，再对时间求导一次，得到动力学方程，而不必代入拉格朗日方程。

[例 11-6] 如图 11-9 所示，质量为 m 的小球在光滑细管中自由滑动，细管弯成半径为 R 的圆环，以匀角速度 ω 绕竖直直径上的轴 AB 转动，细管和轴的质量不计，不考虑各处摩擦。系统的广义坐标取为 θ，求小球的运动微分方程。

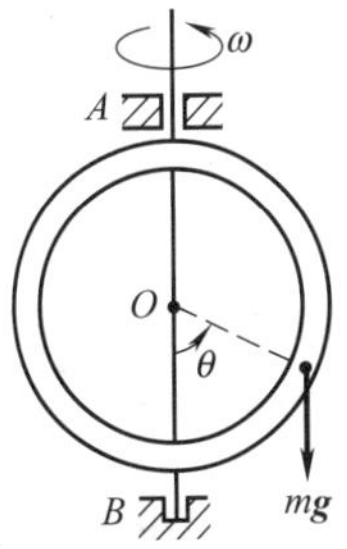

图 11-9

解：系统的动能为

$$T=\frac{1}{2}mR^2\dot{\theta}^2+\frac{1}{2}m\omega^2R^2\sin^2\theta$$

则有 $T_2=\frac{1}{2}mR^2\dot{\theta}^2$，$T_1=0$　$T_0=\frac{1}{2}mR^2\omega^2\sin^2\theta$。

系统的势能为

$$V=-mgR\cos\theta$$

角速度 ω 是常数，即环形管约束为定常约束，而拉格朗日函数 $L=T-V$ 不显含时间 t，因此系统存在广义能量积分

$$\frac{1}{2}mR^2\dot{\theta}^2-mgR\cos\theta-\frac{1}{2}m\omega^2R^2\sin^2\theta=常数$$

式中含 ω 的项其实是广义离心势能（见专题1末尾）。对上式关于时间求导，得到动力学方程

$$R\ddot{\theta}+g\sin\theta+\omega^2R\sin\theta\cos\theta=0$$

(3)* 广义功率方程

如果研究动能变化率，由拉格朗日方程和欧拉齐次函数定理可得

$$\begin{aligned}\frac{\mathrm{d}T}{\mathrm{d}t}&=\sum_{k=1}^{N}\frac{\partial T}{\partial q_k}\dot{q}_k+\sum_{k=1}^{N}\frac{\partial T}{\partial \dot{q}_k}\ddot{q}_k+\frac{\partial T}{\partial t}=\sum_{k=1}^{N}\left[\frac{\mathrm{d}}{\mathrm{d}t}\left(\frac{\partial T}{\partial \dot{q}_k}\right)\dot{q}_k-Q_k\dot{q}_k+\frac{\partial T}{\partial \dot{q}_k}\frac{\mathrm{d}\dot{q}_k}{\mathrm{d}t}\right]+\frac{\partial T}{\partial t}\\&=\frac{\mathrm{d}}{\mathrm{d}t}\left(\sum_{k=1}^{N}\frac{\partial T}{\partial \dot{q}_k}\dot{q}_k\right)-\sum_{k=1}^{N}Q_k\dot{q}_k+\frac{\partial T}{\partial t}\\&=\frac{\mathrm{d}}{\mathrm{d}t}\left(\sum_{k=1}^{N}\frac{\partial(T_2+T_1+T_0)}{\partial \dot{q}_k}\dot{q}_k\right)-\sum_{k=1}^{N}Q_k\dot{q}_k+\frac{\partial T}{\partial t}\\&=2\dot{T}_2+\dot{T}_1-\sum_{k=1}^{N}Q_k\dot{q}_k+\frac{\partial T}{\partial t}\\&=2\dot{T}-T_1-2T_0-\sum_{k=1}^{N}Q_k\dot{q}_k+\frac{\partial T}{\partial t}\end{aligned}$$

因此有

$$\frac{\mathrm{d}T}{\mathrm{d}t}=T_1+2T_0+\sum_{k=1}^{N}Q_k\dot{q}_k-\frac{\partial T}{\partial t}\tag{11.27}$$

以上是广义坐标表示的完整系统的功率方程。对于定常完整系统，才有

$$\frac{\mathrm{d}T}{\mathrm{d}t}=\sum_{k=1}^{N}Q_k\dot{q}_k\tag{11.28}$$

这说明定常系统的动能变化等于广义力做的功。式（11.27）表明，非定常系统动能变化不等于广义力做的功，考虑到系统只受理想约束力和主动力的作用，因此原因只能是非定常约束力在系统的实位移中做了功。

(4)* 拉格朗日方程的求解

拉格朗日方程是二阶微分方程组，一般是耦合的非线性方程，很难给出由初等函数表示的封闭形式解，一般利用小参数将方程线性化后求解析解，或者利用摄动等方法求半解析解。对于线性方程，有的情况选择合适的广义坐标可以使方程解耦，从而求得封闭形式的解。但绝大多数复杂问题需要使用数值方法求解。

* 11.6 第一类拉格朗日方程

对于非常复杂的完整约束，可能难以找出完备的广义坐标。一种更为普遍的约束处理方法，即拉格朗日乘子法，它能处理各种复杂约束问题，包括完整和非完整约束问题。

(1) 完整约束情形

考虑由 n 个质点组成的质点系，由式（10.20）可知，在任意冻结的时刻，虚位移与 s 个完整双面约束曲面 $f_k(\boldsymbol{r}_1, \boldsymbol{r}_2, \cdots, \boldsymbol{r}_n)=0$ 相切，法向约束力与约束等效。约束曲面的外法向方向函数 f_k 的梯度方向，即 $\boldsymbol{r}_i$ 处的外法向量 $\partial f_k/\partial \boldsymbol{r}_i$，其大小未知，将其乘上

一个因子 λ_k（称为拉格朗日乘子）缩放为约束力。每个约束方程（11.2）都是一个约束曲面，可以用约束力 $\lambda_k \partial f_k / \boldsymbol{r}_i$ 等效。由达朗贝尔原理，每个质点所受主动力 $\boldsymbol{F}_i$、惯性力、约束力，在形式上组成平衡力系，即

$$\boldsymbol{F}_i - m\ddot{\boldsymbol{r}}_i + \sum_{k-1}^{s} \lambda_k \frac{\partial f_k}{\partial \boldsymbol{r}_i} = \boldsymbol{0} (i=1,2,\cdots,n) \tag{11.29}$$

上式称为**第一类拉格朗日方程**，它是带拉格朗日乘子形式的质点系动力学方程。当然，不少文献习惯将上面约束力项前面的加号变为减号，相当于约束力反向。式（11.29）含有 $3n+s$ 个未知量，因此要与 s 个完整约束方程联立求解。此时系统动力学方程是一组微分代数方程。

(2) 非完整约束情形

对于完整系统，质点系自由度等于广义坐标的个数，但对于非完整系统（典型例子是球的纯滚动问题），由于存在不可积的微分约束，虽然广义坐标独立，但广义虚位移不独立，自由度数目应该等于独立的虚位移个数，因此广义坐标个数必然大于非完整系统的自由度。在这种情况下，前面推导出的第二类拉格朗日方程不独立。下面以线性非完整约束为例，说明拉格朗日乘子法应用的普遍性。

考虑由 s 个完整约束系统给出 $N=3n-s$ 个广义坐标，还受到 r（$r<N$）个线性非完整约束

$$\sum_{k=1}^{N} A_{ik} \dot{q}_k + B_i = 0 \quad (i=1,2,\cdots,r) \tag{11.30}$$

其中，A_{ik} 和 B_i 是广义坐标 q_k 和时间 t 的函数。上式对实位移 $\mathrm{d}q_k(k=1,2,\cdots,N)$ 的限制可写为微分形式

$$\sum_{k=1}^{N} A_{ik} \mathrm{d}q_k + B_i \mathrm{d}t = 0 \quad (i=1,2,\cdots,r)$$

可见，对约束方程（11.30）取等时变分，得到广义虚位移表示的约束条件应该为

$$\sum_{k=1}^{N} A_{ik} \delta q_k = 0 \quad (i=1,2,\cdots,r) \tag{11.31}$$

类比虚功方程可知上式中的 $A_{ik}(k=1,2,\cdots,N)$ 具有广义力意义。因为它来自于非完整约束，所以它是广义坐标空间的约束曲面施加的约束力。取 r 个系数 $\lambda_i(i=1,2,\cdots,r)$ 将每个 A_{ik} 缩放为相应的广义约束力，求和并添加到拉格朗日方程的广义力中，有

$$\frac{\mathrm{d}}{\mathrm{d}t}\left(\frac{\partial T}{\partial \dot{q}_k}\right) - \frac{\partial T}{\partial q_k} = Q_k + \sum_{i=1}^{r} \lambda_i A_{ik} \quad (k=1,2,\cdots,N) \tag{11.32}$$

这称为**劳斯方程**。当非完整约束存在时该方程必然成立，但该方程成立并不意味非完整约束（11.30）成立。考虑到上式共有 $N+r$ 个未知量（N 个广义坐标和 r 个拉格朗日乘子），因此将式（11.32）与非完整约束（11.30）联立，可求出拉格朗日乘子 $\lambda_i(i=1,2,\cdots,r)$。

为了避免上面联立求解的困难。可以从广义坐标中选取自由度个数的广义坐标，对时

间求导得到广义速度。广义速度也可以视为广义速度空间中的坐标，则线性非完整约束的物理意义是广义速度空间中的超平面的交集。这个交集中的点的坐标不具有物理含义，但可视为某种伪速度，或准速度（因为它不一定是某个位移函数的全导数，不能称为速度）。因此，非完整约束越多，上述交集的维数就越小，独立的运动微分方程的个数也就越少。这一思路最终可以导出阿佩尔方程。

上述方法用广义速度处理非完整约束，说明虚功形式的动力学普遍方程不能直接用于非完整约束系统。1908 年，若丹（Jourdain）给出了虚功率形式的动力学普遍方程（若丹原理），可直接讨论非完整系统的动力学问题和碰撞问题。随着多体系统在机器人领域大量出现，应用阿佩尔方程需要很烦琐的求导。为此，凯恩在 1965 年前后提出了一套分析复杂系统的新方法，称为凯恩方法。这种方法以广义速率代替广义坐标为独立变量，其重点集中于运动而不再是位形，直接应用若丹原理建立动力学方程，因此兼有矢量力学和分析力学特点，对完整和非完整系统都适用，尤其是对于自由度高的复杂系统，凯恩方法可以减少计算步骤，但其缺点是，复杂系统的加速度与惯性力的计算工作量不小，而且也需要一定的经验和技巧来选择广义速率，才可以使计算过程简单。

习题

判断题

11-1　广义坐标有可能不独立。（　　）

11-2　广义速度可以具有动量矩的量纲。（　　）

11-3　系统的自由度等于独立的广义坐标的个数。（　　）

11-4　广义力是一个矢量。（　　）

11-5　势能为零的系统不一定平衡。（　　）

11-6　将系统所受主动力向简化中心简化后，计算得到的广义力与简化之前的一样。（　　）

11-7　第二类拉格朗日方程只适用于完整约束问题。（　　）

11-8　非理想系统可以通过去掉约束代之以主动力的方式来使用第二类拉格朗日方程。（　　）

11-9　受到非理想约束的系统，不可能存在循环积分。（　　）

11-10　广义能量积分表示的是机械能守恒。（　　）

简答题

11-11　对于非完整系统，其广义坐标独立但广义虚位移不独立，为什么？

11-12　广义力是否有作用点？如果有，能否在刚体上自由移动？

11-13　非保守系统是否能用势能来判断平衡的稳定性？

计算题

11-14　如题 11-14 图所示，均质杆 AB 长 $2l$，重为 $\boldsymbol{P}$，端点 A 可沿垂直线滑动。

① 如果杆的 B 端可以在 Oxy 平面上自由运动，自由度是多少？选出适当的广义坐标，并写出系统的动能和势能；

② 如果杆的 B 端被限制在沿 Oxy 平面上的直线 BC 滑动，而 BC 平行于 y 轴且与 y 轴的距离为 b，其自由度又是多少？选出适当的广义坐标并写出系统的动能和势能。

11-15　如题 11-15 图所示放大机构中，杆Ⅰ、杆Ⅱ杆Ⅲ可以分别沿各自滑道运动，A 为铰链，滑块 B 可以在滑槽Ⅳ内滑动。在机构上分别作用力有 $\boldsymbol{F}_1$，$\boldsymbol{F}_2$ 和 $\boldsymbol{F}_3$，使机构在图示位置处于平衡。已知力 $\boldsymbol{F}_1$ 的大小，$x=y=a/2$，略去各构件自重及摩擦，试求平衡时力 $\boldsymbol{F}_2$，$\boldsymbol{F}_3$ 与力 $\boldsymbol{F}_1$ 之间应满足的关系。

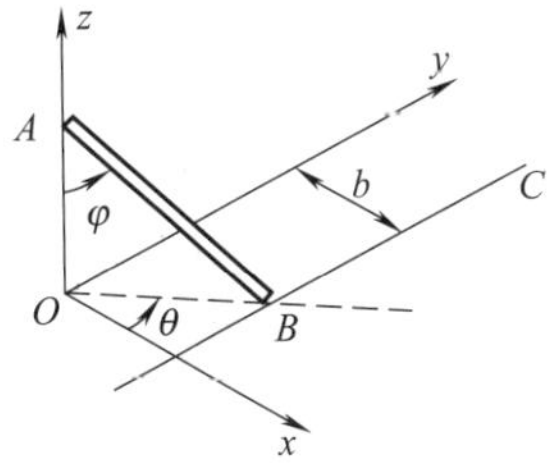

题 11-14 图

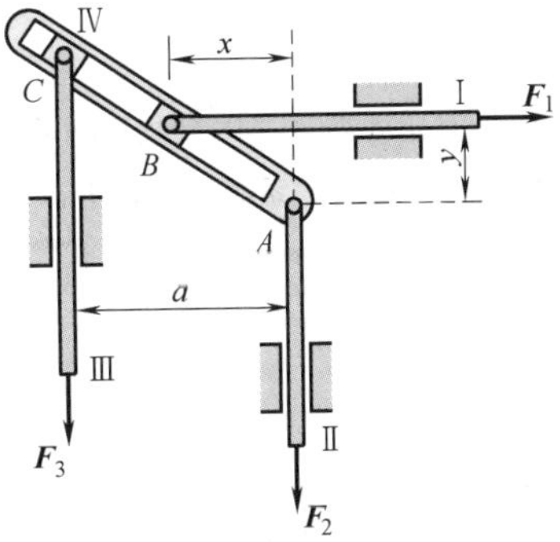

题 11-15 图

11-16　均质杆 AB 的长为 l，重为 $\boldsymbol{P}$，搁置在宽为 a 的槽内，如题 11-16 图所示。设 A、D 处光滑接触，求平衡位置的 θ 角，并讨论其平衡的稳定性。

11-17　如题 11-17 所示，一质量为 m 的均质板置于圆柱体顶面上，两者之间无相对滑动。证明：当 $h>2R$ 时，系统的平衡是不稳定的。

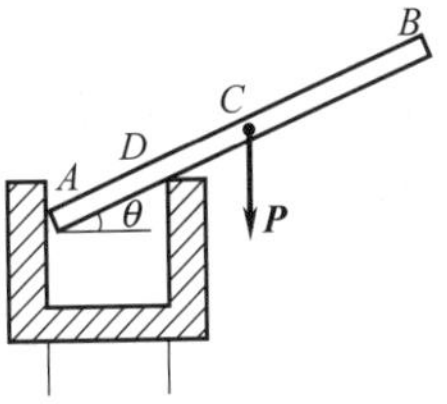

题 11-16 图

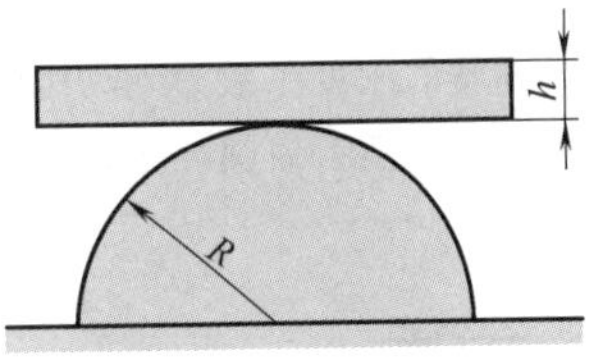

题 11-17 图

11-18　如题 11-18 图所示为车库大门结构原理图。高为 h 的均质库门 AB 重量为 P，其上端 A 可沿库顶水平槽滑动，下端 B 与无重杆 OB 铰接，并由弹簧 CB 拉紧，$OB=r$，弹簧原长为 $r-a$。不计各处摩擦，问弹簧的刚度系数 k 为多大才可使库门在关闭位置处（$\theta=0$）不因 B 端有微小位移干扰而自动弹起。

11-19　质量为 m 的小球悬在一线上，线的另一端绕在一半径为 R 的固定圆柱体上，如题 11-19 图所示。设在平衡位置时，线的下垂部分长度为 l，线的质量不计。求此摆的运动微分方程。

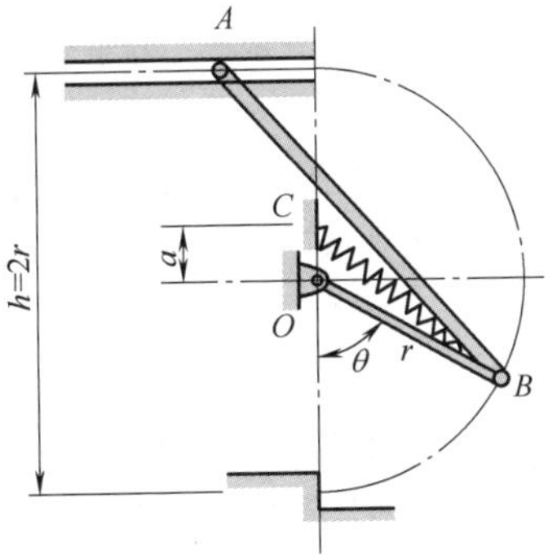

题 11-18 图

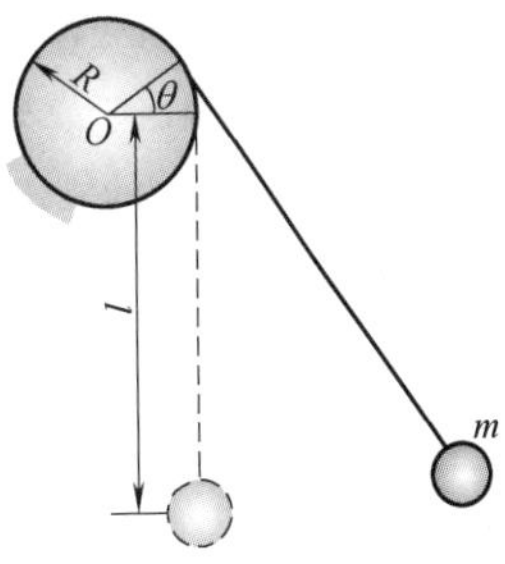

题 11-19 图

11-20　如题 11-20 图所示行星齿轮机构中，以 O_1 为轴的轮不动，其半径为 r，机构在同一水平面内。设两动轮皆为均质圆盘，半径为 r，质量为 m。如果作用在曲柄 O_1O_2 上的力偶之矩为 M，不计曲柄质量，求曲柄的角加速度。

11-21　如题 11-21 图所示，均质杆 AB 长为 l，质量为 m，借助其 A 端销沿斜面滑下，斜面的升角为 θ。不计销质量和摩擦，求杆的运动微分方程。又设当 $\varphi=0$ 时杆由静止开始运动，求杆开始运动时斜面受到的压力。

11-22　一对用弹簧连接的单摆，可在题 11-22 图所示平面内做微幅摆动。两摆杆长均为 l，两摆锤的质量均为 m，弹簧刚度系数为 k，不计摆杆和弹簧的质量。试建立系统的运动微分方程。

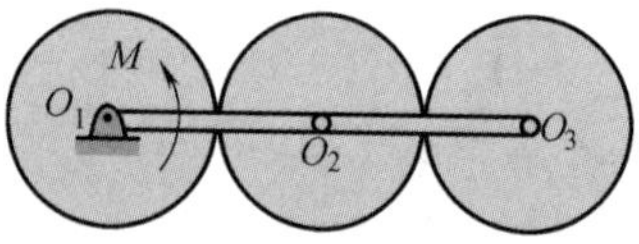

题 11-20 图

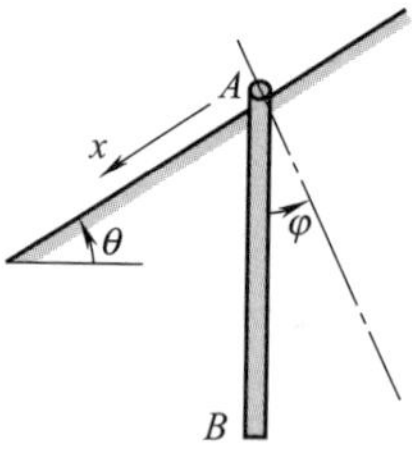

题 11-21 图

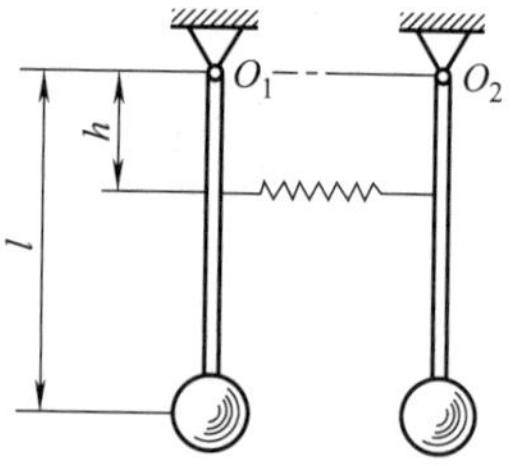

题 11-22 图

11-23　一不可伸长的轻绳一端固定于 O 点，另一端绕在质量为 m、半径为 R 的均质圆盘上，设绳初始与铅垂线偏离，圆盘沿绳从静止开始滚下，如题 11-23 图所示。假定绳始终保持拉紧状态。求系统的运动微分方程。

11-24　如题 11-24 图所示，两个相同的均质实心圆柱，半径相同，质量均为 m，两中心 O_1 和 O_2 用弹簧相连，弹簧的刚度系数为 k，其自然长度为 l。系统自静止状态开始运动，此时弹簧的变形为 δ_0，圆柱在斜面上滚而不滑。取圆柱 1 重心的初始位置为坐标原点，试建立圆柱中心的运动方程。

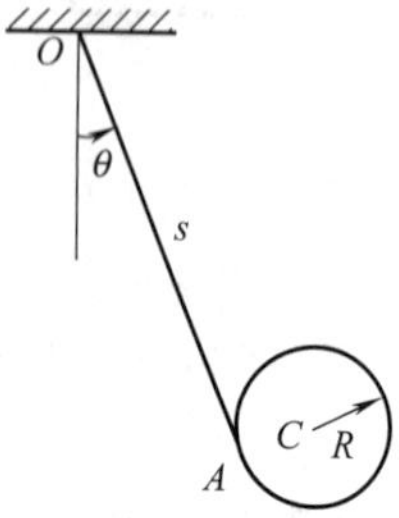

题 11-23

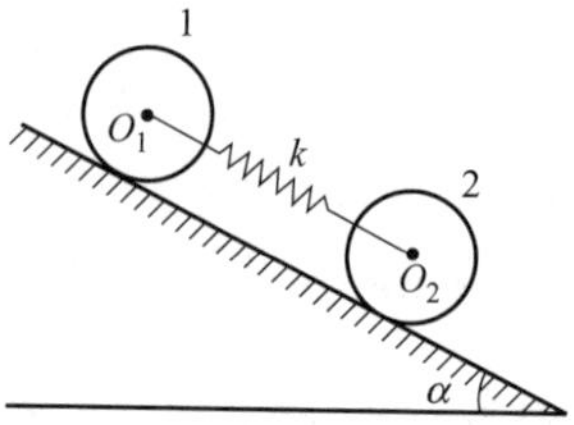

题 11-24 图

11-25　如题 11-25 图所示，楔块 A 重为 P_1，放在光滑的水平面上。均质实心圆柱重为 P_2，放在楔块斜面上。弹簧的刚度系数为 k。斜面倾角为 α。设在初瞬时系统处于静止，弹簧无变形。圆柱与楔块之间无滑动。求楔块的运动方程。

11-26　如题 11-26 图所示，匀质圆轮 A 的质量为 M，半径为 r，摆球 B 的质量为 m，摆长为 l。弹簧刚度为 k，弹簧及杆 AB 的质量不计，圆盘在水平面上做纯滚动。若选取 φ 和 θ 为广义坐标，用拉格朗日方程建立系统的运动微分方程并写出其初积分。

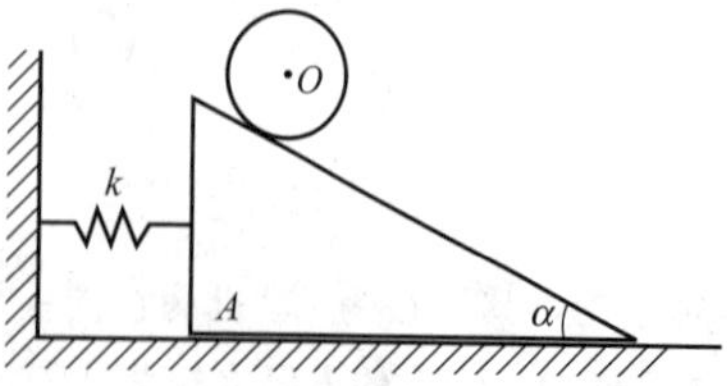

题 11-25 图

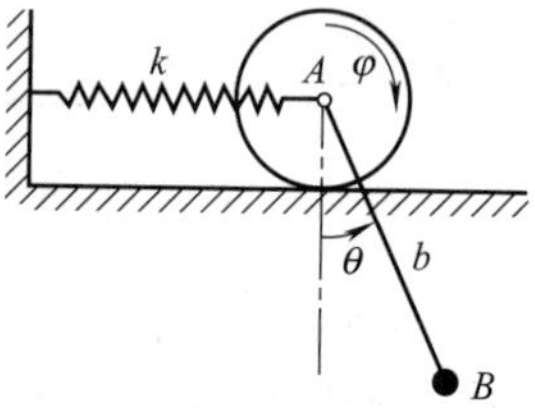

题 11-26 图

11-27　如题 11-27 图所示，均质细杆 AB 长为 l，均质圆柱半径为 r，两者的质量均为 m，弹簧的刚度系数为 k，圆柱 A 在水平面上做纯滚动。以 θ 和 φ 为广义坐标，广义坐标的原点取在系统的平衡位置，建立系统的运动微分方程。

11-28　如题 11-28 图所示轮子都是半径为 R 的均质圆盘，质量分别为 m_1 和 m_2。轮 2 的中心作用有与水平线成 θ 角的力 $\boldsymbol{F}$，使轮沿水平面连滚带滑。设地面与轮子间的动摩擦因数为 f，不计车架 O_1O_2 的质量。试以 x，ψ 和 φ 为广义坐标，建立该系统的运动微分方程，并判断 $\boldsymbol{F}$ 满足什么条件时会使两轮出现又滚又滑的情况。

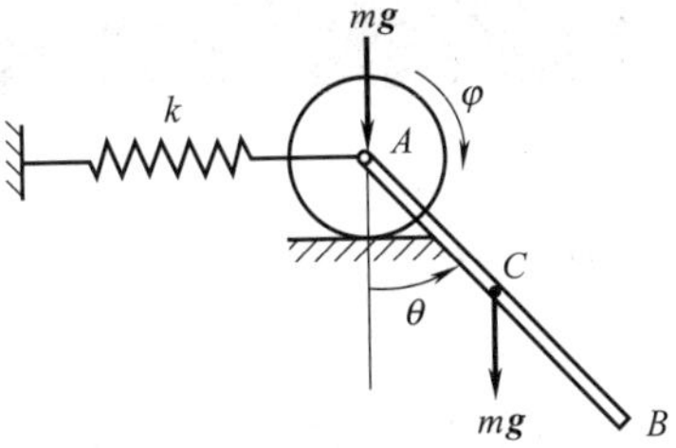

题 11-27 图

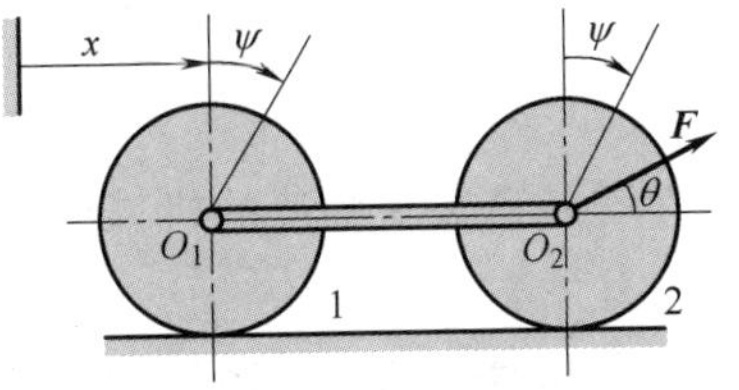

题 11-28 图

拓展题

11-29　如题 11-29 图所示，一均质细杆质量为 m，长为 l，两端由两个刚度系数皆为 k 的弹簧对称支承。如何选择广义坐标才能使系统的运动微分方程组不出现耦合？

11-30　如题 11-30 图所示，两个相同的摆球 A，B 质量均为 m，用长为 l 轻质细绳串联，并用另一根同样长的细绳将摆球 A 悬挂于 O 点，构成一个“双摆”系统。若取 OA 与竖直向下方向的夹角 θ_1、AB 与竖直向下方向的夹角 θ_2 为广义坐标，试写出系统做微振动时的拉格朗日函数 L 和运动微分方程。

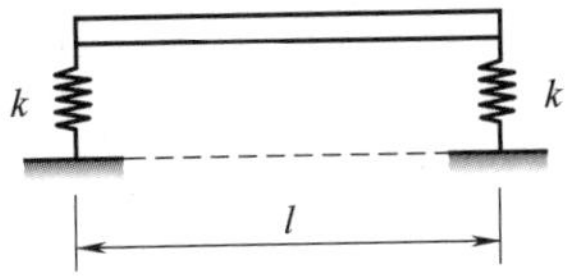

题 11-29 图

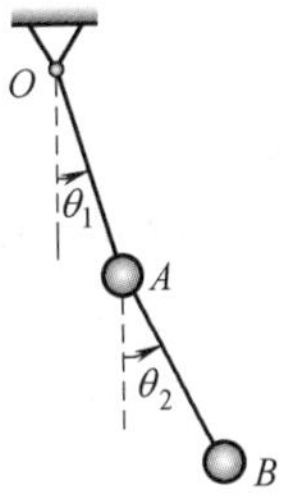

题 11-30 图

专题 1

非惯性系动力学

本专题研究宏观低速的机械运动，仍属于经典力学的范畴。

(1) 基本方程

设质点相对于动参考系运动，其相对加速度 $\boldsymbol{a}_r$ 与绝对加速度 $\boldsymbol{a}_a$ 的一般关系是 $\boldsymbol{a}_r=\boldsymbol{a}_a-\boldsymbol{a}_e-\boldsymbol{a}_C$，代入牛顿第二定律 $\boldsymbol{F}=m\boldsymbol{a}_a$，变形得

$$m\boldsymbol{a}_r=\boldsymbol{F}-m\boldsymbol{a}_e-m\boldsymbol{a}_C$$

等式右边都有力的量纲，记 $\boldsymbol{F}_{Ie}=-m\boldsymbol{a}_e$，称为**牵连惯性力**，$\boldsymbol{F}_{IC}=-m\boldsymbol{a}_C=-2m\boldsymbol{\omega}_e\times\boldsymbol{v}_r$，称为**科氏惯性力**。负号表示惯性力的方向与相应牵连加速度 $\boldsymbol{a}_e$、科氏加速度 $\boldsymbol{a}_C$ 的方向相反。

注意：① 这里的惯性力与达朗贝尔惯性力不同，后者使用的是绝对加速度，而这里使用牵连加速度和科氏加速度。严格来说，这里的惯性力只是达朗贝尔惯性力的分量。

② 这里的惯性力只存在非惯性系中，它们不是真实的力，因为真实的力在任何参考系中都存在。

在动系中的质点的动力学方程可以写为

$$m\boldsymbol{a}_r=\boldsymbol{F}+\boldsymbol{F}_{Ie}+\boldsymbol{F}_{IC} \tag{1}$$

这说明，物体在动系中的运动会额外受到牵连惯性力与科氏惯性力。因此，上式又称为**质点相对运动动力学基本方程。**

设动点在动参考系中的矢径为 $\boldsymbol{r}'$，则上式还可以写成微分方程形式

$$m\frac{\mathrm{d}^2\boldsymbol{r}'}{\mathrm{d}t^2}=\boldsymbol{F}+\boldsymbol{F}_{Ie}+\boldsymbol{F}_{IC} \tag{2}$$

由于以动系为参考系，所以不再存在相对导数和绝对导数的区别。只要添加上惯性力，其余处理都跟惯性系毫无区别。如式 (2) 可以投影到直角坐标系中，直接用 $\boldsymbol{r}'$各个分量表示；而式 (1) 投影到自然坐标系中，只需注意 $\boldsymbol{F}_{IC}$ 与速度垂直，即它在轨迹切线方向无分量。

特殊情况下 $\boldsymbol{F}_{Ie}$ 和 $\boldsymbol{F}_{IC}$ 可以为零：

① 当动参考系相对定参考系做直线平移，即 $\boldsymbol{\omega}_e=0$ 时，则 $\boldsymbol{a}_C=0$，于是式 (1) 中的 $\boldsymbol{F}_{IC}=0$。例如公交急走急停时，人总会感到被后拉或前推，这时候受到的作用就是 $\boldsymbol{F}_{Ie}$。

② 当质点相对于动参考系静止，即 $\boldsymbol{a}_r=0$、$\boldsymbol{v}_r=0$ 时，$\boldsymbol{a}_C=0$。式 (1) 变为 $\boldsymbol{F}+\boldsymbol{F}_{Ie}=\boldsymbol{0}$，称为**质点相对静止平衡方程**。这与质点的达朗贝尔原理形式完全一样，因为此时 $\boldsymbol{a}_a=\boldsymbol{a}_e$。例如，当公交车转弯时，乘客会感受到远离转弯中心的离心作用，由于人相对

车的加速度 $\boldsymbol{a}_r=\boldsymbol{0}$，相对速度$\boldsymbol{v}_r=\boldsymbol{0}$，因此这时候的离心作用其实是牵连惯性力 $\boldsymbol{F}_{Ie}$。

③ 当质点相对于动参考系做匀速直线运动时 $\boldsymbol{a}_r=0$，式（1）变为 $\boldsymbol{F}+\boldsymbol{F}_{Ie}+\boldsymbol{F}_{IC}=\boldsymbol{0}$，称为**质点相对平衡方程**。可见，在非惯性系中的相对静止与相对直线匀速运动的平衡方程不同。

思考：请根据水罐车加速前进时水罐内水面的形状解释水罐有多个隔层的优点。

(2) 质点相对于地球的运动

考虑地表附近的运动，应该将参考系取为地心参考系。由于地球自转，固结在地面的参考系实际上是一个绕地轴做定轴转动的非惯性系。地球每 23 小时 56 分 4 秒（一个恒星日）自转 2π 弧度，角速度 $\omega=7.29\times10^{-5}$ rad/s。在该非惯性系中运动的质点会受到牵连惯性力（离心力）和科氏惯性力的作用。前者是所有物体都受到的，后者则对于某些运动才有影响。下面分别讨论这些惯性力的影响。

在纬度为 φ 处的地表附近，质量为 m 的质点受到地球自转产生的牵连惯性力大小为 $F_{Ie}=mR\omega^2\cos\varphi$，方向垂直于地轴，受到地球引力 $W=mg_0$，方向指向地心，在地表附近测得其重量 $P=mg$ 就是我们平时说的重力，它其实是地球引力与离心力（牵连惯性力）的合力，方向就是地面的**铅垂线**方向，与地心连线夹角为 θ，如专题图 1-1 所示。其中 g 称为**表观重力加速度**，g_0 是地球引力产生的**引力加速度**。由于自转的影响，这两个加速度一般不相等。

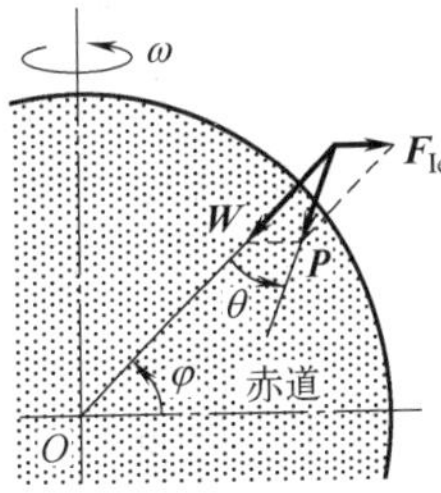

专题图 1-1

若将质点到地心距离取为地球平均半径 $R=6730\times10^3$ m，则由力三角形可以近似估算得

$$\begin{cases}\theta\approx\dfrac{1}{290}\sin\varphi\cos\varphi \\ 1-\dfrac{g}{g_0}\approx\dfrac{1}{290}\cos^2\varphi\end{cases} \tag{3}$$

由上式可以计算出任意纬度处地面附近表观重力加速度 g 以及铅垂线与地心连线的夹角 θ。地球自转导致的牵连惯性力已经包含在表观重力加速度 g 中，对于地表附近的小范围运动，θ 和 g 的变化很小，此时可以忽略牵连惯性力的影响。

当物体运动方向与地球自转轴不平行时，还存在科氏惯性力的作用。取三个轴分别指向东（x）、北（y）、天顶（z）的当地坐标系 $Oxyz$，则地球自转角速度 $\boldsymbol{\omega}$ 在当地坐标系中分解为 $\boldsymbol{\omega}=\omega_y\boldsymbol{i}+\omega_z\boldsymbol{k}$。其中 $\omega_y\boldsymbol{i}$ 在当地水平面内指向北方，在北半球 $\omega_z>0$，因此 $\omega_z\boldsymbol{k}$ 指向天顶。科氏惯性力产生的加速度为 $-2\boldsymbol{\omega}\times\boldsymbol{v}$。可见，对于长时间的运动，或者长距离（或速度较大）的运动，科氏惯性力的影响比较明显。其典型现象总结如下：

1）北半球炮弹落点偏右

射出的炮弹受到科氏惯性力 $-2m\boldsymbol{\omega}\times\boldsymbol{v}_0$，在当地东北天坐标系中 $\boldsymbol{\omega}=\omega_y\boldsymbol{i}+\omega_z\boldsymbol{k}$。其中 $\omega_y\boldsymbol{i}$ 在当地水平面内指向北方，它主要改变炮弹射程和射高。在北半球 $\omega_z>0$，因此飞行的炮弹受到指向前进方向右侧并垂直于射速$\boldsymbol{v}_0$所在铅垂平面的力，故炮弹落点偏右，如专题图 1-2 所示。

2）北半球傅科摆轨迹沿顺时针方向旋转

在北半球，用球铰链悬挂摆球，摆平面会缓慢地顺时针转动（在南半球，则是逆时针），而不是像单摆一样在一个固定平面内运动，其地面轨迹如专题图 1-3 所示。原因与

1）的情况一样。理论计算表明，该平面旋转一周的周期为

$$\tau=\frac{2\pi}{\omega\sin\varphi}$$

其中，ω 为地球自转角速度；φ 为当地的纬度。

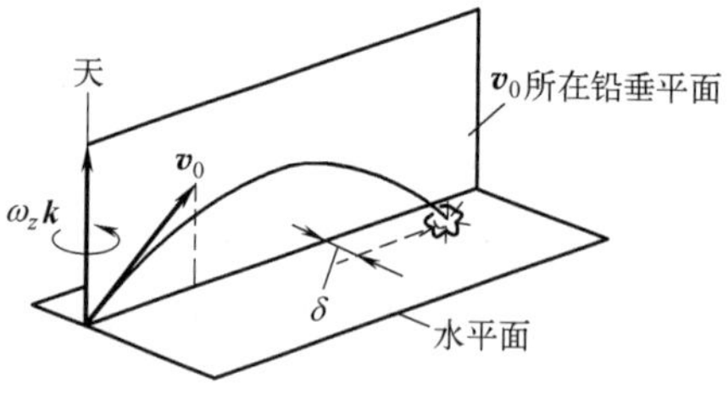

专题图 1-2

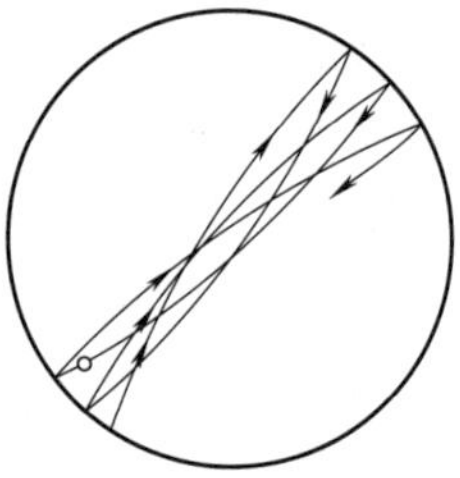

专题图 1-3

3）北半球河流右岸冲刷比左岸严重

在北半球，任何走向的河流总会受到与前进方向垂直向右的科氏惯性力的作用，在长年累月的作用下，右岸冲刷比左岸严重。但现实中右岸的土壤坚固程度并非处处一样，于是出现凹岸。河水经过凹岸改变了流向，会斜向冲刷左岸。于是，左岸也形成凹岸，如此反复。经过数百年甚至上千年后，河道变得弯弯曲曲。同理，火车铁轨如果双向行驶，多年使用后，在地球自转影响下，左右两轨会磨损得更快。

4）北半球热带气旋均为逆时针方向

大气受热上升，形成局部低压。不考虑地球自转影响时，空气流向低压核心，流动方向与等压面垂直。由于科氏惯性力的作用，在北半球，流动将向右偏，容易形成逆时针气旋，如专题图 1-4 所示。气流逆时针螺旋上升时冷凝，散到外围形成降雨，因此台风眼内晴朗，外面却狂风暴雨。也存在中间是高压，周围是低压的反气旋，在北半球，反气旋往四周流动时将右偏，表现为冷空气顺时针螺旋下降，受热蒸发，故多为晴朗天气。

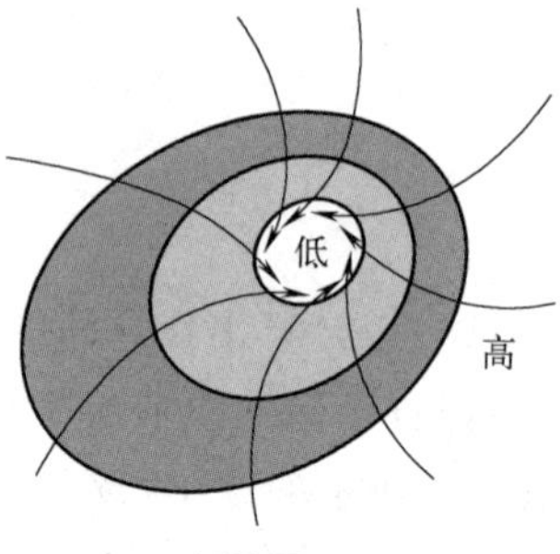

专题图 1-4

区域范围很小的涡旋，如龙卷风、尘卷风，主要是温度、密度和压力的梯度等因素共同影响的结果，科氏惯性力在其中的影响相对很小。像面盆中水形成的漏斗涡，既可能是顺时针方向，也可能是逆时针方向，主要取决于初始条件和外界扰动影响。

5）落体偏东

物体在高处自由下落，无论在南半球还是北半球，落点会偏东。但在北半球落点略微南偏，在南半球则略微北偏。

［例 1］ 在地球表面北纬角 φ 处，以初速度 $\boldsymbol{v}_0$ 铅直上抛一质量为 m 的质点 M。求考虑地球自转的影响，质点 M 回到地表面的落点与上抛点的偏离。

解： 如专题图 1-5 所示，以上抛点 O' 为坐标原点，选取与地面固结的非惯性参考系 $O'x'y'z'$，其中 x' 轴水平向东，y' 轴水平向北，z' 轴铅直向上（常称为**东北天坐标系**），近似通过地球中心 O。

不计空气阻力，质点 M 受到地球引力 $\boldsymbol{F}$ 的作用。考虑地球自转，须加入牵连惯性力

$\boldsymbol{F}_{\text{Ie}}$ 和科氏惯性力 $\boldsymbol{F}_{\text{IC}}$。由于地球引力 $\boldsymbol{F}$ 与牵连惯性力 $\boldsymbol{F}_{\text{Ie}}$ 的合力就是地表测得的重力 $m\boldsymbol{g}$，所以小球只受重力和科氏惯性力 $\boldsymbol{F}_{\text{IC}}=-2m\boldsymbol{\omega}\times\boldsymbol{v}_{\text{r}}$ 的作用，其中 $\boldsymbol{\omega}$ 是地球自转角速度矢量，如专题图 1-4 所示。小球的相对速度 $\boldsymbol{v}_{\text{r}}=\dot{x}'\boldsymbol{i}'+\dot{y}'\boldsymbol{j}'+\dot{z}'\boldsymbol{k}'$，其中 $\boldsymbol{i}'$，$\boldsymbol{j}'$，$\boldsymbol{k}'$ 分别为 x'，y'，z' 轴正向单位矢量。利用附录中矢量运算的投影表达式，可将 $\boldsymbol{F}_{\text{IC}}$ 表达式展开

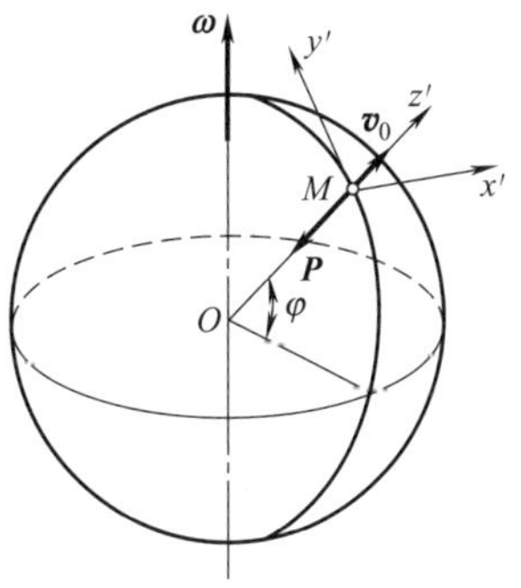

专题图 1-5

$$\boldsymbol{F}_{\text{IC}}=-2m\omega\times\boldsymbol{v}_{\text{r}}=-2m\begin{vmatrix}\boldsymbol{i}' & \boldsymbol{j}' & \boldsymbol{k}' \\ 0 & \omega\cos\varphi & \omega\sin\varphi \\ \dot{x}' & \dot{y}' & \dot{z}'\end{vmatrix}$$

$$=2m\omega[(\dot{y}'\sin\varphi-\dot{z}'\cos\varphi)\boldsymbol{i}'-\dot{x}'\sin\varphi\boldsymbol{j}'+\dot{x}'\cos\varphi\boldsymbol{k}']$$

列出质点相对于地表的运动微分方程

$$m\boldsymbol{a}_{\text{r}}=\boldsymbol{F}+\boldsymbol{F}_{\text{Ie}}+\boldsymbol{F}_{\text{IC}}=m\boldsymbol{g}-2m\omega\times\boldsymbol{v}_{\text{r}}$$

其中 $\boldsymbol{g}$ 沿着 z' 轴向下，在地表附近为常值。消去质量 m，得到投影式为

$$\begin{cases}\ddot{x}'=2\omega\dot{y}'\sin\varphi-2\omega\dot{z}'\cos\varphi \\ \ddot{y}'=-2\omega\dot{x}'\sin\varphi \\ \ddot{z}'=-g+2\omega\dot{x}'\cos\varphi\end{cases}$$

微分方程一般采用数值方法求解（见附录 B）求解，但上式是线性微分方程组，可表达成向量的微分方程，由矩阵分析知识（涉及矩阵微积分和矩阵指数函数）求出解析解。尚不具备这些知识的读者，可以找小参数求摄动解，它是一种解析表达的近似解。具体思想是，上述方程的解必然与小量 ω 有关，先写成 ω 的幂级数形式，然后分别代入方程，比较等式两端 ω 的各幂次项系数，分别对应相等，获得各阶近似方程，然后依次求解出各阶逼近解。但注意，该幂级数不一定收敛，其中前几项就可达到较高精度，项数增多误差反变大，这种级数称为渐近级数。摄动方法的内容很丰富，对于不同问题有不同的困难与处理技巧，详见摄动分析相关著作。由于小量 $\omega\sim O(10^{-5})$，所以本问题至多求到二阶解就已足够。

令 $\omega=0$，代入方程组，得到的是零阶近似方程。考虑初始条件

$$\begin{cases}\dot{x}'(0)=0,\ \dot{y}'(0)=0,\ \dot{z}'(0)=v_0 \\ x'(0)=0,\ y'(0)=0,\ z'(0)=0\end{cases}$$

对零阶近似方程积分一次，得质点速度的零阶近似

$$\dot{x}'=0,\ \dot{y}'=0,\ \dot{z}'=-gt+v_0$$

将上式再代入原方程组，得到原方程组的一阶近似方程

$$\ddot{x}'=2\omega(gt-v_0)\cos\varphi,\ \ddot{y}'=0,\ \ddot{z}'=-g$$

利用初始条件，对上式积分一次，得到速度一阶近似

$$\dot{x}'=\omega(gt^2-2v_0t)\cos\varphi,\ \dot{y}'=0,\ \dot{z}'=-gt+v_0$$

再积分一次，得到上抛质点运动方程的一阶近似

$$x' = \left(\frac{1}{3}gt^3 - v_0t^2\right)\omega\cos\varphi,\ y'=0,\ z'=v_0t-\frac{1}{2}gt^2$$

当质点 M 落回到原上抛点高度时，$z'=0$，代入上式求得质点经历时间 $t=2v_0/g$ 并代入上面第一式，得

$$x' = -\frac{4}{3}\frac{v_0^3}{g^2}\omega\cos\varphi$$

x'为负值，说明上抛质点落地时，落点偏西。

讨论：① 上面只是计算了一阶近似解，还可以将速度的一阶近似代入原方程组，得到二阶近似方程，然后考虑初始条件，对近似方程积分两次，得到上抛质点运动方程的二阶近似。这个过程继续下去，可以获得更高阶近似解。

② 如果质点在高 h 处无初速度自由落下，如专题图 1-6 所示，其相对运动微分方程仍不变，此时 $v_0=0$，则速度的零阶近似是

$$\dot{x}'=0,\ \dot{y}'=0,\ \dot{z}'=-gt$$

以落点为原点，质点运动方程的一阶近似为

$$x'=\frac{1}{3}gt^3\omega\cos\varphi,\ y'=0,\ z'=-\frac{1}{2}gt^2$$

当落下高度 h 时，$z'=-h$，经历时间为 $t=\sqrt{2h/g}$，代入上式中第一式，得 x'方向偏移

$$x'=\frac{1}{3}g\omega\left(\frac{2h}{g}\right)^{3/2}\cos\varphi$$

此时 x'为正值，即向东偏移。这就是地球上的落体偏东现象。如果继续上述方法求出运动方程的二阶近似，求得的落点偏移量可以精确到地球自转角速度的平方项，可证明落体落点还有向南的偏差为$\dfrac{h^2\omega^2}{3g}\sin2\varphi$。

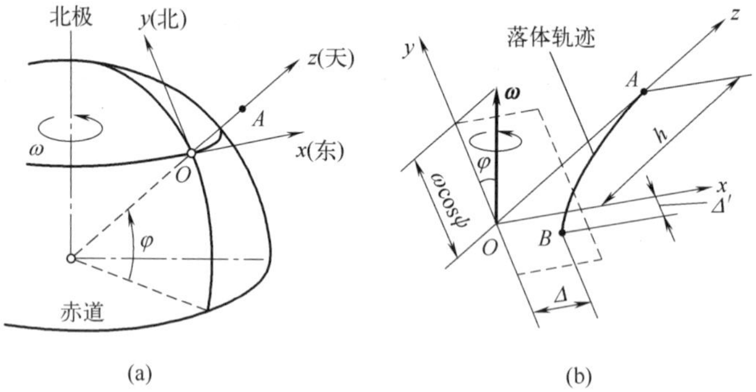

专题图 1-6

思考：上抛过程中，质点轨迹偏西还是偏东？

(3) 非惯性系动力学问题的一般处理方法

在一些情况下，使用相对动力学方程可以避免一些未知约束力的求解。在非惯性系中，只需将惯性系适用的定理公式中的量替换为动系中的量，添加 $\boldsymbol{F}_{\mathrm{Ie}}$ 与 $\boldsymbol{F}_{\mathrm{IC}}$ 并视为真实的力，其求解方法与惯性系中一样。

例如，对动点 A 的动量矩定理

$$\frac{\mathrm{d}\boldsymbol{L}_{A\mathrm{r}}}{\mathrm{d}t}=\sum \boldsymbol{M}_A(\boldsymbol{F}_i^{(\mathrm{e})})-\boldsymbol{r}_{AC}\times m\boldsymbol{a}_A$$

是随动点 A 平移的坐标系中的动量矩定理，多出来的项 $-\boldsymbol{r}_{AC}\times m\boldsymbol{a}_A$ 是牵连惯性力矩。

又如，科氏惯性力 $\boldsymbol{F}_{\mathrm{IC}}$ 与相对速度 $\boldsymbol{v}_{\mathrm{r}}$ 垂直，不做功，在动能定理、功率方程中不出现。在旋转的动系中，牵连惯性力即离心力的大小 $-m\boldsymbol{\omega}_{\mathrm{e}}\times(\boldsymbol{\omega}_{\mathrm{e}}\times\boldsymbol{r}')$ 与到转轴的距离有关，因此是保守力。可推导出离心势能为 $-m\boldsymbol{\omega}_{\mathrm{e}}\times(\boldsymbol{\omega}_{\mathrm{e}}\times\boldsymbol{r}')\cdot\boldsymbol{r}'/2$，其中 $\boldsymbol{r}'$ 是相对矢径。在非惯性系的机械能守恒公式中，离心力的势能也要计入总势能。

注意，由于惯性力在刚体上连续分布，要先积分求出单个刚体上的 $\boldsymbol{F}_{\mathrm{Ie}}$ 和 $\boldsymbol{F}_{\mathrm{IC}}$ 的主矢和主矩，再当作真实力和力矩参与计算。

此外，非惯性系中也有拉格朗日方程，只需在广义力中加入非保守惯性力的广义力即可。保守惯性力只需将其广义惯性势能加到拉格朗日函数 L 中即可（相对矢径 $\boldsymbol{r}'$ 须使用相对广义坐标表示）。不过，科氏惯性力 $\boldsymbol{F}_{\mathrm{IC}}$ 是非保守力，只能留在方程右端的广义力中。

［例 2］ 半径为 R 的圆环形管，绕铅锤轴 z 以匀角速度 ω 转动，如专题图 1-7 所示。一质量为 m 的小球原在管内最低处平衡。小球受微小扰动时可能会沿圆管上升。忽略管壁摩擦，求小球能达到的最大偏角。

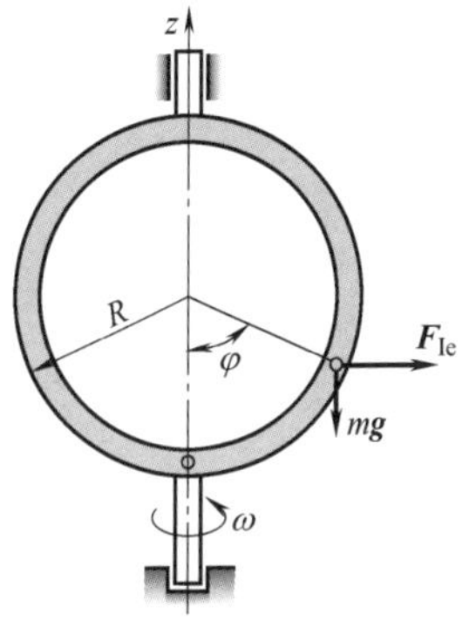

专题图 1-7

解： 本题中的约束是理想约束，求的是过程中的位置，可考虑相对运动的动能定理。

以圆环形管为参考系，小球在任一角度 φ 时，其牵连惯性力大小为 $F_{\mathrm{Ie}}=m\omega^2R\sin\varphi$，方向如图。经过微小角度 $\mathrm{d}\varphi$ 时，此惯性力做功为

$$\delta W_1=F_{\mathrm{Ie}}R\,\mathrm{d}\varphi\cos\varphi=m\omega^2R^2\sin\varphi\cos\varphi\,\mathrm{d}\varphi$$

小球在最低处和最大偏角处的相对速度都等于零。对这两个位置间列相对运动的动能定理定分式

$$0-0=-mgR(1-\cos\varphi_{\max})+\int_0^{\varphi_{\max}}m\omega^2R^2\sin\varphi\cos\varphi\,\mathrm{d}\varphi$$

积分后得

$$-mgR(1-\cos\varphi_{\max})+\frac{1}{2}m\omega^2R^2\sin^2\varphi_{\max}=0$$

注意，$\frac{1}{2}m\omega^2R^2\sin^2\varphi$ 是离心力做功，即离心势能。因为 $\sin^2\varphi_{\max}=1-\cos^2\varphi_{\max}$，代入上式，化简为

$$(\cos\varphi_{\max}-1)[(\cos\varphi_{\max}+1)\omega^2R-2g]=0$$

解得 $\cos\varphi_{\max}=1$ 或 $\cos\varphi_{\max}=\frac{2g}{\omega^2R}-1$，其中第一个解对应于小球在最低点处的情况，因此最大偏角

$$\varphi_{\max}=\arccos\left(\frac{2g}{\omega^2R}-1\right)$$

可以看出，上述结果只在 $g\leqslant\omega^2R$ 时才有意义，因为此时才有 $\cos\varphi_{\max}\leqslant1$；而当 $\omega^2R<g$ 时，小球不会沿圆环形管上升，而在最低点处才是稳定的。

讨论：① 科氏惯性力垂直于相对速度方向，因此不做功。

② 本题能否用相对平衡方程求解？

非惯性系的这种等效原理有时可以利用。例如，容器内的液体绕固定轴旋转，则自由液面形状应该是抛物线。因为在惯性系中，自由液面与重力加速度方向垂直，所以在动系中来看，等效的重力加速度也应该与自由液面垂直。由这一简单的事实就可以推导出非惯性系中的液面形状（专题图 1-8）。

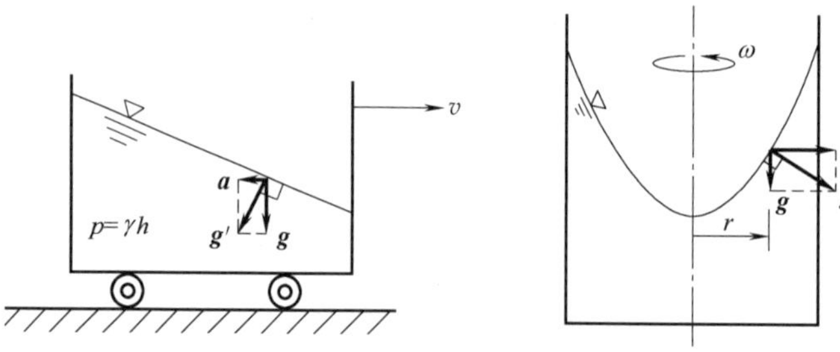

专题图 1-8

习 题

专题 1-1 三棱柱 A 沿三棱柱 B 的光滑斜面滑动，如专题 1-1 图所示。三棱柱 A 和三棱柱 B 的质量分别为 m_1 与 m_2，三棱柱 B 的斜面与水平面成 θ 角。如不计摩擦，开始时物系静止。求运动时三棱柱 B 的加速度。

专题 1-2 专题 1-2 图所示为倾斜式摆动筛，曲柄的长度远小于连杆的长度，则筛面的运动可近似视为沿 x 轴做往复运动，即 $x=r\sin\omega t$，r 为曲柄 OA 的长度，ω 为曲柄的角速度。已知物料颗粒与筛面间的摩擦角为 φ，筛面倾斜角为 θ。试求无法通过筛孔的颗粒能自动沿筛面下滑时的曲柄转速 n。

专题 1-3 如专题 1-3 图所示，绕铅垂轴 AB 以匀角速 ω 转动的圆形导管内有一光滑的小球 M。小球重 $\boldsymbol{P}$，可以看作质点。设 $\omega=\sqrt{\dfrac{4R}{3g}}$ 为圆形导管的半径。求小球从最高点无初速地运动到 $\theta=60°$ 时相对于导管的速度。

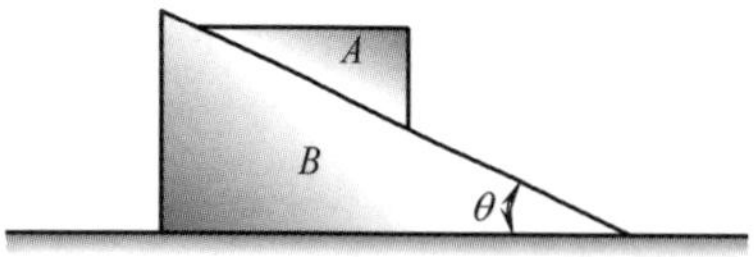

专题 1-1 图

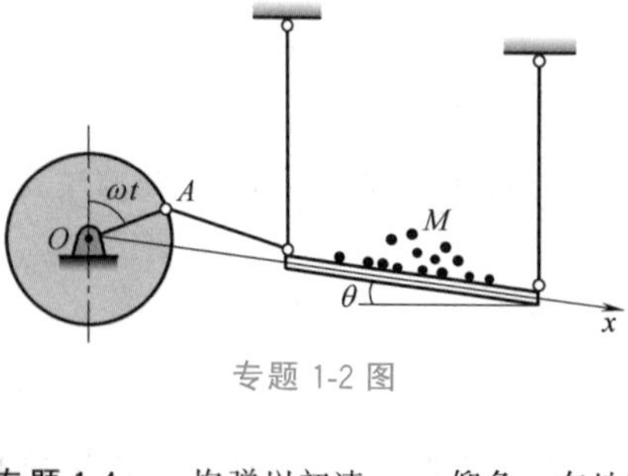

专题 1-2 图

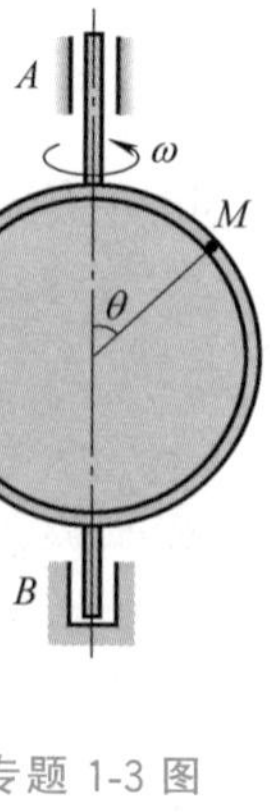

专题 1-3 图

专题 1-4 一炮弹以初速 v_0，仰角 α 在地球表面北纬 φ 处向北发射，若不计空气阻力，求经过时间 t 后炮弹东偏的距离。

专题 2

碰撞与打击问题

相对运动的物体在瞬间接触，速度发生急剧变化的现象称为**碰撞**或打击，例如射击、乒乓球反弹、飞船对接、飞机着陆等过程。碰撞是个非常复杂的动力学问题，涉及复杂的变形过程。这里仅研究涉及刚体的碰撞，并将范围限制在两个物体之间的碰撞。如果未作特别说明，均默认物体的质量在碰撞过程中不会发生变化。

(1) 碰撞的特征和研究方法

碰撞过程完成的时间极短（0.1～1ms），碰撞物体的速度或动量的改变有限，因此加速度很大，相互作用的**碰撞力**（瞬时力）也就很大。虽然碰撞过程很短暂，但其过程极为复杂。从碰撞开始（刚接触）到碰撞结束（刚好脱离接触），物体经历多阶段的变形-恢复过程（以弹性振动和应力波形式存在），因此不适合用运动微分方程来描述每一瞬时力与运动的关系，通常是分析碰撞前、后运动的变化来研究碰撞的作用。

碰撞不仅使物体变形，同时伴有噪声、发热，甚至发光、压电效应等复杂能量转移过程，因此碰撞过程几乎都有机械能的损失。碰撞后机械能的损失程度与碰撞物体的材料性质及其内部结构有关，难以用力的功来计算，只能以与材料有关的系数来体现。故碰撞过程中一般不便于应用动能定理。因此，一般从力的时间累积作用效果的角度研究物体碰撞前后的运动变化。

对质点的动量定理 $\mathrm{d}\boldsymbol{p}/\mathrm{d}t=\boldsymbol{F}$ 从碰撞开始时刻 t_1 到碰撞结束时刻 t_2 进行时间积分

$$\boldsymbol{I}=\int_{t_1}^{t_2}\boldsymbol{F}\mathrm{d}t=\int_{t_1}^{t_2}\mathrm{d}\boldsymbol{p}=\boldsymbol{p}_2-\boldsymbol{p}_1=\Delta\boldsymbol{p}$$

$\boldsymbol{I}$ 是力的时间累积效果，称为**冲量**，作用在力 $\boldsymbol{F}$ 的作用点处。冲量的国际单位通常是 N·s。通常将碰撞力的冲量称为碰撞冲量。

为了描述冲量作用位置不同而产生的不同的效果，类比力矩的定义，将矩心 O 到冲量作用点的矢径 $\boldsymbol{r}$ 与冲量 $\boldsymbol{I}$ 的矢量积 $\boldsymbol{r}\times\boldsymbol{I}$，称为**冲量矩**，即

$$\boldsymbol{M}_O(\boldsymbol{I})=\boldsymbol{r}\times\int_{t_1}^{t_2}\boldsymbol{F}\mathrm{d}t$$

对于刚体，冲量的作用点沿作用线滑移，冲量臂（矩心到冲量作用线的距离）长度不变。对于变形体，当冲量作用点有位移时，力矩的时间积分一般不等于冲量矩，除非冲量臂不变。

根据碰撞的特点，以及考虑简化计算，对碰撞过程可以作如下假设：

① 碰撞过程中的碰撞力比重力、弹性力等普通力大得多，故普通力的冲量可忽略不计。但要注意，在碰撞前和碰撞后，要考虑普通力对物体的作用。

② 由于碰撞时间极短，而速度又是有限量，所以物体在碰撞过程的位移很小，可忽略不计，即认为物体在碰撞开始时和碰撞结束时的位置不变。

(2) 用于碰撞过程的冲量定理

将质点系动量定理两边对时间积分，由于内力冲量相抵消，可得

$$m\boldsymbol{v}'_C - m\boldsymbol{v}_C = \sum \boldsymbol{I}_i^{(e)} \tag{1}$$

这是用于碰撞过程的**冲量定理**。式中，$\boldsymbol{I}_i^{(e)}$ 是外碰撞冲量，普通力的冲量不计，$\boldsymbol{v}_C$ 和 $\boldsymbol{v}'_C$ 分别是碰撞开始和结束时质心的速度。

(3) 用于碰撞过程的冲量矩定理

将质点系对固定点 O 的动量矩定理两边同时积分，得

$$\int_{t_1}^{t_2} \mathrm{d}\boldsymbol{L}_O = \int_{t_1}^{t_2} \sum \boldsymbol{r}_i \times \boldsymbol{F}_i^{(e)} \mathrm{d}t$$

或

$$\boldsymbol{L}_{O2} - \boldsymbol{L}_{O1} = \sum \int_{t_1}^{t_2} \boldsymbol{r}_i \times \boldsymbol{F}_i^{(e)} \mathrm{d}t$$

一般情况下，上式中的 $\boldsymbol{r}_i$ 是未知变量，上式右边难以积分。但在碰撞过程中，按照上面的假设，各物体位置不变，即冲量的作用点的矢径 $\boldsymbol{r}_i$ 是个常矢量，因此有

$$\boldsymbol{L}_{O2} - \boldsymbol{L}_{O1} = \sum \boldsymbol{r}_i \times \boldsymbol{I}_i^{(e)} = \sum \boldsymbol{M}_O(\boldsymbol{I}_i^{(e)}) \tag{2}$$

这是用于碰撞过程的**冲量矩定理**。式中，$\boldsymbol{L}_{O1}$ 和 $\boldsymbol{L}_{O2}$ 分别是碰撞开始和结束时质点系对 O 点的动量矩，$\boldsymbol{r}_i \times \boldsymbol{I}_i^{(e)}$ 是外碰撞冲量 $\boldsymbol{I}_i^{(e)}$ 对 O 点的冲量矩，其中不计普通力的冲量矩。

特别地，将质点系对质心 C 的动量矩定理积分，得到

$$\boldsymbol{L}_{C2} - \boldsymbol{L}_{C1} = \sum \boldsymbol{M}_C(\boldsymbol{I}_i^{(e)}) \tag{3}$$

这是用于碰撞过程的**对质心的冲量矩定理**。式中，$\boldsymbol{L}_{C1}$ 和 $\boldsymbol{L}_{C2}$ 分别为碰撞开始和结束时质点系相对于质心 C 的动量矩，等式右边是外碰撞冲量对质心之矩的矢量和（即对质心的主矩）。

思考：握住装有半瓶水的酒瓶颈部，垂直击打瓶口，瓶底会炸脱。为何换为空瓶则不会这样？

对于定轴转动刚体受到撞击，可以将式（2）投影到固定转轴（如 z 轴）方向，有

$$J_z\omega_2 - J_z\omega_1 = \sum M_z(\boldsymbol{I}_i^{(e)}) \tag{4}$$

其中，J_z 是刚体对 z 轴的转动惯量；ω_1 和 ω_2 分别是刚体碰撞前后的角速度。

对于平行于其质量对称面运动的平面运动刚体，相对于质心的动量矩在其平行平面内可视为代数量，且有 $L_C = J_C\omega$，其中 J_C 为刚体对于通过质心 C 且与其对称平面垂直的轴的转动惯量，则式（3）可写为

$$J_C\omega_2 - J_C\omega_1 = \sum M_C(\boldsymbol{I}_i^{(e)}) \tag{5}$$

式（1）和式（5）一起称为**刚体平面运动的碰撞方程**。

将冲量与力类比可知，当碰撞冲量已知时求速度或角速度，可对碰撞过程应用冲量和冲量矩定理，就能得到碰撞前后的速度关系。这与已知力求加速度或角加速度时，使用动力定理和动量矩定理是类似的。

［例 1］ 刚体绕垂直于质量对称面的轴转动，则刚体的质心 C 在该对称面内。如专题图 2-1 所示，已知该刚体绕过 O 点的 z 轴的转动惯量为 J_z。若现在有一外部碰撞冲量 $\boldsymbol{I}$

作用在该质量对称面内，为了使轴承 O 处无损伤，冲量 $\boldsymbol{I}$ 应该作用的位置和角度。

解：取 Oy 轴通过质心 C，x 与 y 轴垂直。由冲量定理

$$\begin{cases} m\omega_2 a - m\omega_1 a = I\cos\theta + I_{Ox} \\ 0 = I\sin\theta + I_{Oy} \end{cases}$$

解得 $I_{Oy}=-I\sin\theta$，$I_{Ox}-m(\omega_2-\omega_1)a-I\cos\theta$。

可见，一般情形下会在轴承处引起反冲量。碰撞引起的反冲量将会损伤轴承和轴。为使轴承不受损，即要求 $I_{Ox}=0$，$I_{Oy}=0$，则必须有

$$\theta=0,\ I=m(\omega_2-\omega_1)a$$

这说明外冲量必须垂直于轴 O 与质心 C 的连线 OC。由冲量矩定理

$$J_z(\omega_2-\omega_1)=hI$$

联立以上二式，解得

$$h=\frac{J_z}{ma}$$

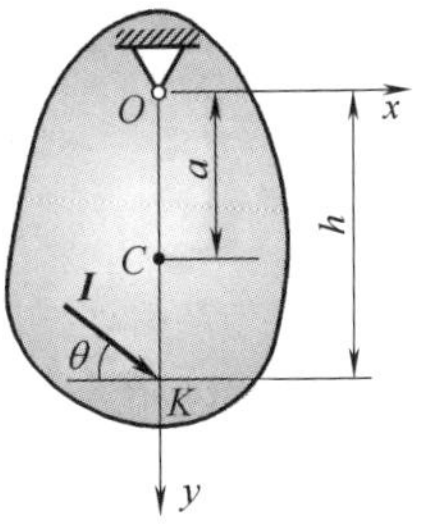

专题图 2-1

式中，a 为 O 点到 C 点的距离，$h=OK$，点 K 为外碰撞冲量 $\boldsymbol{I}$ 的作用线与 OC 的交点。满足上式的点称为**撞击中心或打击中心**。

可见，当外碰撞冲量作用于物体质量对称平面内的撞击中心，且垂直于轴承中心与质心的连线时，在轴承处不引起碰撞冲量。因此，在使用锤子锤打物体或打垒球时，若打击之处恰好是锤杆或棒杆的撞击中心，则打击时手上不会感到有冲击。如果打击之处不是撞击中心，则手会感到强烈冲击。

上例中，若令 $x=CK$，则 $ma(a+x)=J_z=J_C+ma^2$，解得 $ax=J_z/m=\rho^2$，ρ 是惯性半径。将 a 和 x 轮换，结果不变，即 O 和 K 互为共轭点或 O 和 K 互为撞击中心。这表明，一个自由刚体在某点处受到与质心连线垂直方向冲击时，刚体的运动可视为绕冲击点的共轭点的瞬时定轴转动，则式（5）中的矩心 C 可用共轭点替换。

思考：若作用的冲量不在刚体的质量对称面内，则结果会如何？

[例 2] 如专题图 2-2（a）所示，两根相同的均质细直杆 AB 与 BC 铰接后放在桌面上，已知杆长 l，质量为 m，初始时系统静止。今在 A 端作用一与杆垂直的水平冲量，求 A，B，C 三点的速度。

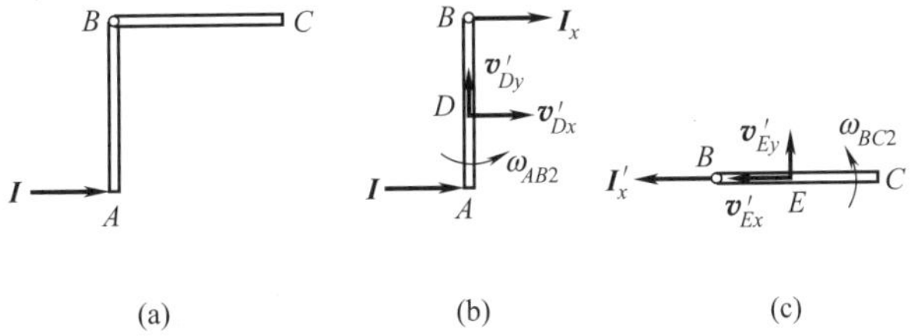

专题图 2-2

解：初始时 $\omega_{AB1}=0$，$\omega_{BC1}=0$。设杆 AB 质心为 D，杆 BC 质心为 E。由于作用是水平冲量，则 B 处只能产生水平方向的反冲量。

取杆 AB 为研究对象，冲量图如专题图 2-2（b）所示。由刚体平面运动碰撞方程

$$
\left.\begin{array}{l}
mv'_{Dx}=I+I_x \\
mv'_{Dy}=0 \\
J_D\omega_{AB2}=I\dfrac{l}{2}-I_x\dfrac{l}{2}
\end{array}\right\} \tag{a}
$$

解得 $v'_{Dy}=0$。

取杆 BC 为研究对象，冲量图如专题图 2-2（c）所示，由刚体平面运动碰撞方程

$$
\left.\begin{array}{l}
mv'_{Ex}=I_x \\
mv'_{Ey}=0 \\
J_E\omega_{BC2}=0
\end{array}\right\} \tag{b}
$$

解得 $v'_{Ey}=0$，$\omega_{BC2}=0$。

取杆 AB 为研究对象，由速度投影定理，$v_{Bx}=v_{Ex}$，以 B 为基点，则

$$
v'_{Dx}=\omega_{AB2}\frac{l}{2}-v_{Bx}=\omega_{AB2}\frac{l}{2}-v'_{Ex} \tag{c}
$$

代入式（b）中第一式得

$$
I_x=m\omega_{AB2}\frac{l}{2}-mv'_{Dx}
$$

将上式分别代入式（a）中第一式和第三式，联立解得

$$
\omega_{AB2}=\frac{18I}{5ml},\quad v'_{Dx}=\frac{7I}{5m}
$$

以 D 为基点，则 $v_{Ax}=v'_{Dx}+\omega_{AB2}\dfrac{l}{2}=\dfrac{16I}{5m}$，$v_{Ay}=v'_{Dy}=0$，代入式（c）得 $v_{Bx}=v'_{Ex}=\dfrac{2I}{5m}$。

以 B 为基点，有 $v_{Cx}=v'_{Ex}=\dfrac{2I}{5m}$方向向左，$v_{Cy}=v'_{Ey}+\omega_{BC2}\dfrac{l}{2}=0$。由速度投影定理 $v_{By}=v_{Cy}=0$。

可见，当系统由多个物体组成时，方程中会引入未知约束力引起的未知冲量，为了避免引入未知约束冲量，回忆对动点的动量矩定理可以避免未知约束力的优点，基于碰撞假设，也可推导出用于碰撞的质点系**相对动点的冲量矩定理**

$$
\boldsymbol{L}_{Ar2}-\boldsymbol{L}_{Ar1}=\sum\boldsymbol{M}_A(\boldsymbol{I}_i^{(e)})-\boldsymbol{r}_{AC}\times m(\boldsymbol{v}_{A2}-\boldsymbol{v}_{A1}) \tag{6}
$$

其中，m 是系统的质量；$\boldsymbol{v}_{A1}$、$\boldsymbol{v}_{A2}$分别是动点 A 在碰撞前后的速度；$\boldsymbol{L}_{Ar1}$、$\boldsymbol{L}_{Ar2}$ 则是系统在碰撞前后，相对动点 A 的动量矩。式（6）本质上是动静法的应用，可以一定程度上避免未知约束冲量。读者可以尝试联合式（1）和式（6）求解例 2，过程较简便。

还可以采用广义坐标描述系统，将拉格朗日方程对时间积分，导出适用于碰撞的广义冲量定理，它完全避免了未知约束冲量，尤其适合多体系统的碰撞问题。

（4）用于碰撞过程的广义冲量定理

首先对拉格朗日方程（11.18）两边同时时间积分

$$
\int_0^{\Delta t}\frac{\mathrm{d}}{\mathrm{d}t}\left(\frac{\partial T}{\partial\dot{q}_k}\right)\mathrm{d}t-\int_0^{\Delta t}\frac{\partial T}{\partial q_k}\mathrm{d}t=\int_0^{\Delta t}Q_k\,\mathrm{d}t
$$

其中，Δt 为碰撞持续时间。由于在碰撞过程中质点系中各质点的速度均为有限值，且位

置坐标的变化可以忽略不计，因而当 $\Delta t \to 0$ 时，T 和 $\partial T/\partial q_k$ 均应为有限值，故

$$\int_0^{\Delta t} \frac{\partial T}{\partial q_k}\mathrm{d}t \approx \left(\frac{\partial T}{\partial q_k}\right)_0 \Delta t \to 0$$

其中，下标“1”“2”分别表示碰撞前、后时刻。定义第 k 个广义力对应的**广义冲量**为

$$I_k = \int_0^{\Delta t} Q_k \mathrm{d}t \tag{7}$$

而第 k 个广义坐标对应的广义动量为

$$\frac{\partial T}{\partial \dot{q}_k} = p_k$$

则在广义坐标下用于碰撞过程的动力学方程可以写成

$$p_{k2} - p_{k1} = I_k \tag{8}$$

可称为用于碰撞过程的**广义冲量定理**。

对作用在质点系上主动力做的虚功之和［式（11.5）］在 Δt 上积分，可看作是对应主动力的冲量在虚位移上所做虚功之和，即

$$\delta W(\boldsymbol{I}) = \sum_{i=1}^{n} \boldsymbol{I}_i \cdot \delta \boldsymbol{r}_i = \sum_{k=1}^{N} I_k \cdot \delta q_k \tag{9}$$

可见，广义冲量的计算方式与广义力在形式上一致。

通常，外碰撞冲量是未知的，问题要得到解决，还必须提供碰撞导致的速度变化（动能损失）信息。这些信息与碰撞材料等因素有关，需要引入类似弹簧刚度系数、摩擦因数这样的系数来描述。

两物体发生碰撞，如专题图 2-3 所示，其中 AA 是两物体在接触处的公切面，BB 为其在接触处的公法线，$\boldsymbol{F}_1$、$\boldsymbol{F}_2$ 为碰撞力。若碰撞力的作用线通过两物体的质心，称为**对心碰撞**，否则称为**偏心碰撞**；若碰撞时两物体各自质心的速度均沿着公法线，称为**正碰**，否则称**斜碰**。按此分类，还有对心正碰、偏心正碰等。物理教材中已充分研究了小球的对心正碰。图所示为偏心斜碰。

物体 1 和物体 2 在斜碰前后，碰撞接触点速度必然在同一平面内，则碰撞点的速度可以分解为接触点的公法线分量 $\boldsymbol{v}_\mathrm{n}$ 和公切线分量 $\boldsymbol{v}_\mathrm{t}$。如果摩擦可以忽略不计，则公切线方向上无碰撞力，因此接触点切向速度连续。但公法线上存在碰撞冲量，因此将接触点在碰后的法向相对分离速度与碰前的法向相对接近速度之比

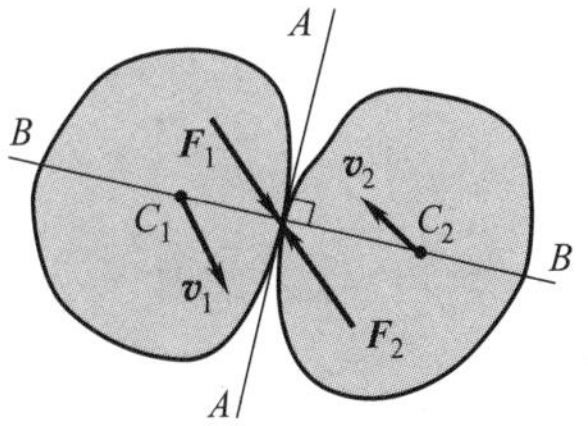

专题图 2-3

$$e = \frac{v'_{2\mathrm{n}} - v'_{1\mathrm{n}}}{v_{2\mathrm{n}} - v_{1\mathrm{n}}} \tag{10}$$

定义为**恢复因数**。恢复因数表示了速度恢复情况，也间接地表示了物体变形恢复的程度。通常，恢复因数 e 近似为一个与材料相关的常数。这只是实际情况的一阶近似，实验表明，恢复系数不是材料常数，它与碰撞双方的形状、尺寸有关，还同碰撞速度密切相关。碰撞包含变形过程，因此有学者从能量角度定义恢复因数。

对于各种实际的材料，均有 $0<e<1$。这些材料做的物体发生碰撞，称为**弹性碰撞**。弹性碰撞结束时，物体的变形只恢复部分，动能有损失。

$e=1$ 是理想情况，即物体在碰撞结束时，变形全部恢复，动能没有损失。这种碰撞

称为**完全弹性碰撞**。

$e=0$ 是极限情况，即物体的变形在碰撞结束时没有任何恢复，这种碰撞称为**塑性碰撞**。

当然，如果考虑摩擦，就需要考虑切向冲量对碰撞点切向速度的影响，但有两个困难点：一是切向冲量与法向冲量存在耦合；二是如何确定碰撞结束的条件。二维情形中的法向和切向冲量的耦合作用，可以像摩擦力那样用摩擦因数近似地联系起来，但三维情形非常复杂，此法行不通。对此感兴趣的读者可以查阅相关论文或专著。

式（1）和式（3）可以应用于任何物体的碰撞过程。若已知外碰撞冲量，只需额外补充运动学关系，则方程组封闭，可以求出物体质心速度、角速度，以及约束反冲量；若外碰撞冲量未知，则还须提供恢复因数，因为碰撞冲量、碰撞后的速度都与材料表面的物理性质有关。

［例 3］ 如专题图 2-4 所示，均质细杆长为 l，质量为 m，以平行于杆方向的速度 $\boldsymbol{v}$ 与地面成 θ 角斜撞于光滑地面。已知恢复因数 $e=1$。求撞击后杆的角速度。

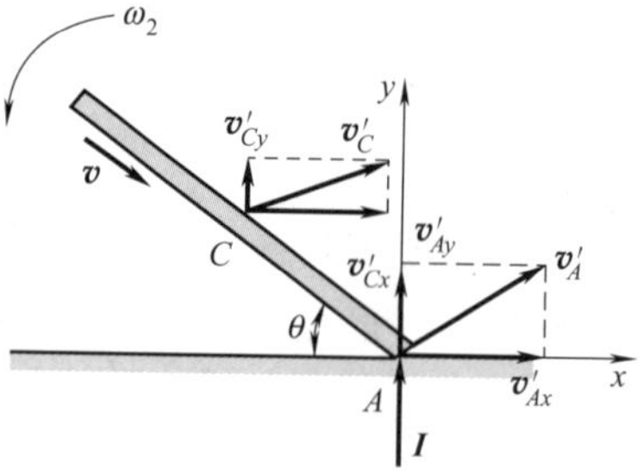

专题图 2-4

解：杆在碰撞过程中做平面运动，$\omega_1=0$，由刚体平面运动碰撞方程

$$\begin{aligned} m v'_{Cx}-m v_{Cx}&=\sum I_x \\ m v'_{Cy}-m v_{Cy}&=\sum I_y \\ J_C\omega_2-J_C\omega_1&=\sum M_C(\boldsymbol{I}^{(e)}) \end{aligned} \tag{a}$$

地面光滑，杆只受有 y 方向的碰撞冲量 I，即 $I_x=0$，有

$$v'_{Cx}=v_{Cx}=v\sin\theta$$

选质心为基点，则 $\boldsymbol{v}'_A=\boldsymbol{v}'_C+\boldsymbol{v}'_{A|C}$，沿 y 轴投影，有

$$v'_{Ay}=v'_{Cy}+\omega_2\frac{l}{2}\cos\theta \tag{b}$$

由恢复因数

$$e=\frac{v'_{Ay}}{v_{Ay}}=\frac{v'_{Ay}}{v\sin\theta}=1$$

得 $v'_{Ay}=v\sin\theta$，代入式（b），得

$$v\sin\theta=v'_{Cy}+\omega_2\frac{l}{2}\cos\theta \tag{c}$$

再由式（a）后两个式子

$$mv'_{Cy}+mv\sin\theta=I$$

$$\frac{1}{12}ml^2\omega_2=I\ \frac{l}{2}\cos\theta$$

以上两式消去 I，得

$$v'_{Cy}=\frac{\omega_2 l}{6\cos\theta}-v\sin\theta$$

代入式（c），解得

$$\omega_2=\frac{6v\sin2\theta}{(1+3\cos^2\theta)l}$$

当物体在运动时突然增加约束，在极短时间内，约束处会有极大的约束力出现，效果是约束力冲量是有限量，因此通常物体的动量在碰撞前后发生突变。如果这种碰撞是弹性的，物体会脱离约束并恢复原来的运动形式，这时突然增加的约束只存在于碰撞的瞬间；若碰撞是塑性的，则碰撞结束后新增的约束将继续存在，物体在新的约束条件下继续运动，可以明显观察到物体的运动形式在碰撞前后产生了突变。

对于突然增加约束问题，常选择突然增加的约束力作用点作为冲量矩定理的矩心，可以避免未知约束力冲量的出现，因此物体对碰撞点的动量矩在碰撞前后守恒。

［例 4］ 质量为 m，半径为 R 的均质圆柱体以速度 $\boldsymbol{v}_C$ 在水平面上纯滚动，如专题图 2-5（a）所示。在向前滚动过程中突然遇到高度为 h 的台阶，发生非弹性碰撞。求圆柱体不脱离 A 点而滚上台阶继续运动的条件。

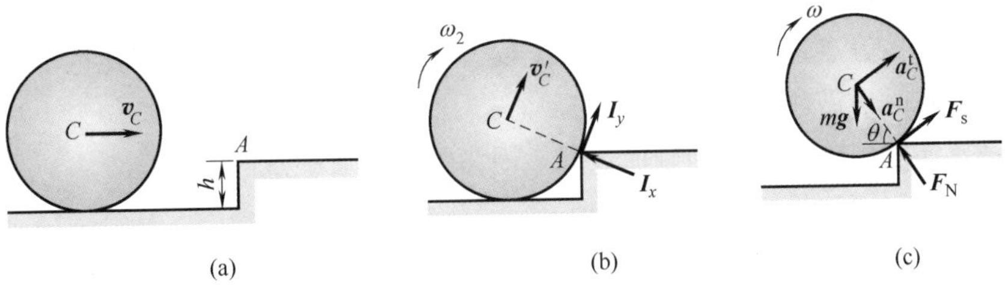

专题图 2-5

解： 碰撞前圆柱体的动量 $p_1=mv_C$，圆柱体相对质心的动量矩为 $L_C=J_C\omega_1$，$J_C=mR^2/2$，$\omega_1=v_C/R$。圆柱体对 A 点的动量矩为 $L_{A1}=J_C\omega_1+p_1(R-h)$，碰撞后圆柱体对 A 点的动量矩为 $L_{A2}=J_A\omega_2$，$J_A=3mR^2/2$。

对 A 点使用冲量矩定理，如专题图 2-5（b）所示，有 $J_C\omega_1+p_1(R-h)=J_A\omega_2$，解得 $\omega_2=\left(1-\frac{2}{3}\frac{h}{R}\right)\frac{v_C}{R}$。圆柱体在此初角速度下能够绕 A 点滚上台阶，由机械能守恒

$$\frac{1}{2}J_A\omega_3^2-\frac{1}{2}J_A\omega_2^2=-mgh$$

即 $\omega_3^2=\omega_2^2-\frac{4gh}{3R^2}>0$，可知

$$\left(1-\frac{2}{3}\frac{h}{R}\right)^2v_C^2>\frac{4gh}{3} \tag{a}$$

此外，还须确保圆柱绕 A 点转动时不脱离 A 点，即圆柱受到的法向约束力 $F_N>0$，

如专题图 2-5（c）所示。由质心运动定理

$$ma_C^n=mg\sin\theta-F_N，a_C^n=R\omega^2$$

其中，ω 是圆柱体碰撞结束后在滚上台阶过程中任意时刻的角速度，可由机械能守恒

$$\frac{1}{2}J_A\omega^2-\frac{1}{2}J_A\omega_2^2=-mg(h+R\sin\theta-R)$$

求出 $\omega^2=\omega_2^2-\frac{4g}{3R^2}(h+R\sin\theta-R)$，则不脱离 A 点的条件 $F_N>0$ 是 $\left(1-\frac{2}{3}\frac{h}{R}\right)^2v_C^2<\frac{g}{3}[7R\sin\theta-4(R-h)]$。为保证圆柱在滚上台阶期间始终不脱离 A 点，则应该将 $\sin\theta$ 的最小值 $(R-h)/R$ 代入，得到

$$\left(1-\frac{2}{3}\frac{h}{R}\right)^2v_C^2<g(R-h) \qquad (b)$$

由式（a）和式（b）可知，圆柱体既能不脱离 A 点，又能够滚上台阶继续前进的条件是

$$\frac{4gh}{3}<\left(1-\frac{2}{3}\frac{h}{R}\right)^2v_C^2<g(R-h)$$

由 $\frac{4gh}{3}<g(R-h)$ 进一步可得到台阶高度应满足的条件是 $h<\frac{3}{7}R$。

讨论：本题改为无摩擦且碰撞恢复因数为 e，如何求圆柱能翻越的台阶高度的上限？

可见，如果冲量已知，相当于已知碰撞力，就不需要恢复因数方程，如例 2；对于塑性碰撞，碰撞后接触点速度为零，这实际上隐含了恢复因数的方程，因此也不需要恢复因数。此外，解题时还需注意以下细节。

首先是要注意区分碰撞与非碰撞过程，因为只有在碰撞过程中，普通力、位移才能忽略不计，冲量定理、冲量矩定理才适用。在碰撞前后，动能定理等常规方法仍可以使用。

其次是针对例专题 4 中的不同碰撞情况，如专题图 2-6 所示，需要补充不同的条件：

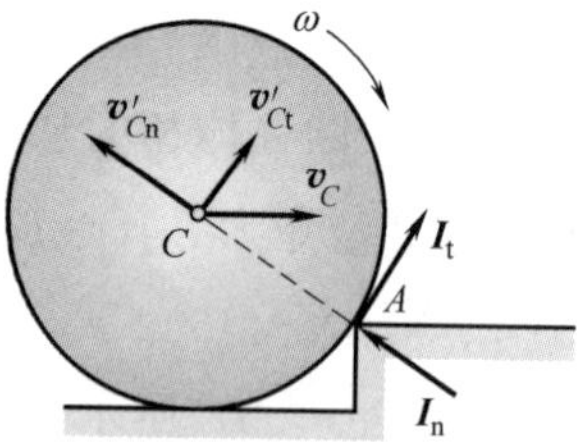

专题图 2-6

① 如果碰撞点是光滑无摩擦的，则补充条件是：切向冲量 $I_t=0$；

② 如果碰撞点是粗糙但不打滑的，则补充条件是：碰撞点静止 $v_A=0$，即 $v'_{Ct}=r\omega$；

③ 如果碰撞点是粗糙但打滑的，则补充条件是：$F_d=fF_N$，即 $I_t=fI_n$。

对于约束突然解除这类问题，在约束撤去的极短时间内：若撤去的是刚性约束，则有限大小的约束力会突变；若撤去的是弹性约束，则有限大小的约束力不变。无论是哪种情况，约束突然解除造成的冲量都为零，则对任何点的冲量矩也为零，因此约束突然解除前后，物体的动量、动量矩不会有突变。

习题

专题 2-1 如专题 2-1 图所示台球杆打击台球，使台球不借助摩擦而能做纯滚动。假设球杆对球只施加水平力，求满足上述运动的球杆位置高度 h。

专题 2-2 均质细杆 AB 置于光滑的水平面上，围绕其重心 C 以角速度 ω_0 转动，如专题 2-2 图所示。若突然将点 B 固定（作为转轴），问杆将以多大的角速度围绕点 B 转动？

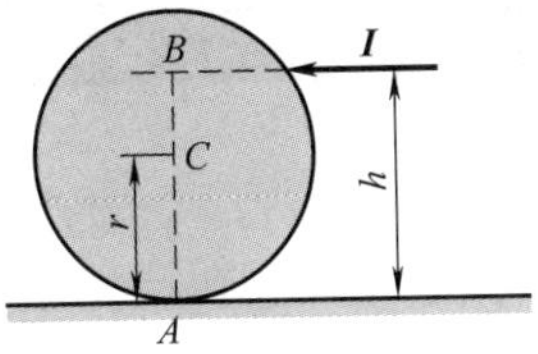

专题 2-1 图

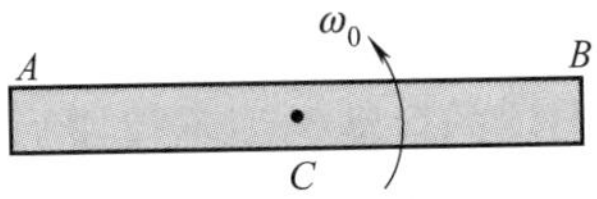

专题 2-2 图

专题 2-3 如专题 2-3 图所示，两均质杆 OA 和 OB 上端固定铰支，下端与杆 AB 铰接，使杆 OA 与杆 OB 竖直，而杆 AB 水平。已知三杆的质量均为 m，且杆长 $OA=O_1B=AB=L$，各铰链均光滑。若在铰链 A 处向右作用一水平冲量 $\boldsymbol{I}$，求杆 OA 及 OB 的最大偏角 φ。

专题 2-4 半径为 r 的乒乓球以速度 $\boldsymbol{v}$ 落到台面，与铅垂线成 θ 角，此时球有绕与 $\boldsymbol{v}$ 垂直的水平轴 O 的角速度 ω_0，如专题 2-4 图所示。如球与台面相撞后，因瞬时摩擦作用，接触点水平速度突然变为零。设恢复因数为 e，求回弹角 β。

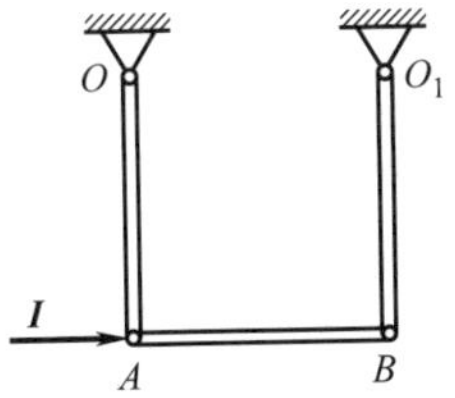

专题 2-3 图

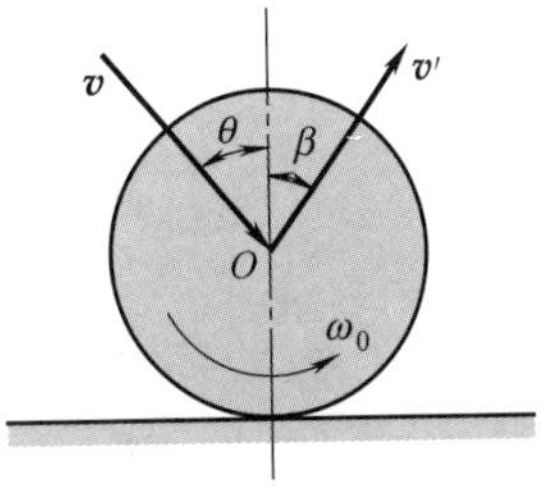

专题 2-4 图

专题 3

刚体动力学

因为刚体的运动类型不仅跟力系作用情况有关，还跟初始条件（初始姿态和速度）有关。通过描述刚体的质量分布和刚体旋转运动，欧拉发展了一般的刚体动力学理论，并将其用于天体运动的预测。

(1) 刚体对定点的动量矩

以 O 为原点建立直角坐标系，设刚体绕 O 点转动的瞬时角速度矢量为 $\boldsymbol{\omega}=(\omega_x, \omega_y, \omega_z)^{\mathrm{T}}$，则刚体上质点位矢为 $\boldsymbol{r}_i=(x_i, y_i, z_i)^{\mathrm{T}}$ 处的质点速度为 $\boldsymbol{v}_i=\boldsymbol{\omega}\times\boldsymbol{r}_i$，其质量记为 m_i，则动量矩 $\boldsymbol{r}_i\times m_i\boldsymbol{v}_i=\boldsymbol{r}_i\times m_i(\boldsymbol{\omega}\times\boldsymbol{r}_i)=m_i\boldsymbol{r}_i^2\boldsymbol{\omega}-m_i(\boldsymbol{r}_i\cdot\boldsymbol{\omega})\boldsymbol{r}_i$，对其求和，得

$$
\begin{aligned}
\boldsymbol{L}_O &=\sum\boldsymbol{r}_i\times m_i\boldsymbol{v}_i=\sum m_i\boldsymbol{r}_i^2\boldsymbol{\omega}-\sum m_i(\boldsymbol{r}_i\cdot\boldsymbol{\omega})\boldsymbol{r}_i\\
&=\sum m_i(x_i^2+y_i^2+z_i^2)(\omega_x \quad \omega_y \quad \omega_z)^{\mathrm{T}}-\sum m_i(x_i\omega_x+y_i\omega_y+z_i\omega_z)(x_i \quad y_i \quad z_i)^{\mathrm{T}}\\
&=\begin{bmatrix}\sum m_i(y_i^2+z_i^2) & -\sum m_ix_iy_i & -\sum m_ix_iz_i\\ -\sum m_iy_ix_i & \sum m_i(x_i^2+z_i^2) & -\sum m_iy_iz_i\\ -\sum m_iz_ix_i & -\sum m_iz_iy_i & \sum m_i(x_i^2+y_i^2)\end{bmatrix}\begin{pmatrix}\omega_x\\ \omega_y\\ \omega_z\end{pmatrix}\\
&=\begin{bmatrix}J_{xx} & -J_{xy} & -J_{xz}\\ -J_{yx} & J_{yy} & -J_{yz}\\ -J_{zx} & -J_{zy} & J_{zz}\end{bmatrix}\begin{pmatrix}\omega_x\\ \omega_y\\ \omega_z\end{pmatrix}
\end{aligned}
$$

其中，$J_{xx}=\sum m_i(y_i^2+z_i^2)$，$J_{yy}=\sum m_i(x_i^2+z_i^2)$，$J_{zz}=\sum m_i(x_i^2+y_i^2)$ 分别是刚体对 x，y，z 轴的转动惯量。$J_{xy}=J_{yx}=\sum m_ix_iy_i$，$J_{yz}=J_{zy}=\sum m_iy_iz_i$，$J_{xz}=J_{zx}=\sum m_ix_iz_i$ 是刚体的惯性积。

$$
\begin{bmatrix}J_{xx} & -J_{xy} & -J_{xz}\\ -J_{yx} & J_{yy} & -J_{yz}\\ -J_{zx} & -J_{zy} & J_{zz}\end{bmatrix}
$$

称为**惯量矩阵**，它是刚体的**惯量张量**（一般用 $\mathbf{J}_O$ 表示）在坐标系 $Oxyz$ 中的分量表达。刚体对过 O 点任意轴的转动惯量都可以用惯量张量的分量来表示。张量是个多重矢量（矢量是一阶张量），它在不同坐标系中的分量不同。惯量张量是一个二阶张量。

矩阵乘法相当于二阶张量的内积运算，因此根据上面推导的结果有 $\boldsymbol{L}_O=\mathbf{J}_O\cdot\boldsymbol{\omega}$，形式上与刚体定轴转动情形相似。与矢量一样，张量常用来推导公式，而分量形式用于计算。矩阵乘法一般是不可交换的，除非与对称矩阵相乘。显然，$\mathbf{J}$ 是一个对称张量，因此

$\mathbf{J}\cdot\boldsymbol{\omega}=\boldsymbol{\omega}\cdot\mathbf{J}$。

注意：① 在惯量矩阵中，每一个元素只和刚体本身的几何形状以及刚体的质量分布情况有关，与刚体的转动角速度无关，在不同坐标系中可能不同；

② 若刚体质量连续分布，在具体计算惯量矩阵各个元素时，应将求和号$\sum$改为相应的积分号。

引入单位张量 $\boldsymbol{E}$，其分量与单位矩阵的元素相同，则可以用并矢来表示惯量张量

$$\boldsymbol{L}_O=\sum m_i\boldsymbol{r}_i^2\boldsymbol{\omega}-\sum m_i(\boldsymbol{r}_i\cdot\boldsymbol{\omega})\boldsymbol{r}_i=\sum m_i\boldsymbol{r}_i^2\boldsymbol{\omega}-\sum m_i\boldsymbol{r}_i\boldsymbol{r}_i\cdot\boldsymbol{\omega}=\sum m_i(r_i^2\mathbf{E}-\boldsymbol{r}_i\boldsymbol{r}_i)\cdot\boldsymbol{\omega}$$

因此

$$\mathbf{J}=\sum m_i(r_i^2\mathbf{E}-\boldsymbol{r}_i\boldsymbol{r}_i) \tag{1}$$

若向量 $\boldsymbol{r}_{CO}=(a,\ b,\ c)^{\mathrm{T}}$，由上式很容易推导出惯量矩阵的**移轴公式**

$$\mathbf{J}_O=\mathbf{J}_C+m\begin{bmatrix}(b^2+c^2) & -ab & -ac\\ -ab & (c^2+a^2) & -bc\\ -ac & -bc & (a^2+b^2)\end{bmatrix} \tag{2}$$

若刚体绕 O 点的转动惯量为 $\mathbf{J}_O$，设其绕轴 OA 转动，单位矢量为 $\boldsymbol{n}$，则刚体对 O 点的动量矩为 $\mathbf{J}_O\cdot\boldsymbol{n}$。将动量矩向轴 OA 投影，得到刚体对轴 OA 的转动惯量

$$J_{OA}=\boldsymbol{n}\cdot\mathbf{J}_O\cdot\boldsymbol{n} \tag{3}$$

用 OA 轴的方向余弦表示 $\boldsymbol{n}=(\cos\alpha,\ \cos\beta,\ \cos\gamma)$，则上式展开为

$$\begin{aligned}J_{OA}&=J_x\cos^2\alpha+J_y\cos^2\beta+J_z\cos^2\gamma\\&\quad-2J_{xy}\cos\alpha\cos\beta-2J_{yz}\cos\beta\cos\gamma-2J_{zx}\cos\gamma\cos\alpha\end{aligned} \tag{4}$$

上式即惯量矩阵的**转轴公式**。刚体对任何轴的转动惯量都可以通过移轴公式和转轴公式计算。

因为惯量主轴要求惯性积为零，则刚体对惯量主轴的动量矩 $\mathbf{J}_O\cdot\boldsymbol{\omega}=J\boldsymbol{\omega}$，这是矩阵的特征值问题。特征值 J 是主转动惯量，特征向量 $\boldsymbol{\omega}$ 是角速度矢量。由于惯量矩阵是实对称矩阵，所以必然有三个实特征值，且特征向量方向相互垂直，即刚体必然存在三个相互垂直的主轴。利用矩阵特征值理论，还可以得到许多其他有关转动惯量的性质，这里不再赘述。

思考：刚体绕定点转动时，惯量矩阵随时间变化吗？在什么坐标系下它不变？

(2) 一般运动刚体的动能

利用矢量混合积性质，可得到绕定点运动的刚体动能

$$\begin{aligned}T_O&=\frac{1}{2}\sum m_i\boldsymbol{v}_i^2=\frac{1}{2}\sum m_i(\boldsymbol{\omega}\times\boldsymbol{r}_i)\cdot\boldsymbol{v}_i=\frac{1}{2}\sum(\boldsymbol{r}_i\times m_i\boldsymbol{v}_i)\cdot\boldsymbol{\omega}\\&=\frac{1}{2}\boldsymbol{L}_O\cdot\boldsymbol{\omega}=\frac{1}{2}(\omega_x\quad\omega_y\quad\omega_z)\begin{bmatrix}J_{xx} & -J_{xy} & -J_{xz}\\ -J_{yx} & J_{yy} & -J_{yz}\\ -J_{zx} & -J_{zy} & J_{zz}\end{bmatrix}\begin{pmatrix}\omega_x\\ \omega_y\\ \omega_z\end{pmatrix}\\&=\frac{1}{2}\boldsymbol{\omega}\cdot\mathbf{J}\cdot\boldsymbol{\omega}\end{aligned} \tag{5}$$

若将上面的 O 点换成质心 C，根据柯尼希定理可知，空间自由运动刚体动能为

$$T=\frac{1}{2}m\,\boldsymbol{v}_C^2+\frac{1}{2}\boldsymbol{\omega}\cdot\mathbf{J}_C\cdot\boldsymbol{\omega} \tag{6}$$

思考：在不同坐标系下，空间自由运动的刚体动能是个不变量吗？为什么？

(3) 刚体动力学方程

刚体在空间中的运动可以由质心运动定理以及相对质心的动量矩定理确定：

$$m\boldsymbol{a}_C=\sum \boldsymbol{F}_i^{(e)}, \quad \frac{d\boldsymbol{L}_C}{dt}=\boldsymbol{M}_C$$

其中，$\boldsymbol{L}_C$ 为刚体相对质心的动量矩；$\boldsymbol{M}_C$ 为作用在刚体上的外力对质心的主矩。

刚体运动过程中，刚体相对于随体坐标系静止，因此刚体在该坐标系中对质心的惯量矩阵的各个元素不随时间变化，即转动惯量不随时间变化，这为方程的简化带来了方便。利用绝对导数和相对导数关系式（7.2），上式可写为

$$\frac{\tilde{d}\boldsymbol{L}_C}{dt}+\boldsymbol{\omega}\times\boldsymbol{L}_C=\boldsymbol{M}_C$$

其中，$\boldsymbol{\omega}$ 是随体坐标系的角速度，也是刚体的角速度。$\boldsymbol{L}_C=\mathbf{J}_C\cdot\boldsymbol{\omega}$，代入上式得

$$\mathbf{J}_C\cdot\dot{\boldsymbol{\omega}}+\boldsymbol{\omega}\times(J_C\cdot\boldsymbol{\omega})=\boldsymbol{M}_C \tag{7}$$

如果随体坐标系 $Cx'y'z'$ 取为刚体的惯量主轴系（如果取其他坐标系，别的随体坐标系，方程中会出现惯性积，其形式很复杂），中心主转动惯量为 J_1，J_2，J_3，则上式可写成

$$\begin{aligned}J_1\dot{\omega}_1+(J_3-J_2)\omega_2\omega_3&=M_1\\J_2\dot{\omega}_2+(J_1-J_3)\omega_3\omega_1&=M_2\\J_3\dot{\omega}_3+(J_2-J_1)\omega_1\omega_2&=M_3\end{aligned} \tag{8}$$

由于质点系对定点的动量矩定理与相对质心的动量矩定理形式相同，故刚体绕定点运动也有与上式相同的方程，只需将 J_1，J_2 和 J_3 理解为刚体对定点 O 的主转动惯量，M_1，M_2 和 M_3 为外力对定点 O 的主矩。方程（8）称为**欧拉动力学方程**。

根据角速度合成定理，绝对角速度矢量由进动、章动、自转角速度矢量合成，如专题图 3-1 所示，进动角、章动角、自转角分别为 ψ、θ、φ，则合角速度矢量为

$$\omega=\dot{\psi}\boldsymbol{e}_z+\dot{\theta}\boldsymbol{e}_N+\dot{\varphi}\boldsymbol{e}_3 \tag{9}$$

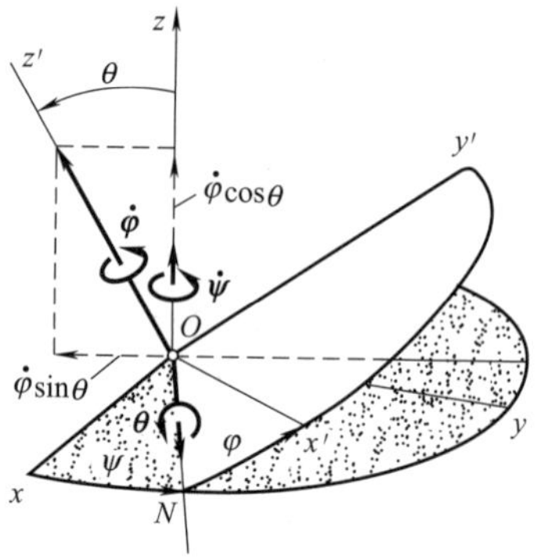

专题图 3-1

利用几何关系，将 $\boldsymbol{e}_z$，$\boldsymbol{e}_N$ 分别用 $\boldsymbol{e}_1$，$\boldsymbol{e}_2$，$\boldsymbol{e}_3$ 表示出来并代入上式得角速度分量和欧拉角的关系

$$\begin{cases}\omega_1=\dot{\psi}\sin\theta\sin\varphi+\dot{\theta}\cos\varphi\\ \omega_2=\dot{\psi}\sin\theta\cos\varphi-\dot{\theta}\sin\varphi\\ \omega_3=\dot{\psi}\cos\theta+\dot{\varphi}\end{cases} \text{或} \begin{pmatrix}\omega_1\\ \omega_2\\ \omega_3\end{pmatrix}=\begin{bmatrix}\sin\theta\sin\varphi & \cos\varphi & 0\\ \sin\theta\cos\varphi & -\sin\varphi & 0\\ \cos\theta & 0 & 1\end{bmatrix}\begin{pmatrix}\dot{\psi}\\ \dot{\theta}\\ \dot{\varphi}\end{pmatrix} \tag{10}$$

同理可得固定坐标系中的角速度分量与欧拉角的关系

$$\begin{cases}\omega_x=\dot{\varphi}\sin\theta\sin\psi+\dot{\theta}\cos\psi\\ \omega_y=-\dot{\varphi}\sin\theta\cos\psi+\dot{\theta}\sin\psi\\ \omega_z=\dot{\varphi}\cos\theta+\dot{\psi}\end{cases} \text{或} \begin{pmatrix}\omega_x\\ \omega_y\\ \omega_z\end{pmatrix}=\begin{bmatrix}0 & \cos\psi & 0\\ 0 & \sin\psi & -\sin\theta\cos\psi\\ 1 & 0 & \cos\theta\end{bmatrix}\begin{pmatrix}\dot{\psi}\\ \dot{\theta}\\ \dot{\varphi}\end{pmatrix} \tag{11}$$

以上两组关系与质心运动定理、欧拉动力学方程联立，就是**刚体一般运动方程组**。当然，也可以直接从刚体动能表达式（6）出发，利用式（9）和拉格朗日方程导出刚体一般运动方程组。

将式（10）代入式（8）就得到用欧拉角表示的3个二阶微分方程，加上质心运动定理的3个方程，一共6个二阶微分方程。在给定了12个初始条件后，方程的解给出完整的运动规律。但是，式（8）是ω_1，ω_2，ω_3（时间t函数）的一组非线性微分方程，即使力矩M_1，M_2，M_3很简单，在任意初始条件下，仅在某些特殊情形下才能给出封闭形式的解析解。

1）刚体绕固定点自由转动

不受外力矩作用，即重力矩可以忽略或重力场中固定点在质心处的情形。例如自由刚体或太空中的星星（假设只关心绕质心的自由转动）。欧拉最早研究了这类问题，因此称为欧拉情形。由于不受外力矩，方程（8）变为

$$
\begin{aligned}
J_1\dot{\omega}_1+(J_3-J_2)\omega_2\omega_3=0\\
J_2\dot{\omega}_2+(J_1-J_3)\omega_3\omega_1=0\\
J_3\dot{\omega}_3+(J_2-J_1)\omega_1\omega_2=0
\end{aligned}
\tag{12}
$$

由此可以得到两个首次积分。将以上三式分别乘以ω_1，ω_2，ω_3后，相加并积分，得

$$J_1\omega_1^2+J_2\omega_2^2+J_3\omega_3^2=\text{常量} \tag{13}$$

这代表机械能守恒。将方程（12）中的三式分别乘以$J_1\omega_1$，$J_2\omega_2$，$J_3\omega_3$后，相加并积分，得

$$J_1^2\omega_1^2+J_2^2\omega_2^2+J_3^2\omega_3^2=\text{常量} \tag{14}$$

等号左边恰好是动量矩$\boldsymbol{L}_O$大小的平方，这说明动量矩的大小守恒。

当J_1，J_2，J_3互不相等时，ω_1，ω_2，ω_3无法用初等函数的有限形式表达出来。但可以分析出结论：如果刚体的主转动惯量互不相等，除非初始角速度沿着某惯量主轴方向，否则该刚体的角速度大小和方向将在运动过程中发生变化。

证明：假如刚体初始开始转动，ω不随时间变化为常数c_1，再由上面的机械能守恒和动量矩大小守恒，有

$$
\begin{bmatrix}1&1&1\\J_1&J_2&J_3\\J_1^2&J_2^2&J_3^2\end{bmatrix}
\begin{pmatrix}\omega_1^2\\\omega_2^2\\\omega_3^2\end{pmatrix}=
\begin{pmatrix}c_1\\c_2\\c_3\end{pmatrix}
$$

式中，系数行列式为$(J_1-J_2)(J_2-J_3)(J_3-J_2)$，因为上面结论中提到$J_1$，$J_2$，$J_3$互不相等，则此行列式非零。因此$\omega_1$，$\omega_2$，$\omega_3$求出来是一个常量。于是式（12）变为

$$
\begin{cases}
(J_3-J_2)\omega_2\omega_3=0\\
(J_1-J_3)\omega_3\omega_1=0\\
(J_2-J_1)\omega_1\omega_2=0
\end{cases}
$$

上式要成立，则ω_1，ω_2，ω_3中至少有两个恒为零。除非刚体在初始时刻沿某个惯量主轴转动，否则不可能满足，因此ω随时间变化。另一方面，在惯性坐标系内来看，$\omega^2=\omega_x^2+\omega_y^2+\omega_z^2$随时间变化，则其中至少有一个分量必须变化。这样，在惯性坐标系中，$\boldsymbol{\omega}=\omega_x\boldsymbol{i}+\omega_y\boldsymbol{j}+\omega_z\boldsymbol{k}$的方向也必然在变化。证毕。

根据上述分析可知，受到外力和外力矩平衡的刚体，若初始角速度为零，则等速直线

平移，若初始角速度不为零，则绕质心惯性转动。此即刚体的平衡状态。

如果刚体初始绕惯量主轴之一转动，能否稳定转动下去？航天员在空间站中偶然发现T形杆在空中绕主轴旋转时，主轴会周期性改变的现象。这与向空中扔网球拍所观察到的现象在本质上一样。

网球拍定理：自由刚体绕其最大或最小惯量主轴转动是稳定的，绕中间轴转动不稳定。

通过讨论刚体运动解的稳定性可以证明上述结论。考虑绕质心自由转动的刚体，不妨设主转动惯量满足 $J_1<J_2<J_3$，并设刚体初始绕 x_2 轴转动，即

$$\omega_2=\Omega=\text{常数},\ \omega_1=\omega_3=0$$

假设施加一个小扰动，扰动后

$$\omega_2=\Omega+\varepsilon_2,\ \omega_1=\varepsilon_1,\ \omega_3=\varepsilon_3$$

式中，ε_1，ε_2，ε_3 都是随时间演化的小量。若刚体绕 x_2 轴的转动能维持，则小量必须稳定。将上面的角速度分量代入式（8），忽略二阶及更高阶小量，有线性化扰动方程组

$$J_1\dot{\varepsilon}_1+\Omega(J_3-J_2)\varepsilon_3=0$$

$$J_2\dot{\varepsilon}_2=0$$

$$J_3\dot{\varepsilon}_3+\Omega(J_2-J_1)\varepsilon_1=0$$

由上面的方程很容易得到

$$\ddot{\varepsilon}_3+\frac{\Omega}{J_1J_3}(J_2-J_3)(J_2-J_1)\varepsilon_3=0 \quad\Rightarrow\quad \ddot{\varepsilon}_3+K\varepsilon_3=0$$

由于 $J_1<J_2<J_3$，因此 $K<0$，所扰动 ε_3 将随时间指数增长，即扰动是不稳定的。同理可证明其他轴的扰动是稳定的。

2）重力作用下轴对称刚体绕定点运动

质量是轴对称分布，则 $J_1=J_2$，且质心在 J_3 对应的主轴上，称为拉格朗日情形。相应方程的求解很复杂，但可以分析出，受力矩为零时，刚体绕其对称轴上定点的运动是章动角为常数 θ_0 的**规则进动**，此时进动和自转角速度大小都只能是常数。

反过来，可推导出轴对称刚体做规则进动所需的力矩。外力矩为零（欧拉情形）是一个解，但不是唯一解，我们可以求出一般形式的解。根据规则进动的定义，章动角是常数 θ_0，代入欧拉角运动学关系式（10），再代入欧拉动力学方程（8），可以推导出

$$\boldsymbol{M}_O=\boldsymbol{\omega}_2\times\boldsymbol{\omega}_1\left[J_3+(J_3-J_1)\frac{\omega_2}{\omega_1}\cos\theta_0\right] \tag{15}$$

上式称为**陀螺基本公式**。

考虑到工程中遇到的陀螺都是绕自身对称轴高速转动的刚体，其自转角速度 ω 高达每分钟数万转。例如玩具陀螺在铅垂状态下稳定高速自转，这时玩具陀螺的自转轴在空间中几乎不动，就像定轴转动一样（这种运动状态称为**永久转动**），可近似地认为绝对角速度 $\boldsymbol{\omega}_a\approx\boldsymbol{\omega}$，即陀螺的绝对角速度矢量与自身对称轴 Oz' 近似重合，大小与自转角速度 ω 相等，如专题图 3-2 所示。因此，陀螺对定点 O 的动量矩矢 $\boldsymbol{L}_O$ 可近似表示为 $\boldsymbol{L}_O\approx J_{z'}\boldsymbol{\omega}$。其中 $J_{z'}$ 是陀螺关于对称轴 Oz' 的转动惯量。

通过上述简化，可以用动量矩定理阐述陀螺运动近似理论。在许多工程技术领域，陀螺近似理论有足够的准确性，得到了广泛应用。

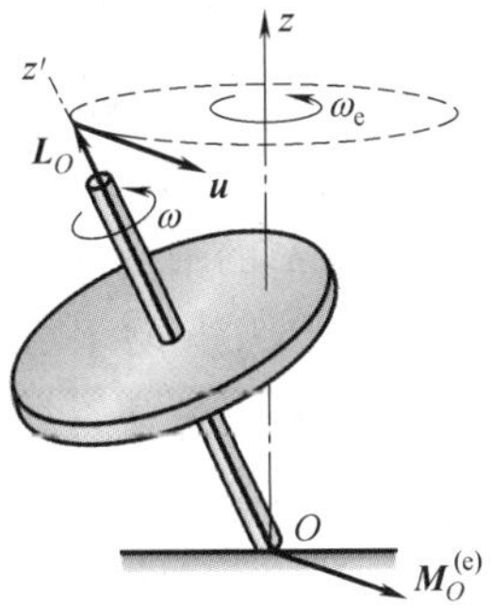

专题图 3-2

考虑到 $\boldsymbol{L}_O$ 是定位矢量，位矢 $\boldsymbol{r}$ 也是定位矢量，而 $\boldsymbol{v}=\mathrm{d}\boldsymbol{r}/\mathrm{d}t$ 方向是矢端轨迹切向，则可从运动学角度解释动量矩定理 $\boldsymbol{u}=\mathrm{d}\boldsymbol{L}_O/\mathrm{d}t$，即

赖柴定理：质点系对某定点的动量矩矢端速度大小等于外力对于同一点的主矩，方向与外力主矩方向相同，可表示为

$$\boldsymbol{u}=\boldsymbol{M}_O^{(e)} \tag{16}$$

其中，$\boldsymbol{u}$ 具有力矩的量纲，可以理解为广义速度。当力矩 $\boldsymbol{M}$ 开始作用或结束作用时，动量矩矢端 A 就获得了或丧失了全部速度 $\boldsymbol{u}$，无须时间过程。按陀螺近似理论，其动量矩矢与对称轴重合，因此外力主矩也就决定了对称轴的运动。现在应用上述结论来分析陀螺运动的几个重要特性：

① 定轴性。当外力矩为零时，高速自转陀螺的质量对称轴在惯性系中的方位不变。这一性质应用广泛，如陀螺仪在鱼雷制导中的应用，飞机中的地平仪的应用等。

② 进动性。当力矩矢与陀螺对称轴不重合时，陀螺会进动。

设进动角速度为 $\boldsymbol{\omega}_e$，则动量矩矢端 A 的速度为 $\boldsymbol{u}=\boldsymbol{\omega}_e\times\boldsymbol{L}_O=\boldsymbol{\omega}_e\times J_{z'}\boldsymbol{\omega}$，那么外力主矩 $\boldsymbol{M}_O^{(e)}=\boldsymbol{\omega}_e\times J_{z'}\boldsymbol{\omega}$，于是进动速度大小为

$$\omega_e=\frac{M_O^{(e)}}{J_{z'}\omega\sin\theta} \tag{17}$$

式中，θ 为自转轴 Oz' 与进动轴 Oz 之间的夹角（章动角）。由上式可知，陀螺自转角速度越大，则进动角速度越小；当陀螺的自转角速度由于干摩擦影响而逐渐减小时，进动角速度 $\boldsymbol{\omega}_e$ 会逐渐增大。例如，硬币在平面上滚动到倒下的过程中，随着滚动得越来越慢，在重力作用下，垂直于硬币面的自转轴逐渐加速进动，直到硬币完全倒下。

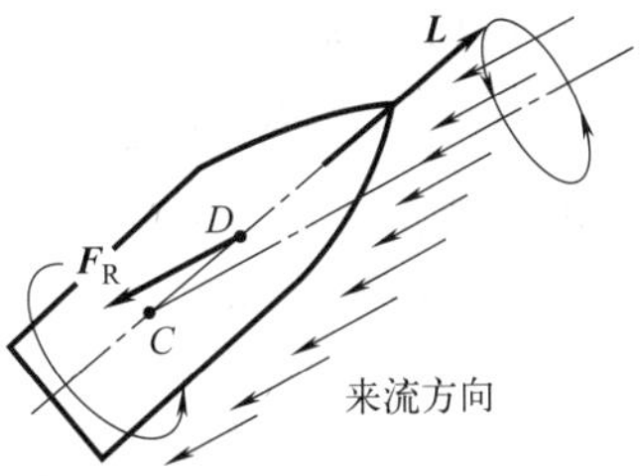

专题图 3-3

因此，为了防止子弹或炮弹在空中因为气流干扰而翻转，在膛内刻有螺旋形的来复线，可使子弹或炮弹在出膛口后绕自身对称纵轴高速自转。当弹体纵轴偏离飞行方向时，气动力的合力 $\boldsymbol{F}_R$ 作用于弹体质心 C 靠前的压力中心 D 处（专题图 3-3）；如果弹体不自旋，它将绕质心 C 向后翻倒。现在沿纵轴有高速自转的动量矩 $\boldsymbol{L}$，纵轴在外力矩作用下发生进动，在空中扫出以质心为顶点的微小圆锥面，圆锥的轴向始终能对准初始飞行目标方向。

③ 陀螺效应与陀螺力矩。高速旋转的陀螺对称轴被迫改变方向时，由于陀螺定向性，必然会对轴承或支架反作用一个力偶矩 $\boldsymbol{M}_G$，称为**陀螺力矩**，它与外力主矩等大反向。与陀螺力矩相关的现象称为**陀螺效应**。显然

$$\boldsymbol{M}_G=-\boldsymbol{M}_O^{(e)}=J_{z'}\boldsymbol{\omega}\times\boldsymbol{\omega}_e \tag{18}$$

陀螺效应可能使机器零件（特别是轴承）因附加压力过大而损坏，因此在设计时应加以考虑。

陀螺效应存在于高速旋转的地方。例如，现代飞机发动机采用高速转动的涡轮增压，因此存在飞行方向的动量矩 $J_{z'}\boldsymbol{\omega}$。当飞机快速左转弯时，相当于强迫涡轮的转轴以角速度 $\boldsymbol{\omega}_e$ 进动，因此涡轮对飞机产生的陀螺力矩迫使其抬头［专题图 3-4（a）］；同样，当飞

机由俯冲拉起时，陀螺力矩迫使飞机右转弯［专题图 3-4（b）］。

另一方面，陀螺效应也被有效地利用，航海陀螺稳定器就是利用陀螺效应的一个例子。专题图 3-5 所示为船上的陀螺稳定器的示意图。转子以角速度 $\boldsymbol{\omega}$ 绕其对称轴 A 高速转动。轴 A 的轴承座与专题图 3-5 中方框表示的箱体固连，并可绕轴 D 转动。当船体受风浪的干扰力矩 M 作用而绕纵轴晃动时，调节系统令转子所在的箱体以适当的角速度 $\boldsymbol{\omega}_e$ 绕轴 D 转动，迫使自转轴进动。这时轴承会受到附加压力 $\boldsymbol{F}'_1$ 和 $\boldsymbol{F}'_2$ 的作用，两力构成的陀螺力矩恰好与干扰力矩的方向相反，使船体维持原来的平衡状态。若干扰力矩方向变化，$\boldsymbol{\omega}_e$ 也随之变化。

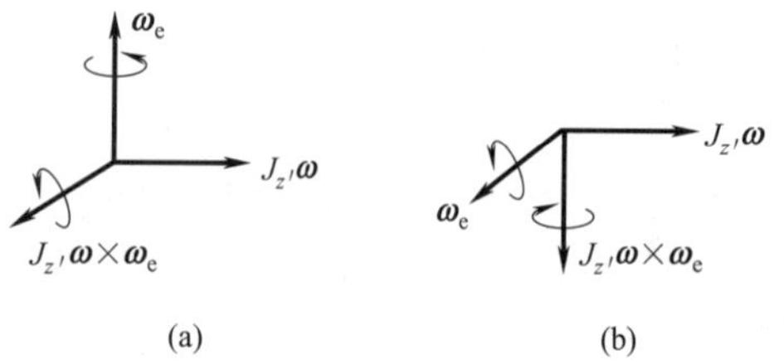

专题图 3-4

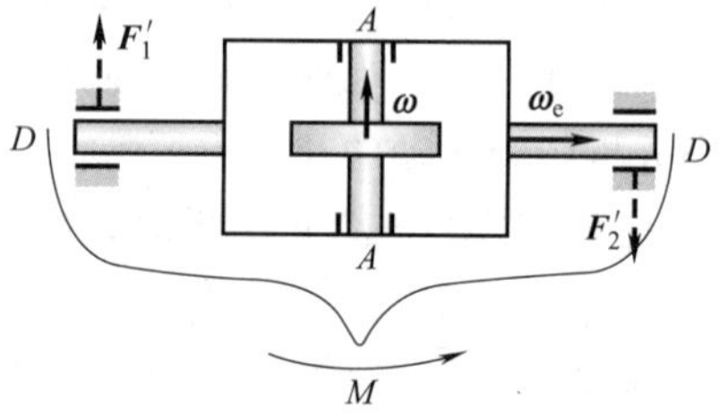

专题图 3-5

思考：自行车不倒的原理是否可以用陀螺力矩来解释？其影响是否占主导？

（4）刚体做平面运动的条件

平面运动的刚体受到该平面内的力系作用，刚体的运动是否稳定（即最初的运动类型是否发生变化）？

可以将式（7）投影到一般的质心坐标系中，并代入平面运动条件，得到一般质心坐标系下刚体平面运动的动力学方程，也可以不进行数学推导，利用之前学过的知识，通过推理就能得到相同的结果。

首先，刚体质心加速度与转动轴垂直，否则刚体的速度将产生转动轴方向上的分量，与平面运动的定义相矛盾。这说明，作用于刚体的力系是过质心的某个平面上的力系。因此，主矢不能与主矩平行，即简化结果不能是力螺旋，否则，如果刚体初始角速度方向与主矩平行，则刚体上的点到刚体之外任何固定平面的距离一直在变；如果刚体的初始角速度方向与主矩斜交，根据赖柴定理，刚体将出现螺旋进动。

其次，在随质心平移的坐标系内，平面运动刚体惯性力系对质心的主矩为零，即只在外力矩作用下绕质心轴转动。根据绕定轴转动刚体动平衡条件可知，如果刚体绕过质心的某个惯量主轴转动，则外力矩与转轴平行，即平面的法线与惯量主轴之一重合。如果刚体绕过质心的非惯量主轴转动，若要保持定轴转动，则刚体还会受到垂直于转轴方向上的反力偶，这个反力偶只能由外力提供。因此，外力必然不在平面内。

最后，即使满足上述条件，刚体初始还必须做平行于前述平面的运动。否则根据赖柴定理，刚体将出现进动，不符合平面运动的定义。

综上所述，刚体做平面运动的充分条件是：刚体初始做某平面的平行运动，该平面的法线与刚体中心主轴重合，并且刚体只受该平面力系的作用。当然，不满足此条件的刚体也可能做平面运动，只是所受力系必然不是平面力系，其情况类似于刚体绕定轴转动时受到动反力偶的情况。

专题 4

变质量动力学

质量不随时间改变时，可以直接从加速度的角度来考虑外力与运动的关系，但在现实中火箭、喷气式飞机、投掷载荷的飞机、洒水车、火流星、浮冰等质量随时间变化的情况也很常见。经验表明，变质量系统会产生额外推力或阻力。由于动量定理是力的源头，因此可以用它来研究变质量动力学问题，但我们仍将讨论的范围限制在宏观低速机械运动。

(1) 变质量系统的动量和动量矩定理

在研究变质量问题之前，先要确认研究对象是什么。通常的研究对象是**系统**，其质量不随时间变化。对于质量随时间变化的情况，应当如何选取研究对象？尤其是没有固定形状的流体或粒子流。

回想一下火箭、喷气式飞机这类典型变质量物体，人们往往关心的是火箭或喷气式飞机这类“容器”的运动情况，因此研究对象应该是有质量并入或分离的主体，称为**主质量系统**。但问题在于，所有物理定律和导出的定理公式都建立在系统上。为了让主质量系统能够应用质点系动量定理，应该考虑组成质量不变的常质量系统的那些质点的动量变化。

设某一时刻主质量系统的总动量为 $\boldsymbol{p}$，经过无穷小的时间段 $\mathrm{d}t$ 后，主质量系统由于质量分离、合并而导致的动量流出、流入分别为 $\mathrm{d}\boldsymbol{p}_1$，$\mathrm{d}\boldsymbol{p}_2$，主质量系统自身动量变化为 $\mathrm{d}\boldsymbol{p}$。由质量守恒，有

下一时刻主质量系统质量－初始时刻主质量系统的质量＝流入的质量－流出的质量

因此，应该比较主质量系统的动量增加量与净流入量之差。由质点系动量定理，动量的变化归结为外力 $\boldsymbol{F}_i^{(\mathrm{e})}$ 的作用，即

$$\frac{\mathrm{d}\boldsymbol{p}}{\mathrm{d}t}-\left(\frac{\mathrm{d}\boldsymbol{p}_2}{\mathrm{d}t}-\frac{\mathrm{d}\boldsymbol{p}_1}{\mathrm{d}t}\right)=\sum\boldsymbol{F}_i^{(\mathrm{e})}$$

通常关注的是主质量系统，因此上式一般习惯将其动量变化放在左边，即

$$\frac{\mathrm{d}\boldsymbol{p}}{\mathrm{d}t}=\sum\boldsymbol{F}_i^{(\mathrm{e})}-\frac{\mathrm{d}\boldsymbol{p}_1}{\mathrm{d}t}+\frac{\mathrm{d}\boldsymbol{p}_2}{\mathrm{d}t} \tag{1}$$

这就是**变质量系统的动量定理**。等号右边后两项与力产生的效果一样，称为**反推力**。注意，上式只在惯性系中成立，即各项动量都是相对于惯性系的绝对量。

设 O 是惯性系中的固定点或者质心，以类似方式可推导出

$$\frac{\mathrm{d}\boldsymbol{L}_O}{\mathrm{d}t}=\sum\boldsymbol{M}_O(\boldsymbol{F}_i^{(\mathrm{e})})-\frac{\mathrm{d}\boldsymbol{L}_1}{\mathrm{d}t}+\frac{\mathrm{d}\boldsymbol{L}_2}{\mathrm{d}t} \tag{2}$$

上式称为**变质量系统动量矩定理**。等式中右边最后两项称为**反推力矩**，其中 $\boldsymbol{L}_1$ 和 $\boldsymbol{L}_2$ 分

别是由质量流出和流入导致的动量矩。

(2) 变质量质点的运动微分方程

当变质量系统做平移运动或质量变化导致系统体积形状变化可以忽略不计时，可将其抽象为**变质量质点**。某质点初始质量为 m_0，在某瞬间分别以绝对速度 $\boldsymbol{u}_1$ 和 $\boldsymbol{u}_2$ 分离和并入了质量为 $m_1(t)$ 和 $m_2(t)$ 的质点粒子，则 $\mathrm{d}\boldsymbol{p}_1/\mathrm{d}t=\boldsymbol{u}_1\mathrm{d}m_1/\mathrm{d}t$，$\mathrm{d}\boldsymbol{p}_2/\mathrm{d}t=\boldsymbol{u}_2\mathrm{d}m_2/\mathrm{d}t$。变质量质点相对惯性系的绝对速度为$\boldsymbol{v}$，质量为 $m(t)=m_0-m_1(t)+m_2(t)$，则其动量为 $\boldsymbol{p}=m(t)\boldsymbol{v}$。将这些表达式代入变质量系统动量定理，得

$$\frac{\mathrm{d}}{\mathrm{d}t}(m\boldsymbol{v})=\sum\boldsymbol{F}_i^{(\mathrm{e})}+\boldsymbol{F}_{\Phi\mathrm{a}} \tag{3}$$

称为变质量质点动量定理，其中 $\boldsymbol{F}_{\Phi\mathrm{a}}=-\boldsymbol{u}_1\dfrac{\mathrm{d}m_1}{\mathrm{d}t}+\boldsymbol{u}_2\dfrac{\mathrm{d}m_2}{\mathrm{d}t}$是绝对速度表达的反推力。

然而，现实中通常直接测得的是相对于变质量质点的分离和并入的相对速度 $\boldsymbol{u}_{1\mathrm{r}}$ 和 $\boldsymbol{u}_{2\mathrm{r}}$。因此将质量守恒 $m(t)=m_0-m_1(t)+m_2(t)$ 求导，得

$$\frac{\mathrm{d}m}{\mathrm{d}t}=-\frac{\mathrm{d}m_1}{\mathrm{d}t}+\frac{\mathrm{d}m_2}{\mathrm{d}t}$$

将其代入变质量质点动量定理，并注意到 $\boldsymbol{u}_{1\mathrm{r}}=\boldsymbol{u}_1-\boldsymbol{v}$，$\boldsymbol{u}_{2\mathrm{r}}=\boldsymbol{u}_2-\boldsymbol{v}$，得到

$$m\frac{\mathrm{d}\boldsymbol{v}}{\mathrm{d}t}=\sum\boldsymbol{F}_i^{(\mathrm{e})}+\boldsymbol{F}_{\Phi} \tag{4}$$

此式称为**变质量质点的运动微分方程**，其中 $\boldsymbol{F}_{\Phi}=-\boldsymbol{u}_{1\mathrm{r}}\dfrac{\mathrm{d}m_1}{\mathrm{d}t}+\boldsymbol{u}_{2\mathrm{r}}\dfrac{\mathrm{d}m_2}{\mathrm{d}t}$，这是用相对速度表达的反推力。

注意：①如果只有分离质量，没有并入质量，且分离质量的绝对速度为零（即 $m_2(t)=0$ 且 $\boldsymbol{u}_1=0$），则式（3）变为

$$\frac{\mathrm{d}}{\mathrm{d}t}(m\boldsymbol{v})=\sum\boldsymbol{F}_i^{(\mathrm{e})}$$

虽然形式上与常质量质点的动量定理一样，但意义不同。

② 如果只有分离质量，没有并入质量，且分离质量的相对速度为零（$\boldsymbol{u}_{1\mathrm{r}}=0$），式（4）变为

$$m\frac{\mathrm{d}\boldsymbol{v}}{\mathrm{d}t}=\sum\boldsymbol{F}_i^{(\mathrm{e})}$$

其意义也不是常质量质点的运动微分方程。

③ 上述微分方程针对质量连续可微时才成立，如果质量非光滑变化，或者存在突变，则变质量系统的动量定理要改为离散形式重新推导。

思考：$\boldsymbol{F}_{\Phi\mathrm{a}}$ 和 $\boldsymbol{F}_{\Phi}$ 一般不相等，其物理意义的区别在哪？

[例 1] 运载火箭在太空中运动，初始速度大小为 v_0，前一级燃料用尽弃壳后的质量为 m_0。若下一级喷射出的气体相对速度大小 u_r 为常数，方向始终与火箭速度$\boldsymbol{v}$ 相反。求燃料燃烧完瞬时火箭速度的大小。

解： 火箭在太空中运动，可认为不受任何外力的作用。由式（4）沿火箭运动方向的标量方程为

$$m\frac{dv}{dt}=-u_r\frac{dm}{dt}$$

上式可变形为

$$dv=-u_r\frac{dm}{m}$$

两边同时积分，得

$$v(t)=v_0+u_r\ln\frac{m_0}{m}$$

当燃料完全燃烧后，火箭最终质量为 m_f，有

$$v(t)=v_0+u_r\ln\frac{m_0}{m_f}$$

其中，$u_r\ln\frac{m_0}{m_f}$为火箭燃烧完一级火箭后能增加的速度；$\frac{m_0}{m_f}$称为质量比。

按照当前技术，$u_r<4\text{km/s}$，$m_0/m_f<6$，无法达到第一宇宙速度（7.9km/s）。需要用多级火箭才能将卫星送入近地轨道，而且质量比要取对数，可见提高燃气喷射速度 u_r 更有效。

［例 2］ 手拿住长为 l、质量为 m_0 的均质链条的上端，使下端刚好着地。突然将手放开，使链条竖直下落，如专题图 4-1 所示。求链条下落过程中对地面的压力。

解：设在链条运动过程中，链条上端下落距离为 x，考虑在空中的那一段链条，它的质量为 $m=(l-x)m_0/l$，这是一个变质量系统。由于它是在平移，可以视为变质量质点。设其下落速度大小为$\boldsymbol{v}$，而最下端分离质量的相对速度可视为零，则根据式（4）有

$$m\frac{dv}{dt}=mg$$

这与自由落体规律一样，有 $v^2=2gx$。

再以整个链条为研究对象，这是一个常质量系统。由于已经落在地面上的部分链条动量为零，所以该质点系的动量大小为 $p=mv=(l-x)m_0v/l$。

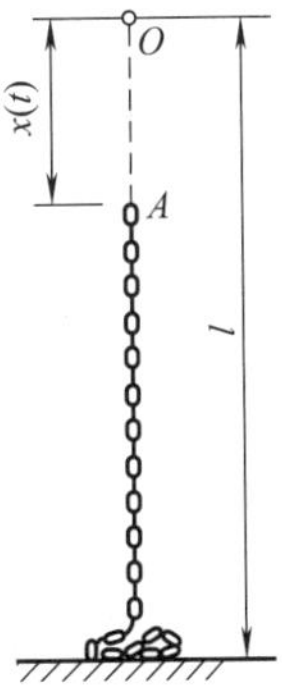

专题图 4-1

利用常质量质点系动量定理，有

$$\frac{dp}{dt}=\dot{p}=m_0g-N$$

其中，N 是地面对链条的反作用力，方向竖直向上。由此可得

$$N=(m_0-m)g+\frac{m_0v}{l}\dot{x}$$

由 $\dot{x}=v$ 得

$$N=\frac{x}{l}m_0g+\frac{1}{l}m_0v^2=\frac{3x}{l}m_0g$$

由此可见，链条对地面的压力是已经落到地上那部分链条质量的 3 倍。在链条完全落到地面上的那一瞬时，链条对地面的压力为 $3m_0g$，而当链条完全落到地面以后，对地面的压力又变为 m_0g。

例 2 中认为分离质量相对主质量的速度为零，其实这个假设是有前提条件的，即地面上的链条对空中部分不能存在作用力。该条件成立与否，与链条的实际结构有关。原因在

于，刚与地面接触的那个链环/杆在与地面发生碰撞后会倾斜倒下，地面对其产生冲量，使其上端对空中自由落体的链条作用一个向下的反冲量。因此，正在倒下的部分，其质心与空中部分的相对分离速度是负值，而不是零。

“链珠喷泉”是一个典型的例子。如专题图 4-2 所示，烧杯内有一串链珠，珠子之间用细线穿过并相互靠紧。当提起链珠的一端并向烧杯外抛掷，可以观察到烧杯中的链珠如同喷泉一样持续腾空飞起并落到地面。但若将链珠换成软绳，则不会出现此现象。其原因与前文提到的情况本质相同。用线串联起的珠子，如果相邻的珠子相距较远，则链珠相当于软绳；如果珠子之间很紧密，连续的两三颗珠子无法相对移动，这就等效为一个刚性杆。在重力作用下，刚杆一端碰撞地面时，会对空中下落部分产生向下的冲量分量，因此最上方视为刚性杆的两三颗珠子受到冲量矩作用，开始绕质心旋转，从而提起了另一端的珠链上升，形成“喷泉”效果。

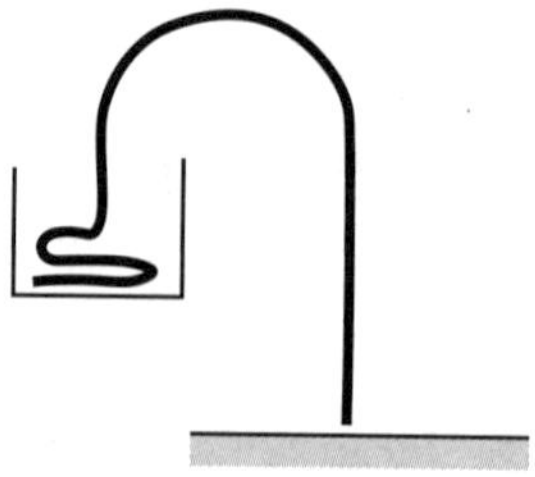

专题图 4-2

思考：在地面附近悬停的直升飞机，飞到湖面或深谷上方需要加大功率，否则容易坠机，这是什么原因？

对于简单情况的流体力学问题，前面的公式也适用。设某段管道内有密度为 ρ 的流体，管段出口和入口流速分别为$\boldsymbol{v}_1$和$\boldsymbol{v}_2$，垂直于横截面；出口和入口压力分别为 $\boldsymbol{F}_{p1}$ 和 $\boldsymbol{F}_{p2}$。若流体是定常（稳态）流动，则管段内总动量不变 $\mathrm{d}\boldsymbol{p}/\mathrm{d}t=0$；如果流动不可压，则流入和流出的体积流量均为 q_V，因而 $\mathrm{d}\boldsymbol{p}_1/\mathrm{d}t=\rho q_V\boldsymbol{v}_1$，$\mathrm{d}\boldsymbol{p}_2/\mathrm{d}t=\rho q_V\boldsymbol{v}_2$。忽略管壁对流体的摩擦，由式（1）得

$$\mathbf{0}=\boldsymbol{G}+\boldsymbol{F}+\boldsymbol{F}_{p1}+\boldsymbol{F}_{p2}+\rho q_V(\boldsymbol{v}_2-\boldsymbol{v}_1)$$

其中，$\boldsymbol{F}$ 为管壁对管段内流体的约束力合力。将 $\boldsymbol{F}$ 分解为静约束力合力 $\boldsymbol{F}_{\mathrm{S}}$ 与剩余部分，即 $\boldsymbol{F}=\boldsymbol{F}_{\mathrm{S}}+\boldsymbol{F}_{\mathrm{D}}$，其中 $\boldsymbol{F}_{\mathrm{S}}$ 只能由静主动力平衡 $\boldsymbol{F}_{\mathrm{S}}=-(\boldsymbol{G}+\boldsymbol{F}_{p1}+\boldsymbol{F}_{p2})$，代入上式得

$$\boldsymbol{F}_D=\rho q_V(\boldsymbol{v}_1-\boldsymbol{v}_2) \tag{5}$$

上式就是流体流动需要管壁提供的额外约束力，称为**管壁的附加动反力**。

［例 3］ 专题图 4-3 所示为某化工设备管道局部，已知入口流速 $v=0.3\mathrm{m/s}$，进口截面积为 $0.02\mathrm{m}^2$。出口流速 $v=0.4\mathrm{m/s}$，方向与水平成 30°。假设流动定常不可压，忽略液体对管壁的摩擦。求水对管壁的动压力。

解：体积流量为

$$q_V=0.02\times0.4\mathrm{m}^3/\mathrm{s}=0.004\mathrm{m}^3/\mathrm{s}$$

所以管壁附加动反力为

$$F_{Dx}=\rho q_V(v_{1x}-v_{2x})=1000\times0.004\times v_{1x}\cos30°\mathrm{N}=8\sqrt{3}\ \mathrm{N}$$

$$F_{Dy}=\rho q_V(v_{1y}-v_{2y})=1000\times0.004\times(v_{1y}\sin30°-v_2)=0$$

［例 4］ 涡轮发电机每个排水管以 2kg/s 的速率排水，已知水相对于排水管的速度 $u=6\mathrm{m/s}$，排水管以匀速 v 绕涡轮中心轴转动，如专题图 4-4 所示。求涡轮发电机功率以及最大功率。水进入排水管的速度忽略不计。

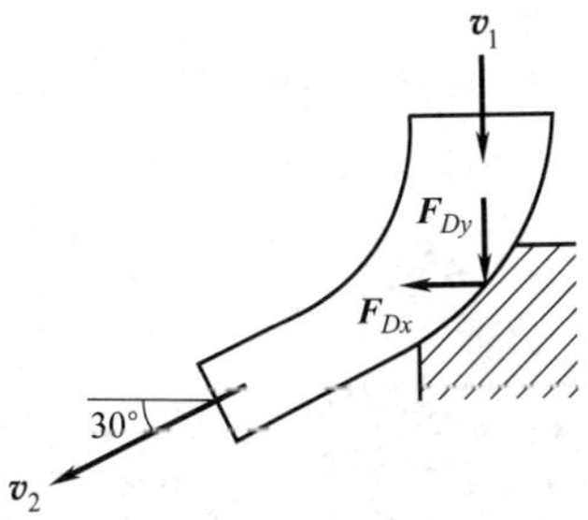

专题图 4-3

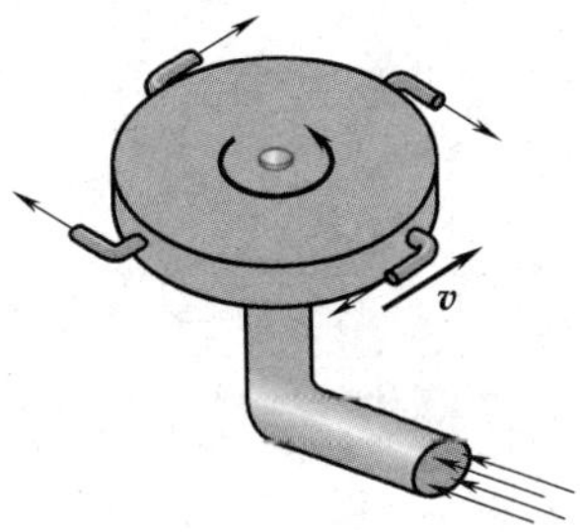

专题图 4-4

解： 本题涉及转动，可以使用变质量系统的动量矩定理。以涡轮机内尚未喷出的水为主系统。设涡轮排水管到涡轮转轴中心距离为 r，主系统动量矩推动转子克服电磁力偶矩，从而可以发电。$L_2=0$，$dL_1/dt=-q_{m1}(u-v)r$，其中 $q_{m1}=0.8\text{kg/s}$。系统是匀速转动的并且水的密度几乎不变，式（2）有

$$\frac{dL_O}{dt}=M-q_{m1}(u-v)r=0$$

所以 $P=M\omega=q_{m1}(u-v)r\ v/r=q_{m1}(u-v)v$。$v=4.8/1.6=3\text{m/s}$ 时，功率最大为 $P_{max}=0.8\times(6-3)\times3=7.2\text{W}$。

思考：在非惯性系中考虑变质量问题时，惯性力该如何计算？

(3) 变质量刚体的运动微分方程

相比于变质量质点，变质量刚体不仅有速度，还有角速度。根据专题 2，动量矩 $\boldsymbol{L}_O=\mathbf{J}\cdot\boldsymbol{\omega}$，选择随体坐标系，代入式（2）有

$$\frac{d\mathbf{J}}{dt}\cdot\boldsymbol{\omega}+\frac{d\mathbf{J}}{dt}\cdot\boldsymbol{\omega}+\boldsymbol{\omega}\times(\mathbf{J}\cdot\boldsymbol{\omega})=\sum\boldsymbol{M}_O(\boldsymbol{F}_i^{(e)})+\sum\boldsymbol{M}_O^{(\Phi a)} \tag{6}$$

式中，$\sum\boldsymbol{M}_O^{(\Phi a)}=\sum\boldsymbol{r}_i\times\boldsymbol{F}_{\Phi ai}$ 是绝对速度表示的反推力矩。

若使用相对分离和并入速度，则有

$$\mathbf{J}\cdot\frac{d\boldsymbol{\omega}}{dt}=\sum\boldsymbol{M}_O(\boldsymbol{F}_i^{(e)})+\sum\boldsymbol{M}_O^{(\Phi)}-\boldsymbol{\omega}\times(\mathbf{J}\cdot\boldsymbol{\omega}) \tag{7}$$

式中，$\sum\boldsymbol{M}_O^{(\Phi)}=\sum\boldsymbol{r}_i\times\boldsymbol{F}_{\Phi i}$ 是相对速度表示的反推力矩。最后一项 $-\boldsymbol{\omega}\times(\mathbf{J}\cdot\boldsymbol{\omega})$ 的物理意义是陀螺力矩项，它是动量矩方向变化引起的力矩，见专题 3。对于平面运动刚体或定轴转动刚体，其动量矩方向与角速度方向相同且不变，故陀螺力矩项不出现。

对于连续体，以上求和符号应换成合适的积分号。

习题答案(部分)

第1章

1-11 提示：从力的变形效果角度来考虑

1-12 提示：从二力平衡条件来考虑

1-13 略

第2章

2-11 略

2-12 提示：从力系最简化结果来分析多个力螺旋的合成结果

2-13 提示：从浮心和重心与稳定性关系的角度考虑

2-14 (a) $M_O(\boldsymbol{F})=0$；(b) $M_O(\boldsymbol{F})=Fl$；(c) $M_O(\boldsymbol{F})=-Fb$；

(d) $M_O(\boldsymbol{F})=Fl\sin\theta$；(e) $M_O(\boldsymbol{F})=F\sqrt{l^2+b^2}\sin\beta$；(f) $M_O(\boldsymbol{F})=F(l+r)$

2-15 $M_x=\frac{1}{4}F(h-3r)$，$M_y=\frac{\sqrt{3}}{4}F(h+r)$，$M_z=-F\cos60°r=-\frac{1}{2}Fr$

2-16 $M_\xi=1.37\text{N}\cdot\text{m}$

2-17 略

2-18 都能平衡

2-19 向 A 简化得到一个力和力偶，向 B 简化得到一个力；等效

2-20 $\boldsymbol{F}=F\boldsymbol{k}$，$\boldsymbol{M}_A=Fb(\boldsymbol{i}+2\boldsymbol{j}+\boldsymbol{k})$；右力螺旋，$\boldsymbol{F}=F\boldsymbol{k}$，$\boldsymbol{M}_A=Pb\boldsymbol{k}$，
中心轴通过 A'点，$AA'=b(-2\boldsymbol{i}+\boldsymbol{j})$

2-21 合力大小为 $2F$，方向沿对角线 DH

2-22 $\frac{a}{F_1}+\frac{b}{F_2}+\frac{c}{F_3}=0$，$\frac{F_1}{bF_3}=\frac{F_2}{cF_1}=\frac{F_3}{aF_2}$

2-23 (a) 不能；(b) 能

2-24 不能

2-25 可以

2-26 (a) $\frac{1}{2}(q_1+q_2)l$，距离 A 点$\frac{2q_1+q_2}{3(q_1+q_2)}l$；(b) $ql\cos\theta$，距 A 点 $l/2$

2-27 $F_{Ox}=0$，$F_{Oy}=-385\text{kN}$，$M_O=1626\text{kN}\cdot\text{m}$

2-28 （a）$x_C=10.3\text{mm}$，$y_C=20.3\text{mm}$；（b）$x_C=0$，$y_C=-0.198R$；$z_C=21.72\text{mm}$；

（c）$y_C=40.69\text{mm}$，$z_C=-23.62\text{mm}$；（d）$z_C=\dfrac{\pi r^2 h\cdot h/2+2\pi r^3/3\cdot(-3r/3)}{\pi r^3 h+2\pi r^3/3}$

2-29 提示：绳子两端拉力在同一直线吗

2-30 提示：从人在水中受到哪些力、作用分布是什么类型、人体生理感受与太空中是否有区别来考虑

第3章

3-11 略

3-12 略

3-13 5个；5个

3-14 $F_{TA}=F_{TB}=5.51\text{kN}$，$F_{TC}=10.1\text{kN}$

3-15 $\alpha=\arccos\left(\dfrac{2b}{t}\right)^{1/3}$

3-16 $F_B=22.4\text{kN}$（杆 BC 受拉），$F_{Ax}=-4.661\text{kN}$，$F_{Ay}=-47.62\text{kN}$

3-17 $M_2=4M_1$

3-18 $F_5=F_6=F_4=-\dfrac{4M}{3a}$（压），$F_1=F_2=F_3=\dfrac{2M}{3a}$（拉）

3-19 $F_T=200\text{N}$　$F_{Bz}=0$　$F_{Bx}=0$

$F_{Ax}=86.6\text{N}$　$F_{Ay}=150\text{N}$　$F_{Az}=100\text{N}$

3-20 （a）$F_{Ax}=-\dfrac{qa}{2}$，$F_{Ay}=\dfrac{P}{2}-\dfrac{qa^2}{6b}$，$F_B=\dfrac{P}{2}+\dfrac{qa^2}{6b}$；

（b）$F_{Ax}=-\dfrac{(q_1+q_2)a}{2}$，$F_{Ay}=P$，$M_A=Pb+\dfrac{(q_2+2q_1)a^2}{6}$；

（c）$F_{Ax}=-\dfrac{qa}{2}$，$F_{Ay}=\dfrac{P}{2}-\dfrac{qa^2}{3b}$，$F_B=\dfrac{P}{2}+\dfrac{qa^2}{3b}$

3-21 （a）$F_{Ax}=-q_2a$，$F_{Ay}=\dfrac{3}{2}q_1a$，$M_A=q_1a^2-\dfrac{1}{3}q_2a^2$（逆时针），$F_{NB}=\dfrac{1}{2}q_1a$，

$F_{Cx}=0$，$F_{Cy}=\dfrac{1}{2}q_1a$（对 BC 构件）

（b）$F_{Ax}=\dfrac{1}{3}q_1a-\dfrac{7}{9}q_2a$，$F_{Ay}=\dfrac{7}{6}q_1a-\dfrac{2}{9}q_2a$，$F_{Bx}=-\dfrac{1}{3}q_1a-\dfrac{2}{9}q_2a$，

$F_{By}=\dfrac{5}{6}q_1a+\dfrac{2}{9}q_2a$，$F_{Cx}=\dfrac{1}{3}q_1a+\dfrac{2}{9}q_2a$，

$F_{Cy}=\dfrac{1}{6}q_1a-\dfrac{2}{9}q_2a$（对 BC 构件）

3-22 $F_{Ax}=P$，$F_{Ay}=\dfrac{3}{2}P$，$F_{Bx}=-P$，$F_{By}=-\dfrac{1}{2}P$（对 AB 构件），$F_{Cx}=P$，

$F_{Cy}=-\dfrac{1}{2}P$（对 CD 构件），$F_{Dx}=-P$，$F_{Dy}=\dfrac{1}{2}P$，$M_D=Pa$（逆时针）

3-23 $F_{Ax}=12\text{kN}$，$F_{Ay}=1.5\text{kN}$，$F_{BC}=15\text{kN}$

3-24 $F_{Ex}=P$，$F_{Ey}=-P/3$

3-25 $F_{Ax}=0$，$F_{Ay}=-\dfrac{M}{2a}$，$F_{Bx}=0$，$F_{By}=-\dfrac{M}{2a}$，$F_{Dy}=-\dfrac{M}{a}$，$F_{Dx}=0$

3-26 (a) $F_{Ax}=0$，$F_{Ay}=\dfrac{M}{2a}$，$F_{Bx}=0$，$F_{By}=-\dfrac{M}{2a}$，

$F_{Cx}=0$，$F_{Cy}=\dfrac{M}{2a}$（对 AC 构件）；

(b) $F_{Ax}=0$，$F_{Ay}=\dfrac{M}{2a}$，$F_{Bx}=0$，$F_{By}=-\dfrac{M}{2a}$，

$F_{Cx}=0$，$F_{Cy}=\dfrac{M}{2a}$（对 AC 构件）

3-27 $F_A=F_B=\gamma a^2\left(1-\dfrac{\pi}{4}\right)$（提示：沿圆弧取微元分析）

*3-28 1998.34N，1.0187kg/m

3-29 提示：注意柔绳约束力的方向

3-30 提示：将载荷和结构自重分开考虑

第4章

4-11 略

4-12 略

4-13 略

4-14 $f_s=0.223$

4-15 $\varphi=\arctan\left(2+\dfrac{1}{f}\right)$

4-16 当 $a<fb$ 时，先翻倒；当 $a>fb$ 时，先滑动

4-17 0.99cm

4-18 $\alpha\leqslant 2\theta_f$，$\beta\leqslant\theta_f$

4-19 距离 A 端为 $l\sin(60°-\varphi_m)\cos(30°+\varphi_m)$；距离 B 端 $l\sin(30°-\varphi_m)\cos(60°+\varphi_m)$

4-20 $f\geqslant\sqrt{\dfrac{r}{R}}$

4-21 先滑动

4-22 $b_{min}=\dfrac{1}{3}f_s h$，此时与门重无关

4-23 $40.2kN\leqslant F\leqslant 104kN$

4-24 $M_{min}=0.212Pr$

4-25 $\theta_{max}=\arcsin(\tan\varphi\cot\beta)$

4-26 $F=0.6P\cos\varphi\sin\theta=14.8N$

4-27 $F=\dfrac{fb}{2(a+b)}W$

*4-28 $f_s=0.311$；$F_2=53kN$

4-29 都达到最大值。不相等。若 A、B 两处均未达到临界状态，则不能分别求出

A、B 两处的静摩擦力；若 A 处已达到临界状态，且力 F 已知，则可以分别求出 A、B 两处的静摩擦力

4-30　提示：如果 a 或者 b 趋近于零，实际情况会如何

第 5 章

5-11　略

5-12　提示：空间轨迹给定，意味着轨迹点处的曲率半径已知

5-13　提示：曲率中心与轨迹点是否一一对应

5-14　$v_x=30\cos 3t$，$v_y=-48\sin 4t$，$v_z=t$，

$a_x=-90\sin 3t$，$a_y=-192\cos 4t$，$a_z=1$

5-15　$a_t=0$，$a_n=45$

5-16　$x=200\cos\frac{\pi t}{5}\text{mm}$，$y=100\sin\frac{\pi t}{5}\text{mm}$，$\frac{x^2}{40000}+\frac{y^2}{10000}=1$（单位：mm）

5-17　$\frac{(x-a)^2}{(b+l)}+\frac{y^2}{l^2}=1$

5-18　$v_M=\sqrt{3}v_0$，$a_M=-8v_0^2/r$

5-19　$v_{Dx}=-\frac{\sqrt{3}}{2}l\omega_0$，$v_{Dy}=-\frac{1}{2}l\omega_0$，$a_{Dx}=l\omega_0^2$，$a_{Dy}=-\sqrt{3}l\omega_0^2$

5-20　$v_{Ax}=\sqrt{3}v_0$，$v_{Ay}=-v_0$，$a_{Ax}=v_0^2/r$，$a_{Ay}=-(1+\sqrt{3})v_0^2/r$

5-21　$\theta_{OA}=\arctan\frac{\sin\omega_0 t}{\frac{h}{r}-\cos\omega_0 t}$

5-22　$\omega=\frac{v\sin^2\theta}{R\cos\theta}$

5-23　$x=300\cos 4t-100\cos 12t$，$y=300\sin 4t-100\sin 12t$；

$v_x=1200(-\sin 4t+\sin 12t)\text{mm/s}$，$v_y=1200(\cos 4t-\cos 12t)\text{mm/s}$

5-24　$\rho=5\text{m}$，$a_t=8.66\text{m/s}^2$

5-25　略

5-26　略

*5-27　$\frac{v_2 L}{v_2^2-v_1^2}$

*5-28　$a_r=-\frac{v}{R}$，$a_\lambda=-\frac{v^2}{R}\sin\alpha\cos\alpha\tan\varphi$，$a_\varphi=-\frac{v^2}{R}\sin^2\alpha\tan\varphi$，

$a=\frac{v^2}{R}\sqrt{1-\sin^2\alpha\tan^2\varphi}$，$\rho=\frac{R}{\sqrt{1+\sin^2\alpha\tan^2\varphi}}$其中，$R$ 是地球半径，$\varphi=\varphi_0+\frac{v\sin\alpha}{R}t$

5-29　能，$\frac{2a}{3v}$

5-30　$\frac{a(a+b)}{2bc}$

第6章

6-11 只有（f）可能

6-12 只有（a）（d）可能

6-13 略

6-14 $\omega=\frac{v}{2l}$，$\alpha=-\frac{v^2}{2l^2}$

6-15 $v_0\arcsin\frac{y}{l}-\omega_0\sqrt{l^2-y^2}+\omega_0 x=0$

6-16 $R-r$（外啮合）或 $R+r$（内啮合），G 在 OC 的平行线上，且 $EG=OC$；$\omega_G=\frac{\omega R}{R-r}$

6-17 $v_E=80\text{cm/s}$，$v_C=0$，$v_D=v_B=40\sqrt{2}\text{cm/s}$

6-18 $\omega_1=\frac{r_1+r_3}{r_1}\omega_4$（顺时针），$\omega_2=\frac{r_3+r_1}{r_3-r_1}\omega_4$（顺时针）

6-19 $\omega_F=5\text{rad/s}$（逆时针）；$\omega_R=4.93\text{rad/s}$（逆时针）；$\omega_T=0.1943\text{rad/s}$（顺时针）

6-20 1rad/s，1.2m/s

6-21 $\omega_{ABD}=1.07\text{rad/s}$，$v_D=0.254\text{rad/s}$

6-22 $v_D=v_C=4\text{m/s}$

6-23 $a_C=\frac{8\sqrt{3}}{9}\frac{v_0^2}{b}$

6-24 $a_B=\frac{\sqrt{2}}{2}r\omega_0^2$，$\alpha_{O_1B}=\frac{1}{2}\omega_0^2$

6-25 $\omega_{OB}=\frac{v_B}{r_1+r_2}=3.75\text{rad/s}$（逆时针），$\omega_I=\frac{v_C}{r_1}=6\text{rad/s}$（逆时针）

6-26 $\alpha_{O2}=\frac{v^2}{r\sqrt{l^2-r^2}}$（逆时针），$a_E=4\frac{v^2}{r}$（↑），$\varphi$ 为任意值时，A 点在其他高度处，根据三角形 O_1O_2A 的几何关系，求出 v_{O2} 与 v_A 之间的等式关系，再利用两轮的瞬心，可得到两轮角速度的关系。以同样的方式得轮心加速度关系，再得到 a_E 与 a_D

*6-27 $25(-\sqrt{3}\boldsymbol{j}+2\boldsymbol{k})\text{rad/s}$，$625\sqrt{3}\boldsymbol{i}\,\text{rad/s}^2$

*6-28 $\omega'=\frac{\cos(\beta+2\theta)}{\sin2\theta}\omega$，$\alpha'=\frac{\cos^2(\beta+2\theta)\sin\theta\cos\beta}{\sin^2 2\theta\cos(\beta+\theta)}\omega^2$

6-29 $(R+r)/r$ 圈

6-30 不对。虽然速度公式恒成立，但瞬心位置一直在变化，即$\frac{\mathrm{d}\boldsymbol{r}_{PA}}{\mathrm{d}t}=\boldsymbol{v}_A-\boldsymbol{v}_P\neq\boldsymbol{v}_A$。这里的$\boldsymbol{v}_P$是瞬心位置变化产生的速度，而不是瞬心物理点的速度

第 7 章

7-11　一样

7-12　略

7-13　略

7-14　当 $\varphi=0°$时，$v_e=\frac{\sqrt{3}}{3}\omega r$；当 $\varphi=30°$时，$v_e=0$；当 $\varphi=60°$时，$v_e=-\frac{\sqrt{3}}{3}\omega r$

7-15　$\omega_2=\frac{\omega_1}{2}=1.5\text{rad/s}$（逆时针），$\omega_2=\frac{2}{3}\omega_1=2\text{rad/s}$（逆时针）

7-16　$v_{AB}=e\omega$

7-17　$v_M=0.529\text{m/s}$，$\theta=40.9°$

7-18　$\alpha=-38.5\text{rad/s}^2$

7-19　$v=0.4\text{m/s}$，$a=-2.771\text{m/s}^2$

7-20　$\omega_{OA}=\frac{\sqrt{2}(\sqrt{3}-1)}{2}\frac{v_0}{r}$（逆时针），$\alpha_{OA}=-(2-\sqrt{3})\frac{v_0^2}{r^2}$（顺时针）

7-21　$v_{CD}=O_1A\cdot\omega\cos\varphi=0.10\text{m/s}$

$a_{CD}=O_1A\cdot\omega^2\sin\varphi=0.346\text{m/s}^2$

7-22　$v_M=17.32\text{mm/s}$，$a_M=350\text{mm/s}^2$

7-23　$\omega_{O_1A}=\frac{v_O}{2R}=0.2\text{rad/s}$，$\alpha_{O_1A}=\frac{\sqrt{3}}{6R^2}v_O^2=0.0462\text{rad/s}^2$

7-24　$v_{AB}=v\tan\theta$，$a_A=-(a\tan\theta+\frac{v^2}{R\cos^3\theta})$（↑），$v_{Ar}=v\tan\theta\tan\frac{\theta}{2}$

7-25　$\omega_{DE}=\frac{v}{4b}\text{rad/s}$（逆时针），$\alpha_{OC}=\frac{3\sqrt{3}v^2}{8b^2}$（逆时针），$v_E=\frac{1}{2}v$（→），

$a_E=-\frac{7v^2}{8\sqrt{3}b^2}$（←）

7-26　(a) $v_{CD}=r\omega$（←），$a_{CD}=a_C=\frac{5\sqrt{3}}{12}r\omega^2$（←）；

(b) $v_{CD}=v_C=\frac{\sqrt{3}}{3}r\omega$（←），$a_C=\left(\frac{2\sqrt{3}}{9}+1\right)r\omega^2$（←）；

(c) $v_{CD}=v_C=\sqrt{3}r\omega$（←），$a_C=-4r\omega^2$（→）；

(d) $v_{CD}=v_C=\frac{4}{3}r\omega$（←），$a_C=\frac{4\sqrt{3}}{9}r\omega^2$（←）

*7-27　$\omega_{\text{I}}=2\omega\left(1+\frac{r_2}{r_1}\right)$，$\omega_{\text{IV}}=\omega\frac{(r_1+r_2)(r_3+r_2)}{r_2(r_1+r_2-r_3)}$

*7-28　$\omega_3=7\text{rad/s}$；$\omega_{4r}=5\text{rad/s}$

7-29　只有 $a_e^t=\frac{dv_e}{dt}$不正确，其他都正确。因为动点相对动系运动，导致牵连点位置

变化，使$\boldsymbol{v}_e$产生新的增量，而$a_e^t=\frac{dv_e}{dt}$只是该瞬时动系上与动点重合的那一点的切向速度；$a_r^t=\frac{dv_r}{dt}$正确是因为相对速度大小是标量，其绝对导数和相对导数是一样的，只有变矢量的导数才存在绝对导数与相对导数之分

7-30　提示：从省力的角度来分析

第8章

8-11　略

8-12　略

8-13　略

8-14　0；$\frac{1}{2}m\omega l$；$\frac{1}{6}m\omega l$；$\frac{\sqrt{3}}{3}mv$；$m(R-r)\dot{\theta}$

8-15　(a) $L_O=18\text{kg}\cdot\text{m}^2/\text{s}$；(b) $L_O=20\text{kg}\cdot\text{m}^2/\text{s}$；(c) $L_O=16\text{kg}\cdot\text{m}^2/\text{s}$

8-16　$x_A=170\text{mm}$（向左），$x_B=90\text{mm}$（向右）

8-17　$v=\sqrt{\frac{2ghJ_z}{J_z+mr^2}}$，$\omega=mr\sqrt{\frac{2gh}{J_z(J_z+mr^2)}}$

8-18　$t=0.0816\text{s}$，$v=0.2\text{m/s}$

8-19　$\ddot{\varphi}+\frac{mr^2g}{(J_{Cz}+mr^2)(R-r)}\sin\varphi=0$

8-20　$a_C=0.355g$

8-21　$a_{Ax}=\frac{37F}{20m}$，$a_{Ay}=-\frac{9F}{20m}$

8-22　①$a_B=\frac{4}{5}g$；②$M>2mgr$

8-23　$\alpha_{AB}=\frac{24\sqrt{2}}{23}\frac{g}{l}$（顺时针），$\alpha_{OA}=\frac{9}{23}\frac{g}{l}$（顺时针）

8-24　$a_C=g\sqrt{\left(\frac{12k^2\cos\theta}{12k^2+1}\right)^2+\sin^2\theta}$，$F_E=\frac{mg\cos\theta}{12k^2+1}$

8-25　初瞬时$\alpha_0=3.77\text{rad/s}^2$；任意瞬时$\ddot{\theta}=\frac{g\cos\theta-1.2\dot{\theta}^2\sin\theta\cos\theta}{0.4(1+3\sin^2\theta)}$，其中$\theta$为杆与水平面之间的夹角

8-26　$\omega=\sqrt{\frac{3g}{l}(\sin\varphi_0-\sin\varphi)}$，$\varphi=\arcsin\left(\frac{2}{3}\sin\varphi_0\right)$

8-27　$F=9.8\text{N}$

8-28　滑动，$\alpha=14.7\text{rad/s}^2$，$F_T=10.5\text{N}$，$F_N=35\text{N}$

8-29　提示：从质心运动定理的视角定性分析弹簧的运动过程

8-30　提示：瞬时角加速度为零意味着瞬时平移；杆与绳的约束力有何区别

第 9 章

9-11 略

9-12 略

9-13 功率；扭矩

9-14 $\frac{1}{6}ml^2\omega^2$；$\frac{1}{18}ml^2\omega^2$；$\frac{1}{4}mv^2$；$\frac{1}{6}ml^2\omega^2\sin^2\alpha$；$\frac{3}{4}mR^2\omega^2$；$\frac{2}{3}ml^2\omega^2$

9-15 $\omega=\frac{2}{r}\sqrt{\frac{(F_O-2mgf)s}{3m}}$，$\alpha=\frac{2(F_O-2mgf)}{3mr}$

9-16 $v_1=\sqrt{\frac{3M\pi g+(P+3Q+3G)v^2}{P+Q}}$

9-17 $\omega=\frac{2}{R+r}\sqrt{\frac{3M\varphi}{9m_1+2m_2}}$，$\alpha=\frac{6M}{(R+r)^2(9m_1+2m_2)}$

9-18 $v_A=\frac{3}{m}[M\theta-mgl(1-\cos\theta)]$

9-19 2.625m/s

9-20 $\omega=\sqrt{\frac{3(m_1+2m_2)}{(m_1+3m_2)l}g\sin\theta}$，$\alpha=\frac{3(m_1+2m_2)}{2(m_1+3m_2)l}g\cos\theta$

9-21 $v_B=\sqrt{\frac{6m+3M}{3m+M}gl}$；$F_{Ax}=0$，$F_{Ay}=(M+m)g+\frac{3(2m+M)^2}{2(3m+M)}g$

9-22 $a=\frac{m_2\sin2\theta}{3m_1+m_2+2m_2\sin^2\theta}g$

9-23 $a=\frac{2(M+m)r^2g}{M(R^2+2r^2)+3mr^2}$，$F_T=\frac{(M+m)(MR^2+mr^2)g}{2[M(R^2+2r^2)+3mr^2]}$

9-24 $f=\frac{F_s}{F_N}=\frac{l^2+36a^2}{l^2}\tan\theta_0$

9-25 $b=\frac{\sqrt{3}}{6}l$

9-26 ①$a_C=2.63\text{m/s}^2$，$F_{AD}=248.6\text{N}$，$F_{BE}=248.6\text{N}$；

②$a_C=4.9\text{m/s}^2$，$F_{AD}=71.7\text{N}$，$F_{BE}=267.7\text{N}$

9-27 $\alpha=\arccos\frac{4}{7}\approx55.15°$，$\omega=2\sqrt{\frac{g}{7r}}$

9-28 $\arccos\left(\frac{28f^2+\sqrt{1+33f^2}}{1+49f^2}\right)$；51.81°（提示：从开始滑动到脱离接触这一过程对质心运动微分方程积分）

9-29 瞬心不是固定点，所以 $J_P\neq$ 常数，因而

$$\frac{dT}{dt}=\frac{d}{dt}\left(\frac{1}{2}J_P\omega^2\right)=\frac{1}{2}\frac{dJ_P}{dt}\omega^2+J_P\omega\alpha\neq J_P\omega\alpha$$

9-30 燃油车在市区内行驶速度较低，输出扭矩随功率增加而增加，在复杂交通环境

下多次出现刹车、起步和加速，而在车辆起步和加速过程需要较大扭矩克服静摩擦力偶和滚阻力偶的阻力矩，内燃机消耗的功率较大。如此频繁多次，油耗较高。电动车在高速公路上行驶时，电动机转速较高，其输出扭矩与功率成反比。高速行驶下，车辆主要依靠惯性前进，用于克服空气阻力和滚阻力偶所需的电动机扭矩较小，因而电动机消耗功率较大，电能消耗较大

第10章

10-11　略

10-12　导致转子产生周期变化的附加动约束力和附加动约束力偶，造成轴承受到过大的压力，影响使用寿命，甚至出现材料破坏

10-13　略

10-14　$\omega^2=\dfrac{6g(\sin\varphi+2\tan\varphi)}{(3+8\sin\varphi)l}$

10-15　$\omega=\dfrac{1}{\rho}\sqrt{2ar}$

10-16　$F_C=F_D=\dfrac{Wl\omega^2\sin2\theta}{24g}$

10-17　$\alpha=\dfrac{6M(a^2+b^2)}{Pa^2b^2}g$，$F_{Az}=F_{Cz}=\dfrac{M(a^2-b^2)}{2ab\sqrt{a^2+b^2}}$

10-18　$\alpha=47\text{rad/s}^2$，$F_{Ax}=-95\text{N}$，$F_{Ay}=138\text{N}$

10-19　$\alpha_1=\dfrac{63g}{55L}$，$\alpha_2=-\dfrac{6g}{55L}$

10-20　$M=\dfrac{\sqrt{3}}{4}[r(m_1g+2m_2g)-m_2r^2\omega^2]$，$F_{Ox}=\dfrac{\sqrt{3}}{4}m_1r\omega^2$，

$F_{Oy}=m_1g+m_2g-\dfrac{m_1+2m_2}{4}r\omega^2$

10-21　$\varphi=\arctan\dfrac{3P\cos\alpha}{2Q-P\sin\alpha}$

10-22　$F_{Ay}=P_1-\dfrac{h}{l}P_2$

10-23　$\overline{AC}=x=a+\dfrac{F}{k}\left(\dfrac{l}{b}\right)^2$

10-24　$F=\dfrac{M}{a}\cot2\theta$

10-25　$F_{NC}=-(P+Q)$

10-26　$F_3=P$

10-27　$a_A=\dfrac{m_1g\tan^2\alpha}{m_2+m_1\tan^2\alpha}$，$a_B=\dfrac{m_1g\tan\alpha}{m_2+m_1\tan^2\alpha}$，$N=\dfrac{m_2+m_1\sec^2\alpha}{m_2+m_1\tan^2\alpha}m_2g$

10-28　$F_N=\dfrac{3}{2}mg-\dfrac{11}{3}m\omega^2r$

10-29 略

10-30 存在，虚速度原理和虚位移原理等价，虚加速度原理与虚位移原理不能同时成立（提示：将位移的变化用泰勒公式展开）

第11章

11-11 略

11-12 没有

11-13 可以

11-14 ①自由度为2，广义坐标 φ，θ，$T=\dfrac{2}{3}\dfrac{P}{g}L^2(\dot{\varphi}^2+\dot{\theta}^2\sin^2\varphi)$，$V=PL\cos\varphi$；

②自由度为1，广义坐标 φ，$T=\dfrac{2}{3}\dfrac{PL^2}{g}\cdot\dfrac{4L^2\sin^2\varphi-b^2\sin^2\varphi}{4L^2\sin^2\varphi-b^2}\cdot\dot{\varphi}^2$，

$V=PL\cos\varphi$

11-15 $F_3=\dfrac{x^2}{ay}F_1=\dfrac{F_1}{2}$，$F_2=x\left(\dfrac{y}{x}-\dfrac{x^2}{ay}\right)F_1=\dfrac{F_1}{2}$

11-16 $\theta=\arccos\sqrt[3]{2a/l}$ 时，是不稳定平衡

11-17 略

11-18 $k<\dfrac{P(r+a)}{4a^2}$

11-19 $(l+R\theta)\ddot{\theta}+R\dot{\theta}^2+g\sin\theta=0$

11-20 $\alpha=\ddot{\varphi}=\dfrac{M}{22mr^2}$

11-21 $\begin{cases}\ddot{x}_A-\dfrac{1}{2}l\ddot{\varphi}\cos(\varphi-\theta)+\dfrac{1}{2}l\dot{\varphi}^2\sin(\varphi-\theta)-g\sin\theta=0\\[2ex]\dfrac{1}{3}l\ddot{\varphi}-\dfrac{1}{2}\ddot{x}_A\cos(\varphi-\theta)+\dfrac{1}{2}g\sin\varphi=0\end{cases}$，

$F_N=mg\cos\theta-m\ddot{y}_C=\dfrac{mg\cos\theta}{1+3\sin^2\theta}$

11-22 $\begin{cases}ml^2\ddot{\varphi}_1=-mgl\varphi_1+kh^2(\varphi_2-\varphi_1)\\ml^2\ddot{\varphi}_2=-mgl\varphi_2-kh^2(\varphi_2-\varphi_1)\end{cases}$

11-23 $\begin{cases}\dfrac{3}{2}mR\left(\dfrac{\ddot{s}}{R}-\ddot{\theta}\right)-ms\dot{\theta}^2-mg\cos\theta=0\\[2ex]ms^2\ddot{\theta}+2ms\dot{s}\dot{\theta}-\dfrac{3}{2}mR^2\left(\dfrac{\ddot{s}}{R}-\ddot{\theta}\right)+mg(s\sin\theta+R\cos\theta)=0\end{cases}$

11-24 $\begin{cases}x_1=\dfrac{1}{3}gt^2\sin\alpha+\dfrac{1}{2}\delta_0(1-\cos\omega t)\\[2ex]x_2=\dfrac{1}{3}gt^2\sin\alpha+\dfrac{1}{2}\delta_0(1+\cos\omega t)+l\end{cases}$，其中 $\omega=\sqrt{\dfrac{4k}{3m}}$

11-25 $x=-\dfrac{P_2}{3k}(1-\cos\omega t)\sin2\alpha$，其中 $\omega=\sqrt{\dfrac{3kg}{3P_1+P_2(1+2\sin^2\alpha)}}$

11-26 $\begin{cases}(3M+2m)r\ddot{\varphi}+2mb(\ddot{\theta}\cos\theta-\dot{\theta}^2\sin\theta)+2kr\varphi=0\\ mr\ddot{\varphi}\cos\theta+mb\ddot{\theta}+mb\sin\theta=0\end{cases}$

$$\frac{1}{4}(3M+2m)r^2\dot{\varphi}^2+\frac{1}{2}mb^2\dot{\theta}^2+rbm\dot{\varphi}\dot{\theta}\cos\theta+\frac{1}{2}kr^2\varphi^2-mgb\cos\theta=\text{常数}$$

11-27 $\begin{cases}5r\ddot{\varphi}+l\ddot{\theta}\cos\theta-l\dot{\theta}^2\sin\theta-\dfrac{2kr}{m}\varphi=0\\ 3r\ddot{\varphi}\cos\theta+2l\ddot{\theta}+3g\sin\theta=0\end{cases}$

11-28 $\begin{cases}(m_1+m_2)\ddot{x}=F(\cos\theta+f\sin\theta)-f(m_1+m_2)g\\ R\ddot{\psi}=2fg\\ m_2R\ddot{\varphi}=2f(m_2g-F\sin\theta)\end{cases}$

由既滚又滑条件：$\begin{cases}\ddot{x}>R\ddot{\psi}\\ \ddot{x}>R\ddot{\varphi}\end{cases}$，且右轮不可离开地面，得$\dfrac{m_2g}{\sin\theta}>F>\dfrac{3f(m_1+m_2)g}{\cos\theta+f\sin\theta}$

11-29 提示：从能量是否产生耦合的角度来思考

11-30 $L=\frac{1}{2}ml^2(2\dot{\theta}_1^2+\dot{\theta}_2^2+2\dot{\theta}_1\dot{\theta}_2)-\frac{1}{2}mgl(2\theta_1^2+\theta_2^2)$，$\begin{cases}2l\ddot{\theta}_1+l\ddot{\theta}_2+2g\theta_1=0\\ l\ddot{\theta}_2+l\ddot{\theta}_1+g\theta_2=0\end{cases}$

（提示：在微振动条件下，系统的拉格朗日函数中只有广义速度的二次齐次式和广义坐标的二次齐次式对线性化方程有贡献，其他项最后要么消失，要么变为高阶项或非线性项而被舍去）

专题 1

专题 1-1 $a_e=\dfrac{m_1g\sin\theta\cos\theta}{m_1\sin^2\theta+m_2}$

专题 1-2 $30\sqrt{\dfrac{\sin(\varphi-\theta)}{r\cos\varphi}}<n<30\sqrt{\dfrac{\sin(\varphi+\theta)}{r\cos\varphi}}$

专题 1-3 $v_r=\sqrt{2gR}$

专题 1-4 $v_0t^2\omega\sin(\varphi-\alpha)+\frac{1}{3}gt^3\omega\cos\varphi$（仅保留了地球自转角速度 ω 的一次项）

专题 2

专题 2-1 $2R/5$

专题 2-2 $\omega_1=\dfrac{\omega_0}{4}$（逆时针）

专题 2-3 $\varphi=2\arcsin\left(\dfrac{I}{2m}\sqrt{\dfrac{3}{10gL}}\right)$

专题 2-4 $\tan\beta=\dfrac{1}{5e}\left(3\tan\theta-\dfrac{2r\omega_0}{v\cos\theta}\right)$

附录 A 矢量运算

A1 矢量代数与微分

矢量的加法 矢量的加法可以归纳为平行四边形法则［图 A1-1（a）］或三角形法则［图 A1-1（b）］，它蕴含了下面两个性质

$$\text{交换律：}\boldsymbol{a}+\boldsymbol{b}=\boldsymbol{b}+\boldsymbol{a}$$

$$\text{结合律：}(\boldsymbol{a}+\boldsymbol{b})+\boldsymbol{c}=\boldsymbol{a}+(\boldsymbol{b}+\boldsymbol{c})$$

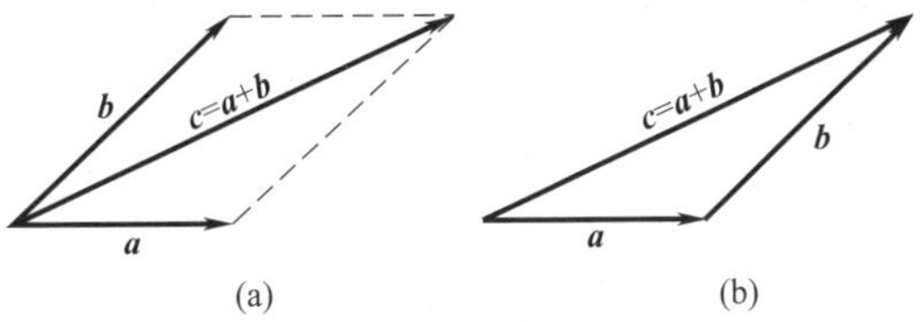

图 A1-1

数乘（或数量积） 标量函数 $\lambda(t)$ 与矢量 $\boldsymbol{a}$ 的乘积，等于矢量 $\boldsymbol{a}$ 将长度缩放 $\lambda(t)$ 倍。矢量的数乘有如下性质

$$\text{交换律：}\lambda(t)\boldsymbol{a}=\boldsymbol{a}\lambda(t)$$

$$\text{分配律：}[\lambda(t)+\mu(t)]\boldsymbol{a}=\lambda(t)\boldsymbol{a}+\mu(t)\boldsymbol{a}$$

$$\lambda(t)(\boldsymbol{a}+\boldsymbol{b})=\lambda(t)\boldsymbol{a}+\lambda(t)\boldsymbol{b}$$

点乘（内积或标量积） 如果矢量 $\boldsymbol{a}$ 和 $\boldsymbol{b}$ 的夹角为 θ，则二者的内积定义为

$$\boldsymbol{a}\cdot\boldsymbol{b}=\boldsymbol{b}\cdot\boldsymbol{a}=ab\cos\theta$$

根据定义可知

$$\boldsymbol{a}^2=\boldsymbol{a}\cdot\boldsymbol{a}=a^2$$

$$\boldsymbol{a}\text{ 与 }\boldsymbol{b}\text{ 垂直的充要条件：}\boldsymbol{a}\cdot\boldsymbol{b}=0$$

利用几何知识还可证明矢量点乘运算具有以下性质

$$\text{交换律：}\boldsymbol{a}\cdot\boldsymbol{b}=\boldsymbol{b}\cdot\boldsymbol{a}$$

$$\text{分配律：}\boldsymbol{a}\cdot(\boldsymbol{b}+\boldsymbol{c})=\boldsymbol{a}\cdot\boldsymbol{b}+\boldsymbol{a}\cdot\boldsymbol{c}$$

$$\text{数乘结合律：}\lambda(t)(\boldsymbol{a}\cdot\boldsymbol{b})=[\lambda(t)\boldsymbol{a}]\cdot\boldsymbol{b}=\boldsymbol{a}\cdot[\lambda(t)\boldsymbol{b}]$$

叉乘（叉积或矢量积） 如果矢量 $\boldsymbol{a}$ 和 $\boldsymbol{b}$ 的夹角为 θ，则 $\boldsymbol{a}$ 和 $\boldsymbol{b}$ 的叉积定义为

$$\boldsymbol{a}\times\boldsymbol{b}=(ab\sin\theta)\boldsymbol{k}$$

其中，$\boldsymbol{k}$ 为单位矢量，且满足 $\boldsymbol{k}\perp\boldsymbol{a}$ 且 $\boldsymbol{k}\perp\boldsymbol{b}$，由右手螺旋法则确定朝向（图 A1-2）。则

$$\boldsymbol{a}\times\boldsymbol{a}=\boldsymbol{0}$$

$\boldsymbol{a}$ 与 $\boldsymbol{b}$ 共线（平行）的充要条件：$\boldsymbol{a}\times\boldsymbol{b}=\boldsymbol{0}$

利用几何知识还可证明矢量的叉乘运算有如下性质

反对称性：$\boldsymbol{a}\times\boldsymbol{b}=-\boldsymbol{b}\times\boldsymbol{a}$

分配律：$\boldsymbol{a}\times(\boldsymbol{b}+\boldsymbol{c})=\boldsymbol{a}\times\boldsymbol{b}+\boldsymbol{a}\times\boldsymbol{c}$

数乘结合律：$\lambda(t)(\boldsymbol{a}\times\boldsymbol{b})=[\lambda(t)\boldsymbol{a}]\times\boldsymbol{b}=\boldsymbol{a}\times[\lambda(t)\boldsymbol{b}]$

在涉及矢量公式化简时，上述性质中的标量 $\lambda(t)$ 或 $\mu(t)$ 可用某些矢量的点积替换；同理，上述性质中矢量也可以用某些矢量的叉积整体替换。

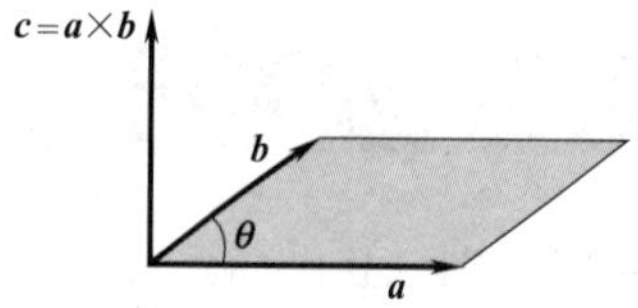

图 A1-2

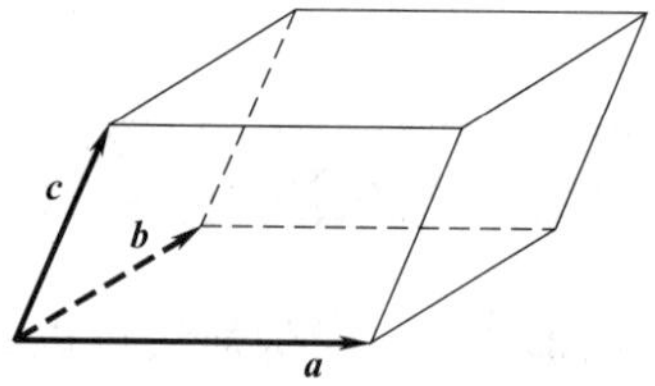

图 A1-3

混合积　$\boldsymbol{a}$、$\boldsymbol{b}$、$\boldsymbol{c}$ 三个矢量的混合积定义为 $\boldsymbol{a}\cdot(\boldsymbol{b}\times\boldsymbol{c})$，读作"$\boldsymbol{a}$ 点 $\boldsymbol{b}$ 叉 $\boldsymbol{c}$"。因为矢量点乘可交换，所以它等价于 $(\boldsymbol{b}\times\boldsymbol{c})\cdot\boldsymbol{a}$。由叉乘和点乘的几何意义可知，混合积表示以矢量 $\boldsymbol{a}$、$\boldsymbol{b}$、$\boldsymbol{c}$ 为边的平行六面体的有向体积（图 A1-3）。体积方向以正负号表示：如果 $\boldsymbol{a}$、$\boldsymbol{b}$、$\boldsymbol{c}$ 符合循环轮换顺序，则混合积为正，否则为负。平行六面体的体积不变，底边则可以循环轮换，因此有如下循环性质：

$$\boldsymbol{a}\cdot(\boldsymbol{b}\times\boldsymbol{c})=\boldsymbol{b}\cdot(\boldsymbol{c}\times\boldsymbol{a})=\boldsymbol{c}\cdot(\boldsymbol{a}\times\boldsymbol{b})=(\boldsymbol{a}\times\boldsymbol{b})\cdot\boldsymbol{c}=(\boldsymbol{b}\times\boldsymbol{c})\cdot\boldsymbol{a}=(\boldsymbol{c}\times\boldsymbol{a})\cdot\boldsymbol{b} \quad (A.1)$$

利用矢量叉乘的反对称性，将上面的叉乘矢量交换位置，并添加负号，可得等式链

$$\boldsymbol{a}\cdot(\boldsymbol{b}\times\boldsymbol{c})=-(\boldsymbol{b}\times\boldsymbol{a})\cdot\boldsymbol{c}=-\boldsymbol{a}\cdot(\boldsymbol{c}\times\boldsymbol{b})=-(\boldsymbol{a}\times\boldsymbol{c})\cdot\boldsymbol{b}=\cdots\cdots$$

如果 $\boldsymbol{a}$、$\boldsymbol{b}$、$\boldsymbol{c}$ 共面或其中任意两个平行，则平行六面体的体积为零，即混合积为零。

实际上，矢量的叉积是外代数中的外积（exterior product，也称楔积）的二元情形，混合积是三元情形。另外还有一种称为外积（outer product）的张量积。这两种"外积"运算完全不同，为避免混淆，最好不要用"外积"指代矢量的叉积。

二重矢量积　即三个矢量之间进行两次矢量积运算，一般写作 $\boldsymbol{a}\times(\boldsymbol{b}\times\boldsymbol{c})$，显然其结果仍是一个矢量，可以表达为

$$\boldsymbol{a}\times(\boldsymbol{b}\times\boldsymbol{c})=(\boldsymbol{a}\cdot\boldsymbol{c})\boldsymbol{b}-(\boldsymbol{a}\cdot\boldsymbol{b})\boldsymbol{c} \quad (A.2)$$

该等式也可以像混合积那样通过添加负号，得到更多的等式。上式的证明见附录 A2。

整体替换　如果一个矢量用另外两个矢量的叉积替换，则可导出很多恒等式，如

$$(\boldsymbol{a}\times\boldsymbol{b})\cdot(\boldsymbol{c}\times\boldsymbol{d})=(\boldsymbol{a}\cdot\boldsymbol{c})(\boldsymbol{b}\cdot\boldsymbol{d})-(\boldsymbol{b}\cdot\boldsymbol{c})(\boldsymbol{a}\cdot\boldsymbol{d}) \quad (A.3)$$

上式称为拉格朗日恒等式（$\boldsymbol{c}=\boldsymbol{a}$ 且 $\boldsymbol{d}=\boldsymbol{b}$ 情形更常见）。

证明：将 $(\boldsymbol{c}\times\boldsymbol{d})$ 整体作为一个矢量，然后利用混合积的性质，有 $(\boldsymbol{a}\times\boldsymbol{b})\cdot(\boldsymbol{c}\times\boldsymbol{d})=[\boldsymbol{b}\times(\boldsymbol{c}\times\boldsymbol{d})]\cdot\boldsymbol{a}=\boldsymbol{a}\cdot[(\boldsymbol{b}\cdot\boldsymbol{d})\boldsymbol{c}-(\boldsymbol{b}\cdot\boldsymbol{c})\boldsymbol{d}]=-\boldsymbol{a}\cdot[(\boldsymbol{b}\cdot\boldsymbol{c})\boldsymbol{d}-(\boldsymbol{b}\cdot\boldsymbol{d})\boldsymbol{c}]$。同理，将 $(\boldsymbol{a}\times\boldsymbol{b})\times(\boldsymbol{c}\times\boldsymbol{d})$ 中的 $(\boldsymbol{a}\times\boldsymbol{b})$ 看成是一个矢量，利用二重矢量积公式，可得

$$(\boldsymbol{a}\times\boldsymbol{b})\times(\boldsymbol{c}\times\boldsymbol{d})=(\boldsymbol{a}\times\boldsymbol{b})\cdot(\boldsymbol{dc}-\boldsymbol{cd}) \quad (A.4)$$

上式右边最后一项中出现了**并矢**，即两个矢量并在一起。并矢本质上是二阶张量，这不重要，只需记住 $\boldsymbol{ab} \neq \boldsymbol{ba}$，以及并矢和其他矢量（或并矢）的点积没有交换性。此外，由数乘的交换性，可得

$$\boldsymbol{a} \cdot \boldsymbol{bc} = (\boldsymbol{a} \cdot \boldsymbol{b})\boldsymbol{c} = \boldsymbol{c}(\boldsymbol{a} \cdot \boldsymbol{b}) = \boldsymbol{ca} \cdot \boldsymbol{b}$$

以上可以视为并矢的性质，注意不要将其与混合积混淆。

为了方便表示标量，引入并矢符号 $\mathbf{E}$，类似单位矩阵。有了并矢，上面一些结果可以改写为更紧凑的并矢形式

$$\boldsymbol{a} \times (\boldsymbol{b} \times \boldsymbol{c}) = [(\boldsymbol{a} \cdot \boldsymbol{c})\mathbf{E} - \boldsymbol{ca}] \cdot \boldsymbol{b} \tag{A.5}$$

$$(\boldsymbol{a} \times \boldsymbol{b}) \cdot (\boldsymbol{c} \times \boldsymbol{d}) = -\boldsymbol{a} \cdot [(\boldsymbol{b} \cdot \boldsymbol{c})\mathbf{E} - \boldsymbol{cb}] \cdot \boldsymbol{d} \tag{A.6}$$

这两个关系式在刚体动力学中经常用到，例如专题 3 中惯量矩阵和移轴公式的推导。

初学者容易犯一些错误，这往往是沿用数字运算习惯所致，常见意外情况如下：

- $\lambda(t) + \boldsymbol{a}$　无意义
- $\lambda(t)/\boldsymbol{a}$　无意义
- $\boldsymbol{a}/\boldsymbol{b}$　无意义
- $\lambda(t) \times \boldsymbol{a}$ 或者 $(\boldsymbol{a} \cdot \boldsymbol{b}) \times \boldsymbol{c}$　无意义
- $\boldsymbol{a} \times (\boldsymbol{b} \times \boldsymbol{c}) \neq (\boldsymbol{a} \times \boldsymbol{b}) \times \boldsymbol{c} \neq (\boldsymbol{c} \times \boldsymbol{a}) \times \boldsymbol{b}$　初学者最容易忽视的问题
- $\lambda(t) \cdot \boldsymbol{a}$　无意义，除非想表达的意思是 $\lambda(t)\boldsymbol{a}$，这时可以写成 $\lambda(t)\mathbf{E} \cdot \boldsymbol{a}$

矢量的微分　矢量或并矢函数的微分运算规则与标量函数一样，例如

$$\mathrm{d}(\boldsymbol{a}(s)) = \boldsymbol{a}'\mathrm{d}s \quad (\text{“}'\text{”表示 } \boldsymbol{a} \text{ 对自变量 } s \text{ 求导})$$

$$\mathrm{d}(\lambda\boldsymbol{a}) = (\mathrm{d}\lambda)\boldsymbol{a} + \lambda(\mathrm{d}\boldsymbol{a}) \quad (\lambda \text{ 是 } t \text{ 的标量函数})$$

$$\mathrm{d}(\boldsymbol{a} \cdot \boldsymbol{b}) = (\mathrm{d}\boldsymbol{a}) \cdot \boldsymbol{b} + \boldsymbol{a} \cdot \mathrm{d}\boldsymbol{b} \quad (\text{顺序可以交换})$$

$$\mathrm{d}(\boldsymbol{a} \times \boldsymbol{b}) = (\mathrm{d}\boldsymbol{a}) \times \boldsymbol{b} + \boldsymbol{a} \times \mathrm{d}\boldsymbol{b} \quad (\text{顺序不可交换})$$

$$\mathrm{d}(\boldsymbol{ab}) = (\mathrm{d}\boldsymbol{a})\boldsymbol{b} + \boldsymbol{a}\mathrm{d}\boldsymbol{b} \quad (\text{顺序不可交换})$$

注意，上面每个标量和矢量，都可用其他矢量运算结果替换。

A2　矢量的分解与投影

矢量的一般分解　将一个矢量按照平行四边形法则分解到与矢量 $\boldsymbol{a}$ 共面的两个矢量 $\boldsymbol{u}$、$\boldsymbol{v}$ 方向上，即 $\boldsymbol{a} = x\boldsymbol{u} + y\boldsymbol{v}$，分别将其投影到 $\boldsymbol{u}$ 和 $\boldsymbol{v}$ 方向，得到如下方程组

$$\begin{cases} \boldsymbol{a} \cdot \boldsymbol{u} = x\boldsymbol{u}^2 + y(\boldsymbol{u} \cdot \boldsymbol{v}) \\ \boldsymbol{a} \cdot \boldsymbol{v} = x(\boldsymbol{u} \cdot \boldsymbol{v}) + y\boldsymbol{v}^2 \end{cases}$$

解得

$$x = \boldsymbol{a} \cdot \frac{\boldsymbol{u}\boldsymbol{v}^2 - (\boldsymbol{u} \cdot \boldsymbol{v})\boldsymbol{v}}{\boldsymbol{u}^2\boldsymbol{v}^2 - (\boldsymbol{u} \cdot \boldsymbol{v})^2}, \quad y = \boldsymbol{a} \cdot \frac{\boldsymbol{v}\boldsymbol{u}^2 - (\boldsymbol{v} \cdot \boldsymbol{u})\boldsymbol{u}}{\boldsymbol{u}^2\boldsymbol{v}^2 - (\boldsymbol{u} \cdot \boldsymbol{v})^2} \tag{A.7}$$

如果 $\boldsymbol{u} \perp \boldsymbol{v}$，则变为正交分解。

矢量正交分解　设轴 x 正方向的单位矢量为 $\boldsymbol{i}$，则矢量 $\boldsymbol{a}$ 可分解为 $\boldsymbol{i}$ 方向的（平行）分量 $\boldsymbol{a}_{\parallel}$ 和与 $\boldsymbol{i}$ 方向垂直的（垂直）分量 $\boldsymbol{a}_{\perp}$，即 $\boldsymbol{a} = \boldsymbol{a}_{\parallel} + \boldsymbol{a}_{\perp}$，因此

$$\boldsymbol{a}_{\perp} = \boldsymbol{a} - \boldsymbol{a}_{\parallel} = \boldsymbol{a} - (\boldsymbol{a} \cdot \boldsymbol{i})\boldsymbol{i} \tag{A.8a}$$

借助叉积的定义可知 $\boldsymbol{a}_{\perp} = (\boldsymbol{i} \times \boldsymbol{a}) \times \boldsymbol{i}$，因而有矢量的正交分解

$$\boldsymbol{a} = (\boldsymbol{a} \cdot \boldsymbol{i})\boldsymbol{i} + (\boldsymbol{i} \times \boldsymbol{a}) \times \boldsymbol{i} \tag{A.8b}$$

注意到 $\boldsymbol{i}\cdot\boldsymbol{i}=1$，上式也可写成

$$\boldsymbol{i}\times(\boldsymbol{i}\times\boldsymbol{a})=(\boldsymbol{a}\cdot\boldsymbol{i})\boldsymbol{i}-(\boldsymbol{i}\cdot\boldsymbol{i})\boldsymbol{a} \tag{A.8c}$$

这是齐次式，说明 $\boldsymbol{i}$ 可以缩放为任何大小的矢量，下面用它证明二重矢量积公式（A.2）。

证明：只需证明 $\boldsymbol{b}$、$\boldsymbol{c}$ 不共线的情况。由于 $\boldsymbol{w}=\boldsymbol{b}\times\boldsymbol{c}$ 与 $\boldsymbol{b}$、$\boldsymbol{c}$ 所确定的平面垂直，而 $\boldsymbol{y}=\boldsymbol{a}\times(\boldsymbol{b}\times\boldsymbol{c})$ 垂直于 $\boldsymbol{w}$，因此 $\boldsymbol{y}$ 必然与 $\boldsymbol{b}$、$\boldsymbol{c}$ 两个矢量共面，可以表示为 $\boldsymbol{b}$、$\boldsymbol{c}$ 的线性组合：$\boldsymbol{w}=\boldsymbol{a}\times(\boldsymbol{b}\times\boldsymbol{c})=x\boldsymbol{b}+y\boldsymbol{c}$ 。利用矢量分解公式（A.7）可知

$$x=\frac{(\boldsymbol{w}\cdot\boldsymbol{b})\boldsymbol{c}^2-(\boldsymbol{b}\cdot\boldsymbol{c})(\boldsymbol{w}\cdot\boldsymbol{c})}{\boldsymbol{b}^2\boldsymbol{c}^2-(\boldsymbol{b}\cdot\boldsymbol{c})^2},\quad y=\frac{(\boldsymbol{w}\cdot\boldsymbol{c})\boldsymbol{b}^2-(\boldsymbol{c}\cdot\boldsymbol{b})(\boldsymbol{w}\cdot\boldsymbol{b})}{\boldsymbol{b}^2\boldsymbol{c}^2-(\boldsymbol{b}\cdot\boldsymbol{c})^2}$$

利用混合积循环轮换性质（A.1），以及式（A.8c），有

$$\begin{aligned}\boldsymbol{w}\cdot\boldsymbol{b}&=[\boldsymbol{a}\times(\boldsymbol{b}\times\boldsymbol{c})]\cdot\boldsymbol{b}=[(\boldsymbol{b}\times\boldsymbol{c})\times\boldsymbol{b}]\cdot\boldsymbol{a}=-[\boldsymbol{b}\times(\boldsymbol{b}\times\boldsymbol{c})]\cdot\boldsymbol{a}\\&=-[(\boldsymbol{c}\cdot\boldsymbol{b})\boldsymbol{b}-\boldsymbol{b}^2\boldsymbol{c}]\cdot\boldsymbol{a}=(\boldsymbol{a}\cdot\boldsymbol{c})\boldsymbol{b}^2-(\boldsymbol{a}\cdot\boldsymbol{b})(\boldsymbol{c}\cdot\boldsymbol{b})\\\boldsymbol{w}\cdot\boldsymbol{c}&=[\boldsymbol{a}\times(\boldsymbol{b}\times\boldsymbol{c})]\cdot\boldsymbol{c}=[(\boldsymbol{b}\times\boldsymbol{c})\times\boldsymbol{c}]\cdot\boldsymbol{a}=[\boldsymbol{c}\times(\boldsymbol{c}\times\boldsymbol{b})]\cdot\boldsymbol{a}\\&=[(\boldsymbol{c}\cdot\boldsymbol{b})\boldsymbol{c}-\boldsymbol{c}^2\boldsymbol{b}]\cdot\boldsymbol{a}=(\boldsymbol{a}\cdot\boldsymbol{c})(\boldsymbol{b}\cdot\boldsymbol{c})-(\boldsymbol{a}\cdot\boldsymbol{b})\boldsymbol{c}^2\end{aligned}$$

再代入到上面 x 和 y 的表达式中，求得 $x=\boldsymbol{a}\cdot\boldsymbol{c}$，$y=\boldsymbol{a}\cdot\boldsymbol{b}$，证毕。

矢量在坐标系中的投影 建立直角坐标系 $Oxyz$，沿坐标正向取单位矢量 $\boldsymbol{i}$、$\boldsymbol{j}$、$\boldsymbol{k}$，称为该坐标系的**基矢量**。将矢量 $\boldsymbol{a}$ 向坐标轴投影（图 A2-1），得到

$$\boldsymbol{a}=a_x\boldsymbol{i}+a_y\boldsymbol{j}+a_z\boldsymbol{k}$$

上式就是矢量的投影表达式，其长度和方向由下式计算。

$$a=\sqrt{a_x^2+a_y^2+a_z^2},\quad \cos\alpha=\frac{a_x}{a},\quad \cos\beta=\frac{a_y}{a},\quad \cos\gamma=\frac{a_z}{a}$$

式中，α、β、γ 分别是矢量 $\boldsymbol{a}$ 与三个坐标轴正方向的夹角。

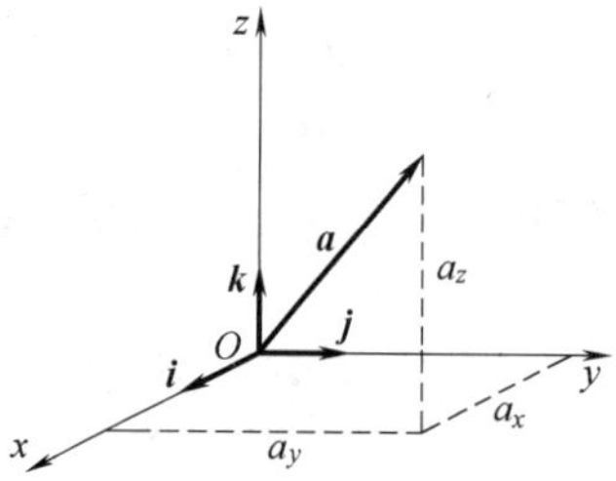

图 A2-1

矢量运算的投影表达式 对于单位正交基矢量，按矢量乘法定义有

$$\boldsymbol{i}\cdot\boldsymbol{i}=\boldsymbol{j}\cdot\boldsymbol{j}=\boldsymbol{k}\cdot\boldsymbol{k}=1 \quad 且 \quad \boldsymbol{i}\cdot\boldsymbol{j}=\boldsymbol{j}\cdot\boldsymbol{k}=\boldsymbol{k}\cdot\boldsymbol{i}=0$$

$$\boldsymbol{i}\times\boldsymbol{i}=\boldsymbol{j}\times\boldsymbol{j}=\boldsymbol{k}\times\boldsymbol{k}=0 \quad 且 \quad \boldsymbol{i}\times\boldsymbol{j}=\boldsymbol{k},\ \boldsymbol{j}\times\boldsymbol{k}=\boldsymbol{i},\ \boldsymbol{k}\times\boldsymbol{i}=\boldsymbol{j}$$

将矢量在直角坐标系中分解，然后利用上面的性质，可以给出分量表达式如下：

加法 $\boldsymbol{a}+\boldsymbol{b}=(a_x+b_x)\boldsymbol{i}+(a_y+b_y)\boldsymbol{j}+(a_z+b_z)\boldsymbol{k}$

数乘 $\lambda\boldsymbol{a}=(\lambda a_x)\boldsymbol{i}+(\lambda a_y)\boldsymbol{j}+(\lambda a_z)\boldsymbol{k}$

点乘 $\boldsymbol{a}\cdot\boldsymbol{b}=a_xb_x+a_yb_y+a_zb_z$

叉乘
$$\boldsymbol{a}\times\boldsymbol{b}=(a_yb_z-a_zb_y)\boldsymbol{i}+(a_zb_x-a_xb_z)\boldsymbol{j}+(a_xb_y-a_yb_x)\boldsymbol{k}=\begin{vmatrix}\boldsymbol{i}&\boldsymbol{j}&\boldsymbol{k}\\a_x&a_y&a_z\\b_x&b_y&b_z\end{vmatrix}$$

混合积 $\boldsymbol{a}\cdot(\boldsymbol{b}\times\boldsymbol{c})=\begin{vmatrix} a_x & a_y & a_z \\ b_x & b_y & b_z \\ c_x & c_y & c_z \end{vmatrix}$

以上是经常用到的矢量运算在直角坐标系中投影的表达式。

A3 矢量运算的矩阵表达

矢量之间的计算在坐标系中的投影，其实就是计算各个分量。因此可以直接将矢量写成坐标之间的计算，从而写成矩阵乘法形式。这样，矢量运算表示为矩阵运算，适合编程计算。例如，$\boldsymbol{a}=a_x\boldsymbol{i}+a_y\boldsymbol{j}+a_z\boldsymbol{k}$ 可以写成

$$\boldsymbol{a}=(a_x,a_y,a_z) \quad 或 \quad \boldsymbol{a}=\begin{pmatrix} a_x \\ a_y \\ a_z \end{pmatrix}=(a_x,a_y,a_z)^{\mathrm{T}}$$

那么矩阵可以认为是行矢量堆叠，或列矢量依次排成一行

$$\begin{pmatrix} \boldsymbol{a} \\ \boldsymbol{b} \\ \boldsymbol{c} \\ \boldsymbol{d} \end{pmatrix}=\begin{bmatrix} a_x & a_y & a_z \\ b_x & b_y & b_z \\ c_x & c_y & c_z \\ d_x & d_y & d_z \end{bmatrix} \quad 或 \quad (\boldsymbol{a},\boldsymbol{b},\boldsymbol{c},\boldsymbol{d})=\begin{bmatrix} a_x & b_x & c_x & d_x \\ a_y & b_y & c_y & d_y \\ a_z & b_z & c_z & d_z \end{bmatrix}$$

通常选择列向量形式，即 $\boldsymbol{a}=(a_x,\ a_y,\ a_z)^{\mathrm{T}}$，则矢量点乘 $\boldsymbol{a}\cdot\boldsymbol{b}=\boldsymbol{a}^{\mathrm{T}}\boldsymbol{b}$ 是一个标量，而并矢 $\boldsymbol{ab}=\boldsymbol{ab}^{\mathrm{T}}$ 是一个矩阵。

叉乘则具有反对称特征，例如

$$\boldsymbol{a}\times\boldsymbol{b}=\boldsymbol{c}$$

其中，$\boldsymbol{a}=\begin{pmatrix} a_x \\ a_y \\ a_z \end{pmatrix}$，$\boldsymbol{b}=\begin{pmatrix} b_x \\ b_y \\ b_z \end{pmatrix}$，则 $\boldsymbol{c}=\begin{pmatrix} a_yb_z-a_zb_y \\ a_zb_x-a_xb_z \\ a_xb_y-a_yb_x \end{pmatrix}$。

如果定义一个矩阵

$$\boldsymbol{A}=\begin{bmatrix} 0 & -a_z & a_y \\ a_z & 0 & -a_x \\ -a_y & a_x & 0 \end{bmatrix}$$

它是一个反对称矩阵，满足 $\boldsymbol{A}^{\mathrm{T}}=-\boldsymbol{A}$。当一个矢量 $\boldsymbol{a}$ 的三个分量按照上面这样排列，则称这个矩阵是矢量 $\boldsymbol{a}$ 对应的反对称矩阵，记作 $\boldsymbol{A}=S(\boldsymbol{a})$。于是有

$$\boldsymbol{a}\times\boldsymbol{b}=S(\boldsymbol{a})\boldsymbol{b}=\begin{bmatrix} 0 & -a_z & a_y \\ a_z & 0 & -a_x \\ -a_y & a_x & 0 \end{bmatrix}\begin{pmatrix} b_x \\ b_y \\ b_z \end{pmatrix}=\begin{pmatrix} a_yb_z-a_zb_y \\ a_zb_x-a_xb_z \\ a_xb_y-a_yb_x \end{pmatrix}$$

可见 $\boldsymbol{a}\times\boldsymbol{b}=S(\boldsymbol{a})\boldsymbol{b}=\boldsymbol{Ab}$。尤其是当 $\boldsymbol{a}$ 是角速度矢量 $\boldsymbol{\omega}$ 时，这个式子也很方便化简公式。

对于二维情形，$S(\boldsymbol{a})$ 则是一个反对称的行向量，即 $S(\boldsymbol{a})=(-a_y,a_x)$。

点积是矩阵乘法，叉积是反对称矩阵乘法，因此混合积可以写作

$$\boldsymbol{c}\cdot(\boldsymbol{a}\times\boldsymbol{b})=\boldsymbol{c}^{\mathrm{T}}S(\boldsymbol{a})\boldsymbol{b}$$

可见，这个结果也可用来计算行列式。

可以在计算机上写一个函数将矢量 $\boldsymbol{a}$ 转换为反对称矩阵 $S(\boldsymbol{a})$，方便用来求解矢量方程。当然，如果只是为了求叉积，则不必用矩阵乘法，因为一些代码库或数学软件提供有叉乘函数，可以输入两个矢量，返回叉积结果。

A4　矢量方程的求解

已知空间矢量 $\boldsymbol{a}$、$\boldsymbol{b}$、$\boldsymbol{c}$ 和 $\boldsymbol{d}$，并且有方程 $x\boldsymbol{a}+y\boldsymbol{b}+z\boldsymbol{c}=\boldsymbol{d}$，其中 x、y、z 未知，如何求出系数？一般是通过投影到坐标系中，分别列出各个分量方程，从而求出未知量。这也是第 6、7 章中的速度和加速度矢量分析求解方法。如果使用矩阵乘法来表示矢量运算，则可以整体求解。这是矢量方程的通用求解方法。

方程中出现线性组合，因此可将系数视为矢量的坐标，则

$$x\boldsymbol{a}+y\boldsymbol{b}+z\boldsymbol{c}=\boldsymbol{d}\quad\Leftrightarrow\quad\boldsymbol{A}(x\quad y\quad z)^{\mathrm{T}}=\boldsymbol{d}$$

其中，$\boldsymbol{A}=(\boldsymbol{a},\boldsymbol{b},\boldsymbol{c})$ 是列向量组形成的矩阵。如果与向量组线性无关，则 $\boldsymbol{A}$ 可逆，于是得到 $(x\ y\ z)^{\mathrm{T}}=\boldsymbol{A}^{-1}\boldsymbol{d}$。若只是求 x，则可利用求解线性方程组的克拉默法则，$x=[\boldsymbol{d},\boldsymbol{b},\boldsymbol{c}]/[\boldsymbol{a},\boldsymbol{b},\boldsymbol{c}]$。这里 $[\boldsymbol{a},\boldsymbol{b},\boldsymbol{c}]=\boldsymbol{a}\cdot(\boldsymbol{b}\times\boldsymbol{c})$ 是表示混合积的符号。

含有矢量积、混合积、二重矢量积的情况也是类似处理方法。例如求加速度瞬心的位置。设已知某点加速度矢量 $\boldsymbol{a}_A$，则加速度瞬心位置 Q 由下式确定

$$\boldsymbol{a}_Q=\boldsymbol{a}_A+\boldsymbol{a}_{Q|A}^{\mathrm{t}}+\boldsymbol{a}_{Q|A}^{\mathrm{n}}=\boldsymbol{0}$$

将 $\boldsymbol{a}_{Q|A}^{\mathrm{t}}=\alpha\times\boldsymbol{r}_{AQ}$ 和 $\boldsymbol{a}_{Q|A}^{\mathrm{n}}=\boldsymbol{\omega}\times(\boldsymbol{\omega}\times\boldsymbol{r}_{AQ})$ 代入，得

$$\boldsymbol{a}_A+\boldsymbol{\alpha}\times\boldsymbol{r}_{AQ}+\boldsymbol{\omega}\times(\boldsymbol{\omega}\times\boldsymbol{r}_{AQ})=\boldsymbol{0}$$

应用二重叉积公式，简化为

$$\boldsymbol{a}_A+\boldsymbol{\alpha}\times\boldsymbol{r}_{AQ}+\boldsymbol{\omega}(\boldsymbol{\omega}\cdot\boldsymbol{r}_{AQ})-\boldsymbol{\omega}^2\boldsymbol{r}_{AQ}=\boldsymbol{0}$$

再将其写成矩阵计算表达式

$$\boldsymbol{a}_A+[S(\boldsymbol{\alpha})+\boldsymbol{\omega}^{\mathrm{T}}\boldsymbol{\omega}-\boldsymbol{\omega}^2\boldsymbol{E}]\boldsymbol{r}_{AQ}=\boldsymbol{0}$$

令 $\boldsymbol{B}=S(\boldsymbol{\alpha})+\boldsymbol{\omega}^{\mathrm{T}}\boldsymbol{\omega}-\boldsymbol{\omega}^2\boldsymbol{E}$，如果 $|\boldsymbol{B}|\neq 0$，则 $\boldsymbol{r}_{AQ}=-\boldsymbol{B}^{-1}\boldsymbol{a}_A$，得到加速度瞬心相对于 A 点的位置。

附录B

计算机在力学问题中的应用

B1 力学问题中的常见数值计算

工程中遇到的力学问题很丰富，基本上都可归为正问题和逆问题。正问题是指系统明确的情况下，由输入求输出，或由输出求出入。正问题通常有唯一或有限个解。例如，求确定的系统在运动规律已知时（含静平衡情形），受到的力的大小和方向；或已知受力，求系统的时间演化、平衡位置/位形（含静变形）、运动或平衡的稳定性等。逆问题是指系统未知或不完全明确的情况下，由输入和输出估计系统的结构和参数，或者由给定的输出来设计系统和输入。这类问题的解通常不唯一，可能有无穷多种，属于开放性问题。例如，运动机构的设计、机器人轨迹规划、对给定载荷优化结构、动力系统参数辨识等。本书涉及的都是正问题，其求解最终都归结为一些经典的数值计算。下面介绍其中常用数值计算，以及如何用数学软件完成计算。

物体系静平衡问题最终归结为线性方程组的求解。变形体的静平衡问题则涉及求解微分方程（组）、非线性方程（组）。至于运动学问题，基本上是非线性方程（组）、微分方程组的求解问题。对于动力学问题，只有少数特殊的非线性问题和一些简单线性问题，例如微振动，存在有限形式的封闭解，可以手工推导。如果公式推导较为复杂，也可以利用数学软件进行符号计算。现实中，大多部分动力学问题都是非线性的，涉及非线性微分方程组、微分代数方程组的求解，只能求数值解。

以上数值计算都有经典算法，互联网上有很多开源软件包或代码库提供了函数实现，许多数学软件也都有集成了各种数值算法的函数，并随着版本更新不断优化。如今数学软件的功能越来越丰富，除了数据可视化功能之外，还包括矩阵计算、公式推导、方程求解、运筹优化、信号处理、自动控制、机器学习等。很多时候我们希望计算后直接将结果可视化，因此使用数学软件非常方便。数学软件常采用动态语言，因此许多常用的数学计算通常只需调用相应函数就能得到结果。可以输入代码直接运行获得结果，也可以运行脚本（script）文件中写好的代码。这样可以使用户将问题的求解思路集中在高级抽象思维层面，从而可以快速测试求解方案，避免将大量精力浪费在底层算法的实现上。

Mathematica 软件是数学符号计算出身，其语言是以针对表达式的规则、映射、替换等操作为核心，最接近于函数式风格，基本数据结构是列表。列表的元素不必是同类型数据，也不必像数组那样要求尺寸规整，因此很灵活。总体来说，Mathematica 语言更接近于人类数学语言习惯。在计算方面，其中函数的数值算法借助符号计算优势，体验上更方便，尤其是对精度要求较高的情况。

MATLAB 软件是矩阵数值计算出身，其语言保留了过程式和面向对象编程特点，基本数据结构是数组。数组元素可以是浮点数、字符、结构体、句柄等类型。由于其矩阵计算优势，更适合矢量编程风格，这与 C/C++语言对元素逐个进行操作的风格不同。虽然可以通过符号计算工具箱单独进行符号计算，但 MATLAB 专注于数值计算，这使其广泛用于数值算法开发、工程计算和开发调试等应用。

(1) 线性方程组的求解

最经典的算法是高斯消元法，它是人工求解线性方程组所使用的方法，因此是精确解法。对于涉及大规模线性方程组求解的情况（如固体变形或流体运动的模拟），高斯方法效率低，这时要使用迭代类型的近似求解算法。

Mathematica 求解线性方程组 $\boldsymbol{Ax}=\boldsymbol{b}$ 的代码示例如下，可返回符号解和数值解。

```
A={{1,-2,3},{4,5,6},{7,8,9}};(*系数矩阵*)
b={3,2,1};
x=LinearSolve[A,b]
```

MATLAB 求解线性方程组 $\boldsymbol{Ax}=\boldsymbol{b}$ 的代码示例如下，返回纯数值解。

```
A=[1,-2,3;4,5,6;7,8,9];% 系数矩阵
b=[3;2;1]; % 列向量
x=A\b % 该命令调用的是 x=linsolve(A,b)
```

上面代码中，Mathematica 由于将数值求解和符号运算结合，所以返回分数表示的精确结果，而 MATLAB 是纯数值计算，返回一个数值解。注意，如果 A 的行列式接近零，代码只返回一个可行解。

(2) 非线性方程求解

除了一些简单的三角方程、对数方程、指数方程和五次以下的代数方程有公式解，其他非线性方程只能求数值解。最简单的非线性方程——多项式方程，可以利用矩阵特征值的数值解法获得全部根。其他非线性方程或超越方程，一般使用牛顿-拉弗森方法或其改进版本。这种迭代类型的算法需要用户提供初始猜测解以启动搜索过程，搜索到解后就会停止搜索，因而无法保证获得方程的全部解。但是初始猜测解越接近真实解，算法效率和精度就越高。

在 Mathemacia 中，对于存在精确解的，用 NSolveValues 函数可以求出全部解。其余的非线性方程或超越方程，需要使用 FindRoot 函数求数值解。以例 3-13 的悬链线方程的参数求解为例，分别给出求单个方程和方程组的代码。

求单个非线性方程解的 Mathematica 代码：

```
eqn[lambda_,g_,h_,l_,L_]:=
  Sqrt[L^2-h^2]==2F0/(lambda g) Sinh[lambda g l/(2 F0)];(*方程等号用==
表示*)
FindRoot[eqn[3,9.8,1,2,5],{F0,1}](*求F0,初始猜测解设为1*)
```

求非线性方程组的 Mathematica 代码：

```
eqns[lambda_,g_,h_,l_,L_]:=
  {h==F0/(lambda g)(Cosh[lambda g (xA+l)/F0]-Cosh[lambda g xA/F0]),
   L==F0/(lambda g)(Sinh[lambda g (xA+l)/F0]-Sinh[lambda g xA/F0])};
(*初始猜测解尽量满足真解的性质,例如正负性、上下界关系等(可通过解的物理意义和
性质及方程的定性分析获知),否则有可能求得的解的质量不佳*)
FindRoot[eqns[3,9.8,1,2,5],{{F0,1},{xA,-1}}]
```

MATLAB 也是一样，对于存在精确解的情况，可以使用符号计算工具箱中的 solve 函数求解。求多项式的全部根则使用 roots 函数，其他情况适合 fsolve 函数，其功能与 Mathematica 的 FindRoot 函数相似，可以求解多项式方程组、超越方程组，甚至是没有具体表达只返回函数值的函数。以例 3-13 中的悬链线方程参数求解为例。

求解单个非线性方程的 MATLAB 代码：

```
f=@(F0,lambda,g,h,l,L)sqrt(L^2-h^2)-...
   2*F0./(lambda*g).*sinh(lambda*g*l./(2*F0));
F0_init=1; % 初始猜测解
F0=fsolve(@(F0)f(F0,3,9.8,1,2,5),F0_init) % 求解方程 f(F0)=0
```

求解非线性方程组的 MATLAB 代码：

```
f=@(F0,xA,lambda,g,h,l,L)F0/(lambda*g).*[cosh(lambda*g*(xA+l)./F0)-
   cosh(lambda*g*xA./F0);
   sinh(lambda*g*(xA+l)./F0)-sinh(lambda*g*xA./F0)]...
   -[h;L]; % 函数 f 返回 2×1 的列向量
x0=[1;-1]; % 初始猜测解
x=fsolve(@(x)f(x(1),x(2),3,9.8,1,2,5),x0)% 求解方程组 f(F0,xA)=0
```

(3) 常微分方程组的求解

刚体动力学问题或一些具有对称性质的变形体动力学问题，一般需要求解常微分方程组，或者微分代数方程组。常微分方程组常用的数值解法是龙格-库塔算法，代数约束则可联合求解非线性方程的牛顿方法来求解。某些刚性较强情况（广义刚度矩阵特征值很大或广义质量矩阵接近奇异）中，解的分量的变化快慢程度相差太大，常规算法的求解效率很低，而且求出的解的质量很差。这时需要使用针对刚性问题的专门算法，例如隐式微分方程组解法。另一方面，保守系统的动力学问题在理论上存在一些守恒量，但由于机器的精度有限，龙格-库塔算法会使对应的守恒量随时间缓慢漂移。如果用它求解系统的长期演化，可能出现较大误差，这需要针对格式进行改进，例如使用所谓的辛格式。

对于线性微分方程，或者少数简单的非线性（偏）微分方程，存在封闭形式的解。Mathematica 中的 DSolveValue 函数可以求解上述符号微分方程的封闭解，而数值求解微分方程的常用命令是

$$\text{NDSolveValue}[eqn, expr, \{x, x_{\min}, x_{\max}\}]$$

该函数根据含有独立变量 x 的常微分方程 *eqn* 的数值解，给出当 x 为 $x_{\min}$ 到 $x_{\max}$ 时，表

达式 *expr* 通过插值得到的函数表达式。利用符号计算优势，Mathematica 根据输入表达式尽可能匹配最合适的算法，因此上面的命令对于不同类型的方程，包括刚性微分方程和隐式微分方程都适用。函数也提供了包括算法在内的丰富选项。

例如，求解如下二阶非线性微分方程在 $x=0\sim4$ 的解的两个表达式 $y(x)$ 和 $y'(x)^2/2$ 的值。

$$y''-0.5y'\sin^2 x=e^{-x}$$

初始条件为 $y(0)=0$，$y'(1)=2$。求解该问题的 Mathematica 代码是

```
Sol=NDSolveValue[{y''[x]-0.5 Sin[x]^2 y'[x] ==Exp[-x],
    y[0]==0,y'[1]==2},{y[x],y'[x]^2/2},{x,0,4}];
```

如果想画出其中第 2 个表达式 $y'(x)^2/2$ 随 x 的变化，只需追加如下代码

```
Plot[Sol[[2]],{x,0,4},AxesLabel -> {x,y'[x]^2/2}]
```

或者将两个表达式对应曲线都画出来，并添加图例、改刻度标签和图例表达式字体样式，则替换为

```
Plot[Sol,{x,0,4},Frame -> True,FrameLabel -> x,
  PlotLegends -> {Style[y[x],FontFamily -> "Times"],
    Style[y'[x]^2/2,FontFamily -> "Times"]},
  LabelStyle -> (FontFamily -> "Times")]
```

如果想单独获取 $y'(x)^2/2$ 在 $x=0$ 和 $x=2.3$ 时刻的值，可使用如下代码

```
Sol /. x -> {0,2.3}
```

或者格式化显示 $y'(x)^2/2$ 值，其中 x 从 0 到 3，步长取 0.2，并且设置表头。只需使用如下代码

```
data=Table[{x,Sol[[2]]},{x,0,3,0.2}];
    Print["x","\t   ",
    Style[TraditionalForm[y'[x]^2/2],FontFamily -> "Times"]]
    Print[data//TableForm]
```

还可以将求出的结果数据以文本格式输出到文件。下面是最灵活的底层方法。

```
data=Table[{x,Sol[[2]]},{x,0,3,0.2}];
st=OpenWrite["data.txt"];
WriteString[st,"x","\t   ","y'[x]^2/2\n"]
(*相邻行不空行,相邻列空 4 个字符,data 中数值在 0.1 到 100 范围以外用科学计数法
表示*)
WriteString[st,
  TextString[
    NumberForm[TableForm[data,TableSpacing -> {0,4}],
    ScientificNotationThreshold -> {-1,2}]]]
Close[st]
```

对于大型数据，使用二进制格式储存更合适，可以使用最为灵活的 BinaryWrite 函数。对于行业标准数据格式，例如 hdf5 格式，可直接使用 Export ["filename. ext", data," hdf5"] 这类高级命令来输出二进制文件，而不必用上面的底层方法。

MATLAB 数值求解常微分方程则格式较为统一，常常求解如下形式的一阶方程组

$$\begin{cases}\dot{y}_1=f_1(y_1,y_2,\cdots,y_n,t)\\ \dot{y}_2=f_2(y_1,y_2,\cdots,y_n,t)\\ \vdots \\ \dot{y}_n=f_n(y_1,y_2,\cdots,y_n,t)\end{cases}$$

由于 MATLAB 的矩阵计算优势，常常使用数组来整体计算，所以方程组要写成矢量形式

$$\dot{\boldsymbol{y}}=\boldsymbol{f}(\boldsymbol{y},t)$$

求解常微分方程有好几个函数，其中最常用的函数是 ode45 函数，使用了五阶 Runge-Kutta 方法（自适应调整步长以保证误差小于给定的精度）。如果微分方程的刚性较大，或含有代数约束，则应该使用 ode 家族的其他合适的函数（ode23s，ode23tb，ode15i 等）。ode 家族的函数基本上都可以按照以下常用格式调用：

```
[t,y]=ode45(odefun,tspan,y0);
```

根据函数句柄 odefun 指向的常微分方程组函数 $\boldsymbol{f}(t,\boldsymbol{y})$ 和输入的初始条件 y0，给出 tspan 对应时间范围或时刻的解。

① 输入参数。

odefun　用户提供的函数句柄，用于传入向量函数 $\boldsymbol{f}(t,\ \boldsymbol{y})$。函数句柄是 MATLAB 的一种数据类型，它包含一些信息以便找到并执行一个函数，只需将@符号后面跟上函数名即可。

tspan　指定积分时间范围。如果是 [t0，tf]，程序会将其作为积分上下限，自适应划分最佳步长；如果输入的是 [t0 t1 t2... tf]（必须是完全递增或完全递减序列），程序则自动将计算结果插值到指定时刻 [t0 t1 t2... tf]。如果需要从 t0 到 tEnd 以 dt 为步长的解，则输入 [t0：dt：tEnd]。

y0　初始向量 $\boldsymbol{y}(0)$。程序总是默认初始值对应时刻 t0。

② 输出参数。

t　一个包含不同时刻的向量，函数返回这些时刻的解。

y　一个矩阵，一般第 i 列对应于 $\boldsymbol{y}$ 的第 i 个分量在不同时刻的值。

考虑下面的二阶非线性常微分方程的数值解（其中 y 和 t 都是标准化后的量，这样可以尽量避免因单位不同导致数值差距过大而引起数值误差）

$$\ddot{y}=-0.5(y^2-1)\dot{y}-y$$

初始条件是 $x(0)=1$ 以及 $\dot{x}(0)=0$，时间范围是从 $t=0$ 到 $t=10$，以 0.2 为步长。通过变量代换，$y=y_1$，$\dot{y}=y_2$，方程降阶为等价的一阶微分方程组

$$\begin{cases}\dot{y}_1=y_2\\ \dot{y}_2=-0.5(y_1^2-1)y_2-y_1\end{cases}$$

初始条件则变为 $y_1(0)=1$ 和 $y_2(0)=0$。

求解该问题的 MATLAB 程序是

```
[t,y]=ode45(@f,[0:0.2:10],[1 0]);
function dydt=f(t,y)
dydt=[y(2)
    -0.5*(y(1)^2-1)*y(2)-y(1)];
end
```

以上代码包含函数的定义，需要将函数 f（t，x）的定义单独保存为函数文件，但新版本 MATLAB 允许在脚本文件中定义函数，因此上述整个代码也可以一起放在脚本中执行。MATLAB 还提供了其他将 f(t，x）传入程序中的途径，但上面定义函数的方式是最常用的。

ode45 函数的输出数据可以通过调用 MATLAB 函数 plot 来可视化。例如，绘制 y_1（它保存在矩阵 y 的第一列）随时间 t 的变化，只需在上述代码包含语句 plot(t,y(:,1))，也可自定义调整坐标轴字号大小、添加坐标轴标签、调整线宽、追加坐标网格，可以使用如下代码

```
plot(t,y(:,1),'linewidth',1.5)
xlabel('t (s)'); ylabel('y (m)')
grid on
```

如果想再打印数据，例如输出到屏幕上以便于复制，下面的函数可供使用。

```
function printSol(t,y)
[m,n]=size(y);
head ='   t';
for i=1:n
    head=strcat(head,'            y',num2str(i));
end
fprintf(head); fprintf('\n')
for i=1:m
    fprintf('%13.4e',t(i),y(i,:));
    fprintf('\n')
end
```

还可以输出到 txt 文件保存，MATLAB 有很多高级函数可以直接格式化输出，例如 dlmwrite、writetable、xlswrite。但底层函数 fprintf 函数更灵活。略微改造上面的代码，将数据重定向到文件中即可。下面是修改后的版本：

```
function Sol2Txt(t,y,filename)
[m,n]=size(y);
if nargin < 3,filename='Sol'; end
head ='   t';
```

```
for i=1:n
    head=strcat(head,'           y',num2str(i));
end
fileID=fopen([filename,'.txt'],'w');
if fileID==-1,
error(['无法打开文件',cd,'\',filename,'.txt,文件可能被其他进程占用,或已损坏.'])
end
fprintf(fileID,head); fprintf(fileID,'\n')
for i=1:m
    fprintf(fileID,'%13.4e',t(i),y(i,:));
    fprintf(fileID,'\n')
end
fclose(fileID);
```

如果数据量巨大，文本方式保存就不太适合，宜保存为二进制文件（.mat 格式或自定义格式），见 fwrite 函数用法。对于其他标准格式，MATLAB 有对应格式的文件读写的专用高级函数。

B2 典型问题建模与程序代码

建立力学模型后，应用力学和数学知识得到数学模型，在分析或求解前最好将其标准化，这样可以避免数值求解过程中因为单位不同导致量级差别引起的有效数字损失。下面举三个例子来说明建模的过程和如何进行数值求解。假设问题中的物理量均已标准化，单位变为 1。

(1) 机器人的关节扭矩

s 个串联的机械臂在同一平面内运动，各机械臂依次用有向线段 $\boldsymbol{r}_1(t)$，$\boldsymbol{r}_2(t)$，…，$\boldsymbol{r}_s(t)$ 表示。当机械臂末端受到力 $\boldsymbol{f}$ 的作用时系统平衡。忽略摩擦和系统自重，如何求关节扭矩 τ_i？考虑到机械结构复杂，最好使用虚位移原理计算。选取各关节的相对水平线的转角 θ_1，θ_2，…，θ_s 为广义坐标。忽略关节处摩擦力做的功，则约束属于理想约束，符合虚位移原理的使用条件，由于自重不计，主动力只有 $\boldsymbol{f}$ 和扭矩 $\boldsymbol{\tau}=(\tau_1,\tau_2,\cdots,\tau_s)^{\mathrm{T}}$，则虚功方程为

$$\boldsymbol{f}\cdot\delta\boldsymbol{r}+\boldsymbol{\tau}\cdot\delta\boldsymbol{\theta}=\boldsymbol{0}$$

还需找出虚位移之间的关系。设力 $\boldsymbol{f}$ 作用点的实位移为 $\mathrm{d}\boldsymbol{r}$，利用矢量旋转公式 (6.2)

$$\begin{aligned}\mathrm{d}\boldsymbol{r}&=\mathrm{d}\boldsymbol{r}_1+\mathrm{d}\boldsymbol{r}_2+\cdots+\mathrm{d}\boldsymbol{r}_s=(\boldsymbol{\omega}_1\times\boldsymbol{r}_1+\boldsymbol{\omega}_2\times\boldsymbol{r}_2+\cdots+\boldsymbol{\omega}_s\times\boldsymbol{r}_s)\mathrm{d}t\\&=\sum S(\boldsymbol{\omega}_i\mathrm{d}t)\boldsymbol{r}_i=-\sum S(\boldsymbol{r}_i)\boldsymbol{\omega}_i\mathrm{d}t\end{aligned}$$

上式中还使用了附录 A3 介绍的叉积运算的矩阵表达，其中

$$\sum S(\boldsymbol{r}_i)\boldsymbol{\omega}_i\mathrm{d}t=\sum\begin{bmatrix}0&-z_i&y_i\\z_i&0&-x_i\\-y_i&x_i&0\end{bmatrix}\begin{pmatrix}\mathrm{d}\theta_{ix}\\\mathrm{d}\theta_{iy}\\\mathrm{d}\theta_{iz}\end{pmatrix}$$

由于机械臂在同一平面内运动，不妨设为 xOy 平面，则角速度矢量在 z 方向上，故

$$\mathrm{d}\boldsymbol{r}=-\sum S(\boldsymbol{r}_i)\omega_i\,\mathrm{d}t=\sum\begin{pmatrix}r_{iy}\\-r_{ix}\end{pmatrix}\mathrm{d}\theta_i=\underbrace{\begin{bmatrix}y_1 & y_2 & \cdots & y_s\\-x_1 & -x_2 & \cdots & -x_s\end{bmatrix}}_{J}\underbrace{\begin{bmatrix}\mathrm{d}\theta_1\\\mathrm{d}\theta_2\\\vdots\\\mathrm{d}\theta_s\end{bmatrix}}_{\mathrm{d}\boldsymbol{\theta}}$$

即

$$\mathrm{d}\boldsymbol{r}=\boldsymbol{J}\,\mathrm{d}\boldsymbol{\theta}$$

其中，雅可比矩阵 $\boldsymbol{J}$ 表达广义坐标 θ_1，θ_2，…，θ_s 转换到笛卡尔坐标的微分变换关系。系统平衡则约束是定常约束，因此实位移是虚位移之一，这意味着微分算子 d 可换为变分算子 δ，有

$$\delta\boldsymbol{r}=\boldsymbol{J}\,\delta\theta$$

代入上面的虚功方程，然后利用矢量点乘的矩阵表示，解得

$$\boldsymbol{\tau}=-\boldsymbol{J}^{\mathrm{T}}\boldsymbol{f}$$

其中，$\boldsymbol{f}$ 是机械臂受到的力，若是机械臂末端产生力，根据相互作用力，负号应去掉。

上面的式子虽然是在系统平衡时求出的，根据达朗贝尔原理，只要 $\boldsymbol{f}$ 包含惯性力（注意惯性力简化中心是机械臂系统的末端），也适用于运动情况。这有许多应用，如图 B2-1 和图 B2-2 分别所示的双足机器人和四足机器人，在站立时主动力只有自重（如果存在液压支撑杆，类似弹簧，视为做功的内力）和惯性力，上式可以计算关节处电机应该施加的扭矩。但是需要注意，对于不同结构，雅可比矩阵 $\boldsymbol{J}$ 不相同。

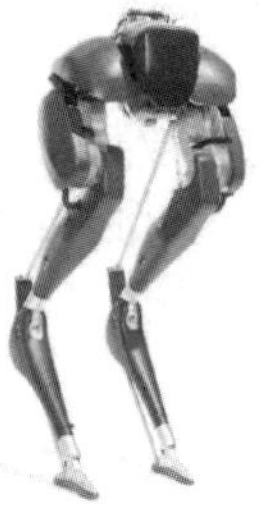
图 B2-1

图 B2-2

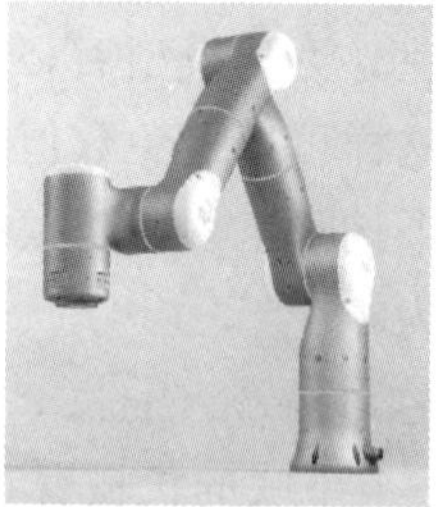
图 B2-3

三轴机器人如图 B2-3 所示。以平台固端部为原点，工作平面水平方向为 x 轴，铅直向上为 y 轴。从原点开始，三个关节坐标依次是（0,0.45）、（0.88,1.6）、（0.72,0.58），末端坐标为（1.53，0.4）。设末端受到力矢量 $\boldsymbol{f}=(0.03,15)$，求解三个关节的扭矩大小。

下面给出 Mathematica 代码。

```
joint={{0,0.45},{0.88,1.6},{0.72,0.58}}; end={1.53,0.4};
f={0.03,8};
r=Differences[Append[joint,end]];
J={r[[;;,2]],-1*r[[;;,1]]};
tau=-Transpose@J.f
```

读者也可以自己试着给出相应的 MATLAB 代码。

(2) 蜻蜓捕猎轨迹预测

蜻蜓以多种农作物害虫为食，可做出各自飞行机动（如倒飞、急转弯、急停等），捕

猎成功率接近100%。除了具有高超的飞行技术，蜻蜓还使用高超的主动拦截策略。传统上认为蜻蜓拦截猎物用的是一种“平行定位”(parallel navigating) 的策略。如图 B2-4 所示，蜻蜓尽量使自己与猎物连线始终保持平行，这样可以快速靠近猎物。

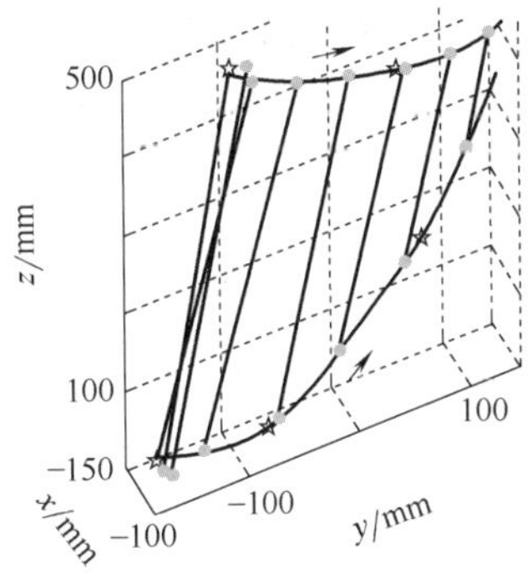

图 B2-4

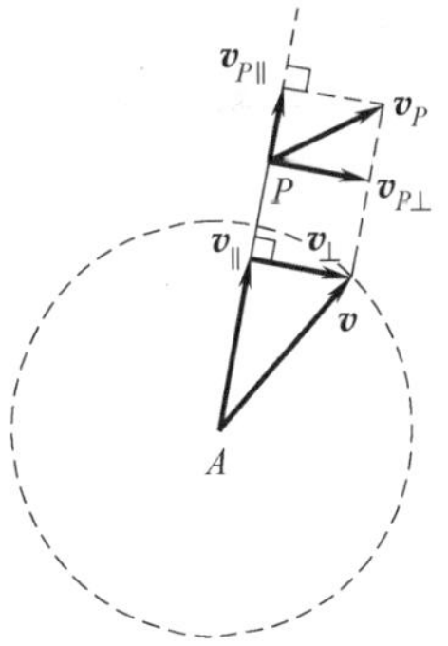

图 B2-5

初始时刻蜻蜓在（−30，−120，−150）处，猎物位于（−150，−115，460）处。蜻蜓 A 的飞行速度为常数（$v=4.8$）。猎物的运动一般由离散数据给定（可自行设定）。求蜻蜓的飞行轨迹与捕猎时间。本问题中的长度和时间分别以 mm 和 ms 为单位。下面对该问题建模并模拟求解。

蜻蜓机动能力极强，可以认为它能瞬间改变飞行方向和速度大小，直接将蜻蜓简化为其身体质心处的质点，这样能更容易体现蜻蜓追踪策略。由于猎物身体的转动不会影响蜻蜓的飞行路线，对本题的结果无影响，所以可以视其为质点。捕猎是个相对运动的过程，因此研究猎物 P 相对于蜻蜓 A 的运动，如图 B2-5 所示。“平行定位”策略本质上相当于 AP 连线方向保持不变，即蜻蜓与猎物在垂直于 AP 方向的横向速度相等，蜻蜓在 AP 方向上的速度分量总是指向猎物（即越来越靠近）。由于蜻蜓需要对猎物的轨迹预测，所以只能近似做到“平行定位”。因此，为了简化起见，还假设蜻蜓能无延迟地获得猎物的瞬时速度信息，并且蜻蜓转身时间忽略不计。数值模拟的 MATLAB 代码如下。

```
clear
yp=-90:-0.1:-120;
xp=-140-sqrt(4*(120+yp));
temp=-120:0.1:100;
xp=[xp,-140+sqrt(50^2-25/144*temp.^2)];
yp=[yp,temp];
zp=linspace(470,500,length(xp));
t=linspace(0,400,length(zp));   % 时间离散
dt=t(2)-t(1);
method='平行定位';
caught=false;
vpx=diff(xp)/dt;% 猎物速度的 x 分量
vpy=diff(yp)/dt;
vpz=diff(zp)/dt;
```

```
x=nan(size(t));
y=nan(size(x));
z=nan(size(x));
x(1)=-80; y(1)=-130; z(1)=0;
v=1.8;  % 蜻蜓速度 mm/ms
vx=zeros(size(x));
vy=zeros(size(x));
vz=zeros(size(x));
%% 开始模拟
for k=1:length(t)-1
    s=[xp(k)-x(k),yp(k)-y(k),zp(k)-z(k)];
    s=s/norm(s);
    vps=dot([vpx(k),vpy(k),vpz(k)],s) * s; % 猎物速度的平行分量
    vpv=[vpx(k),vpy(k),vpz(k)]-vps; % 垂直分量
    vv=vpv;  % 蜻蜓速度的垂直分量
    temp=v^2-sum(vpv.^2);
    if temp>=0
        vs=sqrt(temp) * s; % 平行分量
    else
        vs=v * s; vv=[0,0,0];
    end
    % 更新蜻蜓的速度矢量
    vx(k)=vs(1)+vv(1);
    vy(k)=vs(2)+vv(2);
    vz(k)=vs(3)+vv(3);
    x(k+1)=x(k)+vx(k) * dt;
    y(k+1)=y(k)+vy(k) * dt;
    z(k+1)=z(k)+vz(k) * dt;
    temp=sqrt((z(k)-zp(k))^2+(y(k)-yp(k))^2+(z(k)-zp(k))^2);
    if temp<1
        idx=k+1;
        disp(['蜻蜓在 t=',num2str(t(k)+dt * norm(s)),'追上猎物(当前追踪策略:',method,')'])
        caught=true;
        break
    end
end
%% 动画
if caught
```

```
        plot3(xp(1:idx),yp(1:idx),zp(1:idx),'linewidth',1,'color',[0.5,0.5,0.5])
        xlabel('x(mm)'),ylabel('y(mm)'),zlabel('z(mm)'),title(['追踪策略:',method]),
        grid on,axis([-200 100,-200,100,0,600]),
        hold on
        plot3(x(1:idx),y(1:idx),z(1:idx),'linewidth',1,'color',[1 165/255,0]);
        plot3(xp(idx),yp(idx),zp(idx),'ro')
        p1=plot3(x(1),y(1),z(1),'r.');
        p2=plot3(xp(1),yp(1),zp(1),'k.');
        legend([p1,p2],{'猎物轨迹','蜻蜓轨迹'},'AutoUpdate','off')
        line([x(1);xp(1)],[y(1);yp(1)],[z(1);zp(1)],'color',[0.5,0.5,0.5])
        hold off,
        for k=2:idx
            p1.XData=x(k); p1.YData=y(k); p1.ZData=z(k);
            p2.XData=xp(k); p2.YData=yp(k); p2.ZData=zp(k);
            if mod(k,150)==0
                line([x(k);xp(k)],[y(k);yp(k)],[z(k);zp(k)],'color',[0.5,0.5,0.5])
            end
            drawnow;
        end
    else
        disp('在给定的时间范围内,蜻蜓未能追上猎物.')
    end
```

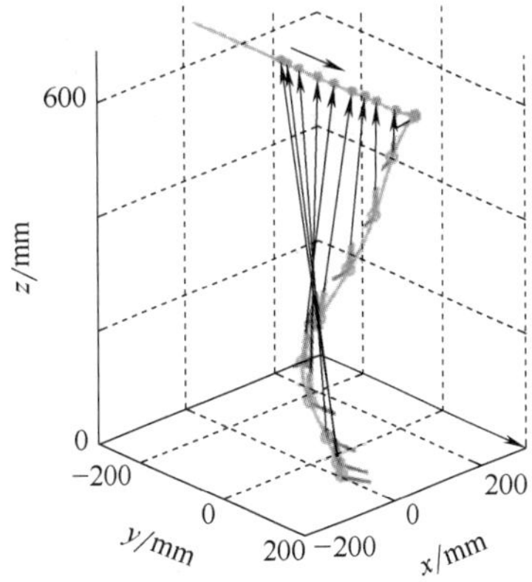

图 B2-6

实际上，蜻蜓不可能一直倒飞，所以拦截开始时会一边转弯一边接近猎物，尽可能使身体与猎物速度方向对齐，如图 B2-6 所示。蜻蜓是通过猎物出现在视觉中心的漂移量来提前预测猎物位置，从而控制飞行速度和方向的；当猎物出现速度大小或方向的突然变化，则做出加速度和姿势的及时调整。该过程是通过生物神经系统完成的。

为了防止猎物发觉或被猎捕后逃逸，蜻蜓总是从猎物下方靠近，因此还可以研究猎物逃脱策略与捕猎者拦截策略之间的动态对抗。

以上这些研究对于短程导弹制导、海上缉私、无人机集群协调避障等方面具有参考价值。

(3) 双摆杆系统

由两根细杆铰接成的双摆杆系统如图 B2-7 所示。尽管该系统非常简单，在一些参数值和初始条件下却可以产生无法预测的复杂运动，这是系统的非线性本质所致。异形双摆杆系统较简单的例子如图 B2-8 所示。从拉格朗日函数来看，摆杆形状只对质心位置和对轴的转动惯量产生影响，通过调节直杆的密度分布情况，可得到与异形杆情况相同的动力学方程。因此下面以直杆为模型进行求解和模拟。

图 B2-7

图 B2-8

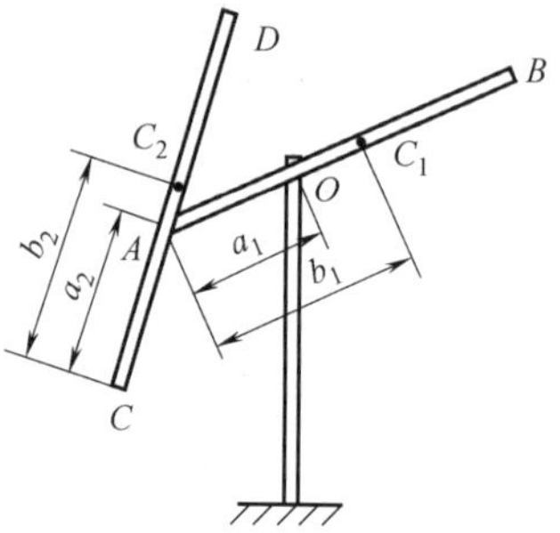

图 B2-9

力学模型简图如图 B2-9 所示，设固定轴 O 与地面距离为 1，摆杆 AB 质量为 $m_1=0.05$，长为 $l_1=1$，固定在距离杆左端 $a_1=0.4$ 处，质心 C_1 则在距离左端 b_1 处。摆杆 CD 质量为 $m_2=0.045$，长为 $l_2=0.9$，其转轴在摆杆 AB 的左端，距自身左端 $a_2=0.5$ 处，质心在距离左端 b_2 处。两根杆对质心的转动惯量分别为 J_{C1} 和 J_{C2}。为了简单起见，不计摩擦等损耗，杆都为均质，即 $b_1=l_1/2$，$b_2=l_2/2$。

利用刚体平面运动微分方程或动静法都可以求出系统的运动微分方程。这是二自由度系统，用拉格朗日方程最方便。广义坐标取为定轴转动杆 AB 相对铅垂向下方向的转角 φ_1，以及另一杆相对铅垂向下方向的转角 φ_2，以地面为零势能面。写出系统的拉格朗日函数，代入保守系统拉格朗日方程，得到系统的运动微分方程组

$$\begin{cases}[J_{C1}+m_1(b_1-a_1)^2+m_2a_1^2]\ddot{\varphi}_1+[m_1(b_1-a_1)-m_2a_1]g\sin\varphi_1\\ =a_1(b_2-a_2)m_2\ddot{\varphi}_2\cos(\varphi_1-\varphi_2)+a_1(b_2-a_2)m_2\dot{\varphi}_2^2\sin(\varphi_1-\varphi_2)\\ [J_{C2}+m_2(b_2-a_2)^2]\ddot{\varphi}_2+(b_2-a_2)m_2g\sin\varphi_2\\ =a_1(b_2-a_2)m_2\ddot{\varphi}_1\cos(\varphi_1-\varphi_2)-a_1(b_2-a_2)m_2\dot{\varphi}_1^2\sin(\varphi_1-\varphi_2)\end{cases}$$

观察可知，方程中的参数绝对值并不重要，相同量纲的参数（例如 m_1 和 m_2，a_2 和 b_2）之间的比值决定了系统的行为；若选择相对角度为广义坐标 $\theta_1=\varphi_1$，$\theta_2=\varphi_2-\varphi_1$，微分方程组会更简单。方程的推导、数值求解和模拟动画的 Mathematica 代码如下。注意到保守系统机械能守恒，可以将其作为判断数值算法精度情况的依据。

```
Clear["Global`*"]
tf=50; (* 终止时刻 *)
{a1,a2,l1,l2,m1,m2,g}={0.4,0.5,1,0.9,0.05,0.045,9.8};
{b1,b2}={l1/2,l2/2};
Jc1=m1 l1^2/12; Jc2=m2 l2^2/12;
p0={0,0,1};
s1={0,Cos[phi1[t] -Pi/2],Sin[phi1[t]-Pi/2]};
s2={0,Cos[phi2[t] -Pi/2],Sin[phi2[t] -Pi/2]};
pA=p0+a1*(-s1); pB=p0+(l1-a1)*s1;
pC=pA+a2*(-s2); pD=pA+(l2-a2)*s2;
pC1=pA+b1*s1; pC2=pC+b2*s2;
```

```
vC1=Cross[{phi1'[t],0,0},pC1-p0]; vA=Cross[{phi1'[t],0,0},pA-p0];
vC2=vA+ Cross[{phi2'[t],0,0},pC2-pA];
T=(1/2) m1 vC1 . vC1+(1/2) Jc1 phi1'[t]^2+(1/2) m2 vC2 . vC2+(1/2) Jc2 phi2'[t]^2;
V=m1 g pC1[[3]]+m2 g pC2[[3]];
K=T+V;
L=T - V;(*拉格朗日函数*)
eqns={D[D[L,phi1'[t]],t]-D[L,phi1[t]] == 0,D[D[L,phi2'[t]],t]-D[L,phi2[t]] == 0,phi1[0] == 0,
phi1'[0] == 0,phi2[0] == Pi/2,phi2'[0] == 0};
(*求解微分方程*)
{phi1[t_],phi2[t_]}=NDSolveValue[eqns,{phi1[t],phi2[t]},{t,0,tf},Method -> "ImplicitRungeKutta"];
Plot[{phi1[t],phi2[t]},{t,0,tf},PlotLegends -> "Expressions",AxesLabel -> Automatic]
LogLogPlot[K,{t,0,tf},PlotLegends -> "机械能",PlotRange -> Full,AxesLabel -> Automatic]
(*模拟动画*)
A[t_]=pA; B[t_]=pB;
CC[t_]=pC; DD[t_]=pD;
Animate[Graphics3D[{MaterialShading["Aluminum"],Cylinder[{{0,0,0},p0},0.02],
    Cylinder[{A[t],B[t]},0.02],Cylinder[{CC[t],DD[t]},0.02]},
    PlotRange -> {All,{-1,1},{0,2}},ViewPoint -> {1,0,0},
    Lighting -> "ThreePoint",Boxed -> False],{t,0,tf},AnimationRate -> 1]
```

从模拟结果来看，短时间内机械能守恒维持得很好，长时模拟则会出现轻微波动。也可取相对摆角 θ_1、θ_2 为广义坐标，写出系统的运动微分方程，请读者尝试用 MATLAB 求解，并进行动画模拟。从微分方程右端项的物理意义可以得知，本系统可视为惯性力和惯性力矩控制的效果。所以，如果摆杆 AB 右边铰接一根摆杆，加入电动机驱动，控制 AB 杆两边两根摆杆的转动规律，就可以实现对摆杆 AB 的姿态控制。

附录 C 简单均质刚体的质心位置和转动惯量

形状	简图	质心位置	转动惯量	面/体积
直杆	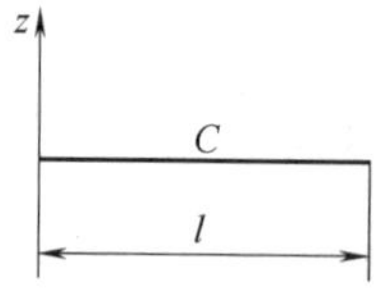	杆中点	$J_{z_C}=\dfrac{ml^2}{12}$ $J_z=\dfrac{ml^2}{3}$	—
圆弧杆	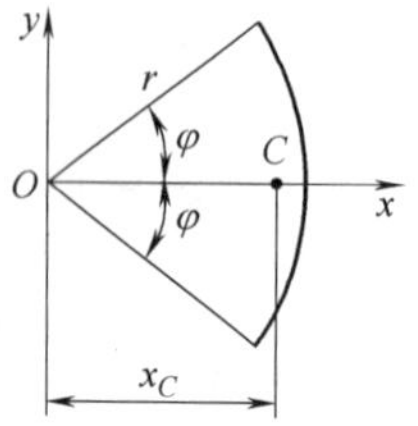	$x_C=\dfrac{r\sin\varphi}{\varphi}$	$J_{z_C}=mr^2\left(1-\dfrac{\sin^2\varphi}{\varphi^2}\right)$ $J_x=\dfrac{mr^2(\varphi-\sin\varphi\cos\varphi)}{2\varphi}$ $J_y=\dfrac{mr^2(\varphi+\sin\varphi\cos\varphi)}{2\varphi}$	—
三角板	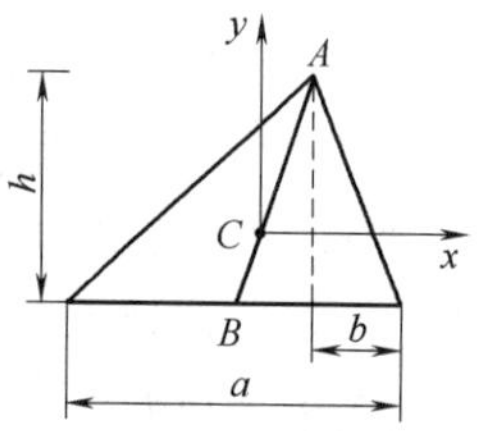	中线 AB $\dfrac{1}{3}$ 处	$J_z=\dfrac{1}{18}m(a^2+b^2-ab+h^2)$ $J_x=\dfrac{m}{12}h^2$ $J_y=\dfrac{m}{12}(a^2+b^2-ab)$	$\dfrac{1}{2}ah$
矩形板	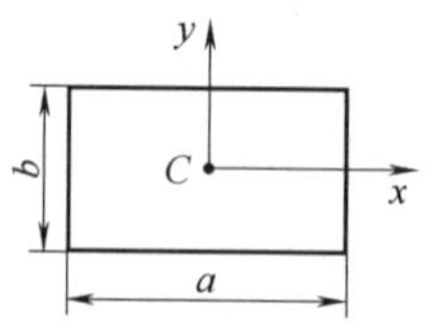	对角线交点	$J_z=\dfrac{1}{12}m(a^2+b^2)$ $J_x=\dfrac{m}{12}b^2$ $J_y=\dfrac{m}{12}a^2$	ab
圆板	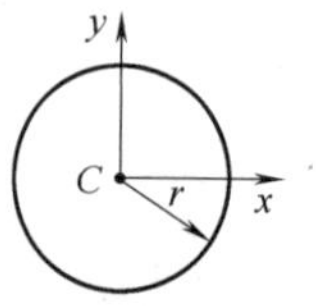	圆心	$J_z=\dfrac{1}{2}mR^2$	πr^2

续表

形状	简图	质心位置	转动惯量	面/体积
半圆板	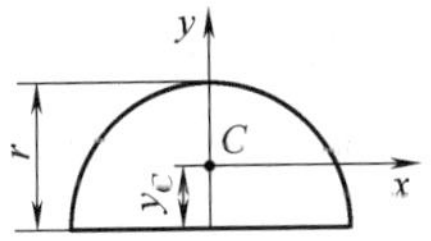	$y_C=\frac{4r}{3\pi}$	$J_z=\frac{mr^2}{18\pi^2}(9\pi^2-32)$ $J_x=\frac{mr^2}{36\pi^2}(9\pi^2-64)$ $J_y=\frac{mr^2}{4}$	$\frac{\pi}{2}r^2$
椭圆板	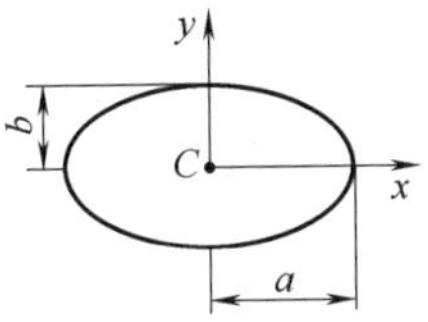	长轴和短轴的交点	$J_z=\frac{1}{4}m(a^2+b^2)$ $J_x=\frac{m}{4}b^2$ $J_y=\frac{m}{4}a^2$	πab
长方体	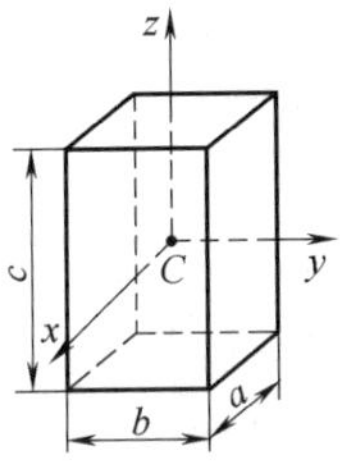	对角线交点	$J_z=\frac{1}{12}m(a^2+b^2)$ $J_x=\frac{1}{12}m(b^2+c^2)$ $J_y=\frac{1}{12}m(c^2+a^2)$	abc
球体	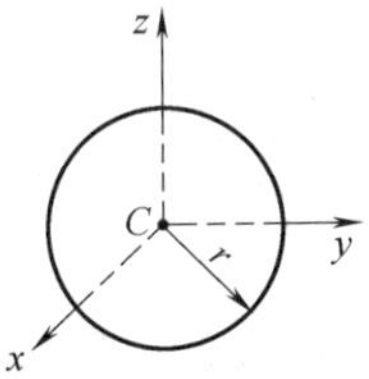	球心	$J_z=\frac{2}{5}mR^2$	$\frac{4}{3}\pi R^3$
半球体	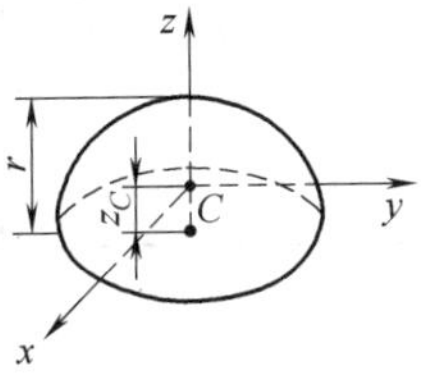	$z_C=\frac{3}{8}r$	$J_z=\frac{2}{5}mR^2$ $J_{x_C}=J_{y_C}=\frac{83}{320}mR^2$	$\frac{2}{3}\pi R^3$
椭球体	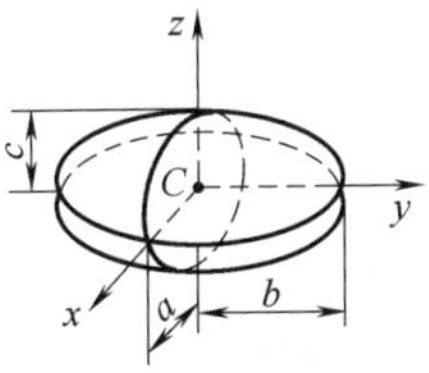	三个主轴交点	$J_z=\frac{1}{5}m(a^2+b^2)$ $J_x=\frac{1}{5}m(b^2+c^2)$ $J_y=\frac{1}{5}m(c^2+a^2)$	πabc
薄壁空心球	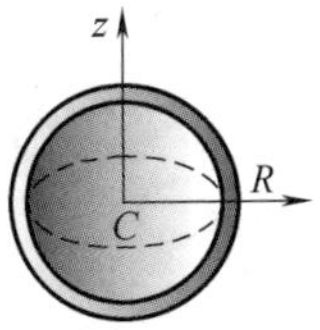	球心	$J_z=\frac{2}{3}mR^2$	$\frac{3}{2}\pi Rt$

续表

形状	简图	质心位置	转动惯量	面/体积
圆环	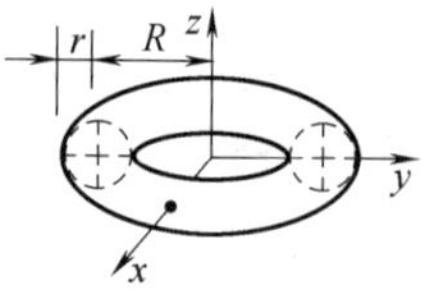	环心	$J_z=m(R^2+\frac{3}{4}r^2)$ $J_x=J_y=\frac{m}{2}\left(R^2+\frac{5}{4}r^2\right)$	$2\pi^2r^2R$
圆柱体	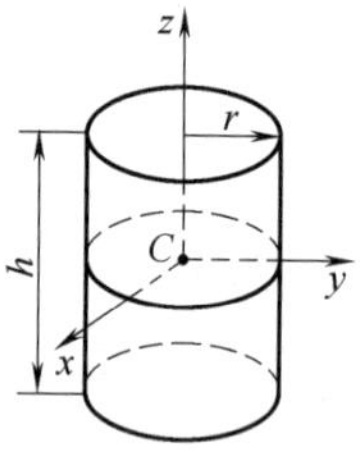	$z_C=\frac{h}{2}$	$J_z=\frac{1}{2}mR^2$ $J_x=J_y=\frac{m}{12}(3R^2+h^2)$	πr^2h
中空圆柱	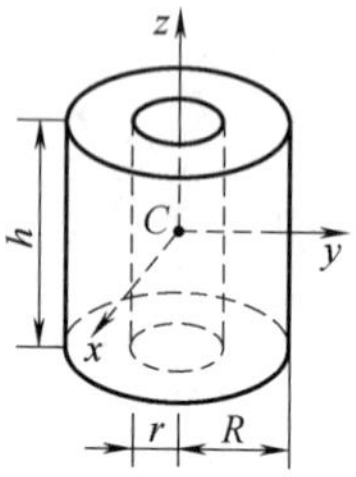	$z_C=\frac{h}{2}$	$J_z=\frac{m}{2}(R^2+r^2)$ $J_x=J_y=\frac{m}{12}(3R^2+3r^2+h^2)$	$\pi(R^2-r^2)h$
圆锥体	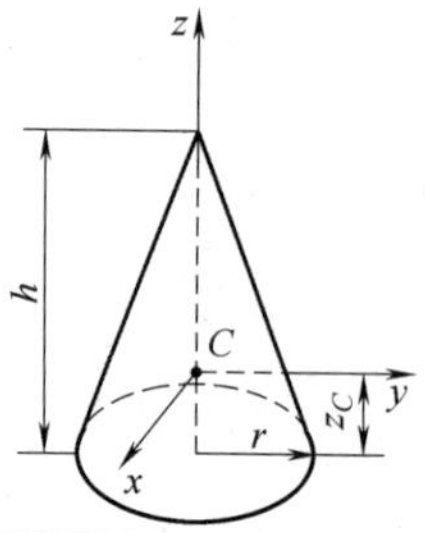	$z_C=\frac{1}{4}h$	$J_z=\frac{3}{10}mr^2$ $J_x=J_y=\frac{3}{80}m(4r^2+h^2)$	$\frac{1}{3}\pi r^2h$

参考文献

[1] 朱照宣，周起钊，殷金生. 理论力学：上册，下册［M］. 北京：北京大学出版社，1982.

[2] 高云峰，李俊峰. 理论力学辅导与习题集［M］. 北京：清华大学出版社，2003.

[3] 贾书惠. 理论力学教程［M］. 北京：清华大学出版社，2004.

[4] 陈立群，薛纭. 理论力学［M］. 2版. 北京：高等教育出版社，2014.

[5] 哈尔滨工业大学理论力学教研室. 理论力学：Ⅰ，Ⅱ［M］. 8版. 北京：高等教育出版社，2016.

[6] 华中科技大学理论力学教研室. 理论力学［M］. 2版. 武汉：华中科技大学出版社，2020.

[7] 李俊峰，张雄. 理论力学［M］. 3版. 北京：清华大学出版社，2021.

[8] Andrew Pytel，Jaan Kiusalaas. Engineering Mechanics：Dynamics［M］. 3rd ed. Stamford：Cengage Learning，2010.